U0231109

混凝土外加剂配方与制备手册

李　嘉◎主　编
唐喜明　张　群◎副主编

化学工业出版社
·北京·

内容简介

《混凝土外加剂配方与制备手册》精选混凝土外加剂配方 448 种，内容涉及减水剂、早强剂、速凝剂、泵送剂、防冻剂、防水剂、缓凝剂、膨胀剂、引气剂、阻锈剂，详细介绍了产品的原料配比、制备方法、产品用途与用法、产品特性等，注重实用性、功能性和新颖性。

本书可供从事混凝土外加剂生产、研发、应用的人员学习，也可作为精细化工等相关专业师生的参考书。

图书在版编目（CIP）数据

混凝土外加剂配方与制备手册 / 李嘉主编 ；唐喜明，张群副主编. -- 北京 ：化学工业出版社，2025. 4.

ISBN 978-7-122-47185-7

Ⅰ. TU528. 042-62

中国国家版本馆 CIP 数据核字第 2025C9K858 号

责任编辑：张　艳　　　　文字编辑：林　丹　师明远

责任校对：刘曦阳　　　　装帧设计：王晓宇

出版发行：化学工业出版社

（北京市东城区青年湖南街 13 号　邮政编码 100011）

印　　装：北京建宏印刷有限公司

787mm×1092mm　1/16　印张 28　字数 729 千字

2025 年 4 月北京第 1 版第 1 次印刷

购书咨询：010-64518888　　　　售后服务：010-64518899

网　　址：http://www.cip.com.cn

凡购买本书，如有缺损质量问题，本社销售中心负责调换。

定　　价：198.00 元

前言
PREFACE

在混凝土、砂浆或净浆的制备过程中，掺入的不超过水泥用量5%（特殊情况除外），能改善和调节混凝土、砂浆或净浆的性能的物质，称为混凝土外加剂。

自20世纪30年代美国开始使用引气剂，混凝土外加剂至今已经有90多年的历史了。从20世纪60年代日本和联邦德国研制成功高效减水剂以来，外加剂进入了迅速发展的时代。现在，在发达国家使用外加剂的混凝土占混凝土总量的70%～80%，有些已达到100%，外加剂已成为混凝土材料不可缺少的组成部分。

我国混凝土外加剂的研究和应用较国外晚，从20世纪50年代才开始研制木质素类的减水剂，并用于大型水库的大体积混凝土。80～90年代，高性能外加剂脱颖而出。外加剂的分类、命名、实验等有了国家标准和行业标准，这为促进混凝土外加剂技术的发展奠定了基础。2000年以后，外加剂的科研、生产和应用取得重大进展，逐渐开始对高性能减水剂进行研究，自此，我国的混凝土外加剂行业便一直处于高速发展阶段。

混凝土外加剂按其主要功能分为六类。

（1）改善新拌混凝土流动性的外加剂。主要包括各种减水剂、引气剂、灌浆剂、泵送剂等。

（2）调节混凝土凝结时间和硬化性能的外加剂。主要包括缓凝剂、促凝剂、早强剂等。

（3）调节混凝土含气量的外加剂。主要包括引气剂、加气剂、发泡剂等。

（4）增强混凝土物理力学性能的外加剂。主要包括引气剂、防水剂、防冻剂、灌浆剂、膨胀剂等。

（5）改进混凝土抗侵蚀作用的外加剂。主要包括引气剂、防水剂、阻锈剂、抗渗剂等。

（6）为混凝土提供特殊性能的外加剂。主要包括发泡剂、着色剂、杀菌剂、碱骨料反应抑制剂等。

随着混凝土制品日益增多和建筑结构复杂化、大型化，对外加剂的需求越来越大，要求越来越高。因此，今后的混凝土外加剂将向以下几个方面发展。

（1）复合多功能型。复合多功能型外加剂，在性能上可以取长补短，趋于完善，并且要价格便宜，使用面广，性能良好。

（2）品种系列化、多样化。不断研制开发新品种，使品种系列化、多样化，以满足各种特殊工程的需要，并方便工程使用和质量控制。

（3）发展高强化、抗老化所需用的外加剂。近年来，各国使用的混凝土的平均强度和最高强度都在不断提高，发展高强化、抗老化所需用的高效能外加剂，为制备高强、超高强混凝土提供条件，利用高效减水剂的减水作用，制备大流动性混凝土，使施工省力，造价降低，工效提高。

（4）降低外加剂的生产成本。充分利用各种工业废料生产外加剂，改革外加剂的配方和生产工艺。生产物美价廉高效的外加剂产品，为广泛推广应用混凝土外加剂提高竞争能力。

（5）混凝土外加剂作用机理的深入研究。随着科学技术的发展，应采用先进的测试手段，研究外加剂的作用机理，为进一步发挥外加剂的作用，取得更好的经济效益，有效地指导生产奠定基础。

各种混凝土外加剂的应用改善了新拌和硬化混凝土的性能，促进了混凝土新技术的发展，促进了工业副产品在胶凝材料系统中的应用，还有助于节约资源和环境保护，已经逐步成为优质混凝土必不可少的材料。大力开展和推广应用混凝土外加剂是促进建筑业科学进步的重要途径。随着混凝土外加剂品种的不断增加，质量逐步提高，其应用会日益广泛，研究会更加深入，定会在建筑业中发挥巨大的作用并产生良好的效益。

为了满足市场需求，我们在化学工业出版社的组织下编写了这本《混凝土外加剂配方与制备手册》，书中收集了 400 余种混凝土外加剂制备实例，详细介绍了产品的配方和制法、用途与用法、特性等，旨在为混凝土外加剂工业的发展尽微薄之力。

本书的配方以质量份数表示，在配方中有注明以体积份数表示的情况下，需注意质量份数与体积份数的对应关系，例如质量份数以 g 为单位时，对应的体积份数是 mL，质量份数以 kg 为单位时，对应的体积份数是 L，以此类推。

需要请读者们注意的是，我们没有也不可能对每个配方进行逐一验证，所以读者在参考本书进行试验时，应根据自己的实际情况本着先小试后中试再放大的原则，小试产品合格后才能往下一步进行，以免造成不必要的损失。

本书由李嘉主编，参加编写的还有李东光、唐喜明、张群等，由于编者水平有限，不足之处在所难免，请读者及时指正。作者 Email 地址为 ldguang@163. com。

主　编

2024 年 10 月

目录
CONTENTS

1

减水剂

配方1 保坍混凝土减水剂

原料配比

原料		配比(质量份)		
		1#	2#	3#
支化改性减水剂		80	85	90
小分子聚合物	PEG400	2	2	—
	PEG600	—	—	3
保坍助剂	木质素硫酸钠	8	8	9
水		60	70	80

制备方法　将支化改性减水剂、小分子聚合物、保坍助剂、水混合均匀，得到保坍混凝土减水剂。

原料介绍　所述的支化改性减水剂通过如下步骤制备：

(1) 甲基烯丙基聚氧乙烯醚（HPEG-2400）和去离子水混合，设置温度为60℃，加入马来酸酐，搅拌10min，加入单体a、单体b、单体c和过硫酸铵，滴加结束后，升温至75℃，加入支化单体，加完后保持温度不变，保温反应4h，得到聚合产物。甲基烯丙基聚氧乙烯醚、单体a、单体b、单体c在过硫酸铵的作用下，发生自由基聚合反应，然后与支化单体发生接枝反应，得到聚合产物。

(2) 在氮气保护条件下，将步骤（1）中得到的聚合产物和二氯甲烷混合，加入三甲基溴硅烷，在温度为20℃条件下，搅拌反应5h，搅拌结束后加入去离子水，静置，保留有机相，减压浓缩，除去溶剂，得到支化改性减水剂。聚合产物和三甲基溴硅烷的用量质量比为20∶1。

所述的单体a为丙烯酸，单体b为乙烯基膦酸二乙酯，单体c为甲基丙烯磺酸钠。

所述的甲基烯丙基聚氧乙烯醚、马来酸酐、单体a、单体b和单体c的用量摩尔比为1∶0.6∶1.6∶1.2∶0.8；过硫酸铵的添加量为甲基烯丙基聚氧乙烯醚质量的0.4%，支化单体的添加量为甲基烯丙基聚氧乙烯醚质量的40%。

所述的支化单体通过如下步骤制备：

(1) 将衣康酸和甲苯混合，加入卡斯特催化剂，搅拌30min，然后加入四甲基二硅氧烷，继续搅拌反应 48h，反应结束后减压浓缩除去溶剂，得到羧基单体。衣康酸、四甲基二硅氧烷和卡斯特催化剂的用量比为 0.02mol : 0.01mol : 0.4mL。

（2）在氮气保护条件下，将羧基单体和 N,N-二甲基乙酰胺混合，加入三乙醇胺和对甲苯磺酸，在 140℃条件下反应 6h，得到支化单体。羧基单体、三乙醇胺和对甲苯磺酸的用量质量比为 26 : 29 : 1。

产品特性

（1）支化改性减水剂制备过程中得到的聚合产物中含有的膦酸酯基团，在三甲基溴硅烷的作用下发生水解，得到膦酸基团，它能够降低泥土对减水剂和水的吸附，有利于水泥颗粒分散和稳定，提高混凝土的流动性，从而在一定程度上达到降低混凝土黏度的目的，膦酸基团能与更多的 Ca^{2+} 配位，其络合吸附能力大大强于羧基，可延缓水化过程，降低水化热，降低减水剂对含泥量的敏感度。

（2）本品在制备减水剂的过程中，引入支化单体进行支化改性，可以抑制早期氢氧化钙的生成，填充了空隙，增强力学强度。同时，利用了膦酸基的强吸附能力，有效降低体系塑性黏度，减少对减水剂和拌和水的吸附，提高混凝土的分散性能和降低混凝土的黏度。利用磷酸基的缓凝作用，延缓水泥水化过程，表现出长时间的流动保持能力。接枝上一些支链，该支链不仅可提供空间位阻效应，而且在水泥水化的高碱度环境中，释放出具有分散作用的多羧酸，控制坍落度损失。

配方 2 超高性能混凝土用高降黏型聚羧酸减水剂

原料配比

原料	配比(mol)	
	1#	2#
甲基烯丙基聚氧乙烯醚(TPEG)	1	1
甲基丙烯磺酸钠(SMAS)	0.5	0.45
丙烯酸烷基酯	1.2	1.1
苯乙烯	0.5	0.6
丙烯酸(AA)	7	6
甲基丙烯酸甲氧基聚乙二醇酯(MAA-MPEG)	1.3	1.4
去离子水	20	15
30%双氧水	0.045	0.04
巯基乙酸	0.03	0.02
抗坏血酸	0.02	0.01
32%氢氧化钠溶液	适量	适量

制备方法

（1）向反应容器中加入计量的去离子水，然后分别加入甲基烯丙基聚氧乙烯醚（TPEG）、甲基丙烯磺酸钠（SMAS）和丙烯酸烷基酯以及苯乙烯，搅拌并加热至 60～65℃。

（2）加入计量的 30%双氧水，同时滴加丙烯酸（AA）、甲基丙烯酸甲氧基聚乙二醇酯（MAAMPEG）的混合水溶液和巯基乙酸、抗坏血酸的混合水溶液，滴加时间均为 2～3h，滴加完后保温 1～2h。

(3) 保温结束降温至 40～45℃后，边搅拌边加入计量的 32%氢氧化钠溶液，调节 pH 值至 6～8，并加一定量的去离子水，即得降黏型聚羧酸减水剂。

原料介绍 所述丙烯酸烷基酯选自丙烯酸十八酯（SA）。

所述高降黏型聚羧酸减水剂的分子量为 50000～90000。

产品特性 本品能显著降低高标号混凝土的黏度，对不同类型水泥具有很好的适应性，制备方法简单、条件易控制，可以广泛用于生产。

配方 3 超早强型聚羧酸减水剂

原料配比

原料		配比(质量份)		
		1#	2#	3#
丙烯酸		6.5	8	7.5
季铵盐功能性单体	甲基丙烯酰氧乙基三甲基氯化铵(DMC)	19	15	—
	甲基丙烯酸二甲氨基乙酯(DMMA)	—	—	14
烯基磺酸盐	甲基丙烯磺酸钠	1.5	1	1.2
酰胺类单体	丙烯酰胺	1.5	2.5	1
去离子水①		30	30	30
还原剂	抗坏血酸	0.2	0.18	0.13
链转移剂	巯基乙酸	0.6	0.5	—
	巯基丙酸	—	—	0.8
去离子水②		50	50	50
去离子水③		80	80	80
异戊烯基聚氧乙烯醚(分子量 3800)		100	100	100
氧化剂	30%双氧水溶液	1.0	0.8	0.55
30%氢氧化钠溶液		适量	适量	适量
去离子水④		适量	适量	适量

制备方法

(1) 将丙烯酸、季铵盐功能性单体、烯基磺酸盐和酰胺类单体加入装有去离子水①的烧杯Ⅰ中，搅拌均匀，得到溶液 A。

(2) 将还原剂和链转移剂加入装有去离子水②的烧杯中，搅拌均匀，得到溶液 B。

(3) 常温下，向四口烧瓶中加入去离子水③，随后缓慢加入异戊烯基聚氧乙烯醚，搅拌均匀，使异戊烯基聚氧乙烯醚充分溶解，加入氧化剂并搅拌 5min，得到溶液 C。

(4) 向溶液 C 中同时滴加溶液 A 和溶液 B，控制溶液 A 滴加时间为 3.0h，溶液 B 滴加时间为 3.5h。

(5) 滴加完毕后保温 1.0h，随后加入 30%氢氧化钠溶液调节 pH 值至 6～7，加入去离子水④稀释至固含量为 35%～45%，即可制得超早强型聚羧酸减水剂。

原料介绍 所述异戊烯基聚氧乙烯醚的分子量为 3000～4000。

产品特性 本品各原料协同作用，使得产品具有较高的减水率，良好的和易性和较高的早期强度。本品生产工艺简单，反应过程不需加热，具有节能降耗、绿色环保等优势，有利于大规模生产和应用。

配方 4　低成本混凝土用聚羧酸减水剂

原料配比

原料		配比(质量份)		
		1#	2#	3#
单体	四碳甲基烯丙基聚醚	320	—	330
	四碳异戊烯基聚氧乙烯醚	—	310	—
丙烯酸		25	20	30
中和剂	氢氧化钠	7.5	5	10
去离子水		400	300	500
A 物料		97.5	80	115
B 物料		97.5	75	120
引发剂	双氧水	4	—	—
	过硫酸铵	—	3	—
	过硫酸钾	—	—	5
A 物料	丙烯酸	37.5	30	45
	去离子水	60	50	70
B 物料	磷基多元酯	7.5	5	10
	去离子水	90	70	110

制备方法

(1) 配制单体溶液：向反应釜中加入适量去离子水后开启搅拌机，按顺序投入单体和丙烯酸，使其得以充分溶解配制成溶液，加入中和剂调节 pH 值为 6～8，常温下溶解即可，无温度要求。

(2) 配制 A 物料和 B 物料：采用对应质量份数的丙烯酸和去离子水配制 A 物料；采用对应质量份数的磷基多元脂和去离子水配制 B 物料。

(3) 向步骤 (1) 的单体溶液中加入引发剂，然后同时滴加 A 物料和 B 物料，滴加结束后保温反应一段时间，检测合格后得聚羧酸减水剂。A 物料的滴加时间为 2.5h，B 物料的滴加时间为 3h，滴加结束温度控制在 40℃以内，保温反应时间为 1h。

产品特性　该聚羧酸高性能减水剂成本低，减水率高，能显著提高减水剂的分散性及分散保持性，具有很好的保坍性能，且对稳定性不好的混凝土原材料适应性好，对混凝土的柔和性好，大大降低了外加剂在混凝土中使用的敏感度。

配方 5　低含粉机制砂混凝土的聚羧酸减水剂

原料配比

原料		配比(质量份)	
		1#	2#
不饱和聚醚大单体	异戊烯醇聚氧乙烯醚	380	380
不饱和羧酸单体	丙烯酸	32.5	19

续表

原料		配比(质量份)	
		1#	2#
酰胺类单体	丙烯酰胺	4	—
	2-丙烯酰胺-2-甲基丙磺酸	—	9
交联型功能单体	乙二醇马来酸酐酯	30	—
	丙二醇马来酸酐酯	—	31
氧化剂	双氧水	1.4	1.4
链转移剂	巯基乙醇	1.2	1.2
还原剂	维生素 C	0.5	0.5
去离子水		410	410

制备方法

(1) 将不饱和聚醚大单体溶解于水中，然后加入氧化剂，得反应物溶液。

(2) 向所得反应物溶液中分别滴加不饱和羧酸单体、酰胺类单体和交联型功能单体混合溶液以及还原剂和链转移剂混合溶液，滴加完毕后保温反应，得到低含粉机制砂混凝土的聚羧酸减水剂。不饱和羧酸单体、酰胺类单体和交联型功能单体混合溶液的滴加时间为40～80min，还原剂和链转移剂混合溶液的滴加时间为55～95min，保温反应的温度为25～45℃，反应时间为0.5～2h。滴加不饱和羧酸单体、酰胺类单体和交联型功能单体混合溶液以及还原剂和链转移剂混合溶液的条件为：在15～35℃搅拌状态下。

原料介绍　所述的交联型功能单体的制备方法为：向马来酸酐中加入乙二醇或丙二醇，然后依次向其中加入催化剂和阻聚剂，于50～80℃条件下反应4～8h，即得，其中乙二醇或丙二醇与马来酸酐的摩尔比为1∶(2～2.5)。

所述的催化剂的用量为交联型功能单体总质量的1%～3%，阻聚剂的用量为交联型功能单体总质量的0.5%～2%。

所述的催化剂为对苯甲磺酸和乙酸钠中的至少一种，阻聚剂为对苯二酚和噻吩嗪中的至少一种。

产品特性　本品在分子设计中引入交联型功能单体、酰胺类单体，可形成交联型聚羧酸减水剂，具有一定的增稠、保水作用，通过对分子量、分子结构的调控，在减水、保坍性能，增稠、提浆方面达到一定平衡性，针对低含粉机制砂特点，有效解决黏聚性差、易泌水等问题，保证生产控制及质量安全。

配方 6　低敏感型混凝土减水剂

原料配比

原料		配比(质量份)					
		1#	2#	3#	4#	5#	6#
聚醚单体	甲基烯丙基聚氧乙烯醚	320	350	—	—	—	—
	异戊烯基聚氧乙烯醚	—	—	380	360	400	—
	乙烯基聚氧乙烯醚	—	—	—	—	—	320
水		650	670	690	670	710	630

续表

原料		配比(质量份)					
		1#	2#	3#	4#	5#	6#
链转移剂	异丙醇	3.5	—	—	—	—	—
	巯基乙酸	—	2.7	2.9	—	—	—
	巯基乙醇	—	—	—	2.2	2.4	2.8
烯类单体	丙烯酸	33	—	42	—	48	44
	甲基丙烯酸	—	43	—	—	—	—
	衣康酸	—	—	—	52	—	—
引发剂	过氧化氢	2.8	3	3	2.6	2.8	2.2
还原剂	维生素C	0.8	0.8	—	0.8	0.9	0.7
	乙二胺	—	—	1.6	—	—	—
4A沸石		3.2	3.4	3.8	4.2	4.5	4.2
碱溶液		13	14	17	18	19	17

制备方法

(1) 取4A沸石和烯类单体、总量1/4的水加入反应釜中，打开大功率工业级连续流聚能型超声波分散机，持续超声2～3h，即得4A沸石-烯类单体分散液。

(2) 将聚醚单体和总量1/2的水加入反应釜中，在15～45℃下搅拌混合溶解，加入引发剂，得到混合物A。

(3) 向上述所得的混合物A中依次滴加链转移剂、还原剂、剩余的水、所得4A沸石-烯类单体分散液，滴加1～3.5h后，在55℃以下保温1～2h进行老化反应，然后用碱溶液中和至pH=5.8～6.8，即制得低敏感型混凝土减水剂。

产品特性　本品将4A沸石超声分散至烯类单体溶液中，在滴加过程中可利用4A沸石的催化作用提高反应转化率，同时利用4A沸石的多孔穴特性，使反应生成的聚羧酸高分子稳定吸附在4A沸石孔穴中，降低其他材料的吸附，降低敏感性，在4A沸石协同作用下，提高减水剂对浆体系统的分散性，增强其在混凝土中的减水效果。

配方7　对混凝土含泥量低敏感型聚羧酸高性能减水剂

原料配比

原料		配比(质量份)			
		1#	2#	3#	4#
甲基烯丙基聚氧乙烯醚		45	40	50	43
丙烯酸		25	20	30	23
氧化剂	过硫酸铵	2	—	3	—
	磺基琥珀酸酯	—	1	—	1.5
触变剂	有机膨润土	0.7	—	—	0.6
	氢化蓖麻油	—	0.5	—	—
	聚酰胺蜡	—	—	1	—
β-环糊精马来酸单酯		15	10	20	13
水		65	60	80	65

制备方法

(1) β-环糊精马来酸单酯的制备：将β-环糊精与马来酸酐以物质的量比1∶1一同加入*N*,*N*-二甲基甲酰胺中，在80℃下恒温搅拌20h，反应完毕后制得β-环糊精马来酸单酯。

(2) 配料：通过配料设备分别量取所需质量份的甲基烯丙基聚氧乙烯醚、丙烯酸、氧化剂、触变剂、水和步骤(1)制备的β-环糊精马来酸单酯。

(3) 预混：将部分丙烯酸、触变剂和水依次倒入混合搅拌设备中，混合搅拌20～30min，混合均匀后备用。

(4) 溶解：把剩余丙烯酸、甲基烯丙基聚氧乙烯醚、β-环糊精马来酸单酯和水加入四口烧瓶中，并在一定温度下搅拌溶解；搅拌溶解时的温度为55～65℃。

(5) 制剂：接着加入氧化剂，最后在2～4h内用注射泵将步骤(3)备用的混合液匀速加入烧瓶中，保持恒温继续搅拌1～2h，加水稀释制得含有β-环糊精官能团的对混凝土含泥量低敏感型改性聚羧酸减水剂。

产品特性　本品解决了现有的减水剂对混凝土含泥量敏感性较高，不利于减水剂长期使用的问题，经β-环糊精改性的减水剂对泥土敏感性显著降低，从而大大方便了使用。

配方 8　多效混凝土减水剂

原料配比

<table>
<tr><th colspan="2" rowspan="2">原料</th><th colspan="3">配比(质量份)</th></tr>
<tr><th>1#</th><th>2#</th><th>3#</th></tr>
<tr><td colspan="2">聚羧酸减水剂母液</td><td>50</td><td>50</td><td>50</td></tr>
<tr><td colspan="2">改性卡拉胶</td><td>2</td><td>—</td><td>2</td></tr>
<tr><td colspan="2">卡拉胶</td><td>—</td><td>2</td><td>—</td></tr>
<tr><td colspan="2">糖钙</td><td>5</td><td>5</td><td>5</td></tr>
<tr><td colspan="2">有机硅消泡剂</td><td>0.5</td><td>0.5</td><td>0.5</td></tr>
<tr><td colspan="2">羧甲基纤维素钠</td><td>20</td><td>—</td><td>—</td></tr>
<tr><td colspan="2">改性羧甲基纤维素钠</td><td>—</td><td>20</td><td>20</td></tr>
<tr><td colspan="2">水</td><td>60</td><td>60</td><td>60</td></tr>
<tr><td rowspan="2">聚羧酸减水剂母液</td><td>减水型聚羧酸减水剂母液</td><td>3</td><td>3</td><td>3</td></tr>
<tr><td>保坍型聚羧酸减水剂母液</td><td>1</td><td>1</td><td>1</td></tr>
<tr><td colspan="2">引气剂</td><td>1</td><td>1</td><td>1</td></tr>
<tr><td rowspan="2">引气剂</td><td>十二烷基苯磺酸钠</td><td>1</td><td>1</td><td>1</td></tr>
<tr><td>十二烷基硫酸钠</td><td>2</td><td>2</td><td>2</td></tr>
<tr><td rowspan="4">改性卡拉胶</td><td>卡拉胶粉</td><td>10</td><td>—</td><td>10</td></tr>
<tr><td>70%乙醇水溶液</td><td>100(体积)</td><td>—</td><td>100(体积)</td></tr>
<tr><td>20%氢氧化钠水溶液</td><td>5(体积)</td><td>—</td><td>5(体积)</td></tr>
<tr><td>氯乙酸钠</td><td>6</td><td>—</td><td>6</td></tr>
<tr><td rowspan="6">改性羧甲基纤维素钠</td><td>羧甲基纤维素钠</td><td>—</td><td>15</td><td>15</td></tr>
<tr><td>水</td><td>—</td><td>300(体积)</td><td>300(体积)</td></tr>
<tr><td>50%过硫酸钾水溶液</td><td>—</td><td>15</td><td>15</td></tr>
<tr><td>对苯乙烯磺酸钠</td><td>—</td><td>10</td><td>10</td></tr>
<tr><td>甲基丙烯酸甲酯</td><td>—</td><td>10</td><td>10</td></tr>
<tr><td>75%乙醇水溶液</td><td>—</td><td>100(体积)</td><td>100(体积)</td></tr>
</table>

制备方法

(1) 将聚羧酸减水剂母液、卡拉胶或改性卡拉胶、糖钙、消泡剂、保水剂、六偏磷酸钠、水混合搅拌均匀，得到混合液。

(2) 将引气剂加入步骤 (1) 所得混合液中搅拌均匀，得到多效混凝土减水剂。

原料介绍　所述聚羧酸减水剂母液为减水型聚羧酸减水剂母液、保坍型聚羧酸减水剂母液、降黏型聚羧酸减水剂母液中的一种或两种及以上的混合。

所述改性卡拉胶的制备方法，包括如下步骤：

(1) 将卡拉胶粉置于 30～40℃干燥箱干燥 20～24h，粉碎过 80～120 目筛，得粉碎的卡拉胶粉备用。

(2) 称取 10～15g 步骤 (1) 制得的粉碎的卡拉胶粉，让其均匀分散在 100～150mL 质量浓度为 70%～95%的乙醇水溶液中得分散液；向分散液中加入 4～6mL 浓度为 10%～20%的氢氧化钠水溶液；将反应液加热至 30～40℃；反应 1～2h 后，加入 4～6g 氯乙酸钠，在 30～40℃下继续反应 3～4h；冷却至 20～25℃，用 0.5～1mol/L 醋酸水溶液调节溶液 pH 值为 6.0～7.0，抽滤，收集滤饼，滤饼用质量浓度为 70%～95%的乙醇水溶液洗涤 2～3 次；将滤饼置于 30～40℃恒温干燥箱干燥 20～24h 得改性卡拉胶。

所述保水剂为改性纤维素钠。

所述改性羧甲基纤维素钠的制备方法，包括如下步骤：称取 10～20g 羧甲基纤维素钠溶解在 300～500mL 水中，将溶液加热至 75～90℃，通入氮气 5～10min 后，滴加总量 1/3 的 30%～50%的过硫酸钾水溶液，继续通入氮气 30～40min 后滴加总量 1/3 的 30%～50%的过硫酸钾水溶液，待过硫酸钾水溶液滴加完毕后，保温反应 10～30min，加入 5～10g 对苯乙烯磺酸钠，反应 0.5～1h 后滴加剩余 1/3 的 30%～50%的过硫酸钾水溶液，待过硫酸钾溶液滴加完毕后，反应 10～20min，滴加 8～10g 甲基丙烯酸甲酯，滴加完毕后，恒温搅拌反应 3～5h，得白色胶乳，向白色胶乳中加入 100～200mL 70%～90%的乙醇水溶液，静置，有沉淀析出，过滤，收集沉淀，沉淀用水洗涤后置于 60～80℃真空干燥箱干燥 20～24h 得粗产物，将粗产物用氯仿洗涤 2～3 次后置于 60～80℃真空干燥箱干燥 20～24h 即得改性羧甲基纤维素钠。

产品特性　本品工作性能好，具有较强的保水性，与水泥具有良好的适应性，同时能有效改善混凝土的膨胀性能，减少混凝土内部裂缝的产生，提高混凝土的耐久性。

配方 9　复配型混凝土减水剂

原料配比

原料		配比(质量份)		
		1#	2#	3#
微胶囊改性减水剂		50	65	80
羟丙基甲基纤维素		10	15	16
木质磺酸盐		0.3	0.5	0.8
消泡剂		0.5	1	1.3
氢氧化钠溶液	浓度为 0.8mol/L	0.2	—	—
	浓度为 1.1mol/L	—	0.4	—
	浓度为 1.3mol/L	—	—	0.6

续表

原料			配比(质量份)		
			1#	2#	3#
消泡剂	聚二甲基硅氧烷		1	1	1
	聚乙二醇硅氧烷		0.3	0.4	0.5
微胶囊改性减水剂	酯化大单体	邻苯二甲酸酐	13	14	15
		异戊烯醇	68	72	75
		三氟甲磺酸	0.5	0.7	0.8
		对羟基苯甲醚	1	1.5	1.8
	减水剂母液	异戊烯基聚氧乙烯醚	2	3	5
		去离子水	200(体积)	500(体积)	800(体积)
		酯化大单体	5	6	9
		过氧化氢	1	2	3
		A液	40(体积)	45(体积)	46(体积)
		B液	25(体积)	28(体积)	30(体积)
		30%～35%氢氧化钠溶液	适量	适量	适量
	A液	丙烯酸	3	4	5
		丙烯酸羟乙酯	2	3	4
		丙烯酰胺	0.5	1	1.5
		去离子水	35(体积)	42(体积)	50(体积)
	B液	抗坏血酸	0.6	1.2	1.5
		巯基丙酸	1.2	1.8	2.6
		去离子水	20(体积)	26(体积)	30(体积)
	减水剂母液		1	1	1
	分散液		0.3	0.5	0.6
	过硫酸铵		0.003	0.005	0.008
	抗坏血酸		0.005	0.008	0.012
	过氧化氢		0.013	0.015	0.017
	丙烯酸		0.02	0.025	0.03
石墨烯改性微胶囊	石墨烯改性预聚体	尿素	1(mol)	1(mol)	1(mol)
		35%～39%的甲醛溶液	2(mol)	2.1(mol)	2.3(mol)
		1mg/mL 的氧化石墨烯分散液	4	—	—
		3mg/mL 的氧化石墨烯分散液	—	5.29	—
		5mg/mL 的氧化石墨烯分散液	—	—	10.58
	芯材乳液	十二烷基苯磺酸钠	2	3	5
		去离子水	80(体积)	90(体积)	100(体积)
		环氧树脂 E-51	10	15	18
		正丁基缩水甘油醚	3(体积)	5(体积)	8(体积)
		正辛醇	1(体积)	1.5(体积)	2(体积)
		减水剂母液	15(体积)	20(体积)	25(体积)

续表

原料		配比(质量份)		
		1#	2#	3#
石墨烯改性微胶囊	石墨烯改性预聚体	1	1	1
	芯材乳液	1	1.5	2
	间苯二酚	0.05	0.07	0.1
	氢氧化钠溶液	适量	适量	适量

制备方法　按质量份数称取各组分原料，将微胶囊改性减水剂与剩余各组分原料混合搅拌均匀后即可得到复配型混凝土减水剂。

原料介绍　所述微胶囊改性减水剂的制备方法如下：

(1) 将邻苯二甲酸酐和异戊烯醇加入容器中，在氮气保护下，加入三氟甲磺酸和对羟基苯甲醚，在油浴下加热至120～126℃并反应3～6h，冷却至室温，得到酯化大单体，备用。

(2) 将异戊烯基聚氧乙烯醚和去离子水加入反应器中，充分搅拌溶解后加入酯化大单体和过氧化氢，控制反应器温度为40～45℃，匀速滴加A液和B液，控制滴加速度为1～5滴/s，滴加完成后保温1～3h，加入碱液调节pH值为6～7，得到减水剂母液，备用。

(3) 将石墨烯改性微胶囊超声分散于去离子水中，得到分散液，将减水剂母液和分散液超声分散混合后，在60～65℃下搅拌1～3h，再依次加入过硫酸铵、抗坏血酸、过氧化氢以及丙烯酸，继续搅拌3～6h后加入氢氧化钠溶液调节pH值为6.5～7.2，即可。

所述石墨烯改性微胶囊的制备方法如下：

(1) 将尿素和甲醛溶液混合后加入容器中，待尿素完全溶解后，用三乙醇胺调节pH值至8～9，然后加入氧化石墨烯分散液，在70～75℃恒温水浴中搅拌1～3h，得到石墨烯改性预聚体。

(2) 将十二烷基苯磺酸钠加入去离子水中，混匀后加入环氧树脂E-51和正丁基缩水甘油醚，超声分散20～50min后，在50～55℃下恒温搅拌50～80min，在搅拌过程中加入正辛醇，然后再加入减水剂母液，继续搅拌10～30min，得到芯材乳液。所述超声分散的功率为300～500W；所述搅拌转速为1000～1500r/min。

(3) 将石墨烯改性预聚体加入芯材乳液中，调节pH值为1～3，搅拌10～20min后，在50～55℃下反应1～2h，然后加入间苯二酚，升温至60～65℃并反应1～3h，调节pH值为中性，将形成的悬浊液过滤后烘干，筛分后即可得到石墨烯改性微胶囊。

产品特性　本品不仅减水效果优异，而且还具有对混凝土塑性收缩产生的裂缝进行填充修补的作用，从而可以减少混凝土中收缩裂缝的产生，同时，还可以对浇筑的混凝土内部起到补充减水剂的作用，从而使得混凝土内部的过稠现象得到明显改善，使得混凝土的力学性能和耐久性得到显著提升。

配方 10　改良新拌混凝土和易性的聚羧酸减水剂

原料配比

原料	配比(质量份)				
	1#	2#	3#	4#	5#
乙烯基聚氧乙烯醚	30	34.5	36	37	40
底料水	25	25	27	30	30

续表

原料		配比(质量份)				
		1#	2#	3#	4#	5#
氧化剂	双氧水	0.2	—	—	—	—
	过硫酸钠	—	0.26	0.26	—	0.3
	过硫酸钾	—	—	—	0.28	—
次磷酸钠		0.3	0.35	0.4	0.45	0.5
功能单体	马来酸二乙酯	0.1	—	—	0.13	—
	丙烯酸羟丙酯	—	0.1	—	—	—
	甲基丙烯酸二甲氨基乙酯	—	—	0.1	—	—
	丙烯酸羟乙酯	—	—	—	—	0.2
硫酸亚铁		0.08	0.08	0.1	0.12	0.12
氯化钠		20	22.92	24	26.87	30
丙烯酸		2.5	2.8	2.8	3.3	3.5
水		6.5	6.5	7	8.5	8.5
还原剂	吊白块	—	—	0.085	—	—
	维生素C	0.07	0.07	—	0.085	0.1
后补水		20	20	23	25	25
氢氧化钠		2	2	2.4	2.6	2.6

制备方法

(1) 按照聚羧酸减水剂的配方备料。

(2) 将乙烯基聚氧乙烯醚与底料水搅拌至溶解。

(3) 依次加入氧化剂、次磷酸钠、功能单体、硫酸亚铁、氯化钠。

(4) 配制滴加料：将丙烯酸、还原剂、水混合均匀。

(5) 滴加滴加料，滴加完成后，在 (35±2)℃下保温熟化 1h；滴加滴加料的时间为 1～3h。

(6) 将氢氧化钠与后补水搅拌至完全溶解，加入上述混合物中，得到聚羧酸减水剂。

产品特性

(1) 本品中加入了氯化钠，在提高混凝土保坍性和和易性的同时，还提高了早晚期抗压强度。

(2) 本品可以适应长时间的施工过程，改善了混凝土的工作性能。

配方 11　高强度混凝土降黏型减水剂

原料配比

原料	配比(质量份)		
	1#	2#	3#
丙烯酸	70	120	100
不饱和磷酸酯单体	60	90	75
甲基丙烯酸甲酯	50	80	65

续表

原料	配比(质量份)		
	1#	2#	3#
二甲基甲酰胺	80	150	100
聚乙二醇单甲醚甲基丙烯酸酯	20	40	30
聚丙烯酸钠	20	50	35
甲基烯丙基磺酸钠	30	50	40
引发剂	5	15	10
链转移剂	20	60	40
氢氧化钠	10	20	15
去离子水	300	600	400

制备方法

(1) 取甲基丙烯酸甲酯和聚乙二醇单甲醚甲基丙烯酸酯加入反应釜中，再加入二甲基甲酰胺以及三分之一引发剂，氮气排空，设置搅拌速度为300～600r/min，搅拌20～24h，得到聚混合物；得到的聚混合物还可用石油醚提纯，除去杂质。

(2) 取丙烯酸、甲基烯丙基磺酸钠以及三分之一的去离子水混合，搅拌均匀形成丙烯酸/甲基烯丙基磺酸钠水溶液。

(3) 取聚丙烯酸钠置于容器中，加入三分之一的去离子水和氢氧化钠，搅拌均匀得到聚丙烯酸钠水溶液。

(4) 将步骤(2)中得到的丙烯酸/甲基烯丙基磺酸钠水溶液加入步骤(1)得到的聚混合物中，加入不饱和磷酸酯单体和三分之一的去离子水，水浴加热到40～60℃，以100～300r/min的速度搅拌，再分别逐滴加入步骤(3)得到的聚丙烯酸钠水溶液、三分之二引发剂、链转移剂，滴加完成后，保持温度和搅拌速度不变，继续反应1～3h，调节pH值为中性，得到高强度混凝土降黏型减水剂。

原料介绍　所述不饱和磷酸酯单体由甲基丙烯酸丙酯和五氧化二磷反应而成，即取甲基丙烯酸丙酯和五氧化二磷放入反应釜中，迅速升温到75～80℃，以200～400r/min的速度搅拌，酯化反应3～4h，然后加入水，继续搅拌10min后升温到90～100℃，保温2～3h，冷却，得到不饱和磷酸酯单体；其中甲基丙烯酸丙酯、五氧化二磷和水的质量比为甲基丙烯酸丙酯∶五氧化二磷∶水=(12～16)∶2∶1。

所述聚丙烯酸钠的制备方法为：取丙烯酰胺、丙烯酸钠和碳酸钠饱和溶液，搅拌均匀后逐滴加入过硫酸钠和月桂硫醇，用氮气排尽空气，室温下超声15min，水浴升温至55～70℃，以400W的功率超声2～3h，得到聚丙烯酸钠；其中丙烯酰胺、丙烯酸钠、碳酸钠饱和溶液、过硫酸钠和月桂硫醇的质量比为(10～15)∶(10～15)∶(20～25)∶(0.1～0.5)∶(0.1～0.5)。

所述引发剂为双氧水、过硫酸铵、过硫酸钾、偶氮二异丁腈、偶氮二异庚腈、偶氮二异丁酸二甲酯中的一种或多种。

所述链转移剂为次磷酸钠、巯基丙酸、3-巯基丙酸异辛酯、2-巯基乙醇中的一种或多种。

产品特性

(1) 本品在混凝土中形成的水膜厚度相对普通减水剂较薄，释放更多的自由水，同时，使用钠盐保护羧基官能团、磺酸官能团，减少 COO^- 官能团，使得氢键数量较少，束缚住的水分子减少，在水不变的情况下，让混凝土拥有更多的自由水，黏度大幅度降低。

（2）本品采用甲基丙烯酸丙酯和五氧化二磷反应生成不饱和磷酸酯单体，参与到减水剂分子的合成过程，在减水剂分子中引入磷酸官能团，磷酸官能团具有良好的降黏效果，与减水剂分子中的羧酸等官能团协同作用，充分发挥缓释、降黏的效果，在高强度混凝土中使用时，能够提高混凝土的流动性。

（3）本品与混凝土混合后具有较大的净浆流动度和较短的排空时间，具有较好的降黏效果。

配方 12 高强度混凝土降黏型聚羧酸减水剂

原料配比

原料		配比（质量份）				
		1#	2#	3#	4#	5#
引发剂	过硫酸铵	0.72	0.72	0.72	0.72	0.72
链转移剂	3-巯基丙酸	0.44	0.44	0.44	0.44	0.44
不饱和羧酸	丙烯酸	17.4	17.4	17.4	17.4	17.4
不饱和磺酸盐	甲基烯丙基磺酸钠	0.36	0.36	0.36	0.36	0.36
不饱和酯类单体	丙烯酸甲酯	—	2.6	7.8	10.4	13
聚醚单体	异丁烯醇聚氧乙烯醚	145	145	145	145	145
水		120	120	120	120	120
碱性溶液		适量	适量	适量	适量	适量

制备方法

（1）采用自由基共聚法，将聚醚单体和适量的去离子水置于反应釜中，在加热搅拌条件下使单体充分溶解；温度控制在 25～30℃，搅拌时间控制在 10～20min。

（2）将引发剂和链转移剂与水混合搅拌，得到 A 液。

（3）将不饱和羧酸、不饱和磺酸盐和不饱和酯类单体与水混合搅拌，得到 B 液。

（4）在设定的反应温度范围内，用注射泵将 A、B 液匀速滴加至反应釜中，搅拌结束，继续保温熟化一定时间。最后，滴加碱性溶液调节 pH 值至 6～7，即得到具有降黏性能的聚羧酸减水剂。

自由基共聚反应体系中，A 液滴加时间控制在 1～2h，B 液滴加时间控制在 1～2h；保温熟化时间控制在 1～1.5h。

原料介绍　所述聚醚单体为烯丙基聚氧乙烯醚、异戊烯醇聚氧乙烯醚、异丁烯醇聚氧乙烯醚和乙二醇单乙烯基聚乙二醇醚中的一种或一种以上混合。

所述的引发剂为过硫酸铵和过硫酸钾中的至少一种。

所述的链转移剂为 3-巯基丙酸、巯基乙酸、巯基乙醇、次亚磷酸钠和甲基丙烯磺酸钠中的一种或一种以上混合。

所述的不饱和羧酸为丙烯酸、甲基丙烯酸、富马酸和衣康酸中的至少一种。

所述的不饱和磺酸盐为甲基烯丙基磺酸钠、2-丙烯酰氨基-2-甲基丙磺酸、苯乙烯磺酸钠和乙烯基磺酸钠中的至少一种。

所述的不饱和酯类单体为丙烯酸羟乙酯、丙烯酸羟丙酯、丙烯酸甲酯、丙烯酸丁酯、甲基丙烯酸甲酯和甲基丙烯酸羟乙酯中的一种或一种以上混合。

所述的碱性溶液为氢氧化钠溶液或氢氧化钾溶液中的至少一种。

产品特性　本品因其独特的分子结构，对高强度混凝土起到减水、分散和降黏作用，而且该聚羧酸减水剂合成工艺简单，合成原料来源广泛，工作性能好，可满足实际工程的需求。

配方 13　高强混凝土降黏型聚羧酸减水剂

原料配比

原料		配比(质量份)		
		1#	2#	3#
改性丙烯酸溶液	丙烯酸	8	8	8
	2-甲基烯丙基聚氧乙烯醚	2	2	2
	巯基乙酸	0.12	0.12	0.12
	柠檬酸	1	1	1
	过氧化氢	1	1	1
异戊烯醇聚氧乙烯醚溶液	异戊烯醇聚氧乙烯醚	40	40	40
	水	60	60	60
10%过硫酸铵水溶液		2	2	2
改性丙烯酸溶液		5	5	5
1%丙烯酸羟乙酯水溶液		6	6	6
改性 N,N-二甲基(甲基丙烯酰氧乙基)氨基丙磺酸内盐		18	18	18
改性 N,N-二甲基(甲基丙烯酰氧乙基)氨基丙磺酸内盐	N,N-二甲基(甲基丙烯酰氧乙基)氨基丙磺酸内盐	25	25	25
	甲醇	50	50	50
	3-羟基-1-甲基四氢吡咯	7	—	7
	正硅酸乙酯	3	3	—
	叔丁醇钾	1	1	1

制备方法

（1）将丙烯酸和 2-甲基烯丙基聚氧乙烯醚加入容器中，搅拌均匀，配制成混合溶液。

（2）向混合溶液中加入巯基乙酸、柠檬酸和过氧化氢，在室温下搅拌，然后采用水浴加热反应，最后采用氢氧化钠水溶液调节 pH 值为中性，得到改性丙烯酸溶液。室温为 20～25℃，搅拌速度为 200～400r/min，搅拌时间为 10～20min。水浴加热反应，水浴加热温度为 70～80℃，反应时间为 2～4h。

（3）将异戊烯醇聚氧乙烯醚和水加入容器中，将温度提高到 50～70℃，待完全溶解后，制备成异戊烯醇聚氧乙烯醚溶液；向异戊烯醇聚氧乙烯醚溶液中加入过硫酸铵水溶液、改性丙烯酸溶液和丙烯酸羟乙酯水溶液，然后保持温度为 40～80℃，反应 1～2h，得到聚羧酸溶液；接着在聚羧酸溶液中加入改性 N,N-二甲基（甲基丙烯酰氧乙基）氨基丙磺酸内盐，调节溶液温度进行搅拌反应；然后调节 pH 值，得到降黏型聚羧酸减水剂。

调节溶液温度进行搅拌反应，调节溶液温度为60～80℃，搅拌速度为50～200r/min，反应时间为1～3h。调节pH值为采用100g/L氢氧化钠水溶液调节pH值为5.0～7.0。

原料介绍　所述的改性N,N-二甲基（甲基丙烯酰氧乙基）氨基丙磺酸内盐的制备方法如下：

（1）将20～30份N,N-二甲基（甲基丙烯酰氧乙基）氨基丙磺酸内盐和40～80份甲醇加入密封容器中，搅拌均匀，制备成混合溶液。

（2）向混合溶液中滴加5～10份3-羟基-1-甲基四氢吡咯和1～5份正硅酸乙酯，滴加速度为0.5～1mL/min；接着加入0.1～2份叔丁醇钾，对反应容器进行抽真空，水浴加热到50～70℃，在搅拌条件下进行反应，搅拌速度为200～400r/min，搅拌时间为20～30h；对得到的沉淀物进行过滤，然后在25～35℃真空干燥，得到改性N,N-二甲基（甲基丙烯酰氧乙基）氨基丙磺酸内盐聚合物。

产品特性

（1）本品加入混凝土拌和物中时，会产生较多的气泡，减水剂分子定向排列在气泡的液气界面上，同时具有与混凝土颗粒相同的电荷，导致水泥颗粒之间被气泡隔离，从而阻止水泥颗粒凝聚。而气泡本身也有支撑与分散的作用，有助于混凝土中的颗粒之间的相对滑动，从而起到很好的减水作用，改善混凝土黏附性。

（2）本品具有较好的降黏作用和减水性能，在混凝土的制备中具有降低成本、提高混凝土强度、延缓使用寿命的作用。该减水剂合成方法简单，材料易得，适合工业化应用。

配方14　高强混凝土用缓释降黏型聚羧酸减水剂

原料配比

原料		配比(质量份)			
		1#	2#	3#	4#
不饱和聚醚大单体	分子量为1800的异戊烯醇聚氧乙烯醚	400	—	—	—
	分子量为2400的异戊烯醇聚氧乙烯醚	—	400	—	—
	分子量为2400的4-羟丁基乙烯基聚氧乙烯醚	—	—	400	—
	分子量为3000的4-羟丁基乙烯基聚氧乙烯醚	—	—	—	200
	分子量为3000的异乙二醇单乙烯基聚氧乙烯醚	—	—	—	200
不饱和酸类单体		12	11	15	15
不饱和酯类单体		8	9	6	8
不饱和酰胺类单体		5	2	4	5
功能单体		4	5	5	3
氧化剂		1.5	1.5	1.5	1.3
还原剂		0.9	1.2	0.8	0.7
链转移剂		1.2	1.7	1.5	1
不饱和酸类单体	丙烯酸	10	8	8	8
	甲基丙烯酸	2	—	—	—
	马来酸酐	—	3	5	4
	甲基烯丙基磺酸钠	—	—	2	—
	富马酸	—	—	—	3

续表

原料		配比(质量份)			
		1#	2#	3#	4#
不饱和酯类单体	丙烯酸羟乙酯	4	—	—	—
	马来酸二丁酯	—	6	—	5
	衣康酸二甲酯	4	—	—	—
	衣康酸二丁酯	—	—	6	3
	3-(2-(甲基丙烯酰氧基)乙基)二甲基氨基丙烷-1-磺酸酯	—	3	—	—
不饱和酰胺类单体	2-丙烯酰胺-2-甲基丙磺酸	4	—	—	5
	N-丙基丙烯酰胺	1	—	—	—
	羟乙基丙烯酰胺	—	2	—	—
	N-甲基-2-丙烯酰胺	—	—	2	—
	羟甲基丙烯酰胺	—	—	2	—
功能单体	乙酸乙烯酯	4	2	—	1
	乙酸异丙烯酯	—	3	—	—
	乙酸-3-丁烯酯	—	—	3	—
	3-丁烯-2-乙酸甲酯	—	—	—	2
氧化剂	过硫酸铵	1.5	1		1.3
	过硫酸钠	—	0.5	—	—
	过硫酸钾	—	—	1.5	—
链转移剂	巯基乙酸	—	1.2	—	—
	巯基乙胺	—	0.5	—	—
	巯基乙醇	1.2	—	0.5	1
	巯基丙酸	—	—	1	
还原剂	异抗坏血酸	—	1.1	—	—
	L-抗坏血酸	0.9	—	—	0.2
	亚硫酸氢钠	—	—	0.7	—
	硫酸亚铁	—	—	0.1	0.1
	甲硫代硫酸钠	—	—	—	0.4
去离子水①		400	400	400	400
去离子水②		60	60	60	60
去离子水③		60	60	60	60

制备方法

(1) 将不饱和聚醚大单体溶解于去离子水①中，制得反应物底液。

(2) 将不饱和酸类单体、不饱和酯类单体、不饱和酰胺类单体、功能单体和链转移剂混合后加去离子水②，制得混合溶液 A；将还原剂和去离子水③混合，制得混合溶液 B。

(3) 将反应物底液升温至 50～80℃，加入氧化剂，再分别滴加混合溶液 A 和混合溶液 B，滴加完毕后保温反应，然后冷却至室温后加水稀释至固含量为 40%，制得高强混凝土用缓释降黏型聚羧酸减水剂。保温反应的温度为 50～80℃，保温时间为 1～2h。混合溶液 A

的滴加时间为1～2h，混合溶液B的滴加时间为1.5～2.5h。

产品特性　本品通过在聚合物分子结构中引入极性较低的乙酸酯类基团，有效降低了不饱和丙烯酸类单体的用量，从而降低了该缓释降黏型聚羧酸减水剂的材料、掺量敏感性。尤其针对石粉砂体系及石粉含量较高的机制砂体系高强混凝土，具有较好的持续降黏、提浆、保坍的作用，有效提高泵送、施工性能。

配方15　高强混凝土用降黏减水剂

原料配比

<table>
<tr><th colspan="3" rowspan="2">原料</th><th colspan="4">配比(质量份)</th></tr>
<tr><th>1#</th><th>2#</th><th>3#</th><th>4#</th></tr>
<tr><td rowspan="8">中间产物A</td><td>不饱和酸</td><td>丙烯酸</td><td>100</td><td>100</td><td>100</td><td>100</td></tr>
<tr><td rowspan="3">引发剂</td><td>偶氮二异丙基咪唑啉盐酸盐</td><td>0.5</td><td>—</td><td>—</td><td>—</td></tr>
<tr><td>偶氮二异丙基咪唑啉</td><td>—</td><td>2.5</td><td>—</td><td>3</td></tr>
<tr><td>偶氮二异丁基脒盐酸盐</td><td>—</td><td>—</td><td>1</td><td>—</td></tr>
<tr><td rowspan="3">链转移剂</td><td>二硫代苯乙酸酯氯化吡啶盐</td><td>0.8</td><td>—</td><td>1.5</td><td>—</td></tr>
<tr><td>二硫代苯甲酸酯丙酰胺</td><td>—</td><td>5</td><td>—</td><td>—</td></tr>
<tr><td>二硫代苯甲酸酯丁酸</td><td>—</td><td>—</td><td>—</td><td>2</td></tr>
<tr><td colspan="2">水</td><td>300</td><td>300</td><td>300</td><td>300</td></tr>
<tr><td colspan="3">中间产物A</td><td>1</td><td>1</td><td>1</td><td>1</td></tr>
<tr><td rowspan="4">聚醚大单体</td><td colspan="2">异戊烯基聚乙二醇醚(分子量为500)</td><td>5</td><td>—</td><td>—</td><td>—</td></tr>
<tr><td colspan="2">异戊烯基聚乙二醇醚(分子量为1000)</td><td>—</td><td>12</td><td>—</td><td>—</td></tr>
<tr><td colspan="2">异戊烯基聚乙二醇醚(分子量为700)</td><td>—</td><td>—</td><td>10</td><td>—</td></tr>
<tr><td colspan="2">异戊烯基聚乙二醇醚(分子量为800)</td><td>—</td><td>—</td><td>—</td><td>15</td></tr>
<tr><td rowspan="4">酯类疏水单体</td><td colspan="2">丙烯酸十二烷基酯</td><td>5</td><td>—</td><td>—</td><td>—</td></tr>
<tr><td colspan="2">甲基丙烯酸十四烷基酯</td><td>—</td><td>20</td><td>—</td><td>—</td></tr>
<tr><td colspan="2">丙烯酸十八烷基酯</td><td>—</td><td>—</td><td>—</td><td>8</td></tr>
<tr><td colspan="2">丙烯酸十四烷基酯</td><td>—</td><td>—</td><td>10</td><td>—</td></tr>
<tr><td rowspan="3">引发剂</td><td colspan="2">偶氮二异丙基咪唑啉盐酸盐</td><td>0.5</td><td>—</td><td>—</td><td>—</td></tr>
<tr><td colspan="2">偶氮二异丙基咪唑啉</td><td>—</td><td>2.5</td><td>—</td><td>3</td></tr>
<tr><td colspan="2">偶氮二异丁基脒盐酸盐</td><td>—</td><td>—</td><td>1</td><td>—</td></tr>
<tr><td rowspan="4">分散剂</td><td colspan="2">十二烷基磺酸钠</td><td>2</td><td>—</td><td>—</td><td>—</td></tr>
<tr><td colspan="2">十六烷基苯磺酸钠</td><td>—</td><td>10</td><td>—</td><td>—</td></tr>
<tr><td colspan="2">十二烷基苯磺酸钠</td><td>—</td><td>—</td><td>10</td><td>—</td></tr>
<tr><td colspan="2">十四烷基磺酸钠</td><td>—</td><td>—</td><td>—</td><td>10</td></tr>
<tr><td colspan="3">水</td><td>200</td><td>200</td><td>200</td><td>200</td></tr>
<tr><td colspan="3">石油醚</td><td>适量</td><td>适量</td><td>适量</td><td>适量</td></tr>
</table>

制备方法

(1) 将不饱和酸、引发剂、链转移剂和水加入反应釜中，密封冷冻脱气三次，在50～

80℃下反应2～5h，反应完成后用冰水浴冷却，将反应产物用石油醚沉淀，沉淀固体在50～60℃下真空干燥6～24h，得到中间产物A。中间产物A是不饱和酸聚合端头接有链转移剂的直链型结构，中间产物A的分子量为800～2000。

(2) 将上述中间产物A、聚醚大单体、酯类疏水单体、引发剂、分散剂和水加入反应釜中，通氮气并机械搅拌，50～80℃下反应1～8h，所得产物经石油醚沉淀，沉淀固体在50～60℃真空干燥6～24h，得到高强混凝土用降黏减水剂。

产品特性　本品具有吸附基团与长侧链嵌段共聚的结构。减水剂与混凝土拌和后，吸附基团使减水剂分子锚固于水泥颗粒表面，使水泥颗粒表面带有负电荷，形成静电排斥作用。长侧链在水泥颗粒间产生空间位阻作用，阻碍水泥颗粒间凝聚，使水泥的颗粒与颗粒之间分散，降低混凝土的黏度，从而有效地增加混凝土拌和物的流动性及拌和性能。

配方16　高适应性机制砂混凝土减水剂

原料配比

原料		配比(质量份)	
		1#	2#
甲基烯丙基聚氧乙烯醚		110	120
丙烯酸		50	70
丙烯酸及其同系物酯	丙烯酸十二烷基酯	40	—
	肉桂酸甲酯	—	60
双氧水		5	10
抗坏血酸		20	30
巯基丙酸		3	5
氢氧化钠		15	15
助剂		10	15
去离子水		90	105
助剂	硝酸锂	1	1.2
	氢氧化钠	3	3.2
	去离子水	10	12.6

制备方法

(1) 将100～120份的甲基烯丙基聚氧乙烯醚、5～10份的双氧水、10～20份的助剂和20～30份的去离子水混合均匀，搅拌溶解，得到底液A。

(2) 将50～70份的丙烯酸、40～60份的丙烯酸及其同系物酯和15～20份的去离子水混合均匀，得到溶液B。

(3) 将20～30份的抗坏血酸、2～5份的巯基丙酸和20～25份的去离子水混合均匀，得到溶液C。

(4) 向底液A中同时均匀滴加溶液B和溶液C，其中溶液B滴加2h，溶液C滴加3h。

(5) 滴加结束后继续搅拌2h，然后加入15～30份的氢氧化钠和30～35份的去离子水，继续搅拌，即得到所述高适应性机制砂混凝土减水剂。固含量为30%～38%。

原料介绍　所述丙烯酸及其同系物酯为丙烯酸十二烷基酯、甲基丙烯酸十二烷基酯、肉桂酸甲酯、肉桂酸苄酯、肉桂酸苯乙酯中的一种或几种。

所述助剂的制备方法为：将硝酸锂、氢氧化钠和去离子水置于容器中，搅拌混合均匀即可。

使用方法 本品掺量为水泥用量的 0.8%～1%。

产品特性 本品中采用的助剂可以有效降低聚合反应活化能，使得聚合反应在常温条件下即可进行。本品减水率高，拌制的机制砂混凝土坍落度经时损失较小，对机制砂石粉含量和亚甲蓝值（MB 值）的敏感性较低，与机制砂适应性较强。

配方 17 纤维混凝土专用减水剂

原料配比

<table>
<tr><th colspan="2" rowspan="2">原料</th><th colspan="5">配比(质量份)</th></tr>
<tr><th>1#</th><th>2#</th><th>3#</th><th>4#</th><th>5#</th></tr>
<tr><td colspan="2">聚羧酸减水剂母液</td><td>5</td><td>20</td><td>10</td><td>15</td><td>12</td></tr>
<tr><td colspan="2">聚羧酸保坍剂母液(BT1)</td><td>2</td><td>15</td><td>5</td><td>15</td><td>9</td></tr>
<tr><td colspan="2">聚羧酸保坍剂母液(BT2)</td><td>3</td><td>15</td><td>2</td><td>10</td><td>8</td></tr>
<tr><td colspan="2">黏度改性剂</td><td>0.05</td><td>0.5</td><td>0.1</td><td>0.4</td><td>0.3</td></tr>
<tr><td>混凝土缓凝剂</td><td>酒石酸或食用白糖</td><td>3</td><td>8</td><td>5</td><td>7</td><td>6</td></tr>
<tr><td>引气剂</td><td>阴离子表面活性剂的含气量调节剂</td><td>0.1</td><td>1</td><td>0.3</td><td>0.8</td><td>0.5</td></tr>
<tr><td>消泡剂</td><td>表面活性剂的含气量调节剂</td><td>0.01</td><td>0.1</td><td>0.03</td><td>0.08</td><td>0.05</td></tr>
<tr><td colspan="2">水</td><td>加至 100</td><td>加至 100</td><td>加至 100</td><td>加至 100</td><td>加至 100</td></tr>
<tr><td rowspan="4">聚羧酸减水剂母液</td><td>异戊烯醇聚氧乙烯醚(TPEG)</td><td>1</td><td>1</td><td>1</td><td>1</td><td>1</td></tr>
<tr><td>丙烯酸(AA)</td><td>0.11</td><td>0.11</td><td>0.11</td><td>0.11</td><td>0.11</td></tr>
<tr><td>丙烯酸羟乙酯(HEA)</td><td>0.13</td><td>0.13</td><td>0.13</td><td>0.13</td><td>0.13</td></tr>
<tr><td>聚乙二醇酯化大单体(PEM)</td><td>0.4</td><td>0.44</td><td>0.41</td><td>0.43</td><td>0.42</td></tr>
<tr><td rowspan="2">聚羧酸保坍剂母液(BT1)</td><td>端氨基甲氧基聚乙二醇</td><td>1</td><td>1</td><td>1</td><td>1</td><td>1</td></tr>
<tr><td>聚甲基丙烯酸</td><td>0.04</td><td>0.8</td><td>0.3</td><td>0.7</td><td>0.45</td></tr>
<tr><td rowspan="2">聚羧酸保坍剂母液(BT2)</td><td>异戊烯醇聚氧乙烯醚</td><td>1</td><td>1</td><td>1</td><td>1</td><td>1</td></tr>
<tr><td>二甲基二烯丙基氯化铵</td><td>0.2</td><td>0.1</td><td>0.18</td><td>0.12</td><td>0.15</td></tr>
<tr><td rowspan="2">黏度改性剂</td><td>纤维素</td><td>1</td><td>1</td><td>1</td><td>1</td><td>1</td></tr>
<tr><td>黄原胶</td><td>1.5</td><td>1.5</td><td>1.5</td><td>1.5</td><td>1.5</td></tr>
</table>

制备方法 将水置于反应釜中，加入混凝土缓凝剂搅拌至形成澄清溶液，向反应釜中加入聚羧酸减水剂母液和聚羧酸保坍剂母液，搅拌，然后再向反应釜中加入黏度改性剂，快速搅拌并在反应釜中加入引气剂和消泡剂，继续搅拌，得到所述高温下低坍落度、长初凝时间的纤维混凝土专用减水剂。所述搅拌时间为 4～6min；所述快速搅拌的转速为 180～220r/min，时间为 8～12min。

使用方法 本品用量为纤维混凝土胶凝材料用量的 1%～2%。

产品特性 本品生产工艺简单、原材料单价较低且易购买，能够使纤维混凝土在高温(35℃左右)、坍落度较低（100～140mm）的情况下工作性能长时间（2～3h）保持稳定，入模纤维混凝土含气量控制在 4%～6%，使纤维混凝土柔和、松软便于现场施工，较长的初凝时间（10～16h）和较低的早期强度（3d≤20MPa）使纤维混凝土不易开裂，对纤维混凝土后期强度增长没有影响，同时提高纤维混凝土后期耐久性。

配方 18　高吸附减水剂

原料配比

原料		配比(质量份)			
		1#	2#	3#	4#
无机微球组分	浓度为 0.1mol/L 的硫酸铝溶液	100(体积)	120(体积)	200(体积)	100(体积)
	丁二烯基三乙氧基硅烷	0.1(体积)	0.5(体积)	0.3(体积)	0.9(体积)
	正硅酸乙酯	5(体积)	8(体积)	8(体积)	7(体积)
	无水乙醇	500(体积)	1000(体积)	1500(体积)	1800(体积)
	二甲基甲酰胺	300(体积)	300(体积)	500(体积)	500(体积)
聚醚大单体	异戊烯基聚乙二醇醚(分子量 4000)	100	100	—	—
	异戊烯基聚乙二醇醚(分子量 5000)	—	—	100	100
氧化剂	双氧水	0.5	2	0.8	5
催化剂	氧化铁	0.05	—	—	—
	二氧化锰	—	0.3	—	0.5
	氧化锌	—	—	0.09	—
去离子水①		50	50	50	50
链转移剂	巯基乙酸	0.05	0.3	—	0.6
甲基丙烯磺酸钠		—	—	40	—
还原剂	吊白块	0.05	0.1	—	0.2
去离子水②		30	30	30	30
甲基丙烯磺酸钠		5	15	40	25
去离子水③		30	30	30	30
无机微球组分		0.5	2	5	3
分散剂	脂肪醇聚氧乙烯醚硫酸钠	0.8	—	—	—
	十二烷基苯磺酸钠	—	1.5	—	—
	脂肪醇聚氧乙烯醚硫酸铵	—	—	3	—
	月桂醇硫酸钠	—	—	—	1.8

制备方法

（1）将聚醚大单体、氧化剂、催化剂和去离子水①加入反应釜中。

（2）将链转移剂与还原剂溶于去离子水②中得到滴加液 A。

（3）将 5～40 份烯基磺酸盐溶于去离子水③中得到滴加液 B。

（4）将反应釜温度升至 20～50℃，开始滴加滴加液 A 和滴加液 B，保温搅拌。

（5）向反应釜中加入无机微球、分散剂，搅拌，超声分散均匀，即可制得产品。

原料介绍　所述无机微球的制备方法包括如下步骤：

（1）量取 100～200mL 浓度为 0.1～0.15mol/L 的无机铝盐溶液。

(2) 将0.1～1.0mL丁二烯基三乙氧基硅烷、5～10mL正硅酸乙酯、500～2000mL无水乙醇和无机铝盐溶液混合，常温下反应24～48h，得到混合液。

(3) 向混合液中加入300～500mL二甲基甲酰胺，混溶后减压蒸馏，分别用水和乙醇洗涤三次，然后离心分离，得到白色固体，将白色固体在40～50℃的真空干燥箱干燥8h后得到无机微球组分。

所述无机铝盐包括硫酸铝、氯化铝、硝酸铝和十二水合硫酸铝钾中的至少一种。

产品特性

(1) 本品引入磺酸基团，吸附效率高，聚醚大单体分散效果好，无机微球组分能提高混凝土的早期强度，补充混凝土的铝含量，各个组分协同作用，使混凝土的工作性和强度得到有效改善。

(2) 本品中聚醚大单体和烯基磺酸盐可以聚合产生大分子的共聚物。共聚物具有梳状结构，其主链带磺酸基团，长侧链则是由聚醚大单体舒展开所形成。相比于普通的聚羧酸减水剂来说，本品中的磺酸基团吸附能力更强，具有高分散性和分散保持能力，对于混凝土的保坍有明显效果。减水剂与混凝土拌和后，减水剂分子主链上的磺酸基团能更快速地与水泥颗粒表面的金属离子吸附，使减水剂分子锚固于水泥颗粒表面，使水泥颗粒表面带有负电荷，形成静电排斥作用，促使水泥颗粒相互分散，絮凝结构解体，释放出被包裹的部分水，参与流动，从而有效地增加混凝土拌和物的流动性。

配方 19 高效混凝土减水剂

原料配比

原料		配比(质量份)					
		1#	2#	3#	4#	5#	6#
改性丙烯酸	顺丁烯二酸酐	10	10	10	10	10	10
	二甲苯	20(体积)	20(体积)	20(体积)	20(体积)	20(体积)	20(体积)
	丙烯酸单体	7.5	25.2	30	46.6	7.5	7.5
	引发剂	适量	适量	适量	适量	适量	适量
改性丙烯酸		10	10	10	10	10	10
聚氧乙烯醚	聚氧乙烯醚 AEO-1	13.4	13.4	13.4	13.4	15.5	—
	聚氧乙烯醚 AEO-3	—	—	—	—	—	15.5

制备方法

(1) 丙烯酸与顺丁烯二酸酐混合溶解，升温至50～60℃后加入引发剂，在氮气气氛下继续升温至70～200℃，保温反应2～4h，得到改性丙烯酸。

(2) 将改性丙烯酸与聚氧乙烯醚混合溶解，升温至100～150℃，保温反应6～10h，得到高效混凝土减水剂。

原料介绍　所述引发剂为过氧化二苯甲酰、过氧化二叔丁基、过氧化二异丙苯、过氧化氢异丙苯、过氧化月桂酰、过氧化苯甲酸叔丁酯中的一种或多种。

所述引发剂的浓度为0.014～0.039g/mL。

所述聚氧乙烯醚的数均分子量为319～495。

产品特性

(1) 本品以丙烯酸、顺丁烯二酸酐以及端氨基聚氧乙烯醚作为反应原料，制成长链大分子减水剂，长链大分子减水剂加入再生骨料中，与凝胶材料拌混，所得的再生混凝土的28d抗压强度为43.1MPa，初始坍落度高达223mm，60min后坍落度仅损失6.31%，再生混凝土体系不离析、不泌水。

（2）本品对聚氧乙烯醚的分子量进行优选，使其数均分子量控制在合适范围内，从而使再生混凝土具备优异的后期保坍性能以及分散性能。

配方 20 高性能混凝土减水剂

原料配比

<table>
<tr><th colspan="3" rowspan="2">原料</th><th colspan="3">配比(质量份)</th></tr>
<tr><th>1#</th><th>2#</th><th>3#</th></tr>
<tr><td rowspan="9">溶胀磺化褐煤的丙酮分散液</td><td rowspan="2">碱浸后磺化褐煤粉</td><td>磺化褐煤</td><td>5</td><td>5</td><td>5</td></tr>
<tr><td>8%～12%氢氧化钠溶液</td><td>17</td><td>16</td><td>18</td></tr>
<tr><td rowspan="5">预处理磺化褐煤粉</td><td>碱浸后磺化褐煤粉</td><td>150</td><td>135</td><td>165</td></tr>
<tr><td>氯化棕榈蜡</td><td>7</td><td>6.5</td><td>7.5</td></tr>
<tr><td>氢氧化镁</td><td>12</td><td>11</td><td>13</td></tr>
<tr><td>异丙基二油酸酰氧基(二辛基磷酸酰氧基)钛酸酯</td><td>6</td><td>5.5</td><td>6.5</td></tr>
<tr><td>六偏磷酸钠</td><td>1</td><td>0.8</td><td>1.2</td></tr>
<tr><td colspan="2">预处理磺化褐煤粉</td><td>1</td><td>1</td><td>1</td></tr>
<tr><td colspan="2">丙酮</td><td>30</td><td>25</td><td>35</td></tr>
<tr><td colspan="3">氨基磺酸盐减水剂</td><td>15</td><td>14</td><td>16</td></tr>
<tr><td colspan="3">萘系减水剂</td><td>6</td><td>5.5</td><td>6.5</td></tr>
<tr><td colspan="3">溶胀磺化褐煤的丙酮分散液</td><td>600</td><td>520</td><td>680</td></tr>
</table>

制备方法　将氨基磺酸盐减水剂、萘系减水剂混合搅拌均匀后与溶胀磺化褐煤的丙酮分散液混合，控制搅拌速度为1450～1650r/min，进行搅拌，搅拌时间为20～30min，搅拌后静置45～55min，然后控制温度为38～45℃，进行蒸干，蒸干时间为11～15h，蒸干后粉碎至200目，得到磺化褐煤减水剂复合物，即高性能混凝土减水剂。

原料介绍　所述溶胀磺化褐煤的丙酮分散液的制备方法包括磺化褐煤预处理、磺化褐煤溶胀。

所述磺化褐煤预处理的方法为，将磺化褐煤粉碎至100～200目后，与氢氧化钠溶液混合，进行浸泡，浸泡时间为130～180min，浸泡后经水洗，并干燥至含水量为8%～12%，得到碱浸后磺化褐煤粉，然后将碱浸后磺化褐煤粉、氯化棕榈蜡、氢氧化镁、异丙基二油酸酰氧基（二辛基磷酸酰氧基）钛酸酯、六偏磷酸钠混合，控制温度为80～85℃，进行搅拌，搅拌时间为73～82min，搅拌后经烘干，并研磨至粒径为100～200目，得到预处理磺化褐煤粉。

所述磺化褐煤溶胀的方法为，将预处理磺化褐煤粉与丙酮混合，进行搅拌，搅拌时间为13～18min，然后进行浸泡溶胀，浸泡时间为14～16h，浸泡后得到溶胀磺化褐煤的丙酮分散液。

所述氨基磺酸盐减水剂的型号为BHY-2，固含量为32%。

所述萘系减水剂为固体粉末，型号为FDN-C萘系减水剂。

使用方法　本品掺量为水泥用量的0.65%。

产品特性　本品减水效果好，可以有效降低材料的坍落度损失，有效降低材料的含气量，并且保证含气量的稳定，可以提高净浆流动度，降低材料的收缩率。

配方 21　高性能降黏型聚羧酸混凝土减水剂

原料配比

原料		配比(质量份)			
		1#	2#	3#	4#
底料	去离子水	150	150	150	75
	甲基丙烯酸基聚氧乙烯聚氧丙烯单甲醚酯(JEFO)-2000	200	—	200	—
	甲基丙烯酸基聚氧乙烯聚氧丙烯单甲醚酯(JEFO)-1500	—	150	—	—
	甲基丙烯酸基聚氧乙烯聚氧丙烯单甲醚酯(JEFO)-750	—	—	—	100
	2-丙烯酰胺-2-甲基丙磺酸(AMPS)	—	—	6	—
	甲基烯丙基磺酸钠(SMAS)	4.6	4.6	—	4.6
A料	丙烯酸	25	25	25	25
	磺化巯基酸	0.8	0.8	0.8	0.8
	去离子水	20	20	20	20
B料	过硫酸铵	1.56	1.65	1.8	0.95
	去离子水	70	70	70	70
过硫酸铵		0.97	0.75	0.85	0.45
32%碱液		40	40	40	40

制备方法

(1) 将甲基丙烯酸基聚氧乙烯聚氧丙烯单甲醚酯和甲基烯丙基磺酸钠（SMAS）或2-丙烯酰胺-2-甲基丙磺酸（AMPS）、去离子水加入反应釜中，在60～75℃下搅拌均匀得底料。

(2) 将丙烯酸、磺化巯基酸、去离子水的混合溶液作为A料。

(3) 将过硫酸铵溶于去离子水中得B料。

(4) 将底料升温至60～85℃，加入过硫酸铵，混合均匀后开始滴加A料、B料，滴加完毕后保温加碱中和至其pH值为5～7，即得降黏型聚羧酸混凝土减水剂。

A料、B料滴加时的温度范围为60～75℃，保温温度范围为75～85℃。

原料介绍　所述的甲基丙烯酸基聚氧乙烯聚氧丙烯单甲醚酯的合成包括以下步骤：将甲基丙烯酸、阻聚剂和催化剂氢氧化钾或甲醇钾加入高压反应釜中，用N_2置换合格后，开始为反应釜升温，同时开启搅拌机；待釜温升至110℃时，开始向反应釜中加入少量的环氧乙烷和环氧丙烷，待温度升高、压力下降后，连续稳定地依次加入环氧乙烷和环氧丙烷至反应釜中，每次加料期间控制反应温为125～135℃，每次加料完毕后在恒温条件下进行熟化反应30min，待釜压不再下降时，开始为反应釜物料降温，反应釜温度降至90℃加入乙酸，进行中和反应，中和至聚醚产品pH 6.7，即得甲基丙烯酸基聚氧乙烯聚氧丙烯单甲醚酯。

产品特性

(1) 本品具有合理的亲水亲油性能，在高标号机制砂混凝土中应用能起到降低高标号混凝土黏度、改善和易性、延缓坍落度损失的作用。

（2）本品的分子结构中既包含酯类官能团又包含聚氧丙烯聚氧乙烯嵌段侧链，且侧链末端是亲油性的甲基，酯类官能团与水泥、石膏、掺和料等适应性好，起到改善和易性的作用；末端是甲基的聚氧丙烯聚氧乙烯嵌段侧链，相较纯聚氧乙烯侧链亲油性更好，即HLB值更低，HLB值降低会降低长链与水缔合的能力，能释放更多的自由水，起到降黏的作用；两种官能团相互作用，改善和易性的同时发挥了侧链的空间位阻效应，起到了降黏、减水和保坍的多重作用。

（3）本品可与普通的减水型、保坍型聚羧酸减水剂复合使用，使用该产品能明显降低高标号机制砂混凝土的黏度，并且改善其保坍性能。

配方 22　高性能抗裂减缩型混凝土减水剂

原料配比

原料		配比(质量份)		
		1#	2#	3#
不饱和聚醚单体		5540	5000	6000
丙烯酸类小单体		658	550	750
引发剂	双氧水	17.8	15	20
还原剂	维生素C	5.6	5	6
链转移剂	巯基乙酸	16.2	10	20
去离子水		适量	适量	适量
丙烯酸类小单体	丙烯酸	200	550	250
	丙烯酸羟乙酯	458	—	500

制备方法

（1）底料配制：在常温、常压条件下将不饱和聚醚单体用去离子水配制成浓度为50%～70%的底料，并将温度调节至（40±1）℃。

（2）A液配制：在常温、常压条件下将丙烯酸类小单体用去离子水配制成浓度为50%～70%的A液。

（3）B液配制：在常温、常压条件下往罐体中加入定量的去离子水，搅拌情况下加入还原剂和链转移剂，搅拌15min使溶液均匀，溶液浓度控制在0.01%～0.05%。

（4）调配合成：在底料中加入引发剂后搅拌均匀，然后缓慢滴加A液和B液，滴加过程控制温度稳定，滴加完成后保温60～70min完成聚合；引发剂的加入时间为A液、B液滴加前5min，加入时底料温度保持在（40±1）℃；A液与B液同时开始滴加，A液的滴加时间为（180±10）min，B液的滴加时间为（210±10）min，且A液、B液均以先慢后快的方式滴加，滴加的速度趋势相同。当B液滴加完成后开始计算保温时间，保温过程要求温度控制在40～45℃。所述A液、B液的滴加使用蠕动泵滴加，滴加过程中每30min确认液位是否符合要求，不符合的即时调整蠕动泵变频，使得调整后的滴加时间符合要求。

（5）温度降至常温后，加去离子水稀释至设计浓度，即得到高性能抗裂减缩型混凝土减水剂。

原料介绍　所述不饱和聚醚单体采用广东奥克化学有限公司生产的OXAB-501B聚醚产品，化学名称为亚烷基烯基聚氧乙烯醚，其羟值（以KOH计）为23～26mg/g，不饱和度≥0.37mmol/g，水含量≤5%。

产品特性

（1）本品中采用氧化还原共聚体系，其引发聚合速度快，可以在较低温度（40～45℃）下引发聚合，有效节约了生产能耗。

（2）本品具有分子量分布窄、杂质含量低、聚合反应活性高的特点，所合成的减水剂保坍性能突出，适应性好，综合性能优越。

（3）本品配方简单，未添加强酸或强碱物质，不需添加中和剂进行中和；选用的不饱和聚醚单体活性较高，在较低温度（40～45℃）下即可进行反应，且工艺简单，可控性强，从而有效降低了生产成本，有利于工业化生产。

配方 23 固态混凝土减水剂

原料配比

原料		配比(质量份)					
		1#	2#	3#	4#	5#	6#
β-环糊精		1	—	—	—	—	—
预改性 β-环糊精		—	1	—	—	—	—
改性 β-环糊精		—	—	1	1	1	1
甲基烯丙基聚氧乙烯醚		9	9	9	9	9	9
水		40	40	40	40	40	40
双氧水		0.2	0.2	0.2	0.2	0.2	0.2
丙烯酸		25	25	25	25	25	25
抗坏血酸		0.1	0.1	0.1	0.1	0.1	0.1
巯基乙酸		0.5	0.5	0.5	0.5	0.5	0.5
双氧水		0.2	0.2	0.2	0.2	0.2	0.2
功能化混合液		—	—	—	10	10	10
乙酸乙酯		100	100	100	100	100	100
功能化混合液	二氧化硅纳米粒子	—	—	—	3	—	2
	氧化石墨烯	—	—	—	—	3	1
	水	—	—	—	10	10	10

制备方法 将β-环糊精、预改性β-环糊精或改性β-环糊精和甲基烯丙基聚氧乙烯醚加入水中，然后在55～64℃下以450～550r/min的转速搅拌15～30min，加入双氧水继续搅拌8～12min，再加入丙烯酸继续搅拌反应2～4h，加入抗坏血酸和巯基乙酸继续搅拌反应3～4h，最后加入双氧水继续搅拌反应6～7h，结束后冷却至室温，用质量分数为20%～35%的氢氧化钠水溶液调节pH值至6～8，再加入功能化混合液，在28～32℃下以460～560r/min的转速搅拌1～2h，冷却至室温后倒入乙酸乙酯进行沉淀，过滤，干燥，研磨，得到固态混凝土减水剂。

原料介绍 预处理β-环糊精的制备方法如下：

将25～40质量份β-环糊精和15～23质量份氢氧化钠溶于400～500质量份水中，在室温下以800～1200r/min的转速搅拌4～6h，然后放入1～5℃冰水浴中，同时加入10～15质量份对甲苯磺酰氯，以 500～1000r/min 的转速继续搅拌 5～10h，结束后过滤，将得到的滤液用 8%～15%盐酸中和至 pH=6～7，并在 2～6℃下静置 8～16h，过滤，将得到的滤液加入水中进行重结晶，收集白色沉淀，干燥，得到预处理 β-环糊精。

预改性 β-环糊精的制备方法如下：

将 2～5 质量份预处理 β-环糊精和 1～3 质量份叠氮化钠溶于 35～45 质量份 *N*,*N*-二甲基甲酰胺中，在 75～85℃下以 800～1200r/min 的转速搅拌 20～30h，然后将溶液浓缩至原体积的一半并冷却至室温，加入 150～250 质量份丙酮进行沉淀，离心，洗涤，干燥，得到预改性 β-环糊精。

改性 β-环糊精的制备方法如下：

将 1.5 质量份预改性 β-环糊精和 2 质量份化合物 a 溶于 50 质量份由二甲基亚砜和水按照体积比 3∶1 组成的混合液中，在室温下以 1000r/min 的转速搅拌 30min，然后加入 0.3 质量份硫酸铜和 0.6 质量份抗坏血酸，在 70℃下搅拌 24h，将溶液浓缩至原体积的一半并冷却至室温，再加入 200 质量份正己烷进行沉淀，离心，洗涤，干燥，得到改性 β-环糊精。

其中化合物 a 的制备方法如下：

将 10～15 质量份甲基烯丙基聚氧乙烯醚溶于 50～70 质量份二氯甲烷中，在室温下以 800～1200r/min 的转速搅拌 20～40min，然后加入 0.5～2 质量份 4-戊炔酸，继续搅拌 8～15min 后，加入催化剂，在室温下继续搅拌 18～30h，过滤，将得到的滤液用饱和氯化钠水溶液进行萃取，得到的有机相用无水硫酸钠干燥后，再用 140～180 质量份正己烷进行沉淀，离心，干燥，得到化合物 a。所述催化剂为 4-二甲氨基吡啶和 *N*,*N*-二环己基碳二亚胺按质量比 1∶(2～4) 组成的混合物。

所述功能化混合液的制备方法如下：将 2～5 质量份功能化物质加入 8～15 质量份水中，超声分散 20～40min，即得。

产品特性　本品将具有显著空间位阻效应的 β-环糊精通过一系列改性处理后作为大分子单体直接参与聚羧酸减水剂的自由基聚合反应，不仅改善了聚羧酸减水剂在混凝土中的分散稳定性，而且有效阻止了颗粒与颗粒之间的团聚，使其相互排斥，破坏水泥颗粒的絮凝结构，释放出絮团中的自由水，从而增大混凝土的流动性，提高减水率以及改善混凝土拌和物的和易性。本品制备工艺简单，掺用量少，分散效果好，减水性能优异，易于存放和运输，降低了生产成本。

配方 24　缓凝型聚羧酸减水剂

原料配比

原料	配比(质量份)						
	1#	2#	3#	4#	5#	6#	7#
麦芽糊精	1	1.3	1.7	2	2	2	2
甲基纤维素	0.5	0.4	0.3	0.2	0.2	0.2	0.2
葡萄糖酸钠	1	2	3	4	4	4	4
蜂蜜	2	1.5	—	0.5	0.5	0.5	0.5
蔗糖	0.5	1.0	1.5	2	2	2	2
引气剂	0.5	0.7	0.9	1	1	1	1
消泡剂	1	0.8	0.3	0.1	0.1	0.1	0.1
聚羧酸减水剂母液	93.5	92.3	91.3	90.2	—	—	—
改性减水剂母液	—	—	—	—	90.2	90.2	90.2

制备方法 在聚羧酸减水剂母液或改性减水剂母液中加入麦芽糊精、甲基纤维素、葡萄糖酸钠、蜂蜜、蔗糖、引气剂和消泡剂，搅拌至溶解，即可得到缓凝型聚羧酸减水剂。

原料介绍 所述改性减水剂母液的制备方法如下：

(1) 将40～45质量份的二乙烯基三胺在氮气保护下置于冰水浴中，滴加130～140质量份丙烯酸甲酯的甲醇溶液，其中，加入的丙烯酸甲酯与二乙烯基三胺的物质的量相同，滴加完毕后，在25～30℃下反应4～5h，然后除去甲醇，升温至150～155℃，继续搅拌反应4～5h，得到端氨基超支化合物。

(2) 在5～7质量份步骤(1)得到的端氨基超支化合物中加入100～110质量份聚羧酸减水剂母液、0.2～0.4质量份的对甲苯磺酸和100～110质量份的甲苯，然后通过盐酸溶液调节其pH值至5～6，在135～140℃下搅拌反应4～5h，降温，得改性减水剂母液。

所述改性减水剂母液通过如下处理：将改性减水剂母液通过氢氧化钠溶液调节pH值至8。

使用方法 本品掺量为水泥质量的0.05%～0.2%。

产品特性

(1) 本品可以较好地延长混凝土的凝结时间。通过对各原料的配比进行优化，可以使减水率最大达到27.8%，并且水泥净浆流动度达到250mm。

(2) 通过对聚羧酸减水剂母液进行改性，即对聚羧酸减水剂母液中的聚羧酸分子进行超支化接枝，利用超支化分子的高水溶性，提高聚羧酸分子在水泥中的分散性，降低其与水泥、水之间的表面张力，并且超支化基团还有较多的氨基、羧基，可以使接触的水泥颗粒表面带有更多的电荷，在综合因素影响下，使水泥净浆流动度大大提高，凝结时间较大幅度延长。并且改性减水剂母液与氢氧化钠反应，形成羧酸盐结构，从而使聚羧酸分子的水溶性进一步提高，并且溶于水后产生更多的带电离子，接触水泥颗粒后，使其带电能力更强，水泥颗粒相互排斥能力更大，从而不易凝结，进一步延长其凝结时间。

配方 25 混凝土缓凝减水剂

原料配比

原料	配比(质量份)				
	1#	2#	3#	4#	5#
去离子水	200	220	260	240	250
聚合氯化铝	30	30	45	35	55
聚天门冬氨酸钠	60	70	150	100	200
椰油酸二乙醇酰胺	20	40	80	60	100
引发剂	70	80	85	85	100
聚羧酸减水剂母液	25	25	30	30	40
芳香聚酰胺纤维	40	30	60	40	80
硫酸铁	50	60	80	70	100
引发剂	10	20	20	30	20
链转移剂	20	25	20	30	20

制备方法 在反应容器中加入去离子水、聚合氯化铝、聚天门冬氨酸钠和椰油酸二乙醇酰胺，在120～140℃保温混合30～90min，形成胶体，再置于－2～0℃环境中密封静置30～60min，形成固体，然后粉碎成粒径为3～10nm的微粒，即得改性聚合氯化铝，向改性

聚合氯化锆中加入引发剂，并滴加聚羧酸减水剂母液、芳香聚酰胺纤维以及硫酸铁，同时另外滴加引发剂和链转移剂的混合溶液，保温并搅拌反应 2～4h，反应结束后滴加碱液调节 pH 值至 6～8，即得到混凝土缓凝减水剂。

原料介绍　所述的引发剂为过硫酸铵、亚硫酸氢钠的混合物，质量比为过硫酸铵∶亚硫酸氢钠＝1∶(1～2)。

所述的链转移剂为巯基丙酸、次亚磷酸钠中的一种。

产品特性

(1) 本品选用特定的聚羧酸减水剂母液、芳香聚酰胺纤维以及硫酸铁进行反应，有利于更好地提高反应所得缓凝减水剂的缓凝效果的稳定性，使得添加了缓凝减水剂的混凝土的缓凝时间更加不容易受到混凝土的材料以及温度的影响，有利于混凝土的缓凝时间更好地稳定在某一范围内，从而使得钢筋混凝土桩的施工时间更容易把控。

(2) 本品的工作性良好、强度高、抗裂性好、抗渗性好且寿命长。

配方 26　混凝土减水剂（1）

原料配比

原料		配比(质量份)	
		1#	2#
改性石墨烯	*N*,*N*-二甲基甲酰胺	200	250
	氧化石墨烯	0.05	0.05
	1-乙基-3-(3-二甲基氨基丙基)碳化二亚胺	0.05	0.1
	N-羟基邻苯二甲酰亚胺	0.01	0.02
石墨烯改性聚醚	改性石墨烯	0.05	0.1
	异戊烯醇聚氧乙烯醚	120	120
	去离子水	80	80
A 组分	丙烯酸	20	20
	去离子水	40	40
B 组分	抗坏血酸	0.1	0.1
	巯基乙酸	0.2	0.2
	去离子水	60	60
石墨烯改性聚醚		50	50
双氧水		0.1	0.1
去离子水		40	40
A 组分		60	60
B 组分		50	50
30%氢氧化钠溶液		适量	适量

制备方法　在反应器中加入所述石墨烯改性聚醚、双氧水和去离子水，开启搅拌，控制反应器温度在 35～40℃，搅拌均匀后分别向反应器中滴加 A 组分和 B 组分，滴加完毕后保温 1～1.5h，将反应器降至室温，加入氢氧化钠溶液调节反应产物的 pH 值为 7，得到所述减水剂。

原料介绍　所述石墨烯改性聚醚的制备方法：在反应器中加入所述改性石墨烯、异戊烯醇聚氧乙烯醚、去离子水，控制反应器温度在35～45℃，开启搅拌，反应3～5h后出料，经洗涤、过滤、干燥，得到所述石墨烯改性聚醚。

所述改性石墨烯的制备方法为：在反应器中加入*N*,*N*-二甲基甲酰胺、氧化石墨烯、1-乙基-3-(3-二甲基氨基丙基）碳化二亚胺、*N*-羟基邻苯二甲酰亚胺，控制反应器温度在35～45℃，进行超声分散2～3h，经离心10～15min后，除去上清液，得到所述改性石墨烯。

产品特性　本品通过石墨烯封端聚醚进行改性，一方面能够利用聚醚的空间位阻解决石墨烯的分散问题，另一方面，通过所述石墨烯改性聚醚制备得到的减水剂能够控制水泥颗粒与水之间的接触作用，进而改善水泥基材料的流变性能。分散良好的改性聚醚能够促进后期水泥基材料的水化作用，进而提高水泥基材料的力学性能。

配方 27　混凝土减水剂（2）

原料配比

原料		配比(质量份)					
		1#	2#	3#	4#	5#	6#
甲基烯丙基聚氧乙烯醚		330	370	410	—	—	—
异戊烯基聚氧乙烯醚		—	—	—	350	360	360
水		400	440	470	420	430	430
链转移剂	异丙醇	—	4	—	—	—	—
	偏亚硫酸氢钠	—	—	—	—	—	4
	巯基乙酸	3	—	—	—	—	—
	巯基丙酸	—	—	4.8	—	—	—
	巯基乙醇	—	—	—	3.2	—	—
	次磷酸钠	—	—	—	—	3.6	—
烯酸类化合物	丙烯酸	29	—	—	—	—	—
	马来酸	—	—	—	43	—	—
	巴豆酸	—	—	—	—	—	58
	柠康酸	—	—	49	—	—	—
	甲基丙烯酸	—	37		—	—	—
	富马酸	—	—	—	—	57	—
引发剂	过氧化氢	1.8	—	2.6	2	—	2
	过硫酸铵	—	2.2	—	—	2.2	—
还原剂	维生素C	0.4	—	—	—	—	—
	乙二胺	—	—	—	—	—	0.9
	硫酸亚铁	—	—	0.4	—	—	—
	亚硫酸氢钠	—	0.8	—	—	0.8	—
	草酸	—	—	—	0.5	—	—
氧化石墨烯		1.5	2	3	2	2	2.5
固体碱	氢氧化钠	18	19	20	19	19	20
2-氯丙烯酸甲酯		15	—	—	—	—	—
2-氯丙烯酸		—	16	18	16	16	17

制备方法

（1）将氧化石墨烯和水混合均匀，加入固体碱与2-氯丙烯酸反应制备羧基化石墨烯分散液。采用超声法，控制参数为：超声频率（20±1）kHz，超声功率3000W，时间2～3h。

（2）在羧基化石墨烯分散液中加入甲基烯丙基聚氧乙烯醚或异戊烯基聚氧乙烯醚混合均匀，再加入引发剂混合均匀。

（3）分别配制链转移剂、还原剂混合的水溶液一和烯酸类化合物的水溶液二；于45℃以下，在步骤（2）获得的混合液中同时滴加水溶液一和水溶液二，水溶液一和水溶液二的滴加时间控制在2～3.5h，滴毕后保温反应1～2h，反应结束后采用pH值调节剂调pH值至6.8～7.2。

原料介绍　所述甲基烯丙基聚氧乙烯醚的平均分子量为1964～2756。

所述异戊烯基聚氧乙烯醚的平均分子量为1980～2772。

产品特性　本品先将氧化石墨烯改性成羧基化石墨烯，使氧化石墨烯上的羟基和环氧基转化为羧基，改善羧基化石墨烯的水溶性及电催化作用，同时引入烯基，通过羧基化石墨烯桥接效应使减水剂高分子稳定吸附在水泥颗粒表面，延缓水化反应，有效降低混凝土的经时损失，通过羧基化石墨烯模板效应，改善分散性能，从而提高减水剂对浆体系统的分散性，增强其在混凝土中的减水效果和保坍效果。此外，本品减水剂的制备方法简单易行，聚合反应可在常温或低温下进行，条件温和，易于推广。

配方28　混凝土减水剂（3）

原料配比

原料		配比(质量份)	
		1#	2#
聚羧酸减水剂	醚类聚羧酸减水剂	10	10
保坍剂	聚羧酸保坍剂	2	2
缓凝剂	柠檬酸	3	3
硫酸盐	硫酸钾	0.2	0.2
引气剂	松香树脂类引气剂	0.3	0.2
二元醇	丁二醇	2	2
水		75	75

制备方法　将聚羧酸减水剂、保坍剂、缓凝剂、引气剂、二元醇和水混合，搅拌，加入硫酸盐，继续搅拌，得到混凝土减水剂。

原料介绍　所述聚羧酸减水剂的初始静浆流动度为300～340mm。

产品特性

（1）本品与混凝土材料复合使用可大幅度提高混凝土的耐久性、流动性和抗折强度等性能，减水剂的综合性能较传统聚羧酸减水剂有了显著提升，可以广泛应用于高层建筑、大跨度桥梁等混凝土结构的现浇以及商品混凝土。

（2）本品将硫酸盐和引气剂复配，显著提高聚羧酸减水剂的分散性，进而提高混凝土减水剂的综合性能。推测可能是硫酸盐溶解后，减少水化产物对聚羧酸减水剂分子的包裹和消耗，降低表面张力，提高微引气作用，增强了引气剂的功效。本品的原料简单易得，制备方法简单。

配方 29 混凝土减水剂（4）

原料配比

原料			配比（质量份）				
			1#	2#	3#	4#	5#
改性甲壳类减水剂	甲壳素高聚物		65	65	65	70	60
改性甲壳类减水剂	水		700(体积)	700(体积)	700(体积)	800(体积)	600(体积)
改性甲壳类减水剂	混合溶液		300(体积)	300(体积)	300(体积)	350(体积)	250(体积)
改性甲壳类减水剂	混合溶液	40%稀硫酸	1	1	1	1	1
改性甲壳类减水剂	混合溶液	过氧化氢	0.6	0.6	0.6	0.6	0.6
改性甲壳类减水剂	马来海松酸		35	35	35	40	30
改性甲壳类减水剂	对苯二胺		11	11	11	14	8
改性甲壳类减水剂	DMF		80(体积)	80(体积)	80(体积)	90(体积)	70(体积)
改性甲壳类减水剂	1,3-丙基硫酸内酯		33	33	33	38	28
改性甲壳类减水剂	氢氧化钠溶液		400(体积)	400(体积)	400(体积)	500(体积)	300(体积)
改性甲壳类减水剂	焦亚硫酸钙		28	28	28	32	24
改性甲壳类减水剂	叔十二烷基硫醇		13	13	13	16	10
改性甲壳类减水剂	3-巯基丁酸乙酯		6	6	6	7	5
改性甲壳类减水剂	甲醇		500(体积)	500(体积)	500(体积)	550(体积)	450(体积)
甲基烯丙醇聚氧乙烯醚			90	100	80	90	90
丙三酸			65	70	60	65	65
催化剂	对甲苯磺酸		21	34	28	21	21
甲氧基聚乙二醇			60	65	55	60	60
链转移剂	巯基丙酸		25	30	20	25	25
3-氯-2-羟基丙磺酸钠			54	60	48	54	54
引发剂	双氧水-抗坏血酸混合液		40	45	35	40	40
溴代辛烷			41	46	36	41	41
三乙烯四胺			40	50	30	40	40
乙醇			800(体积)	900(体积)	700(体积)	800(体积)	800(体积)
二环已基碳二亚胺			16	20	12	16	16
外加减水剂			220	240	200	220	220
双氧水-抗坏血酸混合液	双氧水		1	1	1	1	1
双氧水-抗坏血酸混合液	抗坏血酸		0.85	0.9	0.8	0.85	0.85
外加减水剂	改性甲壳类减水剂		1	1	1	1	1
外加减水剂	蔗糖减水剂		0.48	0.65	0.3	0.48	0.48

制备方法

（1）在氮气保护下，将甲基烯丙醇聚氧乙烯醚、丙三酸和占总量55%～60%的催化剂混合搅拌，控制温度至90～120℃反应3～4h，待冷却至室温后，使用二氯甲烷和水进行萃取分液，制得反应中间体。

（2）在氮气保护下，向步骤（1）所得的反应中间体中加入甲氧基聚乙二醇、链转移剂和余量的催化剂混合搅拌，控制温度至110～130℃反应5～6h，再加入3-氯-2-羟基丙磺酸钠和引发剂，降温至50～60℃反应1～2h，制得反应聚合物。

（3）向步骤（2）所得的反应聚合物中加入溴代辛烷、三乙烯四胺和乙醇混合搅拌，控制温度至40～60℃反应50～90min，降温至室温后，滴加二环己基碳二亚胺混合反应10～15min，再加入外加减水剂以200～300r/min的速度充分搅拌混合，制得所述混凝土减水剂。

原料介绍　所述改性甲壳类减水剂的制备方法，包括以下步骤：

（1）将甲壳素高聚物和水预先混合搅拌1～2h，升温至85～95℃，滴加稀硫酸与过氧化氢的混合溶液反应20～30min，控制温度至70～80℃反应2～3h，制得物料1。

（2）将马来海松酸、对苯二胺和*N*,*N*-二甲基甲酰胺（DMF）混合搅拌，控制温度至60～70℃反应1～2h，再加入1,3-丙基硫酸内酯混合，持续升温至160～180℃反应3～5h，冷却析晶，制得物料2。

（3）向物料1中加入氢氧化钠溶液反应40～50min，控制温度至70～80℃，再依次加入焦亚硫酸钙、叔十二烷基硫醇、3-巯基丁酸乙酯和甲醇混合反应2～3h，降低温度至30～40℃后加入物料2混合搅拌，熟化1～2h，制得改性甲壳类减水剂。

产品特性　本品具有较好的分散保持性，对水泥颗粒长时间具有分散作用，从而提高可操作性，减少单位用水量，改善混凝土拌和物的流动性。

配方30　混凝土聚羧酸减水剂

原料配比

原料		配比(质量份)		
		1#	2#	3#
碳六型聚醚大单体(DPEG)	二乙二醇单乙烯基醚	132	132	132
	甲醇钠	6	6	6
	环氧乙烷	268	268	268
	环氧乙烷	2000	2600	3100
	醋酸	6	6	6
底料	减水剂聚醚大单体	364	364	364
	AMPS	2	2	2
	去离子水	303	303	303
	过硫酸铵	3.62	3.62	3.62
A料	丙烯酸	38.2	38.2	38.2
	去离子水	154.6	154.6	154.6
B料	巯基丙酸	2.42	2.42	2.42
	抗坏血酸	0.83	0.83	0.83
	去离子水	155.1	155.1	155.1

制备方法

（1）底料、A料和B料的配制

① 底料的配制：称取减水剂聚醚大单体、AMPS和去离子水于四口烧瓶中，充分搅拌后加入过硫酸铵。

② A料的配制：称取丙烯酸和去离子水，混合均匀得A料。

③ B料的配制：称取巯基丙酸、抗坏血酸和去离子水，混合均匀得B料。

(2) 整体控制固含量为38%～42%，通过蠕动泵将A料和B料分别滴入底料中，滴加时间为3～4h，反应结束后静置熟化1～2h，得成品混凝土聚羧酸减水剂。

原料介绍 所述碳六型聚醚大单体（DPEG）的分子量为2400～3500，双键保留率控制在98.3%～98.9%，PEG控制在0.11%～0.13%；

所述碳六型聚醚大单体（DPEG）的制备方法，包括以下步骤：

(1) 将二乙二醇单乙烯基醚和成品碳六减水剂聚醚大单体质量2%的催化剂甲醇钠预先在氮气保护的容器中混合2～3h。

(2) 待反应停止，溶液稳定后移入反应釜进行氮气置换，当釜内温度达到95℃时通入环氧乙烷，保持反应压力小于0.4MPa，发生乙氧基化反应。

(3) 待反应物分子量超过400后，提高反应温度至105℃，继续通入环氧乙烷，进行乙氧基化反应生成碳六减水剂聚醚大单体。

(4) 环氧乙烷通入量决定反应物分子量，反应物分子量达到3000～3500则环氧乙烷反应结束，熟化1～2h，用醋酸中和，温度低于80℃取出碳六减水剂聚醚大单体。

产品特性 本品纯度高，具有优异的保坍性和抗泥性，能有效避免混凝土强度损失。

配方31 混凝土抗冻减水剂

原料配比

原料	配比(质量份)		
	1#	2#	3#
β-萘磺酸盐甲醛缩合物	30	40	45
葡萄糖月桂酸酯	32	35	38
微晶白云母粉	35	40	45
膨润土	20	25	30
双氧水	80	90	95
三萜皂苷	25	35	45
沙蒿胶	3	4	5
乙二醇	5	6	7
聚山梨酯	10	11	13
乳酸钠	7	9	10
异戊烯醇聚氧乙烯醚	32	38	46
过硫酸铵	10	12	13
木质素	15	17	20
碳纤维废丝	4	5	6
水	120	160	200

制备方法

(1) 将微晶白云母粉、膨润土和三帖皂苷通过细沙网进行筛分，取出内部的杂质和较大的颗粒，备用。筛分次数为两次，第一次采用的细沙网为2000目，第二次采用的细沙网为5000目。

（2）将水加入混合釜内部，加入β-萘磺酸盐甲醛缩合物和葡萄糖月桂酸酯，混合20～30min，得到混合液A。水温保持在45～50℃。

（3）将沙蒿胶、乙二醇和聚山梨酯用水稀释之后与混合液A同时注入反应釜内部，同时将反应釜内部温度提升至65℃，混合50min。

（4）将反应釜内部温度降低至30℃，然后加入双氧水，之后将过筛之后的微晶白云母粉、膨润土和三帖皂苷同时注入反应釜内部，温度保持为30℃，混合25min，取出得到混合液B。

（5）在混合釜内部注上水，并将温度提升至75℃，将乳酸钠、异戊烯醇聚氧乙烯醚和过硫酸铵注入混合釜内部，混合均匀。

（6）将木质素和碳纤维废丝同时注入混合釜内部，混合20～30min后，将混合釜静置，使内部温度降低至40℃。降温方法为静置降温。

（7）将混合液B注入混合釜内部，继续混合60min，之后静置温度降至常温，得到抗冻减水剂。

产品特性　本品能够有效地与混凝土进行混合，降低泥土对减水剂的吸附，使得减水剂充分发挥作用，提高减水率，有效地保持混凝土的抗压强度，具有良好的减水分散性能，增强混凝土的抗压、抗折性能，提高混凝土的抗冻效果，提高混凝土的抗冻融耐久性，使得混凝土适用于寒冷地区工程使用，减水剂的强度高、性能好，有效改善了混凝土的性能，延长了混凝土的使用寿命。

配方32　混凝土用高效减水剂

原料配比

原料	配比(质量份)		
	1#	2#	3#
聚羧酸减水剂	12	15	16
改性触变颗粒	2	2.5	3
葡萄糖酸钠	0.5	0.8	1
三聚磷酸钠	0.5	0.7	1
硫酸镁	1	1.5	2
聚丙烯酰胺	0.1	0.15	0.2
羟丙基甲基纤维素	0.1	0.15	0.2
十二烷基苯磺酸钠	0.05	0.07	0.1
去离子水	80	85	90

制备方法　将各组分原料混合均匀即可。

原料介绍　所述制备聚羧酸减水剂的方法为：将过硫酸铵投入其质量100～150倍的去离子水中，在30～40℃温度条件下搅拌均匀，制得第一液体；将α-甲基丙烯酸、顺丁烯二酸酐投入去离子水中，在40～50℃温度条件下搅拌均匀，制得第二液体；将烯丙基聚氧乙烯醚、聚乙二醇单甲醚投入去离子水中，在40～50℃温度条件下搅拌均匀，制得第三液体；

在 55～65℃、搅拌条件下，将第二液体以 0.3～0.5mL/min 的滴加速率滴加至第一液体中；滴加完成后，再以 0.2～0.3mL/min 的滴加速率滴入第三液体；滴加完成后，保温 4～5h，自然冷却至常温，采用浓度为 0.1～0.2mol/L 的氢氧化钠溶液调节 pH 值至中性，制得聚羧酸母液；聚羧酸母液经浓缩、干燥、粉碎，制得聚羧酸减水剂。

所述第二液体中，α-甲基丙烯酸、顺丁烯二酸酐、去离子水的质量比为（20～25)∶(10～15)∶(150～200)。

所述第三液体中，烯丙基聚氧乙烯醚、聚乙二醇单甲醚、去离子水的质量比为（8～10)∶(3～5)∶(300～350)。

所述 α-甲基丙烯酸、烯丙基聚氧乙烯醚、聚乙二醇单甲醚、过硫酸铵的质量比为 1∶(8～10)∶(3～5)∶(0.1～0.2)。

所述烯丙基聚氧乙烯醚的规格为：羟值（以 KOH 计）为 50～60mg/g，酸值（以 KOH 计）为 0.2～0.3mg/g。

制备改性触变颗粒，包括以下步骤：造粒、改性。

（1）造粒

将碳纤维、气相 SiO_2、膨润土、硬硅钙石投入球磨机内，球磨处理 15min，制得球磨物；将球磨物、碳酸氢铵、海藻酸钠、水混合均匀，通过造粒机制成粒径为 2mm 的颗粒，并置于氮气环境下，400℃煅烧 4h；然后以 3℃/min 的升温速率升温至 700℃，继续保温煅烧 2h，制得煅烧颗粒。

其中，碳纤维、气相 SiO_2、膨润土、硬硅钙石的质量比为 2∶9∶3∶1。

球磨物、碳酸氢铵、海藻酸钠、水的质量比为 10∶0.1∶0.5∶40。

球磨处理中，控制球料比为 5∶1，球磨转速为 300r/min。

（2）改性

将煅烧颗粒置于氮气环境下，以 1.2℃/min 的升温速率升温至 210℃，保温活化 2h，自然冷却至常温后，与硅烷偶联剂 KH-570 共同投入改性液中，以 400r/min 的转速搅拌 20min；然后滤出固体物，采用 5 倍体积的去离子水淋洗一次，在真空环境下，75℃干燥至质量无变化，制得改性触变颗粒。

其中，煅烧颗粒、硅烷偶联剂 KH-570、改性液的质量比为 1∶0.03∶15。

所述改性液的制备方法为：将多巴胺投入 pH 值为 8.0 的磷酸氢二钾-磷酸二氢钾复合缓冲液中，在 20℃温度条件下，以 50r/min 的转速搅拌 1h，静置 2h，制得改性液。

其中，多巴胺与磷酸氢二钾-磷酸二氢钾复合缓冲液的质量比为 1∶800。

产品特性　本品能够有效降低混凝土浇筑体老化后抗压强度的损失，有效提高其耐老化性能，稳定性好，适用于混凝土的大规模预制，以及混凝土的现场拌和。

配方 33　混凝土用缓释型减水剂

原料配比

原料	配比(质量份)				
	1#	2#	3#	4#	5#
甲基烯基聚氧乙烯醚	17	18	16	20	15
异戊烯醇聚氧乙烯醚	15	12	18	10	20
甲基丙烯酸甲酯	8	9	7	10	6

续表

原料		配比(质量份)				
		1#	2#	3#	4#	5#
乙烯基羧酸二甲酯		6.5	6	7	5	8
丙烯基羧酸二甲酯		10	11	9	12	8
丙烯酸		20	22	18	25	15
甲基丙烯酸磺酸钠		15	12	18	10	20
双氧水		2	2.5	1.5	3	1
还原剂	硫代硫酸钠	2.5	3	2	—	—
	维生素C	—	—	—	4	1
次亚磷酸钠		3	3.5	2.5	2	4
氧化剂	过硫酸铵	4.5	—	—	6	—
	过硫酸钾	—	4	5	—	3
链转移剂	巯基乙酸	1.5	—	1.2	1	—
	巯基丙酸	—	1.8	—	—	2
醇胺类化合物	三乙醇胺	5	—	—	—	3
	三异丙醇胺	—	4	—	—	—
	二乙醇胺	—		6	8	—
去离子水		135	140	130	150	120

制备方法

(1) 将还原剂、链转移剂、丙烯酸溶于适量去离子水中，配制成A液；将氧化剂、双氧水溶于适量去离子水中，配制成B液。

(2) 将适量去离子水加入反应容器内，加入甲基烯基聚氧乙烯醚、异戊烯醇聚氧乙烯醚，开启搅拌并升温至40～60℃。

(3) 保持搅拌，温度保持在40～60℃，向反应容器中依次加入甲基丙烯酸甲酯、乙烯基羧酸二甲酯、丙烯基羧酸二甲酯、醇胺类化合物、甲基丙烯酸磺酸钠、次亚磷酸钠。

(4) 保持搅拌，温度保持在40～60℃，向反应容器中滴加A液和B液；A液和B液在2～3h内滴加完成，滴加完成后，加入余下的去离子水，保温在40～60℃反应1～2h。

(5) 将反应容器内的反应物降温至常温，调整pH值至中性，得到减水剂成品。

产品特性　本品对混凝土的坍落度的保持能力可达到3～5h，让混凝土后期的保坍性能变得可控，可尽量避免混凝土出现泌水、离析等现象，可以实现混凝土的远距离输送和泵送。

配方34　混凝土用聚羧酸减水剂（1）

原料配比

原料	配比(质量份)		
	1#	2#	3#
异戊烯醇聚氧乙烯醚	100	100	100
丙烯酸羟乙酯	18	16	20
丙烯酸	10	11	9

续表

原料	配比(质量份)		
	1#	2#	3#
2-甲基丙烯酰氧乙基磷酸胆碱	7	6	8
甲基丙烯酰乙基磺基甜菜碱	7	8	6
双丙酮丙烯酰胺	4	3	5
丙烯酰胺	4	5	3
引发剂	0.8	0.6	1
促引发剂	0.5	0.6	0.4
链转移剂	2.5	2	3
硫酸钙晶须	5	4	6
水	300	270	335
5%～15%氢氧化钠溶液	适量	适量	适量

制备方法

(1) 在第一份水中加入引发剂，混合均匀获得预混液 A，备用。

(2) 在第二份水中加入促引发剂、链转移剂，混合均匀获得预混液 B，备用。

(3) 在第三份水中加入丙烯酸羟乙酯、丙烯酸，混合均匀获得预混液 C，备用。

(4) 在第四份水中加入 2-甲基丙烯酰氧乙基磷酸胆碱、甲基丙烯酰乙基磺基甜菜碱、双丙酮丙烯酰胺、丙烯酰胺，混合均匀获得预混液 D，备用。

(5) 将第五份水升温至 40～60℃，加入异戊烯醇聚氧乙烯醚、硫酸钙晶须，混合均匀，然后加入预混液 A，之后同步滴加预混液 B、预混液 C、预混液 D，待滴加完毕，保温搅拌处理 2～4h，冷却降温，加入氢氧化钠溶液调节 pH 值为 6～7，获得聚羧酸共聚物混合液。预混液 B 的滴加时间为 3.5～4.5h；预混液 C 的滴加时间为 2.5～3.5h；预混液 D 的滴加时间为 0.5～1.5h。

所述第一份水、第二份水、第三份水、第四份水、第五份水的质量比为 7：(25～35)：(55～65)：(45～55)：(140～160)。

使用方法　聚羧酸减水剂的添加量为胶凝材料用量的 0.1%～3%。

产品特性　本品应用于混凝土中，6h 坍落度损失率＜7%、6h 扩展度损失率＜8%、混凝土的泌水率＜1%、28d 抗压强度＞43MPa，使混凝土具有高坍落度和扩展度保持时间、低泌水性、高抗压强度的优点。

配方 35　混凝土用聚羧酸减水剂（2）

原料配比

原料		配比(质量份)		
		1#	2#	3#
单体	六碳甲基烯丙基聚醚	345	—	360
	六碳异戊烯基聚氧乙烯醚	—	330	—
丙烯酸		25	20	30
硫酸亚铁		15	10	20

续表

原料		配比(质量份)		
		1#	2#	3#
中和剂	氢氧化钠溶液	7.5	5	10
去离子水		500	400	600
A物料		50	45	60
B物料		58	16	70
引发剂	过硫酸铵	4	—	—
	过硫酸钾	—	3	—
	过硫酸钠	—	—	5
A物料	丙烯酸	25	20	30
	去离子水	30	25	35
B物料	磷基多元酯	8	6	10
	去离子水	50	40	60

制备方法

(1) 配制单体溶液：向反应釜中加入适量去离子水后开启搅拌机，按顺序投入单体、丙烯酸、硫酸亚铁，使其得以充分溶解配制成溶液，加入中和剂调节pH值至6～8，常温下溶解即可，无温度要求。

(2) 配制A物料和B物料：采用对应质量份数的丙烯酸和去离子水配制A物料；采用对应质量份数的磷基多元酯和去离子水配制B物料。

(3) 向步骤(1)的单体溶液中加入引发剂，然后同时滴加A物料和B物料，滴加结束后保温反应一段时间，检测合格后得聚羧酸减水剂。A物料的滴加时间为30min，B物料的滴加时间为50min，滴加结束温度控制在40℃以内。保温反应时间为1h。

产品特性　本品减水率高，能显著提高减水剂的分散性及分散保持性，具有很好的保坍性能，且对稳定性不好的混凝土原材料适应性好，对混凝土的柔和性好。

配方 36　机制砂混凝土用抗泥保水型聚羧酸减水剂

原料配比

原料			配比(质量份)		
			1#	2#	3#
咖啡酸-γ-环糊精不饱和酯化单体	咖啡酸		100	100	100
	γ-环糊精		50	200	250
	催化剂	甲苯磺酸	1.5	—	10.5
		硫酸氢钠	—	6	—
	阻聚剂	*N*-亚硝基-*N*-苯基羟胺铝	0.75	—	7
		N,*N*-二丁基二硫代氨基甲酸铜	—	4.5	—
	带水剂	石油醚	15	—	70
		甲苯	—	54	—
咖啡酸-γ-环糊精不饱和酯化单体			1	4	5

续表

原料			配比(质量份)		
			1#	2#	3#
单体混合水溶液	酯类大单体	甲氧基聚乙二醇丙烯酸酯	85	—	—
		甲氧基聚乙二醇甲基丙烯酸酯	—	65	—
		甲氧基聚乙二醇马来酸酐酯	—	—	55
	不饱和一元羧酸	丙烯酸	20	12	—
		甲基丙烯酸	—	—	8
	交联抗泥单体	二乙二醇二丙烯酸酯	—	1	0.5
	水		20	30	30
引发剂水溶液	引发剂	过硫酸铵	0.8	—	1
		过硫酸钾	—	2	—
	水		30	30	30
链转移剂水溶液	链转移剂	3-巯基乙酸-2-甲基己酯	1	0.6	—
		4-氰基-4-(苯基硫代甲酰硫基)戊酸	—	—	0.4
	水		30	30	30
水			适量	适量	适量
氢氧化钠溶液			适量	适量	适量

制备方法

(1) 将咖啡酸、γ-环糊精、催化剂、阻聚剂和带水剂加入微波反应器中，在 200～600W 微波功率下加热至 100～140℃，反应 20～70min，即得咖啡酸-γ-环糊精不饱和酯化单体。

(2) 将酯类大单体、不饱和一元羧酸、交联抗泥单体二乙二醇二丙烯酸酯和水混合得到单体混合水溶液；将引发剂与水混合得到引发剂水溶液；将链转移剂与水混合得到链转移剂水溶液；将咖啡酸-γ-环糊精不饱和酯化单体和适量水置于微波反应器中，在 250～400W 微波功率下加热至 65～85℃，并于 65～85℃下同时滴加单体混合水溶液、引发剂水溶液和链转移剂水溶液；在 30～60min 内分别滴加完上述单体混合水溶液、引发剂水溶液和链转移剂水溶液；滴加结束后继续反应 25～35min，得共聚产物。

(3) 将 (2) 制得的共聚产物用氢氧化钠溶液中和至 pH 值为 5～7，即得所述的机制砂混凝土用抗泥保水型聚羧酸减水剂。

机制砂混凝土用抗泥保水型聚羧酸减水剂固含量为 30%～50%。

产品特性 本品在分子链上引入了多羟基结构的 γ-环糊精，亲水性强，可以有效减少游离水的释放，能大大提高减水剂的保水性，有效抑制泥土对聚羧酸减水剂的吸附作用，提高减水剂的抗泥效果。

配方 37 减胶型混凝土减水剂

原料配比

原料		配比(质量份)		
		1#	2#	3#
KH-570 改性纳米二氧化硅	纳米二氧化硅	6	6	6
	甲苯	5(体积)	5(体积)	5(体积)
	KH-570(γ-甲基丙烯酰氧基丙基三甲氧基硅烷)	2	2	2
	三乙胺	10(体积)	10(体积)	10(体积)

续表

原料			配比(质量份)		
			1#	2#	3#
固体粉末	KH-570改性纳米二氧化硅		1	1	1
	甲基丙烯磺酸钠		0.5	0.5	0.5
	丙烯酸		0.5	0.5	0.5
	过氧化二苯甲酰		0.02	0.02	0.02
	甲苯		50(体积)	50(体积)	50(体积)
组分A	二羧基单体	衣康酸	1.3	—	—
		丙二酸	—	1	1
	三乙醇胺		3	3	3
	N,*N*-二甲基甲酰胺		100(体积)	100(体积)	100(体积)
	固体粉末		5	5	5
组分A			17	17	18
组分B氧化镁			1	1	1.2
硅酸钠溶液			0.8	0.8	0.9
水			50	50	60

制备方法　将组分A、组分B、硅酸钠溶液加入水中，混合均匀得到减胶型混凝土减水剂。

原料介绍　所述组分A通过如下步骤制备：

(1) 在氮气保护条件下，将KH-570改性纳米二氧化硅、甲基丙烯磺酸钠、丙烯酸和过氧化二苯甲酰加入甲苯中反应，反应结束后，经过离心洗涤、干燥，得到固体粉末。反应过程为在80℃条件下回流冷凝反应3h。

(2) 在氮气保护条件下，将二羧基单体和三乙醇胺加入*N*,*N*-二甲基甲酰胺中，搅拌分散，升温搅拌反应4～5h，加入所述固体粉末，保持温度不变，继续搅拌反应3～4h，反应结束后，经过离心洗涤、干燥，得到组分A。升温搅拌反应过程中，升温至120℃。

所述的KH-570改性纳米二氧化硅，通过如下步骤制备：将纳米二氧化硅和甲苯混合，然后加入KH-570（γ-甲基丙烯酰氧基丙基三甲氧基硅烷）和三乙胺，加热回流反应3h，反应结束后，经过离心洗涤、干燥，得到KH-570改性纳米二氧化硅。利用KH-570改性纳米二氧化硅，在纳米二氧化硅表面引入碳碳双键。

所述的硅酸钠溶液的质量浓度为20%～30%。

产品特性　本品在其余条件相同的条件下，使水泥用量较少的混凝土仍能保持较高强度，能以更少的总用量实现更好的效果。本品应用于混凝土时，不仅节省混凝土胶凝材料，还具备了传统减水剂的各项功能，减少了传统减水剂、减胶剂的掺入，实现对成本更好地控制。

配方38　减胶型聚羧酸减水剂

原料配比

原料		配比(质量份)			
		1#	2#	3#	4#
异戊烯醇聚氧化乙烯醚大单体		360	325	360	360
不饱和酸单体	丙烯酸	50	45	49	49

续表

原料		配比(质量份)			
		1#	2#	3#	4#
消泡单体	聚氧乙烯-聚氧丙烯嵌段共聚物	32.4	35	3.6	10.8
链转移剂	巯基乙酸	3.5	3.2	3.2	3.4
氧化剂	双氧水	2.8	2.4	2.4	2.4
还原剂	抗坏血酸	0.7	0.6	0.6	0.6
去离子水		1327	1217	1237	1258

制备方法　将各组分原料混合均匀即可。

使用方法　本品主要用于室内外金刚砂耐磨地坪、水磨石地坪、原浆收光地坪、超平地坪、普通水泥地坪、石材等基面上，适合于工厂车间、仓库、商场超市、码头、机场跑道、桥梁、公路等水泥基的场所。

产品特性　本品在保证水泥混凝土各种性能的基础上，较大幅度地减少水泥混凝土中胶凝材料的用量，提高混凝土的性能。

配方 39　建筑混凝土用减缩型减水剂

原料配比

原料	配比(质量份)		
	1#	2#	3#
聚甘油改性型聚羧酸减水剂	80	90	95
抗离析剂	1	3	8
改性聚羧酸保坍剂	5	13	15

制备方法　将聚甘油改性型聚羧酸减水剂、抗离析剂以及改性聚羧酸保坍剂进行复配，即可得到所需的减缩型减水剂。

原料介绍　聚甘油改性型聚羧酸减水剂的制备方法如下：

(1) 将乙二醇单乙醚加入四口烧瓶中，在30～80r/min的转速下加入马来酸酐，加热至110～120℃，再加入改性聚甘油，恒温反应5～8h，待反应结束后冷却至室温，得到改性酯化中间体。

(2) 将异戊烯醇聚氧乙烯醚和去离子水加入四口烧瓶中，在50～100r/min的转速下加热至60～70℃，待溶液变透明后加入引发剂，得到溶液A，再把丙烯酸、改性酯化中间体和去离子水配制成溶液B，将还原剂、链转移剂和去离子水配制成溶液C，将溶液A搅拌5～10min后开始滴加溶液B和溶液C，溶液B匀速滴加3～4h，溶液C匀速滴加3.5～4.5h，滴加完成后，保温1～3h，冷却出料，即可得到聚甘油改性型聚羧酸减水剂。

所述的乙二醇单乙醚与马来酸酐的摩尔比为1∶(1.3～1.8)；所述的改性聚甘油占马来酸酐质量的3%～5%。

所述的溶液A中，异戊烯醇聚氧乙烯醚和去离子水的质量比为1∶(8～16)；所述的溶液B中，丙烯酸、改性酯化中间体和去离子水的质量比为1∶(0.1～0.5)∶(10～20)；所述的溶液C中，还原剂、链转移剂和去离子水的质量比为1∶(0.6～0.9)∶(10～20)；所述的溶液A、溶液B以及溶液C的体积比为10∶(3～5)∶(0.5～0.8)；所述的还原剂选用维生素C或硫代硫酸钠；所述的链转移剂选用巯基丙酸或巯基乙酸。

所述的改性聚甘油的制备方法如下：在四口烧瓶中加入适量的聚甘油、溶剂甲苯和对苯二酚，搅拌后加入丙烯酸和对甲苯磺酸，在60～70℃下反应2～5h，将水与甲苯共沸蒸出，得到改性聚甘油。

所述的聚甘油与丙烯酸的摩尔比为1∶(4～5)；所述的聚甘油与溶剂甲苯的比例为1∶(15～30)；所述的对苯二酚占丙烯酸质量的1.5%～2.5%；所述的对甲苯磺酸占聚甘油质量的2.5%～3.5%。

所述的改性聚羧酸保坍剂的制备方法如下：

(1) 将去离子水、十二烷基硫酸钠以及乳化剂OP-10混匀于容器中，再加入甲基丙烯酸甲酯、丙烯酸丁酯以及丙烯酸，在室温下搅拌均匀得到预乳液，再将去离子水、十二烷基硫酸钠、乳化剂OP-10、碳酸氢钠以及复合氧化锌纳米线在常温下搅拌均匀，升温至80～85℃，得到种子乳液，将预乳液和过硫酸钾滴加到种子乳液中，在80～85℃下聚合反应2～5h，待反应液冷却至室温，用氨水调节pH值至8～9，过滤后得到改性聚丙烯酸酯乳液。

(2) 将异戊烯醇聚氧乙烯醚、双氧水以及去离子水在30～40℃下搅拌溶解，然后滴加维生素C、丙烯酸、巯基乙酸和改性聚丙烯酸酯乳液，滴加2～3h，结束后保温1～2h，冷却后加入氢氧化钠溶液调节pH值至6.0～6.8，得到改性聚羧酸保坍剂。

所述的预乳液中，去离子水、十二烷基硫酸钠、乳化剂OP-10、甲基丙烯酸甲酯、丙烯酸丁酯以及丙烯酸的质量比为(40～60)∶(0.7～1.0)∶(0.32～0.40)∶(20～25)∶(30～36)∶(2.0～2.8)。

所述的种子乳液中，去离子水、十二烷基硫酸钠、乳化剂OP-10、碳酸氢钠以及复合氧化锌纳米线的质量比为(15～20)∶(0.48～0.55)∶(0.24～0.32)∶(0.25～0.30)∶(1～3)。

所述的过硫酸钾的用量占预乳液质量的0.1%～0.3%；所述的预乳液与种子乳液的质量比为(5.0～5.5)∶1。

所述的维生素C的用量为异戊烯醇聚氧乙烯醚质量的0.5%～0.8%；所述的双氧水的用量为异戊烯醇聚氧乙烯醚质量的0.7%～0.9%；所述的巯基乙酸的用量为异戊烯醇聚氧乙烯醚质量的0.4%～0.7%。

所述的异戊烯醇聚氧乙烯醚、丙烯酸、改性聚丙烯酸酯乳液以及去离子水的质量比为1∶(2～3)∶(0.1～0.5)∶(5～10)。

所述的复合氧化锌纳米线的制备方法如下：将6～10g二氰二胺放置在马弗炉中，以2～5℃/min的速率升温至500～600℃，在空气氛围中静态缩聚4～6h，将产物研磨成粉末，得到石墨状氮化碳，将3～8g氧化锌纳米线浸在0.05～0.1mol/L的石墨状氮化碳的乙二醇悬浊液中5～10min，放在200～230℃的加热台上干燥2～5h，将产物用去离子水冲洗后自然干燥，得到复合氧化锌纳米线。

所述的氧化锌纳米线的制备方法如下：将0.25～0.5mol/L六水合硝酸锌和0.3～0.6mol/L六甲基四胺的水溶液在常温下以50～100r/min的转速搅拌10～30min，得到生长液，然后转移至反应釜中，在90～96℃恒温烘箱中反应8～12h，待冷却至室温，经离心洗涤后烘干，得到氧化锌纳米线。

产品特性　本品具有优良的减缩性能，还具有很好的保坍性，从而实现混凝土稳定性和强度得到增强的效果。此外，本品还具有较好的稳泡性能，使得混凝土具有很好的和易性。

配方 40 聚羧酸混凝土减水剂

原料配比

原料	配比(质量份)		
	1#	2#	3#
异戊烯醇聚氧乙烯醚	500	750	1000
4%～6%过硫酸钾与亚硫酸氢钠(1∶1)水溶液	500	750	1000
聚乙二醇甲醚甲基丙烯酸酯	600	2800	2000
丙烯酸	180	250	200
硫酸亚铁	0.3	1	0.8
异丙醇	13	40	30
10%聚季铵盐-10 水溶液	0.5	2	1.5
30%氢氧化钾水溶液	适量	适量	适量
水	适量	适量	适量

制备方法　将分子量为 300～1000 的异戊烯醇聚氧乙烯醚与水加入反应容器中加热至 80～100℃溶解，向反应容器中滴加质量分数为 4%～6%的等质量的过硫酸钾与亚硫酸氢钠的混合水溶液，同时将分子量为 1000～2000 的聚乙二醇甲醚甲基丙烯酸酯、丙烯酸加入反应容器中，然后加入硫酸亚铁、异丙醇、质量分数为 10%的聚季铵盐-10 的水溶液，整个共聚反应在 80～100℃下进行，在搅拌条件下 4～6h 完成反应，待整个反应体系冷却至室温，采用碱液调节 pH 值至 6.0～7.0，即得。控制共聚反应的总固含量为 38%～40%，余量为水。

原料介绍　所述的异戊烯醇聚氧乙烯醚的分子量为 600～1000。

所述的聚乙二醇甲醚甲基丙烯酸酯的分子量为 1000～1200。

所述的碱液为质量分数为 30%的氢氧化钾水溶液。

产品特性　本品减水率高，对混凝土坍落度保持性能好，坍落度损失低，配制的混凝土流动性高，反应条件容易控制，操作简单，适合工业化规模生产。

配方 41 聚羧酸系混凝土减水剂

原料配比

原料		配比(质量份)				
		1#	2#	3#	4#	5#
中间产物	衣康酸	2	2	2	2	2
	4-羟丁基乙烯基聚氧乙烯醚	5	5	5	5	5
	吩噻嗪	0.01	0.01	0.01	0.01	0.01
	甲苯	300	300	300	300	300
	98% 浓硫酸	0.21	0.21	0.21	0.21	0.21
EPEG 水溶液	EPEG	100	100	100	100	100
	水	400	400	400	400	400

续表

原料		配比(质量份)				
		1#	2#	3#	4#	5#
混合溶液Ⅰ	甲基丙烯磺酸钠	0.1	0.1	0.1	0.1	0.1
	抗坏血酸	0.2	0.2	0.2	0.2	0.2
	水	30	30	30	30	30
混合溶液Ⅱ	丙烯酸	3	3	3	3	3
	衣康酸改性无机材料	—	3	3	3	—
	无机材料	—	—	—	—	3
	25% 双氧水	1.6	1.6	1.6	1.6	1.6
	巯基乙酸	0.1	0.1	0.1	0.1	0.1
	水	65	65	65	65	65
25%～30%氢氧化钠水溶液		适量	适量	适量	适量	适量
衣康酸改性无机材料	无机材料	—	3	3	3	—
	8% 氢氧化钠水溶液	—	50	50	50	—
	DMF	—	150	150	150	—
	衣康酸	—	10	10	10	—
无机材料	纳米二氧化钛	—	1	3	—	—
	碳纳米管	—	1	—	3	—

制备方法

(1) 将衣康酸、4-羟丁基乙烯基聚氧乙烯醚、吩噻嗪加入甲苯中混合均匀，然后再加入95%～98%浓硫酸，加热至90～110℃反应4～6h，旋蒸除去甲苯，洗涤、干燥，得到中间产物。

(2) 将EPEG加入水中混合均匀，得到EPEG水溶液；将甲基丙烯磺酸钠、抗坏血酸加入水中混合均匀，得到混合溶液Ⅰ；将丙烯酸、双氧水、巯基乙酸加入水中混合均匀，得到混合溶液Ⅱ。

(3) 将上述中间产物加入EPEG水溶液中，在20～25℃反应10～20min，然后加入上述混合溶液Ⅰ、混合溶液Ⅱ，保持20～25℃反应3～5h，再加入25%～30%氢氧化钠水溶液调节pH值至6～8，得到聚羧酸系混凝土减水剂。

原料介绍　所述的衣康酸改性无机材料的制备方法为：将无机材料加入8%氢氧化钠水溶液中混合均匀，然后加热至150～250℃反应2～3h，离心取沉淀、洗涤、干燥，得到预处理无机材料；将上述预处理无机材料加入DMF中超声分散20～30min，然后再加入衣康酸，加热至70～80℃反应2～3h，离心沉淀、洗涤、干燥，得到衣康酸改性无机材料。

产品特性　本品将衣康酸改性4-羟丁基乙烯基聚氧乙烯醚与EPEG、丙烯酸在常温下进行交联、通过自由基聚合反应制备具有网状结构的聚羧酸混凝土减水剂，网状结构的存在提高聚羧酸混凝土减水剂与混凝土的吸附力，进一步提高混凝土的强度和致密性，同时改善水泥浆料的减水分散作用。

配方 42 流动性好的缓释型聚羧酸混凝土减水剂

原料配比

原料	配比(质量份)		
	1#	2#	3#
氯化聚羧酸	36	42	48
改性聚醚	35	28	23
甲基丙烯酸	28	35	41
保坍剂	15	21	26
引发剂	18	15	12
分散剂	10	15	21
稳定剂	9	6	3
去离子水	适量	适量	适量

制备方法

(1) 将氯化聚羧酸、改性聚醚和甲基丙烯酸投入搅拌釜中，并向搅拌釜内加水，然后加热混匀。搅拌釜加水后进行加热，加热温度范围为75～105 ℃，通过加热升温以便于搅拌釜内各物料充分混匀。

(2) 取出搅拌釜内容物，并对内容物进行降温，对内容物进行搅拌得到基础液。将搅拌釜内容物降至常温，且搅拌釜内容物的降温速率范围为3～7℃/min。通过电磁搅拌器对内容物进行搅拌，且搅拌转速范围为130～260r/min。

(3) 向基础液中依次加入保坍剂和引发剂，再加入去离子水，经超声混合后得到中间液。超声混合时的频率范围为40～65kHz。加入的去离子水体积为基础液体积的2～5倍。

(4) 向中间液中加入分散剂和稳定剂，混匀后静置去除沉淀并脱水制得减水剂。静置时间范围为3～9h。

原料介绍 所述分散剂包括胶体硅酸盐和十二烷基苯磺酸钠，且胶体硅酸盐与十二烷基苯磺酸钠的质量配比为1∶3。

所述稳定剂包括氧化聚乙烯蜡和硫酸镁，且氧化聚乙烯蜡与硫酸镁的质量配比为2∶1。

所述保坍剂包括丙烯酸羟丙酯和六偏磷酸钠，且丙烯酸羟丙酯与六偏磷酸钠的质量配比为2∶1。

所述引发剂包括过硫酸铵和过氧化钠，且过硫酸铵与过氧化钠的质量配比为4∶1。

产品特性 本品具有良好的分散性、稳定性和耐久性，能够防止混凝土产生分层和脱水现象，延长混凝土的使用寿命，改善混凝土的坍落度，提高混凝土强度。

配方 43 适用于粉煤灰、矿渣型混凝土的减水剂

原料配比

原料		配比(质量份)				
		1#	2#	3#	4#	5#
去离子水①		20	25	22	20	20
第二聚醚单体	乙二醇单乙烯基聚乙二醇醚(EPEG)	10	—	—	5	—
	异戊烯基聚氧乙烯醚(TPEG)	—	10	—	—	—

续表

原料		配比(质量份)				
		1#	2#	3#	4#	5#
第二聚醚单体	甲基烯丙基聚氧乙烯醚(HPEG)	—	—	14	5	30
	OPEG-4 聚醚	10	—	—	—	—
第一聚醚单体	戊烯基聚乙二醇和辛烯醇醚单体(OPEG-1 聚醚)	—	15	—	—	—
	辛烯基聚乙二醇醚单体(OPEG-2 聚醚)	—	—	14	—	—
	辛烯醇醚单体(OPEG-3 聚醚)	—	—	—	20	—
引发剂	过硫酸铵	0.51	—	0.55	0.48	0.48
	过氧化氢	—	0.2	—	—	—
	维生素 C	—	0.03	—	—	—
小分子不饱和单体	丙烯酸	—	—	3.68	3.6	3.6
	马来酸酐	3	2.2	—	—	—
	去离子水	5	10	5	5	5
链转移剂	巯基丙酸	0.09	0.4	0.03	—	—
	巯基乙酸	—	—	—	0.08	0.08
	去离子水	10	10	10	10	10
30%的氢氧化钠水溶液		2.8	1.97	3.4	3	3
去离子水②		28.6	25.56	27.34	27.84	27.84

制备方法 将第一聚醚单体、去离子水①、引发剂和任选的第二聚醚单体在 20～60℃的条件下混匀，得到混匀物；向所述混匀物中添加含有小分子不饱和单体的溶液和含有链转移剂的溶液，然后在 20～60℃的条件下保温反应 2～4h，之后加入去离子水②和氢氧化钠溶液调整 pH 值到 6～7，得到高性能减水剂。

产品特性 本品特别适合用于高掺量粉煤灰型混凝土建筑结构、桥梁工程等，一方面节约水泥、节省能源，减少水泥生产中大量的二氧化碳排放，另一方面能减少粉煤灰对环境的污染、少占耕地，具有良好的社会效益。本品制备方法简单，可操作性强，能耗低，价格低廉，且制得的高性能减水剂性能稳定，对粉煤灰、水泥适应性强，且对环境无污染。

配方 44 适用于机制砂的混凝土减水剂

原料配比

原料	配比(质量份)
甲基烯丙基聚氧乙烯醚	569.4
巯基乙醇	6.74
丙烯酸	41.49
丙烯酸羟乙酯	3.57
双氧水	5.98
60%二氧化硫脲水溶液(还原剂)	2.4
去离子水	适量
70%碳酸钠水溶液	适量

制备方法

(1) 将巯基乙醇、二氧化硫脲水溶液、丙烯酸羟乙酯、137份去离子水混合，配制得到混合溶液A备用。

(2) 在装有顶置式机械搅拌器、冷凝管的五口烧瓶中加入甲基烯丙基聚氧乙烯醚以及60.8份去离子水，搅拌5min后加入双氧水。

(3) 再次搅拌10min，向五口烧瓶中的不同滴加管口同时滴加混合溶液A和丙烯酸，滴加时间分别为200min与150min；在滴加混合溶液A和丙烯酸时，需要控制五口烧瓶内部料液温度为10～15℃，并在混合溶液A和丙烯酸滴加完毕后在室温下保温1h，所述室温为25℃。

(4) 滴加完毕后搅拌熟化50～100min，再加碳酸钠水溶液调节pH值至4～5，搅拌20～50min，再加入200份去离子水得到无色至浅黄色液体，即得。

使用方法　以水灰比为0.3配置水泥与水，采用细度模数为3.5的机制砂作为骨料，制备得到混凝土，将该混凝土制成防渗体。

产品特性

(1) 本品对新拌混凝土的减水性能和控制坍落度损失的能力都有明显提升，对改善混凝土泌水与和易性有明显正面作用，并且增加了混凝土不同龄期的抗压强度。

(2) 本品减水率高，对机制砂混凝土有良好的减水性能，并且具有控制坍落度损失、改善混凝土和易性的作用。

配方45　适用于机制砂混凝土的聚羧酸减水剂

原料配比

<table>
<tr><th colspan="3" rowspan="2">原料</th><th colspan="4">配比(质量份)</th></tr>
<tr><th>1#</th><th>2#</th><th>3#</th><th>4#</th></tr>
<tr><td rowspan="16">聚羧酸母液</td><td rowspan="2">单体A</td><td>乙二醇单乙烯基聚乙二醇醚(分子量3000)</td><td>300</td><td>300</td><td>—</td><td>—</td></tr>
<tr><td>羟丁基乙烯基聚乙二醇醚(分子量3000)</td><td>—</td><td>—</td><td>300</td><td>300</td></tr>
<tr><td colspan="2">水</td><td>364</td><td>363</td><td>368</td><td>366</td></tr>
<tr><td colspan="2">30%双氧水</td><td>5.0</td><td>5.44</td><td>5.77</td><td>5.24</td></tr>
<tr><td>催化剂</td><td>七水硫酸亚铁</td><td>0.020</td><td>0.017</td><td>0.025</td><td>0.034</td></tr>
<tr><td rowspan="2">单体B</td><td>丙烯酸</td><td>14.41</td><td>—</td><td>21.62</td><td>—</td></tr>
<tr><td>甲基丙烯酸</td><td>—</td><td>17.22</td><td>—</td><td>21.52</td></tr>
<tr><td rowspan="4">单体C</td><td>甲基丙烯酸羟丙酯</td><td>—</td><td>—</td><td>21.63</td><td>—</td></tr>
<tr><td>丙烯酸羟乙酯</td><td>17.42</td><td>17.42</td><td>—</td><td>—</td></tr>
<tr><td>丙烯酸羟丙酯</td><td>—</td><td>—</td><td>—</td><td>19.52</td></tr>
<tr><td>水</td><td>30</td><td>30</td><td>30</td><td>30</td></tr>
<tr><td rowspan="2">单体D</td><td>2-羟乙酯甲基丙烯酸酯磷酸酯</td><td>4.56</td><td>5.7</td><td>6.84</td><td>7.98</td></tr>
<tr><td>水</td><td>60</td><td>65</td><td>70</td><td>70</td></tr>
<tr><td colspan="2">维生素C</td><td>1.0</td><td>1.19</td><td>1.05</td><td>1.22</td></tr>
</table>

续表

原料			配比(质量份)			
			1#	2#	3#	4#
聚羧酸母液	链转移剂	巯基乙酸	1.68	—	—	—
		巯基丙酸	—	1.77	1.75	—
		巯基乙醇	—	—	—	1.84
		水	62	65	70	70
聚羧酸母液			100	125	75	140
分散组分	十六烷基三甲基氯化铵		1.5	—	2	—
	十六烷基三甲基溴化铵		—	1.75	—	1.9
降黏保水组分	聚乙二醇(分子量1000)		0.25	0.28	—	—
	聚丙二醇(分子量1000)		—	—	0.3	0.28
水			398.25	372.97	422.7	357.83

制备方法

(1) 固含量为40%的 C_6 聚羧酸减水剂母液通过如下自由基聚合反应制得：将单体A和水投入反应釜中，搅拌以使其溶解于水中，底料溶解后加入氧化剂、催化剂；然后分别同时开始滴加单体B与单体C的混合水溶液、单体D的混合水溶液、维生素C与链转移剂的混合水溶液，前两个混合水溶液在0.5～1.5h内滴完，第三个混合水溶液在0.6～1.6h内滴完；所有混合液滴完后室温下继续搅拌0.5～1h，反应后加入液碱中和至pH值为6～8。

(2) 取上述制备的聚羧酸母液与分散组分、降黏保水组分、水混合，搅拌均匀即得产品。

产品特性　本品具有初始分散能力强、和易性良好、坍落度保持能力强的优点，同时能够提高机制砂混凝土的力学性能。

配方 46　适用于砂浆及预拌混凝土的高效环保减水剂

原料配比

原料		配比(质量份)
改性淀粉	淀粉	40
	去离子水	60
合成底液	甲基烯丙基聚氧乙烯醚大单体	300
	改性淀粉	20
	去离子水	350
	氧化剂(27.5%双氧水)	1.2
滴加液A	烯酸小分子单体	25
	去离子水	25
滴加液B	还原剂维生素C	0.3
	催化剂巯基丙酸	0.9
	去离子水	60
胡敏酸		40

制备方法 混合聚醚大单体、改性淀粉、去离子水以及双氧水，并加热至35℃，制得合成底液；待合成底液变澄清后，开始滴加滴加液A，0.5h后开始滴加滴加液B，待滴加结束后，加入胡敏酸到所述混合液中充分混合搅拌，并调整pH值为6～7，即可得到所述高效环保减水剂。滴加液A滴加时间为3～3.5h，滴加液B滴加时间为4～5h。

原料介绍 所述的改性淀粉选自经超声波分散和酸化降解处理过的红薯淀粉、小麦淀粉、土豆淀粉或其组合。改性淀粉在分散过程中，超声波处理时间为5～20min，超声波频率为20kHz。

产品特性 本品具有高减水率，并进一步扩大水泥颗粒的分散性，从而降低水泥用量，同时对于人工砂的适应性也有良好表现，可有效降低河砂的使用量，兼具经济性及环保性。

配方47 水泥混凝土用高效缓凝减水剂

原料配比

原料	配比(质量份)		
	1#	2#	3#
聚乙二醇甲醚甲基丙烯酸酯	80	100	90
甲基丙烯酸	20	30	25
2-羟基膦酰基乙酸	40	70	55
马来酸酐	10	20	15
磷酸缓释剂	10	30	20
引发剂	2	3	2
链转移剂	3	5	4
去离子水	150	300	200
氢氧化钠溶液	适量	适量	适量

制备方法

(1) 使用高纯氮气排空反应釜中的空气，取马来酸酐与2-羟基膦酰基乙酸放入反应釜中，再次将高纯氮气通入反应釜，通入时间为20～30min；然后温度升到60～80℃，同时以300～500r/min的速度搅拌，反应1～2h，停止搅拌，然后自然冷却到室温，得到磷酸酯改性单体。

(2) 取聚乙二醇甲醚甲基丙烯酸酯、甲基丙烯酸、去离子水加入反应容器中，水浴加热到50～90℃，然后加入得到的磷酸酯改性单体，进行搅拌，搅拌速度设置为300～500r/min，边搅拌边缓慢滴加引发剂和链转移剂，控制总滴加时间为2～3h，滴加结束后继续搅拌1～2h，再使用NaOH溶液调节pH值至中性，自然冷却到室温，得到磷酸基减水剂。所用NaOH溶液的摩尔浓度为0.1mol/L。

(3) 将磷酸缓释剂加入得到的磷酸基减水剂中，混合均匀，加入均质机中，均质8～15h，得到水泥混凝土用高效缓凝减水剂。

原料介绍 所述磷酸缓释剂为：将尿素、亚磷酸、甲醛加入带聚四氟乙烯内衬的高压反应釜中，滴加催化剂，密封高压反应釜，混合均匀，再将高压反应釜放于100～150℃的烘箱中，反应12～24h，缓慢冷却到室温，得到磷酸缓释剂。

所述尿素、亚磷酸、甲醛和催化剂的质量比为(6～12)∶(40～70)∶(8～15)∶(3～5)。

所述催化剂为浓硫酸，质量分数大于或等于70%。

所述引发剂为过硫酸铵（APS）、亚硫酸氢钠（SBS）的混合物，质量比为过硫酸铵：亚硫酸氢钠=1：(1～2)。

所述链转移剂为巯基丙酸（MPA）、次亚磷酸钠（SHP）中的一种。

产品特性　减水剂具有良好的减少拌和用水量功能，对水泥中钙离子的络合能力提升，同时能够提高聚羧酸减水剂与水泥混凝土的吸附能力，改善减水剂对混凝土的分散能力，具有良好的缓凝效果，有效改善水泥混凝土的和易性和流动性，改善混凝土结构，提高强度。

配方48　通用型高性能聚羧酸混凝土减水剂

原料配比

原料		配比(质量份)			
		1#	2#	3#	4#
烯丙基聚氧乙烯醚(分子量2400)		380	380	400	380
去离子水		240	220	250	240
27%的双氧水溶液		2	2.5	3	3.5
丙烯酸水溶液	80%的丙烯酸水溶液	60	—	—	—
	75%的丙烯酸水溶液	—	60	—	—
	85%的丙烯酸水溶液	—	—	60	55
混合水溶液		80	80	80	100
混合水溶液	维生素C	0.6	0.6	0.6	0.6
	巯基丙酸	1.2	1.5	1.8	1.2

制备方法

(1) 将烯丙基聚氧乙烯醚和去离子水加入反应容器中，加热升温至55～65℃，一直搅拌到反应结束，搅拌速率为250～350r/min。

(2) 在温度为55～65℃条件下加入氧化剂，加完氧化剂后搅拌10min，然后分别同时滴加小分子单体和链转移调节剂与还原剂的混合物，滴完后在55～65℃保温老化1～1.5h。

(3) 反应结束后冷却，再用氢氧化钠溶液调节pH值，即得通用型高性能聚羧酸混凝土减水剂。调节后的pH值控制在6～7。

原料介绍　所述烯丙基聚氧乙烯醚的分子质量为2400。

所述氧化剂为双氧水。

所述小分子单体为丙烯酸。

所述的链转移调节剂为巯基乙酸或巯基丙酸。

所述还原剂为维生素C。

产品特性　本品凝结时间明显缩短；混凝土和易性能良好，无大气泡，混凝土外观质量好；碱含量低，不含氯离子，对钢筋无腐蚀性；抗冻性能和抗碳化性能良好；产品适应性强，适合多种规格、不同型号的水泥，产品性能稳定，长期贮存不分层、无沉淀，冬季不结晶，产品无毒无污染，对环境友好。

配方 49 微膨胀型超高性能混凝土用聚羧酸减水剂

原料配比

原料		配比(质量份)					
		1#	2#	3#	4#	5#	6#
异戊烯醇聚氧乙烯醚		100	100	100	100	100	100
富里酸		10	10	10	15	20	—
硫酸亚铁		0.01	0.01	0.01	0.01	0.01	0.01
D-异抗坏血酸		0.5	0.5	0.5	0.5	0.5	1
3-巯基丙酸		0.1	0.1	0.1	0.1	0.1	0.1
丙烯酸		5	5	5	5	5	5
甲基丙烯酸二甲氨乙酯		3	4.5	6	4.5	4.5	3
过硫酸盐	过硫酸钾	0.01	0.01	0.01	0.01	0.01	0.01
水		适量	适量	适量	适量	适量	适量

制备方法

(1) 将异戊烯醇聚氧乙烯醚、富里酸加入水中溶解，溶解完成后加入硫酸亚铁溶液，得到第一溶液。

(2) 将还原剂 *D*-异抗坏血酸、3-巯基丙酸加入水中混合均匀，得到第二溶液。

(3) 将丙烯酸、甲基丙烯酸二甲氨乙酯加入水中混合均匀，得到第三溶液。

(4) 向第一溶液中加入过硫酸盐，搅拌均匀，再将第二溶液和第三溶液滴加到第一溶液中，恒温反应一段时间，然后自然冷却至室温。第二溶液和第三溶液同时进行滴加，控制第二溶液比第三溶液先 20～30min 滴完，其中第二溶液的滴加时间为 60～90min，第三溶液的滴加时间为 90～120min。搅拌时间为 50～70min，搅拌速度为 (65±10)r/min。反应温度为 20～50℃，反应时间为 1～3h。

(5) 最后加入液碱调节 pH 值至 6.5～7.5，即得到微膨胀型超高性能混凝土用聚羧酸减水剂。

原料介绍 所述异戊烯醇聚氧乙烯醚的分子量为 3000～8000。

所述过硫酸盐为过硫酸铵、过硫酸钠、过硫酸钾中的一种。

使用方法 本品加入量占胶材用量的 2%～3%。

产品特性 本品合成工艺简单，条件易控制，产品无污染、高性能、低掺量，在减水保坍的同时解决了现有复掺膨胀剂生产工艺复杂、污染严重、性能难调整的难题。

配方 50 用于高含泥混凝土的改性萘系减水剂

原料配比

原料	配比(质量份)					
	1#	2#	3#	4#	5#	6#
萘系减水剂	20	20	20	25	30	30
高分子量聚氧乙烯醚	10	10	10	15	20	20

续表

原料		配比(质量份)					
		1#	2#	3#	4#	5#	6#
固体酸催化剂	硫酸铜	0.1	—	—	—	—	—
	硫酸锌	—	0.1	—	0.5	—	—
	硫酸锰	—	—	0.1	—	1	0.5
饱和烷烃溶剂	正庚烷	69.9	—	—	—	49	—
	正辛烷	—	69.9	—	—	—	49.5
	十一烷	—	—	69.9	—	—	—
	十二烷	—	—	—	59.5	—	—

制备方法

(1) 将饱和烷烃溶剂加入三口烧瓶中，然后加入萘系减水剂、高分子量聚氧乙烯醚和固体酸催化剂混合进行酯化反应，得到酯化反应产物。酯化反应的温度为120～160℃，时间为3～4h。

(2) 在酯化反应产物中加入带水剂继续反应1.5～2h，反应结束后减压蒸馏，回收饱和烷烃溶剂，得到用于高含泥混凝土的改性萘系减水剂。

产品特性　本品中具有萘系磺酸盐组分，能够与水泥颗粒发生静电吸附作用，使水泥颗粒表面带有大量的阴离子，然后通过水泥颗粒间的静电斥力作用使水泥颗粒均匀分散。

配方 51　用于混凝土的复合减水剂

原料配比

原料	配比(质量份)		
	1#	2#	3#
马来酸酐甘油磷酸酯	30	36	34
阳离子聚丙烯酰胺	12	16	14
烯丙基聚氧乙烯醚	10	15	12
海藻酸钠	12	18	16
去离子水	20	30	25
过硫酸铵	6	6～10	8
巯基丙酸	5	9	7
聚丙烯酸酯	8	12	10
改性玉米淀粉	8	12	10
丙烯酸	2	5	4
抗坏血酸	2	4	3

制备方法

(1) 将马来酸酐甘油磷酸酯、烯丙基聚氧乙烯醚加入去离子水当中，在130～135℃条件下搅拌0.5～1h，然后加入过硫酸铵和巯基丙酸，将温度升至170～180℃搅拌反应2～3h，备用。

(2) 待上述步骤 (1) 中的反应完毕后，将温度降至 160～165℃，在搅拌过程中滴加丙烯酸、聚丙烯酸酯和抗坏血酸，滴加完毕后在该温下继续搅拌反应 1～1.5h，然后将阳离子聚丙烯酰胺、海藻酸钠和改性玉米淀粉加入，在该温下搅拌反应 40～70min，冷却，得到所述减水剂。

原料介绍 所述的马来酸酐甘油磷酸酯采用以下方法制备：

(1) 将马来酸酐、甘油和对甲苯磺酸加入四口圆底烧瓶中，然后水浴升温至 170～180℃回流反应 1～2h，其中马来酸酐、甘油和对甲苯磺酸的摩尔比为 (1～2)：(3.5～6)：(1.2～3)。

(2) 待上述步骤 (1) 中的反应结束后，将温度降至 60～65℃，然后加入多聚磷酸，在该温度下反应 1～1.5h 后将温度降至室温，并在室温条件下继续反应 1～2h 得到马来酸酐甘油磷酸酯。

所述的多聚磷酸和马来酸酐的摩尔比为 (1.3～2.2)：(1～2)。

所述的阳离子聚丙烯酰胺的分子量为 900～1200 万。

所述的改性玉米淀粉采用以下方法制备：将玉米淀粉加入去离子水中，搅拌 5～8min 后加入硅酸镁锂和腐殖酸镁，继续搅拌 10～20min 后移至高压反应釜中，在 90～105℃下反应 3～5h，冷却，过滤，真空条件下烘干得到改性玉米淀粉。

所述的玉米淀粉、硅酸镁锂和腐殖酸镁的质量比为 (4～7)：(1.2～1.5)：(0.8～1.1)。

产品特性 本品具有较高的减水率，同时具有较低的含水量和泌水率，而且和普通减水剂相比较还具有较优异的抗压强比和收缩率比，其综合性能比普通减水剂更为优异。

配方 52 用于喷射混凝土的减水剂

原料配比

原料		配比(质量份)					
		1#	2#	3#	4#	5#	6#
聚羧酸减水剂母液		20	20	20	20	20	20
聚羧酸保坍剂母液		20	20	20	20	20	20
黏度改性剂		—	—	—	—	—	2
混凝土缓凝剂	葡萄糖酸钠	—	2	2	—	2	2
	柠檬酸钠	—	—	—	2	—	—
促凝剂	硫酸锂	—	—	2	2	2	2
早强剂	二乙醇胺	—	—	—	—	2	—
	三乙醇胺	—	—	—	—	—	2
含气量调节剂		3	3	3	3	3	3
水		加至 100	加至 100	加至 100	加至 100	加至 100	加至 100

制备方法

(1) 将水置于反应釜中，加入混凝土缓凝剂和促凝剂，搅拌至形成澄清溶液。

(2) 在反应釜中加入聚羧酸减水剂母液和聚羧酸保坍剂母液，搅拌 10min。

(3) 在反应釜中加入黏度改性剂和早强剂，以 200r/min 的速率搅拌 10min。

(4) 在反应釜中加入含气量调节剂，搅拌 5min，即得到用于喷射混凝土的减水剂。

原料介绍　所述聚羧酸减水剂母液的有效含量≥50％。

所述聚羧酸保坍剂母液的有效含量≥40％。

所述黏度改性剂的组分（质量分数）为：聚羧酸减水剂母液 50％～70％、羟丙基甲基纤维素 4％～20％、膨润土 0％～2％、醇胺 6％～20％和余量水。

使用方法　本品用量为混凝土胶凝材料用量的 1％～2％。

产品特性　本品生产工艺简单、绿色环保，产品匀质性好、性能可靠，可以使喷射混凝土具有高流动性、长保坍性，易于分散、不易离析泌水，可以有效改善喷射混凝土的工作性能，能够降低喷射混凝土的胶凝材料用量。同时，用于喷射混凝土的减水剂还可以促进无碱速凝剂与混凝土均匀混合及快速凝结，提高喷射混凝土早期强度，从而提升喷射混凝土的凝结性能，降低无碱速凝剂的用量。

配方 53　用于装配式混凝土的早强型减水剂

原料配比

原料		配比(质量份)					
		1#	2#	3#	4#	5#	6#
混合钠盐	硫氰酸钠	10	10	10	10	20	30
	亚硝酸钠	30	30	30	30	20	10
	碳酸钠	2	2	2	2	6	10
三乙醇胺		3	8	15	20	15	15
混合钠盐		50	48	44	42	44	44
甲醇		1	2	4	5	4	4
乙醇		5	4	2	1	2	2
引气剂	十二烷基苯磺酸钠	0.5	0.6	—	—	—	—
	松香热聚物	—	—	0.9	1	0.9	0.9
消泡剂	聚醚消泡剂	0.1	0.3	0.7	1	0.7	0.7
碱液	30％～32％	2	1.7	—	—	—	—
	40％～42％	—	—	1.3	1	1.3	1.3
水		38.4	35.4	32.1	29	32.1	32.1

制备方法　在水中加入碱液、混合钠盐，搅拌至溶解后，加入甲醇、乙醇，搅拌均匀，然后加入三乙醇胺、引气剂和消泡剂，搅拌均匀，即得减水剂。

使用方法　本品在混凝土中的添加量为混凝土中水泥质量的 0.15％～0.25％。

产品特性　本品的初凝时间均在 191min 及以下，终凝时间均不超过 316min，其制备的混凝土在 1d 时的强度最大可达到 47.8MPa，3d 时最大达到 61.6MPa，7d 时最大达到 65.0MPa，并且 28d 时相对 7d 时的抗压强度增加幅度较小，说明其早强效果较优。

2

早强剂

配方 1 MXene 改性混凝土早强剂

原料配比

原料		配比(质量份)					
		1#	2#	3#	4#	5#	6#
MXene		30	25	28	25	35	35
乙酸盐	乙酸钠	20	30	35	30	15	25
	乙酸钙	—	—	—	—	15	15
溴化物	溴化钠	25	25	15	20	—	3
	溴化锂	—	—	—	—	4	10
	溴化钙	—	—	—	—	16	—
氟化钙		20	10	20	20	10	10
三乙醇胺		5	10	2	5	5	2

制备方法　将 MXene、乙酸盐、氟化钙、溴化物按比例在混料机中混合均匀，加入三乙醇胺后研磨得到早强剂。

原料介绍　所述 MXene 为 Ti_3C_2Tx、Ti_3CTx、V_2CTx、Nb_2CTx 中的一种，其中 Tx 为—OH 官能团或/和—F 官能团。

所述乙酸盐为乙酸钠，或者乙酸钠与乙酸钙的混合物。

所述乙酸钠与乙酸钙的混合物中，乙酸钙与乙酸钠的质量比为 1∶(1～4)。

所述溴化物为溴化锂、溴化钠、溴化钙中的一种或者其中两者的混合物。

所述溴化物为溴化锂和溴化钠的混合物时，溴化锂与溴化钠的质量比为 (2.5～6)∶1 。

所述溴化物为溴化锂和溴化钙的混合物时，溴化锂与溴化钙的质量比为 1∶(3～5)。

所述溴化物为溴化钙和溴化钠的混合物时，溴化钙与溴化钠的质量比为 (1.5～4)∶1 。

产品特性　本品具有提高混凝土早期强度，保持混凝土后期强度持续增长，改善混凝土耐久性的特点；各组分无氯、低碱、低温早强、低掺量且均符合绿色建筑的要求。本品制备方法工艺简单，方便实施，不受现场环境的干扰。

配方 2 超早强混凝土早强剂

原料配比

原料		配比(质量份)					
		1#	2#	3#	4#	5#	6#
水		860	870	880	865	875	875
二乙二醇单丁醚		75	70	70	72	73	71
聚乙二醇		45	45	40	44	42	43
异丙醇		20	15	10	15	12	18
A液		930	925	935	950	975	960
B液		930	925	935	950	975	960
碱性调节剂	三乙醇胺	5	5.5	5.5	5.2	5.4	5.3

制备方法

(1) 将称取的水、二乙二醇单丁醚、聚乙二醇和异丙醇投入反应釜中，混合搅拌至完全溶解。

(2) 在常温情况下，向步骤 (1) 所得溶液中，边搅拌边分别滴加已配制好的等质量份的 A 液和 B 液。

(3) 在步骤 (2) 滴加完成后，向混合溶液中加入碱性调节剂，继续搅拌 0.2～1h，将反应釜中的混合液中和至 pH 值为 7～8，得到超早强型混凝土早强剂。所述 A 液和 B 液的滴加速度为 1.5～2.0kg/h。

原料介绍 所述 A 液为可溶性钙盐溶液，所述 B 液为可溶性硅酸盐溶液。

所述 A 液为可溶性钙盐和水以 1∶(4～6) 配制而成的可溶性钙盐溶液。

所述可溶性钙盐为四水硝酸钙和甲酸钙，且二者的比例为 1∶(3～6)。

所述 B 液为可溶性硅酸盐和水以 1∶(3.5～4.5) 配制而成的可溶性硅酸盐溶液。

所述可溶性硅酸盐为偏硅酸钠九水合物和硅酸钠，且二者的比例为 1∶(2～5)。

产品特性

(1) 该早强剂于水泥水化初期提供晶核类诱导剂，降低水泥水化产物的成核垒，加快水化产物的水化过程，进而提高水泥基材料的早期强度，但不会引起后期强度倒缩。

(2) 使用本品在常温常压、湿度为 95%的养护条件下可使混凝土 8h 抗压强度达到设计强度的 60%以上，缩短脱模时间，加快模具周转速度。

(3) 本品制备方法操作简便，只需要将所有原料组分按照不同顺序加入反应釜中搅拌分散均匀即可，消除现有技术中的蒸养蒸压工序，节能降耗。

配方 3 盾构管片混凝土抗裂早强剂

原料配比

原料	配比(质量份)	
	1#	2#
偏高岭土	42	40
硅灰	18	19

续表

原料	配比(质量份)	
	1#	2#
聚丙烯酰胺	14	12
纳米 SiO_2	8	9
水玻璃	6	7
威兰胶	4	3
羟丙基纤维素醚	8	10

制备方法　按原料配比称取偏高岭土、硅灰、聚丙烯酰胺、纳米 SiO_2、水玻璃、威兰胶和羟丙基纤维素醚，混合均匀，即得所需产品。

原料介绍　所述偏高岭土是由高岭土在 650～850℃下煅烧 2～4h 而成，其中活性 Al_2O_3 和活性 SiO_2 含量不低于 90%，密度为 250～270kg/m^3，比表面积≥1500m^2/kg。

所述硅灰是采用加密技术将原态微硅粉聚集成小的颗粒团，其中 SiO_2 含量不低于 85%，比表面积≥15000m^2/kg。

所述聚丙烯酰胺为白色粉末，密度为 1302kg/m^3，分子量为 6×10^6。

所述纳米 SiO_2 为白色粉末，平均粒径为（30±5）nm，SiO_2 含量≥99.5%，比表面积≥220000m^2/kg。

所述威兰胶为白色或米白色粉末，分子量范围：$(0.66\sim0.97)\times10^6$，特性黏度为 4479L/kg。

所述水玻璃为纯度在 99%以上、可溶固体含量大于 99%的粉状 Na_2SiO_3。

所述羟丙基纤维素醚为白色粉末，羟丙基含量为 60%～70%，灼烧残渣<0.5%，干燥失重<5%，pH 5.8～8.5。

使用方法　盾构管片混凝土抗裂早强剂的使用方法如下：

(1) 将盾构管片混凝土抗裂早强剂与水泥或其他胶凝材料按（10～16）∶100 的质量比加入水泥或其他胶凝材料中，以取代部分水泥或其他胶凝材料。

(2) 将步骤（1）得到的抗裂早强剂和水泥或其他胶凝材料组成的混合料加水搅拌，搅拌时间大于 60s，得到预拌混凝土。

(3) 将步骤（2）所得的预拌混凝土运输入模浇筑，采用振动器振捣密实。

(4) 将步骤（3）浇筑成型的混凝土静停 2h，在此时间段里进行初凝前的二次抹面，时间为 60～80min，防止混凝土后滞泌水对盾构管片的外观造成影响，减少砂斑砂线和塑性裂缝的产生；静停 2h 后覆膜保湿，带模养护 16～20h，直到满足拆模的要求。

(5) 盾构管片拆模后放入标准温湿度（温度 20℃±2℃，相对湿度 95%RH 以上）环境下养护至设计龄期，成品采用硅烷浸渍剂喷洒表面，防止 $Ca(OH)_2$ 析出影响外观。

使用本抗裂早强剂的混凝土浇筑后不需蒸汽养护，但浇筑后混凝土表面宜采用覆膜保湿或带模养护等措施。

产品特性　使用本品可以在标准温湿度情况下实现盾构管片混凝土 20h 达到拆模、起吊强度要求，且混凝土表面无明显裂缝。本品能够较好地解决盾构管片混凝土早强和抗裂的矛盾，通过免蒸养来降低生产能耗，精简制造工艺，使用方法简单，具有较强的实用性。

配方 4　多种水泥复合型早强剂

原料配比

原料	配比(质量份)				
	1#	2#	3#	4#	5#
强度等级为 42.5 的低碱度硫铝酸盐水泥	947	900	900	900	900
双快水泥抢修料	40	40	100	40	100
硫酸铝	15	15	15	15	15
硫铝酸钙	6	6	6	6	6
硼酸	5	5	5	5	5
三聚磷酸钠	4	4	4	4	4
硫酸钠	—	20	20	20	20
纳米钙矾石	—	—	—	20	20

制备方法　将各组分原料混合均匀即可。

使用方法　本品添加量为凝胶材料质量的 1%～6%；所述凝胶材料为硅酸盐水泥、普通硅酸盐水泥、复合硅酸盐水泥中的任意一种。

产品特性

(1) 本品可以显著提高混凝土构件的早期强度，可以免蒸汽养护，在高于 20℃室温时均能达到快速脱模的目的，具有无收缩、无变形、无抗裂、强度高等特点。

(2) 本品以硫铝酸盐为基体，将各种早强剂复配使用，以多种机理加快水化进程，兼顾了优异的早强效果和长期性能，其中，加入硫铝酸盐水泥促进水化，提高早期强度，加入硫酸钠和硫酸铝，在促进水化的同时提供硫酸根离子，生成钙矾石，抑制单硫型水化硫铝酸钙的生成，提高后期强度的稳定性，加入改性纳米钙矾石作为晶型早强剂，纳米钙矾石经过表面改性，可避免纳米钙矾石间相互团聚，在水泥浆体中分散性好，分散在水泥浆体中的改性纳米钙矾石为钙矾石生长提供晶核，降低成核势垒，钙矾石直接在外加的改性纳米钙矾石表面生长，与硫铝酸盐水泥、硫酸钠、硫酸铝促进水化的作用机理配合，加快生成钙矾石，促进水化进程。

配方 5　复合型早强剂

原料配比

原料		配比(质量份)		
		1#	2#	3#
水化硅酸钙		50～80	80	70
磷酸三钠		30	50	40
硫酸钠		10	20	15
亚硝酸钠		5	10	6
石膏		12	20	17
水化硅酸钙	去离子水	25	35	27
	硅源	7	7	7
	钙源	8	8	8

制备方法　将水化硅酸钙、磷酸三钠、硫酸钠、亚硝酸钠、石膏加入搅拌机中搅拌，搅拌10min，搅拌速率为40～100r/min，搅拌完成后即可得到复合型早强剂。

原料介绍　所述的水化硅酸钙的制备步骤如下：

(1) 获取硅源：选取硅藻土或者矿渣作为硅源材料，将硅源材料使用蒸馏水反复清洗4～5遍，随后进行研磨，研磨后过400目筛，得到硅源材料粉末；将硅源材料粉末放入加热炉中进行加热，加热温度为500～600℃，加热时间为1～2h，加热结束后自然冷却至常温；冷却完成后进行二次研磨，研磨后过500目筛，得到硅源。

(2) 获取钙源：选取生石灰作为钙源材料，将钙源材料进行研磨，研磨后过500目筛，得到钙源。

(3) 在去离子水中混合钙源和硅源，搅拌2～3h后，进行抽滤，对所得有沉淀进行洗涤，直至滤液pH值为7，最后进行搅拌，直至所有反应产物均匀分散在水溶液中，得到水化硅酸钙。

产品特性

(1) 本品不但对混凝土早期强度具有一定提升作用，而且也能满足预制构件用混凝土性能的需求。

(2) 特殊的水化硅酸钙有效利用了硅藻土、矿渣以及生石灰作为原料，不仅节能环保，还降低了水化硅酸钙早强剂的生产成本；另外，采用硅藻土、矿渣以及生石灰作为原料制备的水化硅酸钙早强剂与采用硝酸钙、乙酸钙等钙源制备的水化硅酸钙早强剂性能相近，均能有效提高水泥基材料的早期强度和后期强度。

(3) 本品取材成本低，且工艺简单，使用方便。

配方 6　改性复合混凝土早强剂

原料配比

<table>
<tr><th colspan="2" rowspan="2">原料</th><th colspan="3">配比(质量份)</th></tr>
<tr><th>1#</th><th>2#</th><th>3#</th></tr>
<tr><td colspan="2">三乙醇胺</td><td>20</td><td>30</td><td>25</td></tr>
<tr><td colspan="2">微硅粉</td><td>10</td><td>20</td><td>15</td></tr>
<tr><td colspan="2">改性膨润土</td><td>5</td><td>15</td><td>10</td></tr>
<tr><td colspan="2">改性聚丙烯腈纤维</td><td>2</td><td>6</td><td>4</td></tr>
<tr><td rowspan="3">水溶性硅酸盐</td><td>硅酸钠</td><td>0.5</td><td>—</td><td>—</td></tr>
<tr><td>偏硅酸钠</td><td>—</td><td>1.5</td><td>—</td></tr>
<tr><td>氟硅酸钠</td><td>—</td><td>—</td><td>1</td></tr>
<tr><td rowspan="3">水溶性钙盐</td><td>硝酸钙</td><td>0.3</td><td>—</td><td>—</td></tr>
<tr><td>甲酸钙</td><td>—</td><td>0.8</td><td>—</td></tr>
<tr><td>乙酸钙</td><td>—</td><td>—</td><td>0.55</td></tr>
<tr><td colspan="2">氢氧化钠</td><td>0.1</td><td>1</td><td>0.5</td></tr>
<tr><td rowspan="2">减水剂</td><td>聚羧酸系减水剂</td><td>0.1</td><td>—</td><td>0.2</td></tr>
<tr><td>苯系减水剂</td><td>—</td><td>0.3</td><td>—</td></tr>
</table>

制备方法　将各组分原料混合均匀即可。

原料介绍　所述改性膨润土采用以下方法制备：

(1) 首先，将膨润土进行粉碎，然后加热活化 2～3h，得到活化膨润土。

(2) 向活化后的膨润土中加入甲苯异氰酸酯，搅拌均匀，得到混合物。甲苯异氰酸酯的加入量为膨润土质量的 10%～15%。

(3) 向上述混合物中加入无水甲苯，搅拌分散，然后过滤、干燥，得到改性膨润土。无水甲苯的添加量为膨润土质量的 3～5 倍。

所述改性聚丙烯腈纤维采用以下方法制备：

(1) 将聚丙烯腈纤维在氮气保护下连续经过热处理炉，自然冷却。热处理温度为 180～200℃，热处理时间为 1～5min。

(2) 将上述热处理后的聚丙烯腈纤维经过硅烷偶联剂进行表面改性，得到改性聚丙烯腈纤维。

产品特性　本品添加的改性膨润土具有一定的反应活性，能够提高混凝土的黏结性；添加的改性聚丙烯腈纤维能够提高混凝土的韧性及抗断裂性；且本品通过不同原料的协同作用以及合理的配比，能够有效改善混凝土的性能，提高施工效率，节约生产成本；本品具有坍落度低、抗压强度高、泌水率低的优点。

配方 7　高强度混凝土早强剂

原料配比

原料		配比(质量份)					
		1#	2#	3#	4#	5#	6#
聚羧酸减水剂		3.5	4	5	3.5	5	4
硅酸钙		40	35	45	50	45	40
贝壳粉		4	3.8	3	4	4	5
羟丙基甲基纤维素		6	8	7	5	7	9
氯盐类化合物	聚合氯化铝	3.5	—	—	—	—	4
	氯化铝	—	—	—	4.5	—	—
	氯化钙	—	5	—	—	3	—
	氯化钠	—	—	4	—	—	—
有机胺类化合物	三乙醇胺	2	—	—	2.5	1	1.5
	三异丙醇胺	—	3	—	—	—	—
	二乙醇胺	—	—	3	—	—	—
硫脲		1.6	1	1.5	0.8	2	1.2
分散剂	苯乙烯-马来酰亚胺共聚物	1.6	1	1	1.5	0.5	1
	乙烯基聚倍半硅氧烷	0.8	0.5	1	0.5	0.5	1

制备方法

(1) 将硅酸钙、贝壳粉、氯盐类化合物、硫脲和分散剂混合搅拌均匀，得混合物。

(2) 再将聚羧酸减水剂、羟丙基甲基纤维素和有机胺类化合物加入混合物中，搅拌均匀，干燥，即得到高强度混凝土早强剂。

原料介绍　本品所用的苯乙烯-马来酰亚胺共聚物不仅能够提高早强剂无机相和有机相之间的相容性，提高混凝土的强度和抗裂性能，还具有优异的低温分散性和流动性，能够改善混凝土低温下的加工流动性；所用的乙烯基聚倍半硅氧烷能够与有机物和无机物有效地结合形成网络结构，使得相容性提高，还可以改善无机材料的相分布状态，使得分散更加均匀，进而提高混凝土的早期强度，且乙烯基聚倍半硅氧烷具有优异的热稳定性，使得混凝土在高温下的作业性能不受影响。

加入硫脲不仅能够快速促进水泥水化速度，促进混凝土早期强度，提高混凝土早强效果，还能防止金属腐蚀；加入的贝壳粉为多孔纤维状双螺旋体结构，不仅能够缩短混凝土的水化反应时间，缩短混凝土的凝固时间，提高早强效果，还能有效去除早强剂有机物的气味及提高混凝土的抗裂性能。

产品特性　本品采用无机-有机早强剂相结合，可以有效弥补单一采用无机或有机早强剂的不足，并加入分散剂，能够有效改善有机物和无机物之间的相容性和分散性问题，通过配方的选择及配比的优化，使得各组分起到了相应的协同作用，制备的早强剂能够保证混凝土的早强效果，缩短工程时间，减少混凝土开裂，提高混凝土的加工流动性，减少早强剂对钢筋的腐蚀等。

配方 8　环保混凝土早强剂

原料配比

原料		配比(质量份)				
		1#	2#	3#	4#	5#
含膦端基超支化聚醚		4	5	6	7	8
尿素/聚乙二醇二羧酸缩聚物		3	3.5	4	4.5	5
火山灰	粒径为 500 目	6	—	—	—	—
	粒径为 600 目	—	6.5	—	—	—
	粒径为 650 目	—	—	7	—	—
	粒径为 750 目	—	—	—	7.5	—
	粒径为 800 目	—	—	—	—	8
白云石	粒径为 300 目	10	—	—	—	—
	粒径为 350 目	—	11	—	—	—
	粒径为 400 目	—	—	13	—	—
	粒径为 450 目	—	—	—	14	—
	粒径为 500 目	—	—	—	—	15
1-丁基-3-甲基咪唑硝酸盐		4	4.5	5	5.5	6
三(羟甲基)甲基甘氨酸		2	2.5	3	3.5	4
去离子水		25	26	27	29	30
氢氧化钠		适量	适量	适量	适量	适量

制备方法　将各组分原料混合均匀，最后加入氢氧化钠，调节 pH 值至 6.5～7.5，再在 40～50℃下搅拌 1～3h，得到环保混凝土早强剂。

原料介绍　所述含膦端基超支化聚醚的数均分子量为 7530，重均分子量为 9812，支化度为 0.61。

所述尿素/聚乙二醇二羧酸缩聚物的制备方法，包括如下步骤：将尿素溶于高沸点溶剂中，待完全溶解，再加入聚乙二醇二羧酸和催化剂，在 40～60℃、氮气或惰性气体氛围下搅拌反应 8～12h，然后旋蒸除去溶剂和副产物，并置于真空干燥箱中于 85～95℃下干燥至恒重，得到尿素/聚乙二醇二羧酸缩聚物。

所述尿素、高沸点溶剂、聚乙二醇二羧酸、催化剂的摩尔比为 1∶(6～10)∶1∶(0.8～1.2)。

所述高沸点溶剂为二甲基亚砜、*N*,*N*-二甲基甲酰胺、*N*,*N*-二甲基乙酰胺、*N*-甲基吡咯烷酮中的至少一种。

所述聚乙二醇二羧酸为 α,ω-二羧基聚乙二醇，重均分子量为 10000。

所述催化剂为 2-乙氧基-1-乙氧碳酰基-1,2-二氢喹啉。

所述惰性气体为氦气、氖气、氩气中的任意一种。

产品特性

(1) 本品各组分协同作用，使得制成的环保混凝土早强剂早强效果显著，可快速提高混凝土早期强度、大大缩短水泥混凝土的凝结硬化时间，提高施工效率，使用安全、环保无污染。

(2) 本品不含氯盐、硫酸盐这些传统早强成分，有效避免了它们自身具有的缺陷，通过引入含膦端基超支化聚醚这种水溶性有机盐类，加快水泥的水化速度，尤其是在低温时，也能加速水泥的水化，使水泥混凝土的早期强度有较大幅度的提高。超支化聚醚结构的引入有利于改善早强剂与混凝土的适应性，使得其与气体组分之间的相容性更好，也有利于其与其他组分形成稳定的产品；端膦基有利于减水、保坍性能的改善。

(3) 本品添加尿素/聚乙二醇二羧酸缩聚物，对混凝与拌和物起到塑化作用，通过以缩聚物的形式引入，能改善其早强效果，避免小分子尿素的流失及分散不均匀，且通过在分子主链上引入可溶的聚乙二醇结构，能有效加速水泥的水化过程，从而提高混凝土的早强性能。

配方 9 混凝土促凝早强剂

原料配比

<table>
<tr><th colspan="3" rowspan="2">原料</th><th colspan="3">配比(质量份)</th></tr>
<tr><th>1#</th><th>2#</th><th>3#</th></tr>
<tr><td colspan="3">超细矿粉 A</td><td>8</td><td>1</td><td>5</td></tr>
<tr><td colspan="3">聚乙烯醇</td><td>3</td><td>5</td><td>1</td></tr>
<tr><td colspan="3">改性超细矿粉 B</td><td>15</td><td>10</td><td>20</td></tr>
<tr><td colspan="3">改性白炭黑</td><td>9</td><td>5</td><td>12</td></tr>
<tr><td colspan="3">水</td><td>68</td><td>75</td><td>60</td></tr>
<tr><td rowspan="4">改性超细矿粉 B</td><td colspan="2">改性液</td><td>200</td><td>200</td><td>200</td></tr>
<tr><td colspan="2">超细矿粉 B</td><td>12</td><td>12</td><td>12</td></tr>
<tr><td rowspan="2">改性剂</td><td>聚羧酸减水剂</td><td>1</td><td>1</td><td>1</td></tr>
<tr><td>聚甲基硅氧烷</td><td>1</td><td>1.5</td><td>1</td></tr>
</table>

制备方法

(1) 先将聚乙烯醇加水配制成聚乙烯醇溶液，再加入超细矿粉A，超声分散，得到混合溶液。

(2) 在步骤 (1) 得到的混合溶液中加入改性超细矿粉B，搅拌均匀后加入改性白炭黑，继续搅拌2～3h，即得到所述混凝土促凝早强剂。

原料介绍　所述改性超细矿粉B的制备方法如下：将改性剂溶于水中配制成改性液，然后加氢氧化钙溶液调节pH值至大于12，再加入超细矿粉B，加热至50～80℃，反应1～3h，过滤、干燥、研磨后得到所述改性超细矿粉B。

所述改性剂由粉体聚羧酸减水剂和聚甲基硅氧烷按质量比1∶(1～1.5) 复配而成。

所述改性白炭黑的制备方法如下：将白炭黑与氢氧化钠溶液混合，在60～100℃下反应1～3h，冷却至室温，然后洗涤、干燥后得到所述改性白炭黑。采用氢氧化钠对白炭黑进行改性可以显著提高早强剂的早强效果。

所述超细矿粉A的比表面积≥850m^2/kg，活性指数≥130%。

所述超细矿粉A粒径小于13μm的含量达到97%以上。

所述超细矿粉B的比表面积≥850m^2/kg，活性指数≥130%。

超细矿粉A具有显著的增强效果，其增强效果不仅在于其在微小空隙中的填充效应，还取决于火山灰的超高活性，在水化早期，超细矿粉与水泥中游离的氧化钙和水泥早期的水化产物$Ca(OH)_2$反应，产生更多的水化产物，使早期强提高。

改性超细矿粉B可有效降低C-S-H凝胶生成的势垒，诱导水化，使得在水化的前期生成大量的C-S-H凝胶，进而显著提高水泥的早期水化进程，显著提高混凝土的早期强度。

在聚乙烯醇的作用下，超细矿粉A、改性超细矿粉B、改性白炭黑可在水化早期与水泥中游离的氧化钙和水泥早期的水化产物氢氧化钙反应，产生更多的水化产物，进一步提高混凝土的早期强度。

使用方法　本品在混凝土中的掺量为胶凝材料用量的3%～10%。

产品特性　本品各组分之间协同作用，显著提高了混凝土的早期强度，对后期强度也有明显的增强作用，并且能够明显缩短混凝土的脱模时间。

配方 10　混凝土复合早强剂 (1)

原料配比

原料	配比(质量份)		
	1#	2#	3#
硅藻土	40	35	37
VAE	18.6	21.6	15.6
聚丙烯腈纤维	3	5	6

制备方法　将各组分混合均匀后得到混凝土复合早强剂。

产品特性　本品多种技术手段综合运用，在混凝土中引入可再分散乳胶粉VAE有机物成膜和聚丙烯腈纤维增强增韧技术，极大减少了有害介质的入侵通道，如连通孔、薄弱界面过渡区等，提高了混凝土在各阶段的整体强度。

配方 11 混凝土复合早强剂（2）

原料配比

原料		配比(质量份)		
		1#	2#	3#
高效减水组分	β-萘磺酸盐甲醛缩合物	25	20	30
早强组分		54	60	45
催化组分		5	4	6
早强组分	偏硅酸钠五水合物	8	6	10
	丙烯酸甲酯	25	30	20
	硫酸钠	3	2	5
	粉煤灰	12	15	10
	羟丙基甲基纤维素	6	4	8
	二乙二醇单丁醚	13	16	10
	丙烯酸	25	20	30
	页岩灰	9	12	8
	苯基三氯硅烷	11	10	12
催化组分	过氧化氢	5	4	6
	六次甲基四胺	9	10	8
	1,3-环己烷二羧酸	4	3	5

制备方法

（1）将早强组分的原料组分混合均匀，调节 pH 值至 9.2～9.5，然后加热；加热温度为 40～50℃，加热时间为 20～30min。

（2）在（1）得到的产物中加入催化组分的原料组分，调节 pH 值至 4.5～5.0，然后升温。升温过程包括：以 2～4℃/min 的升温速率升温至 90℃，然后保温 5～6h。

（3）将（2）得到的产物的 pH 值调节至 6.0～7.0，加入高效减水组分，然后降温，再输送到球磨机中球磨，得到混凝土复合早强剂。降温过程包括：以 1～2℃/min 的降温速率降温至 70～75℃后保温 60～70min，然后以 1.2～1.5℃/min 的降温速率降温至 20～25℃；球磨的转速为 200～300r/min，球磨的时间为 1～2h。

使用方法　本品的掺量为胶凝材料总量的 2.5%～3.5%。

产品特性

（1）本品对混凝土有明显的早强和增强作用，可促进混凝土构件早期强度的增长、提前脱模；能加快模板周转速度，加快工程进度和提高工程质量，减少能源消耗，节省水泥。

（2）本品特别适用于早强、防水、防冻的混凝土工程，可以显著提高混凝土的抗渗、抗冻融能力，并大大加快模板的周转率，少配模板，减少投资，节省人工，施工进度可提高 2～3 倍；可用于－5℃以上混凝土施工，当气温低于－5℃应加强保温（如覆盖草袋、塑料膜等)，高温季节应加强早期湿养护；在坍落度满足施工需要的情况下，尽量减小水灰比，以确保强度增长率；重要结构拆底模前，要对砼试块试压，合格后方可拆模；掺用早强剂的混凝土因早期强度发展过快，所以早期必须加强养护措施。

(3) 本品提供的混凝土复合早强剂，可广泛应用于公路混凝土、预制梁场、工业建筑、商业建筑及民用建筑等对施工进度要求快的砼（混凝土）施工及预应力构件，蒸养砼构件的施工，具有很好的应用前景。

配方 12　混凝土高性能早强剂

原料配比

原料	配比(质量份)
碳酸锂	10～50
羧乙基纤维素	2～3
偏铝酸盐速凝剂	10～30
沸石粉	10～20
乳液	20～30

制备方法　将各组分混合均匀即可。

原料介绍　所述乳液制备方法如下：

(1) 制备单体预乳液：向反应器中加入 20～60 份去离子水、0.5～4 份复合乳化剂，搅拌分散 10～30min 后得到水相；将 0.5～3 份交联单体溶于上述水相，得到水溶液；将 25～50 份软单体、25～50 份硬单体、0.5～3 份功能单体与 0.5～4 份助稳定剂混合，得到油相；再将油相与水溶液混合，搅拌预乳化 20～30min，得到预乳液。

(2) 制备单体细乳液：将上述预乳液超声处理 5～25min，得到单体细乳液。

(3) 制备种子细乳液：将 0.25～2 份复合乳化剂、0.1～0.4 份缓冲剂、0.05～0.2 份引发剂、10～30 份去离子水加入反应器中，以 120～280r/min 的转速搅拌 5～15min，形成水相；再将水相水浴加热至 75～85℃，然后通入惰性气体，再取步骤（2）所制备的单体细乳液的 5%～10%加入水相中；降低搅拌速度至 5～50r/min，聚合反应 1～10min，得到种子细乳液。

(4) 制备引发剂水溶液：将 0.15～0.6 份引发剂用 3.4～10 份去离子水溶解，得到引发剂水溶液。

(5) 半连续滴加聚合反应：将步骤（4）所制备的引发剂水溶液的 80%和步骤（3）所制备的种子细乳液同时滴加至反应器中，滴加时间为 3.5～4.5h；当滴加时间为 3h 时，向反应器中加入 0.1～0.4 份的分子量调节剂；然后继续滴加种子细乳液和引发剂水溶液，滴加时间为 0.5～1.5h，在滴加过程中控制反应器的温度为 75～85℃。

(6) 熟化：完成步骤（5）半连续滴加聚合反应后，再将反应器升温至 85～90℃，并补加剩余的 20%引发剂水溶液，保温 1.5～2.5h，得到熟化反应物。

(7) 降温出料：完成步骤（6）熟化后，将反应器温度降至 40～50℃，用 100～300 目的滤布过滤熟化反应物，所得的滤液即乳液。

产品特性　该早强剂具有优良的长期强度和耐久性。

配方 13 混凝土环保早强剂

原料配比

<table>
<tr><th colspan="2" rowspan="2">原料</th><th colspan="4">配比(质量份)</th></tr>
<tr><th>1#</th><th>2#</th><th>3#</th><th>4#</th></tr>
<tr><td colspan="2">硫代硫酸钠</td><td>24</td><td>20</td><td>28</td><td>24</td></tr>
<tr><td colspan="2">碳酸钠</td><td>18.5</td><td>15</td><td>22</td><td>18.5</td></tr>
<tr><td colspan="2">亚硝酸钙</td><td>10</td><td>8</td><td>12</td><td>10</td></tr>
<tr><td colspan="2">铝盐</td><td>5</td><td>4</td><td>6</td><td>5</td></tr>
<tr><td colspan="2">三乙醇胺</td><td>7</td><td>6</td><td>8</td><td>7</td></tr>
<tr><td colspan="2">乙酸钠</td><td>6</td><td>5</td><td>7</td><td>6</td></tr>
<tr><td colspan="2">乙二醇</td><td>3.5</td><td>3</td><td>4</td><td>3.5</td></tr>
<tr><td colspan="2">醋酸丁酸纤维素</td><td>2.8</td><td>2.5</td><td>3.2</td><td>2.8</td></tr>
<tr><td>硅烷偶联剂</td><td>硅烷偶联剂 CG-150</td><td>1.6</td><td>1.4</td><td>1.8</td><td>1.6</td></tr>
<tr><td>减水剂</td><td>减水剂 F10</td><td>1.4</td><td>1.2</td><td>1.6</td><td>1.4</td></tr>
<tr><td>防冻剂</td><td>聚羧酸防冻剂</td><td>0.3</td><td>0.2</td><td>0.4</td><td>0.3</td></tr>
<tr><td>膨胀剂</td><td>膨胀剂 M401</td><td>0.3</td><td>0.2</td><td>0.4</td><td>0.3</td></tr>
<tr><td>增稠剂</td><td>CB-903 增稠剂</td><td>0.2</td><td>0.15</td><td>0.25</td><td>0.2</td></tr>
<tr><td colspan="2">水</td><td>20</td><td>15</td><td>25</td><td>20</td></tr>
<tr><td rowspan="2">铝盐</td><td>氯化铝</td><td>1</td><td>1</td><td>1</td><td>1</td></tr>
<tr><td>聚合氯化铝</td><td>0.18～0.26</td><td>0.18</td><td>0.26</td><td>0.22</td></tr>
</table>

制备方法

(1) 将三乙醇胺、乙酸钠、乙二醇、醋酸丁酸纤维素、硅烷偶联剂以及水混合均匀，形成初步混合物。

(2) 将其余原料加入初步混合物中，混合均匀，得到所述混凝土环保早强剂。

产品特性　本品可有效减小混凝土的流动性，缩短凝结时间，提高早期强度，提升混凝土的耐寒性能，提升固化后混凝土的力学性能和耐腐蚀性能。

配方 14 混凝土晶核早强剂

原料配比

<table>
<tr><th colspan="2" rowspan="2">原料</th><th colspan="5">配比(质量份)</th></tr>
<tr><th>1#</th><th>2#</th><th>3#</th><th>4#</th><th>5#</th></tr>
<tr><td rowspan="3">酰氧基硅烷</td><td>3-(甲基丙烯酰氧)丙基三甲氧基硅烷</td><td>220</td><td>—</td><td>—</td><td>—</td><td>—</td></tr>
<tr><td>3-(甲基丙烯酰氧)丙基三乙氧基硅烷</td><td>—</td><td>180</td><td>—</td><td>—</td><td>300</td></tr>
<tr><td>3-(甲基丙烯酰氧)丙基甲基二甲氧基硅烷</td><td>—</td><td>—</td><td>250</td><td>330</td><td>—</td></tr>
<tr><td rowspan="2">钙盐</td><td>甲酸钙</td><td>100</td><td>—</td><td>70</td><td>50</td><td>—</td></tr>
<tr><td>乳酸钙</td><td>—</td><td>150</td><td>—</td><td>—</td><td>100</td></tr>
</table>

续表

原料		配比(质量份)				
		1#	2#	3#	4#	5#
纳米纤维	直径为 1nm	25	—	—	—	—
	直径为 50nm	—	50	—	—	35
	直径为 20nm	—	—	40	—	—
	直径为 30nm	—	—	—	55	—
一水合硅酸镁		10	8	4	10	5
氨基化的纳米二氧化硅表面接枝聚乙烯醇		5	4	1	5	1
水		640	608	635	550	559

制备方法　将各原料置于反应釜中搅拌混合均匀，即得混凝土晶核早强剂。

产品特性

(1) 本品具有独特的微纤维结构和强极性基团，在晶核诱导和成核势垒作用下，使水泥颗粒排列更加致密，对混凝土超早期强度与后期强度都有显著的增强作用，且显著缩短预制构件的脱模时间，与混凝土适应性良好。

(2) 本品在混凝土应用中与其他减水剂复配使用相容性极好，无析出沉淀现象。

(3) 本品应用于预制构件 C50 混凝土时，与传统晶核早强剂相比，脱模时间缩短，且对混凝土早期及后期强度有显著的增强作用，混凝土拌和和易性良好。

配方 15　混凝土液体超早强剂

原料配比

原料		配比(质量份)			
		1#	2#	3#	4#
硅源	硅酸钠	33.92	—	—	—
	硅酸钾	—	24.64	—	—
	硅酸锂	—	—	14.40	14.40
蒸馏水		200(体积)	200(体积)	200(体积)	200(体积)
分散剂	萘磺酸盐甲醛缩合物	0.6	—	—	—
	羧甲基纤维素	—	0.3	—	—
	丙烯基醚 PCE 共聚物	—	—	0.8	—
	酰胺/酰亚胺 PCE 共聚物	—	—	—	0.9
钙源溶液	氯化钙	17.76	—	—	—
	硝酸钙	—	37.76	—	—
	次氯酸钙	—	—	22.88	—
	碳酸氢钙	—	—	—	25.92
	水	200(体积)	200(体积)	200(体积)	200(体积)
可溶性铝盐	氯化铝	3.18	—	—	3.2
	九水合硝酸铝	—	11.98	—	—
	硫酸铝	—	—	8.2	—
碱性溶液	氢氧化钠溶液	适量	适量	适量	适量

制备方法

(1) 将硅源、蒸馏水和分散剂投入反应容器中，将反应容器置于微波反应器中进行搅拌；搅拌为机械搅拌，搅拌转速为200～1000r/min。微波反应器功率为100～3000W。

(2) 向反应容器中滴加碱性溶液调节pH值至11。

(3) 准备钙源溶液，启动微波反应器开始分段微波反应，反应的同时向反应容器中滴加所述钙源溶液。所述分段微波反应为2～5段，微波反应时间为5s～60min。

(4) 待分段微波反应结束后，向反应容器中加入可溶性铝盐，继续搅拌直至铝盐完全溶解，收集反应容器内的溶液即为混凝土液体超早强剂。

产品特性

(1) 采用分段微波反应法耗时短，能效高，应用于纳米级水化硅酸钙的合成，微波场的高穿透性为材料均质反应提供能量，具有反应灵敏、产品质量高等优点，有利于缩短反应进程，并有效控制产物的粒径和团聚效果。

(2) 在水化硅酸钙合成后引入Al^{3+}，加入混凝土后，更有助于加速水泥胶材的水化反应，提高混凝土的早期强度。

(3) 本品制备方法和设备简单有效，易于工业化生产。

配方 16 混凝土预制件用早强剂

原料配比

原料		配比(质量份)		
		1#	2#	3#
可溶性钙盐溶液	四水合硝酸钙	50	66	50
	水	50	34	50
可溶性硅盐溶液	偏硅酸钠	15	22	15
	水	85	78	85
增稠剂溶液	温轮胶	1	1	0.5
	水	90	99	99.5
阴离子分散剂		30	24	6
非离子分散剂		3	9	1
增稠剂溶液		3	3	50
水		58	142.9	174.3
硝酸钙溶液		84.6	75.1	28.2
硅酸钠溶液		121.4	46	40.5

制备方法

(1) 将所述可溶性钙盐、可溶性硅盐和增稠剂分别配制成水溶液。所述可溶性钙盐溶液的质量浓度为50%～70%，所述可溶性硅盐溶液的质量浓度为5%～25%，所述增稠剂溶液的质量浓度为0.3%～5%。

(2) 将所述阴离子分散剂、非离子分散剂、增稠剂溶液和水添加到反应容器中，设置预设的反应温度和搅拌速率；其中，反应容器可采用三口瓶，反应温度为20～90℃，搅拌速率为100～800r/min。

(3) 搅拌 0.5～2h 后，保持搅拌且向反应容器中同时滴加可溶性钙盐溶液和可溶性硅盐溶液，反应完成后，得到混凝土预制件用早强剂；其中，同时滴加可溶性钙盐溶液和可溶性硅盐溶液的时间为 1～48h，滴加完毕后继续搅拌反应 0.5～2h；所制得的混凝土预制件用早强剂中水化硅酸钙凝胶的粒径为 150～400nm。

原料介绍　所述可溶性钙盐为四水合硝酸钙，所述可溶性硅盐为无水偏硅酸钠。

所述阴离子分散剂为聚羧酸，分子量为 3000～7000。

所述非离子分散剂为聚乙烯亚二胺，分子量为 600～70000。

所述增稠剂为温轮胶。

使用方法　本品主要是一种混凝土预制件用早强剂。

产品特性　本品利用阴离子和非离子复合分散剂对水化硅酸钙凝胶颗粒进行分散，可提供更好的分散作用；并在早强剂中添加增稠剂，减少水化硅酸钙凝胶颗粒之间的聚并，进一步提高稳定性。

配方 17　混凝土早强剂（1）

原料配比

原料		配比(质量份)					
		1#	2#	3#	4#	5#	6#
组分 A	硅溶胶分散液	170	200	230	200	200	200
	硅氧烷乳液	130	140	150	140	140	140
	表面活性剂	30	30	30	30	30	30
	可溶性钙盐	110	130	150	130	130	130
	醇胺类物质	40	45	50	45	45	45
硅溶胶分散液	亚甲基双萘磺酸钠	1	1	1	1	1	1
	硅烷偶联剂	0.8	0.8	0.8	0.8	0.8	0.8
	纳米级二氧化硅	60	60	60	55	65	70
	水	加至 100	加至 100	加至 100	加至 100	加至 100	加至 100
组分 B	偏铝酸盐	350	350	350	350	350	350
	硅酸钠	250	250	250	250	250	250
	碳酸锂	250	250	250	250	250	250
	酒石酸钙	60	60	60	60	60	60
	甲基纤维素醚	7	7	7	7	7	7
组分 A		4	3	7	3	3	3
组分 B		1	1	3	1	1	1

制备方法

(1) 制备硅溶胶分散液。

(2) 将称取的可溶性钙盐、醇胺类物质与制备的硅溶胶分散液投入搅拌器中，混合搅拌至完全均匀。

(3) 在常温情况下，在将硅氧烷乳液混合到步骤 (2) 所得溶液的过程中，边搅拌边持续滴加表面活性剂，得到液体悬浮液；持续搅拌 1h 后得到所述混凝土早强剂组分 A。

（4）将 B 组分中各组分混合均匀得到 B 组分。

（5）将 A、B 组分分别包装。

原料介绍　所述硅溶胶分散液为纳米级二氧化硅、分散剂与悬浮剂经搅拌溶解及超声分散相结合的方式配制而成。

所述硅氧烷乳液为以 Si-O-Si 键构成主链结构的硅氧烷化合物，为 65%～75%聚二甲基硅氧烷与 25%～35%八甲基环四硅氧烷复合而成。

所述表面活性剂为 25%羟基烷烃磺酸盐、25%烯烃磺酸盐与 50%聚氧化烯烷基醚复合而成。

所述可溶性钙盐为硝酸钙、甲酸钙、溴化钙，且三者比例为 4∶6∶1。

所述醇胺类物质为 50%～70%三异丙醇胺与 30%～50%甲基二乙醇胺复合而成。

使用方法　本品的适宜添加比例为胶凝材料质量的 3%～4%。早强型混凝土的制备方法：按照所需掺量分别称取所述混凝土早强剂组分 A 与组分 B，将水泥、砂、石子等混凝土原材料与所述混凝土早强剂组分 B 混合并干拌 30～60s，然后将上述混凝土早强剂组分 A、减水剂和水一同加入拌和物中，再拌和 60～180s。

产品特性　本品为避免偏铝酸盐与水发生反应以及酒石酸钙难溶于水，特将本品分为液体组分 A 与粉体组分 B 分开掺入以提高混凝土的早期强度，能够发挥不同组分性能的迭加作用，加快水泥凝结硬化速度，促进水化产物的析出。本品同时采用分散剂与悬浮剂并采用搅拌与超声分散相结合的方式使纳米级二氧化硅颗粒稳定分散在水中，又采用高效的表面活性剂将硅氧烷乳液与硅溶胶分散液以及其它常见早强组分有效复合形成稳定的悬浮液早强剂。

配方 18　混凝土早强剂（2）

原料配比

原料		配比(质量份)					
		1#	2#	3#	4#	5#	6#
水		20	30	40	40	40	40
三乙醇胺		0.8	2	3	3	3	3
氯化物	氯化钠	3	—	—	—	—	—
	氯化铝	—	4	—	—	—	—
	氯化钙	—	—	6	6	6	6
硫代硫酸钠		2	3.5	6	6	6	6
硫酸钠		1	2	3	3	3	3
亚硝酸钠		3	6	13	13	13	13
硫酸铝		—	3	8	8	8	8
水溶性有机物	乙二醇	—	8	2	6	4	3
	PEG-200	13	—	—	—	—	—
	PEG-400	—	7	—	—	—	—
	PEG-600	—	—	16	12	14	15
氨基硅烷偶联剂		0.2	1.5	2	2	2	2

制备方法

（1）将水溶性有机物、氨基硅烷偶联剂以及水混合均匀，形成混合物 A。

（2）将其余原料加入混合物 A 中，在 5～10℃以及惰性气体的保护气氛下搅拌 20～35min，冷却，形成早强剂，并将早强剂的 pH 值调节至 8～9。

原料介绍　水作为基础溶剂将各成分进行溶解混合，同时其余成分均为水溶性成分，制得的早强剂为液态早强剂，加入混凝土中后，有利于混凝土的泵送和搅拌。三乙醇胺具有乳化作用，吸附于水泥颗粒表面，形成带电亲水膜，降低溶液的表面张力，加速水与水泥颗粒的接触和渗透，促进水泥颗粒的水解；N 原子有一对共用电子，很容易与金属阳离子形成共价键形成络合物，络合物在溶液中形成可溶区，提高水化产物的扩散效率。硫代硫酸钠和硫酸钠属于硫酸盐，硫酸根与钙离子形成的硫酸钙极易与铝酸三钙反应，迅速形成水化硫铝酸钙晶体，加快水化反应。亚硝酸钠可促进水化硅酸钙的生成，从而加速水泥的水化，另外，由于亚硝酸钠会在钢筋表面形成致密的保护膜，从而起到阻锈的作用，有一定的隔绝氯离子的作用。

产品特性　本品采用水溶性有机物、硅烷偶联剂、亚硝酸钠，亚硝酸钠在钢筋表面形成致密的保护膜，有一定的隔绝氯离子的作用，利用硅烷偶联剂的迁移作用，使得硅烷偶联剂的无机端与钝化膜或者钢筋表面偶联，硅烷偶联剂的有机端与水溶性有机物偶联，使得钝化膜外包覆一层偶联剂，对钝化膜外层进行固定和保护，并进一步隔绝氯离子，减少氯离子对钝化膜的破坏以及对钢筋的腐蚀。

配方 19　混凝土早强剂（3）

原料配比

原料		配比(质量份)					
		1#	2#	3#	4#	5#	6#
硝酸钙		20	30	50	50	50	50
三乙醇胺		0.1	0.3	0.6	0.6	0.6	0.6
硫酸铝		3	5	8	8	8	8
纳米二氧化硅		20	32	40	40	40	40
乙二醇		5	6.5	10	10	10	10
水溶性氢氧化物		3	5	8	8	8	8
助剂	无机金属盐	3	10	24	24	24	24
	水泥石	13	18	25	10	8	15
	木质素磺酸钙	—	—	—	3	7	10

制备方法

（1）将硝酸钙、三乙醇胺、硫酸铝、纳米二氧化硅、乙二醇、助剂在 25～35℃温度下搅拌 15～25min 形成混合物 A。

（2）先将混合物 A 的温度降低至 5～15℃，将水溶性氢氧化物投入混合物 A 中，混合均匀即可。

原料介绍　所述水溶性氢氧化物中包含1.3～2份的氢氧化锂。

所述无机金属盐由质量比为（1.5～4）∶1的硼酸铝和碳酸镁组成。

产品特性　本品选用了含氧无机酸，避免可能使用的氯离子、溴离子等对钢筋的腐蚀。引入硫酸根后会在混凝土体系中生成硫酸盐，硫酸盐有侵蚀和破坏混凝土矿物的风险，会影响混凝土的耐久性。碳酸根和硼酸根的性能稳定，另外，由于锂盐的加入，水化反应早期所生产的致密的水化产物会包裹水泥矿物，会影响后期的水化反应进程，而硼酸在混凝土中可以起到缓凝作用，从而减少锂盐对后期水化反应进程的影响。无机金属盐为单组分的碳酸镁时，碳酸镁与氢氧化锂强碱反应生成氢氧化镁沉淀。生成的氢氧化镁沉淀对混凝土进行填充，提高混凝土的早期强度，同时硼酸起到缓蚀的作用，减少锂盐对后期水化反应的影响。且在铝离子与强碱的反应过程中，生成胶体状或絮状的氢氧化铝。胶体状的氢氧化铝相比于沉淀状的氢氧化镁，具有一定的形变能力以及内部空隙，胶体与沉淀配合来填充混凝土，提高混凝土的早期强度；同时，由于胶体具备一定的形变能力，不会将混凝土的空隙卡死，有利于后期水化反应的进行。同时，随着水化反应的进行，混凝土体系的温度提高，氢氧化铝胶体会逐渐分解为氧化铝和水，产生的水可以供给水化反应使用。无机金属盐中的金属离子可以全部被沉淀或转化为胶体，对混凝土进行填充，对无机金属盐进行充分的利用。

配方20　混凝土早强剂（4）

原料配比

原料	配比(质量份)		
	1#	2#	3#
氯化钙	25	20	30
亚硝酸钙	12	10	15
硝酸钙	8	8	10
三乙醇胺	8	5	6
羟甲基纤维素	5	3	4
聚羧酸减水剂	5	6	5
纳米二氧化硅	8	5	6
硅藻土	6	5	6
甲基丙烯酸	5	3	4

制备方法　将各组分原料混合均匀即可。

原料介绍　所述聚羧酸减水剂是由乙二醇单乙烯基聚乙二醇醚大单体合成的。

使用方法　本品的用量为水泥用量的3%～6%。

产品特性　本品可以显著提高混凝土的早期强度，加快混凝土硬化，可防止混凝土在早期发生坍塌，且后期早强剂对水泥基材具有强度增强作用，可增强混凝土的强度和耐久性能。

配方 21 纳米晶核型混凝土早强剂

原料配比

原料				配比(质量份)					
				1#	2#	3#	4#	5#	6#
分散剂	釜底液Ⅱ	烯丙基醇聚氧乙烯醚	分子量 6000	300	—	—	300	300	300
			分子量 5000	—	300	—	—	—	—
			分子量 1000	—	—	300	—	—	—
		2-丙烯酰氨基-2-甲基丙磺酸		25	25	25	32	28	28
		过氧化氢		2	2	2	2	2.2	2.2
		水		320	320	320	320	320	320
	A2 溶液	甲基丙烯酸		25	25	25	25	25	28
		水		85	85	85	85	90	90
	B2 溶液	巯基乙酸		1.1	1.1	1.1	1.1	1.1	1.1
		抗坏血酸		0.85	0.85	0.85	0.85	0.85	0.85
		水		146	146	146	146	146	150
纳米晶核型混凝土早强剂	釜底液Ⅰ	分散剂		50	50	50	50	50	50
		四甲基氢氧化铵		0.5	0.5	0.5	0.5	0.5	0.5
		水		300	300	300	300	300	300
	A1 溶液	硝酸钙		22	22	22	22	22	22
		甲酸钙		12	12	12	12	12	12
		水		200	200	200	200	200	200
	B1 溶液	氟硅酸镁		50	50	50	50	50	50
		水		180	180	180	180	180	180

制备方法

（1）取烯丙基醇聚氧乙烯醚、2-丙烯酰氨基-2-甲基丙磺酸、过氧化氢、水搅拌混合均匀得到釜底液Ⅱ。

（2）取甲基丙烯酸、水搅拌混合均匀得到 A2 溶液。

（3）取巯基乙酸、抗坏血酸、水搅拌混合均匀得到 B2 溶液。

（4）将釜底液Ⅱ升温到 22～27℃并不断搅拌，然后分别同时匀速向釜底液Ⅱ中滴加步骤（2）和步骤（3）中制备好的 A2 溶液和 B2 溶液，滴加的时间为 3～4h。

（5）搅拌保温 1～2h 制得固含量为 40%的分散剂。

（6）取分散剂、四甲基氢氧化铵、水搅拌混合均匀并充分溶解得到釜底液Ⅰ。

（7）取硝酸钙、甲酸钙、水搅拌混合均匀并充分溶解得到 A1 溶液。

（8）取氟硅酸镁、水搅拌混合均匀并充分溶解得到B1溶液。

（9）匀速向釜底液Ⅰ中同时滴加步骤（7）和步骤（8）中提前制备好的A1溶液和B1溶液，滴加时间为1～2h。

（10）搅拌熟化2～3h，得到的纳米晶核型混凝土早强剂溶液置于表面皿中，在60℃下烘干得到固体的纳米晶核型混凝土早强剂。

产品特性　本品中有多种早强组分，不仅能为早期C-S-H凝胶的生成提供细小晶核，降低生成势垒，加速C_2S（硅酸二钙）和C_3S（硅酸三钙）水化，缩短水泥水化的诱导期，提前加速期，能明显提高混凝土早期强度，且同时添加了能促使C_3A（铝酸三钙）水化的组分，更能提高水凝水化的进程，提高早期强度，且在该早强剂中不含Na^+、K^+等离子，不会引起混凝土碱-骨料反应，对后期强度无减缩且有所增强。

配方 22　喷射混凝土用促凝早强剂（1）

原料配比

原料		配比(质量份)
早强组分		60
增密组分		35
保水组分		2
调凝组分		3
早强组分	硫铝熟料	50
	氟化铝	20
	锂渣粉	20
	甲酸钙	10

制备方法　将早强组分、增密组分、保水组分及调凝组分混合均匀，加入超细球磨机中粉磨至细度为600～800目即可。

原料介绍　所述锂渣粉为锂渣加入助磨剂进行超细粉磨至亚微米级，助磨剂选自醇胺类，如二乙醇胺、三乙醇胺、三异丙醇胺等。

所述增密组分为硅灰、高流微硅粉、微珠、超细石灰石粉中的至少一种。

所述保水组分为SAP吸水树脂、羟丙基甲基纤维素、羟乙基纤维素、羧甲基纤维素中的至少一种。

所述调凝组分为葡萄糖酸钠、柠檬酸钠、白糖、硼酸、酒石酸钠、硬石膏中的至少一种。

使用方法　本品使用方法如下：将胶凝材料、促凝早强剂、骨料投入搅拌机，干拌，再加入掺有减水剂的拌和水搅拌，将按要求进行混凝土流动性测试后的拌和物倒回搅拌机，加入无碱液体速凝剂进行搅拌即可。

产品特性　本品协同早强组分、增密组分、保水组分、调凝组分进行超细粉磨，共同作用制备的促凝早强剂不影响预拌喷射混凝土的工作性能，其与无碱液体速凝剂搭配使用，使喷射成型的混凝土具有更高的早期强度和更快的凝结时间，从本质上降低喷射混凝土回弹率，加快施工进程。

配方 23 喷射混凝土用促凝早强剂（2）

原料配比

原料				配比(质量份)					
				1#	2#	3#	4#	5#	6#
分散剂	酯化物	季戊四醇		30	35	40	38	40	30
		阻聚剂	对苯二酚	0.1	0.1	—	0.15	—	0.1
			吩噻嗪	—	0.1	0.3	—	0.25	—
		甲基丙烯酸		35	40	50	45	50	50
		对甲苯磺酸钠		1	1.5	3	2	2	15
	第一滴加料	酯化物		65	70	90	70	80	70
		不饱和羧酸及其衍生物	丙烯酸	105	—	—	100	—	110
			马来酸酐	—	200	—	—	—	—
			衣康酸	—	—	200	—	180	—
		水		30	30	30	40	20	20
	第二滴加料	还原剂	维生素 C	0.33	0.6	—	—	0.3	—
			吊白块	—	—	1	—	—	0.5
			亚硫酸氢钠	—	—	—	0.8	—	—
		链转移剂	巯基丙酸	0.8	—	—	1.5	0.5	—
			巯基乙酸	—	1	—	—	—	0.5
			巯基乙醇	—	—	2.5	—	—	—
		水		225	80	87	15	80	100
	聚醚大单体	异戊烯醇聚氧乙烯醚(分子量为 2400)		900	—	—	1200	—	1800
		异戊烯醇聚氧乙烯醚(分子量为 3000)		—	1200	—	—	—	—
		异丁烯醇聚氧乙烯醚(分子量为 3000)		—	—	—	—	1500	—
		异戊烯醇聚氧乙烯醚(分子量为 5000)		—	—	2000	—	—	—
		水		600	800	1200	800	750	900
	引发剂	双氧水		1	—	—	2	1	—
		过硫酸铵		—	1.5	—	—	—	1.5
		过硫酸钾		—	—	3	—	—	—
底液	去离子水			380	410	390	350	370	370
	分散剂			100	80	90	120	90	100
	杂化组分	七水硫酸镁		50	—	—	—	40	—
		硫酸锂		—	10	—	—	—	—
		四水硫酸锆		—	—	20	—	—	40
		硫酸铁		—	—	—	30	—	—
溶液 A	铝源	十八水硫酸铝		100	—	—	—	125	—
		九水硝酸铝		—	90	—	—	—	—
		异丙醇铝		—	—	90	100	—	—
		硫酸铝		—	—	—	—	—	120
	去离子水			—	110	110	110	—	120

续表

原料			配比(质量份)					
			1#	2#	3#	4#	5#	6#
溶液 B	硅源	九水硅酸钠	108	—	—	—	—	—
		甲基硅酸钠	—	76	—	—	—	—
		五水偏硅酸钠	—	—	100	—	—	—
		硅烷偶联剂	—	—	—	110	80	—
		偏硅酸钠	—	—	—	—	—	80
	去离子水		192	224	200	190	170	180
pH 值调节剂			适量	适量	适量	适量	适量	适量

制备方法　向反应釜中加入去离子水和分散剂，搅拌并升温至 45～55℃，加入杂化组分，搅拌至完全溶解，得到底液。加入 pH 值调节剂，将底液 pH 值调至 7～8。称取铝源用一定量去离子水溶解，配制成溶液 A，称取硅源用一定量去离子水溶解，配制成溶液 B。同时同速率向底液中滴加溶液 A、溶液 B，3～4h 滴完，滴加结束后保温搅拌 1～2h，冷却至室温，得到喷射混凝土用促凝早强剂。

原料介绍　所述 pH 值调节剂包括一乙醇胺、二乙醇胺、三乙醇胺、三异丙醇胺中的至少一种。

所述分散剂的制备方法包括以下步骤：

(1) 酯化反应：将季戊四醇和阻聚剂加入反应瓶内，升温至 70～90℃，加热至其熔融后，加入甲基丙烯酸，并加入对甲苯磺酸钠作为催化剂，升温至 110～125℃，通氮气吹扫，反应 4～6h，得到酯化物。

(2) 共聚反应：称取酯化物，加入不饱和羧酸及其衍生物和水配制成第一滴加料。将还原剂、链转移剂与水配制成第二滴加料，浓度为 0.5%～4%。向反应瓶中加入聚醚大单体和水，开始搅拌，保持反应温度为 30～45℃，待完全溶解后，加入引发剂，搅拌 5～10min 后，同时滴入第一滴加料和第二滴加料，控制第一滴加料在 1.5～2.5h 内滴加完成，控制第二滴加料在 2～3h 内滴加完成。反应结束后，继续搅拌 0.5～1.5h，然后用液碱中和反应物至 pH 值为 5～7，即可制得。

所述的液碱可以采用氢氧化钠、碳酸钠和氢氧化钾中的至少一种。

所述的阻聚剂包括对苯二酚和吩噻嗪中的至少一种。

所述阻聚剂包括对苯二酚和吩噻嗪中的至少一种。

所述引发剂为双氧水、过硫酸铵和过硫酸钾中的至少一种。

所述链转移剂为巯基乙酸、巯基丙酸和巯基乙醇中的至少一种。

所述还原剂为维生素 C、吊白块和亚硫酸氢钠中的至少一种。

所述不饱和羧酸及其衍生物包括丙烯酸、马来酸酐、衣康酸中的至少一种。

所述聚醚大单体包括异戊烯醇聚氧乙烯醚和异丁烯醇聚氧乙烯醚中的至少一种。

产品特性　本品可作为促凝早强剂对水泥水化反应进行激发，加快 C-S-H 凝胶和水化硫铝酸钙的生成，从而成为水泥混凝土强度基础物质的一部分，明显提高喷射混凝土的早期强度。本品与速凝剂有良好的相容性，使用该产品后砂浆 6h 强度提高至 3MPa 以上，后期强度不倒缩，且喷射混凝土回弹率可降低至 10%以下，大大改善施工现场环境。

配方 24 水泥混凝土早强剂

原料配比

原料		配比(质量份)		
		1#	2#	3#
粉煤灰		35	55	45
氯化钾		18	22	20
氯化钠		25.5	27.5	26.5
亚硫酸钠、氢氧化钠混合物		18	22	20
硫酸铝钾		23	26	24.5
表面活性剂	烷基苯磺酸钠	11	17	14
膨胀珍珠岩		3.5	7.5	5
脂肪酸		12.5	15.5	14
乙醇酰胺		3.5	6.5	5
芒硝		11	17	14
糖钙		3.5	7.5	5.5
石灰		22	27	24
甲酸钙		25	28	26.5
三乙醇胺		11	17	14
膨润土		16.5	18.5	17.5
三异丙醇胺		12	16	14
乙醇		3	7	5
水		22	26	22～26

制备方法 将各组分原料混合均匀即可。

原料介绍 所述的亚硫酸钠、氢氧化钠混合物中亚硫酸钠、氢氧化钠的比例为 1∶3。

产品特性 本品可以有效改善混凝土性能，提高施工效率并且节约投资成本，另外本产品不含氯离子，对钢筋无锈蚀作用，适用于多种工程，有利于加快施工速度，降低施工成本，对矿渣水泥的增强和改性作用尤为显著。

配方 25 水泥纳米悬浮液混凝土早强剂

原料配比

原料	配比(质量份)		
	1#	2#	3#
纳米硅酸盐水泥	2	6	4
聚羧酸分散剂	25	40	32
聚乙烯吡咯烷酮(PVP)	10	16	13
碱	适量	适量	适量

制备方法

（1）将聚羧酸分散剂、聚乙烯吡咯烷酮混合搅拌，使聚乙烯吡咯烷酮充分溶解，作为反应瓶底料，使用碱调节 pH 值为 8～12。

（2）向加入底料的反应瓶中，采用筛漏方式，于 2～4h 内缓缓加入纳米硅酸盐水泥；然后加入碱调节 pH 值为 9～12，继续搅拌 2～5h，得到水泥纳米悬浮液混凝土早强剂。搅拌速率为 800～1500r/min。

原料介绍　所述聚羧酸分散剂的固含量为 25%～40%。

所述纳米硅酸盐水泥由 PⅠ硅酸盐水泥、PⅡ硅酸盐水泥磨细而成，所述纳米硅酸盐水泥熟料的主要成分为硅酸钙晶体，粒径范围为 400～900nm。

所述碱为氢氧化钠、氢氧化钾、三乙胺、三乙醇胺、氢氧化钙、三异丙醇胺中的至少一种。

产品特性

（1）本品利用高分子结构设计原理，使用的聚羧酸分散剂具有优良的早强功能：在其分子结构中引入了一定量的磺酸基团和酰氨基团，降低羧基含量，并控制聚合物的分子量，形成具有长侧链、短主链的梳形结构。减少主链的羧基含量，减弱其与 Ca^{2+} 的络合作用，从而降低其对 C_3S 的水化抑制作用，达到提高早期强度的目的。引入的磺酸基可以提高聚羧酸分散剂的分散性能，使水泥颗粒与水接触点增多，水化活性点增多，加速水泥水化，提高早期强度。

（2）本品对水泥水化具有显著的促进作用，快速提高混凝土早期强度，自然养护条件下，6～8h 强度可达 15MPa 以上，满足预制构件的拆模强度要求，缩短模具周转周期，降低生产成本，是一种低成本、性能优良的混凝土早强剂。

配方 26　提高混凝土强度和耐久性的早强剂

原料配比

原料		配比(质量份)			
		1#	2#	3#	4#
纳米二氧化硅		25	30	25	25
溴化钙		15	10	15	15
硅灰	粒径为 0.2μm	8	—	8	8
	粒径为 0.1μm	—	5	—	—
三乙醇胺		3	4	3	3
乙二醇		8	5	8	8
膨胀剂		12	15	12	12

制备方法　将纳米二氧化硅、溴化钙、硅灰、三乙醇胺、乙二醇和膨胀剂混合，以 500r/min 的速度搅拌 30min，制得提高混凝土强度和耐久性的早强剂。

原料介绍　所述膨胀剂为氧化钙和氧化镁质量比为 1∶(0.6～0.8) 的混合物。

所述硅灰粒径为 0.1～0.3μm。

产品特性　本品不含氯离子和硫酸盐，减少早强剂中的氯盐和硫酸盐对钢筋的腐蚀，从而提高混凝土的后期强度和耐久性。纳米二氧化硅中的硅氧键可以与混凝土水化产生的氢氧化钙反应生成凝胶，可以促使混凝土水化产物直接在纳米二氧化硅颗粒表面生长，进一步促进混凝土水化，从而提高混凝土的早期强度。在混凝土水化后期，纳米二氧化硅的火山灰效应还可以进一步提高混凝土的水化程度，提高混凝土后期强度，从而提高混凝土的耐久性。溴化钙可以促进混凝土中的氢氧化钙结晶，加速 C_2S 的水化，从而加速混凝土的水化和硬化，提高混凝土的早期强度。硅灰可以填充到混凝土颗粒的周围，促使混凝土内部结构更加紧密，提高混凝土的密实度，从而提高混凝土的强度。硅灰通过混凝土密实度的提高和二氧化硅含量的增多，有效提高了混凝土的抗氯离子渗入能力，减少酸离子的侵入和腐蚀作用，从而提高混凝土的抗化学腐蚀性和抗渗性能。

配方 27 透水混凝土早强剂

原料配比

原料		配比(质量份)		
		1#	2#	3#
铝酸一钙		18	20	15
二乙醇单异丙醇胺		0.8	1	0.5
钙矾石促生剂		81.2	79	84.5
钙矾石促生剂	水淬矿渣微粉	50	45	55
	半水石膏	10	8	5
	石灰粉	5	6	3
	水	45	42	35

制备方法 按配比称取铝酸一钙、二乙醇单异丙醇胺、钙矾石促生剂，混合研磨，即得到透水混凝土早强剂。所述透水混凝土早强剂的比表面积为 350～400m^2/kg。

原料介绍 所述钙矾石促生剂的制备方法包括以下步骤：

(1) 按配比向搅拌机中加入水淬矿渣微粉、石膏、石灰粉和水，搅拌均匀后，利用成球设备成型为直径为 5～20mm 的球体。

(2) 将球体置于 90～100℃下进行蒸汽养护 10～15h。

(3) 蒸养后的球体继续进行自然养护 5～8d。

使用方法 所述透水混凝土包括以下质量份的原料：粗骨料 1600～1800 份、水泥 370～420 份、掺和料 15～50 份、减水剂 3～6 份、水 135～155 份以及水泥质量 1%～5%的早强剂。

所述掺和料包括钢纤维、聚丙烯纤维、PVA 纤维、微硅灰、石英砂、粉煤灰、改性钢纤维、环氧树脂包覆纳米碳化硅中的至少一种。

所述粗骨料为碎石，所述粗骨料的粒径为 5～9mm。

所述水泥为普通硅酸盐水泥，具体可为 42.5 级普通硅酸盐水泥。

产品特性 本品中，铝酸一钙作为硅酸二钙水化加速剂，二乙醇单异丙醇胺作为铝相助溶剂，上述两种物质与钙矾石促生剂配合后，可有效加速水泥铝酸盐相的溶解、钙矾石的生成和水泥中硅酸二钙的水化，赋予透水混凝土高早强性能，适用于透水路面低温施工、早期开放交通透水路面施工及对早强有特别要求的透水混凝土路面施工。

配方 28　无氯混凝土早强剂

原料配比

原料	配比(质量份)		
	1#	2#	3#
烷基苯磺酸盐	2	1.5	2.5
纳米硅粉	16.5	10	18
纳米 $Ca(NO_3)_2$	12.5	8	15
水泥石	2	1.5	2.5
尿素	12	10	15
聚羧酸减水剂	10.5	7	15
乙醇	85	10	90

制备方法　将烷基苯磺酸盐溶于乙醇中，搅拌至完全溶解后，加入纳米硅粉、纳米 $Ca(NO_3)_2$ 超声分散 20～30min，然后加入尿素和聚羧酸减水剂，继续超声 15～20min，最后加入水泥石，继续超声 20～30min，得无氯混凝土早强剂。所述超声的功率为 350～450W，频率为 40～50kHz。

原料介绍　所述纳米硅粉比表面积为 150～200m^2/g，SiO_2 含量不低于 90%，粒度为 10～15nm，作为晶胚物质填入，具有降低水化产物析出障碍的能力，促进水化产物特别是钙矾石等物质的析出，提高早期强度。

所述纳米 $Ca(NO_3)_2$ 的粒度为 10～15nm，所述水泥石的粒度为 100～200nm，纳米材料的微结构具有改善材料的微观结构，提升材料力学性能，减小混凝土的流动性，缩短凝结时间，提高早期强度的作用。

所述乙醇的浓度为 30%～45%。

使用方法　本品的掺量占水灰量的 1.5%～2%。

产品特性　本品加入后，初始坍落度明显增加，并且泌水率有一定程度的改善，抗压强度也明显增加。硝酸盐能促进水化硅酸钙的生成，改善水化产物孔结构，提高砂浆结构的密实性，由于离子效应 Ca^{2+} 浓度增加会加快结晶速度，增加固相比例，有利于水泥石结构的形成，同时尿素的添加对混凝与拌和物起到塑化作用，可与钙盐生成可溶性复盐以调节难溶物结晶速度，从而加速水泥的水化过程。

配方 29　新拌混凝土早强剂

原料配比

原料			配比(质量份)		
			1#	2#	3#
醛类水溶液	醛类化合物	甲醛	30	—	—
		乙二醛	—	30	
		乙醛	—	—	30
	水		30	30	30

续表

<table>
<tr><td colspan="3" rowspan="2">原料</td><td colspan="3">配比(质量份)</td></tr>
<tr><td>1#</td><td>2#</td><td>3#</td></tr>
<tr><td rowspan="4">亚硫酸盐水溶液</td><td rowspan="3">亚硫酸盐</td><td>亚硫酸氢钠</td><td>109.2</td><td>—</td><td>—</td></tr>
<tr><td>亚硫酸氢钾</td><td>—</td><td>109.2</td><td>—</td></tr>
<tr><td>亚硫酸氢镁</td><td>—</td><td>—</td><td>109.2</td></tr>
<tr><td colspan="2">水</td><td>109.2</td><td>109.2</td><td>109.2</td></tr>
<tr><td colspan="3">水</td><td>243</td><td>243</td><td>243</td></tr>
<tr><td rowspan="3">醇胺类化合物</td><td colspan="2">二乙醇胺</td><td>115.6</td><td>—</td><td>—</td></tr>
<tr><td colspan="2">二甘醇</td><td>—</td><td>115.6</td><td>—</td></tr>
<tr><td colspan="2">3-氨基-1-丙醇</td><td>—</td><td>—</td><td>115.6</td></tr>
</table>

制备方法

(1) 首先将醛类化合物和亚硫酸盐分别加入水中，分别配制成水溶液，然后调整亚硫酸盐水溶液的温度为20～80℃，在0.5～4h内加入醛类化合物的水溶液，反应1～2h。醛类化合物和亚硫酸盐发生亲核加成反应，制得磺化剂溶液。

(2) 将所述磺化剂溶液和醇胺类化合物混合，加热升温至60～110℃，保温反应5～10h，制得新拌混凝土早强剂。早强剂的pH值为7～12，固含量为30%～65%。

产品特性　将本品加入混凝土中，能够提高混凝土的1d抗压强度，且能够保证混凝土初始坍落度和初始扩展度基本保持不变。

配方30　用于低温及大水胶比混凝土制备的早强剂

原料配比

<table>
<tr><td colspan="2" rowspan="2">原料</td><td colspan="2">配比(质量份)</td></tr>
<tr><td>1#</td><td>2#</td></tr>
<tr><td rowspan="3">打底液</td><td>聚羧酸减水剂</td><td>35</td><td>40</td></tr>
<tr><td>水</td><td>460</td><td>455</td></tr>
<tr><td>TEA</td><td>5</td><td>5</td></tr>
<tr><td rowspan="3">滴加液A</td><td>可溶性钙盐</td><td>50</td><td>30</td></tr>
<tr><td>可溶性氯盐</td><td>15</td><td>25</td></tr>
<tr><td>水</td><td>适量</td><td>适量</td></tr>
<tr><td rowspan="2">滴加液B</td><td>可溶性硅酸盐</td><td>65</td><td>65</td></tr>
<tr><td>水</td><td>适量</td><td>适量</td></tr>
<tr><td colspan="2">氯离子抑制剂</td><td>20</td><td>20</td></tr>
</table>

制备方法

(1) 打底液的制备：以聚羧酸减水剂为分散剂，将其溶解于水中，再通过TEA（三乙醇胺）调节pH值至7～8制备成浓度为7%～8%的打底液。

(2) 纳米硅酸钙悬浮液的合成：以可溶性钙盐、可溶性氯盐和水为原料配制成滴加液A；以可溶性硅酸盐和水为原料配制成滴加液B；滴加液A、滴加液B在90min内均匀滴加到旋转搅拌的打底液中，滴加结束后，得到乳白色悬浮液。滴加液 A 和滴加液 B 的滴加时间相同，滴加时间为 70～90min，搅拌速度为 40～60r/min。

（3）低温早强剂的制备：将氯离子抑制剂加入上述乳白色悬浮液中，充分搅拌溶解，即得所述低温早强剂。

原料介绍　所述滴加液 A 为由可溶性钙盐、可溶性氯盐、水配制而成的浓度为 25％的水溶液。

所述可溶性钙盐为四水硝酸钙、四水亚硝酸钙、二水亚硝酸钙中的一种。

所述可溶性氯盐为无水氯化钙、二水氯化钙、氯化钠中的一种。

所述可溶性硅酸盐为无水硅酸钠、五水硅酸钠、九水硅酸钠中的一种。

所述低温早强剂为固含量在 20％～30％的乳白色悬浮液。

使用方法　本品掺量为水泥等胶材质量的 1.5％～5％。

产品特性　本品加入混凝土后，首先由早强剂中的纳米级硅酸钙颗粒为混凝土提供成核点，降低水泥的成核势垒，再由早强剂中的三乙醇胺加快水泥颗粒水解，再由早强剂中的 Cl^- 与 C_3A 快速反应生成几乎不溶于水的水化氯铝酸钙、与 $Ca(OH)_2$ 反应生成溶解度极低的氧氯化钙快速沉淀在前述纳米硅酸钙颗粒表面结核长大。三种组分协同作用，比起仅以纳米硅酸钙作为早强剂有更快的水化速度，在低温（10℃以下）及大水胶比（0.45 以上）情况下也有极好的早强性能。

配方 31　用于混凝土的早强剂

原料配比

原料		配比(质量份)					
		1#	2#	3#	4#	5#	6#
硫酸钙		30	35	20	32	26	30
纳米碳酸钙		17	15	20	18	16	15
改性纳米二氧化硅		12	8	18	8	11	18
三乙醇胺		7	10	5	10	6	7
硼酸		5	2	9	3	4	3
沸石粉		8	10	5	7	7	9
异丙醇		3	1	5	3	1	5
脂肪酸甲酯磺酸钠		3	5	1	1	5	1
高岭土		17	20	10	13	13	13
甲酸钙		9	5	15	6	12	7
氢氧化钠		2	1	3	3	2	1
亚硝酸钠		4	9	2	6	6	4
甲基丙烯酸		2	1	3	1	2	2
羟乙基甲基纤维素		2	1	3	2	1	3
改性纳米二氧化硅	纳米二氧化硅	25	30	10	20	16	24
	十二烷基苯磺酸钠	3	2	0.5	4	3	5
	甲基三甲氧基硅烷	4	1	2	3	4	2
	催化剂	适量	适量	适量	适量	适量	适量

制备方法 将各组分原料混合均匀即可。

原料介绍 所述改性纳米二氧化硅的制备方法如下：在催化剂条件下，将纳米二氧化硅、十二烷基苯磺酸钠、硅烷混合，在65～70℃、转速为400～450r/min条件下反应0.5～1.5h。

所述催化剂为硝酸或盐酸。

所述硅烷为甲基三甲氧基硅烷或十六烷基三甲基硅烷。

使用方法 本品的掺量为混凝土中胶凝材料质量的3%～5%。

产品特性 本品各原料组分发挥协同互补作用，能快速促进普通硅酸盐水泥早期强度，且后期强度不降低或小幅降低，同时还能抑制混凝土的泛霜效应。

配方32 用于建筑混凝土的纳米C-S-H晶种早强剂

原料配比

原料	配比(质量份)					
	1#	2#	3#	4#	5#	6#
丙烯酸类单体	36	30	42	33	40	37
硅烷偶联剂	4	3	5	3	5	4
改性聚氧乙烯醚	13	11	15	12	13	14
过硫酸铵	3	2	4	2	3	3
维生素C	4	3	5	4	5	4
十二烷基硫醇	40	49	31	46	34	38
45%～50%偏硅酸钠溶液	适量	适量	适量	适量	适量	适量
30%～40%硝酸钙溶液	适量	适量	适量	适量	适量	适量

制备方法

(1) 将丙烯酸类单体、硅烷偶联剂、改性聚氧乙烯醚加入过硫酸铵、维生素C和十二烷基硫醇组成的氧化还原体系中，经聚合反应制得分子量为4000～20000的高分子聚合物，并配制成聚合物溶液。

(2) 将偏硅酸钠配制成质量浓度为45%～50%的溶液A，将硝酸钙配制成质量浓度为30%～40%的溶液B。

(3) 将步骤(1)制得的聚合物溶液置于反应釜釜底，以聚合物为制备纳米C-S-H晶种的分散剂和尺寸控制剂，在恒温匀速持续机械搅拌条件下同时滴加步骤(2)制得的溶液A和溶液B，通过调节两种溶液的滴加速率控制钙与硅的摩尔比，滴加完成后继续搅拌一段时间，使反应完全，过滤干燥，即可制得用于建筑混凝土的均匀稳定的纳米C-S-H晶种早强剂。反应温度为80～95℃，搅拌速度为120～150r/min。所述钙与硅的摩尔比为(1.5～2)：1。滴加完成后的搅拌时间为30～40min。

原料介绍 所述丙烯酸类单体为丙烯酸、甲基丙烯酸、丙烯酸甲酯、丙烯酸乙酯、甲基丙烯酸甲酯、丙烯酸丁酯中的至少一种。

所述硅烷偶联剂为乙烯基三甲氧基硅烷、乙烯基三乙氧基硅烷、γ-氨丙基三乙氧基硅烷、乙烯基三(β-甲氧基乙氧基)硅烷中的至少一种。

所述改性聚氧乙烯醚为烯丙醇聚氧乙烯醚(APEG)、异戊烯醇聚氧乙烯醚(TPEG)、聚乙二醇单甲醚（MPEG）中的至少一种。

所述聚合物溶液的质量浓度为12%～20%。

使用方法　本品的加量为混凝土量的0.5%。

产品特性　通过硝酸钙与偏硅酸钠混合生成偏硅酸钙沉淀，高分子聚合物中的硅烷偶联剂部分与沉淀物的无机界面形成键合，较强地吸附于沉淀颗粒表面，分散沉淀颗粒、阻止颗粒之间的接触，实现限制沉淀颗粒继续长大的目的；所制得的纳米C-S-H晶种早强剂作为水泥水化产物的成核点可大大降低势垒，加速水泥水化反应进程，显著提高早期强度，大大提高生产效率而混凝土构件后期强度亦无损失。

配方33　用于路面混凝土的早强剂

原料配比

原料	配比(质量份)
硫酸钠	1.8
石膏	2
三乙醇胺	0.05
氯化钠	1
水	适量

制备方法　称取硫酸钠、石膏、三乙醇胺、氯化钠投入反应釜中，加入适量水，混合搅拌至完全溶解，制得早强剂。

产品特性　本品采用有机物与无机盐复合形成，通过硫酸钠、石膏、三乙醇胺和氯化钠四元复合使用，可以增强水泥早期强度，对后期强度没有影响，对水泥凝结时间、安定性、流动度不产生影响。

配方34　用于蒸养混凝土的预水化矿粉纳米晶核早强剂

原料配比

原料		配比(质量份)				
		1#	2#	3#	4#	5#
矿粉		200	300	220	250	280
氧化锆研磨体		4	5	4	4.5	6
表面改性剂		20	30	22	25	28
水		780	670	758	725	692
表面改性剂	羧酸磺酸聚合物(AS)	1	3	3	3	1
	聚羧酸减水剂(PCE)	1	3	3	1	3
	白糖	1	1	1	1	1

制备方法　将矿粉、表面改性剂和水按比例放入球磨罐中，加入氧化锆研磨体，密封球磨30min，停止10min，记为一个周期，反复3～5个周期，直至球磨的粉体粒径为200～400nm，得到早强剂。

使用方法　将本品按掺量0.5%～1.0%掺入水泥砂浆中。

产品特性

(1) 本品利用液相研磨方法，在研磨条件下，促使矿粉充分水化，形成水化产物，通过优选的液相环境（表面改性剂）及研磨体的合理搭配，得到纳米尺度的矿粉预水化晶核早强剂。

(2) 本品在蒸养条件下，对水泥具有极强的诱导作用，掺量为0.5%～1.0%，60℃蒸养8h，能够使普通硅酸盐水泥砂浆强度提高55%～68%，显著提升蒸养预制构件的早期强度、提高模具周转效率，可广泛应用于蒸养预制构件行业，大幅提升生产效率，降低单位产品能耗。

配方 35　有机-无机复合早强剂

原料配比

原料		配比(质量份)
无机盐类早强剂组分		50～80
有机物类早强剂组分		10～40
分散剂		2～3
速凝剂		0.5～1.5
减水剂		1～1.5
膨胀剂		0.1～0.5
防冻剂		0.1～0.5
增稠剂		0.1～0.5
水		适量
分散剂	阳离子表面活性剂十六烷基三甲基溴化铵(CTAB)	4
	无机盐六偏磷酸钠(SHMP)	6
速凝剂	羟丙基甲基纤维素	15
	脂肪醇聚氧乙烯醚	10
	氯酸钠	5
	硫酸锌	10
	硅粉	10
	粉煤灰	15

制备方法　将无机盐类早强剂与有机物类早强剂混合料按上述质量比进行混合并投入研磨机研磨成粉，然后投入球磨机进一步细化，并加入分散剂、速凝剂、减水剂、膨胀剂、防冻剂、增稠剂分散均匀于磁力搅拌器中，加水恒温分步搅拌，待反应完全后抽滤干燥，筛选后得到有机-无机复合早强剂。分步搅拌步骤为：采用控温磁力搅拌器加热到60℃，进行恒温分步搅拌，在反应前期0～2h保持磁力搅拌器转速在200～300r/min，使反应原料充分混合均匀；在反应中期2～10h保持磁力搅拌器转速在800～1000r/min，保持较高转速提高反应速率，使反应充分完成；在反应后期10～12h保持磁力搅拌器转速在200～300r/min，使得反应产物均匀分散在水溶液中。抽滤干燥的步骤为：将上述恒温分步反应结束后的溶液进行抽滤，抽滤结束后，滤渣倒入烧杯中，滤液进行二次抽滤，将滤渣用超纯水反复洗涤，除

去多余杂质和未反应完全的样品，将滤渣置于40℃真空干燥箱中干燥至恒重，放入存有CaO的干燥器皿中干燥保存。筛选步骤为：将样品筛选为粒径小于0.5μm的样品占总样品5%～10%，0.5～1.5μm占80%～85%，余量为1.5μm以上。

原料介绍 无机盐类早强剂组分由硫酸钠、碳酸钠、硝酸钙、亚硝酸钙中的至少2种复配而成。

所述的有机物类早强剂组分由甲酸钙、乙酸钙、甲醇、三乙醇胺中的至少2种复配而成。

所述的分散剂通过以下步骤制备：采用阳离子表面活性剂十六烷基三甲基溴化铵（CTAB）和具有环状结构的无机盐六偏磷酸钠（SHMP）复配作为分散剂，其中CTAB和SHMP的添加比例为4∶6，采用分光光度计测试不同情况下溶液的吸光度，以此判断溶液的分散效果。

使用方法 利用该有机-无机复合早强剂制备自密实混凝土：将所述有机-无机复合早强剂应用于C30自密实混凝土，其中：1m^3混凝土中包含325kg常规材料普通硅酸盐水泥42.5、750kg砂、290kg小石子、760kg大石子、150kg水、3kg高效减水剂和质量掺量为1%～5%的有机-无机复合早强剂。

自密实混凝土的制备方法为：使用强制式搅拌机，先干拌后湿拌，先加入大石子、小石子和砂，开动强制式搅拌机，搅拌40～60s；再加入常规材料普通硅酸盐水泥42.5，开动强制式搅拌机，继续搅拌40～60s；将高效减水剂和有机-无机复合早强剂均匀分散于水中形成拌和水，20s内往搅拌机内缓慢注入总质量80%的拌和水，边注入边搅拌2min，随后马上加入剩余的拌和水，搅拌1min即可出料。

产品特性

（1）本品可以有效弥补单独采用无机盐类早强剂和单独采用有机物类早强剂所带来的副作用，能够有效提高混凝土的强度，经后期试验测试，其强度高于现有技术中的无机盐类早强剂产品和有机物类早强剂产品。

（2）本品可减少混凝土成本，降低混凝土凝结时间，改善混凝土性能，延长混凝土使用寿命。

（3）通过加入外加剂，可以相应改善早强剂的各项性能。

配方 36 增强混凝土耐久性早强剂

原料配比

原料	配比(质量份)			
	1#	2#	3#	4#
氟硅酸镁	30	50	40	40
硫酸锂	14	20	16	16
硫酸钠	15	25	20	20
亚硝酸钠	15	25	20	20
预水化水泥颗粒	55	75	60	60
乙酸钠	—	—	—	6
硬脂酸钙	—	—	—	4
改性纳米二氧化硅	—	—	—	8
纤维素醚	—	—	—	2
海泡石粉	—	—	—	3

制备方法　将各组分原料混合均匀即可。

原料介绍　所述海泡石粉在使用前进行高温煅烧，其过程为：在氮气氛围下煅烧海泡石粉，煅烧温度为400～600℃，煅烧时间为3～6h，升温速率为1～3℃/min。

所述预水化水泥颗粒的制备方法为：将80～120份水泥和20～40份水搅拌均匀，造粒后养护28～30天，然后球磨，过200～300目筛，得到预水化水泥颗粒。

所述改性纳米二氧化硅的制备方法为：将100份纳米二氧化硅和1～2份*N*-月桂酰基谷氨酸钠加入260～350份无水乙醇中，在200～400r/min下搅拌30～45min，得到纳米二氧化硅分散液；在纳米二氧化硅分散液中加入3～5份四羟乙基二胺、1～3份二乙醇单异丙醇和1.5～3.5份聚乙烯吡咯烷酮，密封加压超声，然后过滤、干燥，粉碎，过筛，得到改性纳米二氧化硅；所述纳米二氧化硅的粒径为40～80nm；密封加压超声的工艺参数为：每超声5～10min后停止超声10～12min，超声的总时间为3～5h，压力为12～15MPa，温度为40～60℃，频率为1～3MHz。

使用方法　本品的用量为所述水泥用量的2%～5%。

产品特性　本品通过自制预水化水泥颗粒，并通过与其他成分进行组合，可以显著提高早强剂的性能，加快硬化时间，且对水泥基材后期强度增强作用显著，不倒缩，满足混凝土服役强度和耐久性要求。

3

速凝剂

配方 1 低碱喷射混凝土用液体速凝剂

原料配比

原料		配比(质量份)				
		1#	2#	3#	4#	5#
聚合硫酸铝		250	225	200	275	150
氢氧化铝		25	35	50	25	75
氢氟酸		150	100	125	50	150
水玻璃		10	7.5	12.5	2.5	25
消泡剂	聚丙二醇	1	1.5	2	2.5	3
稳定剂	丙烯酸	0.25	—	—	—	—
	乙酸	—	0.5	—	—	—
	丙烯酰胺	—	—	0.25	—	—
	水杨酸	—	—	—	1	—
甘油		0.25	0.5	0.75	1	1.25
水		65	132.5	112.5	147.5	100

制备方法

(1) 称取氢氟酸，置于塑料容器中，将氢氧化铝缓慢加入氢氟酸中，并搅拌均匀，搅拌转速为 1200～2000r/min，搅拌 30～60min，待反应完成后，收集反应后的氟化铝溶液于容器中。

(2) 先将大颗粒状聚合硫酸铝粉碎，过 80～150 目筛，再在持续搅拌条件下将粉碎后的聚合硫酸铝逐渐加入水中，使聚合硫酸铝溶解至乳白悬浮状。

(3) 将 (1) 制得的氟化铝溶液与 (2) 制得溶液混合、搅拌，并缓慢加入水玻璃溶液和消泡剂、稳定剂及甘油，搅拌直至成均匀的液体，即得所述低碱喷射混凝土用液体速凝剂。

使用方法　将所述的低碱喷射混凝土用液体速凝剂在喷嘴处加入喷射混凝土拌和物中，用量为水泥质量的 2%～7%。

产品特性

(1) 本品在较低的掺量 (2.5%～4%) 下可使普通水泥在 2min 内初凝，4min 内终凝。

(2) 本品可使水泥砂浆的1d强度达到15MPa以上，28d抗压强度比大于100%。

(3) 本品对不同品种的水泥具有良好的适应性。

配方 2 粉状混凝土速凝剂

原料配比

原料	配比(质量份)		
	1#	2#	3#
硅酸钠	20	15	25
铝酸钠	20	15	25
硫酸铝	45	40	50
乙氧基硅烷	10	5	15
吸水膨胀橡胶	2.5	1	5
柠檬酸	5	3	8

制备方法 将硅酸钠、铝酸钠、硫酸铝、硅烷偶联剂、吸水膨胀橡胶和柠檬酸混合，得到粉状混凝土速凝剂。

原料介绍 所述吸水膨胀橡胶的粒径为10～300μm。所述吸水膨胀橡胶通过将吸水改性剂和橡胶挤出制备得到。所述吸水改性剂包括水溶性聚氨酯预聚体和/或丙烯酸钠树脂。所述橡胶包括天然橡胶和/或氯丁橡胶。所述吸水改性剂和橡胶的质量比为1∶(1～3)。

产品特性 本品可以增强混凝土构件的韧性，提升其断裂强度，防止其发生干裂以及渗水，得到的混凝土构件的开裂指数为2.5%～6.1%，抗渗压力为1.2～1.5MPa，可以有效提升混凝土构件建筑的安全性。

配方 3 氟铝酸钙混凝土速凝剂

原料配比

原料	配比(质量份)		
	1#	2#	3#
氟铝酸钙(85%)	10	12.5	15
铝矾土	10	7.5	5
生石灰	3	3	3
碳酸钠	2	2	2
喷射混凝土黏稠剂	1	1	1
水	74	74	74

制备方法

(1) 将配方量的氟铝酸钙、铝矾土、生石灰、碳酸钠、喷射混凝土黏稠剂分别送入粉碎机粉碎为粉末。

(2) 将配方量的水送入化学反应釜，边搅拌边将温度调至45～47℃，缓慢地加入粉碎后的氟铝酸钙粉末，搅拌至全部溶解；继续搅拌，控制温度在22～24℃，依次将粉碎后的铝矾土、生石灰、碳酸钠、喷射混凝土黏稠剂加入化学反应釜中，搅拌均匀，得到成品。

使用方法 将氟铝酸钙混凝土速凝剂按2%～3%的比例在喷射混凝土喷头前2m处注入

掺混，利用混凝土在2m的移动过程中得以掺混，然后从喷射头迅速喷出浇筑即可。

产品特性　该配制方法工艺简单，生产成本低，产品质量好，添加到硅酸盐混凝土中之后，能使混凝土迅速凝结，早强、高强，有良好的抗冻性、抗渗性、抗腐蚀性且无毒。

配方4　喷射混凝土用低碱液体速凝剂

原料配比

原料		配比(质量份)		
		1#	2#	3#
改性氟盐	氟化氢钠	40	—	45
	氟化氢钾	—	45	—
	乙二胺	5	10	7
	三乙醇胺	25	5	16
	水	30	35	32
改性氟盐		3	5	6
硫酸铝		45	49	55
亚硝酸钠		4	3	2
pH值调节剂		—	1.5	2
水		47	42.5	35

制备方法　在不搅拌的情况下，将改性氟盐、硫酸铝、亚硝酸钠、pH值调节剂依次加入水中，然后在常温下搅拌1～2h，搅拌转速为40～80r/min，即得到澄清透明的低碱液体速凝剂成品。

原料介绍　所述的改性氟盐的制备方法为：将氟盐、乙二胺、三乙醇胺和水混合，在搅拌状态下反应1～2h，搅拌速度为40～60r/min，反应结束后pH值控制在5～7，即得改性氟盐。

所述氟盐为氟化氢钠或氟化氢钾中的一种。

所述pH值调节剂为氨水或尿素中的一种。

产品特性　本品使用时，掺量较低，凝结时间快，早期强度发展快，后期强度不损失；对掺和的水泥适应性好。

配方5　干、湿喷混凝土两用型粉状无碱速凝剂

原料配比

原料		配比(质量份)				
		1#	2#	3#	4#	5#
硫酸铝		56	60	65	71	71
氟硅酸盐	氟硅酸镁	6	—	—	—	—
	氟硅酸铁	—	5	—	—	4
	氟硅酸锰	—	—	5	—	—
	氟硅酸铝	—	—	—	4	—
固体醇胺		12	10	12	8	8
副产二氧化硅		25	23	17	15	15
聚丙烯酰胺		1	2	1	2	2

制备方法

(1) 将硫酸铝和聚丙烯酰胺按比例加入混料机中，混合均匀后进行粉磨，粉磨细度控制在200～250目，得粉磨物A。

(2) 将氟硅酸盐、固体醇胺、副产二氧化硅按比例加入混料机中，混合均匀后进行粉磨，粉磨细度控制在200～250目，得粉磨物B。

(3) 将 (1) 和 (2) 步骤得到的粉磨物A和粉磨物B混合，混合后经过微粉机选粉，细度控制在200～250目，所得到的白色粉末即为两用型粉状无碱速凝剂。

原料介绍　所述硫酸铝细度为80～100目，水分不超过4%。

所述的副产二氧化硅为磷肥副产二氧化硅或氟硅酸制备氟化盐副产二氧化硅，pH值为3.0～7.0，含水率不超过2%。

所述的聚丙烯酰胺分子量为200万～800万。

使用方法　用于湿喷混凝土时，将白色粉状无碱速凝剂与水按1∶1的质量比配制成无碱液体速凝剂，其掺量为水泥质量的6%～8%。用于干喷混凝土时，直接将干粉加入混凝土中使用即可，其掺量为水泥质量的3%～4%。

产品特性　本品碱含量小于1%，极大降低了喷射混凝土发生碱集料反应的可能，提高喷射混凝土耐久性；另外，使用副产二氧化硅，实现资源综合利用，降低了产品制造成本。

配方6　高寒地区用喷射混凝土无碱液体速凝剂

原料配比

原料		配比(质量份)			
		1#	2#	3#	4#
硫酸铝		40	45	50	60
氟化铝		6	6	8	10
碱化剂	氢氧化锂	4	5	—	—
	氢氧化镁	—	—	3	2
速凝剂防冻组分	三乙烯四胺	5	7	4	—
	四乙烯五胺	—	—	—	8
混凝土防冻组分	甲醇	5	6	4	4
酸调节剂	草酸	3	3	4	4
混凝土引气组分	偶氮二甲酰胺	0.05	0.05	0.06	0.01
水		36.95	27.95	26.94	14.99

制备方法

(1) 按质量配比称取原料，将碱化剂和水加入反应釜中，保持反应温度为80℃，保持搅拌。

(2) 待碱化剂分散均匀后，将硫酸铝、氟化铝、速凝剂防冻组分加入反应釜中，保持反应温度为80℃，搅拌1h。

(3) 停止加热，待反应釜内温度降低至40℃，加入混凝土防冻组分，搅拌10min。

(4) 加入酸调节剂，将速凝剂pH值调节至3～4，然后加入混凝土引气组分，搅拌10min，即得所述一种高寒地区用喷射混凝土无碱液体速凝剂。

原料介绍　所述硫酸铝为工业级十八水合硫酸铝，Al_2O_3 含量大于15%。

产品特性　本品在−20℃环境下仍能稳定储存、使用，在−20℃条件下的使用掺量比20℃时多2%。该速凝剂也可以降低喷射混凝土内部液相冰点，使混凝土在负温下强度仍能缓慢增长。另外，该速凝剂的引气作用可以明显改善喷射混凝土的抗冻融性能。

配方 7　高强度混凝土速凝剂（1）

原料配比

原料		配比(质量份)				
		1#	2#	3#	4#	5#
硫酸铝		60	65	70	75	80
矿物组合物		20	22	25	28	30
改性高岭土		10	12	15	18	20
萘磺酸盐甲醛缩合物		2	2.5	3	3.5	4
甲酸钙		0.2	0.3	0.4	0.5	0.6
羟乙基羧甲基纤维素		0.3	0.4	0.5	0.6	0.7
纳米活性氧化锌		4	5	6	7	8
甲壳素		1	1.5	2	2.5	3
无机稳定剂	硫酸	—	2.5	—	3.5	—
	磷酸	2	—	3	—	4
增强剂		6	7	8	9	10
消泡剂	甘油	—	—	2	2.5	3
	甘油脂肪酸酯	1	1.5	—	—	—
水		30	32	35	38	40
矿物组合物	白云石	10	10	15	20	20
	生石灰	4	4	6	8	8
	方解石	1	1	2	3	3
	硅灰石	8	8	10	12	12
	麦饭石	10	10	14	16	16
改性高岭土	高岭土	2	2	2	2	2
	氯化钠	1	1	1	1	1
增强剂	氯化钙	1	1	1	1	1
	碳酸钾	2	2	2	2	2
	硫代硫酸钠	2	2	2	2	2
	二乙醇胺	1	1	1	1	1
	三乙醇胺	1	1	1	1	1

制备方法

(1) 将矿物组合物、改性高岭土输送到辊压机内，并在相互挤压的压辊作用下进行粉碎处理，得到混合物A。

(2) 将硫酸铝、二分之一的水混合并搅拌至聚合硫酸铝全部溶解，得到速凝剂母液。

(3) 将混合物 A、萘磺酸盐甲醛缩合物、甲酸钙、羟乙基羧甲基纤维素、纳米活性氧化锌和剩余的水混合，搅拌均匀得到混合物 B。

(4) 向混合物 B 中以 1～3mL/min 的速度滴加速凝剂母液，边滴加边以 200～300r/min 的速度进行搅拌，滴加完毕后加入甲壳素、无机稳定剂、增强剂、消泡剂，再以 300～400r/min 的速度搅拌 20～30min，得所需混凝土速凝剂。

原料介绍　所述改性高岭土的制备方法为：按 2∶1 的配比称取高岭土和氯化钠混合，然后在 600～800℃温度下煅烧 1～2h，之后在混合物质量 4～6 倍、浓度为 60%～80%的醋酸溶液中浸泡 30～40min，最后在 80～100℃下干燥 20～30min，即得改性高岭土。

产品特性　本品能够有效改善混凝土的初、终凝时间，增强混凝土的后期强度，显著提高混凝土的 28d 抗压强度。

配方 8　高强度混凝土速凝剂（2）

原料配比

原料		配比(质量份)				
		1#	2#	3#	4#	5#
一水合氨		65.5(体积)	63(体积)	61(体积)	57.3(体积)	54.6(体积)
水		39(体积)	39(体积)	45(体积)	48(体积)	51(体积)
硅酸铝		15	21	21	24	27
氯化钠		66	69	66	66	61
氢氧化钠		96	93	90	87	84
萘磺酸甲醛缩合物		9	9	15	12	12
稳定剂	聚丙烯酸钠	0.51	—	0.6	0.63	—
	聚丙烯酰胺	—	0.57	—	—	0.69
螯合剂	柠檬酸钠	0.99	—	0.9	—	—
	六偏磷酸钠	—	—	—	0.87	—
	氨三乙酸钠	—	0.93	—	—	0.81
强化剂	硫酸亚铁	0.69	—	0.7	—	—
	重铬酸钾	—	0.72	—	—	0.84
	氯酸钾	—	—	—	0.81	—
胶黏剂	α-氰基丙烯酸酯	0.81	—	—	—	0.66
	聚乙烯醇	—	0.78	—	—	—
	聚合氯化铝	—	—	0.7	—	—
	纤维素	—	—	—	0.69	—

制备方法

(1) 将一水合氨以及水加入反应釜中，将硅酸铝放入反应釜中，然后加热至 20～30℃进行反应并进行搅拌，反应时间为 35～40min。该反应过程中反应釜排出的气体通入水中进行处理。

(2) 将氯化钠和氢氧化钠加入步骤 (1) 的反应釜中，控制反应釜的温度在 30～35℃之间，进行再次反应，加热时间为 30～40min，反应过程中进行间歇性搅拌，且每次搅拌的时间为 3～5min。

（3）将萘磺酸甲醛缩合物加入步骤（2）的反应釜中，然后缓慢搅拌 3～5min。

（4）将称取的稳定剂、螯合剂、强化剂和胶黏剂加入步骤（3）所得到的溶液中，控制反应釜的温度在 38～43℃之间，并保持该温度 28～32min 进行混合，混合的过程中需要间歇性的搅拌，且每次搅拌的时间为 3～5min，然后停止加热，将反应釜中的溶液倒入带有盖子的容器中静置 35～45min，制得高强度混凝土速凝剂。

产品特性　本品通过组合特定比例的硅酸铝、螯合剂、强化剂、胶黏剂和稳定剂，组分间相互协同，使水化产物有足够时间和空间沉淀至混凝土的孔隙中，增加了混凝土的强度，且制备的速凝剂中不含氟离子，进而避免对施工人员和环境造成污染，并且可避免对昂钢筋骨架进行腐蚀。

配方 9　高强度混凝土速凝剂（3）

原料配比

原料	配比(质量份)				
	1#	2#	3#	4#	5#
硫酸铝	15	12	15	12	14
硫酸镁	10	10	10	12	12
硫酸钠	8	8	8	6	9
硫酸	13	13	13	12	15
酒石酸	14	14	14	15	15
乙二醇胺	8	8	8	5	5
十二烷基磺酸钠	4	4	4	3	5
水	加至 100	加至 100	加至 100	加至 100	加至 100

制备方法　将各组分原料混合均匀即可。

产品特性　本品具有较高的稳定性，不易沉降且能够显著提高混凝土的强度和耐久性。

配方 10　高性能混凝土速凝剂

原料配比

原料		配比(质量份)	
		1#	2#
中和剂		30	30
辅助剂		15	15
促进剂		5	5
调节剂	氢氧化钠	3	—
	稀盐酸	—	3
配合剂		3	3
水		50	50

续表

原料		配比(质量份)	
		1#	2#
中和剂	硫代硫酸钠	2(mol)	2(mol)
	铬酸钠	1(mol)	1(mol)
辅助剂	碳酸氢钠	1(mol)	1(mol)
	硅酸钙	3(mol)	3(mol)
促进剂	磷酸钙	2(mol)	2(mol)
	二甲基乙二酰基甘氨酸	1(mol)	1(mol)
配合剂	次氨基三乙酸	1(mol)	1(mol)
	乙二胺四亚甲基膦酸钠	1(mol)	1(mol)

制备方法

(1) 材料预处理：将固体材料放入超声波研磨机中粉碎研磨，粉碎后过筛，筛网分布顺序为两道筛选，第一道为120目筛网，第二道为140目筛网；液体材料通过滤网过滤，去除杂质备用。

(2) 材料烘干：将过筛后的固体材料输入到烘干机进行烘干，烘干温度为60℃，烘干时间为30min，控制烘干后材料水分保持在10%。

(3) 熟料烧成及冷却：将烧结炉预热到130℃，将烘干后的固体材料输送到烧结炉内，持续对材料进行加热，并逐渐对烧结炉进行升温，待温度升高至1400℃，持续烧结20min，确保反应完成，反应完成后，待烧结炉冷却至80℃，将固体材料取出，通过冷却箱将材料快速冷却至室温，取出备用。

(4) 材料混合：向超声波搅拌机中加入水，先将过滤后的液体材料加入搅拌机中，超声搅拌10min，之后加入烧成冷却的熟料，再次超声搅拌20min，待材料混合均匀后即制成速凝剂。

产品特性　该混凝土速凝剂采用以硫代硫酸钠作为主体的中和剂，硫代硫酸钠在使用时，制成溶液可分离出硫代硫酸根，硫代硫酸根可以和辅助剂中的钙离子结合形成难以分解的络合物，加快混凝土凝固，提升该速凝剂的工作效率。

配方 11　硅酸盐混凝土速凝剂

原料配比

原料	配比(质量份)		
	1#	2#	3#
水	63	63	63
硅酸钠(85%)	20	21	22
矾泥	5	4	3
铝氧熟料	4	4	4
生石灰	6	6	6
三乙醇胺	2	2	2

制备方法　将配方量的水送入反应釜中，边搅拌边将温度调至 35～37℃，缓慢地加入配方量的硅酸钠，搅拌至全部溶解；继续搅拌，控制温度在 22～24℃，依次将配方量的矾泥、铝氧熟料、生石灰、三乙醇胺加入化学反应釜中，搅拌均匀，得到成品硅酸盐混凝土速凝剂。

使用方法　将硅酸盐混凝土速凝剂按 3%～5%的比例和喷射混凝土在喷射前掺混均匀迅速喷射即可。

产品特性　该配制方法工艺简单，生产成本低，产品质量好，本品使用方法简便，尤其适宜添加到硅酸盐混凝土中，具有使混凝土迅速凝结、早强的效果，且毒性小，对从事喷射混凝土的操作人员身体健康无影响。

配方 12　含氟硅酸盐的无碱液体速凝剂

原料配比

原料	配比(质量份)		
	1#	2#	3#
硫酸铝	50	46	49
氟化铝溶液	40	47	39
氟硅酸镁	6	7	7
二乙醇胺	2.5	3.5	2
硫酸镁	1	1.8	2
悬浮稳定剂	0.5	0.7	1

制备方法

(1) 将氟化铝溶液加入反应釜中，加热至 70～80℃。

(2) 向反应釜中加入悬浮稳定剂，持续搅拌 10～20min。

(3) 在持续搅拌的条件下，向反应釜中加入硫酸铝。

(4) 待硫酸铝完全溶解后，依次加入氟硅酸镁、硫酸镁、二乙醇胺，每次加料间隔 10～15min，加料完毕后持续搅拌反应 1～1.5h。持续搅拌的搅拌速率为 600～800r/min。

(5) 停止水浴加热，持续搅拌至自然冷却，所得产品为所述含氟硅酸盐的无碱液体速凝剂。

原料介绍　所述的氟化铝溶液为常温下氟化铝质量含量为 20%的氟化铝和水混合得到的固液混合物。

所述的悬浮稳定剂为凹凸棒土或海泡石粉中的一种。

使用方法　速凝剂的添加量为胶凝材料质量的 6%～7%。

产品特性　本品掺量低、稳定性好、后期强度保证率高，克服了传统的无碱液体速凝剂促凝效果差、早期强度低、稳定性差等缺点。

配方 13 环保绿色的混凝土速凝剂

原料配比

原料	配比(质量份)				
	1#	2#	3#	4#	5#
铝矾土	30	31	32	33	34
石灰石	12	13	14	15	16
偏铝酸钠	20	21	22	23	24
纯碱	12	13	14	15	16
纤维素	14	15	16	17	18
粉煤灰	16	17	18	19	20
膨润土	15	16	17	18	19
聚丙烯酰胺	22	23	24	25	26
明矾	18	19	20	21	22
煅烧明矾石	12	13	14	15	16
铁粉	13	14	15	16	17
硫酸锌	4	5	6	7	8
古马隆树脂	14	15	16	17	18
聚乙烯醇	19	20	21	22	23
水	适量	适量	适量	适量	适量

制备方法

(1) 将铝矾土放入磨粉机中进行磨粉处理，过 180 目筛得到铝矾土粉待用，将石灰石放入磨粉机中进行磨粉处理，过 180 目筛得到石灰石粉待用，将明矾放入磨粉机中进行磨粉处理，过 180 目筛得到明矾粉待用，将煅烧明矾石放入磨粉机中进行磨粉处理，过 180 目筛得到煅烧明矾石粉待用。

(2) 将偏铝酸钠、纯碱、纤维素、粉煤灰、膨润土、聚丙烯酰胺、铁粉、硫酸锌、古马隆树脂、聚乙烯醇和适量的水加入容器中，然后将 (1) 中的铝矾土粉、石灰石粉、明矾粉和煅烧明矾石粉加入容器中静置溶解处理；溶解的温度控制在 40～80℃，溶解的时间控制在 20～40min。

(3) 将 (2) 中的所得物加入高速搅拌器中进行搅拌处理，得到混合物；高速搅拌器的转速设置为 1200～1800r/min，且高速搅拌器的内部温度设置为 35～45℃。

(4) 将 (3) 中所述的混合物放入乳化机中进行乳化处理，得到乳化物；乳化机乳化的时间设置为 5～10min。

(5) 将 (4) 中所述的乳化物进行检验处理，检验合格后进行装袋处理，最终得到混凝土速凝剂。

产品特性 在原有煅烧明矾石、石灰石、粉煤灰和水的基础上，新增了铝矾土、偏铝酸钠、纯碱、纤维素、膨润土、聚丙烯酰胺、明矾、铁粉、硫酸锌、古马隆树脂和聚乙烯醇，引入铁粉、硫酸锌、古马隆树脂和聚乙烯醇使得水泥砂浆凝结更快，而引用铝矾土、偏铝酸钠、纯碱、纤维素、膨润土、聚丙烯酰胺和明矾保证了后期的强度。

配方 14　环保无毒无碱液体混凝土速凝剂

原料配比

原料		配比(质量份)				
		1#	2#	3#	4#	5#
聚合硫酸铝	工业含铁聚合硫酸铝	30	60	—	—	—
	工业无铁聚合硫酸铝	—	—	40	50	45
硫酸镁		5	20	15	10	12
甲酸钙		5	10	6	8	7
甲基纤维素		1.0	3.5	0.3	1.5	2.2
活化聚丙烯酰胺		0.8	1.5	1	1.3	1.2
有机酸	柠檬酸	0.2	—	—	—	0.6
	乙二酸	—	1	—	—	—
	水杨酸	—	—	0.8	0.1	—
三异丙醇胺		1	3	1.5	2.5	2
消泡剂	二甲基硅油	0.15	1.8	—	—	0.64
	聚丙二醇	—	—	0.88	0.55	—
氢氟酸		0.5	2.5	1	2	1.5
氢氧化铝		2	6	5	3	4
85%的磷酸		0.5	1.5	0.8	1.2	1
水		30	50	45	35	40
活化聚丙烯酰胺	丙烯酰胺	12	12	6	10	8
	活化氢氧化铝	0.5	0.5	0.4	0.2	0.3
	水	50	50	30	40	35
	超支化聚酯	2	2	1.7	1.3	1.5
	1%硝酸铈铵水溶液	2	2	—	—	—
	0.7%硝酸铈铵水溶液	—	—	1.3	—	—
	0.3%硝酸铈铵水溶液	—	—	—	1.7	—
	0.5%硝酸铈铵水溶液	—	—	—	—	1.5
	甲基丙烯酰氧乙基三甲基氯化铵	1	1	0.6	0.3	0.45
	丙酮	60	60	50	30	40
	甲醇	60	60	50	30	40

制备方法

（1）将聚合硫酸铝粉碎，过 80～150 目筛，得到粉碎聚合硫酸铝。

（2）将水加入水浴容器中加热到 55～75℃，在持续搅拌条件下向其中加入粉碎聚合硫酸铝，搅拌至体系成乳白悬浮状。

（3）向步骤（2）的产物中加入氢氧化铝、氢氟酸，以 1200～2000r/min 的转速搅拌 30～60min，搅拌状态下向其中滴加三异丙醇胺，搅拌至体系聚合硫酸铝全部溶解为澄清透明液。

（4）向步骤（3）的产物中加入有机酸，在55～75℃下搅拌30～60min，加入硫酸镁、甲酸钙、磷酸，在60～80℃下搅拌10～20min，搅拌转速为1200～2000r/min。

（5）将步骤（4）的产物冷却至室温，向其中加入甲基纤维素、活化聚丙烯酰胺、消泡剂，搅拌均匀得到环保无毒无碱液体混凝土速凝剂。

原料介绍　所述的活化聚丙烯酰胺采用如下具体步骤制取：将丙烯酰胺、活化氢氧化铝加入水中搅拌均匀，在氮气保护下，向其中加入超支化聚酯，在50～80℃下搅拌1～2h，搅拌状态下向其中滴加硝酸铈铵水溶液，继续搅拌1～2h，加入甲基丙烯酰氧乙基三甲基氯化铵，继续搅拌1～2h，加入丙酮，搅拌1～2h，倾出丙酮，加入甲醇，真空50～70℃旋干得到活化聚丙烯酰胺。

所述的活化氢氧化铝为采用KH570改性活化的氢氧化铝。

产品特性

（1）本品速凝剂不含碱金属离子，无腐蚀性和刺激性气味，质量稳定，适应性好，掺量低，凝结速度快且强度高。

（2）本品掺量为1%～3%即能使水泥在2min内初凝，在5min内终凝；并且在－10～－45℃条件下具有良好的储存稳定性。

配方15　环保型混凝土液体速凝剂

原料配比

<table>
<tr><th colspan="2">原料</th><th>配比(质量份)</th></tr>
<tr><td colspan="2">改性聚合硫酸铝溶液</td><td>40</td></tr>
<tr><td colspan="2">草酸铝</td><td>4</td></tr>
<tr><td colspan="2">浓硫酸</td><td>1.2</td></tr>
<tr><td colspan="2">水玻璃溶液</td><td>0.6</td></tr>
<tr><td colspan="2">配位剂</td><td>2</td></tr>
<tr><td rowspan="2">配位剂</td><td>聚丙烯酰胺</td><td>0.2</td></tr>
<tr><td>乙醇酸</td><td>1.5</td></tr>
<tr><td rowspan="3">改性聚合硫酸铝溶液</td><td>聚合硫酸铝</td><td>50</td></tr>
<tr><td>醇胺化合物</td><td>5</td></tr>
<tr><td>水</td><td>45</td></tr>
</table>

制备方法

（1）按照各组分配比，将草酸铝与浓硫酸混合，获得溶液A。

（2）往改性聚合硫酸铝溶液中依次加入水玻璃溶液及步骤（1）制得的溶液A，得到溶液B。

（3）在步骤（2）得到的溶液B中加入乙醇酸恒温70℃搅拌20～30min，最后加入聚丙烯酰胺搅拌至均匀，即制得所述环保型混凝土液体速凝剂。

原料介绍　所述改性聚合硫酸铝溶液制备方法为：将聚合硫酸铝、醇胺化合物和水在常温下混合搅拌1h得到。所述醇胺化合物为二乙醇胺或三乙醇胺中的一种。

使用方法　速凝剂的掺入量为4%～6%。

产品特性　本品性能优良，具有高速凝、后期抗压强度好、低掺量、绿色环保、成本低的优点。

配方 16　环保早强型无碱液体速凝剂

原料配比

原料	配比(质量份)				
	1#	2#	3#	4#	5#
硫酸铝	62	61	66	62.8	64
乳酸	0.6	0.5	0.6	0.7	0.7
三异丙醇胺	7.8	9	6	7	8
甘油	0.8	1	0.2	0.5	0.9
磷酸镁	0.8	0.2	0.6	1	0.3
水	28	28.3	26.6	28	26.1
pH 值调节剂 AMP-95	3.5	3.5	3.5	4	3

制备方法

(1) 将配方量的水、硫酸铝、乳酸、三异丙醇胺和甘油搅拌混合至完全溶解，并继续搅拌反应 1～2h，随后加入悬浮剂磷酸镁并继续搅拌。

(2) 步骤 (1) 得到的混合物利用 pH 值调节剂调节 pH 值为 3～4，并继续搅拌 1～2h，得到环保早强型无碱液体速凝剂。

使用方法　本品的掺量为水泥质量的 6%～8%。

产品特性　本品的存储稳定性极佳，能够在放置 90 天以上不分层、不沉淀，添加其的水泥胶砂的初凝时间低于 3min，终凝时间同样较低，低于 8min，且 6h 砂浆抗压强度不小于 2MPa；同时本品提供的无碱液体速凝剂能够同时增加喷射混凝土的早期强度和后期强度，其 8h 的喷射混凝土抗压强度不小于 10MPa，28d 的抗压强度比不低于 100%。

配方 17　混凝土低回弹无碱液体速凝剂

原料配比

原料		配比(质量份)				
		1#	2#	3#	4#	5#
改性明矾	明矾	180	250	200	230	220
	水合硅酸镁	10	5	8	10	5
	水	630	580	640	640	595
	纳米铝溶胶	180	165	152	120	180
改性明矾		45	40	35	27	30
分散剂	磷酸三乙酯	5	—	—	—	—
	亚磷酸三甲酯	—	10	—	—	7
	2-乙基己基二苯基磷酸酯	—	—	8	5	—
絮凝剂	聚合硫酸铁	4	—	—	2	5
	聚硅酸硫酸铁	—	2	6	—	—

续表

原料		配比(质量份)				
		1#	2#	3#	4#	5#
乳化剂	辛基酚聚氧乙烯醚	0.4	1	—	—	—
	壬基酚聚氧乙烯醚	—	—	0.7	—	—
	蓖麻油聚氧乙烯醚	—	—	—	0.5	1
纳米纤维	直径 100nm	0.5	0.1	—	—	0.1
	直径 80nm	—	—	0.4	—	—
	直径 90nm	—	—	—	0.5	—
水		45.1	46.9	49.9	65	56.9

制备方法　按照原料组分的质量百分比称取各原料，然后将称取的各原料置于反应釜中，置于温度为 50～60℃的水浴锅中搅拌均匀，即得到一种混凝土低回弹无碱液体速凝剂。

原料介绍　所述的改性明矾为：将明矾与水合硅酸镁溶于水，再滴加纳米铝溶胶，滴加反应在 50～70℃时进行，反应 1～2h 即得。其中所述明矾、纳米铝溶胶、水合硅酸镁和水按照以下质量配比制备而成：明矾 18%～25%；纳米铝溶胶 12%～18%；水合硅酸镁 0.5%～1%；水 58%～64%。

所述的分散剂为磷酸三乙酯、亚磷酸二甲酯或 2-乙基己基二苯基磷酸酯。

所述的絮凝剂为聚合硫酸铁或聚硅酸硫酸铁。

所述的乳化剂为辛基酚聚氧乙烯醚、壬基酚聚氧乙烯醚或蓖麻油聚氧乙烯醚。

所述的纳米纤维的直径为 80～100nm。

使用方法　本品主要是一种混凝土低回弹无碱液体速凝剂。

产品特性　本品通过改性明矾，对明矾的表面结构进行处理，使得其水解后的氢氧化铝更具吸附性能，再通过分散剂、絮凝剂及乳化剂的二次改性，使无碱液体速凝剂体系更具锚固作用，有效降低混凝土回弹率。本品无碱无氯无腐蚀，显著提高隧道喷射混凝土的施工能力，且降低回弹量大造成的成本浪费。该品不会出现分层现象，制备工艺简单，原料环保无污染，适合大规模推广使用。

配方 18　混凝土高稳定性速凝剂

原料配比

原料	配比(质量份)		
	1#	2#	3#
多聚谷氨酸	40	50	60
吸附剂	5	10	15
硫酸钙	5	8	10
聚天门冬氨酸	2	6	10
乳化剂	3	5	6
葡萄糖酸钠	2	4	5
交联聚维酮	1	3	5
氧化铝	2	4	5

续表

原料		配比(质量份)		
		1#	2#	3#
抗坏血酸		2	4	6
甲基硅酸钾		2	4	5
十二烷基硫酸钠		0.2	1.5	2
水		适量	适量	适量
2%～5%稀硫酸溶液		适量	适量	适量
吸附剂	沸石粉	1	1	1
	活性炭粉	1	1	1
	水稻秸秆	1.5	1.5	1.5
	明矾	0.5	0.5	0.5
乳化剂	玉米麸质	3	3	3
	亚硫酸钠	1	1	1
	木瓜蛋白酶	0.5	0.5	0.5
	水	10	10	10

制备方法

(1) 在搅拌下向多聚谷氨酸中加入其质量2倍的水，滴加2%～5%稀硫酸溶液调节pH值至3～4，再加入聚天门冬氨酸和交联聚维酮，加热至回流状态，然后将温度保持在70～80℃，保温搅拌1～2h，得到物料Ⅰ。

(2) 将吸附剂、硫酸钙进行加热研磨，加热至110～120℃，保温研磨5～10min，再加入氧化铝继续保温研磨5～10min，再加入甲基硅酸钾，继续保温研磨5～10min，得到物料Ⅱ。

(3) 将物料Ⅰ、物料Ⅱ混合，加入葡萄糖酸钠，在微波频率2450MHz、功率600W下微波处理10～15min，加入十二烷基硫酸钠，继续微波处理5～10min，再加入抗坏血酸，继续微波处理5～10min，得物料Ⅲ。

(4) 将物料Ⅲ加入乳化剂，放入速度为800～1000r/min的搅拌机中搅拌10～20min，然后真空压缩成块，转入-10℃环境中密封静置3～5h，最后经超微粉碎机制成微粉，即得混凝土高稳定性速凝剂。

原料介绍　所述吸附剂制作方法为：将水稻秸秆置入120～150℃的烘干箱中干燥至水分不大于2%，粉碎成40～60目粉末，加入适量水搅拌均匀至泥糊状，然后放入400～600℃的炭化炉中炭化1～3h，取出冷却后粉碎成60～80目粉末，得炭化粉末；将明矾溶解于适量水中，减压浓缩，再经干燥处理后碾碎成80～100目粉末，得明矾净化粉末；将所述炭化粉末与明矾净化粉末混合在一起，加入沸石粉和活性炭粉以及纯水研磨2～3h，最后喷雾干燥即得。

所述乳化剂制作方法如下：将玉米麸质加入水中搅拌均匀，将亚硫酸钠由下部向上缓慢通入玉米麸质水中，调节pH值至6～7，再放入微波处理设备中，于微波频率2400MHz、功率500W下间隔微波处理，间隔时间为10min，每次微波处理6min，连续进行5次；将混合物升温至85℃，然后加入木瓜蛋白酶搅拌均匀并保持温度在40～60℃，酶解2～4h；利用循环水式多用真空泵对酶解后的玉米麸质水进行真空抽滤，得到抽滤液；对抽滤液进行真空喷雾干燥，收集干燥物即为乳化剂。

使用方法　本品主要是一种混凝土高稳定性速凝剂。

产品特性　本品工艺流程简洁，原料配比合理，采用的均为无毒无害的化学物质，原料价格低廉，制备的混凝土高稳定性速凝剂速凝效果好，稳定性高，适用性强，使用效果明显。

配方 19　混凝土喷射用新型环保无碱速凝剂

原料配比

原料	配比(质量份)		
	1#	2#	3#
硫酸铝	41	49	54
氢氧化铝	5	6.5	7
氢氟酸	24	25.5	26
有机酸	0.05	0.07	0.08
有机醇胺	0.1	0.15	0.17
聚丙烯酰胺	0.05	0.75	0.8
水	加至 100	加至 100	加至 100

制备方法

（1）先将氢氧化铝缓慢加入氢氟酸中，边加边搅拌，得到氟化铝溶液备用。

（2）在 60～65℃温度下搅拌硫酸铝与水，搅拌使其全部溶解。

（3）将氟化铝溶液和硫酸铝溶液混合、搅拌，并缓慢添加有机醇胺、有机酸、聚丙烯酰胺，搅拌至形成均匀的液体即可。

产品特性　本品可以有效增加混凝土的黏聚性，降低回弹量和粉尘量，减少凝结时间，保障喷射混凝土后期强度。

配方 20　混凝土速凝剂（1）

原料配比

原料		配比(质量份)		
		1#	2#	3#
铝氧熟料		75	85	84
聚山梨酯		18	10	13
乙基纤维素		6	15	12
聚氯乙烯		8	2	4
铝氧熟料	铝矾土	15	25	22
	纯碱	20	12	18
	生石灰	10	20	15
	煤粉	15	5	12
	草灰	6	12	8
	木材渣	18	5	12

制备方法

（1）将制备铝氧熟料的各组分混合均匀，过 200～300 目筛，然后在 1100～1200℃下煅烧，得到所述铝氧熟料。

（2）按照配比，将铝氧熟料、聚山梨酯、乙基纤维素以及聚氯乙烯混合均匀，得到所述混凝土速凝剂。

产品特性　本品经过合理配置，制备得到一种综合性能较佳的混凝土速凝剂，本品各组分可以起到协同增效的作用，使得混凝土速凝剂的综合性能显著提高。

配方 21　混凝土速凝剂（2）

原料配比

原料		配比（质量份）		
		1#	2#	3#
壳聚糖基聚合硫酸铝铁		60	65	72
改性硅酸镁锂		35	31	25
有机早强剂	三乙醇胺	5	—	—
	三异丙醇胺	—	4	3
壳聚糖基聚合硫酸铝铁	壳聚糖	8	9	10
	硫酸铁	1	7	1
	硫酸铝	6	4	8
	氨水	0.5	0.55	0.6
改性硅酸镁锂	酸镁锂	1	1	1
	氯化钙	0.1	0.15	0.2
	聚羧酸减水剂	0.08	0.09	0.1

制备方法　将各组分原料混合均匀即可。

原料介绍　所述壳聚糖基聚合硫酸铝铁的制备方法为：

（1）硫酸铁和硫酸铝溶液的配制：将硫酸铁、硫酸铝溶解于去离子水中，分别制备成 100～120g/L 的硫酸铁溶液和硫酸铝溶液，然后将硫酸铁、硫酸铝溶液按照 1∶(5～8) 的质量比分别分成第一份硫酸铝溶液、第二份硫酸铝溶液和第一份硫酸铁溶液、第二份硫酸铁溶液，备用。

（2）壳聚糖铁-铝配合物的合成：将壳聚糖溶解于 50～100 倍量的醋酸溶液中，搅拌均匀后用氢氧化钠溶液调节 pH 值至 2.5～3，得壳聚糖溶液备用，将第一份硫酸铁溶液和第一份硫酸铝溶液混合，滴加至壳聚糖溶液中，搅拌反应 24～28h，离心取上清液，加入 3～5 倍量的无水乙醇，沉淀后离心，取沉淀用无水乙醇洗涤，烘干后即得壳聚糖铁-铝配合物。

（3）聚合反应：将壳聚糖铁-铝配合物与氨水混合，加热到 70～90℃，然后滴加第二份硫酸铁溶液和第二份硫酸铝溶液，搅拌反应 2～3h 后，在相同温度下减压蒸馏，待溶液表面出现晶体膜时即可拿出溶液冷却结晶，抽滤、烘干即得壳聚糖基聚合硫酸铝铁。

所述氨水的质量浓度为 10%～20%，所述壳聚糖的脱乙酰基>95%，步骤（2）中醋酸溶液的浓度为 1%～2%。

所述改性硅酸镁锂的制备方法如下：

（1）称取硅酸镁锂粉末，加入去离子水，在50～60℃、500～800r/min的搅拌机中混合均匀，得分散液；分散液的固含量为1%～3%，

（2）向分散液中加入氯化钙粉末，然后混合均匀，在常温下静置1～2h，过滤除去液体，得初始凝胶。

（3）将聚羧酸减水剂溶解于去离子水中，制成液态聚羧酸减水剂，然后加入步骤（2）得到的初始凝胶中，混合均匀后在常温下静置2～3h，烘干后即得改性硅酸镁锂。液态聚羧酸减水剂的固含量为10%～20%。

使用方法　按照2%～8%的掺量称取速凝剂，在加湿器中处理30～60min后，搅拌均匀，然后加入胶凝材料中，与水拌和即可使用。

产品特性

（1）本品不仅可以促进水泥的活化，缩短凝结时间，减少掺量，增加后期强度，还能提高混凝土的抗渗性。

（2）本品将壳聚糖与铁、铝制成配合物后，再以此为基体合成壳聚糖基聚合硫酸铝铁，不仅增加了铁和铝在聚合物中的浓度，减少了速凝剂的掺量，而且壳聚糖中带有活性氨基，因此其对很多物质具备强大的吸附作用，因此合成的壳聚糖基聚合硫酸铝铁，对水泥胶体中的各粒子的吸附能力极强，因此凝聚效果好，促进了水泥的活化，缩短了凝结时间。

（3）在混凝土中加入速凝剂后，混凝土由于水化速度过快导致黏合性差，从而抗渗性降低，本品加入改性硅酸镁锂，不仅可以通过提高混凝土的黏合性来提高抗渗性，还能促进水泥的水化，缩短凝结时间。

配方 22　混凝土速凝剂（3）

原料配比

原料		配比(质量份)		
		1#	2#	3#
废铝灰		55	50	60
铝矾土		5	3	8
纯碱		20	15	25
硅粉		8	6	10
生石灰		8	6	10
稳定剂		4	2	6
稳定剂	元明粉	8	5	10
	碳酸钾	11	8	14
	氯化钙	25	21	29
	麦饭石	30	24	36
	三乙醇胺	26	22	30

制备方法

将各原料组分按比例精确称量，之后将混合物经输送系统输送到旋窑进行焙烧，包括以下步骤：

（1）将混合物以1～2℃/min的升温速率升温至150～250℃，保温20～40min。

（2）再以6～10℃/min的升温速率升温至800～900℃，保温40～80min。

（3）经上一步骤处理后，再输送至冷却机，再以20～30℃/min的降温速率降温至40～70℃。

（4）将冷却后的混合物输送到球磨机中，以240～320r/min的球磨转速球磨1.5～2.5h，得到混凝土速凝剂。

使用方法　本品主要是一种混凝土速凝剂。

产品特性

（1）本品通过独特的配方获得了更短的混凝土初凝和终凝时间，且使混凝土具备更好的抗压强度。

（2）本品制备过程中不用水、不外排、无尘渣，原辅材料全用尽，亦做到了不出现废气、废水和废烟。

（3）本品的制备方法中采用旋窑进行混合原料的焙烧，窑温易控，且选用了独特的焙烧工艺，使得本品能有效改善混凝土速凝剂的性能。

配方23　混凝土速凝剂（4）

原料配比

原料		配比(质量份)				
		1#	2#	3#	4#	5#
四乙二醇单甲醚		1	5	3	2	4
硫酸铝		30	15	23	25	22
硫酸铜		2	4	3	2.5	3
水化促进剂	乙酸钙	5	—	—	2.4	3.5
	二羟乙基甘氨酸	—	3	4	—	—
聚乙烯醇		0.5	1	0.8	0.7	0.9
草酸钛钾		5	0.5	2.7	4	4.2
pH值调节剂	稀硫酸	1	—	—	—	3.8
	硼酸	—	5	—	3	—
	20%的硫酸	—	—	4	—	—
配位剂	氨三乙酸钠	5	—	—	4	1.5
	乙二胺四亚甲基磷酸钠	—	1	3	—	—
水		40	60	52	49	55

制备方法　将各组分原料混合均匀即可。

原料介绍　所述聚乙烯醇分子量为8000～20000。

产品特性

（1）本品中，四乙二醇单甲醚可有效降低体系的表面张力，不但可使外加剂有较好的流动性，还能增加混凝土的可塑性，且对混凝土其他性能无影响；硫酸铜与水泥接触后会形成氢氧化铜晶核，降低C-S-H成核势垒，促进C_3S水化，使水泥凝结加速；配位剂可与Al^{3+}形成可溶性络合物，降低Al^{3+}浓度，减少$Al(OH)_3$沉淀；草酸钛钾与铝盐协同，也能起到成核结晶的作用，使水泥水化诱导期缩短，具有辅助促凝作用，还能提高早期和后期强度；聚乙烯醇分子相互连接，并吸附着两个或多个水泥颗粒，从而起到了“架桥”的作用，有利于浆体形成远程凝聚结构，可使混凝土具有一定的黏度，减少回弹。

（2）本产品无碱、无氯，不伤害人体，不腐蚀钢筋，且可以显著地促进水泥水化与混凝土强度的提高。

（3）本品产品稳定性好，能够长时间储存和运输。

配方 24 混凝土速凝剂（5）

原料配比

原料			配比(质量份)					
			1#	2#	3#	4#	5#	6#
改性醇胺高分子助磨剂	2-甲基丙烯酸酐		12	12	35	35	35	35
	埃洛石纳米管		1	1	3	3	3	3
	三乙醇胺		20	20	40	40	40	40
	对甲苯磺酸钠		0.5	0.5	1.5	1.5	1.5	1.5
	硅烷偶联剂		1	1	3	3	3	3
	甲基丙烯酸		5	5	10	10	10	10
	过硫酸铵		0.1	0.1	0.5	0.5	0.5	0.5
	硅烷偶联剂	KH-570	1	1	1	1	1	1
		KH-560	1	1	—	—	—	—
		双(2-羟乙基)-3-氨丙基三乙氧基硅烷	—	—	3	3	3	3
增黏剂	表面处理的石棉细粉	石棉细粉	5	5	10	10	10	10
		含有15%乙醇钠的乙醇溶液	100	100	—	—	—	—
		含有30%乙醇钠的乙醇溶液	—	—	120	120	120	120
	表面处理的石棉细粉		15	15	30	30	30	30
	含有0.5%硅烷偶联剂KH-550的乙醇		30	30	—	—	—	—
	含有2.5%硅烷偶联剂KH-550的乙醇		—	—	50	50	50	50
	羧甲基纤维素钠		10	10	15	15	15	15
硫酸铝			35	55	40	50	45	45
硝酸铝			25	40	27	35	30	30
磷酸			5	10	6	9	7	7
氨水			15	25	17	22	20	20
改性醇胺高分子助磨剂			1	5	2	4	3	3
稳定剂			0.5	1.5	0.7	1.2	1	1
氟硅酸镁			5	12	7	10	8	8
增黏剂			1	5	2	4	3	3
水			50	100	70	80	75	75

续表

原料			配比(质量份)					
			1#	2#	3#	4#	5#	6#
稳定剂	金属稳定剂	硬脂酸铝	1	—	—	—	1	1
		硬脂酸锌	—	1	—	—	—	—
		硬脂酸钾	—	—	2	—	—	—
		硬脂酸镁	—	—	—	3	—	—
	助稳定剂	2-苯基吲哚	1	—	—	—	—	—
		吡咯环酮	—	2	—	—	—	—
		环氧大豆油	—	—	1	—	—	—
		β-氨基巴豆酸甲酯	—	—	—	1	—	—
		β-(3,5-二叔丁基-4-羟基苯基)丙酸十八碳醇酯	—	—	—	—	1	—

制备方法

(1) 硝酸铝溶液中滴加氨水成为黏稠状溶胶后置于60～75℃的水浴锅中熟化5～7h，制得氢氧化铝溶胶。

(2) 将硫酸铝、氟硅酸镁、水混合搅拌溶解水浴加热，60～80℃水浴加热，搅拌并保温20～30min，加入氢氧化铝溶胶，升温至80～90℃，搅拌反应30～50min，冷却，加入改性醇胺高分子助磨剂和磷酸，在搅拌下加入稳定剂，高速搅拌分散均匀即得混凝土速凝剂。搅拌转速为1000～1500r/min。

原料介绍　所述的改性醇胺高分子助磨剂由以下方法制备而成：2-甲基丙烯酸酐、埃洛石纳米管、三元醇胺和硅烷偶联剂在催化剂作用下发生酯化反应得到埃洛石纳米管接枝的丙烯酸乙醇胺酯，再和不饱和羧酸在引发剂作用下聚合物得到所述改性醇胺高分子助磨剂。酯化反应的条件是100～120℃下反应1～2h，聚合反应的条件是40～60℃下反应1～3h。

所述三元醇胺选自三乙醇胺、二乙醇单异丙醇胺、三异丙醇胺中的一种或几种混合；所述不饱和羧酸选自甲基丙烯酸、丙烯酸、2,5-二甲基苯乙烯酸、3-甲基苯乙烯酸中的一种或几种混合。

所述催化剂和引发剂没有特别的限定，一般酯化反应的催化剂和一般自由基聚合的引发剂即可。比如所述催化剂包括但不限于对甲苯磺酸钠、对甲基苯磺酰氯、对甲苯磺酸；所述引发剂选自过氧类、偶氮类，包括但不限于过氧化苯甲酰、偶氮二异丁腈、过硫酸铵。

所述的得到埃洛石纳米管接枝的丙烯酸乙醇胺酯后，是配制为30%～50%的水溶液，和不饱和酸的30%～50%水溶液混合后，加入引发剂引发聚合反应。

所述硅烷偶联剂为带有双键的硅烷偶联剂和带有环氧基或羟基的硅烷偶联剂按照质量比为1∶(1～3) 复配。

所述带有双键的硅烷偶联剂为KH-570，所述带有环氧基或羟基的硅烷偶联剂选自KH-560、双 (2-羟乙基)-3-氨丙基三乙氧基硅烷、三甲基羟基硅烷中的一种或几种混合。

所述稳定剂为金属稳定剂和助稳定剂按照质量比 (1～3)∶(1～2) 复配；更优选地，所述金属稳定剂选自硬脂酸镁、硬脂酸铝、硬脂酸钾、硬脂酸锌中的一种；所述助稳定剂选自β-氨基巴豆酸甲酯、2-苯基吲哚、芴类衍生物、吡咯环酮、环氧大豆油、受阻酚中的一种或者几种混合。

所述的芴类衍生物包括但不限于2,7-二氯芴、9,9-二乙基芴、2,7-二氯芴-4-环氧乙烷、2,7-二氯-9-芴甲醇、2-氯芴；受阻酚选自1,3,5-(3,5-二叔丁基-4-羟基苯基)均三嗪-2,4,6(1H,3H,5H)-三酮、β-(3,5-二叔丁基-4-羟基苯基)丙酸甲酯、四-[3-(3,5-二叔丁基-4-羟基苯基)丙酸]季戊四醇酯和β-(3,5-二叔丁基-4-羟基苯基)丙酸十八碳醇酯中的一种或几种混合。

所述增黏剂是醇钠处理过的石棉细粉和硅烷偶联剂，以及羧甲基纤维素钠反应得到。

所述增黏剂由包括以下步骤的方法制备而成：

(1) 将石棉研细后进行超微粉碎，得到1000目以下的石棉细粉。

(2) 将5～10质量份步骤(1)得到的石棉细粉均匀分散在100～120质量份含有15%～30%乙醇钠的乙醇溶液中，加热至40～50℃搅拌反应30～50min，抽滤，得到表面处理的石棉细粉。

(3) 将15～30质量份步骤(2)中得到的表面处理的石棉细粉加入30～50质量份含有0.5%～2.5%硅烷偶联剂KH-550的乙醇中，加热至50～70℃，反应1～3h，加入10～15质量份羧甲基纤维素钠，边搅拌边反应30～60min，抽滤，干燥除去乙醇，得到增黏剂。

产品特性　本品复合了多种促凝组分，能够进一步缩短喷射混凝土的凝结时间，改善水泥综合性能。本品中引入的改性醇胺高分子助磨剂能够加速水泥颗粒中钙离子的溶出速度，硫酸铝为钙矾石的生长提供了充足的硫酸根来源，铝酸钠能释放出强碱性氢氧化物，有力地促进了水泥矿物尤其是C_3S、C_3A的水化，同时形成难溶的钙盐或氢氧化钙，释放出大量的水化热，促进水泥矿物的反应，形成C-S-H凝胶和板状晶体$Ca(OH)_2$、柱状晶体钙矾石，它们错综复杂地分布在胶凝中，达到促凝的目的，因此本品对于已经发生了初始水化的预拌混凝土具有良好的促凝效果，能够明显地缩短混凝土的凝结时间，提高早期强度，还能显著提高混凝土的稳定性、耐久性和安全性，且成本较低，特别适用于长时间、长距离运输的预拌混凝土喷射施工。

配方 25　混凝土液体速凝剂(1)

原料配比

原料		配比(质量份)		
		1#	2#	3#
坯体	硅溶胶	10	15	20
	前驱体溶液	20	25	30
	巯基苯并噻唑	1	3	5
	乙二醇	0.2	0.4	0.5
	去离子水	1	3	5
分散液	壳聚糖	10	15	20
	2%乙酸溶液	40	50	60
	坯体	5	7	10
混合液B	三聚磷酸钠	1	3	5
	去离子水	30	40	50

续表

原料		配比(质量份)		
		1#	2#	3#
芯材	混合液B	2	2	2
	坯体	1	1	1
芯材		1	1	1
分散液		5	5	5
前驱体溶液	硫酸铝	20	25	30
	氢氧化铝	15	17	20
	石灰石粉	1	5	10
	乙二胺四乙酸	5	7	10
	二乙醇胺	0.6	0.8	0.9
	甘油	0.2	0.3	0.5
	去离子水	80	90	100

制备方法

(1) 制备前驱体溶液：分别称取20～30份硫酸铝、15～20份氢氧化铝、1～10份石灰石粉、5～10份乙二胺四乙酸、0.6～0.9份二乙醇胺、0.2～0.5份甘油、80～100份去离子水，将乙二胺四乙酸和去离子水混合均匀，即得混合液，在混合液中加入硫酸铝和氢氧化铝，在温度为60～70℃下超声搅拌30～40min，即得混合液A，在混合液A中加入石灰石粉、甘油和二乙醇胺，在温度为80～90℃下搅拌3～4h，冷却至室温，即得前驱体溶液。

(2) 制备坯体：分别称取10～20份硅溶胶、20～30份前驱体溶液、1～5份巯基苯并噻唑、0.2～0.5份乙二醇、1～5份去离子水，将硅溶胶和巯基苯并噻唑混合，在转速为6000～7000r/min下高速搅拌3～5min，即得悬浮液，在悬浮液中加入前驱体溶液、乙二醇和去离子水，在搅拌速度为10000～20000r/min下高速搅拌60～90s，即得坯体。

(3) 制备速凝剂：分别称取10～20份壳聚糖、40～60份质量分数为2%乙酸溶液、5～10份坯体、1～5份三聚磷酸钠、30～50份去离子水，将壳聚糖和质量分数为2%乙酸溶液混合，在超声功率为260～350W下超声分散5～10min，即得分散液，将三聚磷酸钠和去离子水混合均匀，即得混合液B，按质量比2∶1将混合液B加入坯体中，在搅拌速度为500～600r/min下搅拌30～40min，即得芯材；按质量比1∶5将芯材加入分散液中，在搅拌速度为1000～1200r/min下搅拌1～2h，即得混凝土液体速凝剂。

产品特性

(1) 本品提供的Al^{3+}和SO_4^{2-}会和石膏进行反应，生成钙矾石晶体，反应过程中石膏的消耗促进了C_3A以及C_3S的水化，C_3A水化生成了钙矾石，C_3S水化又提供了Ca^{2+}，Ca^{2+}又与速凝剂提供的Al^{3+}和SO_4^{2-}进一步反应生成钙矾石，水化产物中钙矾石的数量较多，水化浆体较为致密。

(2) 本品可有效加速水泥的絮凝和凝结，且力学性能优异，强度保留度高，综合性能优异。

配方 26 混凝土液体速凝剂（2）

原料配比

原料	配比(质量份)		
	1#	2#	3#
硫酸铝	35	39	45
氟化钠	3	6	9
消泡剂	6	9	12
稳定剂	7	9	10
甘油	5	7	10
羟基羧酸	10	10	15
防腐剂	4	7	10
黏稠剂	5	8	12
异味吸附剂	10	15	20
水	35	46	55

制备方法

（1）将水作为基础溶剂加入混合器内，将硫酸铝和氟化钠加入混合器混合，并间歇性加入消泡剂。

（2）将稳定剂、甘油和防腐剂加入混合器混合，同时间歇性加入消泡剂。

（3）将羟基羧酸加入混合器内混合，同时间歇性加入所有消泡剂，并时刻检测 pH 值的变化。

（4）将异味吸附剂加入混合器内混合将异味吸附，沉淀、过滤得到速凝剂液体。

（5）向速凝剂液体内加入黏稠剂并搅拌，使得速凝剂液体变得黏稠即可。

产品特性　本品提高了溶解速度，提高了工作效率，不会对工作人员和环境造成损害，提高混凝土的防腐性能，增强混凝土的强度。

配方 27 混凝土液体速凝剂（3）

原料配比

原料	配比(质量份)
氢氧化铝	30
氢氧化镁	20
硫酸铝	50
氢氟酸溶液	35
氟硅酸	25
添加剂	1.8
稳定剂	0.8
分散增强剂	10.5
水	适量

制备方法

(1) 将氢氧化铝和氢氧化镁在水中进行混合，然后再加入氢氟酸溶液和氟硅酸，并在常温下搅拌 10min。

(2) 将步骤 (1) 制取的溶液进行加热，温度为 60℃，在恒温状态下加入添加剂、稳定剂以及硫酸铝 10 份，搅拌 30min 后，加入硫酸铝 40 份，开始加热并恒温在 70℃，搅拌 50min。

(3) 完成步骤 (3) 之后，停止加热，使液体温度降低至 50℃，然后在恒温状态下加入分散增强剂，搅拌 20min，即得到速凝剂。

原料介绍　所述添加剂可以为硫酸、盐酸以及柠檬酸。

所述稳定剂为沉淀水合硅酸镁。

所述分散增强剂为二乙醇胺。

产品特性　本品通过对 Al-F 综合物最佳配比，即铝和氟离子在 60℃反应下引入 Mg^{2+} 和 Si^{4+}，从而使得速凝剂早期的强度更加可靠，并且利用氟硅酸替代 HF 溶液制取速凝剂，可降低生产成本，并且速凝剂含有的 Mg^{2+}、Si^{4+}、F^{-} 以及 Al^{3+} 与水泥中的 Fe^{2+} 和 Co^{2+} 不会发生化学反应，保证了其稳定性，增加了掺量。

配方 28　混凝土用无碱速凝剂

原料配比

原料			配比(质量份)		
			1#	2#	3#
速凝剂母液	水		20	71.2	200
	铝、锂、锌、钙、镁、钡的氧化物或者氢氧化物	γ-氧化铝	10	—	—
		拟薄水铝石	—	6	—
		氢氧化锂	—	—	3
		氢氧化锌	5	—	—
		氢氧化镁	—	3	—
		氢氧化钙	—	—	1.5
	三氟甲磺酸盐		62	—	—
	氟硅酸盐		—	29.8	12
	醇胺	一乙醇胺	25	—	—
		二乙醇胺	—	12	—
		三异丙醇胺	—	—	31
速凝剂母液			39	66	90
甲酸钙			3	2	6
水			58	32	4

制备方法

(1) 向反应釜中加入一定量的水，再加入定量的铝、锂、锌、钙、镁、钡的氧化物或者氢氧化物粉状物进行搅拌操作，搅拌操作的持续时间为 5～15min。

(2) 再加入三氟甲磺酸盐或者氟硅酸盐，并进行搅拌操作，搅拌操作的持续时间为 1～

3h。在1.2个大气压、氮气密闭条件下进行。

(3) 最后滴加醇胺中和与配位，并进行搅拌操作，搅拌操作的持续时间为1～3h，即得到无碱速凝剂母液。

(4) 添加水与甲酸钙将所述无碱速凝剂母液稀释成浓度为20%～50%的混凝土用无碱速凝剂。

产品特性　本品具有制备工艺简单、设备简易、生产效率高和零排放、无污染的技术效果，其包装运输方便、复配使用简单，应用于混凝土时，初、终凝时间可调控、早期强度与后期强度好，适用于喷射混凝土、水下混凝土以及抗渗堵漏混凝土与砂浆。

配方 29　基于三水碳酸镁的无碱无氯混凝土速凝剂

原料配比

原料	配比(质量份)		
	1#	2#	3#
三水碳酸镁	80	60	40
矿渣粉	15	30	45
碳酸钙	5	10	15

制备方法　将各组分原料混合均匀即可。

使用方法　本品的掺量为水泥总重的3%～15%，在掺量范围内，掺量越高速凝效果越显著。

产品特性

(1) 无碱无氯。传统的含碱速凝剂主要成分为铝氧熟料，碱含量高会对施工工人身体带来一定的危害。高碱性速凝剂腐蚀性极强，对施工人员可造成很大的伤害，极易引起碱骨料反应的发生，导致混凝土耐久性下降。部分传统速凝剂含氯离子，会加速钢筋的锈蚀。本速凝剂为无碱无氯型，可避免增加碱总含量而引起碱集料反应且不会对钢筋产生锈蚀，不会对施工人员的身体产生危害，极大提高其施工的安全性。

(2) 本速凝剂在保证相同的促凝效果的同时，需要的掺量更小，成本低，经济效益好，施工难度有所降低。

(3) 对不同水泥的适应性良好。本速凝剂组分少，不易与其他水泥的复合成分产生不相容，可进一步改善水泥的性能，提高混凝土的耐久性。

配方 30　具有星形结构喷射混凝土用速凝剂

原料配比

原料	配比(质量份)			
	1#	2#	3#	4#
多臂聚乙二醇丙烯酰胺大单体	95	100	105	95
水①	100	105	110	110
丙烯酸	18	20	21	18
丙烯腈	3	4	5	5

续表

原料		配比(质量份)			
		1#	2#	3#	4#
N-乙烯基杂环	N-乙烯基吡唑	6	—	—	2
	N-乙烯基咪唑	—	7	—	3
	N-乙烯基吡啶	—	—	8	3
水②		60	65	70	60
双氧水		0.3	0.4	0.5	0.3
异丙醇		0.5	0.6	0.7	0.7
水③		30	35	40	40
多臂聚乙二醇胺	六臂或八臂聚乙二醇胺	3	4	5	—
	八臂聚乙二醇胺	—	—	—	5

制备方法

(1) 将多臂聚乙二醇丙烯酰胺大单体、水①加入反应器内搅拌均匀，保持体系温度为80～85℃，得溶液A。

(2) 将丙烯酸、丙烯腈、N-乙烯基杂环与水②混合搅拌均匀，得溶液B。

(3) 将双氧水、异丙醇溶于水③，得引发调节剂溶液。

(4) 将步骤(2)所得溶液B与步骤(3)所得引发调节剂溶液分别滴加在步骤(1)所得溶液A中，滴加时间为2.5～3h，滴加完后继续搅拌反应2～3h，降温到30～40℃，调节pH值为6.5～7.0，再加入多臂聚乙二醇胺，搅拌均匀得具有星形结构喷射混凝土用速凝剂。使用质量分数为40%的氢氧化钠溶液调节pH值。

原料介绍　所述多臂聚乙二醇丙烯酰胺大单体为四臂或者六臂聚乙二醇丙烯酰胺，平均分子量为2000，纯度大于95%，水分小于1%，羟值(以KOH计)为2000～2200mg/g，1%水溶液的pH值为5.0～7.0。

所述丙烯酸、丙烯腈的纯度均大于99%。

所述双氧水(H_2O_2)质量分数为29%～30%。

使用方法　本品应用时固体掺量为水泥质量的1.2%时，速凝时间为78s，回弹率为12%。

产品特性

(1) 本品含有多个亲水活性基团，对水泥浆体及组分具有良好的缠绕、包覆、吸附、凝聚等作用，显著提高了喷射混凝土的附着、吸附作用，减小回弹率，显著提高速凝效果。

(2) 本品具有良好减水效果，对于水泥浆体及组分如粉煤灰、石粉、矿粉等具有很好的吸附、包覆作用，对于砂石表面也有很好的吸附作用及分子间作用力，可有效地防止水泥浆体的离析和泌浆，提高其吸附及附着力，有效地防止水泥浆体的脱落，能够提高水泥、粉煤灰、矿粉、砂石表面的和易性，显示出更好的分散和黏聚效果，稳定性强。

(3) 本品具有优异的速凝及促凝效果，而且在实际应用中所需掺量小，经济效益好。

配方 31 聚合硫酸铝系速凝剂

原料配比

原料			配比(质量份)					
			1#	2#	3#	4#	5#	6#
含醇胺聚合物	双酚 A 型环氧树脂	环氧树脂 E-42	10	—	—	—	—	—
		环氧树脂 E-44		10	—	—	—	—
		环氧树脂 E-51	—	—	10	—	—	—
		环氧树脂 E-54	—	—	—	10	—	—
		环氧树脂 E-56	—	—	—	—	10	—
		环氧树脂 E-31	—	—	—	—	—	10
	线型二元醇胺	二乙醇胺	84	—	—	—	116	—
		二丙醇胺	—	88	—	—	—	62
		二丁醇胺	—	—	127	—	—	—
		二戊醇胺	—	—	—	120	—	—
聚合硫酸铝系速凝剂	聚合硫酸铝		20	30	25	27	20	20
	醇胺化合物	二乙醇胺	2	—	—	—	2	2
		三乙醇胺	1	—	—	—	1	1
		二丙醇胺	—	3	—	—	—	—
		三丙醇胺	—	2	—	—	—	—
		二丁醇胺	—	—	3	—	—	—
		三丁醇胺	—	—	1	—	—	—
		二戊醇胺	—	—	—	2	—	—
		三戊醇胺	—	—	—	2	—	—
	含醇胺聚合物		2	5	3	4	2	2
	聚合丙烯酰胺		5	10	7	8	5	5
	二氧化硅		3	8	6	6	3	3
	吸附剂	200 目硅胶	1	—	—	—	1	1
		活性氧化铝	—	5	—	—	—	—
		200 目分子筛	—		3	3	—	—
	水		15	30	25	21	15	15

制备方法　将上述成分按质量份数依次加入反应釜中，机械搅拌 1h，然后釜底出料，得到聚合硫酸铝系速凝剂。

原料介绍　所述含醇胺聚合物的制备方法如下：将线型二元醇胺和双酚 A 型环氧树脂共混，然后在 80～90℃下反应，得到产物。所述反应时间为 3～8h。

产品特性　本品含醇胺聚合物与二元醇胺、三元醇胺之间有良好的协同作用，在速凝剂配方中共同使用，应用于喷射混凝土时，可以进一步地提升喷射混凝土的早期强度和后期强度，并且降低混凝土早期凝固时间。

配方 32 抗冻型速凝剂

原料配比

原料		配比(质量份)		
		1#	2#	3#
稳定剂	拟薄水铝石	1	—	—
	海泡石	—	0.5	0.8
水		41.5	30.5	28.2
无机盐	氟硅酸镁	1	2	—
	铝酸钠	2	—	—
	氟化钠	—	3	5
硫酸铝		50	55	60
有机络合组分	乙二胺四乙酸	2	—	—
	二乙烯三胺	—	5	—
	甘氨酸	—	—	3
氧化石墨烯分散液		0.5	1	2
防冻组分	二甲基亚砜	2	—	1
	乙二醇	—	3	—

制备方法 在高速搅拌(500r/min)状态下将稳定剂加入盛有水的器皿中，搅拌30min，待完全分散溶解后降低转速至普通搅拌(250r/min)状态，向器皿中加入无机盐和硫酸铝，升温至60～70℃，保温1～2h，待硫酸铝完全溶解后依次加入有机络合组分、氧化石墨烯分散液和防冻组分，继续搅拌1h，随后降温，自然冷却，制得所述抗冻型速凝剂。

原料介绍 所述无机盐包括铝酸钠、氟硅酸镁和氟化钠中的至少一种。

所述稳定组分包括拟薄水铝石和海泡石中的至少一种。

所述防冻组分包括二甲基亚砜和乙二醇中的至少一种。

所述氧化石墨烯的片径为20～200nm。

所述有机络合组分包括乙二胺四乙酸、甘氨酸、二乙烯三胺中的至少一种。

产品特性

(1) 本品各个原料协同作用，低温环境下抗冻型速凝剂状态稳定，当拌和加入混凝土时，可以使混凝土的凝结时间缩短，提高混凝土的早期强度和后期强度，用于喷射混凝土，可降低回弹率。

(2) 本品对钢筋几乎无锈蚀作用，安全环保，抗冻性能优异，－5℃到－30℃下产品无结晶、沉淀等现象，稳定期大于60天，拌和时的掺量低，混凝土凝结时间短，可用于低温环境下施工，降低喷射混凝土回弹率，使喷射混凝土具有较高的早期强度和后期强度。

配方 33 快硬早强喷射混凝土用无碱液体速凝剂

原料配比

原料	配比(质量份)				
	1#	2#	3#	4#	5#
硫酸铝	370	370	370	370	370
硫酸锂	25	28	30	25	30

续表

原料	配比(质量份)				
	1#	2#	3#	4#	5#
硅酸镁铝	12	13	15	15	14
超细硅酸铝	4	5	6	6	5
温伦胶	4	5	6	6	4
活性铝酸盐溶液	45	47	50	45	48
改性氢氧化铝	85	88	90	85	90
35%～40%氟硅酸	145	146	150	450	147
二乙醇胺	35	37	40	35	40
三异丙醇胺	6	9	10	10	6
山梨醇	6	9	10	10	7
水	适量	适量	适量	适量	适量

制备方法

(1) 在常温下，向水中加入超细硅酸铝、硅酸镁铝、温伦胶，进行第一次搅拌，得第一溶液；第一次搅拌的转速为600～800r/min，搅拌时间为20～40min。

(2) 向所述第一溶液中依次加入硫酸铝、活性铝酸盐溶液、改性氢氧化铝，进行第二次搅拌，得第二溶液；搅拌转速为200～300r/min，搅拌时间为50～70min。

(3) 向所述第二溶液中滴加氟硅酸，进行第三次搅拌，待物料温度达到60～70℃时，加入二乙醇胺、三异丙醇胺、山梨醇，进行第四次搅拌，得第三溶液；第三次搅拌的转速为200～300r/min，搅拌时间为50～70min；第四次搅拌的转速为200～300r/min，搅拌时间为15～25min。

(4) 向所述第三溶液中加入硫酸锂，进行第五次搅拌，制得混凝土速凝剂。搅拌转速为600～800r/min，搅拌时间为1.5～2.5h。

原料介绍　所述活性铝酸盐溶液的制备步骤包括：首先，将一定质量的水倒入带机械搅拌装置的反应容器中，随后向反应容器中加入氢氧化钠，反应放热，待温度升到85～95℃时，向反应容器中缓慢地加入氢氧化铝，控制所述氢氧化铝的添加时间为50～70min，添加完毕后保温反应100～150min，再向得到的反应产物中加入一定量的磷酸，即制得所述活性铝酸盐溶液。

所述氢氧化钠和所述氢氧化铝的摩尔比为(1.4～1.7)∶1。

所述磷酸的添加量为所述水、氢氧化钠、氢氧化铝总质量的1%～2.5%。

所述改性氢氧化铝的制备步骤包括：将氢氧化铝置于球磨机中，粉磨2～4h，制成比表面积为600～800m^2/kg的粉料，然后向所述粉料中滴加甲基丙烯酸，得到改性氢氧化铝。

所述甲基丙烯酸的添加量为所述氢氧化铝质量的2%～4%。

产品特性　本品凝结快、早期强度高，且生产过程中不需加热，在常温下即可进行，大大减少了生产能耗，降低了工艺成本。所述活性铝酸盐溶液以及所述改性氢氧化铝的作用为增加速凝剂中活性铝离子的含量，同时与氟硅酸反应时，能够自发升温，实现降耗节能。

配方 34 铝酸钠混凝土速凝剂

原料配比

原料	配比(质量份)		
	1#	2#	3#
90%铝酸钠	10	12.5	15
矾泥	10	7.5	5
铝氧熟料	3	3	3
脱水石膏	2	2	2
喷射混凝土黏稠剂	1	1	1
水	74	74	74

制备方法

(1) 将配方量的铝酸钠、矾泥、铝氧熟料、脱水石膏、喷射混凝土黏稠剂分别送入粉碎机粉碎为粉末。

(2) 将配方量的水送入反应釜，边搅拌边将温度调至 42～44℃，缓慢地加入粉碎后的铝酸钠粉末，搅拌至全部溶解；继续搅拌，控制温度在 22～24℃，依次将粉碎后的矾泥、铝氧熟料、脱水石膏、喷射混凝土黏稠剂加入化学反应釜，搅拌均匀，得到成品。

使用方法 将铝酸钠混凝土速凝剂按 2%～3%的比例在喷射混凝土喷头前 2 米处注入，利用混凝土在 2 米的移动过程中得以掺混，然后从喷射头迅速喷出浇筑即可。

产品特性 本品配制方法工艺简单，生产成本低，产品质量好，添加到硅酸盐混凝土中之后，能使混凝土迅速凝结，早强、高强，有良好的抗冻性、抗渗性、抗腐蚀性且无毒，对从事喷射混凝土操作的人员身体健康无影响。

配方 35 喷射混凝土用低碱液体速凝剂

原料配比

原料		配比(质量份)				
		1#	2#	3#	4#	5#
氢氧化钠		17	19	18	20	17
氢氧化铝		20	22	22	25	21
氢氧化锆		1	3	5	2	2
镁铝水滑石		5	7	6	8	10
硅酸钠		2	3	4	4	5
聚丙烯酰胺	阴离子型聚丙烯酰胺,分子量为 2000 万	3	—	—	—	—
	阴离子型聚丙烯酰胺,分子量为 1000 万	—	4	—	—	—
	阴离子型聚丙烯酰胺,分子量为 600 万	—	—	5	—	—
	阴离子型聚丙烯酰胺,分子量为 300 万	—	—	—	10	—
	阴离子型聚丙烯酰胺,分子量为 1000 万	—	—	—	—	10

续表

原料		配比(质量份)				
		1#	2#	3#	4#	5#
有机胺类	N,N-二甲基乙醇胺	1	—	1.5	—	—
	三乙烯四胺	—	2	—	—	2
	N-甲基二乙醇胺	—	—	—	3	—
水		加至100	加至100	加至100	加至100	加至100

制备方法

(1) 配制硅酸钠水溶液：将硅酸钠加入水中搅拌溶解，水的用量为硅酸钠用量（质量）的5～10倍，制得硅酸钠水溶液。

(2) 将氢氧化钠、氢氧化锆与聚丙烯酰胺加入反应釜中，加入剩余的水，升温至100℃后保温，加入一半氢氧化铝，待溶液变透明清澈后，加入剩余的氢氧化铝，搅拌1～2h，将所得物料冷却，降温至60～70℃，在物料中加入镁铝水滑石搅拌10～20min，开始滴加硅酸钠水溶液，滴加时间为0.5～1h。

(3) 滴加结束后，在所得的产物中加入有机胺类搅拌10～20min，冷却至室温即制得喷射混凝土用低碱液体速凝剂。

原料介绍　所述的镁铝水滑石的制备方法包括如下工艺步骤：

(1) 将一定量的硝酸镁、硝酸铝一并溶于去离子水中配制成200mL混合盐溶液A，其中硝酸镁的浓度为0.1～0.3mol/L，硝酸铝的浓度为0.1mol/L。

(2) 将另取的氢氧化钠溶于去离子水中配制成200mL浓度为1.7mol/L的碱溶液B。

(3) 另将无水碳酸钠溶于去离子水中配制成150mL浓度为0.2mol/L的碳酸钠水溶液，将此碳酸钠水溶液转入500mL四口瓶（四口烧瓶）中，在室温及搅拌条件下将混合盐溶液A和碱溶液B同时以2mL/min的滴加速度滴加到四口瓶中，滴加过程始终保持溶液的pH值为8.5～9.0；当混合盐溶液A滴加完毕，将所得物料即浆液于75～80℃恒温水浴中晶化24h，冷却至室温，所得产物用去离子水离心洗涤3次后，于60℃干燥24h，得到碳酸根插层镁铝水滑石，记为MgAl-LDH。

产品特性

(1) 本品掺量低，促凝效果好，后期强度高，回弹低，价格适宜。

(2) 本品水泥适应性好。

配方36　喷射混凝土用聚合物低碱速凝剂

原料配比

原料		配比(质量份)		
		1#	2#	3#
铝酸钠溶液	氢氧化铝(工业一级品)	42	42	42
	氢氧化钠	28	28	28
	自来水	30	30	30
磷钨酸钠溶液	磷酸(工业一级品)	20	30	30
	钨酸	20	20	10
	氢氧化钠	40	40	40
	自来水	20	10	20

续表

原料		配比(质量份)		
		1#	2#	3#
铝酸钠溶液		20	30	30
磷钨酸钠溶液		10	10	20
低分子量聚合物	聚丙烯酰胺	5	—	—
	聚酰亚胺	5	10	5
	聚二甲基二烯丙基氯化铵	—	—	5
高分子量聚合物	聚氧乙烯醚	—	5	5
	聚乙二醇	10	5	5
水		50	40	30

制备方法　将铝酸盐溶液和磷钨酸盐溶液混合并搅拌升温至60℃，然后加入低分子量聚合物、高分量聚合物及水，并在恒温下搅拌反应；待反应完全后，继续恒温搅拌1h后冷却至室温，即得聚合物低碱速凝剂。

原料介绍　所述铝酸盐溶液制备过程如下：将氢氧化铝、碱金属氢氧化物、水按设计量加入容器中，在80～140℃条件下反应2～5h，即得铝酸盐溶液。

所述磷钨酸盐溶液制备过程如下：将磷酸、钨酸、碱金属氢氧化物、水按设计量加入容器中，在40～80℃条件下反应1～2h，即得磷钨酸盐溶液。

产品特性

(1) 本品采用不同分子量的低分子量聚合物和高分子量聚合物配合，可以有效地提高速凝剂的促凝和早强性能，以提高喷射混凝土与基体的黏结力，降低喷射混凝土的回弹率。

(2) 本品按照常规方法添加到喷射水泥组合物中，混凝土的早期强度迅速发展，并且对后期强度没有太大影响，克服了传统强碱性速凝剂使混凝土后期强度明显下降且用量越高下降越大的弊端。

(3) 本品与水泥的适应性良好，对不同品牌的水泥均满足喷射混凝土施工的要求，而且在喷射混凝土湿喷工艺中使用，稳定期超过6个月，较低的掺量下可使不同品种的普通硅酸盐水泥在3min内初凝，10min内终凝，水泥砂浆1d强度达到7MPa以上，28d抗压强度比大于85%。

配方37　喷射混凝土用可成膜的抗腐蚀无碱液体速凝剂

原料配比

原料	配比(质量份)		
	1#	2#	3#
低铁硫酸铝	30～40	45～55	40～50
苯丙乳液	15～25	15～25	15～25
乳化沥青	5～10	5～10	3～7
重质碳酸钙	1	1	1
钠盐分散剂	0.5～1	0.5～1	0.5～1
活性氢氧化铝	1～3	1～3	3～5

续表

原料	配比(质量份)		
	1#	2#	3#
有机醇胺	3～5	5～10	1～3
分散剂	0～1	0～1	0～1
防沉剂	1～2	1～2	1～2
水	加至100	加至100	加至100

制备方法

(1) 先将水加入反应装置中，开动搅拌，依次加入分散剂、防沉剂并开始加热。

(2) 当溶液加热至40～50℃时，加入活性氢氧化铝、低铁硫酸铝，在40～50℃搅拌并保温45min。

(3) 保温结束后加入钠盐分散剂、重质碳酸钙和苯丙乳液，25～60min分批加完，并保持体系温度在40℃左右，搅拌1h。

(4) 加入乳化沥青后继续搅拌30min，直到乳液变为稳定的红褐色浊液。

(5) 最后加入有机醇胺，搅拌保温2～3h，即可。

原料介绍　所述的低铁硫酸铝为含十八个结晶水的工业级硫酸铝，氧化铝的质量分数≥15.8%。

所述的有机醇胺为三乙醇胺、二乙醇胺或三异丙醇胺。

所述的氢氧化铝为目数为1500目的活性氢氧化铝。

所述的分散剂为聚羧酸分散剂。

所述的防沉剂为水合硅酸镁或聚丙烯酰胺。

所述的苯丙乳液固含量大于55%，玻璃化转变温度为－7℃。

所述的重质碳酸钙吸油值小于22%，细度小于45μm。

所述的钠盐分散剂固含量为44%～46%。

所述的活性二氧化氯的有效成分大于90%。

所述的乳化沥青的固含量为50%，软化点为56℃。

产品特性

(1) 本速凝剂为无碱无氟速凝剂，并且喷完后可以在混凝土内部形成有机高分子膜，防水耐腐蚀，解决了隧道初支混凝土喷射时高雾气，隧道有水时混凝土回弹大，初支混凝土一直渗水等问题。

(2) 本品具有水泥适应性广泛、性能稳定、储存稳定性好等特点，还具备掺量低、回弹率低、粉尘污染小等特点。

配方38　喷射混凝土用水溶型粉体无碱速凝剂

原料配比

原料		配比(质量份)				
		1#	2#	3#	4#	5#
速凝组分	硫酸铝	56	56	56	62	70
	硫酸镁	23	23	23	20	15

续表

原料		配比(质量份)				
		1#	2#	3#	4#	5#
增强剂	氨基脲	10	10	10	—	—
	尿素	—	—	—	8	—
	氨基硫醇	—	—	—	—	7
增黏剂	分子量为400万的阴离子聚丙烯酰胺	2	2	2	—	—
	分子量为1万的羟乙基纤维素	—	—	—	1	—
	分子量为500万的阴离子聚丙烯酰胺	—	—	—	—	1
稳定剂	3,5-二硝基苯甲酸	8	8	8	—	—
	草酸	—	—	—	7	—
	磷钨酸	—	—	—	—	6
冠醚络合剂	18-冠醚-6	1	—	—	—	—
	15-冠醚-5	—	1	—	—	—
	12-冠醚-4	—		1	2	1

制备方法　先将硫酸铝加入粉磨机粉磨30～40min；再将硫酸镁、增强剂、增黏剂及稳定剂一并投入粉磨机粉磨30～40min，然后通过选粉机进行选粉，将小于300目的物料再次投入粉磨机进行粉磨30～40min，直至所有物料细度大于300目；将所有大于300目的物料以及冠醚络合剂投入混料机混合30～40min，得到喷射混凝土用水溶型粉体无碱速凝剂。

使用方法　在使用前，将喷射混凝土用水溶型粉体无碱速凝剂与水按照（2∶3)～(3∶2）的质量比进行复配，得到液体无碱速凝剂，所述液体无碱速凝剂的掺量为水泥的6%～8%。

产品特性

（1）本品为固体，不仅能节省50%以上的运输成本，还能有效扩大单个速凝剂生产厂区产品的地域辐射范围。

（2）本品在施工现场按照需求量与水进行复配，实现了按需即配即用，很好地避免了液体无碱速凝剂在储存时易分层的缺点。

配方39　喷射混凝土用无碱粉状速凝剂

原料配比

原料		配比(质量份)				
		1#	2#	3#	4#	5#
活性组分		13	15	10	13	13
调凝组分	硫酸铝、白糖、硫酸亚铁	52	50	55	52	52
增强组分	矿粉	28	28	28	28	28
助磨组分	超细二氧化硅	1	—	1	1	1
	超细二氧化锆	—	1	—	—	—
增黏组分	钠基膨润土	6	6	6	6	6

续表

原料			配比(质量份)				
			1#	2#	3#	4#	5#
活性组分	氢氧化铝		59	59	59	65	55
	改性剂	磷酸钙	20	20	20	—	—
		磷酸氢钙	—	—	—	18	—
		磷酸二氢铵	—	—	—	—	26
	抗裂剂	水化热抑制剂	11	11	11	9	9
	纯碱		10	10	10	8	10

制备方法　先按比例称取活性组分、调凝组分、增强组分、增黏组分，混合搅拌 8～12min，再加入助磨组分，研磨 16～24min，出料即得无碱粉状速凝剂。混合搅拌的时间为 10min，研磨时间为 20min。

原料介绍　所述活性组分的制备方法为：

(1) 称取氢氧化铝、改性剂、抗裂剂、纯碱，所述改性剂为磷酸二氢铵、磷酸钙、磷酸氢钙中的至少一种。

(2) 将氢氧化铝、改性剂、纯碱搅拌均匀，在 650～850℃条件下保温 0.8～1.5h，得到混合料。

(3) 将抗裂剂加至步骤 (2) 的混合料中混匀即得活性组分。

使用方法　本品的掺量为胶凝材料质量的 4%～6%。

产品特性

(1) 本品无氯，产品性能好。采用活性组分，各组分发挥协同作用，一定程度上缩短了喷射混凝土的初凝和终凝时间，喷射混凝土的早期、后期强度和抗裂性也有明显提升。

(2) 活性组分中的氢氧化铝通过采用特殊方法和原料进行改性，改善了氢氧化铝的晶型结构，提高了氢氧化铝的活性、热稳定性，相较于传统在 1300℃下煅烧所得到的粉状速凝剂有明显优势。

配方 40　喷射混凝土用无碱液体速凝剂 (1)

原料配比

原料		配比(质量份)			
		1#	2#	3#	4#
硫酸铝		35	25	40	40
硫酸镁		15	15	—	10
端氨基超支化聚合物		2	1	5	4
多元醇	二缩二乙二醇	5	—		—
	山梨醇	—	3	—	—
	季戊四醇	—	—	8	—
	一缩二丙二醇	—	—	—	6
稳定剂	乙二胺四乙酸	0.5	—	—	—
	柠檬酸	—	0.2	—	—
	磷酸	—	—	0.5	—
	乙二胺四乙酸	—	—	—	0.5
水		42.5	55.8	46.5	39.5

制备方法

（1）将端氨基超支化聚合物与多元醇搅拌混合均匀，得到混合稳定体系。

（2）将步骤（1）的混合稳定体系加入水中搅拌混合均匀，然后依次加入硫酸铝、硫酸镁和稳定剂搅拌溶解均匀，得到所述喷射混凝土用无碱液体速凝剂。

原料介绍　所述端氨基超支化聚合物由 N,N-亚甲基双丙烯酰胺和二乙烯三胺反应制备得到。

将 N,N-亚甲基双丙烯酰胺与二乙烯三胺加入 N,N-二甲基甲酰胺溶剂中，然后加入碱性催化剂搅拌混合均匀，升温至 30～80℃搅拌反应，反应完后减压蒸除低沸物，得到端氨基超支化聚合物。所述 N,N-亚甲基双丙烯酰胺与二乙烯三胺加入的摩尔比为 1∶(1.2～2)。搅拌反应的时间为 2～12h。

所述碱性催化剂为醇钠（如乙醇钠、甲醇钠等）、叔胺（如三乙醇胺等）、金属氢化物（如 NaH 等）。碱性催化剂的加入量为 N,N-亚甲基双丙烯酰胺质量的 0.1%～0.8%。

产品特性

（1）本品不含强碱性原料，对混凝土结构无影响，对施工人员无伤害，安全环保。

（2）本品采用端氨基超支化聚合物与多元醇的混合体系作为铝相材料的稳定体系，能显著提高母液存储的稳定性，同时所得无碱液体速凝剂能够更好地与物料进行混合，高效发挥促凝功能并提升混凝土的早期强度。

配方 41　喷射混凝土用无碱液体速凝剂（2）

原料配比

原料		配比(质量份)				
		1#	2#	3#	4#	5#
氟硅酸镁		12	15	13	13	13
氟化氢		3	5	4	4	4
氢氧化铝		5	7	6	6	6
硫酸铝		20	30	25	25	25
有机醇胺羧酸聚合物		3	5	4	4	4
有机酸	丙二酸	2	—	—	—	—
	乙二酸	—	3	—	—	—
	丁二酸	—	—	2.5	2.5	2.5
聚丙烯酰胺		1	2	1.5	1.5	1.5
水		20	30	25	25	25
有机醇胺羧酸聚合物	有机醇胺羧酸聚合物Ⅰ	5	7	6	6	—
	有机醇胺羧酸聚合物Ⅱ	10	10	10	—	6

制备方法

（1）室温下，将氢氟酸和有机酸混合加入一半的水中，加入氢氧化铝，搅拌反应得到氟化铝-有机酸铝溶液，加入硫酸铝，加热至 50～60℃，搅拌溶解，得到混合液 A。

(2) 将氟硅酸镁和剩余的水混合均匀，搅拌溶解，加入有机醇胺羧酸聚合物，搅拌溶解后得到混合液B。

(3) 将混合液A和混合液B混合均匀，加热至40～50℃，加入聚丙烯酰胺搅拌溶解，得到喷射混凝土用无碱液体速凝剂。

原料介绍　所述的有机醇胺羧酸聚合物Ⅰ的合成方法如下：

(1) 将二乙醇胺和二叔丁基二碳酸酯、碱混合，加热搅拌反应，得到中间体A。所述二乙醇胺和二叔丁基二碳酸酯的摩尔比为1∶(1.2～1.4)，所述碱选自碳酸钠、碳酸氢钠、碳酸钾、碳酸氢钾中的至少一种，所述加热的温度为40～50℃，时间为1～2h。

(2) 将中间体A和马来酸酐混合，加热搅拌反应，得到中间体B。所述中间体A和马来酸酐的摩尔比为1∶(1～1.1)，所述加热的温度为80～100℃，时间为2～3h。

(3) 中间体B在引发剂的作用下发生聚合反应，产物加水沉淀，过滤后，加入三氟乙酸反应，得到有机醇胺羧酸聚合物Ⅰ。所述中间体B和引发剂的质量比为(100～150)∶(0.2～0.3)，所述聚合反应的温度为50～60℃，时间为2～3h，所述产物和三氟乙酸的质量比为(20～25)∶(10～12)，所述三氟乙酸反应的温度为室温，时间为1～2h。

所述引发剂选自偶氮二异丁腈、偶氮二异庚腈、过氧化环己酮、过氧化二苯甲酰、叔丁基过氧化氢中的至少一种。

所述有机醇胺羧酸聚合物Ⅱ的合成方法如下：

(1) 将二甘醇胺和二叔丁基二碳酸酯、碱混合，加热搅拌反应，得到中间体C。所述二甘醇胺和二叔丁基二碳酸酯的摩尔比为1∶(1.2～1.4)，所述加热的温度为40～50℃，时间为1～2h。

(2) 将中间体C和马来酸酐混合，加热搅拌反应，得到中间体D。所述中间体C和马来酸酐的摩尔比为1∶(1～1.1)，所述加热的温度为80～100℃，时间为2～3h。

(3) 中间体D在引发剂的作用下发生聚合反应，产物加水沉淀，过滤后，加入三氟乙酸反应，得到有机醇胺羧酸聚合物Ⅱ。所述中间体D和引发剂的质量比为(100～150)∶(0.2～0.3)，所述聚合反应的温度为50～60℃，时间为2～3h，所述产物和三氟乙酸的质量比为(20～25)∶(10～12)，所述三氟乙酸反应的温度为室温，时间为1～2h。

所述碱选自碳酸钠、碳酸氢钠、碳酸钾、碳酸氢钾中的至少一种。

所述引发剂选自偶氮二异丁腈、偶氮二异庚腈、过氧化环己酮、过氧化二苯甲酰、叔丁基过氧化氢中的至少一种。

产品特性

(1) 本品中适量的氟硅酸镁在溶液中水解，水解产物在水泥表面生成多种覆盖层，可以有效地抑制水泥的水化反应，减少水泥的凝结时间。

(2) 本品添加的氟化氢、有机酸和氢氧化铝反应，能够形成氟化铝-有机酸铝溶液，提高了喷射混凝土用无碱液体速凝剂中可溶性铝的含量，从而提高了喷射混凝土用无碱液体速凝剂的稳定性和促凝效果，因此，可以大大降低喷射混凝土用无碱液体速凝剂的添加量而同时能够实现高效的促凝和提高混凝土强度的效果，后期强度不但没有下降反而有明显提高，与水泥有较强的适应性，使用过程中不需加热，能耗低，性能更好。

(3) 本品对人体腐蚀性损伤小、早期强度高和后期抗压强度比高、对混凝土耐久性无不良影响、增黏成分可降低喷射过程中的粉尘浓度和回弹量，且掺量较低、价格经济、稳定性好、速凝效果显著。

配方 42　喷射混凝土用液体无碱防水速凝剂

原料配比

原料		配比(质量份)
复配硫酸铝		52
稳定剂	乙二醇	3.5
	聚丙烯酰胺	2.5
氟硅酸镁		1.2
早强剂		16
水		加至 100

制备方法

(1) 先将水加入容器内，按比例缓慢倒入复配硫酸铝，开动搅拌，加热至 70～80℃。

(2) 把称量好的氟硅酸镁滴加到容器中，进行 30min 的搅拌直至溶液基本清澈。

(3) 把按比例计算好的乙二醇用胶头滴管滴入容器中，搅拌 30min。

(4) 向容器内加入聚丙烯酰胺并保持加热和搅拌。

(5) 加入早强剂组分，停止加热，保持搅拌至溶液恢复室温。

原料介绍　所述的复配硫酸铝为硫酸铝和硝酸铝复配而成，硫酸铝和硝酸铝的配比为 6∶1。

所述的早强剂由三异丙醇胺、草酸、氢氧化钠按 3∶5∶6 的质量比混合制成。

使用方法　本品掺量为水泥质量的 8%。

产品特性　本品具有水泥适应性广泛、储存稳定性好、掺量较少、未使用有毒的原料等特点，还具备回弹率低、喷射混凝土早期强度发展快、粉尘污染小等特点。

配方 43　喷射混凝土用液体无碱速凝剂（1）

原料配比

原料		配比(质量份)			
		1#	2#	3#	4#
水		37	38	37	38
无机酸	硫酸	5	4	4	6
	硅酸	—	1	—	—
	氟硼酸	—	—	2	—
	磷酸	—	—	—	1
	偏铝酸	2	—	—	—
无机含铝物质	硫酸铝	30	31	33	32
	硝酸铝	10	—	—	—
	氟化铝	—	—	8	
	磷酸铝	—	9	—	—
	三乙磷酸铝	—	—	—	9

续表

原料		配比(质量份)			
		1#	2#	3#	4#
醇酸类物质	2-羟基丁酸	5	—	—	—
	2-巯基丙酸	—	6	—	—
	乙醇酸	—	—	7	—
	巯代乙醇酸	—	—	—	6
酸性稳定剂	羟基亚乙基二磷酸	3	—	—	2
	富马酸	—	2	—	—
	氨基磺酸	—	1	—	—
	山梨酸	—	—	1	—
	衣康酸	—	—	1	1
增溶稳定剂	十八醇	2	—	—	—
	乙二醇双硬脂酸酯	1	—	—	—
	蔗糖脂肪酸酯	—	1	—	—
	椰油酰胺丙基甜菜碱	—	—	3	—
	双脂肪酸乙酯羟乙基甲基硫酸甲酯铵	—	—	—	2
	单硬脂酸甘油酯	—	1	—	—
增黏剂	微晶纤维素	2	—	—	—
	聚丙烯酸钠	—	1	—	—
	海藻酸钠	—	—	1	—
	卡拉胶	—	—	—	1
不饱和有机胺早强剂	(E)-*N*1-((Z)-4-(均三甲苯基氨基)戊-3-烯-2-亚氨基)苯-1,2-二胺	3	—	—	—
	(E)-*N*1-((Z)-4-((2-氨基-5-甲氧基苯基)氨基)戊-3-烯-2-亚氨基)-5-甲氧基苯-1,2-二胺	—	2	—	—
	(E)-*N*1-((Z)-4-((3-氨基苯基)氨基)戊-3-烯-2-亚氨基)苯-1,3-二胺	—	—	3	—
	3-氨基-4-((E)-((Z)-4-((2-氨基-4-羟基-6-甲氧基苯基)氨基)戊-3-烯-2-亚基)氨基)-5-甲氧基苯酚	—	—	—	2

制备方法

(1) 母液的制备：将水、无机含铝物质和无机酸加入反应釜中，然后升温至 90～110℃，搅拌 0.5～2h，使得无机含铝物质充分溶解，得到母液。

(2) 半成品的制备：将步骤 (1) 得到的母液降温至 50～60℃，然后加入醇酸类物质、酸性稳定剂、增溶稳定剂、增黏剂和不饱和有机胺早强剂，并搅拌 0.5～5h，使各组分充分混合均匀，得到无碱速凝剂的半成品。

(3) 成品的制备：在 1500～4000r/min 的转速下，将步骤 (2) 得到的半成品用高速搅拌机搅拌 15～60min，得到无碱速凝剂成品。

产品特性

(1) 采用本品的水泥的初凝时间、终凝时间、砂浆 1d 抗压强度、砂浆 28d 抗压强度比以及 90d 强度保留值等各项指标均能达到 GB/T 35159—2017 的要求。

(2) 本品为弱酸性至中性液体，保质期在 6 个月以上，而且不会出现分层现象。掺入本品的喷射混凝土在喷射过程中几乎无粉尘，环境污染小，回弹率在 8%以下，减少了喷射过程中造成的经济损失。

配方 44 喷射混凝土用液体无碱速凝剂（2）

原料配比

原料	配比(质量份)				
	1#	2#	3#	4#	5#
硫酸铝	40	50	43	47	45
三乙醇胺	5	10	6	8	7
氟硅酸镁	3	7	4	6	5
聚酰胺-胺型树状高分子	2	6	3	5	4
丙三醇	1	3	2	3	2
水	50	70	55	65	60

制备方法

(1) 称取聚酰胺-胺型树状高分子并将其置于丙三醇中，搅拌 2～3min，形成混合液。

(2) 将硫酸铝、氟硅酸镁加入水中，搅拌使其混合均匀，加入步骤 (1) 的混合液，继续搅拌。

(3) 将三乙醇胺倒入并搅拌，调节 pH 值，即得到液体无碱速凝剂。

产品特性

(1) 本品具有优异的稳定性，能够提高混凝土的早期强度，对后期强度无影响，并且具有良好的适应性。

(2) 本品属于液体无碱速凝剂，施工过程中不会像粉体速凝剂那样产生粉尘，速凝剂成分无毒无腐蚀，对施工人员呼吸道无危害，是一种环保型速凝剂。本品 pH 值为 7.3～7.8，呈弱碱性，对皮肤也不会产生强烈刺激。

(3) 本品具有良好的适应性，针对不同类型水泥都有较好的效果，并且能够提高混凝土的早期强度，混凝土后期强度无损失。

配方 45 喷射混凝土专用乳液型速凝剂

原料配比

原料		配比(质量份)
活化海泡石	海泡石	30
	10%的稀盐酸	100
纳米氧化石墨烯	氧化石墨烯	40
	水	200

续表

原料		配比(质量份)
纳米氧化石墨烯	聚苯乙烯磺酸钠	10
	十八烷基胺	10
活化海泡石		10
聚乙烯亚胺		6
改性纳米氧化石墨烯		20
水		150

制备方法　先将活化海泡石、聚乙烯亚胺、改性纳米氧化石墨烯和水加入高压反应釜中，再以800～1000mL/min的速率向高压反应釜中持续通入二氧化碳气体，待高压反应釜内压力达到0.6～0.8MPa时，停止通入二氧化碳，并将高压反应釜密闭，随着反应釜内物料化学反应的进行，高压反应釜内压力降低至0.3～0.5MPa时，开启反应釜，泄压至常压，出料，灌装，即得喷射混凝土专用乳液型速凝剂。

原料介绍　所述活化海泡石的活化过程为：先将海泡石和稀盐酸混合加入水热釜中，再将水热釜密闭，于温度为140～150℃、压力为2.5～2.7MPa、搅拌转速为300～500r/min条件下水热搅拌反应3～5h，开启水热釜，泄压至常压，出料，抽滤，得滤饼，并用去离子水洗涤滤饼3～5次，再将洗涤后的滤饼转入烘箱中，于温度为105～110℃条件下干燥至恒重，得干燥滤饼，再将所得干燥滤饼转入管式炉中，于温度为250～260℃条件下焙烧2～3h，出料，即得活化海泡石。

所述改性纳米氧化石墨烯的改性过程为：按质量份数计，依次取30～40份氧化石墨烯，180～200份水，8～10份聚苯乙烯磺酸钠，8～10份十八烷基胺，先将氧化石墨烯和水混合倒入烧杯中，再将烧杯移入超声分散仪中，于超声频率为50～60kHz条件下超声分散45～60min，得氧化石墨烯分散液，再将所得氧化石墨烯分散液和十八烷基胺加入三口烧瓶中，并将三口烧瓶移至数显测速恒温磁力搅拌器中，于温度为80～85℃、转速为400～600r/min条件下加热搅拌反应3～5h，再于恒温搅拌状态下向三口烧瓶中加入聚苯乙烯磺酸钠，继续恒温搅拌反应1～2h，过滤，得滤渣，并用去离子水洗涤滤渣3～5次，再将洗涤后的滤渣转入真空干燥箱中，于温度为105～110℃、压力为60～80Pa条件下真空干燥至恒重，得改性纳米氧化石墨烯。

产品特性　本品利用活化海泡石、聚乙烯亚胺和改性纳米氧化石墨烯三者相互配合，在产品使用过程中，使混凝土的耐久性得到有效提升的同时，28天抗压强度的保有率也得以有效提升。

配方 46　喷射砂浆/混凝土用速凝剂

原料配比

原料	配比(质量份)		
	1#	2#	3#
硫酸铝	45	40	45
聚合物单体	10	5	8
引发剂过硫酸钾	1.4	1.2	0.8
还原剂 N,N,N',N'-四甲基乙二胺	0.5	0.5	0.5

制备方法　将各组分原料混合均匀即可。

原料介绍　所述聚合物单体的合成方法为：将结构简式为 $R^1[CH(O)CH_2]_2$ 的二环氧有机物与结构简式为 R^2NH_2 的伯胺进行氨基-环氧开环聚合反应得到聚合物单体。

所述聚合物单体的重均分子量为400～5000。

所述的二环氧有机物为1,3-二氧甘油醚甘油、3-二环氧丁烷、二环氧化-(+)-1,3-丁二烯-D6、4,4′-二环氧丙氧基二苯砜、二环氧丙氧基二苯、1,2,5,6-二环氧己烷、丙二醇二环氧丙酯、二缩水甘油醚、1,4-丁二基二缩水甘油醚、乙二醇二缩水甘油醚、新戊二醇-1,4-丁二基二缩水甘油醚中的一种或两种以上组合。

所述的伯胺为丙烯胺、对乙烯基苯胺、间乙烯基苯胺、3-甲基-2-丁烯胺、3-丁烯胺、4-戊烯胺中的一种或两种以上组合。

产品特性　本品采用聚合物单体融入水泥浆体内部，在引发剂-还原剂的作用下发生聚合反应，形成高分子网络结构。无机组分使水泥快速水化形成无机网络结构，上述的有机-无机互穿网络结构使水泥初凝时间缩短。后期有机物中的氮和活性基团—OH能够与水泥水化产物中的 Ca^{2+}、Mg^{2+}、Al^{3+} 形成氢键和发生络合作用，有机物与多价阳离子之间的化学键合与有机物本身交联的网络互相穿插，改善了界面之间的结合，提高了抗折强度；在界面过渡期聚合物膜填充在水化产物周围和骨料表面，增强水化产物之间以及水泥浆体和骨料界面区的结合并填充孔隙，有增强作用。

配方 47　隧道混凝土的液体速凝剂

原料配比

原料		配比(质量份)	
		1#	2#
硫酸铝		48	46
羧基化改性的纳米二氧化硅		5	6
氟硅酸镁		3	4
有机羟胺化合物	三乙醇胺	4	3.5
	二乙醇单异丙醇胺	2	1.5
有机羧酸	羟基乙酸	2	3
乙烯-醋酸乙烯胶粉		1	2
蒸馏水		加至100	加至100
羧基化改性的纳米二氧化硅	纳米二氧化硅	8	8
	DMF	50(体积)	50(体积)
	去离子水	5(体积)	5(体积)
	KH-550	10	10
	丁二酸酐	4.5	4.5
	DMF	50(体积)	50(体积)

制备方法

(1) 将配方量的硫酸铝和氟硅酸镁加入蒸馏水中，加热至40～80℃，超声使其溶解，得到溶液1。

（2）将配方量的三乙醇胺、二乙醇单异丙醇胺和羟基乙酸混合均匀，得到混合液；然后将混合液滴加至溶液 1 中，得到溶液 2；

（3）将配方量的羧基化改性的纳米二氧化硅加入溶液 2 中，超声使其分散均匀，得到分散液；

（4）将配方量的乙烯-醋酸乙烯胶粉加入分散液中，超声使其分散均匀，得到喷射混凝土用液体速凝剂。

原料介绍　所述改性二氧化硅选自羧基化改性的纳米二氧化硅。纳米二氧化硅的平均粒径为 10～30nm，比表面积≥500m^2/g，亲水型。

所述羧基化改性的纳米二氧化硅由纳米二氧化硅、KH-550 和丁二酸酐在 60～100℃条件反应得到。

使用方法　本品主要应用于隧道、矿井、城建工程、地下涵洞、引水洞等各类工程的喷射混凝土中。

产品特性　羧基化改性的纳米二氧化硅对改善力学性能以及速凝效果均起到显著作用，有机醇胺化合物具有类似作用；而乙烯-醋酸乙烯胶粉仅对改善速凝效果起到显著作用。

配方 48　提高喷射混凝土黏聚性的液体无碱速凝剂

原料配比

原料			配比（质量份）			
			1#	2#	3#	4#
预分散溶液 A	改性凹凸棒土		20	25	15	20
	水		80	75	85	80
混合溶液 B	氢氧化铝		20	20	25	25
	50%的稀硫酸		50	50	60	60
	水		30	30	25	25
混合溶液 C	硫酸铝	十八水合硫酸铝	50	55	60	60
	醇胺	三乙醇胺	3	6	—	5
		三异丙醇胺	—	—	5	—
	有机酸	草酸	3	3	5	—
		乙酸	—	2	—	—
		氨基磺酸	—	—	—	5
	水		44	34	30	30
混合溶液 B			20	20	20	30
混合溶液 C			75	72	75	62
预分散溶液 A			5	8	5	8

制备方法

（1）将改性凹凸棒土和水混合进行高速剪切分散，高速分散的时间超过 30min，并加热至 75～80℃，反应 2～3h，得到预分散溶液 A；所述高速剪切分散使用的分散机的线速度为 10～15m/s。

（2）将氢氧化铝加入稀硫酸溶液中，加热至 40～50℃，反应 1～2h，得到混合溶液 B。

(3) 将硫酸铝、醇胺、水和有机酸混合加热至 80～85℃，反应 2～3h，得到混合溶液 C。

(4) 将混合溶液 B 加入混合溶液 C 中，加热至 70～75℃，反应 1～1.5h，再将预分散溶液 A 以 10～30mL/min 的滴加速度滴加到混合溶液 B 和混合溶液 C 的混合物中，滴加完成后，将温度降至 50～60℃，搅拌 0.5～1.5h，降温至 45℃以下，得到所述提高喷射混凝土黏聚性的液体无碱速凝剂。

原料介绍　所述改性凹凸棒土的制备方法包括以下步骤：

(1) 将 100 目的凹凸棒土加入水中，充分混合并以 1000r/min 的转速进行搅拌，配制成凹凸棒土悬浮液。

(2) 按步骤 (1) 制得的悬浮液中的矿物阳离子交换量与十二烷基三甲基溴化铵 (DTAB) 的摩尔比为 3∶2，加入相应量的 DTAB，加热至 75℃，搅拌反应 2～3h，静置 24h 后减压抽滤，用去离子水洗涤直至溶液中检测不出 Br^- 为止。

(3) 将步骤 (2) 制得的溶液在 90℃下烘干、磨碎，过 400 目筛，得到所述改性凹凸棒土，干燥储存备用。

使用方法　本品用于喷射混凝土领域中，其掺量为胶凝材料质量的 6%～8%。

产品特性

(1) 本品通过改性凹凸棒土对液体无碱速凝剂进行改性，特殊的电荷-力学作用能够对液体无碱速凝剂体系提供较高的长期稳定的悬浮力，并且预先通过氢氧化铝与硫酸制备活性硫酸铝，同时保证体系的 pH 值在合理稳定范围内，在两者共同作用下，产品的稳定性显著提升，黏度既不会上升至较高范围以至于无法正常施工，又能够防止铝离子析出。在活性铝相和硫酸铝共同作用下，速凝剂的强度保证率也较高。更为重要的是，在此种体系下，喷射混凝土的黏聚性显著提高了，从而有效降低其回弹率，节约成本，提高施工效率。

(2) 通过对凹凸棒土进行有机改性，不但可以有效改善凹凸棒土在液体无碱速凝剂中的分散性能，同时能够提高速凝剂的稳定性，更重要的是，改性凹凸棒土在合适的液体无碱速凝剂体系中能够显著提升喷射混凝土的黏聚性，从而降低喷射混凝土的回弹率，提升喷射混凝土的施工性能。

配方 49　无碱混凝土速凝剂（1）

原料配比

原料	配比(质量份)				
	1#	2#	3#	4#	5#
硫酸铝	35	40	45	50	55
有机胺	3	4	5	6	7
稳定剂	1	1.2	1.4	1.6	1.8
悬浮剂	2	2.4	2.8	3.2	3.6
水	26	27	28	29	30
膨润土	3.5	3.7	3.9	4.1	4.3
氟硅酸镁	4.5	4.7	4.9	5.1	5.3

制备方法

(1) 将称取的氟硅酸镁、硫酸铝加入研磨机内磨碎加工，过 80～300 目筛。

(2) 将步骤 (1) 得到的粉末加入反应釜内，然后再向反应釜内加入有机胺、悬浮剂和水，然后打开反应釜内部电热管进行加热，控制加热温度为 60～80℃，同时打开反应釜内部的搅拌器，以 200～300r/min 的转速搅拌 10～20min，通过搅拌器搅拌混合，使得氟硅酸镁和硫酸铝溶解。

(3) 再向反应釜中加入膨润土和稳定剂，再次控制反应釜内的搅拌器工作，以 100～200r/min 的转速搅拌 5～10min，将原料混合均匀，再次控制反应釜内部的电热管进行加热，加热到 50℃。

(4) 然后将步骤 (3) 得到的原料加入乳化机内，乳化 6～8min，制得成品。

原料介绍　所述有机胺由三乙醇胺和二乙醇单异丙醇胺组成，且三乙醇胺和二乙醇单异丙醇胺成分配比为 2∶3。

所述膨润土是以蒙脱石为主要矿物成分的非金属矿产，蒙脱石结构是由两个硅氧四面体夹一层铝氧八面体组成的 2∶1 型晶体结构。

所述稳定剂为磷酸。

产品特性　该无碱混凝土速凝剂制备方法简单，成本较低，制备后为液体状态，便于与混凝土混合均匀，且无碱、无氯、无刺激性气味，安全性高，对人体没有伤害，并且黏结性好，通过稳定剂的添加，提高其存储时间，防止其变质，氟硅酸镁、硫酸铝配合使用，使得回弹量低、后期强度保存率高、抗渗级别高，在喷射混凝土中添加本无碱速凝剂，可带来较好的工作环境。

配方 50　无碱混凝土速凝剂（2）

原料配比

原料	配比(质量份)			
	1#	2#	3#	4#
硫酸铝	30	30	20	40
氢氧化铝	10	10	5	15
水	40	40	30	50
氢氟酸	1.36	2.72	1	3
柠檬酸	2.8	2.1	3	2
稳定剂	0.5	0.5	0.25	1
pH 值调节剂碳酸钠	2	2	1	2

制备方法

(1) 将硫酸铝和氢氧化铝在水中混合 20～40min，在 50～70℃条件下逐渐加入氢氟酸和柠檬酸，反应 10～120min，得到初始产物。

(2) 将步骤 (1) 得到的初始产物、稳定剂和 pH 值调节剂混合 10～60min，使得体系的 pH 值为 2～4，得到所述无碱混凝土速凝剂。

原料介绍　所述稳定剂包括单乙醇胺、双乙醇胺、三乙醇胺、EDTA 或氨基羧酸盐中的任意一种或至少两种的组合。

产品特性

(1) 本品采用少量的氢氟酸搭配柠檬酸共同作为硫酸铝的溶解剂，所述柠檬酸中的柠檬酸根与铝离子可同时起到促进凝聚的作用，其中铝离子可以水化，与钙离子作用生成铝酸钙能起到速凝作用，而柠檬酸根一方面对铝具有络合作用，稳定铝离子的存在，另一方面还可以与钙离子发生作用生成柠檬酸钙沉淀，从而加速混凝土凝结，进而实现在低掺量下混凝土的快速凝结，降低应用成本。

(2) 本品将大部分氢氟酸原料替换为柠檬酸，使得到的速凝剂中的氟含量较低，进而对输送设备的腐蚀风险较低，降低了生产过程中环境管控的要求，也减小了对施工环境的危害。

(3) 本品有助于缩短混凝土的初凝时间和终凝时间，还可以增强混凝土的早期强度。

配方 51 无碱无氟无氯液态混凝土速凝剂

原料配比

原料		配比(质量份)		
		1#	2#	3#
硫酸铝		45	50.5	55
改性调节剂		1.5	1.8	2.5
二乙醇胺		3.5	4	5
硫酸镁		2	2.2	2.5
甲酸钙		1	2.5	3
尿素		1	1.5	2
水		加至100	加至100	加至100
改性调节剂	二乙醇胺	2	2	2
	三乙醇胺	1	1	1
	酒石酸	1	1	1
	甘油	1	1	1
	乙酸乙酯	0.5	0.5	0.5
	浓硫酸	0.05	0.05	0.05

制备方法　先将水加入反应釜中，边加热边搅拌并逐渐加入硫酸铝；温度控制在55～65℃，每隔5～8min依次加入硫酸镁、甲酸钙，持续搅拌反应1.5～2h；自然冷却至常温后加入尿素、改性调节剂以及二乙醇胺，再搅拌20～30min，控制速凝剂溶液pH值为2.5～3，得到成品的液态混凝土速凝剂。

原料介绍　所述改性调节剂的制备方法为：按原料配比称重，按二乙醇胺、三乙醇胺、酒石酸、甘油、乙酸乙酯、浓硫酸的顺序，边搅拌边加料，每次加料间隔时间为5～10min，所有原料加完后再搅拌25～35min，整个反应过程控制在65～70℃条件下，制得混合长链型的改性调节剂。搅拌速率为300～500r/min。

产品特性

(1) 本品具有很好的速凝效果，初凝时间为1.5～4min，终凝时间为6～10min，早期强度发展快，28天强度比达到甚至超过100%，所有原料均不含氯离子、氟离子、钠离子，降低其对钢筋混凝土的侵蚀。

(2) 本品和水泥适应性好，满足喷射混凝土的施工要求。对普通硅酸盐水泥可适当降低掺量，即可达到相关工程的需求。

配方 52 无碱无氯无氟的液体速凝剂

原料配比

原料	配比(质量份)		
	1#	2#	3#
硫酸铝	46	50	53
二乙醇胺	6.5	6	5.5
草酸	5.0	6	7
氧化镁	2.0	2.5	3
甘油	0.5	1	1.5
水	40	34.5	30

制备方法

(1) 将水加入反应容器中，置于恒温水浴加热条件下，取草酸加入反应容器中，持续搅拌。

(2) 在搅拌条件下，待草酸溶解完毕后，将硫酸铝与氧化镁混合后缓慢加入反应容器中。

(3) 持续搅拌反应至硫酸铝与氧化镁完全溶解，依次加入二乙醇胺和甘油，继续搅拌。

(4) 待溶液澄清，停止水浴加热，持续搅拌至自然冷却，最终得到无碱无氯无氟的液体速凝剂。

使用方法 在混凝土拌和物喷射前，通过流量计计量，于喷射嘴前滴加本品至混凝土拌和物内，滴加量为混凝土拌和物质量的1.0%～5.0%。

产品特性

(1) 本品中加入的硫酸铝、二乙醇胺、甘油起到了缩短水泥凝结时间的作用。二乙醇胺、甘油起到了络合铝离子、提高速凝剂储存稳定性的作用。草酸、氧化镁起到了调节pH值的作用。此外，氧化镁的加入引入了镁离子，起到提高水泥胶砂早期强度的作用。

(2) 本品为澄清透明均匀液体，pH值为2.5左右，安全环保，无刺激性气味，稳定性好，掺量低，并且生产工艺简单，原材料成本低，适宜大规模生产。

(3) 在混凝土中加入本品后，混凝土具有凝结时间短，胶砂早期强度发展较快、后期强度保证率高的优点。

配方 53 无氯型高强混凝土速凝剂

原料配比

原料	配比(质量份)		
	1#	2#	3#
铝矾土	100	110	120
生石灰	40	50	60
纯碱	20	30	40
三聚氰胺系减水剂	5	8	10
水	200	300	400
纤维素	10	15	20

制备方法

(1) 将铝矾土干燥后粉碎至粉末状，与生石灰、纯碱以及三聚氰胺系减水剂在搅拌条件下混合均匀。

(2) 将步骤(1)中混合均匀的粉末倒入水中，加入纤维素，搅拌均匀，最终获得该速凝剂。搅拌时间为1～2h。

原料介绍　所述铝矾土粉碎后的粒径为80～100μm。

产品特性

(1) 本品通过在速凝剂中添加减水剂，在对混凝土起到速凝作用的同时，还可以有效去除混凝土中的水分，进一步增强混凝土的凝固效果。

(2) 本品通过在速凝剂中添加大比例的铝矾土和生石灰，提高速凝剂中的铝离子及钙离子浓度，更易形成铝酸三钙，进而加快水泥的凝固速度。

(3) 本品通过在混凝土中添加三聚氰胺系减水剂，在纯碱与水泥中的石膏作用时，该减水剂起到一定的促进作用，进一步减缓石膏的缓凝作用，进而提高混凝土的凝固速度。

(4) 本品通过在速凝剂中添加纤维素，通过纤维素的絮凝作用，提高混凝土的黏稠性。

(5) 本品无氯离子，为无氯型速凝剂，避免了氯盐对混凝土的侵蚀，延长混凝土的使用寿命。

配方 54　无钠混凝土速凝剂

原料配比

原料		配比(质量份)					
		1#	2#	3#	4#	5#	6#
氢氟酸		15	10	20	15	15	15
氟离子屏蔽剂	硫酸钛	3	—	—	3	3	3
	硼酸	—	1	—	—	—	—
	硼酸铝	—	—	5	—	—	—
硫酸铝		45	40	50	45	45	45
中和剂	氨水	15	10	20	—	22	19
	氧化镁	10	10	15	13.2	—	10
	氢氧化铝	7	5	10	7	7	—
水		15	10	20	15	15	15

制备方法　将氢氟酸、中和剂、硫酸铝、氟离子屏蔽剂和水混合均匀，得到所述无钠混凝土速凝剂。

产品特性　本品中氟离子屏蔽剂可以与体系中游离的氟离子发生络合反应，有效降低体系中游离氟离子的数量，进而降低氟离子对混凝土构件中其他材料的腐蚀性，提高混凝土施工环境友好性、早期强度和长期强度；中和剂和硫酸铝可使得体系在合适的pH值范围内，进一步优化混凝土构件的早期强度和长期强度。

配方 55 以废旧铝制易拉罐为原料的混凝土速凝剂

原料配比

原料		配比(质量份)					
		1#	2#	3#	4#	5#	6#
自制硫酸铝溶液		70	73	75	73	73	73
活性氢氧化铝		6	6	6	8	6	6
亚甲基二萘磺酸钠		0.4	0.4	0.4	0.4	0.4	0.4
醇胺	三乙醇胺	3	3	3	3	—	—
	二乙醇胺	—	—	—	—	3	—
	乙二醇单异丙醇胺	—	—	—	—	—	3
磺基甜菜碱		0.2	0.2	0.2	0.2	0.2	0.2
去离子水		20.4	17.4	15.4	15.4	17.4	17.4

制备方法

(1) 预处理：将回收的废旧铝制易拉罐粉磨破碎成为目数为 50～100 的铝渣粉。废旧铝制易拉罐内外表面存在有机物喷漆、氧化物钝化层等表层，显著阻断降低了其化学反应活性，若要提高其反应活性和回收效率，需将废旧铝制易拉罐进行破碎粉磨预处理，增加其比表面积，破坏表层的喷漆或钝化层等，制备成一定细度的铝渣粉。

(2) 酸溶解：将 50%硫酸溶液加热至 (60±2)℃，随后加入铝渣粉，所述铝渣粉与 50%硫酸溶液的质量比为 1∶(13～16)，常压反应 2～4h，直至剩余铝渣粉上不再产生气泡，之后高速剪切分散反应液，并过滤反应液，得到自制硫酸铝溶液。

(3) pH 值调节：向自制硫酸铝溶液中加入活性氢氧化铝，在转速为 300～600r/min、温度为 (60±2)℃的条件下反应 0.5～1h，至活性氢氧化铝固体完全溶解。

(4) 改性调节：加入亚甲基二萘磺酸钠，在转速为 100～200r/min、温度为 (60±2)℃的条件下保温熟化 0.2～0.5h，然后加入有机醇胺和磺基甜菜碱，继续保温熟化 0.5～1h，并调整 pH 值为 2.0～2.5，得到半透明的混凝土速凝剂成品。

原料介绍 所述的自制硫酸铝溶液为废旧易拉罐粉磨所得的铝渣粉与 50%硫酸溶液按质量比 1∶(13～16) 反应后经过滤制得。

所述磺基甜菜碱为十二烷基磺丙基甜菜碱、羟丙基磺基甜菜碱、烷基酰胺丙基羟丙基磺基甜菜碱中的一种或多种。

所述废旧铝制易拉罐中铝含量≥95%。

所述铝渣粉的目数为 50～100。

所述活性氢氧化铝为非晶态的氢氧化铝，即水合氧化铝烘干而得，易溶解于酸。

所述的亚甲基二萘磺酸钠为工业级，含量≥98%；所述的磺基甜菜碱为工业级，固含量≥50%。

产品特性 本品原料易得、成本较低，制备方法及生产工艺简单，易于产业化，同时满足相关国家标准的技术要求，特别具有久置、低温稳定性好的特点。

配方 56 用赤泥制备的喷射混凝土用粉体速凝剂

原料配比

原料		配比(质量份)				
		1#	2#	3#	4#	5#
母料	赤泥	34	29	26	35	24
	纯碱	26	25	24	22	26
	石膏	30	34	35	32	35
	煤矸石	10	12	15	11	15
母料		70	67	65	68	74
赤泥		30	33	35	62	26

制备方法

(1) 配伍成母料：按质量份将赤泥、纯碱、石膏及煤矸石配伍成母料。

(2) 母料处理：配伍好的母料磨细后经 300 目筛过筛，筛余量<12%。

(3) 速凝剂制备：将含水量低于 1.3%的赤泥和母料充分混合即可得到粉体速凝剂。

原料介绍 所述的赤泥是制铝工业提取氧化铝时排出的污染性废渣经烘干后的产物，该产物含水率低于 1.3%。

产品特性 本品为赤泥寻找到了新的使用途径，极大地减少了粉体速凝剂生产过程中矿产材料的用量，降低了制造成本，节省了资源，有益于节能减排和提高经济效益及环境效益；制得的喷射混凝土用粉体速凝剂稳定性好，回弹率低，抗压强度大。

配方 57 用于高热地区喷射式混凝土的速凝剂

原料配比

原料		配比(质量份)			
		1#	2#	3#	4#
抑制剂聚环氧琥珀酸		40	60	50	43
硫酸铝		16	28	20	18
碳酸钙		10	14	12	11
膨胀剂		5	8	7	6
膨胀剂	氧化钙	2	1	2	2
	氧化镁	5	3	3	3
水		适量	适量	适量	适量

制备方法 将硫酸铝、碳酸钙与其质量 2 倍的水混合，进行加热共混，加入膨胀剂和聚环氧琥珀酸，进行加热剪切共混，得速凝剂。加热共混的温度为 60～70℃，时间为 1～2h。加热剪切共混为于 50～60℃先进行加热保温 30～50min，再于 60～70℃剪切 1～3h。剪切的速率为 2000～4000r/min。

产品特性

（1）本品的速凝剂选用聚环氧琥珀酸作为抑制剂，它可与环氧树脂改性水性聚氨酯中的环氧基团结合，能够在水化产物表面形成保护膜，降低高热环境下水化产物的沉积速度，使水化产物分布均匀。

（2）本品各组分间相互协同，使水化产物有足够时间和空间沉淀至孔隙中，减小喷射混凝土在高温养护期的孔隙率，提高硬化浆体的密实度，可有效提高高温下喷射混凝土的中后期强度，并降低喷射混凝土的回弹率以及增强围岩黏结强度。

配方 58 有机混凝土速凝剂

原料配比

<table>
<tr><th colspan="3" rowspan="2">原料</th><th colspan="3">配比(质量份)</th></tr>
<tr><th>1#</th><th>2#</th><th>3#</th></tr>
<tr><td colspan="3">改性铝酸钠</td><td>30</td><td>50</td><td>40</td></tr>
<tr><td colspan="3">生石灰</td><td>15</td><td>30</td><td>22.5</td></tr>
<tr><td colspan="3">碳酸钠</td><td>10</td><td>15</td><td>2.5</td></tr>
<tr><td rowspan="3">有机胺类物质</td><td colspan="2">一乙醇胺</td><td>6</td><td>—</td><td>—</td></tr>
<tr><td colspan="2">二乙醇胺</td><td>—</td><td>10</td><td>—</td></tr>
<tr><td colspan="2">三乙醇胺</td><td>—</td><td>—</td><td>8</td></tr>
<tr><td colspan="3">改性氢氧化铝</td><td>4</td><td>8</td><td>6</td></tr>
<tr><td rowspan="3">有机酸</td><td colspan="2">柠檬酸、乳酸和水杨酸的混合物</td><td>3</td><td>—</td><td>—</td></tr>
<tr><td colspan="2">甲酸、乙酸、草酸的混合物</td><td>—</td><td>5</td><td>—</td></tr>
<tr><td colspan="2">柠檬酸、乙酸的混合物</td><td>—</td><td>—</td><td>4</td></tr>
<tr><td rowspan="3">增强剂</td><td colspan="2">乙二醇</td><td>0.2</td><td>—</td><td>—</td></tr>
<tr><td colspan="2">聚乙二醇</td><td>—</td><td>1</td><td>—</td></tr>
<tr><td colspan="2">丙二醇</td><td>—</td><td>—</td><td>0.6</td></tr>
<tr><td rowspan="2">防沉剂</td><td colspan="2">改性有机膨润土</td><td>0.2</td><td>—</td><td>0.6</td></tr>
<tr><td colspan="2">改性氢化蓖麻油</td><td>—</td><td>1</td><td>—</td></tr>
<tr><td colspan="3">去离子水</td><td>20</td><td>40</td><td>30</td></tr>
<tr><td rowspan="4">改性铝酸钠</td><td colspan="2">铝酸钠溶液</td><td>100</td><td>100</td><td>100</td></tr>
<tr><td rowspan="3">表面改性用添加剂</td><td>氨基酸</td><td>0.1</td><td>—</td><td>—</td></tr>
<tr><td>缩聚胺</td><td>—</td><td>0.5</td><td>—</td></tr>
<tr><td>氨基酸或缩聚胺</td><td>—</td><td>—</td><td>0.3</td></tr>
</table>

制备方法　将各组分原料混合均匀即可。

原料介绍　所述改性铝酸钠采用以下步骤制备而成：

（1）向铝酸钠溶液中加入石灰，进行搅拌反应，其中石灰的添加量为铝酸钠溶液质量的8%～10%。

（2）再向上述溶液内加入表面改性用添加剂，进行反应，得到改性铝酸钠。

所述表面改性用添加剂的添加量为铝酸钠溶液质量的0.1%～0.5%，且表面改性用添加剂为氨基酸或缩聚胺中的任意一种。

所述有机胺类物质为一乙醇胺、二乙醇胺或三乙醇胺中的任意一种。

所述改性氢氧化铝采用以下步骤制备而成：

（1）将氢氧化铝加水分散，制得氢氧化铝水悬浮液。

（2）取失水山梨醇脂肪酸酯溶于无水乙醇中，超声处理，得到改性乙醇溶液。

（3）将上述改性乙醇溶液滴入氢氧化铝水悬浮液中，混合均匀，升温至60～80℃，保温60～90min，冷却沉淀，然后进行抽滤，取滤饼干燥、粉碎，得到改性氢氧化铝。

所述有机酸为柠檬酸、乳酸、水杨酸、甲酸、乙酸、草酸中的任意一种或几种的混合物。

所述增强剂为乙二醇、聚乙二醇、丙二醇或丙三醇中的任意一种。

所述防沉剂为改性有机膨润土或改性氢化蓖麻油中的任意一种。

产品特性　本品添加的改性铝酸钠能够起到良好的填充补强作用，可改善混凝土的力学性能，提高其抗压强度；本品中添加的有机胺类物质、改性氢氧化铝能够在基材中均匀分散，提高基材的相容性，加快混凝土的凝结速率；同时，本品通过不同原料的协同作用及合理配比，能够有效缩短混凝土凝结时间，提高其抗压强度，本品具有凝结时间短、抗压强度高、生产成本低的优点，能够有效改善混凝土的性能。

配方 59　有益于喷射混凝土耐久性的无硫无碱速凝剂

原料配比

原料	配比(质量份)
九水合硝酸铝	40～60
酸性硅溶胶	5～10
氟硅酸镁	1～3
纤维素醚	0.1～1
水	30～55

制备方法　用水将九水合硝酸铝溶解，加入酸性硅溶胶、氟硅酸镁和纤维素醚，搅拌后得到速凝剂。搅拌时间为0.8～1.2h。

原料介绍　所述的纤维素醚采用羟丙基甲基纤维素。

所述的九水合硝酸铝，按下述方法得到：将氢氧化铝和水混合搅匀，再连续滴加浓度为66%～70%的硝酸，控制滴加时间为0.8～1.2h，控制温度为88～92℃，搅拌1.8～2.2h至完全溶解，控制终点pH值为4～6，降温至28～32℃后得到九水合硝酸铝，氢氧化铝和硝酸的质量比为1∶(3～4)。

产品特性

（1）本品既可避免碱金属离子造成的碱集料反应，又可避免硫酸根离子对混凝土的侵蚀，产品中无损害混凝土耐久性的成分，另外主成分中含有硝酸根，对混凝土中的钢筋有防腐蚀的作用，更有益于混凝土的耐久性。

（2）本品各组分相互配合作用，有益于混凝土的耐久性，其中，酸性硅溶胶是一种纳米材料，能填充混凝土凝固时所产生的微细裂缝，进而提高混凝土的抗渗性和抗压强度；氟硅酸镁遇混凝土中游离碱水解，能产生立体构造的水合硅胶，能加快混凝土的凝固并形成较高强度的混凝土；纤维素醚通过增加混凝土的黏度，来提高混凝土的稳定性。

配方 60 早高强复合无碱液体速凝剂

原料配比

原料	配比(质量份)				
	1#	2#	3#	4#	5#
硫酸铝	50	45	55	45	50
活性氢氧化铝	10	10	5	8	5
氟化钠	8	10	5	7	7
二乙醇胺	2	1	2	1.5	2
三乙醇胺	1	1	1	1	0.5
聚丙烯酰胺	0.5	1	0.5	1	0.5
有机减水剂	2	2	1.5	3	2.5
稳定剂	0.8	1	0.8	0.8	1
水	25.7	29	29.2	32.7	31.5

制备方法

(1) 在常温下将氟化钠加入水中，快速搅拌 10～30min，然后加入二乙醇胺，继续搅拌 10～20min，得到氟化钠溶液。

(2) 将氟化钠溶液加热至 60～70℃，分多次加入硫酸铝和活性氢氧化铝，以 500～800r/min 的转速进行高速剪切搅拌，然后加入稳定剂，温度控制在 70℃左右，搅拌时间为 90～150min，初步得到无碱速凝剂母液。

(3) 对无碱速凝剂母液进行复配，加入三乙醇胺、聚丙烯酰胺和有机减水剂，温度控制在 40～60℃，搅拌速度为 300～500r/min，反应时间为 60～90min，经过滤后即得到速凝剂。

原料介绍 所述有机减水剂为聚乙二醇型缩聚物。

所述稳定剂为水合硅酸镁。

使用方法 本品主要应用于隧道、矿山、边坡等岩土工程的喷射混凝土中，掺量为喷射混凝土中水泥质量的 3%～5%。

产品特性

(1) 该速凝剂能有效提高溶液浓度，大大降低速凝剂掺量，缩短初终凝时间、提高施工效率，提高喷射混凝土早期强度和后期强度，与不同的水泥均有良好的适应性。在现场施工时，能有效降低回弹和粉尘，提高喷射混凝土支护效果。

(2) 本品通过加入活性氢氧化铝，能在一定程度上提高速凝剂的促凝效果，活性氢氧化铝在溶液中容易将铝离子释放出来。并且活性氢氧化铝无毒无害，且相对稳定，不易潮解，对钢筋无腐蚀作用。

(3) 本品促凝效果好。在较低掺量（水泥质量的 3%～5%）下，初凝时间在 2min 左右，终凝时间在 6min 以内。

(4) 早期强度和后期强度高。1 天强度为 15MPa 左右，28 天抗压强度比达到甚至超过 100%。

(5) 稳定性好。该无碱液体速凝剂能保持溶液浓度在 65%以上，不产生沉淀和结晶。

(6) 适应性好。该无碱液体速凝剂与不同产地不同品牌的水泥均有良好的适应性。

(7) 施工过程中，能有效降低喷射混凝土的回弹量和粉尘量，有效提高支护效果、控制围岩变形。

4

泵送剂

配方 1　保坍型混凝土泵送剂（1）

原料配比

原料		配比（质量份）		
		1#	2#	3#
萘系高效减水剂		30	25	20
二乙醇单异丙醇胺马来酸酯化合物		8	10	12
碳酸甘油酯		5	6	7
三乙胺		3	4	5
二甲基硅油		0.6	0.4	0.2
缓凝剂	葡萄糖酸钠	3	—	—
	六偏磷酸钠	—	5	—
	三聚磷酸钠	—	—	7
脂肪醇聚氧乙烯醚		0.3	0.2	0.1
水		40	50	60

制备方法

（1）将缓凝剂溶于水中，得液料 A。

（2）将萘系高效减水剂加至液料 A 中，混合均匀，得液料 B。

（3）将二乙醇单异丙醇胺马来酸酯化合物、碳酸甘油酯、三乙胺、二甲基硅油和脂肪醇聚氧乙烯醚加至液料 B 中，搅拌 10～15min，得保坍型混凝土泵送剂。

原料介绍　所述的二乙醇单异丙醇胺马来酸酯化合物是通过以下方法制得的：在反应釜内加入二乙醇单异丙醇胺和马来酸酐，加入催化剂，搅拌条件下减压至 0.4MPa，加热，温度控制在 95℃，维持体系恒温，每隔 1h 测定一次体系的酸度，到酸值无明显变化时反应停止；然后冷却至室温，依次用饱和碳酸钠溶液和蒸馏水洗涤，得到二乙醇单异丙醇胺马来酸酯化合物。

所述的二乙醇单异丙醇胺和马来酸酐的摩尔比为 1.0∶0.8。

所述的催化剂为质量分数为 1.4%的对甲苯磺酸，所述催化剂的加入量为二乙醇单异丙醇胺质量的 0.5%。

使用方法　保坍型混凝土泵送剂的使用量为混凝土胶凝材料质量的3%～5%。此处混凝土胶凝材料是指水泥、粉煤灰以及磨细矿渣之类起到胶凝作用的材料。

产品特性　本品通过复合二乙醇单异丙醇胺马来酸酯化合物、碳酸甘油酯和三乙胺，可显著改善萘系高效减水剂的各项性能，配制的混凝土性能好，具有高耐久、高保坍、不泌水的优异性能；坍落度损失小，有效地保持混凝土良好的和易性和可泵性，可满足泵送的要求；对各种水泥的适应性较强，具有良好的经济效益和社会效益。

配方 2　保坍型混凝土泵送剂（2）

原料配比

原料		配比(质量份)		
		1#	2#	3#
对羟基 N,N-二甲基环己胺		5	10	15
聚羧酸减水剂		12	8	4
葡萄糖酸钠		4	8	12
正硅酸四乙酯		9	6	3
羟丙甲基纤维素		4	7	10
十二烷基磺酸钠		12	8	4
聚氧化乙烯		3	6	9
水		30	20	10
聚羧酸减水剂	烯丙基醚	10	20	30
	丙烯酸	20	15	10
	过硫酸铵	5	7	9
	巯基乙酸	9	6	3

制备方法　先将水加入混合机中，再将对羟基 N,N-二甲基环己胺、聚羧酸减水剂、葡萄糖酸钠、正硅酸四乙酯、羟丙甲基纤维素、十二烷基磺酸钠、聚氧化乙烯依次加入混合机中，进行搅拌、溶解6～8h，即得所述保坍型混凝土泵送剂。

使用方法　本品的掺量为凝胶材料用量的15%～25%，减水率可达到25%～30%。

产品特性

（1）本品强度高，性能稳定，具有高流化、黏聚、润滑、缓凝之功效，适用范围广，同时减水性良好。

（2）本品的保坍型混凝土泵送剂为褐色液体，密度为（1.20±0.02）g/mL，固体含水率≤10%，pH值为7～9，无氯离子，水泥净浆流动度≥200mm。

（3）本品能提高混凝土的抗渗、抗冻、耐久性，能降低混凝土坍落度损失，减水性良好，无氟低碱，对钢筋无锈蚀作用，不会出现碱骨料反应，适合于长距离的运输及泵送施工，适用范围广。

（4）本品可广泛用于商品混凝土、泵送混凝土、高层建筑、铁路、公路桥梁、隧道、地下工程、水利电力工程、大体积混凝土、高强混凝土及预应力钢筋混凝土工程。

（5）掺入本产品，可使混凝土坍落度增加10cm以上，在同水泥和同坍落的条件下，混凝土3天强度可达到设计强度的60%～80%，7天强度可达100%，28天强度较不掺者提高

32%～40%。

配方 3 补缩型混凝土泵送剂

原料配比

<table>
<tr><th colspan="3" rowspan="2">原料</th><th colspan="3">配比(质量份)</th></tr>
<tr><th>1#</th><th>2#</th><th>3#</th></tr>
<tr><td colspan="3">萘磺酸甲醛缩合物减水剂</td><td>55</td><td>40</td><td>30</td></tr>
<tr><td colspan="3">氨基减水剂</td><td>5</td><td>10</td><td>15</td></tr>
<tr><td colspan="3">脂肪族减水剂</td><td>5</td><td>8</td><td>10</td></tr>
<tr><td colspan="3">葡萄糖酸钠</td><td>2</td><td>4</td><td>6</td></tr>
<tr><td colspan="3">皂角苷粉</td><td>0.3</td><td>0.5</td><td>0.8</td></tr>
<tr><td colspan="3">离析泌水抑制剂</td><td>2</td><td>6</td><td>10</td></tr>
<tr><td colspan="3">硫酸铝铵</td><td>1</td><td>3</td><td>5</td></tr>
<tr><td colspan="3">海泡石</td><td>0.5</td><td>2.2</td><td>4</td></tr>
<tr><td colspan="3">水</td><td>29.2</td><td>26.3</td><td>19.2</td></tr>
<tr><td rowspan="8">离析泌水抑制剂</td><td rowspan="2">有机高分子</td><td>丙烯酸</td><td>17～24</td><td>17～24</td><td>17～24</td></tr>
<tr><td>丙烯酰胺</td><td>4～6</td><td>4～6</td><td>4～6</td></tr>
<tr><td rowspan="6">配合剂</td><td>引发剂</td><td>0.05</td><td>0.05</td><td>0.05</td></tr>
<tr><td>氧化剂</td><td>1.3～1.5</td><td>1.3～1.5</td><td>1.3～1.5</td></tr>
<tr><td>还原剂</td><td>1.1～1.3</td><td>1.1～1.3</td><td>1.1～1.3</td></tr>
<tr><td>链转移剂</td><td>0.005～0.008</td><td>0.005～0.008</td><td>0.005～0.008</td></tr>
<tr><td>碱</td><td>5～10</td><td>5～10</td><td>5～10</td></tr>
<tr><td>水</td><td>加至 100</td><td>加至 100</td><td>加至 100</td></tr>
</table>

制备方法

(1) 先将萘磺酸甲醛缩合物减水剂、氨基减水剂和脂肪族减水剂用泵抽入搅拌罐中搅拌 30～40min，再加入缓凝剂，搅拌 10～20min，继续在搅拌状态下加入离析泌水抑制剂，搅拌 10～20min，之后加入硫酸铝铵、海泡石和水，搅拌 40～60min。

(2) 待所加入的组分充分溶解后，加入引气剂，搅拌 20～30min 后，静置 30～50min，最后用泵抽出，即可得补缩型混凝土泵送剂。

原料介绍 所述海泡石的粒径为 30～60nm。

所述缓凝剂为葡萄糖酸钠。

所述引气剂为皂角苷粉。

所述的离析泌水抑制剂的制备方法是：

(1) 以总质量的百分含量计，分别称取过硫酸铵或亚硫酸氢钠 0.05%，氢氧化钠 5%，丙烯酸 17%～20%，水 40%，一起加入配有温度计、搅拌器和滴加装置的四口烧瓶中，搅拌均匀。

(2) 以总质量的百分含量计，分别称取浓度为 5%的双氧水或高锰酸钾 1.3%～1.5%(作为氧化剂)，还原剂维生素 C 1.1%～1.3%及巯基丙酸 0.005%～0.008%，一并滴加到步骤 (1) 制得的溶液中，控制反应 1～1.5h，得到有大分子量的聚丙烯酸钠的溶液。

(3) 以总质量的百分含量计，分别称取丙烯酸 5%，丙烯酰胺 4%～6%，水 23%，将其一并加到步骤 (2) 制得的溶液中，继续反应 4～6h，静置 1h。

(4) 向步骤 (3) 制得的溶液中加入氢氧化钠，调节溶液的 pH 值为 6～8，即得到离析泌水抑制剂产品。

所述的引发剂选用亚硫酸氢钠或过硫酸铵。

所述的氧化剂选用高锰酸钾或双氧水。

所述的还原剂为维生素 C。

所述的链转移剂为巯基丙酸。

所述的碱选用氢氧化钠。

产品特性

(1) 泵送剂中含有萘磺酸甲醛缩合物减水剂、氨基减水剂和脂肪族减水剂，提高了混凝土后期强度，不会使混凝土中形成较大的气泡，改善了混凝土的泵送性，可在较长时间内保持流动性和可泵性；泵送剂中含有缓凝剂，可增加混凝土的可塑性和强度，适合制作高强型或者流态型的混凝土；泵送剂中含有引气剂，在混凝土内引入一定量的均匀分布、密闭、独立的微小气泡，一方面可抑制或削弱新拌混凝土在浇筑过程中发生的泌水，另一方面既为冻结的冰晶提供了一定的膨胀空间，又为过冷水的渗透压力提供了一个缓冲空间，从而提高混凝土的抗冻能力，适用范围广。

(2) 本品具有强度高，性能稳定，具有高流化、黏聚、润滑、缓凝的优点，且可有效地锁水，减水效率高；还具有填充、堵塞毛细孔缝，切断毛细孔缝，使大孔变小，总孔隙率降低，可有效补偿混凝土收缩，明显提高混凝土长期体积稳定性的优点。

配方 4 补缩型清水混凝土泵送剂

原料配比

原料	配比(质量份)		
	1#	2#	3#
聚羧酸系减水剂	60	45	30
缓凝剂	2	4	6
消泡剂	0.7	0.4	0.2
流变剂	1	2	3
引气剂	0.9	0.6	0.3
保水剂	0.03	0.05	0.08
硫酸铝铵	5	3	1
海泡石	5	2.5	0.6
水	25.37	42.45	58.82

制备方法

(1) 先将水与聚羧酸系减水剂、缓凝剂混合搅拌 30～50min，之后加入消泡剂、硫酸铝铵和海泡石搅拌 60～90min。

(2) 再加入流变剂、引气剂和保水剂搅拌 30～60min，即可得所述补缩型清水混凝土泵送剂。

原料介绍　所述缓凝剂为糖钙、糖粉、三聚磷酸钠、麦芽糊精、六偏磷酸钠、蔗糖或葡萄糖酸钠中的至少一种。

所述引气剂为三萜皂苷或AOS引气剂中的任意一种。

所述消泡剂为二甲基硅油或乳化硅油中的任意一种。

所述海泡石的粒径为30～55nm。

本品中的保水剂为纤维素醚，其是以天然纤维素为原料，经化学改性制得的合成型高分子聚合物，其具有优良的保水能力，可以有效地防止混凝土过快干燥和水化不够引起强度下降的开裂现象，使混凝土的表面平整度得到进一步改善。

产品特性　本品海泡石和硫酸铝铵配伍，使泵送剂具有早期和后期膨胀作用，从而在混凝土内部产生一定的微膨胀，水泥石内部及与粗（细）骨料、钢筋的界面受到微膨胀的挤密作用，整体密实度得到提高，水化产物填充了混凝土的孔隙。因此，本品可填充、堵塞毛细孔缝，切断毛细孔缝，使大孔变小，总孔隙率降低，可有效补偿混凝土收缩，明显提高混凝土长期体积稳定性；而且可有效补偿混凝土收缩，降低总孔隙率，从而使混凝土的表面平整度得到进一步改善。

配方5　不堵管沁水的混凝土泵送剂

原料配比

原料	配比(质量份)				
	1#	2#	3#	4#	5#
二(2-氯乙基)磷酸氢酯/哌嗪-*N*,*N*-双(2-羟基乙烷磺酸)二钠盐缩聚物	4	5	6	6.5	7
超支化聚氨基酸	0.2	0.3	0.35	0.45	0.5
马来酰亚胺-三(乙烯乙二醇)-丙酸/三乙醇胺油酸皂/乙烯基膦酸共聚物	10	11	13	14	15
水羟磷铝锌石	2	2.5	3	3.5	4
羧甲基壳聚糖	0.1	0.15	0.2	0.25	0.3
氢氧化钠	适量	适量	适量	适量	适量
水	30	33	35	38	40

制备方法　将各组分按质量份混合均匀，在60～80℃下搅拌1～3h，然后加入氢氧化钠和水，调节pH值至6～7，即得到混凝土泵送剂。

原料介绍　所述二（2-氯乙基）磷酸氢酯/哌嗪-*N*,*N*-双（2-羟基乙烷磺酸）二钠盐缩聚物的制备方法，包括如下步骤：将二（2-氯乙基）磷酸氢酯、哌嗪-*N*,*N*-双（2-羟基乙烷磺酸）二钠盐加入有机溶剂中，在40～60℃下搅拌反应5～7h，后旋蒸除去有机溶剂，得到二（2-氯乙基）磷酸氢酯/哌嗪-*N*,*N*-双（2-羟基乙烷磺酸）二钠盐缩聚物。

所述二（2-氯乙基）磷酸氢酯、哌嗪-*N*,*N*-双（2-羟基乙烷磺酸）二钠盐、有机溶剂的摩尔比为1∶1∶(6～10)；所述有机溶剂为*N*,*N*-二甲基甲酰胺、*N*,*N*-二甲基乙酰胺、四氢呋喃中的任意一种。

所述马来酰亚胺-三（乙烯乙二醇）-丙酸/三乙醇胺油酸皂/乙烯基膦酸共聚物的制备方法，包括如下步骤：将马来酰亚胺-三（乙烯乙二醇）-丙酸、三乙醇胺油酸皂、乙烯基膦酸、引发剂加入高沸点溶剂中，在氮气或惰性气体氛围、65～75℃下搅拌反应4～6h，然后在丙酮中沉出，并将沉出的聚合物旋蒸除去丙酮，得到马来酰亚胺-三（乙烯乙二醇)-丙酸/三乙醇胺油酸皂/乙烯基膦酸共聚物。

所述马来酰亚胺-三（乙烯乙二醇)-丙酸、三乙醇胺油酸皂、乙烯基膦酸、引发剂、高沸点溶剂的质量比为1∶(0.3～0.5)∶1∶(0.02～0.03)∶(8～16)。

所述引发剂为偶氮二异丁腈、偶氮二异庚腈中的至少一种。

所述高沸点溶剂为二甲基亚砜、*N*,*N*-二甲基甲酰胺、*N*,*N*-二甲基乙酰胺、*N*-甲基吡咯烷酮中的至少一种。

所述惰性气体为氦气、氖气、氩气中的任意一种。

所述羧甲基壳聚糖的羧化度为80%。

产品特性

(1) 本品对水泥的适应性好，泵送效果佳，综合性能优异，掺量少，对混凝土综合性能负面影响小，质量稳定，使用安全环保，添加了这种泵送剂的混凝土和易性佳、可泵性优越，不会出现沁水现象。

(2) 本品添加了二（2-氯乙基）磷酸氢酯/哌嗪-*N*,*N*-双（2-羟基乙烷磺酸）二钠盐缩聚物，这种缩聚物是通过二（2-氯乙基）磷酸氢酯上的氯基与哌嗪-*N*,*N*-双（2-羟基乙烷磺酸）二钠盐上的叔氨基发生取代反应形成带有季铵盐的缩聚物，这种缩聚物分子链上连接有较多磺酸基和磷酸酯基，这些基团易吸附在混凝土固体颗粒表面，起到减水作用，同时又可以充当引气剂、缓凝剂，能有效改善混凝土材料的保坍性和综合性能；这种缩聚物为两性聚合物，能对pH起到缓冲作用，进而有效参与水化反应，改善混凝土的强度；哌啶结构和羟基结构改善了架桥吸附功能，能更好地起到缓凝和保坍作用；制成聚合物结构，使其更容易成膜，进而改善混凝土的综合性能。

(3) 本品添加了超支化聚氨基酸，能起到缓凝保坍作用，与其他成分一起协同作用，吸附在水泥表面，表面电荷很低，电位不足使水泥颗粒彼此远离。这些结构特别是含酯基的成分在水中先离解，以各种价态的阴离子形式存在，这些离子被吸附到水泥颗粒表面上与钙离子结合，形成难溶性钙盐，生成薄膜覆盖在水泥颗粒表面，形成包裹层，这就延缓甚至阻止了水泥颗粒的水化，或被吸附在水化水泥的晶核上，延缓晶核生长，从而延缓水泥的初期水化反应。另外，超支化结构有利于改善相容性，使得各成分之间能更好地发挥协效。

(4) 本品提供的一种不堵管沁水的混凝土泵送剂，马来酰亚胺-三（乙烯乙二醇)-丙酸/三乙醇胺油酸皂/乙烯基膦酸共聚物，各结构单元协同作用，在电子效应和位阻效应的作用下，保证了泵送剂的高减水性能、高保水性和包裹性能，在保证混凝土良好流动性能的同时避免离析、泌水；同时可有效延缓水泥水化，保证混凝土具有较长时间的施工性能。

配方6 超远距离混凝土泵送剂

原料配比

原料		配比(质量份)				
		1#	2#	3#	4#	5#
聚羧酸减水剂	聚醚类聚羧酸高性能减水剂(固含量为40%)	200	202	198	201	199
保坍剂	聚醚类聚羧酸保坍剂	120	121	121.20	118.8	119
保水增塑剂	β-萘磺酸盐甲醛缩合物	5	5	5	5.05	4.95

续表

原料		配比(质量份)				
		1#	2#	3#	4#	5#
黏度调节剂		3	2.97	3	3	3.03
缓凝剂		35	34.65	35	35.35	35
消泡剂	有机硅烷消泡剂 EfkaSI2035	0.8	35	0.81	35	0.79
引气剂		2	2	2.02	1.98	2
水	去离子水	加至 1000	加至 1000	加至 1000	加至 1000	加至 1000
缓凝剂	白糖	20	20	20	20	20
	葡萄糖酸钠	15	15	15	15	15

制备方法　先加入部分去离子水，开始搅拌，然后在 25～35℃下依次加入减水剂、保坍剂、保水增塑剂、黏度调节剂、缓凝剂、消泡剂、引气剂，然后加入剩余去离子水，在 10～40℃下持续搅拌 2h，得到泵送剂。

原料介绍　所述黏度调节剂为纤维素醚、黄原胶、枸橼胶中的一种或几种的组合物。

所述引气剂为聚醚类引气剂。

所述的聚羧酸减水剂的制备方法：将 380 份烯丙基聚氧乙烯醚和 240 份去离子水放入反应容器中，搅拌并加热，使反应容器内的物质的温度升至 59～61℃，在保持温度为 59～61℃条件下，搅拌使所加入的物质完全溶解。使反应容器内的物质的温度保持在 59～61℃并持续搅拌，并且向反应容器中一次性投入 9 份浓度为 27%的双氧水；搅拌 10min 后，向反应容器中同时滴加 60 份浓度为 80%的丙烯酸水溶液和 80 份调节-还原混合液（含 0.6 份维生素 C 和 1.2 份巯基丙酸），其中，丙烯酸水溶液的滴加时间为 180min，调节-还原混合液的滴加时间为 210min。滴加完毕后，保温 1.5h，然后使反应容器内的物质降温至 40～50℃，接着用氢氧化钠水溶液调节其 pH 值，将 pH 值调至 6～7，制得固含量为 40%的聚醚类聚羧酸高性能减水剂。

所述的保坍剂的制备方法：先往反应容器内加入 150 份甲基丙基聚氧乙烯醚，16 份对苯乙烯磺酸钠和 110 份去离子水，搅拌待物料完全溶解至透明状态，加入 2 份双氧水继续搅拌 5～10min，均匀滴加甲溶液和乙溶液。其中甲溶液由 20 份丙烯酸、10 份丙烯酸乙酯和 30 份去离子水组成；乙溶液由 1 份 L-抗坏血酸、1 份 3-巯基乙酸和 18g 去离子水组成。温度控制在 50℃，控制甲溶液 3h 滴完，乙溶液 4.5h 滴完。等乙溶液滴完后，继续搅拌 1h 熟化。加入 30%液碱 37 份，调节 pH 值为 7 左右，并用去离子水调节浓度到 40%，即得聚醚类聚羧酸保坍剂。

产品特性

（1）本品选用了固含量为 40%的聚醚类聚羧酸高性能减水剂，使用后混凝土在混凝土保坍性、混凝土和易性、混凝土保水性、可泵性及大幅提高硬化混凝土后期强度等方面表现优异，是一种绿色环保产品。依据聚羧酸减水剂的“吸附-分散”及坍落度保持机理，聚醚类聚羧酸保坍剂是通过引入酸酯结构，减小聚合物分子主链中羧基的密度，降低其吸附能力，调整吸附平衡，实现聚羧酸减水剂的分散性能和经时保持性能之间的调控，进而改善普通聚羧酸类减水剂的坍落度保持能力。

（2）添加本泵送剂的混凝土均满足自密实混凝土拌和物的自密实性能及要求，同时采用本泵送剂可使混凝土具有更优的泵送性能，能使混凝土实现 1482m 的远距离泵送。

配方 7 低坍损混凝土泵送剂

原料配比

原料	配比(质量份)					
	1#	2#	3#	4#	5#	6#
木质素磺酸钙	28	31	34	37	40	43
甲基纤维素	22	20	18	16	14	12
酒石酸钾钠	10	11	12	13	14	15
十二烷基甜菜碱	11	10	9	8	7	6
羟基亚乙基二膦酸	1	2	3	4	5	6
磷酸三丁酯	7	6	5	4	3	2
乙二醇单甲醚	15	13	11	9	7	5

制备方法 将全部原料混合均匀，搅拌 50～110min，包装即可。

产品特性

(1) 本品具有高保坍性，砼 2h 坍落度基本不损失，且几乎不受温度变化的影响。

(2) 本品抗泌水、抗离析性能好，无大气泡，色差小，混凝土外观质量好。

(3) 本品在 0℃甚至更低温下正常使用不结晶，与水泥的适应强，适应不同水泥品种，流动性好。

(4) 本品不含甲醛，碱含量低，不含氯离子，对钢筋无腐蚀性。

(5) 本品产品性能稳定：产品匀质性好，不分层、不沉淀。

配方 8 低温稳定型混凝土泵送剂

原料配比

原料	配比(质量份)		
	1#	2#	3#
聚乙二醇	2	5	3
聚羧酸减水剂 TH-925	1	3	2
乙撑双硬脂酸酰胺	2	5	3
缓凝剂	1	4	2
防冻剂	1	4	3
复合分散作用料	25	50	30
复合保坍料	12	20	15

制备方法 将各组分原料混合均匀即可。

原料介绍 所述复合分散作用料的制备方法，包括如下步骤：

(1) 于 20～35℃，取亚麻油按质量比 (10～20)∶3 加入甘油中混合搅拌，升温至 40～55℃，加入亚麻油质量 30%～50%的三羟甲基丙烷混合搅拌，通入氮气保护，升温至 210～220℃，保温，得反应料，取反应物按质量比 (110～150)∶(1～3) 加入催化剂混合，于

220～230℃保温搅拌，冷却，得分散料 A。按质量比（3～7）∶1 取氢氧化锂、二茂铁混合，即得催化剂。

（2）于 25～35℃，按质量比 1∶（5～8）取醇料、水混合，升温至 70～85℃，搅拌混合，得混合液，取丙烯酸按质量比 3∶（14～20）∶1 加入混合液、卵磷脂混合，升温至 80～90℃，搅拌混合，自然冷却至室温，抽真空浓缩，得浓缩物，取浓缩物按质量比（10～15）∶1 加入氢氧化钠溶液，搅拌混合，得分散料 B，按质量份数计，取 30～45 份分散料 A、12～25 份分散料 B、3～6 份含硒料、2～5 份辅料、1～4 份 $FeCl_3$、1～4 份 $FeCl_2$、15～25 份碳酸钠溶液混合搅拌，于 50～70℃旋转蒸发，即得复合分散作用料。醇料：按质量比 1∶（2～5）∶10 取季戊四醇、异丙醇、无水乙醇混合，即得醇料。含硒料：按质量比（2～4）∶1 取苯硒酚、苯基氯化硒混合，即得含硒料。辅料：按质量比 1∶（2～5）∶1 取蓖麻油、硬脂酸酰胺、微晶石蜡混合，即得辅料。

所述复合保坍料的制备：按质量比（4～8）∶3 取钠基膨润土、硅藻土混合研磨，得研磨料，取研磨料按质量比 1∶（16～20）加入氯化铵溶液混合，于 35～60℃超声处理，得分散料，取分散料按质量比（20～30）∶1 加入巯基乙胺混合震荡，离心，收集离心物用水洗涤，干燥，得干燥物，取干燥物按质量比（20～35）∶1 加入添加剂混合，即得复合保坍料。所述添加剂为按质量比 2∶（3～7）取十六烷基三甲基溴化铵、聚乙烯醇混合，即得添加剂。

所述防冻剂为乙二醇、甲醇、亚硝酸钠质量比为 1∶（4～8）∶1 的混合物。

所述缓凝剂为柠檬酸钠、硫酸锌、木质磺酸钠质量比为（3～6）∶1∶（1～4）的混合物。

使用方法　本品主要是一种低温稳定型混凝土泵送剂。

产品特性　本品解决了目前常用混凝土泵送剂在低温下的流动性差，易析出晶体、沉淀，并且坍落度损失过快的问题。

配方 9　防冻型混凝土泵送剂（1）

原料配比

原料		配比(质量份)		
		1#	2#	3#
对羟基-*N*,*N*-二甲基环己胺		10	15	20
聚羧酸减水剂		15	10	5
柠檬酸钠		5	10	5
正硅酸四乙酯		15	10	5
羟丙甲基纤维素		10	15	20
聚四氟乙烯		12	8	4
氟硅酸钠		4	7	10
水		30	21	12
聚羧酸减水剂	烯丙基醚	10	20	30
	丙烯酸	20	15	10
	过硫酸铵	5	7	9
	巯基乙酸	9	6	3

制备方法　先将水加入混合机中，再将对羟基-*N*,*N*-二甲基环己胺、聚羧酸减水剂、

柠檬酸钠、正硅酸四乙酯、羟丙甲基纤维素、聚四氟乙烯、氟硅酸钠依次加入混合机中，进行搅拌、溶解 6～8h，即得所述防冻型混凝土泵送剂。

产品特性

(1) 本品强度高，性能稳定，具有高流化、黏聚、润滑、缓凝之功效，适用范围广，同时减水性良好。

(2) 本品能提高混凝土的抗渗、抗冻、耐久性，能降低混凝土的坍落度损失，减水性良好，无氟低碱，对钢筋无锈蚀作用，不会出现碱骨料反应，适合于长距离运输及泵送施工，适用范围广。

(3) 本品可广泛用于商品混凝土、泵送混凝土、高层建筑、铁路、公路桥梁、隧道、地下工程、水利电力工程、大体积混凝土、高强混凝土及预应力钢筋混凝土工程。

配方 10 防冻型混凝土泵送剂 (2)

原料配比

原料	配比(质量份)	
	1#	2#
三乙醇胺	15	12
相变乳液	8	6
聚羧酸减水剂	10	8
羧甲基纤维素	5	5
2-羟基乙基丙烯酸酯	2	2
马来酸酐	4	4
氯化铵	8	8
钨酸钙	0.12	0.15
钨酸锌	0.12	0.15
柠檬酸钠	6	10
水	30	30

制备方法 将各组分原料混合均匀即可。

原料介绍 所述的相变乳液的制备方法如下：将 10～12 份羟基硅油、2～5 份正癸烷磺酸钠和 20～30 份水充分混合，置于剪切机中剪切，转速为 8000～1000r/min，剪切时间为 15～30min，然后缓慢滴入 2～5 份硬脂肪酸和 1～2 份棕榈油，即得相变乳液。

产品特性

(1) 本品具有较好的抗渗、耐久性，能降低混凝土坍落度损失，减水性良好的同时，具有较好的防冻性。

(2) 本品通过相变乳液的加入，利用相变储能调温机理，在降温过程中释放相变潜热、升温过程中储存相变潜热，从本质上改变了混凝土泵送剂对温度的适应能力。

配方 11 高减水高保坍的早强型混凝土泵送剂

原料配比

原料		配比(质量份)				
		1#	2#	3#	4#	5#
聚羧酸减水剂(固含量为 40%)		15	15	15	15	15
缓释型减水剂(固含量为 40%)		5	15	20	15	15
缓凝剂	葡萄糖酸钠	3	3	3	3	3
引气剂	三萜皂苷	0.3	0.3	0.3	0.3	0.3
早强剂	硫代硫酸钠	2	2	2	0.5	3
水		60	60	60	60	60

制备方法　将各组分原料混合搅拌 20min 后得早强型混凝土泵送剂。

原料介绍　所述的聚羧酸减水剂由异戊烯醇聚氧乙烯醚与丙烯酸共聚而得。

所述的缓释型减水剂由异戊烯醇聚氧乙烯醚与丙烯酸羟乙酯共聚而得。

所述的缓凝剂选自葡萄糖酸钠、柠檬酸钠、白糖中的一种或几种。

所述的引气剂为三萜皂苷、十二烷基硫酸钠、十二烷基苯磺酸钠、松香类引气剂中一种或两种。

所述的早强剂为硫代硫酸盐、有机醇胺、烷基胺聚羟基醇胺中的一种或几种。

产品特性　本品用于混凝土中，在夏季气温 25℃以上的条件下，可以保证混凝土在 4h 内保持良好的流动性，从而满足施工要求；4h 以后，由于早强组分的作用，促进水泥的水化，从而达到早强的效果；混凝土成型后，强度增长快，脱模周期短，提高了生产效率。

配方 12 高碱地区混凝土防冻泵送剂

原料配比

原料	配比(质量份)							
	1#	2#	3#	4#	5#	6#	7#	8#
FDN	300	320	350	320	320	320	320	320
十二烷基苯磺酸钠	20	30	25	30	30	30	30	30
保塑王	35	50	60	50	50	50	50	50
柠檬酸	20	10	25	10	10	10	10	10
三乙醇胺	10	15	20	15	15	15	15	15
硫酸钠	50	65	70	65	65	65	65	65
水	500	510	550	510	510	510	510	510
糖钙	—	—	—	10	12	15	—	—
碳氢化合物油	—	—	—	—	—	—	5	7

制备方法

(1) 将 FDN 缓慢加入占总质量 1/2 的水中，边加入边搅拌，静置 2～3h 后，继续匀速搅拌，得第一中间产物。

（2）将称量好的保塑王、三乙醇胺、硫酸钠和占总量1/2的十二烷基苯磺酸钠、糖钙依次加入第一中间产物中，搅拌均匀得第二中间产物。

（3）向第二中间产物中加入柠檬酸，搅拌，搅拌充分后静置6～8h，得第三中间产物。

（4）将剩余量的十二烷基磺酸钠、碳氢化合物油和剩余的水充分混合，置于剪切机中剪切，然后与第三中间产物搅拌混合均匀即可。剪切速度为7500～9000r/min，剪切时间为15～30min。

原料介绍　FDN作为高效泵送剂的主要成分能显著改善混凝土的流动性，降低泵送压力，具有缓凝、增强、保塑、可泵性好和降低水泥水化放热峰值等多种功能，无毒、不含氯盐，对钢筋无腐蚀作用。

保塑王作为增稠剂使用，它能在固-液界面上产生吸附，改变固体粒子的表面性质，或是通过其分子中亲水基团吸附大量水分子形成较厚的水膜层，使晶体间的相互接触受到屏蔽，改变结构形成过程，或是通过其分子中的某些官能团与游离的Ca^{2+}生成难溶性的Ca盐吸附于矿物颗粒表面，从而抑制水泥的水化进程，起到缓凝、保塑效果；它能促使水泥在水化过程中生成复盐，沉淀于水泥矿物颗粒表面，隔离水泥与水的接触，从而抑制水泥水化，达到保塑的效果。

使用方法　本品主要是一种高碱地区混凝土防冻泵送剂。

产品特性　本品能够减少混凝土拌和物的含碱量，同时化解柠檬酸和硫酸钠的矛盾，尽量增大和保持坍落度，具有在盐碱性强、冬季寒冷条件下在混凝土中使用混凝土性能稳定的优点。

配方13　高抗渗混凝土泵送剂

原料配比

原料	配比(质量份)		
	1#	2#	3#
硼砂	5	7	8
聚羧酸减水剂TH-928	1	2	3
丙三醇	3	5	7
木质磺酸钙	2	3	5
茶皂素	1	3	4
水	30	40	50
复合泵送作用基料	30	40	50
蛭石处理料	15	17	20

制备方法　取聚羧酸减水剂TH-928、丙三醇、茶皂素、水、复合泵送作用基料混合搅拌，加入蛭石处理料、硼砂、木质磺酸钙混合搅拌，减压蒸发，即得高抗渗混凝土泵送剂。混合搅拌的条件为400～700r/min磁力搅拌40～60min。

原料介绍　所述复合泵送作用基料的制备方法，包括如下步骤：

（1）按质量比（7～12）∶3取磷石膏、粉煤灰于研钵混合，以300～400r/min的速度研磨1～3h，得细研料，于20～30℃，按质量份数计，取12～20份细研料、1～3份对甲苯磺酸、2～5份正硅酸乙酯、3～7份疏水料、30～45份体积分数为70%的乙醇溶液混合搅拌30～50min，升温至48～55℃，加入细研料质量2%～5%的硅烷偶联剂KH-550混合，保温搅拌1～2h，过滤，收集滤渣于90～100℃烘箱干燥3～5h，得干燥料。

(2) 按质量份数计，取25～40份干燥物、1～3份钠基膨润土、0.2～0.5份硅酸镁锂、2～5份聚丙烯酸钠、45～60份水于35～55℃水热反应釜中混合搅拌35～60min，加压至2.2～4.1MPa处理15～25min，泄压至常压，得处理料；按质量份数计，取25～40份处理料、7～13份钾长石、2～5份水玻璃、3～7份硅灰、50～70份试剂于混料机中混合，以500～800r/min的速度搅拌1～3h，减压蒸发至恒重，即得复合泵送作用基料。

所述的疏水料：按质量比(2～5)∶1取三甲基氯硅烷、聚脲混合，即得疏水料。

所述的试剂：按质量比1∶(5～8)取尿素、碳酸氢钙混合，即得试剂。

所述蛭石处理料的制备：于60～75℃，按质量比1∶(7～11)∶0.1取蛭石、质量分数为12%的柠檬酸溶液、添加剂混合，以350～550r/min的速度恒温搅拌30～50min，过滤，取滤渣用水洗涤2～4次后，移至烘箱干燥至恒重，得干燥料，取干燥料按质量比1∶(7～12)∶0.1加入*N*,*N*-二甲基乙酰胺、异佛尔酮二异氰酸酯于反应釜混合，以400～700r/min的速度磁力搅拌40～60min，加入干燥料质量4～7倍的质量分数为12%的HCl溶液混合，减压蒸发至恒重，即得蛭石处理料。

所述添加剂：按质量比(4～8)∶(1～3)取聚乙烯吡咯烷酮、十六烷基羟丙基磺基甜菜碱混合，即得添加剂。

使用方法　本品主要是一种高抗渗混凝土泵送剂。

产品特性　本品能提高混凝土的抗渗、耐久性，能降低混凝土坍落度损失，对钢筋无锈蚀作用，不会出现碱骨料反应，适合于长距离运输及泵送施工，适用范围广。

配方14　高耐久性混凝土专用抗冻抗渗泵送剂

原料配比

原料	配比(质量份)					
	1#	2#	3#	4#	5#	6#
氢氧化钠	1	4	5	10	8	9
硼砂	3	8	15	30	24	27
N-甲基吡咯烷酮	10	—	—	—	—	10
四乙二醇二甲醚	—	10	—	—	—	—
二乙二醇单乙醚	—	8	10	20	10	—
邻苯二甲酸二甲酯	—	—	10	—	—	—
二乙二醇醋酸酯	—	—	—	—	20	—
溶剂油150#	15	—	—	—	—	—
溶剂油D80	—	—	—	10	—	20
聚氧乙烯(20)苯乙基酚基醚油酸酯	—	—	5	—	7	—
增强剂OX-2681	6	—	—	—	—	—
增强剂2201	—	6	—	6	5	8
增强剂0201B	—	4	—	—	—	5
增强剂LME-2	—	—	—	4	—	—

续表

原料	配比(质量份)					
	1#	2#	3#	4#	5#	6#
增强剂 OX-690	—	—	—	—	4	—
增强剂 507	—	—	6	—	—	—
增强剂 OX-635	—	—	3	—	—	—
增强剂 LME-2	—	—	—	4	—	—
增强剂 OX-8686	4	—	—	4	4	3
增强剂 500#	3	3	—	—	—	—
增强剂 1601	2	—	2	4	2	2
增强剂 S80	—	2	—	—	—	—
三醋酸甘油酯	加至 100	—	—	—	加至 100	—
蓖麻油甲酯	—	加至 100	—	—	—	—
乙二酸二丁酯	—	—	加至 100	—	—	—
顺丁烯二酸二乙酯	—	—	—	加至 100	—	—
二乙二醇单乙醚	—	—	—	—	—	加至 100

制备方法　常温常压下，在带搅拌的反应容器中，按照质量百分比称取原料，将各组分投入反应釜中，在搅拌速度为 60～80r/min 条件下完全溶解后，搅拌 15～30min，即可得到均匀透明的产品。

产品特性　本品可以减小砼泵送摩擦力、砼离析及坍落度损失，能改善混凝土的和易性，加速施工进度，提高新拌混凝土的可泵性，又可改善硬化混凝土的耐久性，如抗渗性、抗冻性等。本品适用于预拌商品砼、大流动性砼、高强泵送砼、自密实砼、大体积砼、桥梁工程砼等，可配制 C10～C50 大流动性泵送砼。

配方 15　高效混凝土泵送剂（1）

原料配比

原料	配比(质量份)		
	1#	2#	3#
氟硅酸钠	25	30	35
木质素磺酸钠	20	6	12
聚羧酸减水剂	10	8	6
十二烷基硫酸钠	5	4	3
甲基纤维素	8	6	4
硫酸钠	2	0.5	1
葡萄糖酸钠	2	1.5	1
水	28	33	38

制备方法　先将水加入混合机中，再将氟硅酸钠、木质素磺酸钠、聚羧酸减水剂、十二烷基硫酸钠、甲基纤维素、硫酸钠、葡萄糖酸钠依次加入混合机中，进行搅拌、溶解 8～

10h，即得所述高效混凝土泵送剂。

使用方法　本品的掺量为凝胶材料用量的15%～20%。

产品特性

(1) 本品能提高混凝土的抗渗、抗冻、耐久性，能降低混凝土坍落度损失，减水性良好，无氟低碱，对钢筋无锈蚀作用，不会出现碱骨料反应，适合于长距离运输及泵送施工，适用范围广。

(2) 本品可广泛用于商品混凝土、泵送混凝土、高层建筑、铁路、公路桥梁、隧道、地下工程、水利电力工程、大体积混凝土、高强混凝土及预应力钢筋混凝土工程。

(3) 本品减水率可达到22%～26%。掺入本产品，可使混凝土坍落度增加10cm以上，在同水泥和同坍落的条件下，混凝土3天强度可达到设计强度的68%～72%，7天强度可达100%，28天强度较不掺者提高35%～45%。

(4) 本品强度高，性能稳定，具有高流化、黏聚、润滑、缓凝之功效，适用范围广，同时减水性良好。

配方16　高效混凝土泵送剂(2)

原料配比

原料		配比(质量份)		
		1#	2#	3#
羟乙基甲基纤维素		15	20	25
聚羧酸减水剂		9	6	3
烷基糖苷		4	7	10
正硅酸四乙酯		10	6	2
己糖化二钙		3	6	9
椰油酸二乙醇酰胺		10	7	4
聚氧化乙烯		2	5	8
水		30	25	20
聚羧酸减水剂	烯丙基醚	20	30	40
	丙烯酸	15	10	5
	过硫酸铵	2	3	4
	巯基乙酸	4	3	2

制备方法　先将水加入混合机中，再将羟乙基甲基纤维素、聚羧酸减水剂、烷基糖苷、正硅酸四乙酯、己糖化二钙、椰油酸二乙醇酰胺、聚氧化乙烯依次加入混合机中，进行搅拌、溶解6～8h，即得所述高效混凝土泵送剂。

使用方法　本品的掺量为凝胶材料用量的15%～25%。

产品特性

(1) 本品强度高，性能稳定，具有高流化、黏聚、润滑、缓凝之功效，适用范围广，同时减水性良好。

(2) 本品的高效混凝土泵送剂为褐色液体，密度为(1.20±0.02)g/mL，固体含水率≤10%，pH值为7～9，无氯离子，水泥净浆流动度≥200mm。

(3) 本品能提高混凝土的抗渗、抗冻、耐久性，能降低混凝土坍落度损失，减水性良好，无氟低碱，对钢筋无锈蚀作用，不会出现碱骨料反应，适合于长距离运输及泵送施工，适用范围广。

(4) 本品可广泛用于商品混凝土、泵送混凝土、高层建筑、铁路、公路桥梁、隧道、地下工程、水利电力工程、大体积混凝土、高强混凝土及预应力钢筋混凝土工程。

配方 17 高性能混凝土泵送剂(1)

原料配比

原料	配比(质量份)					
	1#	2#	3#	4#	5#	6#
萘系减水剂	20	30	24	27	22	26
聚丙烯酰胺	1	3	2	2	1	1
聚乙烯醇	1	3	1	3	3	1
羧丙基甲基纤维素	0.3	0.5	0.5	0.4	0.3	0.3
十二烷基硫酸钠	0.1	0.2	0.1	0.2	0.1	0.2
葡萄糖酸钠	2	4	4	3	2	2
水	75.6	59.3	68.4	64.4	71.6	69.5

制备方法 将各组分原料混合均匀即可。

原料介绍 所述萘系减水剂的减水率不低于20%、含水率不大于2%。

所述聚丙烯酰胺的分子量为600万~1200万，离子度为10%~40%。

所述聚乙烯醇的醇解度为88%~92%。

所述羧丙基甲基纤维素的黏度为40000mPa·s。

产品特性 本品采用表面活性剂和聚合类树脂以及具有一定缓凝作用的改性纤维素相复合的技术路线，降低了混凝土的内部孔隙率，提升了预拌混凝土的润滑性能，使其更易泵送，由于润滑性能的改善，混凝土泵送时的内摩擦力减小，混凝土的泵送损失明显改善，聚合物在硬化混凝土过程中还可降低混凝土的碳化值、降低混凝土的收缩、提升混凝土的韧性，大大延长了混凝土的服役时间。

配方 18 高性能混凝土泵送剂(2)

原料配比

原料	配比(质量份)		
	1#	2#	3#
羟丙基甲基纤维素	15	22	30
木质素磺酸钠	20	15	10
羟丙基淀粉醚	8	6	4
十二烷基硫酸钠	6	5	4
葡萄糖酸钠	8	6	4
三氧化硫	2	1.5	1
二乙醇胺	2	1.5	1
水	39	43	46

制备方法　先将水加入混合机中，再将羟丙基甲基纤维素、木质素磺酸钠、羟丙基淀粉醚、十二烷基硫酸钠、葡萄糖酸钠、三氧化硫、二乙醇胺依次加入混合机中，进行搅拌、溶解 8～10h，即得所述高性能混凝土泵送剂。

使用方法　本品的掺量为凝胶材料用量的 15%～20%。

产品特性

(1) 本品能提高混凝土的抗渗、抗冻、耐久性，能降低混凝土坍落度损失，减水性良好，无氟低碱，对钢筋无锈蚀作用，不会出现碱骨料反应，适合于长距离运输及泵送施工，适用范围广。

(2) 本品可广泛用于商品混凝土、泵送混凝土、高层建筑、铁路、公路桥梁、隧道、地下工程、水利电力工程、大体积混凝土、高强混凝土及预应力钢筋混凝土工程。

(3) 本品强度高，性能稳定，具有高流化、黏聚、润滑、缓凝之功效，适用范围广，同时减水性良好。

配方 19　环保保坍型混凝土泵送剂

原料配比

原料		配比(质量份)				
		1#	2#	3#	4#	5#
甲基丙烯酸糠酯/磷酸基-*N*-乙烯基咔唑/乙酰丙酮铍/乙烯基苯磺酸共聚物		20	22	25	28	30
γ-酸废液		0.5	0.7	1	1.4	1.5
甘草酸钠		2	3	3.5	4.5	5
松香甘油酯		1	1.5	2	2.5	3
表面活性剂		1	1.5	2	2.8	3
白云石	粒径为 300 目	1	—	—	—	—
	粒径为 350 目	—	1.2	—	—	—
	粒径为 400 目	—	—	1.5	—	—
	粒径为 480 目	—	—	—	1.8	—
	粒径为 500 目	—	—	—	—	2
羧基修饰 β-环糊精		2	2.5	3.5	4.5	5
水		35	37	40	43	45
氢氧化钠		适量	适量	适量	适量	适量

制备方法　将全部原料（除氢氧化钠）混合均匀，在 60～80℃下搅拌 1～2h，然后加入氢氧化钠，调节 pH 值至 6～8，包装即为成品。

原料介绍　所述表面活性剂为烷基酚聚氧乙烯醚、椰子油烷基醇酰胺、脂肪醇聚氧乙烯醚、聚氧乙烯山梨糖醇单高级脂肪酸酯中的至少一种。

所述白云石的粒径为 300～500 目。

所述 γ-酸废液是萘系染料中间体 γ-酸生产过程中产生的废水，所述的含 γ-酸废水的水质指标：含酸（以硫酸计，质量分数）3%～10%，COD 为 30000～40000mg/L，BOD 为 9000～13000mg/L。

所述甲基丙烯酸糠酯/磷酸基-N-乙烯基咔唑/乙酰丙酮铍/乙烯基苯磺酸共聚物的制备方法，包括如下步骤：甲基丙烯酸糠酯、磷酸基-N-乙烯基咔唑、乙酰丙酮铍、乙烯基苯磺酸、引发剂加入高沸点溶剂中，在70～80℃、氮气或惰性气体保护下搅拌反应4～7h，然后在丙酮中沉出，过滤取滤渣，然后将滤渣置于真空干燥箱中80～90℃干燥至恒重，得到甲基丙烯酸糠酯/磷酸基-N-乙烯基咔唑/乙酰丙酮铍/乙烯基苯磺酸共聚物。

所述甲基丙烯酸糠酯、磷酸基-N-乙烯基咔唑、乙酰丙酮铍、乙烯基苯磺酸、引发剂、高沸点溶剂的质量比为1∶2∶0.2∶1∶(0.03～0.05)∶(12～20)。

所述引发剂为偶氮二异丁腈、偶氮二异庚腈、过氧化苯甲酰、过氧化月桂酰中的至少一种。

所述高沸点溶剂为二甲基亚砜、N,N-二甲基甲酰胺、N,N-二甲基乙酰胺中的至少一种。

所述惰性气体为氦气、氖气、氩气中的一种。

所述磷酸基-N-乙烯基咔唑的制备方法，包括如下步骤：将氯甲基磷酸、N-乙烯基咔唑加入丙酮中，在30～40℃下搅拌反应6～8h，然后旋蒸除去丙酮，得到磷酸基-N-乙烯基咔唑。

所述氯甲基磷酸、N-乙烯基咔唑、丙酮的摩尔比为1∶1∶(6～10)。

产品特性 本品具有保坍和减水效果显著，掺量少，稳定性和与水泥适应性好，能有效提高混凝土耐久性，不泌水，保塑性能和泵送性能佳，对混凝土综合性能无明显负面影响，制备和使用过程中绿色环保的优点。

配方20 环保混凝土泵送剂

原料配比

原料	配比(质量份)				
	1#	2#	3#	4#	5#
磺丁基-β-环糊精钠	8	9	11	12	13
2-氯乙基磺酸钠改性端羟基超支化纳米杂化聚合物	4	5	5.5	6.5	7
松香基超支化聚酯	3	3.5	4	4.5	5
KH-D1-X聚羧酸高性能减水剂	10	12	13	14	15
德国AGITAN粉体消泡剂P803	0.1	0.15	0.2	0.25	0.3
水	45	50	55	62	65

制备方法 将各组分按质量份混合，搅拌35～45min，得到环保混凝土泵送剂。

原料介绍 所述2-氯乙基磺酸钠改性端羟基超支化纳米杂化聚合物的制备方法，包括如下步骤：将2-氯乙基磺酸钠、端羟基超支化纳米杂化聚合物加入高沸点溶剂中，在40～60℃下搅拌反应8～10h，然后旋蒸除去溶剂，再用去离子水洗涤3～7次，最后置于真空干燥箱中80～90℃干燥至恒重，得到2-氯乙基磺酸钠改性端羟基超支化纳米杂化聚合物。

所述2-氯乙基磺酸钠、端羟基超支化纳米杂化聚合物、高沸点溶剂的质量比为(0.2～0.4)∶1∶(4～8)。

所述高沸点溶剂为二甲基亚砜、N,N-二甲基甲酰胺、N,N-二甲基乙酰胺、N-甲基吡咯烷酮中的至少一种。

使用方法 本品的掺量为混凝土中胶凝材料用量的0.5%～2.0%。

产品特性　该泵送剂泵送效果好，减水缓凝性能佳，能有效控制混凝土坍落度损失，高耐久，不泌水，对水泥适应性好，质量稳定，产品环保，制备成本低廉，制备方法工艺可靠，操作方便，生产效率高，便于工业化生产。

配方 21　环保型混凝土防冻泵送剂

原料配比

原料	配比(质量份)				
	1#	2#	3#	4#	5#
N-苯基-3-烯丙酸甲酯苯磺酰胺/3-丙烯酰氨基苯硼酸/2-(5-苯基-1H-四唑-1-基)-3-噻吩-2-丙烯酸/N,N-二(2-羟乙基)油胺共聚物	8	9	10	11	12
聚羧酸高性能减水剂	15	17	20	24	25
壳聚糖季铵盐	2	2.5	3	3.5	4
硝酸锌	1	1.2	1.5	1.8	2
异硫脲丙基硫酸盐改性羧甲基纤维素	1	1.5	2	2.8	3
纳米氧化锌	2	2.5	3	3.5	4
水	35	38	40	42	45
氢氧化钠	适量	适量	适量	适量	适量

制备方法　将各组分（除氢氧化钠）按比例混合均匀，然后加入氢氧化钠，调节 pH 值至 6.5～7.5，再在 45～55℃下搅拌 1～2h，即可。

原料介绍　所述聚羧酸高性能减水剂为 KH-D1-X 聚羧酸高性能减水剂。

所述 N-苯基-3-烯丙酸甲酯苯磺酰胺/3-丙烯酰氨基苯硼酸/2-(5-苯基-1H-四唑-1-基)-3-噻吩-2-丙烯酸/N,N-二(2-羟乙基)油胺共聚物的制备方法，包括如下步骤：将 N-苯基-3-烯丙酸甲酯苯磺酰胺、3-丙烯酰氨基苯硼酸、2-(5-苯基-1H-四唑-1-基)-3-噻吩-2-丙烯酸、N,N-二(2-羟乙基)油胺、引发剂加入高沸点溶剂中，在氮气或惰性气体氛围、70～80℃下搅拌反应 4～6h，然后旋蒸除去溶剂，得到 N-苯基-3-烯丙酸甲酯苯磺酰胺/3-丙烯酰氨基苯硼酸/2-(5-苯基-1H-四唑-1-基)-3-噻吩-2-丙烯酸/N,N-二(2-羟乙基)油胺共聚物。

所述 N-苯基-3-烯丙酸甲酯苯磺酰胺、3-丙烯酰氨基苯硼酸、2-(5-苯基-1H-四唑-1-基)-3-噻吩-2-丙烯酸、N,N-二(2-羟乙基)油胺、引发剂、高沸点溶剂的质量比为 0.2∶1∶1∶0.2∶(0.02～0.03)∶(8～15)。

所述引发剂为偶氮二异丁腈、偶氮二异庚腈中的至少一种。

所述高沸点溶剂为 N,N-二甲基甲酰胺、N,N-二甲基乙酰胺、N-甲基吡咯烷酮中的至少一种。

所述惰性气体为氦气、氖气、氩气中的一种。

所述异硫脲丙基硫酸盐改性羧甲基纤维素的制备方法，包括如下步骤：将异硫脲丙基硫酸盐、羧甲基纤维素、2-乙氧基-1-乙氧碳酰基-1,2-二氢喹啉加入四氢呋喃中，在 110～130℃下回流搅拌反应 6～8h，然后冷却至室温，旋蒸除去副产物和四氢呋喃，得到异硫脲丙基硫酸盐改性羧甲基纤维素。

所述异硫脲丙基硫酸盐、羧甲基纤维素、2-乙氧基-1-乙氧碳酰基-1,2-二氢喹啉、四氢呋喃的摩尔比为 1∶1∶(0.8～1.2)∶(6～10)。

本品利用 *N*-苯基-3-烯丙酸甲酯苯磺酰胺/3-丙烯酰氨基苯硼酸/2-(5-苯基-1H-四唑-1-基)-3-噻吩-2-丙烯酸/*N*,*N*-二（2-羟乙基）油胺共聚物和聚羧酸高性能减水剂复配，起到高效减水的作用，共聚物分子链上引入噻吩、四唑、苯结构，协同作用，在电子效应和位阻效应的多重作用下，使得分子链上苯硼酸基和羧基在混凝土中静电相互作用更强，促使水泥颗粒相互分散，絮凝结构解体，释放出被包裹的水，参与流动，从而有效地增加混凝土拌和物的流动性，同时这些共轭的疏水基团在水泥颗粒表面形成疏水性薄膜，减少晶核数量，增大晶核结构，因此大幅减少析晶现象；引入的 *N*-苯基-3-烯丙酸甲酯苯磺酰胺在碱性条件下水解，起到缓释减水作用。

壳聚糖季铵盐能与共聚物分子链上的亲水基团协同作用，降低表面张力，显著改善混凝土抗压强度，进一步改善早强减水性；且与硝酸锌协同作用，改善混凝土的抗冻性、保坍性、和易性以及可泵送性，并在一定程度上提高混凝土的强度；除此之外，其还能改善泵送剂的抗泥效果，并显著降低混凝土的坍落度损失，同时不影响混凝土的强度。

异硫脲丙基硫酸盐改性羧甲基纤维素，同时起到保水剂和防冻剂的作用，其上的异硫脲丙基硫酸盐结构，能降低泵送泵的冰点，同时覆盖住水进入冰的表面，抑制冰的重结晶，从而大幅降低冰晶的生长，防冻效果优异；纳米氧化锌为两性金属氧化物，能与混凝土中的碱发生化学反应，有效避免了泛碱现象，同时，通过这个反应能有效改善混凝土的强度和抗渗、防水性能；除此之外，组分中的磺酸基结构、锌离子结构又能起到缓凝作用，进而在各组分协同作用下，改善综合性能。

产品特性　本品泵送效果好，减水率高，泌水率低，抗压强度大，掺量少，性能稳定性佳，使用该防冻泵送剂的混凝土综合性能优异。本品制备方法工艺简单、流程短，施工方便，对设备依赖性小，制备成本低廉，适合工业连续化生产。

配方 22　环保型清水混凝土泵送剂

原料配比

<table>
<tr><th colspan="2" rowspan="2">原料</th><th colspan="5">配比(质量份)</th></tr>
<tr><th>1#</th><th>2#</th><th>3#</th><th>4#</th><th>5#</th></tr>
<tr><td colspan="2">环氧基单封端硅油改性干酪素</td><td>1</td><td>1.5</td><td>2</td><td>2.8</td><td>3</td></tr>
<tr><td colspan="2">二氢-2,4,6-三氧代-1,3,5-三嗪-1,3(2H,4H)-二丙酸/2-(二乙醇氨基)乙磺酸钠缩聚物</td><td>30</td><td>33</td><td>35</td><td>38</td><td>40</td></tr>
<tr><td colspan="2">腐植酸</td><td>2</td><td>2.5</td><td>3</td><td>3.8</td><td>4</td></tr>
<tr><td colspan="2">磷酸酯改性淀粉</td><td>0.1</td><td>0.15</td><td>0.2</td><td>0.28</td><td>0.3</td></tr>
<tr><td rowspan="2">消泡剂</td><td>二甲基硅油</td><td>0.2</td><td>—</td><td>0.35</td><td>0.45</td><td>—</td></tr>
<tr><td>乳化硅油</td><td>—</td><td>0.3</td><td>—</td><td>—</td><td>0.5</td></tr>
<tr><td rowspan="5">菱镁矿石粉</td><td>粒径为 300 目</td><td>0.5</td><td>—</td><td>—</td><td>—</td><td>—</td></tr>
<tr><td>粒径为 350 目</td><td>—</td><td>0.7</td><td>—</td><td>—</td><td>—</td></tr>
<tr><td>粒径为 400 目</td><td>—</td><td>—</td><td>1</td><td>—</td><td>—</td></tr>
<tr><td>粒径为 450 目</td><td>—</td><td>—</td><td>—</td><td>1.4</td><td>—</td></tr>
<tr><td>粒径为 500 目</td><td>—</td><td>—</td><td>—</td><td>—</td><td>1.5</td></tr>
<tr><td colspan="2">蔗糖八硫酸酯钠</td><td>0.5</td><td>0.7</td><td>1</td><td>1.4</td><td>1.5</td></tr>
<tr><td colspan="2">水</td><td>35</td><td>37</td><td>40</td><td>44</td><td>45</td></tr>
<tr><td colspan="2">氢氧化钠</td><td>适量</td><td>适量</td><td>适量</td><td>适量</td><td>适量</td></tr>
</table>

制备方法　将各组分（除氢氧化钠）按比例混合均匀，然后加入氢氧化钠，调节 pH 值至 6.5～7.5，再在 50～60℃下搅拌 2～4h，即可。

原料介绍　所述环氧基单封端硅油改性干酪素的制备方法，包括如下步骤：将环氧基单封端硅油、干酪素、氢氧化钠加入混合溶剂中，在 80～90℃下搅拌反应 4～6h，然后旋蒸除去溶剂，再用水洗 3～6 次，最后置于真空干燥箱中 85～95℃干燥至恒重，得到环氧基单封端硅油改性干酪素。

所述环氧基单封端硅油、干酪素、氢氧化钠、混合溶剂的质量比为 1∶(2～3)∶(0.1～0.3)∶(10～20)。

所述混合溶剂为异丙醇和水按质量比 (2～3)∶1 混合而成。

所述二氢-2,4,6-三氧代-1,3,5-三嗪-1,3(2H,4H)-二丙酸/2-(二乙醇氨基) 乙磺酸钠缩聚物的制备方法，包括如下步骤：将二氢-2,4,6-三氧代-1,3,5-三嗪-1,3(2H,4H)-二丙酸、2-(二乙醇胺基) 乙磺酸钠、催化剂、有机溶剂加入高压反应釜中，用氮气或惰性气体置换釜内空气，然后在温度 230～240℃、绝压压力 20～80kPa 的条件下进行酯化反应 3～5h，结束酯化，泄压到常压；接着在真空条件下，控制温度在 240～250℃之间，搅拌反应 8～12h，反应结束后冷却至室温，过滤，再旋蒸除去有机溶剂，得到二氢-2,4,6-三氧代-1,3,5-三嗪-1,3(2H,4H)-二丙酸/2-(二乙醇氨基)乙磺酸钠缩聚物。

所述二氢-2,4,6-三氧代-1,3,5-三嗪-1,3(2H,4H)-二丙酸、2-(二乙醇氨基)乙磺酸钠、催化剂、有机溶剂的质量比为 1.16∶1∶(0.5～0.8)∶(8～12)。

所述催化剂为催化剂 C-94、三氧化二锑中的至少一种。

所述有机溶剂为 *N*,*N*-二甲基甲酰胺、四氢呋喃按质量比 (3～5)∶1 混合而成。

所述惰性气体为氦气、氖气、氩气中的一种。

产品特性　本品能有效改善清水混凝土表面蜂窝麻面现象，保证泵送过程中混凝土的和易性和流动性，保坍和减水效果显著，掺量少，使用该泵送剂的清水混凝土不泌水，抗渗、防水、抗冻性能好，制备和使用过程中绿色环保，经济价值、社会价值和生态价值高。

配方 23　混凝土泵送剂 (1)

原料配比

原料		配比(质量份)				
		1#	2#	3#	4#	5#
聚羧酸减水剂		30	35	45	50	60
烷基糖苷		15	27	23	19	31
茶皂素		22	19	16	13	10
糖厂废液		18	9	12	15	5
木质素磺酸钠		16	14	12	9	6
硼砂		4	13	10	7	16
聚四氟乙烯	粒径为 50nm	6	—	—	—	—
	粒径为 60nm	—	2	—	—	—
	粒径为 80nm	—	—	3	—	—
	粒径为 90nm	—	—	—	4	—
	粒径为 100nm	—	—	—	—	1
水		40	45	50	55	60

制备方法　将各组分原料混合均匀即可。

原料介绍　烷基糖苷是由可再生资源天然脂肪醇和葡萄糖合成的，是一种性能较全面的新型非离子表面活性剂，它兼具普通非离子和阴离子表面活性剂的特性，具有高表面活性、良好的生态安全性和相容性，是国际公认的首选“绿色”功能性表面活性剂。其与其它原料一起作用，能够提高气泡的稳定性，与茶皂素、木质素磺酸钠配伍，引入足够多的微小且大小均匀的气泡，提高混凝土的抗冻融性和耐久性，还能够增强混凝土的强度，提高混凝土的抗离析泌水能力。

茶皂素属于三萜类皂苷，是一种性能优良的非离子型纯天然表面活性剂，它具有较强的发泡、乳化、分散、润湿等作用，并且几乎不受水质硬度的影响，其起泡快，引气量相对大，且能够与木质素磺酸钠和烷基糖苷配伍进一步提高气泡稳定性，提高混凝土耐久性。

糖厂废液和硼砂配伍，起到缓凝作用，还能够提高泵送剂与混凝土的适应性，提高混凝土的和易性，进一步提高混凝土的抗离析泌水能力。

聚羧酸减水剂可以大大提高胶凝材料颗粒之间的分散效果，可以在保持拌和物水灰比不变的情况下改善其工作性能；在保持混凝土和易性不变的情况下，降低混凝土单方用水量，提高混凝土强度，提高减水率，显著改善混凝土坍落度经时损失较快的问题，降低坍落度损失。

产品特性

（1）本品能提高混凝土拌和物的和易性，降低泌水及离析，泌水率降低至少52%。

（2）本品塑化作用强，在保持水灰比和水泥用量不变的情况下，坍落度可由5～7cm提高到18～23cm，1h坍落度基本不损失。

（3）本品可节约水泥用量12%以上，且还能够提高混凝土3天、7天、28天强度25%～45%。

（4）本品与混凝土适应性强，适合各种混凝土，且与其它混凝土外加剂复合性好。

配方 24　混凝土泵送剂（2）

原料配比

原料		配比(质量份)
聚羧酸减水剂母液	蔗糖	100～120
	丙烯酸	120～150
	去离子水①	180～200(体积)
	巯基乙酸	20～30
	甲基烯丙基聚氧乙烯醚	900～1000
	去离子水②	1000～1200(体积)
	过硫酸铵	40～60
	质量分数为5%的氢氧化钠溶液	适量
稀土掺杂活性纳米氧化镁	质量分数为20%的硝酸镁溶液	80～100(体积)
	质量分数为10%的氨水	150～200(体积)
	质量分数为1%的聚乙烯醇溶液	8～12(体积)
	无水乙醇①	6～10(体积)
	尿素	0.5～1.5
	硝酸镧	0.1～0.5
	无水乙醇②	60～80(体积)

续表

原料		配比(质量份)
聚羧酸减水剂母液		200～300
引气剂	三萜皂苷	3～4
稀土掺杂活性纳米氧化镁		10～20
木质素磺酸钠		80～100
聚乙二醇		0.25～0.35
β-环糊精		0.12～0.15
三甲基十六烷基溴化铵		0.35～0.40

制备方法

(1) 取蔗糖、丙烯酸，加入去离子水①中，以 300～400r/min 的转速搅拌 20～30min，再加入巯基乙酸，在 40～45℃恒温水浴中继续搅拌 1～2h，得混合料液。

(2) 称取甲基烯丙基聚氧乙烯醚，加入去离子水②中，在 40～50℃恒温水浴中以 300～400r/min 的转速搅拌至甲基烯丙基聚氧乙烯醚完全溶解，再加入过硫酸铵，并以 1～3mL/min 的速度滴加混合料液，滴加完毕后，继续恒温搅拌 1～2h，随后冷却至 30～35℃，再用质量分数为 5%的氢氧化钠溶液调节 pH 值为 7.0～8.0，得聚羧酸减水剂母液。

(3) 量取质量分数为 20%的硝酸镁溶液、10%的氨水、1%的聚乙烯醇溶液、无水乙醇①、尿素、硝酸镧，装入反应釜中，以 300～400r/min 的转速搅拌混合 5～8min，并加热至 150～160℃，反应 5～8h，过滤，并依次用去离子水和无水乙醇洗涤滤渣 3～5 次，得稀土掺杂纳米氢氧化镁。

(4) 将稀土掺杂纳米氢氧化镁加入无水乙醇②中，以 300W 超声波超声分散 10～15min，随后转入离心机中离心分离，得沉淀，将沉淀置于干燥箱中，在 105～110℃下干燥至恒重，随后转入马弗炉中，在 700～800℃下煅烧 2～3h，冷却至室温后，得稀土掺杂活性纳米氧化镁。

(5) 取聚羧酸减水剂母液，加入引气剂、稀土掺杂活性纳米氧化镁、木质素磺酸钠，在 40～50℃恒温水浴中以 500～600r/min 的转速搅拌 15～20min，再加入聚乙二醇、β-环糊精、三甲基十六烷基溴化铵，继续搅拌 20～30min，得混凝土泵送剂。

使用方法　首先按质量份数计，取 20 份水泥，8 份粉煤灰，90 份粒径为 20mm 的砂，40 份温度为 40℃的水，30 份石子，1 份本品制得的混凝土泵送剂，依次放入混凝土搅拌机中，开启搅拌机搅拌混合 90s 后，将搅拌均匀的混凝土拌和料用混凝土泵送车的橡皮管道倒入带有钢筋和预埋件的混凝土浇筑模板中，同时不停用振捣棒对泵送的混凝土拌和料进行振捣，以确保钢筋过密部位振捣密实，待浇筑完成后静置养护 1 天，将模板略微松开，再继续浇水养护 6 天，最后拆除模板即可。

产品特性　本品能有效提高混凝土的可泵送性，泵送后的混凝土从初凝到终凝前的自由膨胀率为 0.015%，从混凝土终凝到混凝土强度达 10MPa 前的微量限制膨胀率为 0.003%，能有效减少混凝土裂缝，同时本品泵送剂能有效提高混凝土强度，改善混凝土耐久性，使用后的混凝土 7 天抗压强度达 35MPa，28 天抗压强度达 48MPa，且本品泵送剂能保持混凝土在 120min 内坍落度基本上无损失，混凝土减水率提高至 42%。

配方 25 混凝土泵送剂（3）

原料配比

原料	配比(质量份)		
	1#	2#	3#
羟丙基淀粉醚	40	45	50
改性萘磺酸甲醛缩合物	20	15	10
葡萄糖酸钠	5	4	3
十二烷基硫酸钠	4	3	2
己糖化二钙	9	6	3
全氟辛基三乙氧基硅烷	1	0.8	0.5
聚乙烯醇	1	0.8	0.5
水	20	25.4	31

制备方法　先将水加入混合机中，再将羟丙基淀粉醚、改性萘磺酸甲醛缩合物、葡萄糖酸钠、十二烷基硫酸钠、己糖化二钙、全氟辛基三乙氧基硅烷、聚乙烯醇依次加入混合机中，进行搅拌、溶解7～9h，即得所述混凝土泵送剂。

产品特性

(1) 本品能提高混凝土的抗渗、抗冻、耐久性，能降低混凝土坍落度损失，减水性良好，无氟低碱，对钢筋无锈蚀作用，不会出现碱骨料反应，适合于长距离运输及泵送施工，适用范围广。

(2) 本品可广泛用于商品混凝土、泵送混凝土、高层建筑、铁路、公路桥梁、隧道、地下工程、水利电力工程、大体积混凝土、高强混凝土及预应力钢筋混凝土工程。

配方 26 混凝土泵送剂（4）

原料配比

原料		配比(质量份)		
		1#	2#	3#
羟乙基甲基纤维素		20	25	20
聚羧酸减水剂		15	10	15
葡萄糖酸钠		4	6	4
正硅酸四乙酯		9	6	9
己糖化二钙		4	7	4
全氟辛基三乙氧基硅烷		4	3	4
聚乙烯醇		1	2	1
水		20	15	20
聚羧酸减水剂	烯丙基醚	20	30	40
	丙烯酸	15	10	5
	过硫酸铵	2	3	4
	巯基乙酸	4	3	2

制备方法　先将水加入混合机中，再将羟乙基甲基纤维素、聚羧酸减水剂、葡萄糖酸钠、正硅酸四乙酯、己糖化二钙、全氟辛基三乙氧基硅烷、聚乙烯醇依次加入混合机中，进行搅拌、溶解 6～8h，即得所述混凝土泵送剂。

产品特性

(1) 本品强度高，性能稳定，具有高流化、黏聚、润滑、缓凝之功效，适用范围广，同时减水性良好。

(2) 本品能提高混凝土的抗渗、抗冻、耐久性，能降低混凝土坍落度损失，减水性良好，无氟低碱，对钢筋无锈蚀作用，不会出现碱骨料反应，适合于长距离运输及泵送施工，适用范围广。

(3) 本品可广泛用于商品混凝土、泵送混凝土、高层建筑、铁路、公路桥梁、隧道、地下工程、水利电力工程、大体积混凝土、高强混凝土及预应力钢筋混凝土工程。

配方 27　混凝土泵送剂（5）

原料配比

原料		配比(质量份)		
		1#	2#	3#
聚羧酸系减水剂		1.20	1.5	1.35
聚羧酸系保坍剂		0.40	0.5	0.45
葡萄糖酸钠		0.25	0.3	0.28
蛋白多糖		0.10	0.15	0.12
木质素磺酸钠		0.02	0.03	0.025
羧甲基纤维素钠		0.15	0.2	0.18
水		7.45	7.55	7.5
聚羧酸系减水剂	异戊烯基聚氧乙烯醚单体	80	80	80
	乙酸乙酯	8	8	8
	丙烯酸单体	12	12	12
聚羧酸系保坍剂	异戊烯基聚氧乙烯醚单体	70	70	70
	丙烯酸羟乙酯	8	8	8
	丙烯酸单体	22	22	22

制备方法　将各组分原料于搅拌装置中充分搅拌配合而成。

原料介绍　所述聚羧酸系减水剂由异戊烯基聚氧乙烯醚单体、乙酸乙酯、丙烯酸单体在引发剂、链转移剂作用下，于 70～90℃水溶液中共聚反应后，加碱中和而成。

所述聚羧酸系保坍剂由异戊烯基聚氧乙烯醚单体、丙烯酸羟乙酯、丙烯酸单体在引发剂、链转移剂作用下，于 70～90℃水溶液中共聚反应后，加碱中和而成。

所述引发剂为过硫酸铵，所述链转移剂为巯基乙酸。

使用方法　本品的掺量为混凝土中胶凝材料用量的 1.5%～2.0%。

产品特性　本品适应性广，可用于各种硅酸盐水泥，以及各种温度条件尤其夏季高温的混凝土泵送，同时还具有减水率高、保坍性好、含气量低等优点，并且可大大提高混凝土的和易性；引入蛋白多糖，蛋白多糖具有伸展的长链结构和保水性能，对混凝土具有很好的分散效果和缓凝效果，可大大提高混凝土的泵送性能；所述搅拌装置的结构设计，可使各种原料配合时充分混合，且可提高配合效率，同时提高泵送剂的性能。在夏季高温条件下，使用本品的混凝土泵送剂拌和的混凝土经 1h 或者 2h 后仍能保持较好的流动性。

配方 28 混凝土泵送剂（6）

原料配比

原料		配比(质量份)							
		1#	2#	3#	4#	5#	6#	7#	8#
萘系减水剂		240	280	220	300	220	270	280	280
乙糖酸钙		55	56	50	55	56	59	60	55
多元醇	乙二醇	26	—	10	—	—	—	—	—
	1,4-丁二醇	—	10	—	6	—	—	—	—
	正戊醇	—	15	—	14	—	—	—	—
	季戊四醇	—	—	8	6	—	—	—	—
	正癸醇	—	—	4	—	—	—	—	—
	多元醇	—	—	—	—	26	26	30	25
氨基磺酸盐		32	28	23	35	28	37	40	20-40
葡萄糖酸钠		11	14	10	12	11	12	10	14
松香酸钠		1.5	1	1.2	2	1.2	1.8	1	2
羧甲基纤维素钠		12	13	10	12	10-15	12	10	14
木质素磺酸钙		55	58	53	56	53	57	59	53
硫代硫酸钠		10	10	14	12	1	12	10	14
六偏磷酸钠		—	11	—	45	—	—	—	—
硫酸钠		—	—	10	—	—	—	—	—
亚硝酸钠		—	—	—	42	—	—	—	—
三聚磷酸钠		—	—	—	—	—	13	—	11
蔗糖		—	—	—	—	—	—	28	25
粉煤灰		320	350	350	350	310	320	340	320
三聚氰胺		—	—	—	—	14	—	—	—

制备方法　将多元醇以外的所有组分混合均匀，然后放入球磨机中，球磨至 80 目，多元醇等到球磨完成后加入即可。

使用方法　本品使用时，其添加量为混凝土总质量的 2%～3.5%。

产品特性　本品具有较广泛的适应性，在不改变配方的前提下能够适用于大部分混凝土，而且需要进行二次复配时，其兼容性较好，不会影响复配效果。六偏磷酸钠有利于混凝土的保湿，使其避免干燥过快而引起干裂。硫酸钠的加入有利于提高贫硫水泥的适应性。当水泥中硫含量足够时，可不加入硫酸钠。亚硝酸钠的加入可以提高混凝土的抗冻性。

配方 29 混凝土泵送剂（7）

原料配比

原料	配比(质量份)		
	1#	2#	3#
羟乙基甲基纤维素	20	—	—
聚羧酸减水剂	15	12	12
活性物质	15	12	12
硅酸镁铝	—	—	20
膨润土	—	—	10
二羟基聚二甲基硅氧烷	—	—	3～5
马来酸酐	—	—	2
四甲基二乙烯基二硅氮烷	—	—	2
均四甲苯	—	—	20
聚羧酸系保坍剂	—	6	—
葡萄糖酸钠	8	3	—
正硅酸四乙酯	9	—	—
己糖化二钙	4	—	—
麦芽糊精	—	1	—
蛋白多糖	—	1	—
乳酸	—	1	—
对羟基苯甲醚	—	0.5	—
木质素磺酸钠	—	2	—
全氟辛基三乙氧基硅烷	4	—	—
羧甲基纤维素钠	—	1	—
聚乙烯醇	1	—	—
水	10	10	—

制备方法　将各组分原料混合均匀即可。

原料介绍　所述的活性物质为三异丙醇胺。

产品特性

（1）本品可以提高混凝土的抗渗性、抗冻性等耐久性能；减少混凝土收缩，使得混凝土表面开裂概率减小；降低混凝土泌水，提高混凝土泵送性能。

（2）本品利用活性物质与泵送剂中的减水组分相互作用，可使激发、增强、保坍、保强、减缩、保水等多项功能相结合充分发挥作用，从而降低单方混凝土中的胶凝材料总量、水泥用量，保证混凝土后期的耐久性、工程安全性，保证其长久寿命。

（3）本品在原有的普通混凝土基础上可降低单方水泥用量 10%～15%，且可降低混凝土胶凝材料用量，使得混凝土综合成本有所降低，提高混凝土和易性、充分发挥混凝土的流变性能；掺入本品后，单方混凝土胶凝材料用量、水泥用量降低，混凝土的强度无损失，在胶凝材料不变的情况下可大幅度提高混凝土早期强度，在一定龄期、标准养护条件下，混凝土的后期强度发展改善显著。

配方 30 混凝土泵送剂（8）

原料配比

原料	配比（质量份）		
	1#	2#	3#
羟丙基甲基纤维素	15	—	—
聚羧酸减水剂	15	—	15
脂肪族系减水剂	—	12	—
元明粉	—	—	10
抗泥物质	10	5	10
激发活性氧化物活性物质	15	10	15
羧甲基纤维素钠	—	3	—
十二烷基硫酸钠	—	—	0.5
甲酸钠	—	—	15
三乙醇胺	—	5	—
OP 乳液	—	1	—
聚乙烯醇	1	—	—
六偏磷酸钠	10	—	—
水	15	10	20

制备方法 将各组分原料混合均匀即可。

原料介绍 所述的抗泥物质为改性柠檬酸钠。

所述的激发活性氧化物活性物质为二乙醇单异丙醇胺。

产品特性

（1）利用抗泥物质能够抑制骨料中含泥成分对其的吸附作用，保证混凝土和易性、可泵送性等施工性能。

（2）利用抗泥物质能够有效控制胶凝材料温度过高时，混凝土拌和物出现假凝现象，保证混凝土和易性、可泵送性等施工性能；大多情况下，可保证混凝土坍落度损失为零，对于坍落度损失过大具有控制作用。

（3）利用活性物质与泵送剂中的减水组分相互作用，可使激发、增强、保坍、保强、减缩、保水等多项功能相结合充分发挥作用，从而降低单方混凝土中的胶凝材料总量、水泥用量。在原有的普通混凝土基础上可降低单方水泥用量 10%～15%，且可降低混凝土胶凝材料用量，使得混凝土综合成本有所降低，提高混凝土和易性、充分发挥混凝土的流变性能；混凝土的强度无损失，可大幅度提高混凝土早期强度，在一定龄期、标准养护条件下，混凝土的后期强度发展改善显著。

（4）本品可在一定程度上降低单方胶凝材量总量及水泥用量，并使得混凝土各项性能指标满足施工要求，保证混凝土和易性、可泵送性等施工性能，提高混凝土和易性、充分发挥混凝土的流变性能，可大幅度提高混凝土早期强度，解决混凝土坍落度损失过大的问题，能够降低单方混凝土综合成本。

配方 31 混凝土补偿收缩泵送剂

原料配比

原料		配比(质量份)				
		1#	2#	3#	4#	5#
聚羧酸减水剂	固含量为 25%	65	—	—	—	—
	固含量为 35%	—	50	—	60	—
	固含量为 30%	—	—	55	—	45
硫酸铝铵		10	19	16	13	22
椰油酸二乙醇酰胺		6	12	10	8	14
海泡石	粒径为 70nm	8	—	—	—	—
	粒径为 60nm	—	6	—	—	—
	粒径为 50nm	—	—	5	—	—
	粒径为 40nm	—	—	—	6	—
	粒径为 30nm	—	—	—	—	2
柠檬酸钠		13	11	9	7	5
葡庚糖酸钠		1	2	5	7	8
硬脂酸锌		2	1.4	1.6	1.8	1.2
水		65	60	55	50	45

制备方法 将各组分原料混合均匀即可。

产品特性

(1) 本品既能补偿混凝土收缩，又能符合泵送剂性能要求、满足泵送施工需求，其补偿收缩具有长效性，能与混凝土的强度发展相适应。

(2) 本品具有优异的高抗裂防渗性，避免混凝土抗裂防渗性能不够造成渗漏积水无法使用的隐患。

(3) 本品掺入混凝土后，混凝土减水率接近 22% ，且早期具有一定的膨胀补偿能力，混凝土体积稳定性高，变形小，28d 内基本无收缩，混凝土与钢筋间的握裹力较普通混凝土提高 43.2%，抗裂能力强，防渗能力好，混凝土抗压强度和抗折强度较普通混凝土 3d 和 28d 龄期均提高。

配方 32 混凝土防冻泵送剂（1）

原料配比

原料	配比(质量份)				
	1#	2#	3#	4#	5#
聚羧酸减水剂	60	45	50	55	40
烷基糖苷	3	9	7	5	11
椰油酸二乙醇酰胺	4	6	8	10	12

续表

原料	配比(质量份)				
	1#	2#	3#	4#	5#
聚乙二醇	1	4	3	2	5
酒石酸钠	4	10	8	6	12
羟丙基甲基纤维素	6	—	4	3	2
葡庚糖酸钠	8	6	4	2	1
硬脂酸锌	1.6	1.4	1.2	1	0.8
水	30	35	40	45	50

制备方法　将各组分原料混合均匀即可。

原料介绍　羟丙基甲基纤维素可在混凝土中有效保水，且随着水化反应进行缓慢释放部分水分，为水泥的水化提供水源，提高水泥流动性，促进水泥水化，减少水泥用量，与酒石酸钠和葡庚糖酸钠配伍具有良好的缓凝作用。

聚羧酸减水剂可以大大提高胶凝材料颗粒之间的分散效果，可以在保持拌和物水灰比不变的情况下，改善其工作性能；在保持混凝土和易性不变的情况下，降低混凝土单方用水量，提高混凝土强度，提高减水率，显著改善混凝土坍落度经时损失较快的问题，降低坍落度损失。与其它原料配伍，还克服了聚羧酸减水剂高温环境下保坍性不足，温度敏感性强，同种聚羧酸减水剂在不同季节施工，混凝土保坍性相差甚远等问题。

烷基糖苷是由可再生资源天然脂肪醇和葡萄糖合成的，是一种性能较全面的新型非离子表面活性剂，它兼具普通非离子和阴离子表面活性剂的特性，具有高表面活性、良好的生态安全性和相容性，是国际公认的首选“绿色”功能性表面活性剂。其与其它原料一起作用，能够提高气泡的稳定性，与椰油酸二乙醇酰胺、聚乙二醇配伍，引入足够多的微小且大小均匀的气泡，可提高混凝土的抗冻融性和耐久性，还能够增强混凝土的强度，提高混凝土的抗离析泌水能力。

酒石酸钠和葡庚糖酸钠配伍具有缓凝的作用，同时还能够提高泵送剂与混凝土的适应性，提高混凝土的和易性，进一步提高混凝土的抗离析泌水能力。

硬脂酸锌具有更好的润滑性，保持混凝土较好的流动性，同时能够提高混凝土早期强度，提高混凝土的和易性。此外，硬脂酸锌还克服了聚羧酸减水剂在高掺和材、低水胶比混凝土配制中，混凝土黏度高，不利于施工的问题。其中的聚乙二醇还能够降低混凝土冰点，提高混凝土的抗冻性能。葡庚糖酸钠和硬脂酸锌掺入还可以促进钢筋表面形成致密的保护膜，从而防止混凝土内部钢筋的锈蚀。

产品特性

(1) 本品能够显著提高混凝土抗冻性，抗冻融循环次数可达到 300 次。

(2) 本品在节约水泥用量 13%以上的同时，还能够提高 3 天、7 天、28 天抗压强度 26%～42%。

(3) 本品具有良好的缓凝效果，初凝和终凝时间差为－90～＋120min。

(4) 本品塑化作用强，在保持水灰比和水泥用量不变情况下，坍落度可由 5～7cm 提高到 16～22cm，60min 坍落度基本不损失。

(5) 本品具有良好的减水性、抗泌水性，其中减水率达到 32% 以上，泌水率降低至少 49%。

(6) 本品与其它混凝土外加剂具有良好的复合性，且与各种混凝土适应性好。

(7) 本品的混凝土防冻泵送剂具有防腐蚀作用，可有效保护钢筋。

配方 33 混凝土防冻泵送剂（2）

原料配比

原料		配比(质量份)		
		1#	2#	3#
引气组分	可溶性树脂酸盐	0.2	0.4	0.3
	水	73.8	77.1	73.8
防冻组分		10	4	6
防冻组分	硝酸钙	5.5	2	3
	乙酸钠	4	1	1.5
	有机醇胺	0.5	1	1.5
早强组分	超早强型聚羧酸减水剂	8	15	13
保坍组分	聚羧酸型保坍剂	7	3	6
增黏组分	混凝土高分子增稠剂	1	0.5	0.7
有机醇胺	三异丙醇胺	1	1	1
	改性醇胺类有机小分子	1	1	1

制备方法　先称取引气组分，常温下采用叶片搅拌使之完全混合，然后加入防冻组分并使之完全溶解，加入早强组分、保坍组分、增黏组分，常温下采用叶片搅拌使之完全混合，得到产品。

原料介绍　所述超早强型聚羧酸减水剂由低泡型聚醚大单体 A、聚醚大单体 B、小单体 C、小单体 D 在水溶性氧化还原体系作用下于水性介质中发生自由基共聚反应而制得。

所述聚羧酸型保坍剂的制备方法：在含氨基共聚产物中加环氧基聚乙二醇单甲醚，反应 10～50min，加碱中和调整 pH 值为 6～7，即制得保坍型聚羧酸系减水剂。

所述防冻组分为硝酸钙、硝酸钠、乙酸钠中的一种或多种的混合物与复合有机醇胺以任意比进行复配所得的混合物。

所述混凝土高分子增稠剂的制备方法：将不饱和酰胺类小单体、不饱和羟基酯类小单体、不饱和磺酸类小单体在引发剂和还原剂组成的氧化-还原体系中共同作用，保持在 35～80℃的温度下进行 3～5h 水相自由基聚合反应得到共聚产物，随后用碱液将得到的共聚产物的 pH 值调整为 6～7，加水得到质量浓度为 3%～10%的混凝土增稠剂，即混凝土高分子增稠剂。

所述引气剂为可溶性树脂酸盐或十二烷基磺酸钠中的一种。

所述复合有机醇胺为三异丙醇胺和改性醇胺类有机小分子以任意比复配得到的混合物。

所述改性醇胺类有机小分子由多元胺类有机小分子与环氧类有机小分子在 65～80℃温度下，经催化反应 0.5～2h 后，再加入有机酸反应 0.5～1h 得到，其中，多元胺类有机小分子、环氧类有机小分子、有机酸、催化剂的摩尔比为 1∶(7～9)∶(4～6)∶(0.0005～0.001)。

所述多元胺类有机小分子为乙二胺、1,3-丙二胺、1,4-丁二胺、2-甲基戊二胺或二亚乙基三胺中的一种。

所述环氧类有机小分子为环氧乙烷、环氧丙烷、环氧氯丙烷、1,2-环氧丁烷、4-溴-1,2-

环氧丁烷、2,3-环氧丁烷或1,2-环氧戊烷中的一种。

所述催化剂为 $AlCl_3$、$FeCl_3$、$ZnCl_2$ 或 $TiCl_3$ 中的一种。

所述有机酸为甲酸、乙酸、柠檬酸、水杨酸或乙二酸中的一种。

产品特性

(1) 本品的早期强度和抗冻性能等综合指标良好，在−10～−25℃可应用于强度等级C20～C40泵送混凝土中，适应性强，性价比高，对环境友好，便于储存、运输及使用。

(2) 本品保坍效果好，能够满足工程上的运输要求。

(3) 本品防冻效果显著，且混凝土后期强度高，对于保证负温混凝土耐久性效果显著。

配方 34 混凝土固体泵送剂

原料配比

原料	配比(质量份)	
	1#	2#
醚类聚羧酸减水剂	290	320
缓凝剂葡萄糖	30	39
保塑剂三聚氰胺甲醛磺酸盐	30	39
引气剂脂肪醇磺酸盐	2	1.9
保水剂羧甲基纤维素	15	19
抗渗剂脂肪酸材料	5	6
活性材料煤灰	110	135
水	290	870

制备方法

(1) 将减水剂、缓凝剂、三聚氰胺甲醛磺酸盐保塑剂、引气剂、保水剂、抗渗剂和水按照质量配比混合搅拌均匀，得到混合液体；温度为70～90℃。

(2) 将活性材料打碎并加入混合液体内搅拌均匀，得到混合物。分开搅拌可以使得搅拌更充分均匀，粉煤灰可以延缓混凝土水化发热；活性材料打碎至100～135目。

(3) 将混合物加热烘干，得到固体泵送剂。烘干温度为120～150℃，烘干时间为2～4h。

产品特性　本品具有卓越的减水增强效果和缓凝保塑性能，可以提高混凝土拌和物的和易性，并且延缓水化发热速率，避免开裂，使混凝土更密实，提高抗渗性及耐久性。

配方 35 混凝土用泵送剂（1）

原料配比

原料	配比(质量份)				
	1#	2#	3#	4#	5#
聚羧酸减水剂(固含量为40%)	30	35	45	50	60
十六烷基三甲基氢氧化铵	15	27	23	19	31
烷基糖苷	22	19	16	13	10

续表

原料		配比(质量份)				
		1#	2#	3#	4#	5#
六偏磷酸钠		18	9	12	15	5
乙酸乙酯		16	14	12	9	6
柠檬酸钠		4	13	10	7	6
聚四氟乙烯	粒径为50nm	6	—	—	—	—
	粒径为60nm	—	2	—	—	—
	粒径为80nm	—	—	3	—	—
	粒径为90nm	—	—	—	4	—
	粒径为100nm	—	—	—	—	1
水		40	45	50	55	60

制备方法　将各组分原料混合均匀即可。

原料介绍　选用粒径为50～100nm的聚四氟乙烯，具有更好的润滑性，保持混凝土较好的流动性，同时能够提高混凝土的强度，提高混凝土的和易性。

聚羧酸减水剂可以大大提高胶凝材料颗粒之间的分散效果，可以在保持拌和物水灰比不变的情况下，改善其工作性能；在保持混凝土和易性不变的情况下，降低混凝土单方用水量，提高混凝土强度，提高减水率，显著改善混凝土坍落度经时损失较快的问题，降低坍落度损失。

六偏磷酸钠和柠檬酸钠配伍，起到缓凝作用，还能够提高泵送剂与混凝土的适应性，提高混凝土的和易性，进一步提高混凝土的抗离析泌水能力。

乙酸乙酯通过对钢筋的吸附在钢筋表面阴极区形成一层致密的保护膜，对氧起到屏障作用，阻止钢筋锈蚀，六偏磷酸钠能直接参与界面化学反应，在钢筋表面阳极区形成氧化铁的钝化膜以提高钢筋抗氯离子渗透性，阻止铁离子的流失来阻止钢筋锈蚀，同时能有效抑制碱骨料反应，通过上述两种阻锈方式的共同作用，实现对钢筋阴、阳两极同时保护，提高混凝土阻止钢筋锈蚀的能力。

产品特性

(1) 本品的混凝土用泵送剂具有良好的防腐阻锈作用，可保护钢筋。

(2) 本品塑化作用强，在保持水灰比和水泥用量不变情况下，坍落度可由5～7cm提高到17～21cm，60min坍落度基本不损失。

(3) 本品具有较好的缓凝效果，初凝和终凝时间差为－90～＋115min。

(4) 本品可提高混凝土拌和物的和易性，具有良好流动性，降低泌水及离析，泌水率降低至少50%。

(5) 本品与混凝土适应性强，适合各种混凝土，且与其它混凝土外加剂复合性好。

配方36　混凝土用泵送剂（2）

原料配比

原料	配比(质量份)		
	1#	2#	3#
改性萘磺酸甲醛缩合物	5	7	10
己糖化二钙	4	6	8

续表

原料	配比(质量份)		
	1#	2#	3#
甲基纤维素	6	9	11
皂荚水浸液	3	5	7
硫酸钠	4	6	9
葡萄糖酸钠	2	6	8
六偏磷酸钠	10	12	15
聚磷酸盐	5	8	11
三乙醇胺	12	14	17
硝酸盐	7	9	11
乙二醇	3	5	7
亚硝酸盐	2	6	8
氨基磺酸盐	10	15	20
脂肪族羟基磺酸盐	20	22	25
萘系减水剂	8	11	15

制备方法

(1) 将改性萘磺酸甲醛缩合物、己糖化二钙、甲基纤维素、皂荚水浸液、硫酸钠、葡萄糖酸钠、六偏磷酸钠、聚磷酸盐依次放进反应釜中进行搅拌混合反应，搅拌 10～25min，进行加热反应，反应釜温度为 50～75℃，反应时间为 25～45min，制得第一反应物。

(2) 然后向第一反应物中依次加入三乙醇胺、硝酸盐、乙二醇、亚硝酸盐、氨基磺酸盐、脂肪族羟基磺酸盐和萘系减水剂，搅拌 15～20min，继续反应 25～35min，制得第二反应物。

(3) 对第二反应物进行冷却，静置 12～24h，即可制得混凝土用泵送剂。

产品特性　本品具有减水、保坍、助泵、缓凝、早强、防冻等性能，能广泛适用于商品混凝土和商品砂浆的生产中，制备方法简单。

配方 37　混凝土用泵送剂（3）

原料配比

原料	配比(质量份)				
	1#	2#	3#	4#	5#
基于三唑基对苯二甲酸基硫酸酯基高聚物硼酸盐	10	12	15	18	20
氟硅酸锌	0.5	0.7	1	1.4	1.5
3-氨基苯硼酸改性端环氧基超支化聚(胺-酯)	5	6	7.5	9	10
聚羧酸高性能减水剂	10	11	13	14	15
N,*N*-双(2-羟乙基)-2-氨基乙磺酸	0.3	0.4	0.45	0.55	0.6
消泡剂	0.1	0.15	0.2	0.25	0.3
水	40	45	50	55	60

制备方法 将各组分按质量份混合均匀，在50～60℃下搅拌1～3h，得到混凝土用泵送剂。

原料介绍 所述消泡剂为德国AGITAN粉体消泡剂P803。

所述聚羧酸高性能减水剂为KH-D1-X聚羧酸高性能减水剂。

所述3-氨基苯硼酸改性端环氧基超支化聚（胺-酯）的制备方法，包括如下步骤：将3-氨基苯硼酸、端环氧基超支化聚（胺-酯）、碱性催化剂加入有机溶剂中，在70～80℃下搅拌反应3～5h，然后过滤除去不溶物，再旋蒸除去溶剂，得到3-氨基苯硼酸改性端环氧基超支化聚（胺-酯）。

所述3-氨基苯硼酸、端环氧基超支化聚(胺-酯)、碱性催化剂、有机溶剂的质量比为(0.8～1.2)∶(3～5)∶(20～30)。

所述有机溶剂为二甲基亚砜、*N*,*N*-二甲基甲酰胺、*N*,*N*-二甲基乙酰胺中的至少一种。

所述碱性催化剂为碳酸钠、碳酸钾中的至少一种。

所述基于三唑基对苯二甲酸基硫酸酯基高聚物硼酸盐的制备方法，包括如下步骤：将2,5-双(1,2,4-三唑-1-基)对苯二甲酸、二（氯甲基）硫酸酯、碳酸钠加入二甲基亚砜中，在40～60℃下搅拌反应4～6h，然后过滤除去不溶物，再旋蒸除去二甲基亚砜，接着将其加入质量分数为10%～20%的硼酸溶液中，在60～80℃下搅拌反应2～4h，然后旋蒸除去水，得到基于三唑基对苯二甲酸基硫酸酯基高聚物硼酸盐。

所述2,5-双(1,2,4-三唑-1-基)对苯二甲酸、二(氯甲基)硫酸酯、碳酸钠、二甲基亚砜、硼酸的摩尔比为1∶1∶(2～4)∶(10～16)∶2。

产品特性 本品各组分协同作用，泵送效果和性能稳定性佳，与水泥的适应强，保塑性能优异，掺量少，对混凝土综合性能负面影响小，制备成本低廉，使用安全环保。

配方 38 混凝土用增强泵送剂

原料配比

原料		配比(质量份)				
		1#	2#	3#	4#	5#
流变剂	硅酸镁铝	21	27	24	23	24
	膨润土	7	5	8	5	6
	二羟基聚二甲基硅氧烷	3	4	5	5	5
	马来酸酐	5	3	2	3	4
	四甲基二乙烯基二硅氮烷	2	2	2	1	1
	均四甲苯	25	23	25	21	28
流变剂		100	100	100	100	100
糖钙		33	31	33	32	34
硅溶胶		56	58	52	54	55
顺丁烯二酸二丙酯		6	8	6	8	10
全氟辛基三乙氧基硅烷		2	4	4	3	5
羟丙基淀粉醚		7	7	9	7	5

制备方法

(1) 首先制备流变剂，称取硅酸镁铝和膨润土并混合均匀，放入球磨机中进行球磨，球磨时间为30～50min，球磨速度约400～600r/min，球磨后粒度达到200～300μm，加入四甲基二乙烯基二硅氮烷和均四甲苯，使用震动器震动混合，之后在50～55℃水浴中加热搅拌，搅拌时间为20～40min，形成悬浮混合液，悬浮混合液pH值调至3～4，随后向悬浮混合液中加入二羟基聚二甲基硅氧烷，搅拌均匀，使混合溶液温度保持在35～40℃，随后加入马来酸酐，pH值调至5～6，混合液放入反应釜中，搅拌速度控制在100～120r/min，得到流变剂。

（2）将制备得到的流变剂与糖钙和硅溶胶加入混合搅拌机中搅拌均匀，再将顺丁烯二酸二丙酯和全氟辛基三乙氧基硅烷加入混合搅拌机中搅拌均匀，加入羟丙基淀粉醚均匀混合后，即得增强泵送剂。

产品特性　本品添加到混凝土中后，使得其浆体均匀性变好，黏度减小、浆料的流动速度变快，混凝土中的骨料悬浮性增强，在较长时间内不出现沉底现象，使得浆料包裹骨料更加均匀，其中的流变剂改善浆料流动性，使拌和物具有能顺利通过输送管道、不阻塞、不离析、黏塑性良好的性能，增强泵送剂可以使混凝土中存在一定量均匀分布的小气泡，微小的气泡能够减小混凝土内部摩擦，降低泵送阻力。

配方39　抗冻融型混凝土泵送剂（1）

原料配比

原料		配比(质量份)			
		1#	2#	3#	4#
水①		60	60	60	60
缓凝剂	葡萄糖酸钠	2	1.5	1	—
	白糖或三聚磷酸钠	—	—	—	1
聚羧酸减水剂		18	16	15	12
增效分散剂		2	2	2	2
缓释剂	羟丙酯类缓释型减水剂	8	8	5	10
离析泌水抑制剂		6	8	5	8
引气剂	三萜皂苷	0.3	0.5	—	0.3
	十二烷基硫酸钠	0.2	—	0.6	0.3
水②		3.5	4	11.4	6.4

制备方法

（1）取水①置于罐中，在搅拌状态下加入缓凝剂，再加入聚羧酸减水剂，搅拌（1±0.1)h。

（2）继续在搅拌状态下加入增效分散剂、缓释剂、离析泌水抑制剂，再搅拌0.5～1h。

（3）待所加入的组分充分溶解后，加入三萜皂苷和十二烷基硫酸钠，搅拌（0.5±0.1）h后静置，再加入水②，待泡沫消完后即制得抗冻融型混凝土泵送剂。

原料介绍　所述聚羧酸减水剂为商品HT-1型高效减水剂或者市售的具有相同功能的减水剂。

所述增效分散剂是商品BTC分散剂。

所述离析泌水抑制剂是常规市售产品。

产品特性

（1）本品具有高减水、高保坍、大流动性、高含气量、不泌水离析的特点，可解决混凝土抗冻融泵送施工技术难题。使用本品后混凝土具有良好的施工性能、泵送性能和耐久性能，能够实现为各种污水处理厂水池和大型水库及河道建设提供优质的抗冻融型泵送混凝土。

（2）所采用的聚羧酸减水剂具有适应性好、减水率高、早期强度增长快的特点，可以更大幅度地降低混凝土的需水量。

配方 40 抗冻融型混凝土泵送剂（2）

原料配比

原料	配比(质量份)		
	1#	2#	3#
萘系减水剂	50	36	25
氨基减水剂	5	10	15
脂肪族减水剂	5	10	10
缓凝剂	1	3	6
引气剂皂角苷粉	0.2	0.4	0.7
离析泌水抑制剂	1	5	8
柠檬酸钠	1	3	5
葡萄糖酸钠	0.3	2	4
水	36.5	30.6	26.3

制备方法

（1）先将萘系减水剂、氨基减水剂和脂肪族减水剂用泵抽入搅拌罐中搅拌 25～30min，再加入缓凝剂搅拌 5～10min，继续在搅拌状态下加入离析泌水抑制剂搅拌 10～20min，之后加入柠檬酸钠、葡萄糖酸钠和水搅拌 50～60min。

（2）待所加入的组分充分溶解后，加入引气剂，搅拌 15～20min 后，静置 40～60min，最后用泵抽出，即可得抗冻融型混凝土泵送剂。

原料介绍　所述缓凝剂为糖钙、糖粉、三聚磷酸钠、麦芽糊精、六偏磷酸钠、蔗糖中的任意一种。

离析泌水抑制剂的制备方法，步骤如下：

（1）以总质量的百分含量计，分别称取过硫酸铵或亚硫酸氢钠 0.05%、氢氧化钠 5%、丙烯酸 17%～20%、水 40%，一起加入配有温度计、搅拌器和滴加装置的四口烧瓶中，搅拌均匀。

（2）以总质量的百分含量计，分别称取浓度为 5%的双氧水或高锰酸钾 1.3%～1.5%（作为氧化剂），还原剂维生素 C 1.1%～1.3%及巯基丙酸 0.005%～0.008%，将其一并滴加到步骤（1）制得的溶液中，反应 1～1.5h，得到有大分子量的聚丙烯酸钠的溶液。

（3）以总质量的百分含量计，分别称取丙烯酸 5%、丙烯酰胺 4%～6%、水 23%，将其一并加到步骤（2）制得的溶液中，继续反应 4～6h，静置 1h。

（4）向步骤（3）制得的溶液中加入氢氧化钠，调节溶液的 pH 值为 6～8，即得到离析泌水抑制剂产品。

产品特性 本品具有强度高、性能稳定、高流化、黏聚、润滑、缓凝的优点，且可有效锁水，提高混凝土的抗离析、抗泌水性，从而减水效率高、适用范围广。

配方 41 抗开裂自修复混凝土泵送剂

原料配比

原料		配比(质量份)		
		1#	2#	3#
纳米级多羟基纤维束	水稻秸秆	300	200	250
	0.5mol/L 氢氧化钠溶液	适量	适量	适量
氧化淀粉	玉米淀粉	200	100	150
	质量浓度为 30%的双氧水	400(体积)	300(体积)	350(体积)
自制减水剂	纳米级多羟基纤维束	2	2	2
	氧化淀粉	1	1	1
钟乳石晶种粉末	钟乳石	500	400	450
混合浆料	鸡腿菇	150	100	120
	茶树菇	80	50	60
	去离子水	500(体积)	400(体积)	450(体积)
上清液	混合浆料	10	10	10
	新鲜葡萄皮	1	1	1
抗开裂自修复助剂	钟乳石晶种粉末	1	1	1
	上清液	8	8	8
自制减水剂		20	15	17
抗开裂自修复助剂		12	10	11
松香树脂		2	1	1
柠檬酸		9	7	8
甲基硅油		4	2	3

制备方法

(1) 称取水稻秸秆放入气流粉碎机中粉碎成长为 1～2cm 的碎片，将其用浓度为 0.5mol/L 的氢氧化钠溶液浸泡 4～6h，浸泡后过滤得到滤渣，立即用液氮喷淋冷冻 40～60s，再放入研钵中研磨 20～30min，得到纳米级多羟基纤维束。

(2) 称取玉米淀粉和质量浓度为 30%的双氧水混合搅拌 10～15min 后装入透析袋中，密封袋口后放入烘箱中，在 40～50℃下保温处理 1～2h，最后经鼓风干燥得到氧化淀粉，再按质量比为 2∶1 将上述纳米级多羟基纤维束和氧化淀粉依次倒入球磨机中研磨混合 15～20min，得到自制减水剂，备用。

(3) 称取钟乳石放入碎石机中粉碎 20～30min 得到钟乳石碎块，再将钟乳石碎块用液压机以 3～5MPa 的压力压制成粉，得到钟乳石晶种粉末，备用。

(4) 称取鸡腿菇、茶树菇，将其剁碎后和去离子水混合并倒入高压均质机中均质处理 15～20min，得到混合浆料，按质量比为 10∶1 将混合浆料和新鲜葡萄皮依次装入发酵罐中，密封罐口后在 32～35℃下保温发酵 9～11 天。

（5）发酵结束后过滤得到发酵液并用卧式离心机以3000～4000r/min的转速离心处理8～12min，分离得到上清液，再按质量比为1∶8将备用钟乳石晶种粉末浸入上清液中，摇床振荡浸渍15～20h，浸渍结束后过滤分离得到滤渣，干燥后得抗开裂自修复助剂。

（6）称取自制减水剂、抗开裂自修复助剂、松香树脂、柠檬酸和甲基硅油依次加入搅拌反应釜中，在40～50℃下搅拌混合反应30～50min后出料，包装后即得抗开裂自修复混凝土泵送剂。

使用方法　分别称取43～50kg水泥，65～72kg砂，45～50kg碎石，20～27kg水和2～3kg的上述制备的抗开裂自修复混凝土泵送剂，依次加入混凝土搅拌机中搅拌混合直至均匀后，进行浇筑。经检测，混凝土的坍落度达到22cm以上，且得到的混凝土表面不粗糙，未出现开裂剥落的现象。

产品特性

（1）本品可以对混凝土中的裂缝进行填充，起到抗裂自修复的作用，使混凝土表面保持光滑的状态，且混凝土不易出现开裂、剥落的现象。

（2）本品大幅度提高了混凝土的流动性能，使其混凝土的坍落度达到22cm以上。

配方42　适用于混凝土搅拌站废水循环利用的混凝土泵送剂

原料配比

原料		配比(质量份)		
		1#	2#	3#
聚羧酸减水剂		15	20	18
葡萄糖酸钠		5	10	8
木质素磺酸钙		4	8	6
三聚磷酸钠		2	4	6
十二烷基苯磺酸钠		1	2	2
羟甲基纤维素醚		2	3	2
水		71	53	58
聚羧酸减水剂	甲基烯丙基聚氧乙烯醚	100	100	100
	丙烯酸	6	8	7
	丙烯酸羟乙酯	12	15	13
	维生素C	0.16	0.18	0.17
	双氧水	0.8	2	1.2
	巯基乙酸	0.40	0.5	0.45
	氢氧化钠	0.8	1.2	1.0
	去离子水	150	180	160

制备方法　将各组分原料混合均匀即可。

原料介绍　所述的聚羧酸减水剂的具体合成步骤为：

（1）将丙烯酸、丙烯酸羟乙酯按比例与水混合，配制成质量分数为45%～65%的溶液A料。

（2）将维生素C和巯基乙酸按比例与水混合，配制成质量分数为2%～5%的溶液B料。

(3) 将甲基烯丙基聚氧乙烯醚与水混合，配制成质量分数为45%～65%的甲基烯丙基聚氧乙烯醚溶液。

(4) 向反应釜内加入配制好的甲基烯丙基聚氧乙烯醚溶液，搅拌升温使其完全溶解；待温度升至40～45℃，加入双氧水，并同时滴加溶液A料和溶液B料；控制滴加速度，使溶液A料的滴加时间为2～2.5h，溶液B料的滴加时间为2～3h，滴加完毕后，恒温1～2h。

(5) 待反应物冷却，用氢氧化钠溶液中和，调节pH值至6～8，即得所需的聚羧酸减水剂。

产品特性

(1) 本品中，聚羧酸减水剂采用甲基烯丙基聚氧乙烯醚作为聚醚单体，其分子量为2400，是通过水溶液自由基聚合反应制得的产物，相较于普通的聚羧酸减水剂，其主链较短而侧链较长，这种分子结构具有较强的分散性，且所合成的减水剂分子侧链能随着水泥与废水的拌和物碱性的增加而断裂，使流动保持性提高。同时，选用丙烯酸作为聚合反应中的不饱和酸，接枝具有缓释功能官能团的单体丙烯酸羟乙酯，以双氧水作为引发剂，维生素C与巯基乙酸作为链转移剂，通过水溶液自由基聚合反应制得所需的聚羧酸减水剂。

(2) 本品中加入了木质素磺酸钙与三聚磷酸钠组分，可优先吸附于废水中残留的水化硅酸钙、钙矾石及泥等杂质之上，有效地降低了废水中有害杂质对于聚羧酸减水剂的消耗；选用了十二烷基苯磺酸钠作为引气剂，使得利用本品制备的废水混凝土含有均匀的气泡，提高了废水混凝土拌和物的和易性，并提高了利用废水制备的混凝土的抗冻融性能。另外，羟甲基纤维素醚作为保水增稠组分，改善了利用废水制备的混凝土拌和物的坍落度的保持性，提高了混凝土拌和物的可泵送性。

(3) 本品可供外加剂生产厂生产，并广泛应用于各类混凝土搅拌站生产企业利用废水制备混凝土，有利于废水的可循环再利用技术的推广，是一种较为理想的利用搅拌站废水配制混凝土的专用泵送剂。

配方43 轻集料混凝土泵送剂

原料配比

原料	配比(质量份)	
	1#	2#
树脂胶粉	8	10
聚氧化乙烯	4	3
钢纤维	60	80
十二烷基磺酸钠	12	15
硅灰	200	300

制备方法　所有原材料按照比例称量好后，一起加入单卧轴强制式搅拌机中同时搅拌，搅拌均匀即可，一般搅拌250s以上。

原料介绍　所述的聚氧化乙烯分子量为500000～1000000。

所述的硅灰的比表面积为10000～25000m^2/kg。

使用方法　泵送剂掺量为胶凝材料总质量的0.5%～1.4%。

产品特性　本品针对轻集料混凝土工作性能损失的特点，合理选择原料得到一种轻集料混凝土泵送剂，将其应用到轻集料混凝土中，可以改善轻集料混凝土的均质性，提高其泵送性能。

配方 44　适用于超高层混凝土的 WHDF-G 型泵送剂

原料配比

原料		配比(质量份)					
		1#	2#	3#	4#	5#	6#
晶化激发组分	六偏磷酸钠	18	—	18	—	18	—
	明矾	—	16	—	16	—	16
活性激发组分	绿矾	10	—	10	—	10	—
	半水石膏	—	12	—	12	—	12
铝酸三钙抑制组分	磷石膏	12	—	12	—	12	—
	硼酸	—	9	—	9	—	9
和易性调节组分	萘磺酸钠	10	—	12	—	9	—
	氨基磺酸钠	—	10	—	12	—	9
保水组分	三聚磷酸钠	6	—	3	—	5	—
	凹凸棒土	—	4	—	5	—	3
缓凝组分	三聚磷酸钠	4	—	5	—	6	—
	偏硼酸钠	—	6	—	3	—	8
防微生物组分	尿素	2	—	2	5	2	—
	水玻璃	—	5	—	—	—	5
水		38	38	38	38	38	38

制备方法　将各组分原料混合均匀即可。

使用方法　本品的 WHDF-G 型泵送剂使用掺量为混凝土胶材用量的 1%～2%（后浇带为混凝土胶材用量的 2.5%）。

产品特性　本品通过促进水泥水化程度，优化水化产物，抑制铝酸三钙早期快速水化，降低早期水化热等作用，使体系凝胶增多，孔隙下降，骨料界面结构及早期水化热得以改善，在显著提高混凝土抗裂、抗渗及耐久性的同时，有效改善混凝土拌和物的和易性及泵送性能。

配方 45　适用于轻集料混凝土的泵送剂

原料配比

原料	配比(质量份)		
	1#	2#	3#
硅灰	75	62	50
木质素纤维	15	20	25
缓凝剂	1	3	5
纤维素醚	5	7	10
分散剂	1	3	4
引气剂	0.3	0.6	0.9
葡庚糖酸钠	1	3	4
硬脂酸锌	1.7	1.4	1.1

制备方法　按照按上述质量配比称量原料，一起加入单卧轴强制式搅拌机中同时搅拌，搅拌均匀便可得到，一般搅拌时长为 3min。

原料介绍　所述缓凝剂为糖钙、糖粉、三聚磷酸钠、麦芽糊精、六偏磷酸钠、蔗糖或葡萄糖酸钠中的至少一种。

所述引气剂为十二烷基磺酸钠、AOS 引气剂或皂角苷粉中的任意一种。

所述分散剂为聚环氧乙烷、聚苯乙烯或聚丙烯中的任意一种。

所述的纤维素醚为甲基羟乙基纤维素醚，黏度为 30000～50000mPa·s。

引气剂在混凝土内引入一定量的均匀分布、密闭、独立的微小气泡，一方面抑制或削弱新拌混凝土在浇筑过程中发生的泌水，另一方面既为冻结的冰晶提供了一定的膨胀空间，又为过冷水的渗透压力提供了一个缓冲空间，从而提高混凝土的抗冻能力，适用范围广。

缓凝剂可以延长水泥的硬化时间，使新拌制混凝土能在较长时间内保持塑性，从而调节新拌制混凝土的凝结时间。同时缓凝剂作为混凝土坍落损失的抑制剂，缓凝剂可以确保混凝土在泵送过程中具有较好的流动性。

葡庚糖酸钠和硬脂酸锌还可以促进钢筋表面形成致密的保护膜，从而防止混凝土内部钢筋的锈蚀。

硬脂酸锌可以改善混凝土的润滑性，进一步提高轻集料混凝土的泵送性能。

使用方法　本品掺量为胶凝材料总质量的 0.2%～1.0%。

产品特性　本品可改善轻集料混凝土的均质性，可以补偿泵送过程中被轻集料吸收的水分，减小轻集料混凝土的泵送损失，提高泵送性能。

配方 46　海洋环境下抗氯离子混凝土泵送剂

原料配比

原料		配比(质量份)					
		1#	2#	3#	4#	5#	6#
聚羧酸母液		7.5	8.25	9	8.25	9	9.75
丙烯酸酯类保坍剂		6	5.25	4.5	6	5.25	4.5
普通减水剂	木质素磺酸钙	0.6	—	0.9	—	0.6	0.75
	木质素磺酸钠	—	0.75	—	0.9	—	—
调凝剂	羟基亚乙基二磷酸	3.375	3.75	3	3.75	3	3.375
	蔗糖	0.225	0.3	0.375	0.3	0.225	0.375
	三聚磷酸钠	0.375	0.525	0.225	0.225	0.375	0.525
保水剂	纤维素醚	0.025	—	—	—	—	0.025
	聚丙烯酰胺	—	0.0375	0.05	0.0375	0.05	—
增强剂	三乙醇胺	1.25	1.125	1.125	1.125	1.25	1.125
	三乙丙醇胺	0.375	0.5	0.625	0.5	0.625	0.375
	二乙醇单异丙醇胺	0.5	0.375	0.25	0.375	0.5	0.25
扩散剂	NNO	1.125	—	1.25	1.25	1.125	—
	MF	—	1.25	—	—	—	1.125
阻锈剂	硫脲	0.025	0.03	—	—	0.025	0.03
	亚硝酸钠	—	—	0.035	0.035	—	—

续表

原料		配比(质量份)					
		1#	2#	3#	4#	5#	6#
阻锈剂	钼酸钠	0.02	0.025	0.03	0.025	0.03	0.02
	磷酸氢二钠	0.01	0.0125	0.015	0.0125	0.015	0.01
渗透剂	脂肪醇聚氧乙烯醚	0.0025	0.00375	—	0.00375	—	0.0025
	氟碳表面活性剂	—	—	0.0025	—	0.0025	—
憎水剂	甲基硅酸钾	1.25	1.125	—	1.125	—	1.25
	甲基硅酸钠	—	—	1.25	—	1.25	—
消泡剂	P803 消泡剂	0.0375	—	—	—	—	0.0375
	有机硅消泡剂	—	0.025	0.0375	0.025	0.0375	—
引气剂	十二烷基苯磺酸钠	0.02	—	0.015	0.02	0.015	—
	十二烷基苯硫酸钠	—	0.02	—	—	—	0.02
水		加至 100	加至 100	加至 100	加至 100	加至 100	加至 100

制备方法　将各组分原料混合均匀即可。

原料介绍　阻锈剂可以提高混凝土中钢筋的防锈蚀效果和海洋环境下混凝土的耐久性。

扩散剂用以分散水泥颗粒，提高掺和料的掺量。

增强剂可以激发掺和料的活性，增强混凝土的强度，掺和料矿粉为降低氯离子扩散系数的有效成分，提高掺和料的量可以提高抗氯离子能力。

消泡剂用于消除海工混凝土制作过程中产生的气泡，增加混凝土的密实程度，提高混凝土的强度和抗氯离子渗透能力。

引气剂引导混凝土拌制过程中产生的气体，减少混凝土的空隙，增加混凝土的密实度，提高混凝土的强度，减少海水和海水中氯离子的渗透，有效防止钢筋的锈蚀。

保水剂保水抗裂，防止泵送过程中泌水和离析。

渗透剂可以减小混凝土拌制过程中混凝土的表面张力，使得泵送剂中的成分渗透到混凝土内部，更好地发挥作用。

产品特性　本品可以在混凝土强度基本不变的情况下，降低水泥的用量，提高矿粉的掺和量，减少成本，大幅降低氯离子扩散系数，提高混凝土在海洋环境下的抗腐蚀能力。

配方 47　新型混凝土泵送剂（1）

原料配比

原料	配比(质量份)		
	1#	2#	3#
对羟基-*N*,*N*-二甲基环己胺	30	35	40
改性萘磺酸甲醛缩合物	25	20	15
纳米二氧化硅	6	5	4
十二烷基硫酸钠	5	4	3
甲基纤维素	8	6	4
硫酸钠	1	0.8	0.5
葡萄糖酸钠	1	0.8	0.5
水	24	28.4	33

制备方法　先将水加入混合机中，再将对羟基-N,N-二甲基环己胺、改性萘磺酸甲醛缩合物、纳米二氧化硅、十二烷基硫酸钠、甲基纤维素、硫酸钠、葡萄糖酸钠依次加入混合机中，进行搅拌、溶解 7～9h，即得所述新型混凝土泵送剂。

使用方法　本品的掺量为凝胶材料用量的 15%～20%。

产品特性

(1) 本品能提高混凝土的抗渗、抗冻、耐久性，能降低混凝土坍落度损失，减水性良好，无氟低碱，对钢筋无锈蚀作用，不会出现碱骨料反应，适合于长距离运输及泵送施工，适用范围广。

(2) 本品为褐色液体，密度为 (1.20±0.02)g/mL，固体含水率≤10%，pH 值为 7～9，无氯离子，水泥净浆流动度≥200mm。

(3) 本品可广泛用于商品混凝土、泵送混凝土、高层建筑、铁路、公路桥梁、隧道、地下工程、水利电力工程、大体积混凝土、高强混凝土及预应力钢筋混凝土工程。

(4) 本品减水率可达到 20%～24%。掺入本产品，可使混凝土坍落度增加 10cm 以上，在同水泥和同坍落的条件下，混凝土 3 天强度可达到设计强度的 65%～75%，7 天强度可达 100%，28 天强度较不掺者提高 38%～48%。

(5) 本品强度高，性能稳定，具有高流化、黏聚、润滑、缓凝之功效。

配方 48　新型混凝土泵送剂（2）

原料配比

原料		配比(质量份)			
		1#	2#	3#	4#
改性麦芽糊精	DE-25 的麦芽糊精	41	47	50	56
	氢氧化钠	0.5	0.6	0.7	0.9
	N,N-二甲基甲酰胺	60	70	80	100
	磺化剂 1,3-丙基磺酸内酯	39	45	50	54
改性麦芽糊精		56	58	60	62
烷基芳基磺酸盐型表面活性剂		13	16	20	22
掺和料		19	22	24	27
矿物干燥防潮剂		1	1.8	2.6	3

制备方法

(1) 将 DE-25 的麦芽糊精在烘箱中烘干 (40～60℃) 至质量不再发生变化，取出备用。

(2) 将 0.5～0.9 份氢氧化钠溶于 60～100 份的 N,N-二甲基甲酰胺溶液中，充分溶解。

(3) 将 (1) 得到的麦芽糊精溶于 15～30℃的 (2) 得到的溶液中搅拌 2h。

(4) 将 39～54 份的磺化剂 1,3-丙基磺酸内酯加入并搅拌 12h。

(5) 将 (4) 完成后的溶液洗涤、抽滤、干燥得到改性麦芽糊精。

(6) 将改性麦芽糊精、烷基芳基磺酸盐型表面活性剂、掺和料、矿物干燥防潮剂在混料机中混料 15～30min。

(7) 取样检测，检测合格后袋装封存。

原料介绍　所述烷基芳基磺酸盐型表面活性剂为烷基苯磺酸钠、二丁基萘磺酸钠中的至少一种。

所述掺和料为Ⅰ级粉煤灰、微珠、微硅粉中的至少一种。

所述矿物干燥防潮剂为蒙脱石干燥剂、凹凸棒石干燥剂、活性白土干燥剂中的至少一种。

产品特性　本品降低泵送剂成本；pH呈中性，不会锈蚀钢筋，在泵管中形成一层致密的薄膜，不需要增加防锈组分；无腐蚀性，对施工人员无伤害。本品对麦芽糊精的多羟基结构进行一定的磺化处理，增加一定的减水率，增加其泵送剂中改性麦芽糊精的比例，最终达到适宜的减水率和缓凝以及润滑效果。

配方 49　用于大掺量粉煤灰混凝土的激发泵送剂

原料配比

原料		配比(质量份)		
		1#	2#	3#
聚羧酸高效减水剂	40%的五碳聚羧酸母液	1	1	1
	自来水	4	4	4
三乙醇胺		0.03	0.04	0.05
二乙醇单异丙醇胺		0.02	0.025	0.03
十二烷基硫酸钠		0.002	0.002	0.002
丙烯酸		0.07	0.07	0.07
硫氰酸钠		0.08	0.08	0.08
元明粉		0.3	0.3	0.3
硅酸钠		0.5	0.5	0.5
氢氧化钠		0.6	0.6	0.6
T-7CE渗透剂		0.020	0.020	0.025

制备方法

(1) 先用浓度为40%的五碳聚羧酸母液1份、自来水4份制备出聚羧酸高效减水剂。

(2) 将聚羧酸高效减水剂、三乙醇胺、二乙醇单异丙醇胺、十二烷基硫酸钠、丙烯酸、硫氰酸钠、元明粉、硅酸钠、氢氧化钠、T-7CE渗透剂等全部置于反应釜中，在不断搅拌的状态下，加热至60℃并在该温度下反应40min，制备出用于大掺量粉煤灰混凝土的激发泵送剂。

使用方法　在混凝土生产过程中，在粗细骨料及其配比变动不大的前提下，减少水泥的用量，增加粉煤灰的用量，并将本品按照胶凝材料质量的3.0%～3.5%掺入粉煤灰中，在其他工序不变的情况下生产出拌和物坍落度增加，泵送性能得以改善，且7d、28d的抗压强度与普通混凝土相近，60d抗压强度达到普通混凝土89.73%～121.58%的大掺量粉煤灰混凝土。

产品特性　本品能够大幅提升混凝土中的粉煤灰掺量，从而降低混凝土中的水泥用量和生产成本，并能够有效激发粉煤灰潜在的胶凝特性，提高混凝土的早期强度，同时还可以改善混凝土拌和物的流动性能。

配方 50 用于大体积混凝土的泵送剂

原料配比

原料		配比(质量份)		
		1#	2#	3#
聚羧酸系减水剂		1.20	1.5	1.35
聚羧酸系保坍剂		0.60	0.75	0.7
葡萄糖酸钠		0.30	0.4	0.35
麦芽糊精		0.1	0.2	0.15
蛋白多糖		0.10	0.15	0.12
乳酸		0.01	0.05	0.03
对羟基苯甲醚		0.005	0.01	0.008
木质素磺酸钠		0.02	0.03	0.025
羧甲基纤维素钠		0.1	0.15	0.13
水		7.40	7.6	7.5
聚羧酸系减水剂	异戊烯基聚氧乙烯醚单体	80	80	80
	乙酸乙酯	8	8	8
	丙烯酸单体	12	12	12

制备方法 将各组分原料于搅拌装置中充分搅拌配合而成。

原料介绍 所述聚羧酸系减水剂由异戊烯基聚氧乙烯醚单体、乙酸乙酯、丙烯酸单体在引发剂、链转移剂作用下，于 70～90℃水溶液中共聚反应后，加碱中和而成。

所述引发剂为过硫酸铵，所述链转移剂为巯基乙酸。

使用方法 本品在使用时的掺量为混凝土中胶凝材料用量的 1.5%～2.0%。

产品特性 本品适用于大体积混凝土的施工，适应各种温度条件尤其夏季高温的大体积混凝土泵送，并可抑制大体积混凝土的水化热，减少大体积混凝土施工后的开裂；同时还具有减水率高、保坍性好、含气量低等优点，并且可大大提高混凝土的和易性。

配方 51 用于混凝土的泵送剂

原料配比

原料	配比(质量份)				
	1#	2#	3#	4#	5#
聚羧酸减水剂	60	45	50	55	40
十六烷基三甲基氢氧化铵	3	9	7	5	11
脂肪醇聚氧乙烯醚硫酸钠	4	6	8	10	12
硬脂酸锌	1	4	3	2	5
葡萄糖酸钠	4	10	8	6	12
糖钙	8	6	4	2	1

续表

原料		配比(质量份)				
		1#	2#	3#	4#	5#
聚四氟乙烯	粒径为60nm	1.6	—	—	—	—
	粒径为50nm	—	1.4	—	—	—
	粒径为30nm	—	—	1.2	—	—
	粒径为40nm	—	—	—	1	—
	粒径为20nm	—	—	—	—	0.8
水		30	35	40	45	50

制备方法　将各组分原料混合均匀即可。

产品特性

(1) 本品选用粒径为20～60nm的聚四氟乙烯，具有更好的润滑性，保持混凝土较好的流动性，同时能够提高混凝土的强度，提高混凝土的和易性。此外，聚四氟乙烯还克服了聚羧酸减水剂在高掺和材、低水胶比混凝土配制中，混凝土黏度高，不利于施工的问题。

(2) 本品与其它混凝土外加剂具有良好的复合性，且与各种混凝土适应性好。

(3) 本品塑化作用强，在保持水灰比和水泥用量不变的情况下，坍落度可由5～7cm提高到18～22cm，60min坍落度基本不损失。

(4) 本品具有良好的减水性、抗泌水性，其中减水率达到29%以上，泌水率降低至少52%。

配方52　用于混凝土的防冻型泵送剂

原料配比

原料	配比(质量份)
聚羧酸减水剂	100
低浓萘高效减水剂	100
氨基磺酸盐系减水剂	90
亚硝酸钠	6
硝酸钙	9
硫代硫酸钠	9
麦芽糊精	13
氯化钠	7
尿素	15
甲醇	40
羟丙基甲基纤维素	4
木质素磺酸钠	8
酒石酸钠	8
葡萄糖酸钠	8
引气剂	0.4
增黏剂	0.8

制备方法　将各组分原料混合均匀即可。

原料介绍　所述的引气剂为十二烷基磺酸钠。

所述的增黏剂为混凝土高分子增稠剂。

产品特性

（1）本品为水泥的水化提供水源，提高水泥流动性，促进水泥水化，减少水泥用量，具有良好的缓凝作用。

（2）本品解决了防冻剂和泵送剂“双掺”使用会严重影响混凝土的强度的问题。

（3）本品减水率达到36%以上，28d抗压强度提高140%以上，本品冷冻试验温度达−15℃。

配方 53　中效混凝土泵送剂

原料配比

原料		配比(质量份)		
		1#	2#	3#
纤维素醚		10	15	20
聚羧酸减水剂		9	6	3
硅酸镁铝		8	13	18
正硅酸四乙酯		12	8	4
己糖化二钙		5	10	15
十二烷基磺酸钠		15	10	5
聚氧化乙烯		4	8	12
水		30	20	10
聚羧酸减水剂	烯丙基醚	10	20	30
	丙烯酸	20	15	10
	过硫酸铵	5	7	9
	巯基乙酸	9	6	3

制备方法　先将水加入混合机中，再将纤维素醚、聚羧酸减水剂、硅酸镁铝、正硅酸四乙酯、己糖化二钙、十二烷基磺酸钠、聚氧化乙烯依次加入混合机中，进行搅拌、溶解6～8h，即得所述中效混凝土泵送剂。

产品特性

（1）本品强度高，性能稳定，具有高流化、黏聚、润滑、缓凝之功效，适用范围广，同时减水性良好。

（2）本品为褐色液体，密度为(1.20±0.02)g/mL，固体含水率≤10%，pH值为7～9，无氯离子，水泥净浆流动度≥200mm。

（3）本品能提高混凝土的抗渗、抗冻、耐久性，能降低混凝土坍落度损失，减水性良好，无氟低碱，对钢筋无锈蚀作用，不会出现碱骨料反应，适合于长距离运输及泵送施工，适用范围广。

（4）本品广泛用于商品混凝土、泵送混凝土、高层建筑、铁路、公路桥梁、隧道、地下工程、水利电力工程、大体积混凝土、高强混凝土及预应力钢筋混凝土工程。

配方 54 装饰性混凝土泵送剂

原料配比

<table>
<tr><td colspan="3" rowspan="2">原料</td><td colspan="3">配比(质量份)</td></tr>
<tr><td>1#</td><td>2#</td><td>3#</td></tr>
<tr><td colspan="3">聚羧酸高效减水剂</td><td>55</td><td>40</td><td>30</td></tr>
<tr><td colspan="3">葡萄糖酸钠</td><td>5</td><td>3.5</td><td>2</td></tr>
<tr><td colspan="3">乳化硅油</td><td>0.6</td><td>0.4</td><td>0.2</td></tr>
<tr><td colspan="3">流变剂</td><td>3</td><td>2</td><td>1</td></tr>
<tr><td colspan="3">三萜皂苷</td><td>0.8</td><td>0.5</td><td>0.3</td></tr>
<tr><td colspan="3">离析泌水抑制剂</td><td>5</td><td>7</td><td>10</td></tr>
<tr><td colspan="3">水</td><td>30.6</td><td>46.6</td><td>56.5</td></tr>
<tr><td rowspan="8">离析泌水抑制剂</td><td rowspan="2">有机高分子</td><td>丙烯酸</td><td>20</td><td>20</td><td>20</td></tr>
<tr><td>丙烯酰胺</td><td>5</td><td>5</td><td>5</td></tr>
<tr><td rowspan="6">配合剂</td><td>引发剂亚硫酸氢钠</td><td>0.05</td><td>0.05</td><td>0.05</td></tr>
<tr><td>氧化剂高锰酸钾</td><td>1.6</td><td>1.6</td><td>1.6</td></tr>
<tr><td>还原剂维生素 C</td><td>1.2</td><td>1.2</td><td>1.2</td></tr>
<tr><td>链转移剂巯基丙酸</td><td>0.008</td><td>0.008</td><td>0.008</td></tr>
<tr><td>碱氢氧化钠</td><td>5</td><td>5</td><td>5</td></tr>
<tr><td>水</td><td>加至 100</td><td>加至 100</td><td>加至 100</td></tr>
</table>

制备方法

(1) 先将水与聚羧酸高效减水剂、缓凝剂混合搅拌 30～40min，之后加入消泡剂搅拌 90～100min。

(2) 再加入流变剂、引气剂和离析泌水抑制剂搅拌 40～60min，即可得所述装饰性混凝土泵送剂。

原料介绍　所述缓凝剂为糖钙、糖粉、三聚磷酸钠、麦芽糊精、六偏磷酸钠、蔗糖或葡萄糖酸钠中的至少一种。

所述引气剂为三萜皂苷或 AOS 引气剂中的任意一种。

所述消泡剂为二甲基硅油或乳化硅油中的任意一种。

所述的离析泌水抑制剂的制备方法如下：

(1) 以总质量的百分含量计，分别称取过硫酸铵或亚硫酸氢钠 0.05%、氢氧化钠 5%、丙烯酸 20%、水 40%，一起加入配有温度计、搅拌器和滴加装置的四口烧瓶中，搅拌均匀。

(2) 以总质量的百分含量计，分别称取浓度为 5% 的双氧水或高锰酸钾 1.3%～1.5%(作为氧化剂)，还原剂维生素 C 1.1%～1.3% 及巯基丙酸 0.005%～0.008%，一并滴加到步骤 (1) 制得的溶液中，控制反应 1～1.5h，得到有大分子量的聚丙烯酸钠的溶液。

(3) 以总质量的百分含量计，分别称取丙烯酸 5%、丙烯酰胺 4%～6%、水 23%，再一并加到步骤 (2) 制得的溶液中，继续反应 4～6h，静置 1h。

(4) 向步骤 (3) 制得的溶液中加入氢氧化钠，调节溶液的 pH 值为 6～8，即得到离析泌水抑制剂产品。

产品特性　本品中的聚羧酸高效减水剂能够避免在混凝土中产生大量气泡，复配消泡剂可以消除混凝土中其他成分引起的气泡或泵送过程中产生的气泡，使配制的混凝土表面平整光滑，无蜂窝、麻面、孔洞，且无碰损和污染。泵送剂中含有引气剂，引气剂在混凝土内引入一定量的均匀分布、密闭、独立的微小气泡，一方面抑制或削弱新拌混凝土在浇筑过程中发生的泌水，另一方面既为冻结的冰晶提供了一定的膨胀空间，又为过冷水的渗透压力提供了一个缓冲空间，从而提高混凝土的抗冻能力，适用范围广。本品中还含有离析泌水抑制剂，可有效锁水，提高混凝土的抗离析、抗泌水性，在混凝土中起到保水、增黏双重效果，用于改善混凝土的和易性，同时混凝土表面平整度得到改善。

5

防冻剂

配方 1　超低温混凝土防冻剂

原料配比

<table>
<tr><th colspan="2" rowspan="2">原料</th><th colspan="5">配比(质量份)</th></tr>
<tr><th>1#</th><th>2#</th><th>3#</th><th>4#</th><th>5#</th></tr>
<tr><td colspan="2">水化硅酸钙</td><td>18</td><td>20</td><td>15</td><td>12</td><td>25</td></tr>
<tr><td colspan="2">粉煤灰</td><td>10</td><td>12</td><td>8</td><td>15</td><td>5</td></tr>
<tr><td colspan="2">橡胶粉</td><td>6</td><td>5</td><td>8</td><td>3</td><td>8</td></tr>
<tr><td colspan="2">亚硝酸钠</td><td>3</td><td>5</td><td>2.5</td><td>8</td><td>2</td></tr>
<tr><td colspan="2">硫酸钠</td><td>5</td><td>4</td><td>6</td><td>3</td><td>6</td></tr>
<tr><td colspan="2">氯化钙</td><td>3</td><td>3</td><td>2</td><td>1</td><td>5</td></tr>
<tr><td rowspan="3">烷基有机胺</td><td>二乙醇胺</td><td>2</td><td>3</td><td>—</td><td>—</td><td>—</td></tr>
<tr><td>三异丙醇胺</td><td>—</td><td>—</td><td>2</td><td>5</td><td>—</td></tr>
<tr><td>烷基有机胺</td><td>—</td><td>—</td><td>—</td><td>—</td><td>1</td></tr>
<tr><td colspan="2">三萜皂苷</td><td>0.8</td><td>0.5</td><td>0.8</td><td>0.2</td><td>1</td></tr>
<tr><td rowspan="3">引发剂</td><td>巯基乙酸</td><td>3</td><td>—</td><td>—</td><td>—</td><td>—</td></tr>
<tr><td>2-巯基丙酸</td><td>—</td><td>5</td><td>2</td><td>—</td><td>—</td></tr>
<tr><td>正十二烷基硫醇</td><td>—</td><td>—</td><td>—</td><td>5</td><td>2</td></tr>
<tr><td colspan="2">丙烯酰胺</td><td>10</td><td>8</td><td>10</td><td>6</td><td>12</td></tr>
<tr><td colspan="2">表面活性剂</td><td>0.3</td><td>0.5</td><td>0.3</td><td>1</td><td>0.2</td></tr>
<tr><td colspan="2">三聚氰胺</td><td>2</td><td>3</td><td>1</td><td>5</td><td>0.5</td></tr>
<tr><td colspan="2">木质素磺酸钙</td><td>4</td><td>3</td><td>5</td><td>2</td><td>8</td></tr>
<tr><td>氨基磺酸盐</td><td>十二烷基磺酸钠</td><td>5</td><td>6</td><td>5</td><td>8</td><td>3</td></tr>
<tr><td colspan="2">葡萄糖酸钠</td><td>10</td><td>8</td><td>10</td><td>8</td><td>10</td></tr>
</table>

制备方法

(1) 将水化硅酸钙、粉煤灰和橡胶粉混合均匀，然后加入球磨机内，控制球料比为

(7～8)∶1，转速为500～600r/min，干法球磨3～5h，再加入亚硝酸钠、硫酸钠、氯化钙，控制球料比为(5～6)∶1，转速为400～500r/min，干法球磨4～6h，得到粉末料。

(2) 将烷基有机胺、三萜皂苷、引发剂、丙烯酰胺、表面活性剂在水中混合均匀，然后升温至60～80℃，接着在超声频率为40～50kHz的条件下超声30～60min，接着加入上述粉末料、三聚氰胺、木质素磺酸钙、氨基磺酸盐和葡萄糖酸钠，继续搅拌5～15min，即得到超低温混凝土防冻剂。

原料介绍　所述表面活性剂选自磺基丁二酸盐、磺基丁二酰胺酸盐、烷基芳基磺酸盐、联苯磺酸盐、苯磺酸、(烷基)萘磺酸、油和脂肪酸的硫酸盐和磺酸盐、乙氧基化烷基苯酚的硫酸盐、醇的硫酸盐、乙氧基化醇的硫酸盐、石油磺酸盐、脂肪酯的硫酸盐、稠合萘的磺酸盐、脂肪族或芳香族磷酸酯、烷氧基化醇、链烷烃磺酸钠中的一种。

产品特性

(1) 本品能够对混凝土的分散度、含气量、反应速率和反应程度等进行多方位调控，从而提高混凝土在低温下的早期强度，同时缩短混凝土凝结时间并降低混凝土含气量，极大地提高混凝土的耐久性能，且所述超低温混凝土防冻剂不会出现分层现象，制备工艺简单、原料环保无污染，适合大规模推广使用。

(2) 本品能够在－30℃下加快混凝土的凝结速度，提高混凝土的强度和耐久性。

配方 2　复合型混凝土防冻剂(1)

原料配比

原料	配比(质量份)		
	1#	2#	3#
聚羧酸减水剂	45	40	50
二乙醇单异丙醇胺马来酸酯化合物	16	18	14
月桂酰单异丙醇胺	13	15	10
二乙烯三胺五羧酸盐	7	8	6
六偏磷酸钠	4	3	5
葡萄糖酸钠	10	12	8
N-羟甲基丙烯酰胺	8	6	10
三聚磷酸钠	3	2	4
二萘基甲烷二磺酸钠	4	5	3
水	65	60	70

制备方法

(1) 将聚羧酸减水剂、二乙醇单异丙醇胺马来酸酯化合物和月桂酰单异丙醇胺加至水中，搅拌3～5min，得料A。

(2) 将二乙烯三胺五羧酸盐和二萘基甲烷二磺酸钠加至料A中，搅拌2min，得料B。

(3) 将六偏磷酸钠、葡萄糖酸钠、*N*-羟甲基丙烯酰胺和三聚磷酸钠加至料B中，在25～35℃条件下搅拌5～10min，得复合型混凝土防冻剂。

原料介绍　聚羧酸减水剂能降低混凝土拌和物用水量，减小水胶比，进而减少因水分结冰所产生的冻胀力；二乙醇单异丙醇胺马来酸酯化合物可以改善混凝土的流动性，降低溶液的冰点并减少水的用量，增强抗冻效果，提高混凝土的综合性能；月桂酰单异丙醇胺和二乙烯三胺五羧酸盐可以减小混凝土颗粒间的摩擦阻力，加速其解离和水化，抑制泌水，改善混凝土的流动性，显著提高混凝土拌和物的和易性；六偏磷酸钠、葡萄糖酸钠和三聚磷酸钠可以分散细小颗粒，使其充分水化，使结构更加致密，提高混凝土早期防冻能力；*N*-羟甲基丙烯酰胺和二萘基甲烷二磺酸钠促进、优化混凝土后期结构的形成，显著提高混凝土的后期强度。

所述的二乙醇单异丙醇胺马来酸酯化合物由以下方法制得：在反应釜中加入二乙醇单异丙醇胺和马来酸酐，加入催化剂，搅拌条件下减压至 0.5MPa，加热至 90～100℃，维持体系恒温，到酸值无明显变化时反应停止；自然冷却至室温，依次用饱和碳酸钠溶液和蒸馏水洗涤，得到二乙醇单异丙醇胺马来酸酯化合物。

所述的二乙醇单异丙醇胺和马来酸酐的摩尔比为 1∶(1.6～2)。

所述的催化剂为质量分数为 1.4%的对甲基苯磺酸。

所述的催化剂的加入量为二乙醇单异丙醇胺质量的 0.5%～0.7%。

所述的聚羧酸减水剂的减水率≥25%。

产品特性

(1) 本品通过合理的复配和协同作用调变，充分发挥多元组分的自身优势和复合优势，显著提高混凝土的应用性能，具有防冻早强、适应性好、质量稳定的优异性能，可以有效避免混凝土冻害事故发生，可保持混凝土在－20～－30℃下不结冰，适应各种工程的需要。

(2) 本品能显著降低混凝土冻融时的强度损失，100 次反复冻融后，强度损失不超过 1.4%。

配方 3 复合型混凝土防冻剂（2）

原料配比

原料	配比(质量份)
丙二醇	26
三乙醇胺	8
水	50
烷基硫酸钠	10
酒石酸钾钠减水剂	6

制备方法

(1) 将丙二醇送入搅拌容器中，将温度调至 35～37℃，开始搅拌，边搅拌边加入三乙醇胺，混合均匀后静置保温反应 0.8～1.0h，得到丙二醇和三乙醇胺的混合液。

(2) 将水送入反应釜，加热至 58～60℃，边搅拌边依次加入烷基硫酸钠、酒石酸钾钠减水剂至全部溶解，再搅拌降温至常温。

(3) 继续搅拌，将丙二醇和三乙醇胺的混合物加入反应釜，搅拌 0.2～0.3h，停止搅拌得到成品。

原料介绍　所述的丙二醇的纯度为 85%。

产品特性　该制备方法工艺简单，产品能有效降低混凝土冰点、促进混凝土低温或负温条件下水泥硬化、改善混凝土孔结构、降低冻胀力、防冻与抗冻相结合，使混凝土不受冻害，适用于冬季施工的普通混凝土、泵送混凝土、防水混凝土以及各种砂浆施工，并能提高混凝土的耐久性。

配方 4　改善混凝土冻胀应力的防冻剂

原料配比

<table>
<tr><th colspan="3" rowspan="2">原料</th><th colspan="3">配比(质量份)</th></tr>
<tr><th>1#</th><th>2#</th><th>3#</th></tr>
<tr><td colspan="3">聚羧酸减水剂</td><td>20</td><td>25</td><td>22</td></tr>
<tr><td colspan="3">高分散纳米材料</td><td>8</td><td>4</td><td>6</td></tr>
<tr><td colspan="3">聚乙二醇</td><td>8</td><td>12</td><td>10</td></tr>
<tr><td colspan="3">硫酸钠</td><td>6</td><td>3</td><td>4</td></tr>
<tr><td colspan="3">羧甲基纤维素钠</td><td>12</td><td>9</td><td>1</td></tr>
<tr><td colspan="3">去离子水</td><td>50</td><td>40</td><td>45</td></tr>
<tr><td rowspan="7">高分散纳米材料</td><td rowspan="3">混合液 A</td><td>表面活性剂十六烷基三甲基溴化铵</td><td>1</td><td>1</td><td>1</td></tr>
<tr><td>酸碱调节剂</td><td>5</td><td>5</td><td>5</td></tr>
<tr><td>去离子水</td><td>100</td><td>100</td><td>100</td></tr>
<tr><td rowspan="2">混合液 B</td><td>纳米二氧化钛</td><td>1</td><td>1</td><td>1</td></tr>
<tr><td>混合液 A</td><td>100</td><td>100</td><td>100</td></tr>
<tr><td colspan="2">正硅酸四乙酯</td><td>1</td><td>1</td><td>1</td></tr>
<tr><td colspan="2">混合液 B</td><td>100</td><td>100</td><td>100</td></tr>
</table>

制备方法

(1) 将去离子水与聚乙二醇混合，得到混合液 C。

(2) 将高分散纳米材料分散于步骤 (1) 得到的混合液 C 中，得到混合液 D。

(3) 在步骤 (2) 得到的混合液 D 中加入聚羧酸减水剂、硫酸钠及羧甲基纤维素钠，混合后在 60～80℃下干燥至恒重，得到所述改善混凝土冻胀应力的防冻剂。

原料介绍　所述高分散纳米材料是通过将纳米二氧化钛沉积在介孔二氧化硅上而得到的纳米二氧化钛复合材料。

所述纳米二氧化钛的颗粒直径小于 100nm。

所述高分散纳米材料的制备过程如下：

(1) 将表面活性剂、酸碱调节剂与去离子水混溶，得到混合液 A。

(2) 将纳米二氧化钛与步骤 (1) 得到的混合液 A 搅拌混溶，得到混合液 B。

(3) 将正硅酸四乙酯与步骤 (2) 得到的混合液 B 搅拌混溶，升温至 60～90℃，反应 2～5h。

(4) 将步骤 (3) 反应后的产物经固液分离、洗涤及干燥后，在 400～600℃下焙烧 4～10h，得到所述高分散纳米材料。

所述表面活性剂为十六烷基三甲基溴化铵。

产品特性　本品在混凝土常规组分配方中掺入高分散纳米材料，高分散纳米材料是通过将纳米二氧化钛沉积在介孔二氧化硅上而得到的，其作为防冻剂组分掺入混凝土中，能够提高防冻剂在混凝土中的分散性能，有利于进一步填补混凝土孔隙，使混凝土的微观形貌密实，从而改善混凝土的抗渗性能和密实度，减少水分的渗入，防冻性能相应提升。

配方 5 环保高效型混凝土专用防冻剂

原料配比

原料	配比(质量份)		
	1#	2#	3#
二异丙醇胺	0.2	0.2	0.5
木质素磺酸钙	0.5	0.5	1
聚丙烯酰胺	0.4	0.4	0.8
氯化钙	0.2	0.2	0.7
山梨糖醇	0.5	0.5	2
过乙二醇	0.3	0.3	0.6
亚硝酸钙	0.3	0.3	0.7
聚羧酸系高性能减水剂	1	1	4
N-磺酸	0.6	0.6	1.5
壬基酚聚氧乙烯醚	0.1	0.1	0.5
防冻组分	5	5	9
羟丙基甲基纤维素	0.5	0.5	1
阻锈组分	2	2	6
硝酸盐	3	3	8
硝酸钙	0.3	0.3	0.7
聚乙二醇	0.3	0.3	0.8
含锰化合物	0.4	0.4	0.9
氯化钾	0.5	0.5	0.9
乙醇	0.4	0.4	0.8
有机醇胺	0.1	0.1	0.5
氯化钠	0.4	0.4	0.7
聚羧酸减水剂	3	3	7
硫酸锂	0.1	0.1	0.5
壳寡糖	0.5	0.5	1
丙二醇	0.1	0.1	0.6
丙三醇	0.5	0.5	1
有机醇胺	0.4	0.4	0.9
葡萄糖	0.5	0.5	1
烷基磺酸钠	0.4	0.4	0.9
磷酸二氢钾	0.4	0.4	0.9

制备方法 将各组分原料混合均匀即可。

产品特性 本品对混凝土的适应性好，质量稳定，产品环保，能适应各种工程需要，可以保持混凝土在－20～－30℃下不结冰。

配方 6 混合型混凝土用防冻剂

原料配比

原料	配比(质量份)		
	1#	2#	3#
聚乙二醇酯	6	8	11
三乙醇胺	5	7	8
羟丙基甲基纤维素	11	12	13
二异丙醇胺	4	6	8
木质素磺酸钙	7	8	9
尿素	10	11	12
硫铝酸钙	5	6	7
松香皂	8	9	10
十二烷基苯磺酸钠	7	7.5	8
椰油酰胺丙基甜菜碱	5	6	7

制备方法 将各组分原料混合均匀即可。

产品特性 本品防冻效果好，无开裂，耐腐蚀，适用范围广，防水防渗性好。

配方 7 混凝土防冻剂（1）

原料配比

原料			配比(质量份)		
			1#	2#	3#
缓蚀保护剂	葡萄糖酸钠		4	4	4
	磷酸二氢锌		1	1	1
	硫脲		4	4	4
抗裂抗蚀剂	干燥物	氧化镧	1	1	1
		质量分数为20%的盐酸	8	8	8
	冷却物	β-环糊精	1	1	1
		马来酸酐	8	10	9
		四氢呋喃	80	90	85
	过筛颗粒	冷却物	3	3	3
		三氯甲烷	5	5	5
	真空干燥物	过筛颗粒	1	1	1
		干燥物	7	11	9
		蒸馏水	100	120	110
		三乙胺	3	5	4
	聚丙烯		60	80	70
	纳米碳酸钙		20	30	25

续表

原料			配比(质量份)		
			1#	2#	3#
抗裂抗蚀剂	真空干燥物		13	20	17
	相容剂		5	9	7
	四[β-(3,5-二叔丁基-4-羟基苯基)丙酸]季戊四醇酯		3	6	5
抗冻活性剂	混合物	生化黄腐酸	1	1	1
		蒸馏水	10	12	11
		30%的双氧水	0.7	0.8	0.75
	混合基料	混合物	3	3	3
		醋酸钙	3	3	3
		氯化钙	2	2	2
	搅拌混合物	过硫酸铵	1	1	1
		氯仿	8	8	8
	混合物	搅拌混合物	30	40	35
		混合基料	40	50	45
		十二烷基磺酸钠	0.2	0.5	0.3
		PEG-6000	0.3	0.7	0.5
		乙醇	0.2	0.5	0.4
		丁醇	0.1	0.3	0.2
	混合物		10	10	10
	吡咯		2	2	2
	甘油		1	1	1
多孔掺料	过筛颗粒A	硼泥	1	1	1
		质量分数为60%的硫酸	5	5	5
		次氯酸钠	0.02	0.03	0.02
	过筛颗粒		1	1	1
	过筛颗粒A		2	2	2
抗裂抗蚀剂			40	60	50
抗冻活性剂			70	90	80
多孔掺料			50	60	55
缓蚀保护剂			20	30	25
钢纤维			20	30	25

制备方法　将各组分原料混合均匀即可。

原料介绍　所述抗裂抗蚀剂的制备方法，包括如下步骤：

(1) 取氧化镧按质量比1∶8加入质量分数为20%的盐酸，搅拌混合20～30min，过滤，取滤渣干燥，得干燥物，取β-环糊精、马来酸酐按质量比1∶(8～10)∶(80～90) 加入四氢呋喃，于70～75℃搅拌混合7～8h，冷却至室温，得冷却物，取冷却物按质量比3∶5加入三氯甲烷，静置1～2h，取沉淀经丙酮洗涤，抽滤，取抽滤渣研磨粉碎，过100目筛，收集过筛颗粒。

(2) 取过筛颗粒按质量比 1∶(7～11)∶(100～120) 加入干燥物、蒸馏水，于 30～50℃搅拌混合 1～2h，再加入过筛颗粒质量 3～5 倍的三乙胺，搅拌混合 40～50min，过滤，取沉淀经蒸馏水、无水乙醇洗涤，真空干燥，得真空干燥物。

(3) 按质量份数计，取 60～80 份聚丙烯、20～30 份纳米碳酸钙、13～20 份真空干燥物、5～9 份相容剂、3～6 份四［β-(3,5-二叔丁基-4-羟基苯基)丙酸］季戊四醇酯搅拌混合 1～2h，于 35r/min、195～230℃条件下挤压造粒，得抗裂抗蚀剂。

所述抗冻活性剂的制备方法，包括如下步骤：

(1) 取生化黄腐酸按质量比 1∶(10～12) 加入蒸馏水，再加入生化黄腐酸质量 70%～80%的质量分数为 30%的双氧水，搅拌混合 1～2h，再于－1～2℃保温 30～40min，得混合物，取混合物按质量比 3∶2 加入醋酸钙、氯化钙混合，得混合基料。

(2) 取过硫酸铵按质量比 1∶8 加入氯仿，于 25～30℃搅拌混合 20～30min，得搅拌混合物，按质量份数计，取 30～40 份搅拌混合物、40～50 份混合基料、0.2～0.5 份十二烷基磺酸钠、0.3～0.7 份 PEG-6000、0.2～0.5 份乙醇、0.1～0.3 份丁醇混合 60～70min，调节 pH 值至 4～5，得混合物，取混合物按质量比 10∶2∶1 加入吡咯、甘油，于 40～50℃搅拌混合 3～4h，抽滤，取抽滤渣干燥，得抗冻活性剂。

所述的多孔掺料：取稻壳于 95～100℃保温 2～3h，过滤，取滤渣 A 于 550～600℃煅烧 2～3h，研磨粉碎，过 200 目筛，收集过筛颗粒，取硼泥按质量比 1∶5 加入质量分数为 60%的硫酸，再加入硼泥质量 2%～3%的次氯酸钠，于 40～50℃搅拌混合 4～6h，过滤，取滤渣 B，粉碎过 80 目筛，收集过筛颗粒 A，取过筛颗粒按质量比 1∶2 加入过筛颗粒 A 混合，即得多孔掺料。

所述缓蚀保护剂是葡萄糖酸钠、磷酸二氢锌和硫脲按质量比 4∶1∶4 混合而得。

所述的相容剂为马来酸酐接枝乙烯-1-辛烯共聚物。

所述的硼泥主要含磷镁矿、镁橄榄石矿、赤铁矿、白云石、硫酸镁、硼酸镁、利蛇纹石。

产品特性

(1) 本品以氧化镧在盐酸酸解条件下，利用环糊精作为配体与稀土镧生成配合物，该配合物作为 β 成核剂，而且具有偶联剂的功能，将其作为聚丙烯的改性物质，聚丙烯在低温状态下冲击强度较差，通过提高 β 成核速率，结晶形态由 α 晶体向 β 晶体转变，从而提高了其在低温状态下的韧性，加入纳米碳酸钙，由于其自身表面缺陷少、比表面积大等优点不但可以提高聚丙烯的冲击强度，同时还可以保持聚丙烯原有的较好的刚性，增强混凝土的抗压性能，加入混凝土后可有效抑制混凝土随冷热循环的损伤，堵塞或隔断气液界面间混凝土毛细孔的渗水通道，形成密实的混凝土结构，使得混凝土抗氯离子渗透性能增强，减缓了钢筋结构的腐蚀破坏，通过改善混凝土的微孔结构，延缓水结冰产生的膨胀应力，阻断细微裂纹发展，从而提高混凝土的耐久性能。

(2) 本品加入稻壳灰，其含有较多由于 SiO_2 凝胶粒子未紧密聚集形成的孔隙，该多孔的结构使其具有较高的比表面积，加入的硼泥酸性浸渣，含有较多的 SiO_2 凝胶粒子，其比表面积也较大，在混凝土成型过程中加入两种多孔超细粉能吸收更多的自由水，降低了水灰比，并且随着时间的推移，多孔结构吸收的水又能释放出来，使得水化进一步进行，使浆体内部的孔隙细化，使结构更加致密，起到内养护的作用，后期多孔结构通过吸附游离的水分子，使得抗冻活性物质能够更加集中地对结晶水进行抗冻处理，增强了抗冻效果。

配方 8　混凝土防冻剂（2）

原料配比

原料	配比(质量份)	
	1#	2#
乙二醇	15	20
羧甲基纤维素钠	35	45
三乙醇胺	20	25
硫酸钠	7	10
十二烷基磺酸钠	20	25
减水剂	3	6
水	60	75

制备方法　将乙二醇、羧甲基纤维素钠、硫酸钠、三乙醇胺、十二烷基磺酸钠、减水剂、水加热混合搅拌均匀即可。

产品特性　本品抗冻性能好、无危害且价格较低，掺入混凝土防冻剂的混凝土具有很好的耐久性。

配方 9　混凝土防冻剂（3）

原料配比

原料		配比(质量份)		
		1#	2#	3#
熔融产物	甲氧基聚乙二醇	20	22	24
	甲基丙烯酸	12	13	15
	对苯二酚	1	3	1.5
混凝液	熔融产物	100	100	100
	质量分数为85%的硫酸溶液	3	—	—
	质量分数为87%的硫酸溶液	—	4	—
	质量分数为90%的硫酸溶液	—	—	5
	质量分数为20%～30%的氢氧化钠溶液	适量	适量	适量
反应液	混凝液	30	33	35
	丙烯酰胺	18	19	20
	过硫酸铵	1	2	3
	质量分数为30%～35%的氢氧化钠溶液	适量	适量	适量
反应粉末	甲基三乙氧基硅烷	15	17	18
	季铵化聚醚基三甲氧基硅烷	15	16	18
	去离子水	20	21	22
	氢氧化钠粉末	1.2	1.5	1.8
	质量分数为5%～10%的盐酸	适量	适量	适量

续表

原料		配比(质量份)		
		1#	2#	3#
混合浆液	脂肪醇聚氧乙烯醚	20	22	24
	氨基磺酸	18	20	22
	质量分数为85%的硫酸溶液	2	—	—
	质量分数为87%的硫酸溶液	—	3	—
	质量分数为90%的硫酸溶液	—	—	4
反应乳液	混合浆液	10	12	13
	去离子水	15	17	18
	反应粉末	2	3	5
	反应液	20	22	24
	反应乳液	14	15	18
	亚硝酸钠	2	2.2	2.4
	硫酸钠	1.8	2.0	2.2

制备方法

(1) 按质量份数计，称取20～24份甲氧基聚乙二醇、12～15份甲基丙烯酸和1.0～1.5份对苯二酚放入装有温度计、搅拌器和冷凝管的四口烧瓶中，加热四口烧瓶至88～92℃，保温10～15min得到熔融产物。

(2) 向上述四口烧瓶中滴加上述熔融产物质量3%～5%的质量分数为85%～90%的硫酸溶液，加热四口烧瓶至120～130℃，恒温反应3～4h，自然冷却至室温，滴加质量分数为20%～30%的氢氧化钠溶液至中性，得到混凝液。

(3) 按质量份数计，称取30～35份上述混凝液、18～20份丙烯酰胺和1～3份过硫酸铵投入反应釜中，向反应釜中通入氮气置换出空气，加热反应釜至60～65℃，以300～350r/min的转速搅拌混合4～5h，搅拌结束后恒温静置60～90min，将反应釜温度降低至35～38℃，滴加质量分数为30%～35%的氢氧化钠溶液调节pH值至中性，得到反应液，备用。

(4) 将烧杯放入氮气环境中，按质量份数计，称取15～18份甲基三乙氧基硅烷、15～18份季铵化聚醚基三甲氧基硅烷、20～22份去离子水、1.2～1.8份氢氧化钠粉末投入烧杯中，将烧杯升温至38～42℃，以300～320r/min的转速搅拌15～20min，搅拌后恒温反应5%～7h，反应结束后降温至室温，滴加质量分数为5%～10%的盐酸调节pH值至中性，得到反应分散液，将反应分散液放入减压蒸馏装置中，在真空度为0.01MPa的条件下减压蒸馏4～6h，得到反应粉末。

(5) 按质量份数计，称取20～24份脂肪醇聚氧乙烯醚、18～22份氨基磺酸、2～4份硫酸溶液投入烧杯中，在氮气环境下，升温搅拌，搅拌结束后自然冷却至室温得到混合浆液；按质量份数计，称取10～13份混合浆液、15～18份去离子水、2～5份上述反应粉末混合搅拌均匀，得到反应乳液；硫酸的质量分数为85%～90%，烧杯中温度为110～115℃，搅拌转速为300～400r/min，搅拌时间为3～4h。

(6) 按质量份数计，称取20～24份备用的反应液、14～18份上述反应乳液、2.0～2.4份亚硝酸钠、1.8～2.2份硫酸钠混合搅拌均匀，得到混凝土防冻剂。搅拌转速为600～

650r/min，搅拌时间为 30～40min。

产品特性

（1）本品将聚羧酸减水剂引入混凝土防冻剂中，在发生共聚反应时，以丙烯酰胺为原料将非极性酰氨基团引入聚羧酸减水剂中，酰氨基作为非离子基团，不吸附水泥颗粒，同时稀释羧酸根离子，使羧酸根离子浓度下降，在水泥水化过程中，为水泥水化提供了高碱性环境，这种环境使酰氨基团水解生成羧酸根离子，羧酸根离子吸附水泥粒子，使水泥离子表面的电负性增强，从而防止水泥粒子凝聚，使水泥浆体的分散性得到保持，混凝土在低温环境下也能保持分散状态。

（2）本品以脂肪醇聚氧乙烯醚、氨基磺酸为原料制得引气剂，可以将气泡引入混凝土中，气泡可以起到润湿和分散作用，使混凝土内部毛细管变细，渗透通道减少，并且引气剂分子链中具有羟基，可以与水分子形成氢键，具有很好的亲水性，同时反应制得的气泡强度高，稳泡能力强，掺入混凝土中，引入的气泡细小、稳定、大小均等，不仅有助于保持混凝土的强度，还能有效提高防冻能力。

（3）本品具有无毒、无碱、无氯释放，混凝土坍落度保持好，产品质量稳定，使用方便，工艺可靠，便于工业化生产等优点，使用寿命更久，是一种高性能混凝土防冻剂。

配方 10 混凝土防冻剂（4）

原料配比

原料		配比(质量份)				
		1#	2#	3#	4#	5#
甲基戊酮醇		12	14	12	6	18
琥珀酰胺		8	9	10	11	12
蘑菇醇		5.4	5.8	6	6.2	6.6
六氟磷酸钠		4.6	5	5.4	5.8	6.2
三异丙醇胺		3.8	4	5	5	5.4
膨胀珍珠岩	膨胀倍数为 12	2.4	—	—	—	—
	膨胀倍数为 13	—	3	—	—	—
	膨胀倍数为 14	—	—	3.4	—	—
	膨胀倍数为 15	—	—	—	3.6	—
	膨胀倍数为 16	—	—	—	—	4
N-乙烯基吡咯烷酮		1.5	2	2.5	3	3.5

制备方法

（1）将胀珍珠岩和六氟磷酸钠混合后加入搅拌加热釜中，在 400～600r/min 条件下加热至 200～220℃，并保温搅拌 1～2h，结束后冷却至室温，与琥珀酰胺混合均匀后过超微粉碎机，并过 200 目筛。

（2）将步骤（1）所得物加入甲基戊酮醇内，在－20～－10℃条件下浸泡 4～8h。

（3）将步骤（2）所得物加热至 40～60℃，在搅拌条件下加入蘑菇醇、三异丙醇胺和 *N*-乙烯基吡咯烷酮，保温搅拌 1～3h 即得。

产品特性　本品可在－30℃条件下正常工作，显著提高了其在混凝土中使用时的防冻性能，能提高混凝土的抗压强度和减水性能，与混凝土相容性好，本品制备工艺简单，操作方便，易于实现工业化生产。

配方 11 混凝土防冻剂（5）

原料配比

原料		配比(质量份)					
		1#	2#	3#	4#	5#	6#
水化硅酸钙		10	20	12	18	14	16
硅藻土	120 目硅藻土	4	—	—	—	—	—
	200 目硅藻土	—	8	—	—	—	—
	160 目硅藻土	—	—	5	6	5.3	5.7
碳酸氢钠		3.5	8.7	4.8	6.6	5.1	6.2
硫酸铝		2.8	6.5	3.5	5.4	3.9	4.3
有机醇胺	三乙醇胺	2	—	2.8	4.2	—	—
	二乙醇胺	—	5	—	—	2	—
	三异丙醇胺	—	—	—	—	—	3.5
酒石酸钾钠		0.1	0.7	0.3	0.6	0.5	0.4
三聚磷酸二氢铝		2.35	5.48	3.1	4.8	4.2	3.8
马来酸二丁酯		6.4	10.5	7.8	8.9	8.5	8.2
十二烷基磺酸钠		1.0	1.8	1.2	1.6	1.4	1.4
三聚氰胺		2	4	2.5	3.3	2.8	3
葡萄糖酸钠		8	10	8.4	9.6	9.1	8.8

制备方法　将各组分原料混合，搅拌 1～2h，即得本品。

原料介绍　硫酸铝、碳酸氢钠和有机醇胺可以提高混凝土的早期强度，硫酸铝、碳酸氢钠同时可作为防冻组分，酒石酸钾钠主要起引气作用，因其由植物类原料生产，能形成大量细微气泡，改善混凝土冻胀应力；葡萄糖酸钠为保坍剂，可有效提高混凝土的坍落度。

使用方法　本品使用时按照水泥质量的 1%～25%添加。防冻剂的掺量根据使用时的环境温度，−5～−15℃按照水泥质量的 1%～5%添加，−15～−25℃按照水泥质量的 5%～10%添加，−25～−35℃按照水泥质量的 10%～15%添加，−35℃以下按照水泥质量的 15%～25%添加。

产品特性　本品充分发挥各组分的长处，达到扬长避短的效果，具有抗冻性能好，适用温度低，且无氯、低碱、保塑性能好，添加量少。

配方 12 混凝土防冻剂（6）

原料配比

原料	配比(质量份)							
	1#	2#	3#	4#	5#	6#	7#	8#
丙烯酸乳液	200	350	200	350	300	280	280	250
空心玻璃微珠	40	50	20	70	50	50	40	50

续表

原料	配比(质量份)							
	1#	2#	3#	4#	5#	6#	7#	8#
茶皂素	4	5	8	7	10	7	6	7.2
羟甲基纤维素钠	250	300	380	345	400	350	367	375
烷基糖苷	80	100	130	126	150	120	118	121
琥珀酸酯磺酸钠	1	1	3	2.2	3	2	2.7	1.8
减水剂木质素磺酸钠	300	350	450	418	500	420	385	397
水	1000	1300	1600	1470	1800	1470	1500	1550

制备方法

(1) 将羟甲基纤维素钠、减水剂和 1/4 总量的水混合，于 23～30℃下，以 300～500r/min 的速度持续搅拌 5～10min，得到混合料 A。

(2) 将茶皂素、烷基糖苷、琥珀酸酯磺酸钠和 2/4 总量的水混合，于 25～35℃下，以 300～500r/min 的速度持续搅拌 25～40min，得到混合料 B。

(3) 将丙烯酸乳液和 1/4 总量的水混合后，分三次加入空心玻璃微珠，每次加入空心玻璃微珠后均以 30～50r/min 的速度搅拌混合 2～3min，得到混合料 C。空心玻璃微珠按照如下添加量加入：第一次加入 2/4 总量的空心玻璃微珠，第二次加入 1/4 总量的空心玻璃微珠，第三次加入 1/4 总量的空心玻璃微珠。

(4) 将混合料 A 和混合料 B 加入混合料 C 中，以 30～50r/min 的速度搅拌 5～10min，得到混凝土防冻剂。

原料介绍　所述丙烯酸乳液与空心玻璃微珠的质量比为 (5～7)∶1。

所述空心玻璃微珠的直径为 100～250μm。

丙烯酸乳液无毒、无刺激，对人体无害，符合环保要求，非成膜高光树脂，具有优异的光泽与透明性，抗粘连性能好，从而可以降低混凝土骨料的粘连性，提高骨料的分散性能。

空心玻璃微珠是微小的球体，球形率大，具有最小的比表面积，它在混凝土骨料中能够具有良好的分散性，很容易被压紧密实，因此它具有很高的填充性能；空心玻璃微珠内含有气体具有较好的抗冷热收缩性，从而增强混凝土的抗温变性能，减少混凝土因受热胀冷缩影响而引起的开裂，从而可以提高混凝土的抗冻性能。

茶皂素是一种性能良好的天然环保的非离子型表面活性剂，由于茶皂素在溶液中不是以离子状态存在，所以它的稳定性高，不易受强电解质存在的影响，也不易受酸、碱的影响，在各种溶剂中均有良好的溶解性，在固体表面不发生强烈吸附。

通过丙烯酸乳液与空心玻璃微珠配合并控制两者的配比，使空心玻璃微珠均匀分散在丙烯酸乳液中，空心玻璃微珠将混凝土搅拌加工茶皂素产生的大量微小气泡包围，使气泡被挤在各个空心玻璃微珠之间的网状空隙内，当混凝土使用温度比预定低时，混凝土中的水冻结并被挤压进入气泡内，对混凝土结构的影响大幅度降低，从而进一步提高混凝土的抗冻性能。丙烯酸乳液可改善骨料之间的粘接性能，使结构更加密实并与混凝土浆体互穿基质，使骨料填塞在空心玻璃微珠之间形成的缝隙孔道内，提高混凝土内部的紧密性。

烷基糖苷作为加气剂能满足混凝土加工搅拌中泡沫丰富、稳定、均匀的要求，从而提高防冻剂的稳定性，保证防冻剂及防冻混凝土的质量稳定性。

木质素磺酸钠是一种天然高分子聚合物，环保无污染，其为阴离子型表面活性剂，具有很强的分散能力，适于将固体分散在水介质中，由于分子量和官能团的不同而具有不同程度的分散性，能吸附在各种固体质点的表面上。在混凝土中加入木质素磺酸钠后，减水剂的憎水基团定向吸附于混凝土颗粒的表面，亲水基团指向水溶液，组成了单分子或多分子的吸附膜，使混凝土颗粒因表面具有相同电荷相互排斥而被分散，从颗粒间释放出多余的水分，以达到减水的目的。与此同时，由于降低了水的表面张力以及水泥颗粒间的界面张力，在保持同样流动度的情况下，相应减少用水量，从而也起到减水的作用。减水剂可大幅度地降低混凝土的水化，降低孔隙率，增加混凝土密实性，从而大大提高混凝土的强度和抗渗性。

空心玻璃微珠的一般粒度为10～250μm，壁厚为1～2μm，空心玻璃微珠随着其粒度的增大，抗压强度也随之增强，选用较大粒度的空心玻璃微珠，应用于混凝土中后，可以相对增强混凝土的强度，提高混凝土的结构稳定性。空心玻璃微珠分三次加入丙烯酸乳液中，逐步加入能很好地避免空心玻璃微珠漂浮聚集到某一部位，从而可以使分散更完全，并且空心玻璃微珠将丙烯酸乳液中的气泡包围在其形成的立体网状结构内；加入空心玻璃微珠时控制在温和的搅拌速度下，保证空心玻璃微珠的结构完整性，从而保证其可以发挥强度支撑与护孔作用。

产品特性

(1) 本品应用于混凝土后，使混凝土早期强度优良，抗冻性能优良。

(2) 本品各项标准均优于规定指标，氨释放量、碱含量及氯离子含量均远低于规定指标，环保且性能优良。

(3) 本品应用在混凝土搅拌加工中，可以使混凝土具有抗冻、防冻性能，并且产品环保，不影响建筑质量及正常使用。

配方 13 混凝土防冻剂(7)

原料配比

原料		配比(质量份)				
		1#	2#	3#	4#	5#
木质素磺甲基化产物	木质素	20	20	30	20	30
	H_2O_2	5	5	7	7	8
	甲醛	5	5	8	8	9
	水	70	65	60	50	50
	Na_2SO_3	5	5	7	8	9
木质素磺甲基化产物		20	20	25	20	25
多元醇	丙三醇	5	7	6	—	8
	乙二醇	—	—	4	10	—
三乙醇胺		3	4	3	4	4
早强剂	甲酸钙	2	3	—	—	2
	乙酸钠	—	—	2	3	1
柠檬酸钠		1	1	2	3	2
引气剂	十二烷基苯磺酸钠	0.2	0.2	0.3	0.2	0.3
水		加至100	加至100	加至100	加至100	加至100

制备方法　将木质素磺甲基化产物、多元醇、三乙醇胺、早强剂、柠檬酸钠、引气剂和

水进行混合，常温下持续搅拌直至其全部溶化，即可得到混凝土防冻剂。

原料介绍　所述木质素磺甲基化产物，其制备方法为：将木质素、H_2O_2、甲醛、水在70～90℃温度下反应2～3h，调节溶液pH值至9～11，随后缓慢加入Na_2SO_3，继续反应4～6h，得到木质素磺甲基化产物。

改性木质素具有较好的分散作用，能够起到减水和降低坍落度损失的作用。

多元醇具有保湿和降低水溶液冰点的作用。

三乙醇胺能加速水泥水化，促进混凝土凝结硬化。

早强剂能提高混凝土活性能力，增强早期强度。

引气剂能优化混凝土中气孔尺寸，使气孔均匀分散，提高低温条件下混凝土的抗冻性能。

产品特性

（1）本品能够降低水溶液冰点，加快水泥水化并提高早期强度，从而有效降低低温环境下由于冻胀作用对混凝土带来的破坏作用。

（2）本品使混凝土正常凝结硬化，能够提高其早期强度，同时优化混凝土内部孔结构，降低混凝土内部冻胀效果，从而通过协同作用增强混凝土抗冻性能。

（3）本品中各组分协同作用，在加快水泥凝结硬化前期能够减少混凝土坍落度损失，保障其施工时具有良好的工作性能。

配方 14　混凝土防冻剂（8）

原料配比

原料		配比(质量份)		
		1#	2#	3#
混合料	聚乙烯醇	9	9	9
	聚丙烯酰胺	4	3	2
混合物A	海藻酸钠	1	1	1
	壳聚糖	10	8	7
混合单体	甲醛	10	10	10
	丙烯酸	3	2	1
干燥物	混合料	7	7	7
	水	16	15	12
	辅助剂	3	2	1
	混合料A	1.4～2.1	1.75	1.4
	甲醛	2.8	2.1	1.75
	戊二醛	1.12	1.05	0.91
水		180	170	160
混合单体		55	53	50
尿素		30	28	25
干燥物		20	18	15
氯化铵		9	8	6
聚丙烯酰胺		13	10	6
表面活性剂		4	3	1

制备方法

（1）将混合料、水、辅助剂放入反应器中，搅拌均匀，再加入混合料 A，氮气保护，调节 pH 值至 3～4，再加入甲醛，升温，保温。

（2）待保温结束后，再加入戊二醛，搅拌均匀，保温，降温，出料，冷冻干燥，收集干燥物。

（3）将水、混合单体、干燥物、表面活性剂放入反应釜中，搅拌均匀；再加入尿素、氯化铵，调节 pH，氮气保护，升温，搅拌反应，冷却，再加入聚丙烯酰胺，搅拌，静置，出料，冷冻干燥，收集冷冻干燥物，即得混凝土防冻剂。

原料介绍　所述的辅助剂为十二烷基苯磺酸钠、十二烷基硫酸钠中的任意一种。

所述的表面活性剂为烷基酚聚氧乙烯醚、脂肪酸聚氧乙烯酯中的任意一种。

产品特性　本品以聚乙烯醇、聚丙烯酰胺作为基础原料，通过利用辅助剂作用，起到很好的分散作用，随后再与海藻酸钠、壳聚糖进行混合，通过在酸性条件下，利用甲醛作用，并且利用戊二醛的交联剂的作用，进行反应，形成了多孔隙海绵状的凝胶结构，一是可以提高原料间的黏结性，二是增加蓄能效果，通过蓄能，可以很好地进行防冻，并且尿素、甲醛进行反应，形成了脲醛树脂，对其进行包裹，增加分散性，可以很好地分散在混凝土的内部，同时由于聚丙烯酰胺的存在，可以很好地对其中的金属离子进行吸附，通过金属离子的作用，可以很好地进行蓄能和释放热量，同时可以很好地对冰晶的形成进行干扰，使冰晶发生变异，使其不能产生冰，起到很好的防冻效果。

配方 15　混凝土防冻剂（9）

原料配比

原料				配比（质量份）					
				1#	2#	3#	4#	5#	6#
缓释减水微球	内水相	氯化钠		2	2	5	5	5	5
		氯化钙		1.5	1.5	3	3	3	3
		碳酸钾		1	1	2	2	2	2
		硫酸钠		0.5	0.5	2	2	2	2
		硝酸钙		0.1	0.1	1	1	1	1
		水		7	7	7	7	7	7
		亲水表面活性剂	碳原子数为 3 的蔗糖脂肪酸酯	0.5	0.5	—	—	—	—
			吐温-20	—	—	1	1	1	1
	油相	亲油表面活性剂	司盘-80	—	—	2	2	2	2
			聚甘油脂肪酸酯	1.2	1.2	—	—	—	—
		食用油	菜籽油	15	15	—	—	—	—
			核桃油	—	—	20	20	20	20
	外水相	丙烯酸钠		10	10	20	20	20	20
		丙烯酰胺		12	12	18	18	18	18
		水		100	100	100	100	100	100

续表

原料			配比(质量份)					
			1#	2#	3#	4#	5#	6#
缓释减水微球	引发剂		0.1	0.1	0.3	0.3	0.3	0.3
	引发剂	过硫酸钠	0.1	0.1	5	5	5	5
		偶氮二异丁腈	—	—	1	1	1	1
	交联剂	乙氧基亚甲基丙二酸二乙酯	0.1	0.1	—	—	—	—
		甲基丙烯酸二甲氨基乙酯	—	—	0.5	0.5	0.5	0.5
	乳化剂	蓖麻油聚氧乙烯醚	2	2	3	3	3	3
		吐温-80	1	1	2	2	2	2
偏铝酸钠			2	5	3	4	3.5	3.5
尿素			3	7	4	6	5	5
缓释减水防冻微球			15	25	17	22	20	20
有机醇	乙醇		2	—	3	—	—	—
	正己醇		—	5	—	—	—	—
	异丙醇		—	—	—	4	3.5	3.5
有机醇胺	二乙醇单异丙醇胺		0.1	—	—	—	—	—
	二乙醇胺		—	0.5	—	0.4	—	—
	三乙醇胺		—	—	—	—	0.3	0.3
	一缩二乙二醇或二缩三乙二醇		—	—	0.2	—	—	—
引气剂			0.1	0.2	0.12	0.17	0.15	0.15
水			20	50	30	40	35	35
引气剂	熊果酸		1	3	2	2	2	0.15
	儿茶素		2	5	3	4	3.5	—

制备方法 将偏铝酸钠、尿素溶于水，加入反应釜中，边升温边搅拌，温度升至40～50℃后，加入有机醇、有机醇胺，继续升温，升至55～60℃后，加入缓释减水防冻微球和引气剂，搅拌20～50min后，停止加热，冷却至室温，得到混凝土防冻剂。搅拌转速为300～500r/min，升温速度为1～3℃/min。

原料介绍 所述缓释减水防冻微球粒径在1～5μm之间，壳层为聚丙烯酰胺-丙烯酸钠共聚物，芯层含有早强成分、防冻成分。

所述早强成分包括氯化钠、氯化钙、碳酸钾中的至少一种，所述防冻成分包括硫酸钠、硝酸钙中的至少一种。

所述缓释减水防冻微球由以下方法制备而成：

(1) 内水相的制备：将氯化钠、氯化钙、碳酸钾、硫酸钠、硝酸钙混合均匀后溶于水中，加入亲水表面活性剂，磁力搅拌均匀，得到内水相。

(2) 油相的制备：将亲油表面活性剂加入食用油中，磁力搅拌均匀，得到油相。

(3) 外水相的制备：将丙烯酸钠和丙烯酰胺溶于水中混合均匀，加入乳化剂，磁力搅拌均匀，得到外水相。

(4) 快速膜乳化：将步骤(1)中的内水相添加到步骤(2)中的油相内，磁力搅拌均匀，进行快速膜乳化1～3次，形成初乳。

(5) 聚合：将步骤 (4) 得到的初乳加入步骤 (3) 得到的外水相中，加入引发剂和交联剂，磁力搅拌均匀，乳化，过滤，干燥，得到缓释减水防冻微球。乳化条件为 10000～20000r/min，时间为 2～5min；所述干燥条件为 45～60℃，时间为 2～4h；所述快速膜乳化使用的膜孔隙在 0.1～0.2μm 之间。

本品缓释减水防冻微球中释放的早强成分包括氯化钠、氯化钙、碳酸钾等，在反应中只起到加速混凝土凝结硬化的作用，使其快速达到抗冻临界强度；加快水泥水化速度，提高混凝土的抗冻能力；同时促进结合水的产生，减轻混凝土冻害；防冻成分包括硫酸钠等，可将大量的析冰变为微观细小状碎冰，破坏冰晶的聚集作用并释放出部分不冻水，由于有液相的存在，在低温甚至负温下仍能促进 C-S-H 网络结构的形成，使混凝土的孔结构尽快形成，减少自由水量以及促使冰晶体缺陷异变，降低结冰膨胀破坏程度。同时，具有减水作用的壳层聚丙烯酰胺减少游离水总量，消除冻胀内因，增强混凝土密实度，将水泥分散为小颗粒，改善混凝土内部孔隙结构，释放包裹水，使冰晶粒度由大变小，减轻水分因冻结对混凝土产生的胀冻压力。

防冻剂中还添加了复合生物引气剂，改善混凝土内部结构，切割混凝土内的有害孔道，增加混凝土内部润滑性，减轻混凝土冻胀时的裂纹扩展，吸收冰晶形成过程中产生的冻胀应力，提高混凝土的耐久性及和易性。有机醇和有机醇胺能够吸附在水泥颗粒表面，使水泥颗粒更好地在溶液中分散，降低水向水泥颗粒扩散的速度，起到一定的缓凝作用。偏铝酸钠容易反应生成氧化铝薄膜，在混凝土内的钢筋表面形成支撑致密的氧化铝薄膜，从而有效防止钢筋锈蚀，保护钢筋的强度，从而保持钢筋混凝土的整体强度不受低温的影响。

产品特性　本品能显著降低混凝土拌和物的冷冻点，保证混凝土在－25～－30℃下不结冰；具有无碱、无毒、无氨释放，适当减水，混凝土坍落度保持好，凝结时间短，质量可靠，产品环保，使用方便，制备方法简单，生产效率高，便于工业化生产应用等优点，属于环境友好型绿色产品，制得的钢筋混凝土具有良好的强度。

配方 16　混凝土防冻剂（10）

原料配比

原料		配比(质量份)			
		1#	2#	3#	4#
丙三醇		15	15	18	15
三乙醇胺		18	18	3	4
硫酸钠		8	9	3	4
分散剂	十二烷基磺酸钠	18	15	16	15
氯化钙		10	9	9	10
水		15	15	25	30
减水剂	木质素磺酸钠	10	14	10	35
纳米籽晶早强剂		6	5	20	10
纳米籽晶早强剂	硝酸钙	30	30	30	30
	硅酸钠	25	25	25	25
	分散剂	32	32	32	32

制备方法

(1) 将三乙醇胺、硫酸钠、丙三醇、十二烷基磺酸钠、氯化钙和水进行第一混合得混合物。第一混合的温度为50～60℃，第一混合的时间为30～90min。

(2) 将步骤 (1) 所得第一混合物与减水剂、纳米籽晶早强剂进行第二混合，得到所述混凝土防冻剂。第二混合的温度为20～30℃，第二混合的时间为30～90min。

原料介绍　所述纳米籽晶早强剂由包括以下步骤的方法制备而成：

(1) 将硝酸钙和硅酸钠以溶液形式滴加至分散剂的水溶液中，混合得到混合液。滴加的时间为1～2h，在温度25～35℃下进行，混合的时间为0.5～1.5h。

(2) 调节所得混合液的pH值为9～10，得到所述纳米籽晶早强剂。

使用方法　本品应用于混凝土工程特别是在−5～−20℃温度下的混凝土工程中。

产品特性

(1) 本品不需使用硝酸盐、亚硝酸盐，避免了现有技术中因使用硝酸盐和亚硝酸盐带来的诸如易导致碱骨料反应、具有致癌作用、对钢筋产生锈蚀、影响建筑寿命和质量的缺陷，具有安全、环保的优势。

(2) 本品使混凝土耐久性得到了提升，在防冻的同时可以使混凝土硬化速度提高，进一步降低了冻胀风险。

配方17　混凝土防冻剂 (11)

原料配比

原料		配比(质量份)	
		1#	2#
改性硫酸钙晶须		45	40
甲酸钙		8	10
改性硅藻土		10	7
尿素		6	8
木质素磺酸钠		20	25
固体醇胺		11	10
改性硫酸钙晶须	硫酸钙晶须	1	1
	十二烷基苯磺酸钠	0.01	0.03
改性硅藻土	硅藻土	1	1
	改性剂	0.05	0.05

制备方法　制备改性硫酸钙晶须和改性硅藻土，按配比称取改性硫酸钙晶须、甲酸钙、改性硅藻土、尿素、木质素磺酸钠、固体醇胺，混合均匀即可。

原料介绍　所述的硅藻土采用硅烷偶联剂改性，硅烷偶联剂为KH-550或KH-570。

硫酸钙晶须是一种微米级材料，将其掺入混凝土中可以提高其骨架强度，水泥水化产物可以与硫酸钙晶须结合，增强空间骨架架构的强度，避免产生裂缝，并且可以不断填充生产过程中产生的孔隙和微孔，进而提高强度、耐久性和抗冻性能。

所述的改性硫酸钙晶须的制备方法为：称取硫酸钙晶须加入改性剂溶液中，在50～80℃下搅拌反应20～60min，随后分离、烘干，即得。搅拌的速度为800～1200r/min。

所述的改性硅藻土的制备方法为：称取硅藻土加入改性剂溶液中，在 90～130℃下搅拌反应 30～90min，随后分离，即得。其中改性剂为 KH-550 或 KH-570，搅拌的速度为 800～1500r/min。

木质素磺酸钠具有早强、减水和引气的作用，甲酸钙具有早强的作用，尿素可以降低冰点，固体醇胺相对于三乙醇胺等液体醇胺，方便使用，同时使水化产物分布得更加合理，浆体结构更加完善，保证了强度。

产品特性　本品采用十二烷基苯磺酸钠对硫酸钙进行改性，提高了硫酸钙晶须的活性，进一步改善了混凝土的性能。通过硅烷偶联剂对硅藻土进行改性，提高了其在混凝土中的分散性能，进而有利于填补孔隙，提高强度。本品提高了混凝土的抗冻融性能，同时原料中不涉及有害离子，避免了对于混凝土的腐蚀，具有良好的耐久性。

配方 18　混凝土防冻剂（12）

原料配比

<table>
<tr><th colspan="3" rowspan="2">原料</th><th colspan="4">配比(质量份)</th></tr>
<tr><th>1#</th><th>2#</th><th>3#</th><th>4#</th></tr>
<tr><td rowspan="2">早强剂</td><td colspan="2">三乙醇胺</td><td>1</td><td>1</td><td>2</td><td>—</td></tr>
<tr><td colspan="2">甲酸钙</td><td>—</td><td>—</td><td>—</td><td>3</td></tr>
<tr><td colspan="3">引气剂</td><td>1</td><td>1</td><td>1.5</td><td>2</td></tr>
<tr><td colspan="3">聚羧酸型减水剂</td><td>8</td><td>8</td><td>10</td><td>12</td></tr>
<tr><td colspan="3">碳酸钾</td><td>6</td><td>6</td><td>8</td><td>10</td></tr>
<tr><td rowspan="3">防冻微型胶囊</td><td colspan="2">粒径为 0.4mm</td><td>—</td><td>15</td><td>—</td><td>—</td></tr>
<tr><td colspan="2">粒径为 0.7mm</td><td>—</td><td>—</td><td>20</td><td>—</td></tr>
<tr><td colspan="2">粒径为 1mm</td><td>—</td><td>—</td><td>—</td><td>25</td></tr>
<tr><td rowspan="11">防冻微型胶囊</td><td rowspan="3">芯料</td><td>尿素</td><td>—</td><td>30</td><td>—</td><td>—</td></tr>
<tr><td>低级醇</td><td>—</td><td>—</td><td>40</td><td>—</td></tr>
<tr><td>尿素和低级醇</td><td>—</td><td>—</td><td>—</td><td>50</td></tr>
<tr><td colspan="2">囊材</td><td>—</td><td>10</td><td>13</td><td>16</td></tr>
<tr><td rowspan="2">压敏层</td><td>橡胶类压敏胶</td><td>—</td><td>3</td><td>—</td><td>—</td></tr>
<tr><td>丙烯酸类压敏胶</td><td>—</td><td>—</td><td>4</td><td>5</td></tr>
<tr><td colspan="2">碱溶性外膜</td><td>—</td><td>4</td><td>5</td><td>6</td></tr>
<tr><td rowspan="4">囊材</td><td>石蜡</td><td>—</td><td>1</td><td>1</td><td>1</td></tr>
<tr><td>目数为 160 目的橡胶粉</td><td>—</td><td>0.5</td><td>—</td><td>—</td></tr>
<tr><td>目数为 180 目的橡胶粉</td><td>—</td><td>—</td><td>0.75</td><td>—</td></tr>
<tr><td>目数为 200 目的橡胶粉</td><td>—</td><td>—</td><td>—</td><td>1</td></tr>
<tr><td rowspan="3">引气剂</td><td colspan="2">十二烷基苯磺酸钠</td><td>1</td><td>1</td><td>1</td><td>1</td></tr>
<tr><td colspan="2">壳聚糖多孔微载体</td><td>5</td><td>5</td><td>7.5</td><td>10</td></tr>
<tr><td colspan="2">改性增稠剂</td><td>0.7</td><td>0.7</td><td>1</td><td>1.3</td></tr>
</table>

制备方法　将各组分原料混合均匀即可。

原料介绍　所述改性增稠剂的制备方法为：将丙烯基-1,3-磺酸内酯和引发剂混合，缓慢滴加甘油酯进行加聚反应，控制反应温度为70～80℃，反应时间为4～5h，得加聚产物；将 N,N-二甲基十二烷基叔胺溶解于异丙醇中，搅拌均匀后滴入加聚产物进行反应，控制反应温度为70～75℃，反应1.5～2.5h后降温至45～50℃，加入阳离子纤维素醚，搅拌均匀继续恒温反应30～50min；反应完成后减压蒸馏除溶剂，用石油醚洗涤，真空干燥即得改性增稠剂。其中，引发剂占加聚反应原料的0.2%～0.3%，引发剂为叔丁基过氧化氢/焦亚硫酸钠。

所述 N,N-二甲基十二烷基叔胺、丙烯基-1,3-磺酸内酯、甘油酯的摩尔比为1∶(1.1～1.3)∶(1.2～1.5)，三种化合物的总质量与阳离子纤维素醚的质量比为(0.5～0.6)∶1。

所述引气剂的制备方法为：

(1) 将壳聚糖溶解于醋酸溶液中，配制成3%～4%的壳聚糖溶液，然后加入阳离子表面活性剂，搅拌6～10min得溶胶，将溶胶置于液氮冷冻干燥机中干燥24h，得壳聚糖多孔微载体。冷冻干燥条件为20～30Pa，－(58～62)℃，阳离子表面活性剂为咪唑啉、吗啉胍类或者三嗪类，其加入量为6%～10%。

(2) 将改性增稠剂和十二烷基苯磺酸钠混合均匀后，加入壳聚糖多孔微载体，置于1000～2000r/min的分散机中分散20～30min，即得引气剂。

防冻微型胶囊的制备方法包括以下步骤：

(1) 将芯料、水混合，搅拌，形成均匀的水相，其中水的加入量为芯料质量的20%～80%。

(2) 将石蜡熔化后，加入非离子型乳化剂，升温至80～100℃，乳化，得油相。

(3) 将油相降温至60～70℃，然后将水相缓慢滴加到油相中，滴加完后再加入橡胶粉，搅拌均匀后，得到的料液进料于低温喷雾机中，在0～5℃气流中喷雾冻凝，得微胶囊主体。

(4) 在微胶囊主体表面喷涂压敏胶，表面干燥后，进行激光打孔，然后投入包衣机，喷入碱溶性外膜材料液，干燥后即得防冻微型胶囊。激光打孔的数量为1个/粒，孔径为10～50μm，所述碱溶性外膜材料液由碱溶性丙烯酸树脂溶解于5～10倍量的氨水中制得。

使用方法　本品的掺量为3%～5%。

产品特性　本品将引气组分和改性增稠剂复合制备成引气剂，使得水泥周围存在大量稳定的气泡，以及加入防冻微胶囊，进行防冻组分的持续释放，两者综合可以有效提高混凝土的防冻效果；本品解决了引气剂和防冻微胶囊带来的分散性问题。

配方19　混凝土防冻剂(13)

原料配比

原料	配比(质量份)				
	1#	2#	3#	4#	5#
二甲基亚砜	30	35	38	40	50
三异丙醇胺	12	12	12	12	15
乙二醇	10	13	15	15	15
减水剂	25	25	27	27	27
引气剂	0.7	0.8	0.8	1	1
甲酸钙	12	13	13	13	13
亚硝酸钠	12	13	15	15	15
水	20	20	20	20	20

制备方法

(1) 混合二甲基亚砜、加强剂、减水剂、引气剂、早强剂和水，制备得到混合物。

(2) 将所述混合物置于20～40℃下搅拌0.2～0.3h，然后冷却至室温得到混凝土防冻剂。

原料介绍　所述加强剂包括乙二醇和三异丙醇胺中的至少一种。

所述减水剂包括木质素磺酸盐减水剂、萘磺酸盐甲醛聚合物减水剂、脂肪族减水剂和聚羧酸高效减水剂中的至少一种。

所述引气剂包括松香类引气剂、皂苷类引气剂、羧酸钠类引气剂和烷基糖苷类引气剂中的至少一种。

所述早强剂为亚硝酸钠、甲酸钙和碳酸锂中的至少一种。

二甲基亚砜与水混合后，由于二甲基亚砜的S-O键的氧原子与水的O-H键的氢原子能够结合形成氢键，氢键的生成有效地阻止了温度降到零度以下时水分子间的氢键作用，从而阻止冰的四面体结构形成，破坏形成的冰的冰晶结构，从而起到对混凝土的防冻效果；加强剂可以提高混凝土的早期和后期强度；减水剂加入混凝土中，能改善混凝土的工作性，减少混凝土单位用水量，改善混凝土的流动性，减少混凝土单位水泥用量，节约水泥；引气剂用于在混凝土中引入均匀的气孔，为水结冰后体积膨胀预留空间，从而可以降低由于水结冰体积膨胀而对混凝土造成体积膨胀的影响；早强剂可以促进混凝土早期强度的发展。

产品特性　本品原料不含氯盐和铵盐，因此，本品能在满足无氯、无氨的环保要求下，调节混凝土的和易性，提高混凝土的抗冻性能，从而解决混凝土负温施工时硬化慢、强度低的问题。

配方 20　混凝土防冻剂（14）

原料配比

原料		配比(质量份)					
		1#	2#	3#	4#	5#	6#
减水组分		150	120	180	100	160	80
保坍组分		50	80	20	100	40	120
早强组分		400	350	300	330	360	380
防冻组分		250	250	250	250	250	250
引气组分		1	1	1	1	1	1
水		119	149	209	189	139	139
引气组分	聚醚类引气剂	1	—	0.4	—	0.5	0.2
	K12	—	1	0.6	1	0.5	0.8
保水组分	5%羟甲基纤维素醚水溶液	30	50	40	30	50	30
防冻组分	硝酸钙	50	80	100	80	30	150
	硝酸钠	150	120	80	120	150	40
	甲醇	20	30	30	40	30	30
	乙二醇	30	20	40	10	40	30

制备方法　将碱水组分、保坍组分、早强组分和水共同放入容器中，接着加入防冻组

分、引气组分和保水组分，升温至45℃并搅拌2h，然后让其自然冷却即得到混凝土防冻剂。

原料介绍　减水组分为早强型聚羧酸减水剂，在具有高分散性的同时，不会延长混凝土中水泥的水化硬化时间，同时由于其独特的分子结构，还会促进水泥颗粒的水化，从而缩短水泥混凝土的硬化时间，便于混凝土快速产生抗冻强度。

保坍组分为保坍型聚羧酸减水剂，可以满足混凝土施工对混凝土工作性保持的要求，同时不会因延长混凝土工作时间而导致混凝土凝结硬化时间延长，有利于混凝土早期强度的发展。

早强组分为水泥纳米悬浮液，该水泥纳米颗粒可以很好地促进混凝土早期强度的发展，尤其是在环境温度较低的条件下，混凝土早期强度增长明显，同时又不会对混凝土长期强度产生不利影响，可以很好地激发混凝土早期的强度，使浇筑后的混凝土快速达到抗冻临界强度，不至于混凝土因受冻而产生破坏。

所述减水组分为早强型聚羧酸减水剂，所述早强型聚羧酸减水剂的分子量为35000～40000，早强型聚羧酸减水剂的固含量为40%。

所述保坍组分为聚羧酸保坍型减水剂，所述聚羧酸保坍型减水剂的分子量为100000～150000，聚羧酸保坍型减水剂的固含量为40%。

所述早强组分为水泥纳米悬浮液混凝土早强剂，所述水泥纳米悬浮液混凝土早强剂的固含量为7%。

产品特性　本品采用无机有机复合的防冻体系，硝酸钙、硝酸钠组分在降低防冻剂体系冰点的同时，对水泥水化有一定的促进作用，可以促进混凝土早期强度发展，甲醇、乙二醇类的组分，可以进一步降低体系的冰点，保证防冻剂在较低的温度时不会受冻结冰，充分考虑了防冻剂本身的抗冻性能及促进混凝土早期强度发展的性能，使其具有更广的应用范围。

配方21　混凝土防冻剂(15)

原料配比

原料	配比(质量份)				
	1#	2#	3#	4#	5#
尿素	33	33	33	38	30
乙酸钠	5	5	5	8	3
聚乙二醇丁醚	5	—	—	—	—
三甲基壬醇聚乙烯醚	—	5	5	10	3
聚羧酸高性能减水剂	12	12	12	15	10
磺化丙酮-甲醛缩合物	2	2	2	3	2
聚丙烯酰胺	3	3	3	5	2
二乙醇单异丙醇胺	2	2	2	5	2
甲基丙烯酸二甲氨基乙酯	—	—	2	5	2
葡萄糖酸钠	5	5	5	3	5
硬脂酸钙	1	1	1	3	1
松香酸钠	2	2	2	3	2
水	280	280	280	280	280

制备方法　将各成分在25～40℃条件下混合均匀即可。

原料介绍　尿素、乙酸钠、聚乙二醇丁醚、三甲基壬醇聚乙烯醚等成分作为抗冻剂组分，该抗冻剂可优化混凝土水化环境，减轻冻胀压力，显著降低混凝土拌和物中液体的冰点，细化冰晶，提高混凝土的抗冻性能。

聚羧酸高性能减水剂是被广泛使用的环保型混凝土外加剂，已知的部分产品中，为了有效保证混凝土的强度，改善混凝土拌和物的流动性，大幅增加了减水剂的用量。这不仅提高了生产成本，而且减弱了聚羧酸高性能减水剂的环保优势。采用本品方案，在保证混凝土防冻性能的同时，大大减少了聚羧酸高性能减水剂的用量，充分发挥聚羧酸高性能减水剂的高效、经济、环保特性。

使用方法　本品适用于预应力混凝土以及与镀锌钢材相接触部位的钢筋混凝土结构。

产品特性

(1) 本品可以显著提高含气量，可以明显促进混凝土水合作用，加速混凝土凝结以及进一步提高抗压强度。

(2) 本品不需添加硝酸盐、亚硝酸盐、碳酸盐等成分，不会引起钢筋的应力腐蚀，对钢筋无腐蚀作用，适用于预应力混凝土以及与镀锌钢材相接触部位的钢筋混凝土结构。

(3) 本品制备方法简单，不需复杂的操作工序，降低了工艺难度和成本，特别适合产业化生产使用。

配方 22　混凝土复合防冻剂

原料配比

原料		配比(质量份)					
		1#	2#	3#	4#	5#	6#
高效减水型聚羧酸减水剂		15	15	15	15	15	15
缓释保坍型聚羧酸减水剂		5	5	5	5	5	5
防冻组分	丙三醇	20	—	—	—	—	20
	甲醇	—	—	20	—	—	—
	乙醇	—	—	—	20	—	—
	乙二醇	—	—	—	—	20	—
	亚硝酸钠	10	10	10	10	10	—
	硝酸钠	—	—	—	—	—	10
早强剂	三乙醇胺	2	2	2	2	2	2
引气剂	烷基苯磺酸钠	0.15	0.15	0.15	0.15	0.15	0.15
水		50	50	50	50	50	50

制备方法

(1) 将水和减水组分置于容器中，搅拌均匀。

(2) 在所述容器中加入防冻组分，搅拌均匀。

(3) 在所述容器中加入早强组分和引气组分，搅拌均匀即得到混凝土复合防冻剂。

原料介绍　所述高效减水型聚羧酸减水剂为JWPCE-503A、JWPCE-503、JWPCE-903S中的一种或几种混合；所述缓释保坍型聚羧酸减水剂为JWPCE-904P、JWPCE-904S、JW-

PCE-504A 中的一种或几种混合。

使用方法　本品主要是一种混凝土复合防冻剂。胶凝材料中防冻剂掺入量为 0.5%～1.0%。

产品特性　该复合防冻剂无结晶和沉淀，液体流动性良好，完全适合于冬季使用，可在 −20℃条件下施工使用，掺量低，耐久性好，流动性好，无毒，低碱，无氯，与水泥适应性好，可起到防止混凝土受冻破坏的作用，并可显著改善新拌和混凝土硬化后的性能。

配方 23　混凝土高效防冻剂

原料配比

原料		配比(质量份)		
		1#	2#	3#
减水剂		32	36	34
膨胀石墨掺杂斜发沸石		24	28	26
堇青石微粉		16	22	19
云南腾冲火山泥		8	14	11
碳纤维复合大豆蛋白胶		15	19	17
酒石酸		2	5	3.5
木质纤维素		3	5	4
硅凝胶		2	6	4
膨胀石墨掺杂斜发沸石	膨胀石墨	5	5	5
	斜发沸石	2	2	2
碳纤维复合大豆蛋白胶	碳纤维	3	3	3
	大豆蛋白胶	1	1	1

制备方法

(1) 将减水剂、膨胀石墨掺杂斜发沸石、碳纤维复合大豆蛋白胶、酒石酸、木质纤维素、硅凝胶，加入高速搅拌机中进行搅拌，搅拌速度为 215～225r/min，搅拌时间为 45～55min，得到混合物 A。

(2) 将堇青石微粉、云南腾冲火山泥加入球磨机中进行球磨，过 30～40 目筛，得到混合物 B。

(3) 将得到混合物 A、混合物 B 加入高速混合机中混合，搅拌速度为 1050～1150r/min，搅拌时间为 65～75min，即得本品的混凝土高效防冻剂。

原料介绍　所述减水剂的制备方法为：将密胺系减水剂、粉末聚羧酸酯、丙酮加入混合机中，搅拌转速为 110～120r/min，搅拌时间为 35～45min，随后向其中加入六偏磷酸钠、一级粉煤灰进行超声分散，超声分散 15～25min，随后再加入芭蕉汁、硅溶胶继续搅拌 35～45min，即得减水剂。

所述膨胀石墨为膨胀倍率为 260～300mL/g 的 70 目可膨胀石墨。

所述斜发沸石采用质量分数为 12%～18%的氯化铁溶液进行处理 12～16min。

产品特性

(1) 碳纤维的轴向强度和模量高，密度低，比性能高，大豆蛋白胶为环保型胶黏剂，将二者进行混合复配，作为混凝土防冻剂，可有效降低混凝土冰点，原料之间进行合理的协配，可提高混凝土低温下的强度性能。

（2）膨胀石墨比表面积大，作为斜发沸石载体，斜发沸石强度大，在低温下，二者性质依旧稳定，填充在混凝土中，可提高混凝土低温稳定性。

（3）本品在－30℃、－40℃下的抗压强度具有显著改善。

配方 24 混凝土用防冻剂

原料配比

原料	配比(质量份)
氯化钙	35
尿素	32
柠檬酸	27
聚乙烯醇	25
亚硫酸钠	23
甲醇	17
氯化钾	15
萘乙酸	13
十二烷基苯磺酸钠	10
聚乙烯	9
水	18

制备方法　将各组分原料混合均匀即可。

产品特性　本品的混凝土用防冻剂可提高混凝土的防冻性能和耐久性，有效改善低温状态下的混凝土施工工艺。

配方 25 混凝土专用高性能型防冻剂

原料配比

原料	配比(质量份)		
	1#	2#	3#
十二烷基苯磺酸钠	0.3	0.6	0.45
聚丙烯酰胺	0.1	0.4	0.25
PET 水解液	7	12	9.5
羧甲基纤维素钠	0.5	1	0.75
亚硝酸钠	0.4	0.9	0.65
甲酸钙	0.7	1.5	1.1
对三聚氰胺	0.2	0.6	0.4
有机醇胺	0.3	0.7	0.5
壬基酚聚氧乙烯醚	0.2	0.5	0.35
乙二醇丁醚醋酸酯	0.1	0.6	0.35

续表

原料	配比(质量份)		
	1#	2#	3#
硫代硫酸钠	0.5	1	0.75
三萜皂苷	0.5	2	1.25
氨基磺酸钠	0.8	3	1.9
偶氮二甲酰胺	0.3	0.8	0.55
木质素磺酸钠	0.4	0.8	0.6
烷基磺酸钠	0.7	1.2	0.95
二异丙醇胺	0.3	0.8	0.55
亚甲基二萘磺酸钠	0.4	1	0.7
聚羧酸保坍剂	0.4	0.8	0.6
烷基糖苷	0.4	0.9	0.65
六偏磷酸钠	0.3	0.9	0.6

制备方法　将各组分原料混合均匀即可。

产品特性　本品具有效果好，无开裂，耐腐蚀，适用范围广，防水防渗性好等有益效果。

配方 26　市政用环保型混凝土防冻剂

原料配比

原料		配比(质量份)					
		1#	2#	3#	4#	5#	6#
橡胶粉	粒径为 50 目	80	—	70	100	—	90
	粒径为 60 目	—	90	—	—	80	—
减水剂	木质素磺酸钙	5	5	—	—	—	6
	NF 萘系高效减水剂	—	—	4	5	—	—
	YH-22 三聚氰胺系高效减水剂	—	—	—	—	4	—
硬石膏		15	20	15	10	10	25
明矾石粉		10	8	15	20	20	8
偶联剂	3-氨基丙基三乙氧基硅烷	15	15	10	15	20	15
氧化镁		10	15	10	10	5	5

制备方法

(1) 将硬石膏、明矾石粉和氧化镁混合并搅拌均匀，获得添加物。

(2) 将添加物与橡胶粉、偶联剂、减水剂混合并搅拌均匀，获得防冻剂。

原料介绍　所述橡胶粉由废旧轮胎加工而成。橡胶是一种弹性模量很低、黏弹性很高的高分子材料。将废旧轮胎橡胶粉掺入混凝土中是有效利用废旧轮胎橡胶的方法之一，且掺入橡胶粉后的混凝土能够缓和静水压力，改善混凝土的抗冻性，且橡胶粉作为抗冻剂不存在引气型防冻剂的含气量损失问题。同时，废旧轮胎的再次利用，对保护环境、节约资源具有重要的理论和现实意义。

偶联剂的一端对橡胶粉表面具有较强亲和力并产生一定的结合，偶联剂的另一端对无机的混凝土具有较强的亲和力并产生一定的结合，从而使得偶联剂可在混凝土和橡胶粉之间起到搭桥作用，使得橡胶粉与混凝土之间的界面黏结度得到加强，进而降低橡胶粉对混凝土抗压强度的影响。

减水剂是一种在维持混凝土坍落度基本不变的条件下，能减少拌和用水量的混凝土外加剂，可改善混凝土拌和物的流动性，降低橡胶粉对混凝土施工性能的影响。

硬石膏和明矾石粉进行复配可作为混凝土膨胀剂，具有补偿混凝土收缩的作用并提高混凝土的抗渗性能。

氧化镁也可作为混凝土的膨胀剂，其对混凝土收缩的补偿作用主要体现在28d以后，与硬石膏和明矾石粉的膨胀作用具有互补性。

木质素磺酸钙作为减水剂的同时，具有很强的分散性，有助于偶联剂与橡胶粉充分混合并吸附于橡胶粉的外表面，有助于吸附有偶联剂的橡胶粉、硬石膏、明矾石粉以及氧化镁在混凝土中的均匀分布，使其充分发挥自身作用。同时，木质素磺酸钙与3-氨基丙基三乙氧基硅烷能够协同增效，提高橡胶粉与混凝土之间的界面黏结度。

产品特性　本品具有防冻效果好，适用范围广，防水防渗性好等有益效果。

配方 27　水泥混凝土用高性能防冻剂

原料配比

原料	配比(质量份)		
	1#	2#	3#
高铝水泥	13	17	15
脂肪酸钠	0.6	1.2	0.9
十二烷基苯磺酸钠	0.3	0.8	0.55
细砂	20	30	25
抗菌粉末	4	8	6
玻璃纤维	2	6	4
硅藻泥	5	9	7
铝质材料	2	5	3.5
三萜皂苷	0.5	1	0.75
木质磺酸钠	0.4	0.8	0.6
硅烷偶联剂	3	8	5.5
聚丙烯纤维	3	6	4.5
矿渣	3	8	5.5
二乙醇单异丙醇胺	0.2	0.6	0.4
纤维素醚	0.2	0.6	0.4
硅胶盐水泥	20	30	25
乙酸镧	0.3	0.7	0.5
铜矿粉	4	8	6

续表

原料	配比(质量份)		
	1#	2#	3#
亚硫酸钠粉	3	7	5
对苯基苯酚	0.5	1.5	1
硅烷偶联剂	2	7	4.5
氯化镁	0.3	0.8	0.55
生石灰	15	20	17.5
脱硫石膏	10	18	14
甲基丙烯酸甲酯	0.4	0.8	0.6
丙二酸	0.3	0.7	0.5

制备方法　将各组分原料混合均匀即可。

产品特性　本品采用了新型防冻组分，大幅度降低了碱含量，可避免混凝土碱集料的反应，使防冻剂本身在负温下存放不沉淀、不结晶。

配方 28　无氯无氨环保型混凝土防冻剂

原料配比

原料		配比(质量份)		
		1#	2#	3#
早强组分	烷基苯磺酸钠与多孔烧结聚乙烯颗粒	20	—	—
	硫氰酸钠、碳酸钠、石膏以及甲酸钙	—	22	25
塑化组分	柠檬酸三丁酯	15	15	16
速凝组分	丙三醇	7	8	8
引气组分		4	6	3
减水组分	木质素磺酸钠以及聚羧酸钠	2	3	3
偶联组分	乙烯基三乙氧基硅烷	2	—	—
	异丁基三乙氧基硅烷	—	2	2
引气组分	烷基苯磺酸钠	5	—	—
	多孔烧结聚乙烯颗粒	1	—	—
	脂肪醇醚硫酸钠	—	6.5	11
	PC 塑料颗粒	—	1	—
	聚氯乙烯发泡颗粒	—	—	1
水		50	50	50

制备方法

(1) 在搅拌釜中加入水、早强组分、塑化组分、速凝组分、减水组分以及偶联组分，搅拌 20～25min，得到防冻剂前体；搅拌速率为 150～220r/min，温度为 35～55℃。

(2) 在所述防冻剂前体中，边注气边加入引气组分，再搅拌 5～11min，得到最终的防冻剂产品。引气组分的持续添加时间为 3～4min，注气时间为 5～10min，注气速率为 65～

110L/min，采用氮气进行注气操作。

原料介绍 塑化组分柠檬酸三丁酯具有表面活性剂的作用，通过吸附、分散、润滑、润湿、减水、增强、抑制坍落度损失等作用机理，提高混凝土的早期强度。速凝组分丙三醇可以让混凝土快速硬化，同样可使之具有较高的早期强度。在本品中，阴离子表面活性剂最终具有界面活性、起泡以及稳泡这三个作用，而最根本的原理则是：其分子结构由憎水基团和亲水基团组成，憎水基团最终包裹微小的气泡，而这些微小的气泡又能稳定地存在于混凝土体内，保证在负温条件下不易结冰，因此实现防冻的效果。在本品中，减水组分可以分散水泥颗粒，使得较少的用水量即可充分润湿水泥颗粒，保证较高的固化强度。在本品中，硅烷偶联剂可以黏合混凝土料中的砂石、水泥颗粒，保证最终的混凝土块具有突出的固化强度、抗震强度。

引气组分包括阴离子表面活性剂和储气颗粒，前者可以有效改善混凝土的保水性和黏聚性，而后者则是给阴离子表面活性剂提供持续的、足量的气体，保证混凝土中的微小气泡足量。所述引气组分添加时，不断注气，可以保证防冻剂中产生更多的微小气泡，最终起到提升防冻性能的效果。在本品中，单纯的氮气，相较于普通的空气，更加容易形成微小的气泡，气泡强度更大，更加不易爆裂。

产品特性

(1) 掺入该防冻剂的混凝土，在负温条件下，仍然可以快速固化，而且早期、晚期的固化强度都相对较大，整体防冻效果突出。

(2) 本品组成中不含氯离子，而且在使用过程中也不会散发氨气，具有更加环保、安全的优点。

配方 29 无氯混凝土防冻剂

原料配比

原料	配比(质量份)					
	1#	2#	3#	4#	5#	6#
聚羧酸减水剂	20	25	30	30	25	25
多元醇(乙二醇)	10	10	10	10	8	6
三乙醇胺	5	5	5	5	7	5
硫氰酸钠	5	6	7.5	10	6	6
引气剂	0.3	0.3	0.3	0.3	0.3	0.3
水	59.6	53.6	47.1	44.6	53.6	57.6
糖原(糖蜜)	0.1	0.1	0.1	0.1	0.1	0.1

制备方法 将聚羧酸减水剂、多元醇、三乙醇胺、硫氰酸钠、引气剂、糖蜜和水进行混合，常温下持续搅拌直至其全部溶化，即可得到混凝土防冻剂。

原料介绍 聚羧酸减水剂具有较好的分散作用，能够起到减水和降低坍落度损失的作用；多元醇具有保湿和降低水溶液冰点的作用；多元醇胺能加速水泥水化，促进混凝土凝结硬化；硫氰酸盐能降低水溶液冰点，提高混凝土水化活性，增强早期强度；引气剂能优化混凝土中的气孔尺寸，使气孔均匀分散，降低负温条件下孔液冻胀的影响等。

所述引气剂选自十二烷基苯磺酸钠。

所述的糖蜜为制糖工业将压榨出的甘蔗汁液，经加热、中和、沉淀、过滤、浓缩、结晶等工序制糖后所剩下的浓稠液体。

使用方法　本品掺量为1%～3%。所述低温为-20～-5℃。

产品特性

（1）本品各组分相容性良好，通过协同作用能够有效降低冰点，加快水泥水化，提升早期强度，显著降低冻害对混凝土造成的强度破坏。

（2）本品具有降低水溶液冰点，加快水泥水化，促进水化热的释放，适当提升体系温度，使混凝土正常凝结硬化，能够提高其早期强度，同时优化混凝土内部孔结构，降低混凝土内部冻胀效果，从而通过协同作用增强混凝土抗冻性能。

（3）本品不含氯盐，不会对钢筋产生腐蚀作用，避免了由氯盐引起的钢筋混凝土耐久性被破坏的影响。

配方 30　无氯无氨混凝土用防冻剂

原料配比

原料		配比(质量份)		
		1#	2#	3#
萘系-聚羧酸复合减水剂		17.5	10	20
三萜皂苷		12.5	10	15
葡萄糖酯		9	6	10
甲基硅油		12	8.5	15
甘油、乙醇水溶液		80	75	85
无机盐化合物		8	6	12
异戊烯醇聚氧乙烯醚		0.5	0.3	1.8
烷基苯磺酸盐十二烷基苯磺酸钠		0.7	0.5	1
甘油、乙醇水溶液	甘油	2	2	2
	乙醇	1.5	1	1.5
	水	0.8	1	1
无机盐化合物	$MgSO_4 \cdot 7H_2O$	1	1	1
	$KAl(SO_4)_2$	2	2	2
萘系-聚羧酸复合减水剂	萘系减水剂	1	1	1
	聚羧酸减水剂	2	2	2

制备方法

（1）将甘油、乙醇和水搅拌混合均匀，加入烷基苯磺酸盐和无机盐化合物，超声10～20min，加入异戊烯醇聚氧乙烯醚，超声5～10min后，得溶液A。超声的功率为350～400W，频率为25～40kHz，温度为40～45℃。

（2）将三萜皂苷、葡萄糖酯和甲基硅油加热至50～60℃，超声混合10～15min，冷却，得混合物B。超声的功率为350～400W，频率为25～40kHz，温度为40～45℃。

（3）将1/3量的B混合物加入溶液A中，再加入1/2量的萘系-聚羧酸复合减水剂，超声15～20min后，再加入剩下的B混合物和萘系-聚羧酸复合减水剂，超声20～25min，最后均质处理15～20min，得无氯无氨混凝土用防冻剂。超声的功率为350～400W，频率为

25～40kHz，温度为 40～45℃。均质的压力为 25～40MPa。

原料介绍 所述无机盐化合物化学式为 ($MgSO_4 \cdot 7H_2O$) [$KAl(SO_4)_2$]$_2$，是由摩尔比为 1∶2 的 $MgSO_4 \cdot 7H_2O$ 和 $KAl(SO_4)_2$ 先在转速为 1200r/min 的球磨机中混合均匀，再将混合物置于 85℃的恒温下至完全熔化后，保温 0.5h，在室温中自然冷却制得。

使用方法 本品添加量为混凝土量的 5%～8%。

产品特性

(1) 使用本品的混凝土和易性好，本品可改善负温条件下混凝土的泌水现象，提高混凝土的防冻性，且无氯无氨，环保无污染。

(2) 本品采用无机盐化合物作为低热相变储热材料，利用混凝土的初始热量及水泥在水化过程中释放出来的热量，提高混凝土强度，与防冻剂一起使用，提高混凝土的抗冻临界强度。

(3) 本品采用超声和均质相结合的制备方法，具有制备方法简单，得到的产物稳定的优点。

配方 31 无污染的高效混凝土防冻剂

原料配比

原料	配比(质量份)		
	1#	2#	3#
引气剂	4	9	6.5
烷基糖苷	0.4	0.7	0.55
有机醇胺	0.5	0.9	0.7
消泡组分	2	7	4.5
二异丙醇胺	0.1	0.5	0.3
羧甲基纤维素钠	0.4	0.9	0.65
氯化钙	0.3	0.7	0.5
改性木质素	0.4	0.8	0.6
茶皂素	1	4	2.5
聚丙烯酰胺	0.3	0.8	0.55
甲酸钙	0.3	0.6	0.45
硫氰酸盐	0.3	0.8	0.55
硼酸	0.2	0.7	0.45
葡萄糖酸钠	0.3	0.9	0.6
偶氮二甲酰胺	0.2	0.8	0.5
六偏磷酸钠	0.3	0.7	0.5
壬基酚聚氧乙烯醚	0.1	0.4	0.25
乙二醇	0.2	0.6	0.4
聚羧酸保坍剂	0.1	0.5	0.3
火山岩纤维	0.3	0.8	0.55
硝酸钙	0.3	0.6	0.45
烷基苯磺酸钠	0.3	0.9	0.6
纤维素醚	0.2	0.7	0.45
改性淀粉	4	9	6.5

制备方法　将各组分原料混合均匀即可。

产品特性　本品由有机、无机等多种材料配制而成，可显著提高混凝土负温养护的强度；而且本品和各类水泥均有较好的适应性，能够最大程度地发挥各种材料的性能等有益效果。

配方 32　新型混凝土防冻剂

原料配比

原料			配比(质量份)			
			1#	2#	3#	4#
有机硅改性纳米二氧化钛分散液			15	50	60	40
多元醇接枝改性聚乙烯醇组分			18	20	25	15
氨基酸	丝氨酸		10	—	—	—
	赖氨酸		5	—	—	—
	L-苏氨酸		—	25	—	18
	L-组氨酸		—	10	—	—
	聚 L-组氨酸		—	—	20	—
纳米碳酸钙			6.8	7.2	8	10
2-羟丙基甲基丙烯酰胺			12.3	11.3	10	8.5
三乙醇胺			13	8	7.5	6
悬浮剂	气相二氧化硅		8	—	—	—
	凹凸棒土		—	9	—	—
	氢化蓖麻油		—	—	8	—
	水合硅酸镁		—	—	—	12
水			30	65	50	60
有机硅改性的纳米二氧化钛分散液	分散液	聚乙烯吡咯烷酮	1.2	—	—	—
		聚乙二醇 400	—	0.8	—	—
		乙醇	—	—	3	—
		十二烷基苯磺酸钠	—	—	—	3
		水	100	150	200	100
		纳米二氧化钛	100	80	150	90
	分散液		120	100	120	100
	有机硅溶液		50	150	150	180
多元醇接枝改性的聚乙烯醇组分	聚乙烯醇		60	30	50	40
	水		80	100	20	100
	催化剂	硫酸	4.5	—	—	—
		对甲苯磺酸	—	5	6	—
		盐酸	—	—	—	3
	多元醇	乙二醇	65	—	—	—
		聚乙二醇	—	50	—	—
		山梨醇	—	—	85	—
		丙三醇	—	—	—	45
	水		120	150	90	140

制备方法

(1) 制备有机硅改性的纳米二氧化钛分散液A：取分散剂溶于水中，加入纳米二氧化钛，在超声中充分分散15～30min，分散后将该分散液转移至三口烧瓶中，保持温度在0～60℃之间，温度恒定之后，加入有机硅溶液，调节体系的pH值为2～8，充分搅拌，在恒定温度下反应2～12h，反应结束，即得有机硅改性的纳米二氧化钛分散液。

(2) 制备多元醇接枝改性的聚乙烯醇组分B：取聚乙烯醇溶于水中并置于三口烧瓶中，将温度升至65～90℃，调节体系的pH值为7～8，加入催化剂，将多元醇溶于水中，充分搅拌均匀，以一定的滴加速度将多元醇水溶液在1.5～3h内滴加至烧瓶中，滴加结束之后，继续反应8～12h，得到多元醇接枝改性的聚乙烯醇组分B。

(3) 制备混凝土防冻剂：取上述(1)中的有机硅改性后的纳米二氧化钛分散液A、(2)中制得的组分B、水加入三口烧瓶中，升温至65～90℃，待温度恒定之后，将悬浮剂加入烧瓶中，随后加入三乙醇胺和纳米碳酸钙，充分搅拌1～4h，自然冷却后，加入2-羟丙基甲基丙烯酰胺和氨基酸，充分搅拌均匀1～3h，即得到一种新型的混凝土防冻剂。

原料介绍　所述的纳米二氧化钛粒径为15～25nm。

所述有机硅溶液中的有机硅烷为异丁基三乙氧基硅烷、甲基三乙氧基硅烷、脲丙基三乙氧基硅烷、KH-550、KH-570中的一种或多种组合。

有机硅改性的纳米二氧化钛在降低二氧化钛分子团聚的同时，引入硅氧键，能够提高组分在水泥中的分散性能，纳米二氧化钛组分的存在能够使水泥水化热的放热峰提前2h，促进水泥水化进程，细化浆体结构，产生低钙硅比的水化硅酸钙凝胶，改善孔结构，降低孔径，让孔内水的饱和蒸气压降低，减小水凝结成冰时的膨胀应力，使得混凝土更加密实，不易膨胀开裂，强度有所提升。改性纳米二氧化钛与有机防冻组分结合，达到早强以及优异的防冻效果。

产品特性　本品区别于无机防冻剂的最大优点是不含氯离子以及钠离子，不会造成防冻剂的氯离子侵蚀以及钠离子的后期强度衰减大的问题。

配方 33　用于混凝土的超低温复合防冻剂

原料配比

原料		配比(质量份)				
		1#	2#	3#	4#	5#
氧化石墨烯(GO)		6	5	8	2	10
二环己基碳二亚胺(DCC)		8	6	10	5	12
硅烷偶联剂	γ-甲基丙烯酰氧基丙基三甲氧基硅烷	1	—	1.5	—	—
	γ-缩水甘油醚氧丙基三甲氧基硅烷	—	0.5	—	—	2
	3-甲基丙烯酰氧基三甲氧基硅烷	—	—	—	0.2	—
甲酸		0.5	0.2	0.8	0.1	1
乙醇		25	20	30	30	20
水		25	20	30	30	20

续表

原料		配比(质量份)				
		1#	2#	3#	4#	5#
烷基有机胺	二乙醇胺	2	—	—	1	—
	三异丙醇胺	—	2	—	—	5
	三乙醇胺	—	—	3	—	—
三萜皂苷		0.8	0.8	0.5	1	0.2
引发剂	巯基乙酸	3	2	—	—	—
	2-巯基丙酸	—	—	5	5	
	正十二烷基硫	—	—	—	—	2
丙烯酰胺		10	10	8	12	6
表面活性剂	十六烷基三乙基氯化铵	0.3	0.5	0.3	0.2	1
VAE 乳液 DA101		30	25	32	20	35
水化硅酸钙		15	12	18	20	20
亚硝酸钠		3	5	2.5	2	8
硫酸钠		5	6	4	6	3
木质素磺酸钙		4	3	5	2	8
氨基磺酸盐	十六烷基磺酸钠	5	6	5	8	6
葡萄糖酸钠		10	8	10	8	10

制备方法

(1) 将氧化石墨烯(GO)、二环己基碳二亚胺(DCC)和硅烷偶联剂在水中超声分散均匀,再在搅拌的条件下,在60~120℃环境下反应6~12h,离心洗涤干燥后得到改性GO。

(2) 将改性GO分散于甲酸、水和乙醇的混合溶剂中,接着在30~120℃下反应5~24h,离心洗涤干燥后得到氧化石墨烯-二氧化硅复合物,标记为GO-SiO_2。

(3) 将烷基有机胺、三萜皂苷、引发剂、丙烯酰胺、表面活性剂、VAE乳液DA101、GO-SiO_2在水中混合均匀,然后升温至60~80℃,接着在超声频率为40~50kHz的条件下超声30~60min,接着加入水化硅酸钙、亚硝酸钠、硫酸钠、木质素磺酸钙、氨基磺酸盐和葡萄糖酸钠,继续搅拌5~15min,即得到用于混凝土的超低温复合防冻剂。

产品特性

(1) 本品能够对混凝土的分散度、含气量、反应速率和反应程度等进行多方位调控,从而提高混凝土在低温下的早期强度,同时缩短混凝土凝结时间并降低混凝土含气量,极大地提高混凝土的耐久性能,且不会出现分层现象,制备工艺简单、原料环保无污染,适合大规模推广使用。表面活性剂有利于搅拌过程中形成更细小的气泡,同时还能起到一定的减水效果。

(2) 本品能够在-20℃下加快混凝土的凝结速度,提高混凝土的强度和耐久性。

配方 34 用于路面混凝土的防冻剂

原料配比

原料	配比(质量份)	原料	配比(质量份)
乙二醇	72	松香热聚物	0.3
尿素	23	减水剂	85
三乙醇胺	2.5	水	300
氯化钠	30		

制备方法 按质量比称取相应的原料，将乙二醇、减水剂和1/4总量的水混合，在23～30℃下，以300～500r/min的速度持续搅拌5～10min，得到混合料A，将尿素、氯化钠、三乙醇胺和2/4总量的水混合，在25～35℃下，以300～500r/min的速度持续搅拌25～40min，得到混合料B，将松香热聚物和1/4总量的水混合后，以30～50r/min的速度搅拌混合2～3min，得到混合料C；将混合料A和混合料B加入混合料C中，以30～50r/min的速度搅拌5～10min，得到混凝土防冻剂。

原料介绍 所述减水剂为木质素磺酸钠。

产品特性

（1）掺防冻剂的混凝土相比较普通混凝土而言，冬季施工效果明显改善，能够在较低的温度下保持混凝土强度的增长，混凝土掺防冻剂可以降低自由水的冰点，降低混凝土中的液相冰点，并使混凝土在一定负温下有部分不冻水存在，保证混凝土不遭受冻害并在一定时间里获得一定强度，使冰晶较为分散，从而能够维持强度增长。

（2）本品减水剂降低了用水量并能保持混凝土需要的和易性，大幅度降低用水量并增加混凝土坍落度，还有分散作用，使水泥成为彼此分离的、细小的单个粒子均匀分布于水中，从而达到降低混凝土中的冻水含量，改善混凝土孔隙结构，并使冻晶粒度小而分散，以减轻冰的破坏作用。

（3）本品的三乙醇胺具有防冻、减水和早强剂的效果，尿素、氯化钠具有防冻作用。

（4）本品的松香热聚物为引气组分，有效地减少拌和用水量，从而减少试拌混凝土中自由水的存在量，能够有效降低混凝土的离析和泌水等问题，增强和易性并能够有效提高混凝土的耐久性和抗冻能力。

配方35 高性能混凝土专用防冻剂

原料配比

原料		配比(质量份)			
		1#	2#	3#	4#
硫氰酸钠		9	6	10	9
硝酸钙		7	5	5	7
复合相变材料		9	10	10	9
电石渣纳米粉		4	5	3	4
柠檬酸钠		3	3	3	3
复合相变材料	相变材料	0.45	0.45	0.45	0.3
	二氧化硅空心微珠	1	—	—	1

制备方法 在低于相变温度的环境下，将硫氰酸钠、硝酸钙、复合相变材料、电石渣纳米粉、柠檬酸钠直接搅拌混合均匀后制成。

原料介绍 所述复合相变材料的制备方法是：取相变温度在0～10℃的液态的相变材料，将二氧化硅空心微珠加入其中，真空搅拌30～60min，然后在低于相变温度的环境下常压搅拌10～20min，得到复合相变材料；所述相变材料与二氧化硅空心微珠的质量比为(0.3～0.5)∶1。

所述相变材料为正十四烷和/或正十五烷。

硫氰酸钠、硝酸钙和电石渣纳米粉能够显著改善因低温环境下的 $Ca(OH)_2$ 溶解度增大而导致的水化反应迟缓问题；电石渣纳米粉的晶核效应还可以诱使氢氧化钙晶体附着和生成，最终通过多方协同作用促进水化反应快速进行。

复合相变材料在制备时，通过控制相变材料与二氧化硅空心微珠的用量比例，以及特殊的真空搅拌制备工艺，使相变材料一部分被包埋在二氧化硅空心微珠内部，另一部分附着在二氧化硅空心微珠表面，使得二氧化硅空心微珠的内部处于不同程度的半填充状态。二氧化硅空心微珠的空心结构具有良好的保温作用，能减轻低温环境/负温环境对混凝土内部的影响。高性能混凝土所使用的钢纤维具有一定的导热性能。因此，通过两者的作用的平衡，使高性能混凝土内部温度分布基本趋于一致，有效改善了混凝土内部的水化反应温度环境。复合相变材料中，二氧化硅空心微珠本身具有火山灰特性，能增强界面胶结性能，避免了水分和氯离子、硫酸根离子的迁移，一定程度上保证了混凝土的耐久性。由于在低温/负温环境时环境温度波动很大，波动范围往往达到－15～5℃，冻融频次非常高，如果不对其进行遏制，必然会导致混凝土内部因冻胀应力出现的开裂。位于二氧化硅空心微珠内外的相变材料，就能在水化反应过程中以及混凝土正常使用过程中，通过液态和固态的转变缓冲中和这种冻胀应力，最大程度减少因温度波动对混凝土力学性能产生的负面影响。将相变材料一部分包埋在二氧化硅空心微珠内部，是为了在保证其相变作用的前提下，减少混凝土中游离相变材料的量，避免因相变材料的反复相变过程对高性能混凝土造成的性能损失。

产品特性　本品是专门应用于严寒地区（温度范围－15～－5℃，极端地区甚至达－20℃）的产品，除了能起到非常好的防冻、促进早强，保证混凝土的工作性能以外，还能有效避免高性能混凝土长年累月应用时因反复冻融产生的力学性能损失。加入本品制备的高性能混凝土，抗压强度最高能够达到 58.2MPa；经过 200 次冻融循环后的混凝土抗压强度损失仅有 1.2%～1.4%。

配方 36　有机复合型水泥混凝土防冻剂

原料配比

原料	配比(质量份)		
	1#	2#	3#
细骨料	2	5	3.5
椰油酰谷氨酸二钠	0.3	0.6	0.45
硅烷偶联剂	2	6	4
烷基苯磺酸钠	0.4	0.8	0.6
丙烯酸树脂乳液	4	9	6.5
氯代烃	0.4	0.7	0.55
木质素	5	9	7
松香皂	5	8	6.5
乙酸钠	0.2	0.6	0.4
亚磷酸三苯酯	0.3	0.6	0.45
钛白粉	3	6	4.5
羧甲基纤维素钠	1.5	2.9	2.2

续表

原料	配比(质量份)		
	1#	2#	3#
脂肪醇聚氧乙烯醚硫酸钠	1.2	4.4	2.8
聚丙烯酰胺	0.2	0.5	0.35
丙烯乳液	2	6	4
乙酸钠	0.4	0.6	0.5
聚乙烯吡咯烷酮	0.3	0.6	0.45
变性淀粉	3	6	4.5
聚羧酸	0.3	0.7	0.5
改性三乙醇胺	0.1	0.4	0.25
酪氨酸	0.3	0.7	0.5
云母粉	3	7	5

制备方法　将各组分原料混合均匀即可。

产品特性　本品对混凝土的适应性好，质量稳定，产品环保，能适应各种工程需要，可以保持混凝土在－20～－30℃下不结冰。

配方 37　植物基混凝土防冻剂

原料配比

原料		配比(质量份)		
		1#	2#	3#
反应物	云母粉	5	5	5
	硬脂酸镁	1	1	1
	过硫酸钾	2	2	2
改性云母粉	反应物	5	5	5
	聚四氟乙烯	2	2	2
	十二烷基硫酸钠	1	1	1
	去离子水	3	3	3
熔融物	蜂蜡	3	3	3
	石蜡	1	1	1
改性包覆云母粉	改性云母粉	100	100	100
	熔融物	7	7	7
淀粉浆	玉米淀粉	1	1	1
	去离子水	5	5	5
改性玉米淀粉	淀粉浆	5	5	5
	芝麻油	1	1	1
	纳米二氧化硅	2	2	2

续表

原料		配比(质量份)		
		1#	2#	3#
秸秆粉末	小麦秸秆	0.2	0.3	0.4
粗纤维素	秸秆粉末	1	1	1
	质量分数为24%的盐酸	3	3	3
自制乙二醛	粗纤维素	1	1	1
	菌含量为10^7CFU/mL的黄孢原毛平革菌菌悬液	4	4	4
自制乙二醇	自制乙二醛	1	1	1
	硼氢化钠	2	2	2
自制乙二醇		28	29	30
改性包覆云母粉		16	18	20
改性玉米淀粉		10	11	12
去离子水		20	22	24
木质素磺酸钠		3	4	5
十二烷基苯磺酸钠		1	2	3
羟基亚乙基二膦酸		2	3	4

制备方法

(1) 按质量比为5∶1∶2将云母粉、硬脂酸镁和过硫酸钾混合搅拌反应16～20min，得到反应物，再将反应物、聚四氟乙烯、十二烷基硫酸钠和去离子水按质量比为5∶2∶1∶3混合置于搅拌机中，在温度为70～75℃、转速为160～180r/min的条件下继续搅拌35～45min，冷却出料，得到改性云母粉。

(2) 按质量比为3∶1将蜂蜡和石蜡混合倒入坩埚中，加热16～20min直至坩埚中的物料完全熔融，得到熔融物，再将改性云母粉倒入改性云母粉质量7%的熔融物中，继续混合搅拌6～8min，搅拌结束后，停止加热，待其自然冷却固化后，将坩埚中的物料转入球磨机中，在转速为85～90r/min的条件下球磨处理45～60min，出料，得到改性包覆云母粉。

(3) 按质量比为1∶5将玉米淀粉和去离子水混合搅拌6～8min，得到淀粉浆，再将淀粉浆、芝麻油和纳米二氧化硅按质量比为5∶1∶2混合置于超声波分散仪中，在频率为35～40kHz、温度为55～60℃的条件下超声处理24～32min，得到超声分散液，最后将超声分散液置于烘箱中，在温度为75～80℃下干燥12～16min，干燥后研磨出料，得到改性玉米淀粉。

(4) 称取小麦秸秆放入搅碎机中搅碎16～20min，得到秸秆粉末，再将秸秆粉末和质量分数为24%的盐酸按质量比为1∶3混合酸化反应20～24min，取出酸化秸秆粉末，用质量分数为32%的氢氧化钠溶液洗涤酸化秸秆粉末，直至洗涤液pH呈中性，得到粗纤维素，继续按质量比为1∶4将粗纤维素和菌含量为10^7CFU/mL的黄孢原毛平革菌菌悬液混合置于发酵罐中，在温度为35～45℃下密封发酵7～9天，得到发酵产物，过滤发酵产物，去除发酵滤渣，得到发酵滤液，即为自制乙二醛，最后将自制乙二醛和硼氢化钠按质量比为1∶2混合搅拌反应6～8min，出料，得到自制乙二醇。

(5) 按质量份数计，分别称取28～30份自制乙二醇、16～20份改性包覆云母粉、10～

12 份改性玉米淀粉和 20～24 份去离子水混合置于搅拌机中，在温度为 45～55℃下搅拌 10～12min，再添加 3～5 份木质素磺酸钠、1～3 份十二烷基苯磺酸钠和 2～4 份羟基亚乙基二膦酸，在温度为 50～65℃下继续混合搅拌 1～2h，冷却出料，即得植物基混凝土防冻剂。

原料介绍　本品以自制乙二醇为基础液，改性包覆云母粉和改性玉米淀粉作为改性剂，并辅以木质素磺酸钠和羟基亚乙基二膦酸等制备得到植物基混凝土防冻剂，首先以小麦秸秆为原料，通过粉碎、酸化、中和等预处理得到粗纤维素，并采用黄孢原毛平革菌为发酵菌，使其发酵生成乙二醛，最后将乙二醛进行加氢还原得到乙二醇，由于乙二醇的冰点是 −11.5℃，能与水任意比例混合，混合后由于改变了混凝土中冷却水的蒸气压，使其冰点显著降低，从而提高混凝土防冻剂的抗冻性，接着在引发剂、稳定剂和表面活性剂的作用下，利用聚四氟乙烯对云母粉进行改性，使云母粉均匀分散在基础液内部，其中云母粉作为片状惰性填料，具有良好的防腐蚀性能，片状惰性填料能够在基础液内部层叠在一起，形成致密的网络结构，阻碍腐蚀介质在基础液中的穿透，有利于混凝土防冻剂的耐腐蚀性得到提高。

所用聚四氟乙烯分子只含有 C、F 这两种元素，F 原子稠密地排布在 C-C 主链周围，且聚四氟乙烯分子的螺旋构象使碳链骨架外形成了一层紧密的氟原子保护膜，使得聚合物的主链不受外界任何试剂的腐蚀，因此基础液具有极佳的化学稳定性，能够有效地抵制强酸、强碱和多种化学产品的腐蚀，再次提高混凝土防冻剂的耐腐蚀性，再将蜂蜡和石蜡在加热条件下熔融得到熔融物，利用熔融物对云母粉进一步改性，改性后的云母粉将与蜂蜡和石蜡中的酸类、脂肪醇等物质充分混合，并在高温条件下，使得云母粉表面包裹着蜡质熔融物，形成一层抗冻保护膜，从而提高混凝土防冻剂的抗冻性，继续利用芝麻油和纳米二氧化硅对玉米淀粉进行改性，能够减少拌和水，从而减少游离水总量，从根本上减少可冻冰的含量，消除冻胀内因，同时通过减水成分的分散作用，释放包裹水，消除劣质水泡，使粗大冰晶转化为细小冰晶，优化水泥水化环境，减轻冻胀压力，有利于混凝土防冻剂的抗冻性得到提高，具有广泛的应用前景。

产品特性　本品具有无毒、无碱、无氯、无氨释放，减水合适，混凝土坍落度保持好，产品质量稳定，使用方便，工艺可靠，便于工业化生产等优点，生产过程中不排出任何废水、废气，使用寿命更久，是一种高性能混凝土防冻剂，可广泛应用于北方冬季施工的钢筋混凝土结构中。

6

防水剂

配方 1　多功能混凝土防水剂

原料配比

原料		配比(质量份)					
		1#	2#	3#	4#	5#	6#
聚醚多元醇		4	4.5	4	5	4.5	5
聚乙二醇		5	4	4	5	4.5	5
丙烯酸		7	7.5	8	8	7.6	7
氢氧化钠		2.5	3	3.6	3.6	3.2	3
氯化铁		1.2	2.5	4	4	3.5	2.6
引气剂	烷基磺酸钠	0.4	—	—	—	0.6	—
	烷基苯磺酸钠	—	0.5	—	—	—	—
	脂肪醇硫酸钠	—	—	0.6	0.6	—	0.5
糖	白糖	4	—	—	—	5.5	—
	赤砂糖	—	4	6	—	—	4.5
	糖蜜	—	—	—	6	—	—
氯化铝		4	3	4	4	3	3.2
水		67.9	66	57.8	55.8	60.6	62.7
酸+维生素C混合物	磷酸	2	—	—	—	—	—
	草酸	—	2	—	—	3.5	—
	醋酸	—	—	4	—	—	3.2
	磷酸	—	—	—	4	—	—
	维生素C	2	3	4	4	3.5	3.3

制备方法

(1) 按照聚醚多元醇+聚乙二醇：水为1：1的质量比将聚醚多元醇、聚乙二醇和水置于反应釜中，于30～50℃下混合搅拌2～3h；按照1：1的质量比将丙烯酸溶于水中，得到丙烯酸溶液，采用滴漏法向装有聚醚多元醇和聚乙二醇的反应釜中滴加丙烯酸溶液，搅拌混合1～2h，然后将酸+维生素C混合物加入反应釜中混合搅拌1.5～2h，再加入氢氧化钠，溶解混合，得到半成品。

(2) 在半成品中依次加入氯化铁、引气剂、糖、氯化铝和余量的水混合搅拌均匀，得到多功能混凝土防水剂成品。

使用方法　本品主要用于混凝土结构的地下工程、楼面、机场跑道、混凝土路面的公路、桥梁、隧道、地下室、码头、水电厂大坝等建筑结构自防水，也能够适用于海洋工程建筑结构的防水。本品掺量为胶凝料的 2.2%～2.5%（后浇带建议掺量为 3.0%）。

产品特性

（1）该防水剂不仅能够改善混凝土的结构，降低混凝土的孔隙率，提高其密实性，减少混凝土的收缩，提高混凝土/砂浆的防裂抗渗、耐久性、抗腐蚀性以及抗冲磨、抗冻融性能，而且还能改善混凝土拌和物的和易性、减少泌水，有效减少混凝土坍落度的损失，提高混凝土的流动性，显著提高混凝土的整体性能。

（2）本品掺入混凝土后，能增强水泥粒子表面的活性，使混凝土的均质性较好，并形成密集的结晶体网络结构防水体，使大体积混凝土收缩整体化，从而提高混凝土的抗裂性。使用本品的多功能混凝土防水剂产品使水泥粒子表面活性增强，减少混凝土的吸水量并大幅度增加混凝土的和易性，从而能够使用水量减少 20%以上，并延缓混凝土的初凝、终凝时间，降低混凝土的水化热。

配方 2　防冻抗裂型混凝土防水剂

原料配比

原料	配比(质量份)		
	1#	2#	3#
改性膨润土	30	25	40
矿物组分	30	50	20
膨胀组分	20	10	30
早强组分	15	7.5	7.8
减水组分	3.5	5	2
憎水组分	1	2	0.1
引气组分	0.5	0.5	0.1

制备方法

（1）将改性膨润土、矿物组分、膨胀组分、减水组分和早强组分按比例混合搅拌 3～10min。

（2）向步骤（1）得到的混合物中加入憎水组分和引气组分，继续混合搅拌 10～30min 制成防冻抗裂型混凝土防水剂。

原料介绍　所述改性膨润土是将膨润土先后通过水溶性亚铁盐和纳米二氧化硅改性后制得。

所述改性膨润土的制备方法为：

（1）取膨润土粉料加至浓度为 0.5～1mol/L 的水溶性亚铁盐溶液中，在 40～80℃条件下搅拌 6～8h，静置冷却至常温后制成混合浆体。水溶性亚铁盐中 Fe^{2+} 的物质的量与膨润土粉料的质量的比例为 4.5～9.5mol/kg，即 1kg 膨润土粉料加入的水溶性亚铁盐溶液中，对应的 Fe^{2+} 的物质的量为 4.5～9.5mol。

（2）取纳米二氧化硅加入步骤（1）所得的混合浆体中，纳米二氧化硅与步骤（1）中的膨润土粉料的质量比为（0.02～0.1）∶1；然后以 1100～1200r/min 的转速混合分散制得悬浮液，静置过滤，取滤渣烘干后粉磨过筛，制得改性膨润土。

所述水溶性亚铁盐为硫酸亚铁、硝酸亚铁、氯化亚铁中的至少一种。

所述矿物组分为高炉矿渣、煤矸石、粉煤灰、硅灰中的至少一种。

所述膨胀组分为氧化钙-硫铝酸钙类膨胀剂，且游离氧化钙含量不小于50%，比表面积为200～500m^2/kg。

所述早强组分为甲酸钙、硫酸钠、硫酸铝中的至少一种。

所述减水组分为聚羧酸高效减水剂。

所述憎水组分为有机硅憎水剂。

所述引气组分为烷基苯磺酸盐类或脂肪醇类引气剂。

产品特性

(1) 本品在原料中加入了大量的改性膨润土，利用水溶性亚铁盐对膨润土进行改性，然后吸附纳米二氧化硅，相比于常规的膨润土和二氧化硅，在不影响混凝土工作性能的同时，可以显著降低混凝土的干缩开裂风险，大幅提升混凝土的抗渗抗冻性能。

(2) 本品各组分协同作用，显著提高了混凝土的防水性能、力学性能和防冻抗裂性能。

配方3 高保水性混凝土密封防水剂

原料配比

原料		配比(质量份)					
		1#	2#	3#	4#	5#	6#
环氧树脂		6	8	7	6	7	9
聚酰胺		3	3	3	2	2	3
聚氧乙烯脂肪醇醚		0.9	1	0.9	0.8	1.1	0.9
十六烷基三甲氧基硅烷		1.2	1.4	1.2	1	1.3	1.5
甲基三羟硅烷		0.5	0.7	0.6	0.5	0.5	0.7
聚丙烯纤维		1.8	2.4	2.2	1.8	2.5	2
减水剂		3	4	4	3	3	3
三乙醇胺		3	4	4	3	3	3
松香酸钠		1.1	1.5	1.2	1.1	1.5	1.4
烷基磺酸钠		1.0	1.2	1	0.9	1.1	0.9
去离子水		48	55	50	45	60	52
减水剂	聚羧酸减水剂	2	1	1	3	3	1
	萘系减水剂	3	1	2	2	4	1

制备方法

(1) 室温下，按质量份向反应容器中边搅拌边加入环氧树脂、聚酰胺、聚氧乙烯脂肪醇醚和一半质量的去离子水，加入完毕后升温至30～50℃，保温继续搅拌反应30～60min，得到乳状液体。

(2) 降温至室温，搅拌下将质量份的十六烷基三甲氧基硅烷、甲基三羟硅烷、聚丙烯纤维、减水剂、三乙醇胺、松香酸钠、烷基磺酸钠和另一半质量的去离子水加入反应容器中，搅拌2～3h后即得所述防水剂。

原料介绍　所述减水剂为聚羧酸减水剂和萘系减水剂以质量比(1～3)∶(2～4)复配而成。

环氧树脂、聚酰胺、聚氧乙烯脂肪醇醚所形成的乳状液为呈纳米尺寸的粒子，具有极高的渗透性，能够很好地堵塞、封闭毛细孔。

聚丙烯纤维具有很强的保水性能，可以增加混凝土的粘接性，提高混凝土的抗拉能力、抗裂性能。

十六烷基三甲氧基硅烷、甲基三羟硅烷可以增加混凝土的含气量，减少混凝土的离析、渗水。有机硅烷十六烷基三甲氧基硅烷、甲基三羟硅烷和有机高分子聚氧乙烯脂肪醇醚同时使用，能增强混凝土的密实性，大大减少有害离子的渗入通道，增强混凝土整体的防腐蚀能力。

聚氧乙烯脂肪醇醚为减缩剂，其能够在形成的防水层中大幅减小砂浆、混凝土层的收缩，减小体积形变，大幅降低开裂的风险，提高整体防水层的使用寿命和耐久性。

所用的减水剂为聚羧酸减水剂和萘系减水剂复配而成，其能够减小拌和物的用水量，使防水层强度、密实性更高。

三乙醇胺为水泥水化促进剂，其能够在形成防水层的过程中缩短防水层的开放时间，增加早期强度，加快施工进度；所用的引气剂为松香酸钠，其能够在防水层中形成粒径很小的封闭气孔、破坏水化物结构中的毛细管通道，增强防水层抗渗、抗冻等性能。

产品特性

(1) 本品原料选择及用量搭配合理，可以用于防水、保温、找坡、找平，也可以按不同施工部位、不同使用功能单独使用。

(2) 本品的黏结力往往高于被处理基体本身的强度，起始黏度低，且低黏度可保持较长时间，对各种基体表面均有良好的铺展力，可渗透各种尺寸的裂缝、孔隙和缺陷并固结，从而堵塞渗漏渠道，达到防渗漏的目的。

(3) 采用本品制作的防水层不产生毛细孔和微小裂纹，防水时间长，能延长建筑物使用年限。

(4) 本品对钢筋无锈蚀作用，无毒，不挥发，无刺激性气味，不污染环境。

配方 4 高分子防水剂

原料配比

原料	配比(质量份)	原料	配比(质量份)
减水剂	35	增稠剂	0.045
消泡剂	0.07	高分子脂肪酸	65
水泥改性剂	0.09		

制备方法　将各组分原料混合均匀即可。

原料介绍　所述减水剂为聚羧酸类。

所述消泡剂为有机硅类。

所述水泥改性剂为纤维素类。

使用方法　根据混凝土和砂浆防水等级的不同，按胶凝材料的1%～2%添加防水剂。

产品特性　本品不但符合产品环保指标，保证混凝土以及砂浆的防水性能，而且能够延长其使用寿命，有效防止水泥构件发霉以及水蚀风化，组分中的高分子脂肪酸可以隔离残存氯离子对钢筋的侵蚀，保护钢筋；本品能够提高混凝土的密实度，降低收缩值，使混凝土不易开裂，高分子脂肪酸把水泥水化时产生的毛细孔和细微缝隙完全填充，形成一体，使自由水无法进入水泥构件内部，达到自身防水。

配方 5　高分子有机硅混凝土防水剂

原料配比

原料	配比(质量份)		
	1#	2#	3#
40%氢氧化钠溶液	30	34	38
甲基三氯硅烷	10	13	14
有机硅	12	13	13
木质素	3	3	3
柠檬酸钠	2	3	4
硫酸镁	1	2	3
聚羧酸减水剂	1	3	5
乙二醇	2	2	4

制备方法　将各组分原料混合均匀即可。

产品特性

(1) 本品防水效果显著，抗渗等级达到 P20。

(2) 本品自洁度高，不易造成混凝土构件表观污染。

(3) 本品性能温和，不会对混凝土构件造成侵害、腐蚀。

配方 6　高效混凝土膨胀抗裂防水剂

原料配比

原料	配比(质量份)			
	1#	2#	3#	4#
改性氧化镁	70	30	50	70
超细铁尾矿粉	30	10	20	10
氟石膏	15	5	10	5
生石灰	8	4	6	6
硬脂酸镁	5	1	3	5
碳酸钙纳米晶须	8	4	6	6
硫酸铝	10	5	7.5	5
铝渣粉	20	10	15	15
聚羧酸减水剂	3	1	2	2
柠檬酸钠	0.8	0.4	0.6	0.6

制备方法　按配比将改性氧化镁、超细铁尾矿粉、氟石膏、生石灰、硬脂酸镁、碳酸钙纳米晶须、硫酸铝、铝渣粉、聚羧酸减水剂以及柠檬酸钠混合均匀，得到混凝土膨胀抗裂防水剂。

原料介绍　所述的改性氧化镁的制备步骤为：将 M 型氧化镁膨胀剂置于无水乙醇中搅拌 8～12min，然后依次加入天然钠基膨润土和硫酸铵，继续搅拌 50～60min，静置 25～35min 后获取下层沉积物；将下层沉积物以 2℃/min 的速率升温至 500℃，保温 2h 后自然冷却至室温，得到改性固体物；将改性固体物粉磨至比表面积为 280～400m^2/kg，得到改性氧化镁。

所述的超细铁尾矿粉的制备步骤为：将铁尾矿渣经100～110℃烘干后，球磨至比表面积为600～700m^2/kg，得到超细铁尾矿粉。以质量分数计超细铁尾矿粉的化学成分包括：CaO 12.68%～15.80%、SiO_2 39.52%～44.32%、Al_2O_3 2.56%～4.71%、MgO 22.35%～25.33%、Fe_2O_3 6.28%～8.42%、烧失量9.28%～11.35%。

所述的氟石膏比表面积为350～500m^2/kg，其中SO_3的质量占比为46.91%～49.32%。

所述的碳酸钙纳米晶须的长度为50～80μm，粒径为0.5～1.2μm，针状含量>98%。

所得聚羧酸减水剂粉体材料为纯减水型粉体材料。

所述的铝渣粉的比表面积为300～420m^2/kg，以质量分数计其化学成分包括：Al_2O_3 23.21%～27.31%、SiO_2 20.75%～25.42%、Fe_2O_3 15.19%～18.36%、CaO 15.82%～19.25%。

所述的M型氧化镁膨胀剂的活性反应时间为150～180s。

产品特性 本品通过改性氧化镁、超细铁尾矿粉、碳酸钙纳米晶须等组分复配形成防水剂，不仅可补偿混凝土的全周期收缩，还能增强混凝土密实度，提高防水性能，全面改善混凝土的开裂和渗漏问题；同时该产品还能充分利用氟石膏、铁尾矿和铝渣等工业固废，做到资源的循环利用、绿色利用，具有良好的应用前景。

配方7 环保混凝土防水剂

原料配比

原料	配比(质量份)		
	1#	2#	3#
硅酸钠	10	13	15
明矾	10	8	6
硫酸铝	20	19	18
三乙醇胺	3	4	6
羟丙基甲基纤维素醚	1	1	1
有机硅消泡剂(硅油消泡剂)	1	1	1
木质素磺酸钙	4	3	5
葡萄糖酸钠	2	1	1
三聚磷酸钠	5	4	3
硅油(二甲基硅油)	0.5	0.5	0.5
水	43.5	43.5	43.5

制备方法

(1) 在搅拌器内，先加入水并调节水温至25～35℃，边搅拌边加入硅油和木质素磺酸钙，连续搅拌30min，转速为40～60r/min。

(2) 调节水温至65～75℃，加入硅酸钠、明矾和硫酸铝，继续搅拌90min，转速为30～50r/min。

(3) 调节水温至25～35℃，加入三乙醇胺、葡萄糖酸钠和三聚磷酸钠，继续搅拌30min，转速为40～60r/min。

(4) 保持水温在25～35℃，加入羟丙基甲基纤维素和有机硅消泡剂，继续搅拌30min，转速为40～60r/min。

(5) 静置自然冷却至室温，装桶备用。

原料介绍 硅酸钠、明矾和硫酸铝在水化过程中能够生成大量凝胶产物填充在空隙中，增加了混凝土结构的密实性，从而提高防水性；木质素磺酸钙和三乙醇胺能够发挥减水和增强作用；葡萄糖酸钠和三聚磷酸钠能够调整系统的凝结时间；硅油能够提高系统内各种成分的分散性；羟丙基甲基纤维素醚能够增强系统的均质性；有机硅消泡剂则起到消泡作用。

所述硅油起到分散体系的作用，其可以为二甲基硅油、氨基硅油或聚醚改性硅油等。

产品特性　本品主要应用于地下工程防水、建筑顶层防水，以及建筑物其它需要抗渗防水的部位。本品通过选用特定的组分相互配合，制得的环保混凝土防水剂各组分有机组合、协同作用，可提高系统密实性，有效增强混凝土的防水性及抗渗性。本品成本低，生产方法简单，可提供混凝土防水性能，而且在使用时不易团聚，环保、无污染。

配方 8　环境友好型混凝土用抗裂防水剂

原料配比

原料	配比(质量份)			
	1#	2#	3#	4#
石墨相氮化碳纳米片	1	3	2	3
改性磷石膏粉	20	5	10	10
超细锂渣粉	30	10	20	20
纳米钛白粉	5	10	5	5
铝矾土	5	5	10	15
改性膨润土	22.5	50	30	25
氧化镁膨胀剂	5	5	10	10
硅酮锆	5	2	2	3
有机硅憎水剂	5	5	5	5
高耐碱型吸水树脂	0.5	2	3	2
聚羧酸减水剂	1	3	3	2

制备方法　将各组分混合均匀后得到环境友好型混凝土抗裂防水剂。

原料介绍　防水组分为有机硅憎水剂和硅酮锆。有机硅憎水剂可降低水分的扩散速率；硅酮锆可与水泥水化产物反应，生成不溶络合物，阻塞混凝土中的毛细孔，减小孔隙率；两者共同加入，能充分发挥二者的协同作用，显著提高混凝土抗渗性能。

微膨胀组分为改性磷石膏粉、铝矾土和氧化镁膨胀剂。改性磷石膏粉和铝矾土反应可提供早期膨胀，在封堵部分早期毛细孔隙的同时防止混凝土早期塑性开裂；氧化镁膨胀剂可提供后期持续微膨胀，降低混凝土后期收缩开裂的风险，从而全周期提高混凝土抗裂性能。

保水组分为高耐碱型吸水树脂。高耐碱型吸水树脂不仅可以吸收部分多余自由水，降低混凝土因泌水而形成的有害孔道，提高抗渗性，还可以保持混凝土内部湿度，降低混凝土收缩开裂的风险，同时还能为膨胀组分提供湿度环境，促进水化反应，极大提高混凝土的密实度与抗裂性能。

环保组分为石墨相氮化碳纳米片和纳米钛白粉：经碱剥离后的石墨相氮化碳纳米片的光催化性能极大提高，在可见光下即可促进空气中有害组分氮氧化物发生分解，降低周围环境污染物含量；纳米钛白粉不仅可起到填充孔隙的作用及晶核作用，促进水化产物的生成，提高混凝土密实度，同时，作为半导体材料，还能极大地激发石墨相氮化碳纳米片的光催化活性，进一步提升光催化性能。

改性组分为改性膨润土。经改性处理后的膨润土可兼有保水、密实、微膨胀等作用，进一步提高防水性能。

抑制组分为超细锂渣粉。超细锂渣粉可起到抑制碱-骨料反应的作用，提高混凝土耐久性，同时后期水化活性较高，起到密实作用，提高防水性能。

塑化组分为聚羧酸减水剂。聚羧酸减水剂可提高混凝土的工作性，提高混凝土密实度。

所述的石墨相氮化碳纳米片由以下步骤得到：选择三聚氰胺、二氰胺、单氰胺中的至少一种，在马弗炉中以2～10℃/min的速率升温至500～550℃，并保温3～5h，降温至室温后研磨成粉体备用；将上述粉体置于0.5～2mol/L KOH溶液中，在90～105℃下回流2～4h，经离心、清洗和烘干后得到石墨相氮化碳纳米片。

所述的石墨相氮化碳纳米片厚度小于10nm，长度小于200nm。

所述的改性磷石膏粉通过将普通磷石膏在450～550℃下煅烧60～90min，冷却后磨细过0.2mm标准筛得到；所得改性磷石膏粉的比表面积为300～500m^2/kg；进一步地，改性磷石膏粉的主要化学成分的质量分数为：SO_3 45.34%～50.85%、$CaCO_3$ 2.54%～36.79%、SiO_2 5.62%～9.46%、$Al_2O_3$0.45%～0.68%、MgO 0.28%～0.61%、Fe_2O_3 0.19%～0.32%、P_2O_3 0.21%～0.57%。

所述的纳米钛白粉为金红石型二氧化钛，氮吸附法测试其比表面积为50m^2/g±15m^2/g；铝矾土中Al_2O_3含量大于80%。

所述的改性膨润土通过以下步骤得到：将质量分数为96%～98%的天然钠基膨润土和2%～4%的硫酸铁混合均匀，加入55～65℃的椰油酸单乙醇酰胺磺基琥珀酸单酯二钠溶液中，经超声分散处理0.5～1.5h后过滤、烘干，掺入4%～6%氯化铵，充分研磨、混合，置于马弗炉中，在500～600℃下煅烧2～3h，冷却后充分研磨，过0.08μm标准筛，即得改性膨润土。

所述的氧化镁膨胀剂由菱镁矿在800℃下的回转窑中烧制而成，活性指数为168s，MgO含量大于90%。

所述的高耐碱型吸水树脂是由丙烯酸-丙烯酰胺共聚树脂改性而成，颗粒尺寸为100～200目，在饱和$Ca(OH)_2$溶液中吸水量高达40～80g/g。

产品特性

(1) 本品不仅可改善混凝土孔隙结构，提高混凝土密实度，增强混凝土的抗渗性，还能利用其自身全周期微膨胀的特性降低混凝土收缩开裂的风险，与碱-骨料反应抑制组分协同作用提高混凝土的抗裂性，同时，利用纳米钛白粉对石墨相氮化碳纳米片的激发作用，在自然光下即表现出高效光催化性能，能有效降解空气中的氮氧化物等有害成分，对净化环境起到积极作用。

(2) 本品掺入混凝土中具有微膨胀、密实、抑制碱-骨料反应、工作性好等优势，起到优异的抗裂防水效果。

配方9 混凝土防水剂（1）

原料配比

原料	配比(质量份)		
	1#	2#	3#
甲基硅酸钠-氢氧化钙复合溶液	50	60	55
硅酸钠溶液	30	20	25

续表

原料		配比(质量份)		
		1#	2#	3#
柠檬酸钠		3	1	3
三乙醇胺		2	3	3
羟丙基甲基纤维素		2	5	3
增黏剂 80A51		0.6	0.3	0.5
果胶		3	2.5	2
JX 抗裂硅质防水剂		5	5	5
硫化铝		1	2	1
叔丁基二苯基氯硅烷		0.4	0.2	0.5
松香基超支化环氧树脂		3	1	2
甲基硅酸钠-氢氧化钙复合溶液	10%的甲基硅酸钠溶液	80	90	85
	氢氧化钙	20	10	15

制备方法 按上述原料配方分别称取各原料，按配方量在常温常压下将各种原料依次加入混合机中，搅拌 25～30min，混合均匀即可。

原料介绍 所述羟丙基甲基纤维素的黏度为 120000～180000mPa·s。

所述硅酸钠溶液的固含量为 40%～50%。

所述硅酸钠溶液的模数为 2.2～3.2。

所述甲基硅酸钠-氢氧化钙复合溶液的制备方法为：称取固含量为 10%的甲基硅酸钠溶液和氢氧化钙，在反应釜中搅拌均匀至无结块，静置 1 天，取上部澄清液。

甲基硅酸钠-氢氧化钙复合溶液：两者反应生成络合物在混凝土孔隙中，形成防水结晶体，实现防水、自愈孔隙、堵塞孔道的作用。再者，甲基硅酸钠不仅可以形成牢固的憎水层，使混凝土具有良好的防水功能；还可以使混凝土与水的接触角达到 120°以上，使混凝土具有“透气呼吸”功能，提高混凝土耐久性。此外，其还具有微膨胀作用，可补偿收缩，减少开裂。

硅酸钠溶液：用作结晶反应剂，其能与混凝土中的钙离子直接发生作用，形成不溶性碳酸钙晶体，减小混凝土孔隙率，增强防水性能。

柠檬酸钠：可以加强混凝土中胶粒的分散性，延缓水化作用，降低温度峰值，从而减少因温差而导致的开裂，而且还可以使得渗透结晶防水剂中的组分向混凝土基体的裂纹和孔隙中迁移，并通过后续的反应生成结晶产物，实现裂纹和孔隙的填充，从而达到增强的效果。另外，柠檬酸钠对混凝土中的钙离子还具有螯合作用，降低其晶体成核的势垒，加速混凝土水化产物的形成，从而实现结晶防水的效果。

三乙醇胺：是一种表面活性剂，能够提高混凝土中硅酸三钙、铁铝酸四钙等水化产物之间的反应速率，加快混凝土水化 C-S-H（$x CaO \cdot SiO_2 \cdot y H_2O$）凝胶的形成，增厚防水层，有效地提高混凝土的抗渗能力，从而提高混凝土耐久性能。另外，三乙醇胺在渗透结晶防水剂中还充当络合助剂，与混凝土中的钙离子作用，生成络合复盐，实现密实孔隙，提高混凝土强度和韧性。

羟丙基甲基纤维素：用作保水剂及增黏剂，通过高分子吸水缓释效应，一方面通过吸水作用减缓砂浆表面水分的蒸发，防止砂浆由于干燥过快而体积收缩，起抗开裂的作用；另一方面通过内部持续水分缓释实现砂浆的自养护，起到保证砂浆强度持续稳定发展的作用。

增黏剂 80A51：白色或微黄色粉末，无臭、无味，是丙烯酰胺及其盐类的聚合物，水溶性，线型共聚物，极易溶于水，不溶于有机溶剂，具有携带岩屑能力强、钻速快、机械磨损少、改变流型、抗剪切、耐高温、抗盐、防塌、增黏等特点。因此，它能作为淡水钻井泥浆的流型改进剂、防塌剂和黏度增效剂、选择性絮凝剂等。

JX 抗裂硅质防水剂：以高品级丝光沸石为主要原料，利用天然丝光沸石特有的吸附性、离子交换性、耐酸性、耐碱性、热稳定性、环保性等性能通过活化、焙烧、改性等一系列特殊工艺处理精制而成。它能改善砂浆、混凝土的和易性、保水性，增加密实性，降低吸水量比＜65％，抗渗等级在 P12 以上，砂浆透水比＞350％，混凝土渗透高度比＜30％。

产品特性　本品稳定性较高，与水泥基材的黏结性较高，不需要对基材表面进行处理，操作方便，能够持久地抵抗水的冲击，并且对外界的各种震动不敏感，防水效果好且持久，自愈性良好，可以增强砂浆混凝土原有强度，提高抗裂性能。

配方 10　混凝土防水剂（2）

原料配比

原料	配比(质量份)		
	1#	2#	3#
二氧化硅	25	30	20
粉煤灰	15	20	10
十二水合硫酸铝钾	2	3	1
过磷酸钙	1	2	1
硬脂酸	3	5	1
表面活性剂	8	10	5
氢氧化钠	3	5	1
硫酸	0.5	1	0.2

制备方法　将各组分原料混合均匀即可。

原料介绍　所述表面活性剂为甲基硅醇钠、乙基硅醇钠和聚乙基羟基硅氧烷中的一种。

产品特性　本品适用于建筑物顶楼防水，建筑物厨卫防水，以及隧道等经常受压力水作用的工程和构筑物，不需采用额外的防水处理，从而大幅降低建筑的材料成本和人工成本，提高建筑施工效率。

配方 11　混凝土防水剂（3）

原料配比

原料	配比(质量份)	原料	配比(质量份)
木钙粉	15～20	氟硅酸钠	9～16
明矾石	7～9	烷基苯磺酸钠	5～8
聚氧乙烯脂肪醇醚	5～8	绢白粉	5～10
纳米二氧化硅	4～8	聚丙烯酸钠	4～10

续表

原料	配比(质量份)	原料	配比(质量份)
甲基硅酸钠	20～30	水杨酸苯酯	10～14
氧化铬	5～12	氢氧化钙	10～18
糖蜜	7～12	全氟辛基三乙氧基硅烷	3～7
三氧化硫	10～18	硬脂酸	10～20
磷酸钙	8～19	氢氧化钾	1～3
正硅酸四乙酯	21～27		

制备方法　将各组分原料混合均匀即可。

产品特性　本品具有良好的防水效果，同时具有很好的减水、抗渗效果，通过各组分及含量范围的确定，确保各组分达到更优的协同效应，可有效改善混凝土毛细孔结构，堵塞混凝土内部毛细孔通道，显著提高抗渗防水功能，同时具有增强、减水、抗裂等功效。

配方 12　混凝土防水剂（4）

原料配比

原料	配比(质量份)			
	1#	2#	3#	4#
硫酸铁铵	29	9.7	9.8	12
冰醋酸	3.6	1.2	3.6	3.6
8-羟基喹啉	4.4	1.4	4.4	4.4
焦硫酸钠	24	8	24	24

制备方法　将各组分原料混合均匀即可。

产品特性

（1）由于防水机理先进合理，刚性防水效果显著，对混凝土本体各项性能有促进作用。

（2）绿色环保，无污染，对环境对人体无伤害。

（3）掺量少，施工工艺简单。

配方 13　混凝土防水剂（5）

原料配比

原料		配比(质量份)
硫铝酸钙膨胀剂	硫铝酸钙	1
	石膏粉	7.5～9
新型聚氨酯混合物	聚氨酯混合物	20～22
	丙烯酸苯丙乳液	1
	亚硫酸钠	1～3
	稳定剂	1
	氯醋树脂	适量
	萃取剂乙醚	适量

续表

原料		配比(质量份)
混凝土防水剂坯料	水	1
	无水醇类溶剂	8～10
	正硅酸乙酯	0.02～0.07
	催化剂	0.2～0.5
混凝土防水剂坯料		5～8
硫铝酸钙膨胀剂		1
新型聚氨酯混合物		1.5～4.0
硅橡胶颗粒剂		1.5～4.0

制备方法

(1) 将硫铝酸钙与石膏粉混合，搅拌反应后，得硫铝酸钙膨胀剂；所述硫铝酸钙的温度设为30～35℃。

(2) 将聚氨酯混合物与丙烯酸苯丙乳液混合，并加入亚硫酸钠，搅拌反应后，得预处理聚氨酯混合物，将预处理聚氨酯混合物与稳定剂混合，并加入预处理聚氨酯混合物质量0.05～0.12倍的氯醋树脂，搅拌反应后，得处理剂混合物，将处理剂混合物萃取，过滤，得滤液，即得新型聚氨酯混合物；萃取剂为乙醚。

(3) 将水与无水醇类溶剂混合，并加入正硅酸乙酯和催化剂，搅拌混合后，得混凝土防水剂坯料，将混凝土防水剂坯料与硫铝酸钙膨胀剂混合，并加入新型聚氨酯混合物和硅橡胶颗粒剂，搅拌混合后，得混凝土防水剂。

产品特性 本品能够有效改良混凝土内部结构，其选用硫铝酸钙作为原料，能够堵塞混凝土内部毛细孔通道，显著提高混凝土的抗渗防水功能，同时具有增强、减水、抗裂等功效，并可改善新拌混凝土的和易性，显著改善混凝土的工作时效性。

配方14 混凝土防水剂(6)

原料配比

原料		配比(质量份)		
		1#	2#	3#
吐温-80		3	2	1
蒸馏水		100	90	80
微晶蜡	65号微晶蜡	3	2	1
无水乙醇A		90	80	60
偏高岭土	粒径为6μm	5	—	—
	粒径为5μm	—	3	—
	粒径为4μm	—	—	0.5
聚二甲基硅氧烷		2	1	0.5
无水乙醇B		12	10	8

制备方法

(1) 在吐温-80 中加入蒸馏水，以 1400～1600r/min 的转速搅拌 4～6min，使吐温-80 均匀分散于蒸馏水中，得到分散乳化剂。

(2) 将微晶蜡均匀分散在无水乙醇 A 中，在 70～80℃水浴中搅拌至完全溶解，趁热倒入步骤 (1) 所得的分散乳化剂中，以 1800～2200r/min 的转速搅拌 15～25min，得到白色乳液。

(3) 在步骤 (2) 所得白色乳液中一边搅拌一边加入偏高岭土，搅拌的转速为 780～820r/min，偏高岭土加入完毕后，将搅拌转速升至 4500～5500r/min，搅拌 8～12min，得到混合溶液。

(4) 将聚二甲基硅氧烷 (PDMS) 加入无水乙醇 B 中，分散均匀得到 PDMS 乙醇溶液，接着将 PDMS 乙醇溶液进行超声处理 4～6min。

(5) 在 780～820r/min 的转速下，一边搅拌一边将步骤 (4) 超声处理后的 PDMS 乙醇溶液缓慢滴加到步骤 (3) 的混合溶液中，滴加完毕后，将搅拌转速升至 1800～2200r/min 再搅拌 25～35min，即可得到所述混凝土防水剂。

使用方法　应用于混凝土干燥或混凝土表面防水性能退化的阶段，将混凝土防水剂按照 $500g/m^2$ 的量均匀喷涂于混凝土表面上，于室温 (约 20℃) 下干燥 3 天，即可。

产品特性

(1) 本品主要应用于混凝土干燥或混凝土表面防水性能退化的阶段，该混凝土防水剂主要由微晶蜡、偏高岭土和聚二甲基硅氧烷组成，三者协同增效，组合而成的涂层产生了层次化的微纳米结构，从而导致了高水平的超疏水性，结合在混凝土表面和空穴中，防止有害离子渗透进入混凝土中；具体在应用过程中，可采用喷涂等简单的涂覆方法对混凝土材料表面进行涂覆，能适应各种工程需要。

(2) 本品制备工艺简单、易于保存，且成品稳定性强，不易分层团聚，在放置一段时间后，仍然能够具备高疏水性，维持良好的防水性能。

配方 15　混凝土防水剂 (7)

原料配比

原料	配比(质量份)		
	1#	2#	3#
氧化钙	40	50	60
硫酸铝钾	30	25	20
氧化镁	10	7	5
高吸水树脂	5	8	10
高分子有机硅憎水粉	5	8	10
硬脂酸	5	8	10
疏水微细二氧化硅气凝胶粉末	50	54	60
硅酸钠	10	13	15
乙二胺四乙酸二钠	8	12	16
甘氨酸	8	12	16
硅酸镁锂	6	11	15
粉煤灰	150	180	200
硅灰	60	40	20
粉末聚羧酸减水剂	1	2	3

制备方法　按照质量份数称量原料并搅拌均匀，得到混凝土防水剂。

原料介绍　所述高吸水树脂为吸水率在550%以上的树脂；所述高吸水树脂为聚丙烯酰胺、聚丙烯酸、聚丙烯酸盐或羟甲基纤维素钠。

所述疏水微细二氧化硅气凝胶粉末采用如下方法制备得到：将二氧化硅气凝胶磨细至比表面积大于$100m^2/g$、细度为45μm方孔筛筛余量<10%，再加入有机硅烷在90～130℃加热30～90min，分离干燥得到疏水微细二氧化硅气凝胶粉末；所述有机硅烷为正辛基三乙氧基硅烷、丙基三乙氧基硅烷和甲基三乙氧基硅烷中的至少一种；加入有机硅烷的质量为二氧化硅气凝胶质量的6%～9%。

所述憎水成分为高分子有机硅憎水粉和硬脂酸，其中，高分子有机硅憎水粉和硬脂酸质量比为1∶1。

使用方法　本品主要用作地铁、港口码头、坝池、隧道和地下室的混凝土防水剂。将所述混凝土防水剂与混凝土混合后进行搅拌、浇筑、振捣、养护；其中，所述混凝土防水剂的添加量为混凝土中胶材质量的3%～5%。

产品特性

(1) 本品通过原料各组分协同作用，达到优异的抗渗防水效果，并有效改善混凝土的干燥收缩、堵塞混凝土的毛细孔结构，提高混凝土的强度和稳定性。

(2) 本品操作简单，不需要特殊设备，制造成本低，生产效率高，施工和维护方便。

配方 16　混凝土结构自密实防水剂（1）

原料配比

原料			配比(质量份)		
			1#	2#	3#
第一组分	烷基硅酸盐	甲基硅酸钠	17.5	19	—
		乙基硅酸钾	—	—	16
	氟硅酸盐	氟硅酸钾	16.5	15	—
		氟硅酸钠	—	—	18
	自来水		30	28	35
第二组分	分散剂	焦磷酸钠	5	3	—
		葡萄糖酸钠	—	—	7
	电解铝溶液		3	4	2
	自来水		9	10	6
第三组分	减水剂	聚羧酸减水剂	5.5	7	—
		萘磺酸钠减水剂	—	—	4
	保坍剂		3.5	3	5
	自来水		10	15	12

制备方法

(1) 将烷基硅酸盐、氟硅酸盐和水混合均匀，制得第一组分；混合包括：先室温搅拌0.5～1.5h，随后在60～65℃下搅拌0.5～1.5h，混合后静置2.5～3.5h。

(2) 将分散剂、电解铝溶液和水混合均匀，制得第二组分；混合包括：先室温搅拌

1.5～2.5h，随后在60～70℃下搅拌0.5～1.5h，混合后静置0.5～1.5h。

(3) 将减水剂、保坍剂和水混合均匀，制得第三组分；混合包括：室温搅拌0.5～1.5h。

(4) 将第一组分、第二组分和第三组分混合均匀，制得混凝土结构自密实防水剂。混合包括：室温搅拌0.5～1.5h，混合后静置2.5～3.5h。

使用方法　本品的用量为2.5%～3.5%；该用量基于混凝土胶凝材料总质量。

产品特性　本品能够减少混凝土结构裂缝的产生，在满足正常工作性能的前提下能保证充分地补偿收缩，具有优异的防水效果；同时，对于超长超宽的地下防水混凝土，其高效减水保水性能能够提高混凝土28d强度，同时减少水泥用量，并且具有膨胀补偿作用，大大提高混凝土的密实度。此外，还能大大减少混凝土的收缩变形，减少或避免开裂，可使后浇带间距适当加大，同时增加混凝土的和易性、流动性，提高混凝土结构的早期强度、后期强度、抗渗性、耐久性等，具有优异的综合性能。

配方17　混凝土结构自密实防水剂（2）

原料配比

原料	配比(质量份)	原料	配比(质量份)
氟硅酸镁	10～12	铝液	3～5
分散剂	5～8	丙烯酸酯化环氧树脂	2～3
27%氨水	6～7	消泡剂	3～5
防腐剂	0.6～0.8	硬脂酸	4～6
水	110～120		

制备方法

(1) 将氟硅酸镁、分散剂和45～60份水混合均匀，加热至80～85℃，搅拌0.2～0.3h，静置2～3h，得第一混合液。

(2) 将氨水、防腐剂、硬脂酸和25～35份水混合均匀，加热至35～50℃，搅拌1～1.5h，静置2.5～3h，得第二混合液。

(3) 将铝液、消泡剂、丙烯酸酯化环氧树脂和25～35份水混合均匀，加热至120～135℃，搅拌0.5～1h，静置5～6h，得第三混合液。

(4) 将第一混合液、第二混合液和第三混合液混合均匀，先在常温下搅拌0.5～1h，随后静置6～8h，得混凝土结构自密实防水剂。

原料介绍　所述分散剂选自焦磷酸钠、六偏磷酸钠和葡萄糖酸钠中的一种或几种。

所述防腐剂选自苯甲酸、苯甲酸钠、山梨酸、山梨酸钾、丙酸钙、脱氢乙酸、对羟苯甲酸、对羟苯甲酸乙酯、对羟苯甲酸丙酯、对羟苯甲酸丁酯、对羟苯甲酸异丙酯、对羟苯甲酸异丁酯和水杨酸中的一种或几种。

所述铝液选自电解铝溶液、硫酸铝溶液和氯化铝溶液中的一种或几种。

消泡剂选自有机硅消泡剂、正丁醇、正戊醇和正辛醇中的一种或几种。

所述丙烯酸酯化环氧树脂的制备方法为：将环氧树脂、阻聚剂和催化剂混合均匀，升温至120～123℃，然后滴加丙烯酸，保温反应50～60min，升温至155～160℃，保温至酸值（以KOH计）测试结果小于0.7mg/g，得到所述丙烯酸酯化环氧树脂。

使用方法　将本品与混凝土混合后进行搅拌、浇筑、振捣、养护，其中，所述混凝土结构自密实防水剂的用量为1.5%～2.3%。

产品特性　本品具有高效的抗压保水性能，使用时，只需将混凝土结构自密实防水剂喷洒在混凝土表面，喷洒量为0.2～0.4kg/m^2，保持润湿0.3～0.4h，让混凝土表面充分吸入混凝土增硬防水剂，能渗透0.8～1.2cm，然后静置14～16h，强度防水密封效果就可以显现。

配方18　混凝土抗裂防水剂（1）

原料配比

<table>
<tr><th colspan="3" rowspan="2">原料</th><th colspan="5">配比(质量份)</th></tr>
<tr><th>1#</th><th>2#</th><th>3#</th><th>4#</th><th>5#</th></tr>
<tr><td rowspan="5">水铝英石粉</td><td colspan="2">比表面积为80m^2/g</td><td>100</td><td>—</td><td>—</td><td>—</td><td>—</td></tr>
<tr><td colspan="2">比表面积为50m^2/g</td><td>—</td><td>100</td><td>—</td><td>—</td><td>—</td></tr>
<tr><td colspan="2">比表面积为70m^2/g</td><td>—</td><td>—</td><td>100</td><td>—</td><td>—</td></tr>
<tr><td colspan="2">比表面积为90m^2/g</td><td>—</td><td>—</td><td>—</td><td>100</td><td>—</td></tr>
<tr><td colspan="2">比表面积为100m^2/g</td><td>—</td><td>—</td><td>—</td><td>—</td><td>100</td></tr>
<tr><td colspan="3">改性硅灰石粉</td><td>40</td><td>30</td><td>35</td><td>45</td><td>50</td></tr>
<tr><td rowspan="5">酚醛树脂空心微球</td><td colspan="2">粒径为120μm</td><td>14</td><td>—</td><td>—</td><td>—</td><td>—</td></tr>
<tr><td colspan="2">粒径为100μm</td><td>—</td><td>18</td><td>—</td><td>—</td><td>—</td></tr>
<tr><td colspan="2">粒径为110μm</td><td>—</td><td>—</td><td>16</td><td>—</td><td>—</td></tr>
<tr><td colspan="2">粒径为140μm</td><td>—</td><td>—</td><td>—</td><td>12</td><td>—</td></tr>
<tr><td colspan="2">粒径为150μm</td><td>—</td><td>—</td><td>—</td><td>—</td><td>10</td></tr>
<tr><td colspan="3">磷酸三钙</td><td>15</td><td>20</td><td>18</td><td>13</td><td>10</td></tr>
<tr><td colspan="3">六偏磷酸钠</td><td>7</td><td>6</td><td>7</td><td>7</td><td>8</td></tr>
<tr><td colspan="3">2-氨基-2-甲基丙醇</td><td>14</td><td>10</td><td>12</td><td>16</td><td>18</td></tr>
<tr><td colspan="3">硫氰酸钠</td><td>4</td><td>3</td><td>4</td><td>4</td><td>5</td></tr>
<tr><td colspan="3">二乙醇单异丙醇胺</td><td>10</td><td>12</td><td>11</td><td>9</td><td>8</td></tr>
<tr><td colspan="3">季戊四醇</td><td>13</td><td>15</td><td>14</td><td>11</td><td>10</td></tr>
<tr><td rowspan="7">改性硅灰石粉</td><td rowspan="3">溶液A</td><td>乙烯-醋酸乙烯共聚物乳液</td><td>100</td><td>100</td><td>100</td><td>100</td><td>100</td></tr>
<tr><td>α-磺基脂肪酸甲酯</td><td>1</td><td>1.2</td><td>1.1</td><td>0.9</td><td>0.8</td></tr>
<tr><td>去离子水</td><td>25</td><td>20</td><td>22</td><td>28</td><td>30</td></tr>
<tr><td colspan="2">溶液A</td><td>100</td><td>100</td><td>100</td><td>100</td><td>100</td></tr>
<tr><td colspan="2">硅灰石粉</td><td>280</td><td>300</td><td>290</td><td>270</td><td>250</td></tr>
<tr><td colspan="2">氯化钙</td><td>7</td><td>10</td><td>9</td><td>6</td><td>4</td></tr>
<tr><td colspan="2">二乙二醇单丁醚</td><td>15</td><td>20</td><td>18</td><td>12</td><td>10</td></tr>
</table>

制备方法

（1）将二乙醇单异丙醇胺加至酚醛树脂空心微球中，搅拌20～30min，得初料。

（2）将改性硅灰石粉、磷酸三钙、六偏磷酸钠、2-氨基-2-甲基丙醇、硫氰酸钠和季戊四醇混合搅拌5～10min，得中料。

(3) 将初料和中料加至水铝英石粉中，搅拌10～20min，得混凝土抗裂防水剂。

原料介绍　改性硅灰石粉由以下方法制得：

(1) 将乙烯-醋酸乙烯共聚物乳液、α-磺基脂肪酸甲酯和去离子水加至反应器中，在20～30℃下搅拌反应1～3h，得溶液A。

(2) 将溶液A、硅灰石粉、氯化钙、二乙二醇单丁醚放入反应器中，50℃下反应2～4h，冷却至室温，过滤，干燥，粉碎后过100目筛，得改性硅灰石粉。

所述的乙烯-醋酸乙烯共聚物乳液、α-磺基脂肪酸甲酯和去离子水的质量比为100∶(0.8～1.2)∶(20～30)。干燥为40～50℃条件下真空干燥。

水铝英石粉填充到混凝土的毛细管中，显著提高混凝土的密实性，减少有害离子的渗入通道，减少裂缝的发生，增强混凝土整体的防水抗渗性能。

改性硅灰石粉能够均匀分散在混凝土颗粒间的毛细孔隙中，紧密堆积，阻断或封闭混凝土中的毛细孔通道，提高混凝土的密实性和防水性。

酚醛树脂空心微球具有良好的质量保留率和体积保留率，分散性高，具有良好的抗压能力和可变形性，有效减少微裂纹的出现和扩展，显著提高混凝土的抗裂防水性能。

磷酸三钙填充到颗粒间的毛细管或者凝胶孔中，分散细小颗粒，改善混凝土的和易性，提高混凝土的抗裂性能。

六偏磷酸钠与水铝英石粉生成可溶性络合物，改善混凝土和易性，提高混凝土的密实度和强度。

2-氨基-2-甲基丙醇和硫氰酸钠可以增强胶凝材料中有机粒子和无机粒子的黏合力，增强混凝土的密实性，大大减少有害离子的渗入通道，降低混凝土整体的干燥收缩，提高混凝土的防水抗渗性能。

二乙醇单异丙醇胺和季戊四醇使得混凝土拌和物中自由水变得细小分散，为混凝土中水泥水化提供足够且可以直接使用的水分，降低混凝土拌和物泌水。

产品特性　本品具有减少混凝土干燥收缩、减少裂缝发生、降低混凝土拌和物泌水、改善材料堆积效果、提高混凝土防水抗渗性能和强度的优异效果，大大延长混凝土使用寿命。

配方19　混凝土抗裂防水剂(2)

原料配比

原料		配比(质量份)			
		1#	2#	3#	4#
硫铝酸钙		12	22	17	17
酚醛树脂		1	0.1	0.55	0.55
玄武岩纤维		0.1	1	0.55	0.55
硅烷偶联剂		1	0.1	0.55	0.55
粉煤灰		15	25	20	20
硅油		0.1	0.5	0.3	0.4
水		90	60	75	70
烷基磺酸盐	十二烷基磺酸钠	—	—	0.1925	0.2475

制备方法

(1) 将酚醛树脂和烷基磺酸盐混合均匀，得到酚醛树脂和烷基磺酸盐的混合物；取硫铝酸钙并进行加热，备用；所述硫铝酸钙进行加热后的温度为150～200℃。

（2）向加热后的硫铝酸钙中加入酚醛树脂和烷基磺酸盐的混合物、矿物纤维，搅拌均匀后，加入偶联剂，搅拌均匀，再依次加入粉煤灰、硅油和水，搅拌均匀，即得所述混凝土抗裂防水剂。加入矿物纤维后，搅拌时间为5～12s；加入偶联剂后，搅拌时间为1～5s；加入粉煤灰后，搅拌时间为2～8s。

原料介绍　所述硫铝酸钙采用如下方法处理得到：将硫铝酸钙、石英砂、玻璃纤维按照质量比1∶0.5∶0.05混合均匀，球磨分散3～6h，得到粒度为180～220目的细粉，即为所述的硫铝酸钙。

所述偶联剂为硅烷偶联剂，所述矿物纤维为玄武岩纤维。

产品特性

（1）本品用于混凝土中，在不影响混凝土施工性能的基础上，有效减少混凝土的干燥收缩，减少裂缝发生，同时还可提高混凝土的防水性和强度。

（2）本品掺入混凝土后，通过与水泥水化后的析出物发生化学反应，生成凝胶体和结晶体，填充混凝土的微小孔隙和毛细管通路，属于减缩密实型防水剂。其特点是：生成的凝胶体与结晶体（吸热反应）使混凝土内部孔隙率变小，有效减少水泥水化热峰值，降低混凝土的体积收缩，阻止水分子渗透，提高混凝土密实性、抗压性能、抗裂性能和抗渗性能；具备良好的减水效果，提升水化效率，可大大提高混凝土的流动性，使混凝土能较长时间保持施工性能；同时能改善混凝土的和易性及物理力学性能，提高工程质量。使用所述混凝土抗裂防水剂后的混凝土结构在水化反应期内具有自我修复能力，可修复0.2mm以下的裂缝。

（3）本品能有效提高混凝土的抗压强度和抗渗等级，能够在混凝土中同时起到抗裂和防水的功能，有效补偿混凝土水化过程中产生的收缩，阻碍裂缝的发展，防止混凝土的收缩开裂，从而大大提高混凝土的抗裂防水性能。

配方20　混凝土内掺渗透结晶型防水剂

原料配比

原料	配比(质量份)		
	1#	2#	3#
稻壳灰	10	15	20
改性硅藻土	20	30	40
纳米氧化铝	15	18	20
硫酸钙	3	4	5
铝酸钠	5	7	10
甲基硅酸钠	10	15	20
聚丙烯酸钠	0.5	8	1
聚乙烯醇	2	4	5
硫酸钠	5	7	8
碳酸氢钠	2	4	6

制备方法

（1）初次混合搅拌：在干燥环境下，将计量好的稻壳灰、改性硅藻土、甲基硅酸钠按一定比例投入全自动单卧式粉料搅拌机中，搅拌10～20min。

（2）二次混合搅拌：再依次按比例加入纳米氧化铝、硫酸钙、铝酸钠、聚丙烯酸钠、聚乙烯醇、硫酸钠、碳酸氢钠，待全部原料加完后，搅拌 30min，即得成品。

原料介绍　所述稻壳灰粒径≥325 目，所述改性硅藻土粒径为 1250 目，所述纳米氧化铝的规格为 50nm。

产品特性

（1）本品能够提升混凝土的强度、抗渗性能及内部密实度，混凝土结构即使局部受损渗漏（裂缝小于 0.6mm），在结晶作用下，会自行修补愈合，并具有多次抗渗能力，从而在本质上改变了普通混凝土结构体积不稳定而再次带来的裂渗，具有永久的防水效果，而且防水剂以稻壳灰为主要成分之一，环保经济，节约成本。

（2）添加本品后，混凝土的各项性能得到明显提升，含气量和收缩率明显降低，抗折强度、抗压强度明显改善，单位开裂面积降低，抗渗压力高，显著改变了普通混凝土结构体积不稳定而再次带来的裂渗，具有很好的防水效果。

配方 21　混凝土内掺型自修复防水剂

原料配比

原料			配比(质量份)	
			1#	2#
萜烯树脂改性火山灰			40	35
硅酸盐			10	8
改性二氧化硅			5	4
活性组分			6	4
第一助剂			1	0.8
第二助剂			1	0.6
5%聚乙二醇 2000 溶液			适量	适量
水			适量	适量
硅酸盐	硅酸钠		3	2
	硅酸锂		1	1
	硅酸钾		1	1
活性组分	硫酸钙		1	2
	硫酸钠		1	2
第一助剂	氨基三乙酸		3	2
	聚丙烯酸		1	1
第二助剂	羟丙基甲基纤维素		1	1
	木质素磺酸钙		2	4
改性二氧化硅	二氧化硅颗粒		100	100
	醇水混合液	正丁醇	1(体积)	1(体积)
		水	4(体积)	5(体积)
	γ-(甲基丙烯酰氧)丙基三甲氧基硅烷		15	12
	乙烯基单体丙烯酸		15	20

制备方法

(1) 将改性二氧化硅加入聚乙二醇 2000 溶液中，边搅拌边超声分散 30～40min，然后将萜烯树脂改性火山灰加入，继续分散 20～30min，得组分 A。

(2) 将硅酸盐加水溶解，得溶液 B。

(3) 将组分 A 和溶液 B 混合 20～30min，使得硅酸盐均匀分散在组分 A 中，然后再在 105～130℃下烘干到含水率<1%，得混合物 B。

(4) 在混合物 B 中加入活性组分、第一助剂和第二助剂搅拌混合均匀，得到本品的混凝土内掺型自修复防水剂。

原料介绍　所述改性二氧化硅粉末的改性方法为：将二氧化硅颗粒置于马弗炉中烘干，然后加入醇水混合液中均匀分散，再加入 γ-(甲基丙烯酰氧) 丙基三甲氧基硅烷和乙烯基单体丙烯酸，在低压条件下加热至 45～55℃，搅拌 2～4h，最后将混合物过滤、干燥、研磨到 400～600 目，得改性二氧化硅。

所述萜烯树脂改性火山灰的活性物质包括如下质量份组分：40～50 份的 SiO_2、5～15 份的 Al_2O_3、5～10 份的 Fe_2O_3、5～10 份的 CaO、5～10 份的 MgO。

所述的萜烯树脂改性火山灰的制备方法：将火山灰以 5℃/min 的升温速度升温至 100～105℃，保温研磨 5～10min，再加入萜烯树脂和硅酸镁铝，继续以 5℃/min 的升温速度升温至 130～140℃，保温研磨 10～15min，然后以 5℃/min 的降温速度降温至 0～5℃，密封保温静置 15～30min，并加入石棉绒、聚二烯丙基二甲基氯化铵和 *N*-羟甲基丙烯酰胺，再次以 5℃/min 的升温速度升温至 125～130℃，保温研磨 15～30min，待自然冷却至室温后将所得混合物送入真空干燥机中，干燥所得固体经超微粉碎机制成微粉，即得萜烯树脂改性火山灰。

使用方法　本品主要用作所有地下混凝土构造物、水池、水库、地铁隧道、水中或海中建筑、地下室防水工程等的混凝土内掺型自修复防水剂。

产品特性

(1) 本品是掺入混凝土内部使用，主要用于所有地下混凝土构造物、水池、水库、地铁隧道、水中或海中建筑、地下室防水工程等。

(2) 本品选用萜烯树脂改性火山灰为主要材料，其比表面积大且具有丰富的内部孔道结构，还能增强其与骨料及其他高分子和小分子制备原料之间的共混相容性，促进制备原料的均匀混合。本品将二氧化硅改性也是为了增加其比表面积，使其分散性更好，可以均匀分散在混合物中。改性二氧化硅可以在混凝土早期水化过程中作为结晶的晶种，促进结晶。所述活性组分添加到混凝土中之后发生同离子效应，促进晶体的生长，提高混凝土的防水能力。

(3) 本品能够与混凝土水化反应产物发生复式链化反应形成结晶体，堵塞混凝土内部的裂缝及毛细孔道，可以大大提高混凝土的强度及抗渗等性能。

(4) 本品可抵抗海水侵蚀，提高、改善混凝土的防水性能，可以减少裂缝收缩，增强结构中后期强度及密实度。

配方 22　混凝土速凝防水剂

原料配比

原料	配比(质量份)			
	1#	2#	3#	4#
氢氧化钾	60	65	75	80
氢氧化锂	40	45	55	60

续表

原料		配比(质量份)			
		1#	2#	3#	4#
氢氧化铝		80	85	95	100
去离子水		200	230	280	300
重铬酸钾		20	24	28	30
十二烷基磺酸钠		20	24	28	30
酒石酸钾钠		20	25	30	40
稳定剂	乙二胺四乙酸	5	7	9	12
增稠剂	聚丙烯酰胺	8	11	13	15
聚羧酸减水剂		30	35	40	50

制备方法

(1) 酸盐母液的制备：将氢氧化钾、氢氧化锂及氢氧化铝加入反应釜中，升温到 25～35℃，而后加入 2/3 去离子水并加热至 120～140℃，持续 60～90min，而后静置取其上清液，得到酸盐母液。

(2) 改性剂的制备：将重铬酸钾加入余下 1/3 去离子水中，而后升温至 70～80℃，加入酒石酸钾钠，调整温度至 90～100℃，持续搅拌 10～30min，得到改性剂。

(3) 混合：在 (1) 得到的酸盐母液中加入改性剂，并调整温度至 40～50℃，搅拌 3～8min，而后加热溶液至 90～100℃，加入稳定剂、增稠剂，搅拌并保温 30～40min。

(4) 减水处理：保温结束后加入聚羧酸减水剂，在 10～15min 内加完，同时保持温度在 60～70℃，而后保温 30min，加入十二烷基磺酸钠，搅拌均匀得到速凝防水剂。

使用方法　将速凝防水剂按照水泥质量的 3%～12%加入水泥浆体中。

产品特性

(1) 本品通过重铬酸钾及酒石酸钾钠的配合得到改性剂，有效控制液态速凝剂的凝结时间，同时调整酸盐母液的碱性环境，对低碱环境进行适应性调整，保证速凝剂的应用环境保持较佳状态，反应作业效率较高，从而提高混凝土的抗渗防水功能。

(2) 本品不仅可以使新拌混凝土的和易性得到改善，而且由于混凝土中水灰比有较大幅度的下降，使水泥石内部孔隙体积明显减小，水泥石更为致密，混凝土的抗压强度显著提高。

配方 23　混凝土高效防水剂

原料配比

原料	配比(质量份)		
	1#	2#	3#
粉煤灰共混物	46	52	49
纳米二氧化硅	24	28	26
纳米三氧化二铝	14	16	15
重质碳酸钙粉	8	12	10
伊利石粉	8	12	10

续表

原料		配比(质量份)		
		1#	2#	3#
聚乙二醇		6	10	8
三异丙醇胺		5	9	7
憎水剂		2	6	4
引气剂		1	3	2
憎水剂	石蜡	16	19	17.5
	OP-10 乳化剂	11	15	13
	三乙醇胺溶液	6	10	8
	硫酸铝	3	3	3
引气剂	液态松香酸钠	3	3	3
	乙氧基化烷基硫酸钠	2	2	2

制备方法

(1) 将粉煤灰共混物、重质碳酸钙粉、伊利石粉加入高速搅拌机中混合，搅拌速度为1150～1250r/min，搅拌时间为45～55min，得到混合物A，再将混合物A、聚乙二醇、三异丙醇胺继续搅拌15～25min，得到混合物B。

(2) 将步骤(1)得到的混合物B、纳米二氧化硅、纳米三氧化二铝、憎水剂、引气剂加入高速混合机中混合，搅拌速度为1550～1650r/min，搅拌时间为45～55min，即得本品的混凝土用高效防水剂。

原料介绍　所述粉煤灰共混物的制备方法为：将粉煤灰、膨润土分散到水中，随后向其中加入质量分数为96%～98%的硫酸溶液，搅拌转速为65～75r/min，搅拌时间为25～35min，再水洗至溶液呈中性，随后向其中加入月桂醇硫酸钠、镁渣粉、滑石粉，转速升至105～115r/min，继续搅拌65～75min，即得粉煤灰共混物。

产品特性　本品具有较好的防水效果，同时制备方法简单，具有较高的使用价值和良好的应用前景。

配方 24　混凝土用防水剂

原料配比

原料		配比(质量份)		
		1#	2#	3#
预处理氧化石墨烯	氧化石墨烯	10	10	10
	水	50	80	100
	十八烷基胺	1	1	1
硫酸酯化细菌纤维素	细菌纤维素	10	20	30
	浓硫酸	60	70	80
	正己醇	100	110	120
硫酸酯化细菌纤维素		10	15	20

续表

原料		配比(质量份)		
		1#	2#	3#
预处理氧化石墨烯		10	15	25
水		300	400	500
柠檬酸		0.3	0.4	0.5
有机硅烷	硅烷偶联剂 KH-550	3	—	—
	硅烷偶联剂 KH-56	—	4	—
	十七氟癸基三甲氧基硅烷	—	—	5
次磷酸钠		0.1	0.2	0.3
明胶		1	2.25	4
乳化剂	乳化剂 OP-10	0.1	—	—
	吐温-60	—	0.2	—
	司盘-80	—	—	0.3

制备方法

(1) 将氧化石墨烯和水混合分散后，再加入十八烷基胺，加热回流反应后过滤、洗涤和干燥，得预处理氧化石墨烯。

(2) 将预处理氧化石墨烯和有机硅烷加入球磨罐中，球磨混合 32～48h，出料，得球磨料。

(3) 将硫酸酯化细菌纤维素、水、柠檬酸、乳化剂混合，超声分散均匀，再加入球磨料、明胶和次磷酸钠，搅拌混合后出料，即得产品。

原料介绍　所述的硫酸酯化细菌纤维素的制备方法：按质量份数计，依次取细菌纤维素、浓硫酸、正己醇，先将浓硫酸和正己醇混合，冷却至室温，再加入细菌纤维素，于室温条件下用搅拌器以 150r/min 的转速搅拌反应 2h，用氢氧化钠溶液洗涤，再用去离子水洗涤至中性，干燥，得硫酸酯化细菌纤维素。

硫酸酯化细菌纤维素和氧化石墨烯复配作为混凝土防水剂的重要组成成分，由于细菌纤维素和氧化石墨烯都是具有较小尺寸的物质组分，可以在混凝土孔隙中良好地扩散渗透；另外，细菌纤维素经过硫酸酯化处理后，其表面带有的硫酸酯基可以对混凝土中游离的钙离子进行吸附固定，从而以钙离子为结合位点，使得细菌纤维素在此凝聚并将氧化石墨烯共同凝聚固定于此处，从而阻断混凝土内部的水分扩散通道，钙离子越多，形成的凝聚物强度越大，长此以往，在氧化石墨烯诱导下，在凝聚物中形成结晶，起到长效堵漏防水的效果，基于此，通过有效阻断局部通道，起到了良好的防水效果。

产品特性　本品在混凝土表面或孔隙中形成牢固的疏水网络结构，进一步加强产品的疏水效果；由于有机硅烷嵌入了氧化石墨烯层间，因此，该网络结构的形成，必须先将氧化石墨烯层状结构破坏，破坏后的氧化石墨烯呈单片层结构，可以在混凝土表面与细菌纤维素共同发生自组装，从而在混凝土表面形成连续的单片层氧化石墨烯结构，起到牢固的防水效果，且由于氧化石墨烯形状稳定，该防水效果具有良好的持效性。

配方 25 混凝土用膨胀纤维抗裂防水剂

原料配比

<table>
<tr><th colspan="2" rowspan="2">原料</th><th colspan="6">配比(质量份)</th></tr>
<tr><th>1#</th><th>2#</th><th>3#</th><th>4#</th><th>5#</th><th>6#</th></tr>
<tr><td rowspan="2">硅灰石粉</td><td>粒度为 10μm</td><td>25</td><td>—</td><td>15</td><td>25</td><td>25</td><td>20</td></tr>
<tr><td>粒度为 25μm</td><td>—</td><td>20</td><td>—</td><td>—</td><td>—</td><td>—</td></tr>
<tr><td rowspan="3">煤矸石粉</td><td>粒度为 60μm</td><td>15</td><td>—</td><td>—</td><td>15</td><td>15</td><td>16</td></tr>
<tr><td>粒度为 80μm</td><td>—</td><td>26</td><td>—</td><td>—</td><td>—</td><td>—</td></tr>
<tr><td>粒度为 100μm</td><td>—</td><td>—</td><td>22</td><td>—</td><td>—</td><td>—</td></tr>
<tr><td rowspan="3">普通叶蜡石粉</td><td>粒度为 60μm</td><td>30</td><td>—</td><td>—</td><td>22</td><td>22</td><td>—</td></tr>
<tr><td>粒度为 80μm</td><td>—</td><td>34</td><td>—</td><td>—</td><td>—</td><td>22</td></tr>
<tr><td>粒度为 100μm</td><td>—</td><td>—</td><td>38</td><td>—</td><td>—</td><td>—</td></tr>
<tr><td rowspan="2">超微叶蜡石粉</td><td>粒度为 0.05μm</td><td>—</td><td>—</td><td>—</td><td>8</td><td>8</td><td>—</td></tr>
<tr><td>粒度为 0.1μm</td><td>—</td><td>—</td><td>—</td><td>—</td><td>—</td><td>12</td></tr>
<tr><td rowspan="3">脱硫石膏</td><td>粒度为 60μm</td><td>23</td><td>—</td><td>—</td><td>23</td><td>12</td><td>17</td></tr>
<tr><td>粒度为 80μm</td><td>—</td><td>17</td><td>—</td><td>—</td><td>—</td><td>—</td></tr>
<tr><td>粒度为 100μm</td><td>—</td><td>—</td><td>15</td><td>—</td><td>—</td><td>—</td></tr>
<tr><td colspan="2">纤维素纤维</td><td>7</td><td>3</td><td>10</td><td>7</td><td>7</td><td>3</td></tr>
<tr><td rowspan="2">超微叶蜡石粉</td><td>锆酸酯偶联剂</td><td>—</td><td>—</td><td>—</td><td>—</td><td>1</td><td>1</td></tr>
<tr><td>无水乙醇</td><td>—</td><td>—</td><td>—</td><td>—</td><td>5</td><td>5</td></tr>
</table>

制备方法

(1) 将煤矸石矿物进行自体煅烧，除去原矿中的伴生煤渣与杂质，得煅烧煤矸石。

(2) 将烘干的脱硫石膏、煅烧煤矸石、叶蜡石按原料配比粉磨选粉，选取粒度为 60～100μm、表面积大于 400m^2/g 的粉体。

(3) 将步骤 (2) 中的粉磨物与纤维素纤维、粒度为 10～40μm 的硅灰石粉按质量配比混合搅拌 10min，搅拌均匀即得到混凝土用膨胀纤维抗裂防水剂。

原料介绍　所述超微叶蜡石粉经锆酸酯偶联剂和聚乙烯醇改性处理，具体步骤为：

(1) 按质量比 1∶5 取锆酸酯偶联剂和无水乙醇，在 75℃下水浴 2h 得锆酸酯偶联剂溶液。

(2) 将超微叶蜡石粉经超声分散均匀，然后加入相对于超微叶蜡石粉质量含量 1%～4%的锆酸酯偶联剂溶液，在 300～400r/min 转速下，反应 30min，烘干即得预改性超微叶蜡石粉。

(3) 将步骤 (2) 的预改性超微叶蜡石粉在常温条件下与超细聚乙烯醇粉末混合均匀，即得改性超微叶蜡石粉。

所述超微叶蜡石粉的制备方法为：将普通叶蜡石粉进行超微粉碎，筛选，得到超微叶蜡石粉。

所述普通叶蜡石粉、脱硫石膏和/或煤矸石粉的粒度为 60～100μm，比表面积大于 400m^2/g。

所述硅灰石粉的粒度为10～40μm，比表面积大于400m^2/g。

使用方法　本品在混凝土的生产过程中加入量为8%～12%。

产品特性

（1）本品可使加水拌和前混凝土中的胶凝材料具有良好的连续微级配，掺入混凝土中，可以降低孔隙率，细化孔径，改善混凝土孔结构，使混凝土硬化过程中形成的结构更加密实，极大地提高混凝土的抗渗、抗折能力。

（2）本品原料易得，价格低廉，使用的脱硫石膏属于矿产工业用脱硫废弃物，煤矸石是采煤过程和洗煤过程中排放的固体废物，是一种在成煤过程中与煤层伴生的一种含碳量较低、比煤坚硬的黑灰色岩石，采用上述两种物质，有效地进行废物利用，符合国家环保政策，而且通过自体燃烧还可以节约煅烧矿物的能源。

（3）本品能显著改善混凝土的抗裂、抗渗性能。

配方 26　混凝土用渗透结晶型改性防水剂

原料配比

原料		配比(质量份)				
		1#	2#	3#	4#	5#
碱金属有机硅酸盐	甲基硅酸钠	45	—	—	—	—
	甲基硅醇钠	—	51	—	—	60
	硅酸钠	—	—	60	—	—
	硅酸锂	—	—	—	55	—
表面活性剂	AES	9	—	—	—	—
	十二烷基苯磺酸钠	—	9	—	—	—
	OP-10	—	—	11	—	9
	十二烷基硫酸钠	—	—	—	10	—
改性碳纳米管渗透增强剂		13.5	14	15	14	13
酒石酸		9	10	10	9	8
二乙醇单异丙醇胺		9	10	13	12	13
乙二醇		2.25	2.8	3.1	2.5	3.2
水		63	69	80	72	78
改性碳纳米管渗透增强剂	碳纳米管	15	12	18	16	20
	去离子水	1000	1000	1000	1000	1000
	75.0g/L的聚乙烯吡咯烷酮溶液	100(体积)	—	—	—	—
	60.0g/L的聚乙烯吡咯烷酮溶液	—	100(体积)	—	—	—
	90.0g/L的聚乙烯吡咯烷酮溶液	—	—	100(体积)	—	—
	80.0g/L的聚乙烯吡咯烷酮溶液	—	—	—	100(体积)	—
	100.0g/L的聚乙烯吡咯烷酮溶液	—	—	—	—	100(体积)
	松香酸钠	3	2.4	3.6	3.2	4
	硅烷偶联剂	3	2.4	3.6	3.2	4

制备方法　将各组分原料混合均匀即可。

原料介绍 所述改性碳纳米管渗透增强剂的制备方法为：在搅拌状态下，将碳纳米管分散于去离子水中，得碳纳米管分散液；升温至60～70℃，滴加聚乙烯吡咯烷酮溶液，搅拌反应2～3h；滴加松香酸钠和硅烷偶联剂，搅拌反应1～1.5h，超声分散15～30min，于90～100℃进行干燥，即成。

所述碳纳米管为直径10～20nm、长度5～15μm的多壁碳纳米管。

所述碳纳米管分散液的浓度为10.0～20.0g/L。

产品特性

（1）本品具有很强的渗透性，能与混凝土中的游离碱发生化学反应生成一种不可逆复合硅石共晶，这种共晶具有生长性，再次接触到水及混凝土中的钙质离子，会沿着混凝土毛细孔一直生长，从而封堵混凝土所有的孔隙，这种结构既增强了混凝土的密实度，又增强了混凝土基材的强度和硬度，达到了真正意义上的与混凝土同寿命防水效果。

（2）该防水剂具有绿色环保、改善混凝土和易性、耐腐蚀、耐低温等优点，可广泛应用于各类结构工程的建设和混凝土浇筑，生产工艺简单，成本低廉，易于大规模生产。

配方27 混凝土用玄武岩纤维抗裂防水剂（1）

原料配比

原料		配比(质量份)					
		1#	2#	3#	4#	5#	6#
膨胀剂		70	75	80	65	70	70
玄武岩短切纤维	直径15μm,长度18mm	7	—	—	—	8	—
	直径13μm,长度15mm	—	5	—	—	—	—
	直径15μm,长度15mm	—	—	5	—	—	—
	直径18μm,长度18mm	—	—	—	10	—	—
	直径15μm,长度20mm	—	—	—	—	—	10
水化热抑制剂		7	5	5	10	8	10
防水组分	脂肪酸盐粉状憎水剂	16	—	—	15	14	—
	烷氧基硅烷粉状憎水剂	—	15	—	—	—	10
	脂肪酸盐和烷氧基硅烷粉状憎水剂	—	—	10	—	—	—

制备方法 将膨胀剂研磨均匀，然后与玄武岩短切纤维、水化热抑制剂组分（全构型羟基羧酸酯有机组分）、防水组分等搅拌30min左右，制得玄武岩纤维抗裂防水剂。

原料介绍 所述膨胀剂为石膏和氧化钙膨胀熟料，所述石膏为硬石膏、二水石膏和脱硫脱硝石膏中的至少一种，氧化钙比表面积为200～320m^2/kg，石膏比表面积为300～450m^2/kg。

所述玄武岩纤维的抗拉强度为2000～3000MPa，纤维的直径在12～20μm，使用的玄武岩纤维的长度在9～20mm。

所述水化热抑制剂主要由全构型羟基羧酸酯和精细矿物等材料组成，使1d水化热降低35%，3d水化热降低30%，7d水化热降低25%。

使用方法　本品用量为混凝土胶凝材料用量的5%。

产品特性　本品能够明显提高混凝土的抗压强度和抗折强度以及劈裂强度，推迟开裂时间并缩小裂缝面积，提高抗渗等级和抗冻等级。玄武岩纤维在混凝土中起到了关键作用，玄武岩纤维在混凝土中的分散性，使混凝土内部紧密黏固，限制混凝土收缩开裂，同时配合适量膨胀剂能持续缓慢膨胀，补偿混凝土收缩，达到双重抗裂和防水的功能，有效地补偿混凝土水化过程中产生的收缩，阻碍裂缝的发展，大大提高了混凝土的抗裂缝抗渗能力，增强混凝土本身的强度，从而提高混凝土的使用寿命。

配方 28　混凝土用玄武岩纤维抗裂防水剂（2）

原料配比

原料		配比(质量份)
膨胀剂		30～60
玄武岩纤维		20～40
水化热抑制剂		20～30
膨胀剂	硫铝酸钙	35
	硫酸铝	10
	NF-5 型萘系高浓高效减水剂	20
	矿物超细粉	20
	氯化钙	5
	保水材料	6
	葡萄糖酸钠	4

制备方法

（1）将准备的玄武岩纤维置入粉碎机中，通过粉碎机对玄武岩纤维进行粉碎。

（2）将膨胀剂置入搅拌容器中，再将（1）中粉碎后的玄武岩纤维置入搅拌容器中，通过搅拌容器对搅拌容器中的膨胀剂和粉碎后的玄武岩纤维进行搅拌混合。搅拌时间为10～15min，并且搅拌的转速为120～160r/min。

（3）在（2）搅拌结束后，再将水化热抑制剂置入搅拌容器中，通过搅拌容器对搅拌容器中的混合物与水化热抑制剂进行混合，最终制得抗裂防水剂。搅拌时间为15～30min，并且搅拌的转速为160～220r/min，搅拌温度为30～50℃。

原料介绍　所述保水材料为甲基纤维素、羟丙基甲基纤维素、羟乙基甲基纤维素中的一种或两种，所述矿物超细粉为粉煤灰、硅灰、矿粉中的一种或多种。

产品特性　本品降低了混凝土水化温升速率，使用玄武岩纤维提高了混凝土的抗拉强度，增强了混凝土的耐久性和抗裂防渗性能，而且抗裂防水能力强、性能稳定。

配方 29　混凝土自修复防水剂

原料配比

原料	配比(质量份)					
	1#	2#	3#	4#	5#	6#
硅酸钾	10	12	10	12	10	12
硅酸锂	20	22	20	22	20	22

续表

原料	配比(质量份)					
	1#	2#	3#	4#	5#	6#
微硅粉	25	28	25	28	25	28
PO42.5 普硅水泥	6	20	6	20	6	20
氢氧化钙	5	8	5	8	5	8
减水剂	—	—	1	2	1	2
甲酸钙	—	—	—	—	3	5
无机硅粉	—	—	—	—	15	18

制备方法　将各组分原料混合均匀即可。

原料介绍　所述减水剂选自木质素磺酸钙、木质素磺酸钠和木质素磺酸镁中的任一种。

使用方法　本品适用于裂缝宽度小于等于 1.5mm 的裂缝。

产品特性　本品利用硅酸盐与水泥熟料以及水化产物发生复式链化反应形成结晶体，所形成的结晶体堵塞混凝土内的裂缝及毛细孔道，提高混凝土自修复防水剂与原有混凝土的黏结力，从而大大提高修复后裂缝处的抗渗性和强度。本品是一种混凝土内掺自修复型无机防水材料。

配方 30　结构自防水用复合型混凝土防水剂

原料配比

原料			配比(质量份)
混料 D			30
分散剂			25
消泡剂			5
去离子水			40
混料 D	主料 A		10
	辅料 B		1
	辅料 C		2
主料 A	聚乙二醇单甲醚单体 MPEG-2000		20
	聚乙二醇单体 PEG600		10
	甲基丙烯酸单体		5
	氧化剂	稀硫酸	2
	催化剂	过硫酸钾	0.5
	去离子水		62.5
辅料 B	硅酸锂	模数为 3.0～3.4	2
	纳米硅溶胶	规格为 100nm	8
辅料 C	触变剂	纳米白炭黑	1
	丙三醇		5
	三乙醇胺		4

制备方法

(1) 制备主料 A：将聚乙二醇单甲醚单体 MPEG-2000、聚乙二醇单体 PEG600、甲基丙烯酸单体、氧化剂、催化剂与去离子水混合均匀，然后升温至 60～70℃，反应 1.5h，降至室温，得到减水组分，即为主料 A。

(2) 制备辅料 B：将硅酸锂和纳米硅溶胶混合均匀，得到复合防水组分，即为辅料 B。

(3) 制备辅料 C：将触变剂和丙三醇、三乙醇胺按比例进行混合，升温至 80℃，反应 1.5h，降至室温，得到多功能组分，即为辅料 C。

(4) 制备混料 D：将辅料 B 和辅料 C 按比例同时分别滴加至主料 A 中，升温至 50℃，反应 1.5h，再降至室温，得到防水型改性减水剂成品，即为混料 D。

(5) 制备成品复合型混凝土防水剂：在常温反应釜中，将混料 D、分散剂、消泡剂和去离子水混合均匀，得到成品复合型混凝土防水剂。

原料介绍　所述分散剂为六偏磷酸钠、焦磷酸钠、三聚磷酸钠、柠檬酸钠和葡萄糖酸钠中的一种。

使用方法　本品在混凝土中的掺量为胶凝材料用量的 1%～2%。

产品特性　本品可以改善混凝土内部毛细孔结构，封闭混凝土内部毛细孔通道，提高混凝土的抗渗防水功能，同时具有增强、抗裂、缓凝、触变、阻锈等性能，并可改善新拌混凝土的和易性，降低泌水率，显著改善混凝土的工作性。

配方 31　抗渗抗裂混凝土防水剂

原料配比

原料	配比(质量份)			
	1#	2#	3#	4#
聚乙二醇	10	8	9	8.5
硫酸铝	22	20	25	24
磷酸二氢铝	6.5	8	7.5	7
三乙醇胺(95%)	0.8	0.9	0.75	0.8
硅酸钠	2.5	3	2.8	2.6
亚硝酸钠	2.0	1.6	1.7	1.8
葡萄糖酸钠	0.5	0.8	0.9	1
柠檬酸	0.5	0.6	0.4	0.6
去离子水	加至 100	加至 100	加至 100	加至 100
α-烯基磺酸钠	0.5	0.5	0.4	0.6

制备方法　将去离子水加入装有搅拌叶轮的塑料罐内，于 18～40℃、搅拌条件下，先将聚乙二醇溶解于水中，再依次加入硫酸铝、磷酸二氢铝、早强剂、缓凝剂和三乙醇胺，溶解后再添加 α-烯基磺酸钠即可。

原料介绍　所述早强剂为硅酸钠、亚硝酸钠中的一种或两种的混合物。

所述的缓凝剂为葡萄糖酸钠、柠檬酸中的一种或两种的混合物。

使用方法　防水剂为无色或淡茶色透明液体，密度为 1.06～1.30g/cm^3，其在混凝土中的掺量为胶凝材量总量的 3.0%～5.0%，可单独添加使用或与减水剂复配使用，用计量泵方式添加。

产品特性

(1) 在混凝土中加入本品，使得混凝土产生微膨胀，在限制膨胀率标准值（2.5×10^{-4}）内，补偿混凝土的收缩，减少混凝土的干湿缩裂缝；降低混凝土水化热，使混凝土水化产物更致密，减少混凝土温差裂缝；切断混凝土内部毛细管道，提高混凝土抗渗性；增加混凝土密实性和混凝土强度；本品防水剂中的成分在混凝土内部间隙中形成钙矾石并生长，即使混凝土加压透水，养护一周后，可产生二次透水压力，且对钢筋产生钝化作用，阻止钢筋锈蚀。

(2) 本品生产成本较低，对施工环境要求不高，性质稳定，掺量易控制，在提高混凝土抗渗抗裂性能的基础上，不影响混凝土的其他性能，如强度等性能指标。

配方 32 纳米粉末混凝土防水剂

原料配比

原料		配比(质量份)					
		1#	2#	3#	4#	5#	6#
改性 PVA 纤维	PVA 纤维	20	30	25	25	—	25
	硅烷偶联剂	2	15	4	4	—	4
	异亮氨酸	20	30	25	25	—	25
	铬酸钾	2	3	2.6	—	—	2.6
	Al_2O_3-SiO_2	2	3	2.8	—	—	2.8
改性 PVA 纤维气凝胶	改性 PVA 纤维	20	30	25	25	—	25
	PVA 纤维	—	—	—	—	25	—
	无水乙醇	15	30	25	25	25	25
	正己烷	10	20	15	15	15	15
	甲苯	5	10	8	8	8	8
	氢氧化钠	5	15	10	10	10	10
	明矾石	40	60	50	50	50	50
	丙烯酰胺	2	5	5	5	5	5
	NH_4I	2	3	2.5	2.5	2.5	2.5
硅粉		30	40	35	35	35	35
氯化钙		5	10	8	8	8	8
聚丙烯酸钠		5	15	10	10	10	10
改性 PVA 纤维气凝胶		50	80	70	70	70	70

制备方法 将硅粉、氯化钙、聚丙烯酸钠、改性 PVA 纤维气凝胶投入混合机中，混合机转速为 100r/min，运转 5min，得到纳米混凝土防水剂。

原料介绍 改性 PVA 纤维的制备步骤如下：将 PVA 纤维、硅烷偶联剂、异亮氨酸、铬酸钾和 Al_2O_3-SiO_2 投入混合机中，混合机的温度为 80～100℃，混合机的转速为 500～1000r/min，混合机的填充系数为 70%～80%，运行 20min～1h，得到改性 PVA 纤维。

改性 PVA 纤维气凝胶的制备步骤如下：

(1) 将无水乙醇、正己烷、甲苯加入水中制备成混合溶液，再将混合溶液倒入乳化机中，设定乳化机的温度为15～25℃，转速为500～1000r/min，运转20min～1h，制备成乳液。

（2）将步骤（1）制备的乳液投入带有搅拌器的反应釜中，将改性PVA纤维投入步骤（1）制备的乳液中，并在反应过程中持续加氢氧化钠，设定反应釜的温度为100～150℃，反应时间为10～20h，且在反应过程中保持匀速搅拌，搅拌器的转子转速为60～80r/min，得到PVC纤维凝胶。

（3）设定反应釜温度为30～50℃，对步骤（2）制备的PVC纤维凝胶进行老化。

（4）加入与步骤（2）中相同体积的无水乙醇，设定反应釜的温度为30～40℃，置换出剩余的水分。

（5）将步骤（4）制备的改性PVC凝胶投入超临界干燥器中干燥，得到PVC纤维气凝胶。

（6）将步骤（5）制备的PVC纤维气凝胶、明矾石、丙烯酰胺和NH_4I投入混合机中，混合机的温度为100～120℃，转速为200～500r/min，填充系数为80%～90%，运行20min～1h，得到改性PVA纤维气凝胶。

产品特性　本品能大大提高海底隧道的防水性，特别是抗海水渗透性能好；使用异亮氨酸改性PVA纤维时，通过铬酸钾和Al_2O_3-SiO_2的协同催化作用提高了PVA纤维的疏海水能力，且能保证混凝土的收缩率比和透水压力；本品突破了PVA纤维气凝胶与明矾石接枝率低的技术难题，本品大大提高混凝土防海水、抗渗水的性能。

配方33　砂浆混凝土用防水剂

原料配比

原料		配比（质量份）		
		1#	2#	3#
防潮剂	硬脂酸铝	2	3	1
	硬脂酸钙	9	7	10
无机防水剂	膨润土	3	2	4
	滑石粉	4	3	5
	石英砂	30	36	33
	氢氧化铝	6	7	5
	五水偏硅酸钠	9	8	10
无机减水剂	立德粉	2	3	1
防锈蚀剂	亚硝酸钠	1	2	1.9
	三乙醇胺硼酸酯	0.5	0.1	0.5
表面活性剂	木钙	4	5	2
	松香酸钠	1.2	—	1.5
	十二烷基苯磺酸	1.5	0.9	0.5
早强剂	元明粉	8	8	6
	碳酸钠	0.5	—	0.1
高效减水剂	聚羧酸系高效减水剂	0.5	1.6	2
	萘系高效减水剂	15	8	15
分散剂	拉开粉	2.5	3	1
增稠剂	羧甲基羟乙基纤维素	0.3	0.4	0.5

制备方法　将各组分原料混合均匀即可。

原料介绍　所述萘系高效减水剂选自亚甲基双萘磺酸钠、苄基萘磺酸盐甲醛缩合物、β-萘磺酸钠甲醛缩合物中的至少一种。

所述聚羧酸系高效减水剂选自丙烯基醚聚羧酸减水剂、甲基丙烯酸单甲醚酯类聚羧酸减水剂、丁烯基醚聚羧酸减水剂中的至少一种。

使用方法　本品的用量为水泥质量的1%～5%。

产品特性

(1) 本品不仅能提高混凝土的密实性、抗压强度及防水抗渗性能，还具有防锈蚀、抗裂变、延缓和降低水化放热、防止裂纹、抗冻、减少泌水等多重功能。

(2) 本品无毒无味，属于绿色刚性材料，为多种粉剂配料直接混合制得，不需加热，生产工艺简单，成本低，易于包装运输。

配方 34　砂浆混凝土用硅质抗裂密实防水剂

原料配比

原料		配比(质量份)	
		1#	2#
微硅粉		11	10
活化改性纳米二氧化硅		11	13
超塑化剂		0	0.3
降黏剂		0	0.2
矿物掺和料		78	75
矿物掺和料	矿粉	40	42
	粉煤灰	41	38
活化改性纳米二氧化硅	纳米二氧化硅	70	75
	硅烷偶联剂	0.6	0.5
	异丙醇	1.2	1.4
	氢氧化钠	6	8

制备方法

(1) 将纳米二氧化硅放入氨水中煮沸，然后在真空条件下对煮沸后的纳米二氧化硅进行干燥。纳米二氧化硅在氨水中的煮沸时间为15min，纳米二氧化硅在真空中的干燥时间为3h。

(2) 将纳米二氧化硅加入由硅烷偶联剂、异丙醇和氢氧化钠混合组成的复合改性剂中，在粉体表面改性机中加热，使纳米二氧化硅的复合改性剂包覆率达99%以上，冷却制成以纳米二氧化硅为主的活化改性纳米二氧化硅。粉体表面改性机的加热温度控制在100～120℃，加热时间为15～25min。

(3) 将矿粉和粉煤灰均匀混合成矿物掺和料。

(4) 在活化改性纳米二氧化硅中加入微硅粉、超塑化剂、降黏剂、矿物掺和料，在高速混合机中充分混合，出机包装即为成品。

原料介绍　微硅粉的平均粒径为0.1～0.3μm，能够填充水泥颗粒间的孔隙，同时能够与水泥水化产物氢氧化钙生成具有一定黏结力的憎水性凝胶体，凝胶体填充到混凝土的各种孔隙中，增强浆体密实性和混凝土裂缝自愈合能力，能显著提高混凝土的抗压、抗折强度和耐磨蚀性能，而且微硅粉能够与水泥进行连续均匀的水化反应，生成具有微膨胀性的双膨胀源硅铝酸钙，补偿早期收缩。

纳米二氧化硅加入硅烷偶联剂、异丙醇和片碱组成的复合改性剂中制成活化改性纳米二氧化硅，能够提高纳米二氧化硅的活化率和分散性，减少团聚，使粒子分散更加均匀，纳米二氧化硅的尺寸范围在1～100nm，其表面为一种硅石结构，使之具有憎水性，增加了材料密实性和防渗性。

超塑化剂能提高砂浆、混凝土拌和物的均匀性、和易性，便于工程施工。

降黏剂能有效降低水泥浆液的触变黏度、增加流平，具有很好的防沉效果。

产品特性

（1）本品能够增加混凝土和砂浆材料的密实度和抗渗性，减少裂缝的发生，增强防水性能。

（2）本品集密实、微膨胀、憎水、防渗、补偿收缩等于一体，可使水泥砂浆透水压力比达350%以上，使用该防水剂的混凝土抗渗等级比基准混凝土提高3倍以上，吸水量比小于65%；可大幅降低砂浆的收缩率，减小混凝土的徐变，提高砂浆保水性和界面黏结力，具有补偿收缩性能，能够大量减少混凝土的微小裂缝。

配方35 渗透结晶防水剂

原料配比

原料		配比（质量份）				
		1#	2#	3#	4#	5#
PI42.5级硅酸盐水泥		57.65	58.84	54.03	57.22	51.41
活性硅材料	微硅粉	30	26	28	22	25
络合剂	乙二胺四乙酸二钠	10	12	14	—	—
	乙二胺四乙酸二钾	—	—	—	16	18
缓凝剂	柠檬酸	2	2.5	3	—	—
	葡萄糖酸钠	—	—	—	3.5	4
分散剂	二乙二醇	0.2	0.4	0.6	—	—
	一缩二丙二醇	—	—	—	0.8	1
增稠剂		0.1	0.2	0.3	0.4	0.5
憎水剂		0.05	0.06	0.07	0.08	0.09

制备方法　将各组分原料混合均匀即可。

原料介绍　所述活性硅材料为比表面积不低于10000m^2/kg的微硅粉。

所述增稠剂为甲基纤维素醚。

所述憎水剂为有机硅烷类憎水剂。

使用方法

（1）按混凝土配比称取各原料，其中，按质量分数计，渗透结晶防水剂以4%～8%的比例代替水泥。

（2）将步骤（1）中各原料拌和不低于 2min，即可浇筑施工。

产品特性

（1）本品可在地下室结构混凝土拌和时直接掺入使用，不需增加施工工序，可以自修复混凝土表面和内部的微裂纹，提高混凝土抗渗防水性能。

（2）本品充分利用活性硅材料的超细颗粒效应、填充效应和火山灰效应，加速水泥矿物的水化速度，参与水化反应，填充孔隙结构，实现混凝土的高强性能。

（3）本品可降低混凝材料的孔隙率，改善其密实度，明显提高其力学性能，并赋予其优良的裂缝自修复能力。

（4）防水材料中的活性组分具有促进水泥水化的作用，从而消耗了更多的 $Ca(OH)_2$，生成更多的水化硅酸钙凝胶，优化了混凝土的微观孔结构，最终提高了混凝土的防水抗渗性能。

配方 36 水化热抑制型混凝土抗裂防水剂（1）

原料配比

原料		配比(质量份)			
		1#	2#	3#	4#
水化热抑制型膨胀剂		65	68	73	70
密实组分	硅灰	29.5	27.85	—	—
	偏高岭土	—	—	21.88	—
	微珠粉	—	—	—	24.85
保水增稠剂	温轮胶	0.1	0.15	0.12	0.15
减水剂	聚羧酸粉体减水剂	5	4	5	5
水化热抑制型膨胀剂	氧化钙-硫铝酸钙膨胀剂	92	19	19	97
	司盘-60	3	1	1	3
	无水乙醇	95	20	—	—
	丙酮	—	—	20	100

制备方法　将水化热抑制型膨胀剂、密实组分、保水增稠剂和减水剂分别加入干混搅拌机中，搅拌均匀后制得水化热抑制型抗裂防水剂。

原料介绍　所述的水化热型膨胀剂由氧化钙-硫铝酸钙膨胀剂、改性剂和溶剂混合制成，且氧化钙-硫铝酸钙膨胀剂、改性剂和溶剂的质量比为（90～100）∶（2～6）∶（90～100）。

所述的氧化钙-硫铝酸钙膨胀剂的比表面积为 200～500m^2/kg，且氧化钙-硫铝酸钙膨胀剂中游离氧化钙含量大于或等于 50%。

所述的改性剂为山梨醇酐单棕榈酸酯、山梨醇酐单硬脂酸酯和山梨醇酐三硬脂酸酯中的一种或多种的混合物，溶剂为无水乙醇、丙酮中的一种或两种的混合物。

所述的水化热抑制型膨胀剂的制备步骤包括：将改性剂按配比加入溶剂中，在 40～50℃下加热搅拌至改性剂完全溶解；将含有改性剂的溶剂缓慢加入氧化钙-硫铝酸钙膨胀剂中，用研磨器研磨 10～15min，至含有改性剂的溶剂充分浸润包裹氧化钙-硫铝酸钙膨胀剂，得到改性氧化钙-硫铝酸钙膨胀剂。将改性氧化钙-硫铝酸钙膨胀剂置于 40℃的真空干燥箱内 2h，然后将其研磨至比表面积为 200～500m^2/kg，得到水化热抑制型膨胀剂。

所述的保水增稠剂为温轮胶，其粒径为 80 目。

所述的减水剂为聚羧酸粉体减水剂，其减水率大于或等于23%。

使用方法　将水化热抑制型抗裂防水剂加入混凝土中，抑制混凝土水化热并提高混凝土抗收缩能力和抗渗性，其中水化热抑制型抗裂防水剂在混凝土中的加入量为混凝土中胶凝材料质量的4%～6%。

产品特性

（1）本品引入改性氧化钙-硫铝酸钙膨胀剂作为水化热抑制型膨胀剂，并与密实组分、保水增稠剂、减水剂以特定配比搭配，减缓了混凝土体系遇水后水化反应的速率，降低了水化热及膨胀速率，显著提高了混凝土体系的抗裂效果，同时所添加的组分均不会对混凝土凝结时间和工作性能造成负面影响。

（2）本品在水泥水化热调控方面性能优异，能显著减小水泥早期水化热，降低混凝土早期绝热温升，有利于减小混凝土早期温度应力，降低温度裂缝出现的风险。

（3）本品能提高混凝土结构的密实性，混凝土抗渗性能优异。

配方37　水化热抑制型混凝土抗裂防水剂（2）

原料配比

原料			配比(质量份)					
			1#	2#	3#	4#	5#	6#
膨胀组分			40	30	50	40	40	40
防水组分			50	55	45	50	50	50
抑温组分			10	15	5	10	10	10
防水组分	钠基膨润土		30	30	30	30	40	50
	矿物材增强剂		63	63	63	63	49	45
	纳米二氧化硅		3	3	3	3	4	1
	硬脂酸钙		2	2	2	2	5	1
	保坍型聚羧酸减水剂		2	2	2	2	2	3
抑温组分	温控组分		60	60	60	90	60	60
	温控促进剂	硫酸钠	40	—	—	10	40	40
		硫酸钙	—	40	—	—	—	—
		硫酸铝	—	—	40	—	—	—
膨胀组分	白云石粉		80	80	80	80	80	80
	铁渣粉		3	3	3	3	3	3
	铝矾土粉		6	6	6	6	6	6
	磷石膏粉		11	11	11	11	11	11
矿物材增强剂	超细矿粉		40	40	40	40	40	40
	硬石膏		5	5	5	5	5	5
	粉煤灰		54.999	54.999	54.999	54.999	54.999	54.999
	激发剂	聚丙烯酰胺	0.001	0.001	0.001	0.001	0.001	0.001
温控组分	醇羟基淀粉		1	1	—	—	1	1
	羟丙基麦芽糊精		—	—	1	—	—	—
	羟乙基纤维素		—	—	—	1	—	—
	1mol/L的盐酸溶液		50	50	50	50	50	50

制备方法　将膨胀组分、防水组分、抑温组分分别加入干混搅拌机中搅拌均匀，即得水化热抑制型混凝土抗裂防水剂。

原料介绍

所述膨胀组分的制备方法如下：

（1）将所述生料原料混合均匀，加水制成生料颗粒，于105℃下烘干。

（2）将生料颗粒置于高温炉中，经升温1h至1350℃，煅烧0.5h后自然冷却。

（3）将煅烧产物粉磨至比表面积为200～350m^2/kg，即得成品。

所述温控组分的制备方法如下：

（1）按质量份将所述多糖1份分散于50份1mol/L的盐酸溶液中，在20～30℃的条件下，均匀搅拌48h，然后静置24h。

（2）滤除上层清液，下层固体置于40～80℃的真空干燥箱中烘干至恒重，得固体颗粒。

（3）将固体颗粒粉磨至比表面积为50～150m^2/kg，即得成品。

产品特性

（1）本品在不影响混凝土原本工作性能的前提下，可显著降低混凝土水化放热速率，减小内部温峰值，进而防止温度裂缝的产生，同时，混凝土7d抗压强度比大于95%、28d抗压强度比大于100%。

（2）本品温度敏感性好，在高温季节施工条件下，不影响工作性能和抑温效果。

（3）本品可使得混凝土内部产生持续微膨胀，降低结构物全生命周期的收缩开裂风险，同时可改善混凝土孔隙结构，极大提高混凝土的密实度，从而显著提升其防水性能。

（4）本品对混凝土的工作性能和力学性能无负面影响，不会导致超缓凝现象；可显著降低水化热，极大减小温度裂缝的产生概率。

配方38　瓦斯隧道混凝土气密性防水剂

原料配比

原料		配比(质量份)					
		1#	2#	3#	4#	5#	6#
纳米滚珠		30	30	40	40	35	40
沸石粉		40	40	50	50	45	50
快硬硫铝酸盐熟料		5	5	10	10	7	10
磺化琥珀酸二辛酯钠盐		1	1	2	2	1.5	2
聚醚		0.5	0.5	0.8	0.8	0.7	0.5
全氟辛基三乙氧基硅烷-二氧化硅杂化产物		0.4	0.4	0.8	0.8	0.5	0.4
聚合物胶粉	丁苯	0.3	—	0.5	—	0.3	—
	VAE胶粉	—	0.3	—	0.5	—	0.3
消泡剂		0.02	0.02	0.05	0.05	0.02	0.02

制备方法　将各组分原料混合均匀即可。

原料介绍　纳米滚珠，能够在混凝土的集料间隙起到润滑的作用，改善混凝土流动性，表现出良好的物理减水效应，可以减低混凝土的水灰比，减小混凝土孔隙率。

所述的纳米滚珠颗粒粒径分布D50在1μm左右。

所述的沸石粉可以为800～1000目超细沸石粉。

产品特性　本品具有良好的憎水疏水效果，可以降低混凝土吸水量，提高混凝土防水性，隔绝有害液体介质侵入，提高混凝土耐久性。以憎水疏水组分为主，以纳米滚珠物理减水作用为辅，配以其他功能材料，彻底解决混凝土施工问题，能大幅提高隧道衬砌混凝土的气密性。该防水剂可以用作隧道衬砌混凝土用气密性防水剂。

配方 39　液体混凝土防水剂（1）

原料配比

原料		配比(质量份)				
		1#	2#	3#	4#	5#
改性聚氨酯-淀粉	分子量为5000的聚氨酯乳液	40	60	—	—	—
	分子量为10000的聚氨酯乳液	—	—	50	50	50
	淀粉	20	30	25	25	25
	氢氧化钠	5	10	8	8	8
	双氧水	5	10	7	7	7
	硫酸铝	3	8	7	—	7
	沸石	2	5	3	—	3
	异亮氨酸	5	10	6	6	6
	铬酸钾	5	10	7	7	—
	草酸锂	2	8	5	5	—
改性聚氨酯-淀粉		30	40	35	35	35
甲基丙烯磺酸钠		10	20	15	15	15
氯化铝		5	10	8	8	8
丙烯酸酯		5	10	8	8	8
水		30	40	35	35	35

制备方法　将称量好的各原料倒入乳化机中，设定乳化机的转速为1000～2000r/min，运转20min，得到液体混凝土防水剂。

原料介绍　所述的改性聚氨酯-淀粉的制备步骤如下：

（1）将聚氨酯乳液、淀粉、双氧水、氢氧化钠、硫酸铝和沸石加入到带有搅拌器的反应釜中，设定搅拌器的转速为100～150r/min，反应釜的温度为90～120℃，反应时间为2～5h，得到改性聚氨酯-淀粉半成品。

（2）将异亮氨酸、铬酸钾和草酸锂加入步骤（1）的反应釜中，设定反应釜的温度为130～150℃，反应时间为10～20h，得到改性聚氨酯-淀粉。

产品特性　本品能大大提高海底隧道的防水性，特别是抗海水渗透性能好，使用异亮氨酸改性聚氨酯-淀粉半成品时，通过铬酸钾和草酸锂的协同催化作用提高了聚氨酯-淀粉的疏海水能力，且能保证混凝土的收缩率比和透水压力比；本品在保证混凝土防海水、抗渗性能的前提下，还可以大幅度降低混凝土的使用量。

配方 40 液体混凝土防水剂（2）

原料配比

原料		配比(质量份)		
		1#	2#	3#
甲基硅酸钠		35	45	40
甲基丙烯磺酸钠		25	35	30
火山灰	粒径为 2μm	12	—	—
	粒径为 5μm	—	18	—
	粒径为 3μm	—	—	15
聚合氯化铝		7	8	7.5
固体石蜡	粒径为 0.2μm	6	—	—
	粒径为 0.5μm	—	8	—
	粒径为 0.4μm	—	—	7
高级脂肪酸衍生物		2	4	3
水		85	95	92

制备方法

(1) 将水倒入搅拌器内，加热至 40～50℃，将甲基硅酸钠、甲基丙烯磺酸钠、聚合氯化铝、高级脂肪酸衍生物加入搅拌器内，搅拌 5～10min，搅拌速率为 10～20r/min。

(2) 降温至室温，再向反应器内加入火山灰、固体石蜡，继续搅拌 10～20min，即得液体混凝土防水剂。搅拌速率为 10～20r/min。

产品特性

(1) 本品具有明显的早强作用并且还能够提高混凝土的后期强度，加入防水剂混凝土的 7d 抗压强度提高了 50%左右、28d 抗压强度提高了 40%左右，并且能够有效降低开裂，能够有效地保证混凝土的力学性能，为后续的应用提供了最基本的保障。

(2) 本品还能够有效提高混凝土的抗渗性、耐久性、抗冻性。

配方 41 抑制混凝土早期开裂型密实抗裂防水剂

原料配比

原料	配比(质量份)		
	1#	2#	3#
改性膨润土	30	20	40
胶粉	17.5	25	10
尿素	17.5	25	10
缓凝剂	15	20	10
甲酸钙	12.5	5	20
超细石粉	10	5	15

续表

原料	配比(质量份)		
	1#	2#	3#
高效粉体减缩剂	10	10	10
有机硅憎水剂	7	7	7
碳酸钙晶须	3	3	3
聚羧酸减水剂	3	3	3
引气剂	0.08	0.08	0.08

制备方法　将改性膨润土、胶粉、尿素、缓凝剂、甲酸钙、超细石粉、高效粉体减缩剂、有机硅憎水剂、碳酸钙晶须、聚羧酸减水剂、引气剂混合均匀即得。

原料介绍　所述改性膨润土的制备方法为：先将钠基膨润土与1mol/L的$Fe_2(SO_4)_3$溶液按质量比为1∶(10～20)混合，在1000r/min下搅拌0.5～1h至混合均匀，常温静置陈化24～48h，然后将陈化后的浆体在常温下依次经过过滤、水洗、烘干和粉磨处理，最后将粉体过0.075μm标准筛，得到改性膨润土。过滤在常温环境中进行，烘干在105℃左右进行。

所述胶粉为可再分散性乳胶粉、速溶型树脂胶粉、聚合物树脂胶粉中的至少一种。

所述碳酸钙晶须的粒径为0.5～1.5μm，长度为20～40μm，针状含量>95%。

所述超细石粉是将硅质或钙质天然石材粉磨至比表面积为1000～1500m^2/kg的超细粉体材料。

所述缓凝剂为葡萄糖酸钠、柠檬酸钠、酒石酸、六偏磷酸钠中的至少一种。

所述高效粉体减缩剂为聚乙二醇烷基类减缩剂；所述引气剂为三萜皂苷、松香酸钠、十二烷基硫酸钠中的至少一种。

产品特性　本品可提高混凝土的力学性能，同时，可以改善混凝土孔隙结构，提高混凝土密实度，增强混凝土的抗渗性，极大降低混凝土早期开裂的风险，提高混凝土的极限拉升强度，从密实和抗裂两个方面全面提升混凝土的抗渗防水性能。

配方 42　应用于混凝土的纳米防水剂

原料配比

原料	配比(质量份)			
	1#	2#	3#	4#
35%硅溶胶	4	4.3	4.5	4.8
硬脂酸	1	1.2	1.4	1.6
10%三乙醇胺	5	5.1	5.2	5.3
聚丙烯酸钠	0.15	0.14	0.13	0.12
十二烷基苯磺酸钠	0.12	0.13	0.14	0.15
分散剂(90%乙醇)	2	1.9	1.8	1.7
水	87.73	87.23	86.83	86.33

制备方法

(1) 溶解：首先取20份水加入不锈钢反应釜中，加热至80～100℃，然后取原材料硬脂酸投入该不锈钢反应釜中，在加入硬脂酸的同时进行搅拌，搅拌时间为 90～120min，至硬脂酸完全溶解。

（2）乳化：取质量分数为 10%的三乙醇胺溶液慢慢滴入步骤（1）中的混合液体内，保持温度为 50～80℃，搅拌时间为 90min，将混合溶液充分搅拌乳化至混合液呈现乳白色，备用。

（3）分散：取原材料聚丙烯酸钠、十二烷基苯磺酸钠、分散剂依次添加到另一个不锈钢反应釜中，保持常温进行搅拌，搅拌时间为 30～35min，使该不锈钢反应釜中的溶液先分散、再充分混合均匀，备用。

（4）混合：将步骤（3）中的混合溶液添加到步骤（2）中的不锈钢反应釜中，使步骤（3）的混合溶液与步骤（2）中的混合溶液进行搅拌混合、分散乳化，搅拌时间为 25～35min。

（5）取原材料质量分数为 35%的硅溶胶缓慢加入步骤（4）的混合液体中，同时不断搅拌，然后加入余下的水进行搅拌，搅拌时间为 30～40min，即得成品。

产品特性　本防水剂由优质的有机高分子材料和优质的无机材料复合而成，提高了有机材料的柔韧性和无机材料的耐久性；在水泥基层内部迅速膨胀堵塞砂浆、混凝土基层微孔，并渗透到微孔中与其内部的氢氧化钙等碱性物质反应生成水不溶性物质和憎水物质，提高了防潮和防水抗渗性，还具有减水和抗老化等优点。

配方 43　用于混凝土的防水剂

原料配比

原料	配比(质量份)	
	1#	2#
硅酸钠(模数为 3.6)	21	25
纳米丙烯酸乳液	9	7
有机硅乳液	7	12
杀菌剂	0.1	0.1
消泡剂	0.3	0.2
成膜助剂	0.5	0.3
阴离子润湿分散剂	0.2	0.1
季铵盐分散剂	0.8	—
MA-AA	0.08	0.1
柠檬酸钠	0.1	0.12
水	60.92	54.08

制备方法　将各组分原料按照顺序依次投料搅拌均匀（搅拌时长 20min 左右）即得。

原料介绍　所述的纳米丙烯酸乳液其粒径为 0.1～0.2μm，T_g<10℃。

所述缓凝剂是柠檬酸钠。

所述的消泡剂为有机硅消泡剂和聚醚消泡剂。

产品特性　本品既能有一定的抗渗性能还能提升砂浆混凝土的抗压强度以及耐老化性能，是一款兼具迎水面防水和渗透加固的防水剂，能有效解决疏松漏水、基层薄弱掉砂的问题，还能降低混凝土开裂、返碱等问题的发生，对于外露的迎水面更是可以保护混凝土不受雨水侵蚀，减小内部钢筋锈蚀的概率。

配方 44 用于预制构件混凝土专用厨卫防水剂

原料配比

原料	配比(质量份)				
	1#	2#	3#	4#	5#
改性硅乳液	10	11	12	13	14
锆化合物	1	1.25	1.5	1.75	2
有机硅表面活性剂	3	3.5	4	4.5	5
水溶性聚氨酯树脂乳液	10	11	12	13	14
引气剂	0.1	0.2	0.3	0.4	0.5
减水剂	2	2.5	3	3.5	4
调凝剂	1	1.5	2	3	4

制备方法

(1) 将称取的有机硅表面活性剂、水溶性聚氨酯树脂乳液加入反应釜中，打开反应釜中的搅拌设备，对其进行初步搅拌乳化，搅拌混合时间为 30～60min。

(2) 再将称取的改性硅乳液、锆化合物加入反应釜中，然后加入引气剂、减水剂和调凝剂。

(3) 开启搅拌并对反应釜内的原料进行升温，温度控制在 38～42℃范围内，机械搅拌 6h，搅拌均匀后即得到本产品。

原料介绍 所述有机硅表面活性剂由甲基硅醇钠、乙基硅醇钠、聚乙基羟基硅氧烷组成，且甲基硅醇钠、乙基硅醇钠、聚乙基羟基硅氧烷成分配比为 2∶5∶3。

所述改性硅乳液为阳离子型羟基硅油乳液。

所述锆化合物为硅酸锆。

产品特性 本品用于预制构件混凝土专用厨卫防水，对比于传统的防水剂，其施工简单、安全环保，具有极强的防水效果和降低砼水胶比，增加砼的和易性和密实度，进一步减小砼收缩率，填补砼内部孔隙，达到提高抗渗等级和抗压强度的作用，且引气剂、减水剂和调凝剂的设置具有一定的减水效果并能降低砼水化热，减少温差裂缝，从而可浇筑大体积砼、暑期施工砼，或掺早强剂或抗冻剂可浇筑冬季早强抗冻抗裂砼。

配方 45 用于预制构件混凝土专用外墙防水剂

原料配比

原料	配比(质量份)			
	1#	2#	3#	4#
氯化铁	3	2	4	5
改性硅烷	2.5	2	4	5
有机硅表面活性剂	4	3	7	8
地沥青	25	20	30	3
水溶性树脂乳液	6.5	5	9	10

续表

原料	配比(质量份)			
	1#	2#	3#	4#
硅酮锆	3.5	3	5	6
科莱恩 AE80 型引气剂	0.15	0.1	0.2	0.4
聚羧酸减水剂	2.5	2	4	5
葡萄糖酸钠	1	1	1	1

制备方法

(1) 将称取的地沥青、水溶性树脂乳液、硅酮锆加入反应釜中，进行搅拌混合；

(2) 再将称取的有机硅表面活性剂加入步骤 (1) 中的反应釜内进行搅拌混合；

(3) 将称取的氯化铁、改性硅烷加入步骤 (2) 的反应釜内，然后升温搅拌 6h，得到成品。加热温度控制在 35～45℃范围内。

原料介绍　所述有机硅表面活性剂由甲基硅醇钠、乙基硅醇钠、聚乙基羟基硅氧烷组成，且甲基硅醇钠、乙基硅醇钠、聚乙基羟基硅氧烷的成分配比为 1∶1∶1。

所述硅酮锆是一种新型高活性新材料，由特殊改性硅酮材料和有机锆多元反应而成。

产品特性　本品用于预制构件混凝土专用外墙防水，可改善混凝土毛细孔结构，同时析出凝胶，堵塞混凝土内部毛细孔通道，与未加防水剂相比，抗渗性能可提高 5～8 倍，在具有永久性防水效果的基础上，还具备高效的减水功能，能改善新拌砂浆的和易性，沁水率小，显著改善砂浆的工作性，并且具有替代石灰膏，克服空鼓、起壳，减少落地灰，节省劳力和提高功效的作用，可延缓水泥水化放热速率，能有效防止混凝土开裂，还能节约水泥。

配方 46　有机硅乳液混凝土防水剂

原料配比

原料		配比(质量份)	
		1#	2#
去离子水		71	96
乳化剂		3.5	4
氨基硅油	氨基含量为 0.5%,黏度为 1000mPa・s	30	—
	氨基含量为 0.6%,黏度为 1200mPa・s	—	25
硅烷低聚物	$(C_8H_7)_4Si_4O_3(OC_2H_5)_{10}$	390	—
	$(C_6H_{13})_2(C_3H_7)_2Si_4O_3(OC_2H_5)_{10}$	—	370
稳定剂	聚乙二醇 PEG800	5	—
	聚乙二醇 PEG400	—	7.5
杀菌剂	JH80	1.5	1.2
乳化剂	十八胺聚氧乙烯醚(AC1812)	1.5	—
	十八胺聚氧乙烯醚(AC1815)	—	1.8
	异构十三醇聚氧乙烯醚(E1310)	1.5	—
	异构十三醇聚氧乙烯醚(E1312)	—	1.8
	十二烷基硫酸钠	0.5	0.4
冰醋酸		适量	适量

制备方法

(1) 将去离子水和乳化剂加入容器内得到混合液，在搅拌机的转速为 40～120r/min 条件下将混合液加热至50～80℃至乳化剂完全溶解。

(2) 调整搅拌机的转速为500～510r/min，按顺序依次加入氨基硅油和硅烷低聚物，继续搅拌0.5～2h，此时所有物质混合均匀。

(3) 将搅拌机转速调整为1000～3000r/min，继续乳化0.5～2.5h，将转速调至110～130r/min，得到乳液。

(4) 用冰醋酸将乳液的pH值调节至5～9。

(5) 在搅拌速度为1000～3000r/min下，加入稳定剂和杀菌剂，继续搅拌乳化0.5～2h；然后停止搅拌，将产物温度降至40℃以下，即完成。

原料介绍　所述硅烷低聚物为$RSi(OC_2H_5)_3$的自聚物或$RSi(OC_2H_5)_3$与$R'Si(OC_2H_5O)_3$的共聚物，其中R为具有6～12个碳原子的直链烃基或支链烃基，R′为具有3～6个碳原子的直链烃基或支链烃基。

所述$RSi(OC_2H_5)_3$的自聚物的聚合物通式为$R_nSi_nO_{n-1}(OC_2H_5)_{2n+2}$，其中$n=2$～5；自聚硅烷低聚物是通过同种硅烷单体在催化剂作用下自聚合而成。

所述$RSi(OC_2H_5)_3$与$R'Si(OC_2H_5O)_3$的共聚物的聚合物通式为$R_{m-x}R'_xSi_mO_{m-1}(OC_2H_5)_{2m+2}$，其中$m=2$～5，$x=1$～4；$RSi(OC_2H_5)_3$和$R'Si(OC_2H_5O)_3$合成共聚物时物质的量比为$n[RSi(OC_2H_5)_3]:n[R'Si(OC_2H_5O)_3]=1:(0.3$～$6)$。

产品特性　本品利用硅烷低聚物作为活性疏水成分，与采用硅烷单体作为活性成分相比，降低了VOCs的排放；而且，因为硅烷低聚物疏水官能团密度更大，所以疏水效果更好。同时，因为通常长链硅烷价格远高于短链硅烷，本品采用长链硅烷与短链硅烷共聚合成硅烷低聚物，即利用更多的短链硅烷与少量长链硅烷聚合得到硅烷低聚物以代替采用长链单体进行硅烷乳液合成，这样既降低了原料成本，又确保了疏水效果。

配方47　高原地区用自愈合型混凝土防水剂

原料配比

原料		配比(质量份)				
		1#	2#	3#	4#	5#
增强组分	氟硅酸镁	20	—	—	—	—
	氟硅酸钠	—	30	—	—	—
	氟硅酸钾	—	—	10	—	—
	氟硅酸锌	—	—	—	40	—
	氟硅酸镁和氟硅酸钠(2:1)混合物	—	—	—	—	10
活性组分	分子量为2000的硅酮锆	30	20	30	20	—
	分子量为2500的硅酮锆	—	—	—	—	40
疏水组分		8	8	13	8	18
膨胀组分		35	29	40	25	25
纳米组分	疏水型纳米二氧化硅	6	10	6	5	6
减水组分	聚羧酸减水剂粉末	1	3	1	2	1
膨胀组分	氧化镁	1	1	1	1	1
	氧化钙	1	1	1	1	1
	硫铝酸钙	2	2	2	2	2

续表

原料		配比(质量份)				
		1#	2#	3#	4#	5#
疏水组分	聚硅氧烷粉末	1	—	—	—	1
	环氧基硅烷粉末	—	1	—	—	—
	甲基三乙氧基硅烷粉末	—	1	—	—	—
	聚甲基硅氧烷粉末	—	—	1	—	1
	聚二甲基硅氧烷粉末	—	—	—	1	—
	氨基硅烷粉末	—	—	—	1	—

制备方法　将增强组分、活性组分、疏水组分、膨胀组分、纳米组分和减水组分机械混合均匀即可。

原料介绍　所述纳米二氧化硅为疏水型且比表面积不小于 $200m^2/g$。

所述聚羧酸减水剂粉末有效固含量≥98%且减水率≥30%。

产品特性

(1) 本品能够在混凝土全生命周期，特别是混凝土服役中后期提高混凝土的抗渗及抗氯离子渗透能力，同时在混凝土出现微裂纹时具有自愈合功能，能做到结构自防水，使混凝土的耐久性和整体防水性能得到极大提高。

(2) 本品通过活性物质、纳米组分以及膨胀组分的协同作用，使混凝土在服役期间因环境因素产生的微裂缝自愈合，减少因裂缝引起的耐久性问题，极大地提升混凝土耐久性能。

(3) 本品能在混凝土内部形成更为致密的微观结构，具有早强性、疏水性、抗渗性、降低电通量的优点，提高混凝土的耐久性，同时在混凝土结构出现裂缝时，能起到自愈合的效果，延长建筑使用寿命，降低全生命周期中的管理维护成本，适用于高原高海拔地区严酷环境条件下混凝土建筑材料的防护。

7

缓凝剂

配方 1　Z 形混凝土空心砌块生产用改性铝酸盐水泥缓凝剂

原料配比

原料	配比(质量份)		
	1#	2#	3#
改性木棉纤维	5	10	8
改性椰子纤维	5	10	8
木质素磺酸钠	20	30	25
二萘基甲烷二磺酸钠	5	8	6
减水剂	1	1	3
不饱和羧酸	1	3	2
硼酸	2	5	3
蛭石	5	10	8

制备方法　将各组分原料混合均匀即可。

原料介绍　所述减水剂为氨基磺酸盐高效减水剂。

所述改性木棉纤维的制备包括以下步骤：

(1) 将天然木棉纤维烘干至水分含量为 4%～6%，然后置于变温箱中进行变温处理，先在 60～70℃条件下低温处理 30～40min，再在 120～125℃条件下高温处理 3～8min，反复进行高、低温处理 5～10 次，制得变温木棉纤维。

(2) 将所述变温木棉纤维置于真空罐中进行氧化，抽至真空后通入臭氧，温度为 40～50℃，时间为 30～40min，制得改性木棉纤维。

所述臭氧浓度为 $(0.2～0.4)\times10^{-6}$。

所述改性椰子纤维，其制备方法，具体包括以下步骤：

(1) 将椰子壳粉碎为 100 目，分散到有机溶剂中制成质量分数为 5%～8%的悬浮液。

(2) 将负离子粉添加到所述悬浮液中，所述负离子粉添加量为所述椰子壳质量的 2%～5%，加热至 50～60℃，搅拌 50～60min，转速为 1200～1500r/min，然后再添加所述椰子壳质量 1%的偶联剂，继续搅拌 5～8min，得到混合液。

(3) 向所述混合液中添加其质量2%的硅酸盐，然后进行研磨混合。

(4) 减压蒸馏回收所述有机溶剂，自然冷却至室温，即得。

所述负离子粉粒径为0.01～0.02mm。

所述偶联剂为单烷氧基焦磷酸酯偶联剂。

产品特性　本品通过添加改性木棉纤维和改性椰子纤维，在不影响缓凝剂效果的前提下，大大降低了缓凝剂的生产成本，有效延长水泥的水化硬化时间，使新拌混凝土能在较长时间内保持塑性，从而调节新拌混凝土的凝结时间。

配方 2　拌匀保塑性好的混凝土缓凝剂

原料配比

原料			配比(质量份)				
			1#	2#	3#	4#	5#
超支化硼酸酯			5	6	6.5	7	8
多孔多糖微球			10	12	15	18	20
硼硅酸锌			3	3.5	4	4.5	5
乙烯三氟硼酸钾/磷烯醇丙酮酸/聚乙二醇单烯丙基醚/2-丙烯酰氨基-2-甲基丙磺酸共聚物			3	4	4.5	5.5	6
凹凸棒土	粒度为50目		10	—	—	—	—
	粒度为70目		—	12	—	—	—
	粒度为100目		—	—	13	—	—
	粒度为130目		—	—	—	14	—
	粒度为150目		—	—	—	—	15
水			40	45	50	55	60
乳化剂	烷基酚聚氧乙烯醚		1	—	2	0.95	—
	脂肪醇聚氧乙烯醚		—	1.5	—	1.55	3
助溶剂	乙醇		3	—	—	0.75	5
	异丙醇		—	3.5	—	2.25	—
	丙三醇		—	—	4	1.5	—
磺丁基-β-环糊精			3	3.5	4	4.5	5
乙烯三氟硼酸钾/磷烯醇丙酮酸/聚乙二醇单烯丙基醚/2-丙烯酰氨基-2-甲基丙磺酸共聚物	乙烯三氟硼酸钾		1	1	1	1	1
	磷烯醇丙酮酸		1	1	1	1	1
	聚乙二醇单烯丙基醚		3	3.5	4	4.8	5
	2-丙烯酰氨基-2-甲基丙磺酸		1	1	1	1	1
	引发剂		—	—	—	1	—
	引发剂	偶氮二异丁基脒盐酸盐	1	—	—	1	—
		偶氮二异丁咪唑啉盐酸盐	—	1	—	3	—
		偶氮二氰基戊酸	—	—	1	2	—
		偶氮二异丙基咪唑啉	—	—	—	2	1
	水		20	23	25	29	30

制备方法 按质量份将各组分混合，一起加入搅拌机中在35～45℃下充分搅拌均匀，检验合格后进行装袋，形成混凝土缓凝剂产品。

原料介绍 所述乙烯三氟硼酸钾/磷烯醇丙酮酸/聚乙二醇单烯丙基醚/2-丙烯酰氨基-2-甲基丙磺酸共聚物的制备方法，包括如下步骤：将乙烯三氟硼酸钾、磷烯醇丙酮酸、聚乙二醇单烯丙基醚、2-丙烯酰氨基-2-甲基丙磺酸、引发剂加入水中，在75～85℃、氮气或惰性气体氛围下，搅拌反应4～6h，冷却至室温，将得到的产物倒入透析袋中，并置于去离子水中透析15～20h，然后将透析袋内的溶液旋蒸除去水，得到乙烯三氟硼酸钾/磷烯醇丙酮酸/聚乙二醇单烯丙基醚/2-丙烯酰氨基-2-甲基丙磺酸共聚物。

所述惰性气体为氦气、氖气、氩气中的任意一种。

所述凹凸棒土的粒度为50～150目。

产品特性 本品具有缓凝效果显著，能有效提高混凝土强度、减少混凝土拌和物坍落度损失，与外加剂相容性好，掺量少，成本低，使用安全环保的优点。

配方 3 多羟基引气型混凝土用缓凝剂

原料配比

原料			配比(mol)					
			1#	2#	3#	4#	5#	6#
多羟基不饱和小单体	苯甲醛		1	1	1	1	1	1
	含有α氢的醛或酮的多羟基小单体	甘油醛	—	—	—	1.2	0.7	—
		D-葡萄糖	1	—	—	—	0.4	0.4
		D-果糖	—	1.05	—	—	—	—
		D-甘露糖	—	—	1.1	—	—	0.6
	水		适量	适量	适量	适量	适量	适量
多羟基不饱和小单体			1	1	1	1	1	1
不饱和酸类小单体	丙烯酸		2	4	—	—	—	—
	甲基丙烯酸		—	—	3.5	—	—	1
	顺丁烯二酸		—	—	—	2.5	1	—
	反丁烯二酸		—	—	—	—	1.5	1.7
引发剂	过硫酸铵		0.1	—	—	—	0.03	0.03
	过硫酸钾		—	—	0.05	—	—	—
	过硫酸钠		—	—	—	0.07	0.04	—
	双氧水		—	0.2	—	—	—	0.07
还原剂	L-抗坏血酸		0.02	—	—	0.03	0.05	0.02
	亚硫酸氢钠		—	0.05	0.01	—	—	0.03
链转移剂	2-巯基乙醇		0.2	—	—	0.4	—	—
	2-巯基丙酸		—	—	0.5	—	—	—
	次亚磷酸钠		—	0.8	—	—	—	—
	3-巯基丙酸		—	—	—	—	0.5	0.7
水			适量	适量	适量	适量	适量	适量

制备方法

（1）多羟基不饱和小单体的制备：将苯甲醛与含有α氢的醛或酮的多羟基小单体在碱性条件下进行 Claisen-Schmidt 反应，生成多羟基不饱和化合物，两种单体混合搅拌时间为60～120min，加水得到质量浓度为30%～50%的多羟基不饱和小单体。碱性条件下是指在质量浓度为10%～20%的 NaOH 水溶液或质量浓度为10%～20%的 KOH 水溶液中。

（2）多羟基引气型混凝土用缓凝剂的制备方法：将步骤（1）制得的多羟基不饱和小单体与不饱和酸类小单体在引发剂、还原剂和链转移剂的共同作用下，保持在10～40℃进行自由基聚合反应3～5h即得到共聚产物，加水得到多羟基引气型混凝土用缓凝剂。制得的多羟基引气型混凝土用缓凝剂的分子量为4000～8000；加水后多羟基引气型混凝土用缓凝剂的质量浓度为20%～50%。

产品特性　本品配成水溶液后性能稳定，贮存时不分层、不沉淀，运输方便。本品与羧酸类减水剂复配时适应性好，掺量低，掺量稳定，缓凝效果好，随存放时间延长或者温度升高不会发生霉变、变臭和分层等情况。

配方 4　复合型混凝土缓凝剂

原料配比

原料			配比(质量份)		
			1#	2#	3#
缓凝型减水剂			50	60	70
三元共聚物缓凝剂			5	8	10
有机膦酸类物质			10	11	12
无机磷酸类物质			10	12	15
糖类物质			1	2	3
缓凝型减水剂	不饱和聚醚类大单体	甲基烯丙基聚氧乙烯醚	90	—	—
		异戊烯基聚氧乙烯醚	—	110	120
	不饱和膦酸酯单体	烯丙基膦酸二乙酯	4	—	—
		二甲基乙烯基膦酸酯	—	5	6
	不饱和羧酸类小单体	丙烯酸	7	10	13
	引发剂	双氧水(质量浓度为27.5%)	0.4	—	1.2
		过硫酸铵	—	0.8	—
	还原剂	维生素C	0.1	0.3	0.4
	链转移剂	巯基乙酸	0.3	—	—
		巯基丙酸	—	0.5	0.6
	水		100	110	120
三元共聚物缓凝剂	不饱和羧酸小单体	丙烯酸	15	18	20
	不饱和酸酐	马来酸酐	15	18	20
	不饱和酯类小单体	马来酸二丁酯	25	—	—
		马来酸异丙酯	—	28	30
	引发剂	过硫酸铵	0.6	1	1.5
	链转移剂	亚硫酸氢钠	0.1	0.2	0.4
	去离子水		适量	适量	适量

制备方法　将缓凝型减水剂、三元共聚物缓凝剂、有机膦酸类物质、无机磷酸类物质和糖类物质混合制成复合型混凝土缓凝剂。

原料介绍　所述缓凝型减水剂的制备方法如下：

(1) 将聚醚大单体溶解于100～120份去离子水中，搅拌溶解成均匀透明的溶液后，加入0.4～1.2份引发剂。

(2) 将7～13份不饱和羧酸小单体、4～6份不饱和膦酸酯单体和0.3～0.6份链转移剂溶于10～13份去离子水中配成滴加液A料备用；将0.1～0.4份还原剂溶于18～22份自来水中配成滴加液B料备用。

(3) 常温下，同时向溶液中匀速加入所述的A料和B料，滴加时间为3～3.5h，滴加完成后保温1h结束反应。

(4) 用碱溶液调节pH值至中性，所得透明液体即为缓凝型聚羧酸减水剂。

所述三元共聚物缓凝剂的制备方法如下：

(1) 按照比例将15～20份不饱和酸酐溶解于25～30份去离子水中，通入氮气保护，加热使温度升至80℃。

(2) 将15～20份不饱和羧酸小单体、25～30份不饱和酯类小单体和55～60份去离子水配成C溶液；将0.1～0.4份链转移剂和25～30份去离子水配成D溶液。

(3) 向去离子水中加入0.6～1.5份引发剂，10min后同时滴加C溶液和D溶液，滴加时间为1～1.5h，滴加完毕后降温至40℃，保温2h结束反应，所得样品即为三元共聚物缓凝剂。

所述有机膦酸类物质选用羟基亚乙基二膦酸（HEDP）、氨基三亚甲基膦酸（ATMP）、2-膦酸基-1,2,4-三羧酸丁烷（PBTCA）、多氨基多醚基亚甲基膦酸（PAPEMP）、2-羟基膦酰基乙酸（HPAA）、乙二胺四亚甲基膦酸（EDTMPS）、二乙烯三胺五亚甲基膦酸（DT-PMPA）中的一种或两种以上组合。

所述无机磷酸类物质选用三聚磷酸钠、焦磷酸钠、六偏磷酸钠、磷酸氢二钠、磷酸二氢钠中的一种或两种以上组合。

所述不饱和聚醚类大单体选用甲基烯丙基聚氧乙烯醚（HPEG）、异戊烯基聚氧乙烯醚（TPEG）中的一种或两种以上组合。

所述不饱和膦酸酯单体选用烯丙基膦酸二乙酯、二甲基乙烯基膦酸酯中的一种或两种以上组合。

所述不饱和羧酸类小单体选用马来酸酐、丙烯酸、甲基丙烯酸、衣康酸中的一种或两种以上组合。

所述引发剂选用过硫酸铵、过硫酸钠、双氧水、过氧化苯甲酰或过硫酸钾中的一种或两种以上组合。

所述还原剂选用维生素C、亚硫酸钠、亚硫酸氢钠、亚硫酸钾或吊白块中的一种或两种以上组合。

所述链转移剂选用巯基乙酸、巯基丙酸、巯基乙醇或次亚磷酸钠中的一种或两种以上组合。

所述不饱和酯类小单体选用马来酸二丁酯、马来酸异丙酯中的一种或两种以上组合。

产品特性　本品将缓凝型聚羧酸减水剂，三元共聚物，其他类有机、无机缓凝剂以及糖类物质复合在一起，几种物质共同发挥协同作用，从而达到优异的缓凝效果。

配方 5 改性液体混凝土缓凝剂

原料配比

原料		配比(质量份)				
		1#	2#	3#	4#	5#
改性蔗糖糖蜜		33	416	383	333	333
焦磷酸盐	焦磷酸钠	80	—	—	50	—
	焦磷酸钾	—	100	100	50	100
	三聚磷酸钾	220	—	—	—	—
多聚磷酸盐	六偏磷酸钠	—	120	—	—	80
	三聚磷酸钠	—	—	120	150	80
焦亚硫酸盐	焦亚硫酸钾	100	130	150	150	140
纤维素醚	羟丙基甲基纤维素醚	0.5	1	—	0.5	0.5
	羟乙基甲基纤维素醚	—	—	1	0.5	0.5
水		266.5	233	246	266	266

制备方法　将改性蔗糖糖蜜、焦磷酸盐、多聚磷酸盐、焦亚硫酸盐、纤维素醚和溶剂混合，搅拌 3～4h，得到所述改性液体混凝土缓凝剂。

原料介绍　所述改性糖蜜是蔗糖糖蜜溶液经两次酸化处理后得到。改性方法如下：称取蔗糖糖蜜原液 1500.0g、60℃温水 500.0g 加入反应罐中，再加入 20.0g 50%高氯酸进行第一次酸化，加热至 90℃，搅拌 2h 后静置 6h，胶体凝聚成絮状物，分离沉淀取上清液。加水调节糖蜜浓度至 60%，向上清液中加入石灰乳 20.0g，搅拌 1.5h，静置 2.5h 后分离沉淀取上清液；再次向上清液中加入复合酸 85%浓磷酸 7.0g、琥珀酸 10.0g 和磷酸乙二胺 7.5g、氟硅酸钠 5.0g 进行二次酸化处理，二次酸化处理加热至 100℃，依次进行：搅拌 90min，通风 90min，80℃下保温 3h，静置 8h，而后分离沉淀取上清液。加水调节糖蜜浓度至 60%，制得改性蔗糖糖蜜。

产品特性　本品通过两次酸处理改性蔗糖糖蜜，并在反应中引入磷酸基团、磺酸基团、具有分散作用的无机离子基团、纤维素醚等基团，使缓凝剂整体具有有益的“分散-塑化”性、保水性和成膜性；当本品用于水洗机制砂时，能够明确改善含粉量少的水洗砂的包裹性、和易性和保水性，有效抑制残留絮凝剂对于混凝土工作性能的损害，大大提高混凝土的质量稳定性，以及施工过程中混凝土工作性能的稳定性。

配方 6 环保混凝土缓凝剂

原料配比

原料	配比(质量份)				
	1#	2#	3#	4#	5#
3-三羟甲基甲胺-2-羟基丙磺酸改性膦酸端基超支化树脂聚合物	8	9	10	11	12
N-三(羟甲基)甲基丙烯酰胺/四羟基二苯乙烯苷/咖啡酸共聚物	15	16	17	19	20
氟硅酸铜	0.5	0.7	1	1.3	1.5

续表

原料			配比(质量份)				
			1#	2#	3#	4#	5#
海藻酸钠			1	1.5	2	2.5	3
水			30	33	35	38	40
氢氧化钠			适量	适量	适量	适量	适量
N-三(羟甲基)甲基丙烯酰胺/四羟基二苯乙烯苷/咖啡酸共聚物	*N*-三(羟甲基)甲基丙烯酰胺		0.5	0.5	0.5	0.5	0.5
	四羟基二苯乙烯苷		0.2	0.2	0.2	0.2	0.2
	咖啡酸		2	2	2	2	2
	引发剂	偶氮二异丁腈	0.02	—	0.025	0.01	—
		偶氮二异庚腈	—	0.023	—	0.018	0.03
	高沸点溶剂	二甲基亚砜	10	—	—	2.57	—
		N,*N*-二甲基甲酰胺	—	12	—	7.71	—
		N,*N*-二甲基乙酰胺	—	—	15	5.14	—
		N-甲基吡咯烷酮	—	—	—	2.57	20
3-三羟甲基甲胺-2-羟基丙磺酸改性膦酸端基超支化树脂聚合物	中间产物	膦酸端基超支化树脂聚合物	1	1	1	1	1
		N-甲基吡咯烷酮	3	3.5	4	4.5	5
		环氧氯丙烷	0.2	0.25	0.3	0.35	0.4
	中间产物		1	1	1	1	1
	3-三羟甲基甲胺-2-羟基丙磺酸		0.3	0.35	0.4	0.45	0.5
	四氢呋喃		5	6	6.5	7.5	8

制备方法　将各组分（除氢氧化钠）混合均匀，然后加入氢氧化钠，调节 pH 值至 6.5～7.5，即得环保混凝土缓凝剂成品。

原料介绍　所述 *N*-三(羟甲基)甲基丙烯酰胺/四羟基二苯乙烯苷/咖啡酸共聚物的制备方法如下：将 *N*-三(羟甲基)甲基丙烯酰胺、四羟基二苯乙烯苷、咖啡酸、引发剂加入高沸点溶剂中，在氮气或惰性气体氛围、65～75℃下搅拌反应 3～5h，然后在丙酮中沉出，最后将沉出的聚合物置于真空干燥箱中于 80～90℃下干燥至恒重，得到 *N*-三(羟甲基)甲基丙烯酰胺/四羟基二苯乙烯苷/咖啡酸共聚物。

所述惰性气体为氦气、氖气、氩气中的任意一种。

所述 3-三羟甲基甲胺-2-羟基丙磺酸改性膦酸端基超支化树脂聚合物的制备方法如下：

（1）将膦酸端基超支化树脂聚合物加入 *N*-甲基吡咯烷酮中，再向其中加入环氧氯丙烷，在 40～60℃下搅拌反应 4～6h，然后旋蒸除去 *N*-甲基吡咯烷酮，得到中间产物。

（2）将经过步骤（1）制成的中间产物、3-三羟甲基甲胺-2-羟基丙磺酸加入四氢呋喃中，在 70～80℃下搅拌反应 6～8h，然后旋蒸除去四氢呋喃，将产物加入水中，置于透析袋内在水中透析 10～15h，然后旋蒸除去透析袋内的水，得到 3-三羟甲基甲胺-2-羟基丙磺酸改性膦酸端基超支化树脂聚合物。

产品特性　该缓凝剂综合性能佳，掺量低，缓凝效果显著，对混凝土综合性能负面影响小，性能稳定性好，使用安全环保，制备成本低廉，制备效率高，操作控制方便，适合连续规模化生产。

配方 7 混凝土表面缓凝剂（1）

原料配比

原料			配比(质量份)					
			1#	2#	3#	4#	5#	6#
高分子缓凝剂	去离子水		50	50	50	50	50	50
	马来酸酐		10	9	5	14	12	11
	丙烯酸		15	10	10	20	13	18
	2-丙烯酰胺-2-甲基丙磺酸		24	30	34	15	24	20
	引发剂	过硫酸钾	1	1	1	1	1	1
去离子水			730	730	730	740	635	624
防腐剂	硼砂		5	5	5	5	3	20
有机膦缓凝剂	2-羟基膦酰基乙酸		50	—	—	—	—	20
	氨基三亚甲基膦酸		—	50	—	—	—	—
	乙二胺四亚甲基膦酸		—	—	50	30	—	—
	2-膦酸丁烷-1,2,4-三羧酸		—	—	—	—	50	—
高分子缓凝剂			100	100	100	60	150	200
缓凝助剂	葡萄糖酸钠		100	—	—	—	—	—
	蔗糖		—	100	100	—	—	—
	蔗糖化钙		—	—	—	150	150	130
阻锈剂	亚硝酸钙		5	5	—	—	1	
	草酸钠		—	—	5	—	—	—
	苯甲酸钠		—	—	—	5	—	—
	亚硝酸钠		—	—	—	—	—	1
	铬酸钾		—	—	—	—	1	—
增稠剂	玉米淀粉		10	10	—	—	—	—
	黄原胶		—	—	10	—	—	—
	瓜尔胶		—	—	—	10	—	—
	羟丙基纤维素醚		—	—	—	—	10	—
	聚乙烯吡咯烷酮		—	—	—	—	—	5

制备方法

（1）制备高分子缓凝剂：在去离子水中加入马来酸酐、丙烯酸和 2-丙烯酰胺-2-甲基丙磺酸，溶解搅拌均匀，通入氮气，升温后加入引发剂，反应得到高分子缓凝剂马来酸酐-丙烯酸-2-丙烯酰胺-2-甲基丙磺酸共聚物。

（2）混合液体原料：将高分子缓凝剂、有机膦化合物、缓凝助剂、增稠剂、阻绣剂、防腐剂中的液体原料和去离子水混合均匀。

（3）溶解固体原料：将高分子缓凝剂、有机膦化合物、缓凝助剂、阻绣剂、防腐剂中的固体原料溶解于步骤（2）的混合液中，并搅拌均匀。

(4) 溶解固体增稠剂：将增稠剂中的固体组分缓慢加入、搅拌、溶解、混合均匀得混凝土表面缓凝剂。

产品特性

(1) 本品通过采用多种缓凝剂复合的方式，提高了与水泥的适应性，拓宽了表面缓凝剂的使用范围。

(2) 本品含有耐高温型缓凝剂，提高其高温表现性能，适用于自然养护或高温蒸汽养护的预制构件，使用温度范围较宽。

(3) 本品的原料成本低，不易挥发，环境友好，适合推广应用。

配方 8 混凝土表面缓凝剂（2）

原料配比

原料		配比(质量份)	
		1#	2#
水泥缓凝活性组分	蔗糖	10	—
	葡萄糖酸钠	—	3
防冻剂	乙二醇	5	—
	山梨糖醇	8	—
保湿剂	山梨糖醇	—	8
	丙三醇	10	15
流变助剂	纤维素	0.5	0.5
	三乙醇胺	2	2
填料	二氧化硅	33	35
颜料	二氧化钛	5	2
	氧化铁	1	1
防腐剂	尼泊金丁酯	0.2	0.2
防锈剂	苯并三氮唑	0.3	0.3
去离子水		25	33

制备方法 各原料按比例称量混配于容器中，搅拌均匀，得到所述混凝土表面缓凝剂。

使用方法 应用方法，包括以下步骤：

(1) 在浇筑混凝土前（支模前或支模后均可），在需要做粗糙面的混凝土模板表面上，用毛刷或滚筒涂刷一层表面缓凝剂，其涂刷厚度依据要求的裸露骨料的深度确定，涂刷越厚，刻蚀越深，裸露骨料就越深。

(2) 浇筑混凝土，振捣密实，此时表面缓凝剂就会浸入接触面的混凝土中，自然养护或蒸养。

(3) 待到混凝土强度达到拆模要求的强度后拆模。

(4) 养护完成后，用高压水枪冲洗混凝土表面，使之去掉光滑的水泥面，露出骨料粗糙面并达到设计要求的刻蚀深度。

产品特性

(1) 水性环保产品，无挥发性有害气体，对人体安全，对环境友好。

（2）操作简便，大幅度降低工人的劳动强度，节约施工成本。

（3）湿膜涂层流挂性好，一次涂刷即可，不需要二次涂刷。

（4）可操作性好：既可以在涂刷完后立即浇筑混凝土，也可以在涂刷完后放置数小时甚至1天后再浇筑混凝土，均不影响混凝土表面缓凝剂的缓凝效果。

（5）对钢模板和钢筋无锈蚀作用，不降低混凝土的本体强度及对钢筋的握裹力。

配方 9 混凝土表面缓凝剂（3）

原料配比

原料	配比(质量份)	
	1#	2#
气相二氧化硅	0.5	0.6
葡萄糖酸钠	3.0	3.5
黄原胶	0.3	0.3
山梨糖醇液	9	10
丙三醇	18	20
烷基酚聚氧乙烯醚	0.5	0.5
硅微粉	43.7	39.6
对羟基苯甲酸丁酯	0.2	0.2
苯并三氮唑	0.3	0.3
去离子水	24.5	25

制备方法

（1）将上述质量份的去离子水和山梨糖醇液体依次放入高速液体搅拌机容器中。

（2）将预先用乙醇溶解好的上述质量份的防腐剂、防锈剂加入搅拌机容器中，边搅拌边添加。

（3）放入气相二氧化硅，缓慢搅拌使气相二氧化硅完全溶于水中。

（4）将上述质量份的葡萄糖酸钠、黄原胶预先混合均匀，然后缓慢加入搅拌机容器中，边搅拌边添加，开始低速搅拌，待完全加入后，快速搅拌 5～8min，静置 1～3min，再快速搅拌 3～5min。

（5）加入上述质量份的丙三醇，边搅拌边添加。

（6）将上述质量份的烷基酚聚氧乙烯醚预先用热水溶解成水溶液，然后加入搅拌机容器中。

（7）加入上述质量份的硅微粉，边搅拌边添加，直到完全混合均匀，得到混凝土表面缓凝剂。

原料介绍　所述防腐剂为对羟基苯甲酸丁酯，防锈剂为苯并三氮唑。

使用方法　使用方法，包括以下步骤：

（1）在浇筑混凝土前（支模前或支模后均可），在需要做粗糙面的混凝土模板表面上，用毛刷或滚筒涂刷一层表面缓凝剂，其涂刷厚度依据要求的裸露骨料的深度确定，涂刷越厚，刻蚀越深，裸露骨料就越深。

（2）浇筑混凝土，振捣密实，此时表面缓凝剂就会浸入接触面的混凝土中，自然养护或蒸养。

（3）待到混凝土强度达到拆模要求的强度后拆模。

（4）养护完成后，用高压水枪冲洗混凝土表面，使之去掉光滑的水泥面，露出骨料粗糙面并达到设计要求的刻蚀深度。

产品特性

（1）水性环保产品，无挥发性有害气体，对人体安全，对环境友好。

（2）操作简便，大幅度降低工人的劳动强度，节约施工成本。

（3）缓凝时间长：混凝土表面缓凝剂的缓凝时间可达 7 天以上。

（4）流挂性好：由于表面缓凝剂流挂性非常好，一次涂刷即可，不需要二次涂刷。

（5）温度适应范围广：可在－15℃至＋40℃范围内使用。既可以在炎热夏季，阳光直射下 40℃涂刷，然后浇筑混凝土，自然养护到混凝土强度达到拆模要求的强度后拆模冲洗；也可以在寒冷冬季零下 15℃下涂刷，然后浇筑混凝土，蒸汽养护到混凝土强度达到拆模要求的强度后拆模冲洗；都不影响表面缓凝剂的缓凝效果。

配方 10　混凝土表面缓凝剂（4）

原料配比

原料	配比(质量份)	
	1#	2#
羟丙基甲基纤维素	0.4	0.5
葡萄糖酸钠	3.0	3.5
黄原胶	0.3	0.3
山梨糖醇液	10	10
丙三醇	20	20
消泡剂	0.4	0.3
对羟基苯甲酸丁酯	0.3	0.3
苯并三氮唑	0.2	0.2
去离子水	65.4	64.9

制备方法

（1）将上述质量份的去离子水和山梨糖醇液放入高速液体搅拌机容器中。

（2）将预先用乙醇溶解好的上述质量份的防锈剂、防腐剂加入搅拌机容器中，边搅拌边添加。

（3）将上述质量份的羟丙基甲基纤维素、葡萄糖酸钠、黄原胶预先混合均匀，然后缓慢加入搅拌机容器中，边搅拌边添加，开始缓慢低速搅拌，待完全加入后，快速搅拌 5～8min，静置 1～3min，再快速搅拌 3～5min。

（4）依次加入上述质量份的丙三醇和消泡剂，边搅拌边添加，混合均匀后，得到混凝土表面缓凝剂。

使用方法

（1）在浇筑混凝土前（支模前或支模后均可），在需要做粗糙面的混凝土模板表面上，用毛刷或滚筒涂刷一层表面缓凝剂，其涂刷厚度依据要求的裸露骨料的深度确定，涂刷越厚，刻蚀越深，裸露骨料就越深。

（2）浇筑混凝土，振捣密实，此时表面缓凝剂就会浸入接触面的混凝土中，自然养护或蒸养。

(3) 待到混凝土强度达到拆模要求的强度后拆模。

(4) 养护完成后，用高压水枪冲洗混凝土表面，使之去掉光滑的水泥面，骨料露出粗糙面并达到设计要求的刻蚀深度。

产品特性

(1) 水性环保产品，无挥发性有害气体，对人体安全，对环境友好。

(2) 操作简便，大幅度降低工人的劳动强度，节约施工成本。

(3) 缓凝时间长：混凝土表面缓凝剂的缓凝时间可达 7 天以上。

(4) 流挂性好：由于表面缓凝剂流挂性非常好，一次涂刷即可，不需要二次涂刷。

(5) 对钢模板和钢筋无锈蚀作用，不降低混凝土的本体强度及对钢筋的握裹力。

配方 11 混凝土表面缓凝剂 (5)

原料配比

原料		配比(质量份)		
		1#	2#	3#
无机增稠组分	凹凸棒土	10	—	—
	水合硅酸镁	—	8	—
	膨润土	—	—	12
有机增稠组分	甲基纤维素	0.2	—	—
	羟丙基甲基纤维素	—	0.15	—
	羟乙基纤维素	—	—	0.5
	明胶	0.1	—	—
	黄原胶	—	0.2	—
	瓜尔胶	—	—	0.2
表面活性剂	脂肪醇聚氧乙烯醚硫酸钠	0.1	—	—
	N,*N*-双羟乙基烷基酰胺	—	0.15	—
	月桂醇聚氧乙烯醚羧酸钠	—	—	0.1
无机盐	硫酸钠	0.2	—	—
	磷酸钠	—	0.2	—
	磷酸氢二钠	—	—	0.5
缓凝组分	蔗糖	50	40	—
	糖蜜	—	15	—
	葡萄糖	—	—	30
	丙三醇	6	—	6
	乙二醇	—	—	20
无机缓凝剂	硼酸	1.7	1.2	1.5
羟基羧酸及其盐类	柠檬酸	—	3	—
	酒石酸	—	—	1.5
	葡萄糖酸钠	1.0	—	—

续表

原料		配比(质量份)		
		1#	2#	3#
木质素磺酸盐	木质素磺酸钠	1.0	1	—
	木质素磺酸钙	—	—	0.2
防腐组分	山梨酸钾	—	1	—
	苯甲酸钠	1.5	—	1.5
水		加至100	加至100	加至100

制备方法　将各组分原料混合均匀即可。

产品特性

(1) 本品采用不同种类缓凝剂复配使用，将水泥凝结时间极大延长，提高水泥适应性并拓宽表面缓凝剂使用范围。

(2) 采用无机增稠组分和有机增稠组分作为复合增稠组分，提高混凝土表面缓凝剂的黏度，有利于提高其流挂性。

(3) 采用表面活性剂和无机盐作为渗透组分，既有利于缓凝剂在水泥颗粒表面的吸附，又提高了混凝土表面缓凝剂的可涂刷性和流挂性，同时使表面活性剂在无机盐作用下实现胶团体积增大，克服现有技术产品在储存过程和高温环境中出现的变稀、析水、分层问题，提高了产品的均匀性和流挂性。

(4) 采用多种缓凝剂复配提高了缓凝效果和水泥适应性。

(5) 添加防腐组分避免混凝土表面缓凝剂高温腐化失效，与渗透组分共同延长产品的保质期，有利于工程应用。

配方 12　混凝土表面缓凝剂（6）

原料配比

原料		配比(质量份)	
		1#	2#
羟丙基甲基纤维素		0.5	0.4
葡萄糖酸钠		3.0	2.5
黄原胶		0.3	0.3
山梨糖醇液		9	10
丙三醇		18	20
烷基酚聚氧乙烯醚		0.5	0.5
硅微粉		30	30
消泡剂	聚二甲基硅氧烷	0.3	0.3
防腐剂	对羟基苯甲酸丁酯	0.3	0.3
防锈剂	苯并三氮唑	0.2	0.2
去离子水		37.9	35.5

制备方法

(1) 将上述质量份的去离子水和山梨糖醇液放入高速液体搅拌机容器中。

(2) 将预先用乙醇溶解好的上述质量份的防腐剂、防锈剂加入搅拌机容器中，边搅拌边添加。

(3) 将上述质量份的羟丙基甲基纤维素、葡萄糖酸钠和黄原胶预先混合均匀，然后缓慢加入搅拌机容器中，边搅拌边添加，开始缓慢低速搅拌，待完全加入后，快速搅拌 5～8min，静置 1～3min，再快速搅拌 3～5min。

(4) 依次加入上述质量份的丙三醇和消泡剂，边搅拌边添加。

(5) 将上述质量份的烷基酚聚氧乙烯醚预先用热水溶解成水溶液，然后加入搅拌机容器中。

(6) 加入上述质量份的硅微粉，边搅拌边添加，直到完全混合均匀，得到混凝土表面缓凝剂。

使用方法

(1) 在浇筑混凝土前（支模前或支模后均可），在需要做粗糙面的混凝土模板表面上，用毛刷或滚筒涂刷一层表面缓凝剂，其涂刷厚度依据要求的裸露骨料的深度确定，涂刷越厚，刻蚀越深，裸露骨料就越深。

(2) 浇筑混凝土，振捣密实，此时表面缓凝剂就会浸入接触面的混凝土中，自然养护或蒸养。

(3) 待到混凝土强度达到拆模要求的强度后拆模。

(4) 养护完成后，用高压水枪冲洗混凝土表面，使之去掉光滑的水泥面，露出骨料粗糙面并达到设计要求的刻蚀深度。

产品特性

(1) 水性环保产品，无挥发性有害气体，对人体安全，对环境友好。

(2) 操作简便，大幅度降低工人的劳动强度，节约施工成本。

(3) 缓凝时间长：混凝土表面缓凝剂的缓凝时间可达 7 天以上。

(4) 流挂性好：由于表面缓凝剂流挂性非常好，一次涂刷即可，不需要二次涂刷。

(5) 对钢模板和钢筋无锈蚀作用，不降低混凝土的本体强度及对钢筋的握裹力。

配方 13 混凝土表面缓凝剂（7）

原料配比

原料		配比(质量份)	
		1#	2#
油相	矿物油	10	—
	工业白油	—	12
	丙二醇	5	—
	油酸	—	1
	丙三醇	—	2
有机类缓凝剂	白糖	20	—
	麦芽糊精	—	10
	山梨醇	10	—
磷酸盐类缓凝剂	三聚磷酸钠	—	10

续表

原料		配比(质量份)	
		1#	2#
非离子型乳化剂	单硬脂酸甘油酯	2	—
	脂肪酸单甘油酯	—	2
	月桂醇聚氧乙烯醚	—	1
	鲸蜡醇	1	—
增稠剂	丙烯酸酯类增稠剂	1	—
	聚氨酯缔合增稠剂	—	1.5
防腐剂	苯甲酸	0.1	—
	苯甲酸钠	—	0.1
水		50.9	60.4

制备方法

(1) 取油相放于烧杯中，加入非离子型乳化剂，加热，开启均质机进行均质，形成质地均一的溶液 a；加热至 70～80℃。

(2) 取缓凝剂溶于水中并加热，成为液态缓凝剂溶液 b；加热至 70～80℃。

(3) 将溶液 b 分成三等份，依次加入溶液 a 中，保温慢速搅拌，直至混合液变黏稠，开启冷却水降温，降至室温后，持续搅拌，制成乳状液 c；保温温度为 70～80℃。

(4) 称取增稠剂和防腐剂，加入乳状液 c 中，慢速搅拌形成质地均一、稳定的黏稠的表面缓凝剂膏体。

产品特性　本产品采用高分子聚合物实现增稠缓凝载体，提高了产品稳定性，其渗透保水缓凝效果得到增强，冲刷效果优异。

配方 14　混凝土超缓凝剂

原料配比

原料	配比(质量份)		
	1#	2#	3#
聚丙烯酸钠	8	5	10
乙氧基二乙二醇醚	14	16	12
聚谷氨酸/壳寡糖水凝胶	7	5	9
碳酸氢铵	4	3	5
淀粉化合物	10	12	8
蔗糖	10	8	12
水	25	30	20

制备方法　将各组分原料混合均匀即可。

原料介绍　所述的淀粉化合物是由以下步骤制备得到的：

(1) 按质量份称取原料：木薯淀粉 10 份、聚乙二醇 200　35 份、盐酸 2 份、N,N-二甲基甲酰胺 12 份、氨基磺酸 2 份。

(2) 将木薯淀粉和聚乙二醇 200 加至反应釜中，搅拌均匀；再加入盐酸，升温至 70℃，反应 6h，过滤，得水解木薯淀粉。

(3) 将 N,N-二甲基甲酰胺和氨基磺酸加至反应釜中，搅拌均匀；再加入水解木薯淀粉，升温至 90℃，反应 1h，自然冷却至室温，用氢氧化钠溶液调节 pH 值至 6.5～7.5，干燥，得淀粉化合物。

所述的聚谷氨酸/壳寡糖水凝胶是由以下方法制得的：将聚谷氨酸、透明质酸及壳寡糖加至水中，加热至 80～90℃溶解，冷却至 28～32℃，加入 N-羟基琥珀酰亚胺交联 30～50min，得聚谷氨酸/壳寡糖水凝胶。

所述的聚谷氨酸、透明质酸、壳寡糖和水的质量比为 (6～7)∶(4～5)∶(5～6)∶100。

所述的 N-羟基琥珀酰亚胺和水的质量比为 (2.5～3.5)∶100。

使用方法　所述的混凝土超缓凝剂的掺量为 0.3%～0.5%。

产品特性

(1) 本品缓凝时间长，初凝时间≥24h，推迟水化温峰的出现，降低水泥的水化热，并且可以通过掺量调控缓凝效果。

(2) 本品对混凝土强度具有后期增强效果，可提高混凝土的 28 天抗压强度。

(3) 本品与减水剂的相容性好，显著提高混凝土产品的质量稳定性。

配方 15　混凝土超长缓凝剂

原料配比

原料	配比(质量份)		
	1#	2#	3#
改性钛石膏	2	3	3
改性磷石膏	3	4	4
改性甘蔗渣	3	5	4
混合缓凝组分	2	3	2
微量缓凝组分	1	2	2
早强辅助组分	0.5	1	0.8
纯水	适量	适量	适量

制备方法

(1) 称取改性钛石膏和改性磷石膏加水定容至 100 份，搅拌均匀后加入改性甘蔗渣、混合缓凝组分和微量缓凝组分，以 500～600r/min 的搅拌速度搅拌 10～15min。

(2) 将早强辅助组分加入步骤 (1) 的体系内，接着加入纯水定容至 200 份后进行混合搅拌，搅拌均匀后在 22～30kHz 的频率下超声分散 10～15min，所得即为混凝土超长缓凝剂。

原料介绍　所述改性钛石膏的制备方法如下：

(1) 称取 35 份钛石膏加纯水定容至 100 份，搅拌均匀后制得钛石膏料浆。

(2) 向步骤 (1) 中的钛石膏料浆中加入盐酸溶液，接着在室温下使用恒速定时电动搅拌器进行搅拌，搅拌速度为 400r/min，搅拌时间为 20min。

(3) 搅拌结束后静置 30～40min 后进行过滤，取出滤液后在 40～45℃的烘箱中烘 12h，接着置于球磨机中进行粉磨至过 200μm 孔径，所得即为改性钛石膏。盐酸溶液的浓度为

1.0mol/L，且钛石膏料浆与盐酸溶液的体积比为1∶(15～18)。

所述改性磷石膏的制备方法包括以下步骤：

(1) 称取65份磷石膏粉末和5份电石渣粉末分别加入纯水制备成湿基，所得分别为湿基磷石膏和湿基电石渣。

(2) 称取30份粉煤灰与步骤(1)中的湿基磷石膏和湿基电石渣进行混合，搅拌均匀后使用圆柱试模压制成块，所得即为块体混合物。

(3) 将步骤(2)中的块体混合物置于(20±10)℃、100%湿度的养护箱中养护7～8d，粉碎后在45～50℃的条件下烘干，所得即为改性磷石膏。

所述改性甘蔗渣的制备方法为：称取20份甘蔗渣、60份亚氯酸钠和60份纯水进行混合，混合均匀后置于160～165℃的环境下静置30～50min；静置结束后抽滤得到滤饼，使用纯水对滤饼进行反复清洗，直至清洗后的滤饼颜色为白色，烘干后打碎磨粉并用80～100目的过滤网过滤，所得即为改性甘蔗渣。所述烘干的温度为70～75℃，烘干时间为12～13h。

所述混合缓凝组分的制备方法为：按照2∶1的质量比称取葡萄糖酸钠和蔗糖并进行混合，混合均匀后加入质量为该体系100倍的纯水进行再次混合，搅拌5～8min后在22～28kHz的频率下超声分散9～10min，所得即为混合缓凝组分。

所述微量缓凝组分的制备方法为：按照1∶1的质量比称取三聚磷酸钠和正磷酸钠并进行混合，混合均匀后加入质量为该体系200倍的纯水进行再次混合，搅拌3～5min后在22～26kHz的频率下超声分散8～10min，所得即为微量缓凝组分。

所述早强辅助组分的制备方法为：称取同等质量的氯化钙、硫酸钠和硅酸钠进行混合，接着加入质量为该体系200倍的纯水进行再次混合，搅拌均匀后在22～28kHz的频率下超声分散8～10min，所得即为早强辅助组分。

产品特性　本品中加入了改性钛石膏和改性磷石膏，在提高混凝土抗压能力和抗折能力的基础上能够降低缓凝剂的生产成本，而且加入经电石渣和粉煤灰改性的改性磷石膏，能够降低缓凝剂中的可溶磷含量和可溶氟含量，从而减小对混凝土水化的影响，能够在一定程度上大幅度地降低混凝土凝结的时间。另外，通过改性甘蔗渣、混合缓凝组分和微量缓凝组分的介入，能够使改性甘蔗渣与混合缓凝组分及微量缓凝组分发生协同作用，减少混凝土中氢氧化钙的生成量从而延缓混凝土水化的速度。在混凝土超长缓凝剂中加入早强辅助组分，能够使混凝剂和早强辅助组分对混凝土进行复合，能够在延缓混凝土凝结时间的基础上提高混凝土的早期强度。

配方16　混凝土缓凝剂(1)

原料配比

原料	配比(质量份)		
	1#	2#	3#
磷酸铵	3	8	5
磷酸钠	5	6	5
磷酸二氢钠	4	10	8
硫酸铵	3	6	5
三聚磷酸钠	5	8	6
氨基乙酸	5	10	8

续表

原料	配比(质量份)		
	1#	2#	3#
氧化镁	1	5	3
石膏粉	3	20	10
丙三醇	1	6	3
柠檬酸钠	3	6	4
三乙丙醇胺	5	8	6
沸石粉	10	20	15
浮石粉	5	6	5.5
膨润土	20	30	25
聚羧酸盐减水剂	1	3	2
分散剂	2	5	4
表面活性剂	1	2	1.5

制备方法　将各组分原料混合均匀即可。

产品特性　本品具有缓凝效果佳、强度高且无污染等优点。

配方 17　混凝土缓凝剂（2）

原料配比

原料	配比(质量份)			
	1#	2#	3#	4#
柠檬酸钠	20	30	20	25
草酸钙	10	20	1	15
硅酸镁	10	15	15	10
丁苯乳液	30	50	40	40
苏阿糖	0.5	1	1	0.5
葡萄糖酸钙	5	10	10	5
碳酸钙	5	10	5	10
碳酸钾	5	10	10	5

制备方法

（1）称取丁苯乳液，将苏阿糖、葡萄糖酸钙和柠檬酸钠加入后搅拌均匀得到混合液（1）。

（2）将草酸钙、硅酸镁、碳酸钙和碳酸钾混匀，得到混合粉末（2），与混合液（1）分别独立包装并组合成为混凝土缓凝剂。

原料介绍　所述丁苯乳液的聚合度为200～500。

使用方法　在进行混凝土配制时，将混合液（1）加入水中，将混合粉末（2）加入干混水泥砂浆中，然后按照常规混凝土配制方法进行配制。混凝土缓凝剂与干混水泥砂浆的质量比为（1～2）∶10000。

产品特性　本品在－30℃至40℃的温度环境范围内均可以显著发挥缓凝效果，解决了现有技术中的问题。

配方 18 混凝土缓凝剂（3）

原料配比

原料		配比(质量份)			
		1#	2#	3#	4#
糖类	蔗糖	2	—	—	—
	葡萄糖	—	10	—	10
	白糖	—	—	5	—
纤维素醚	甲基纤维素醚	0.5	0.5	—	—
	乙基纤维素醚	—	—	2	3
二氧化硅		1	1	2	2
膨润土		2	2	5	4
水性树脂	丙烯酸树脂溶液	20	20	10	—
	水性酚醛树脂	—	—	—	10
溶剂	乙醇	20	20	20	20
	水	53.5	45.5	55	50
助剂	铁红	1	1	1	1

制备方法　将所述原料混合，搅拌均匀，即得。

产品特性

(1) 本品可延长混凝土缓凝剂的可使用期（可使用期是指从喷涂或刷涂完缓凝剂开始，至浇筑混凝土前的时间，在此时间段内，缓凝剂的缓凝效果最佳），并且本品成本低，产品稳定，存储期长。

(2) 本品制备方法简单，不需加热。使用时，产品黏度适宜，可刷涂或喷涂。

配方 19 混凝土缓凝剂（4）

原料配比

原料		配比(质量份)						
		1#	2#	3#	4#	5#	6#	7#
氯化锌		40	45	50	55	60	40	40
尿素		3	3.5	4	4.5	5	3	3
缓凝缓释颗粒		8	14	12	10	8	8	8
速凝缓释颗粒		5	7.5	10	12.5	15	5	5
缓凝缓释颗粒	巴西棕榈蜡	55	55	55	55	55	57.5	65
	苯扎溴铵	12	12	12	12	12	16.25	12.5
	乙烯二胺四甲基膦酸	30	30	30	30	30	22.75	18.5
	乳糖	3	3	3	3	3	3.5	4
速凝缓释颗粒	巴西棕榈蜡	60	60	60	60	60	60	60
	苯扎溴铵	20	20	20	20	20	20	20
	硫酸铝	10	10	10	10	10	10	10
	氟化钠	5	5	5	5	5	5	5
	硫酸镁	5	5	5	5	5	5	5

续表

原料		配比(质量份)						
		1#	2#	3#	4#	5#	6#	7#
预处理剂	淀粉糊	60	60	60	60	60	60	60
	微晶纤维素	40	40	40	40	40	40	40

制备方法

（1）将缓凝缓释颗粒和速凝缓释颗粒用预处理液进行处理，缓凝缓释颗粒预处理1～2次，速凝缓释颗粒处理5～10次。

（2）将处理后的缓凝缓释颗粒和速凝缓释颗粒与其他组分按比例混合均匀即可。

原料介绍　所述缓凝缓释颗粒和速凝缓释颗粒均采用以下步骤进行制取：将巴西棕榈蜡升温至90～95℃熔融，然后将其余各组分按比例直接加入熔融的巴西棕榈蜡蜡质中，随后将混合后的熔融物料倒入旋转的转盘中，冷却固化成薄片，最后将薄片磨碎过筛形成所需颗粒。

产品特性

（1）通过采用在缓凝剂中加入不同配比的缓凝缓释颗粒和速凝缓释颗粒，以达到控制混凝土的缓凝时间的效果。

（2）通过采用对缓凝缓释颗粒和速凝缓释颗粒进行不同次数的预处理，以达到控制缓凝缓释颗粒和速凝缓释颗粒缓释时间的效果。

配方 20　混凝土缓凝剂（5）

原料配比

原料	配比(质量份)			
	1#	2#	3#	4#
木质素磺酸钠	12	12	12	14
矿渣	6	6	8	7
蔗糖	3	3	3	4
磷酸氢二钠	4	4	2	3
硫酸镁	5	4	4	3
有机酸	6	9	8	8
乙烯基丙烯酸酯共聚乳液	18	17	16	19
氨基三亚甲基膦酸	5	3	3	3
甘油酯	7	9	7	9

制备方法

（1）矿渣细磨：先将矿渣在粉碎机中加工为粒径为1～3cm的颗粒，然后转移至超细立磨中粉磨后得到矿物微粉备用。

（2）部分混合：将甘油酯和有机酸混合均匀之后，在其中加入矿物微粉并搅拌均匀，得到混合物料A；在乙烯基丙烯酸酯共聚乳液中加入磷酸氢二钠、硫酸镁、木质素磺酸钠、蔗糖和氨基三亚甲基膦酸并搅拌得到混合物料B。

（3）超声处理：对制得的混合物料A进行超声处理30～40min，混合物料B加热到40～45℃以后并在此温度下保持20～30min；超声波的频率为20～40kHz。

(4) 物料混合：将经过超声处理的混合物料 A 与混合物料 B 搅拌均匀，静置 40～50min 即得混凝土缓凝剂。

原料介绍　所述有机酸为草酸、苹果酸或乙酸中的一种或者两种以任意比混合。

所述矿渣为铁矿渣、铜矿渣、铝矿渣按照 (4～7)∶(3～4)∶(1～3) 混合得到。

所述甘油酯包括单硬脂酸甘油酯、松香甘油酯、三醋酸甘油酯中的一种或两种以任意比混合。

产品特性　矿渣微粒与有机酸混合经微波处理之后，部分金属离子与有机酸形成络合物，木质素磺酸钠在有金属络合物的环境中降低水泥水化热的性能显著提升，进一步降低水泥水化热，减少施工过程中裂缝的产生，再配合乙烯基丙烯酸酯共聚乳液、磷酸氢二钠和硫酸镁等基础物质制得混凝土缓凝剂，该缓凝剂具有明显减少混凝土假凝现象，提高混凝土强度的作用。

配方 21　混凝土缓凝剂 (6)

原料配比

原料	配比(质量份)		
	1#	2#	3#
改性微晶纤维素	3	5	6
丙烯酸溶胶	3	2	1
改性玻璃纤维	6	6.5	8
硼砂	10	6	5
聚氯乙烯树脂	6	8	10
无水硫酸钠	4	3	2
石英砂	3	4	5
三聚磷酸钠	12	10	8
羧甲基纤维素	1	1	3

制备方法

(1) 将丙烯酸溶于其质量 10 倍的浓度为 10%的氨水溶液中，再加入丙烯酸质量 0.1%的氢氧化铝和丙烯酸质量 0.1%的二硫酸钾，在 80℃水浴下反应 0.5h，制得丙烯酸溶胶。

(2) 改性微晶纤维素溶胶和丙烯酸溶胶混合，80℃水浴下反应 1h，制得复合水凝胶。

(3) 将硼砂与石英砂粉碎后，加入盐酸溶液浸渍处理 20～22min，洗涤，干燥，冷却，与无水硫酸钠混合，制得无机混合料。

(4) 将复合水凝胶与玻璃纤维、聚氯乙烯树脂、三聚磷酸钠、羧甲基纤维素混合，在 30℃下搅拌混合处理 10min，加入无机混合料搅拌混合均匀，即制得缓凝剂。

原料介绍　所述改性微晶纤维素的制备方法为：将微晶纤维素加入其质量 10 倍的 80%乙醇溶液中，加入微晶纤维素质量 10%的氢氧化钠，在 45～50℃下搅拌反应 6h，冷却；再加入微晶纤维素质量 20%的羧甲基纤维素，在 30～35℃下搅拌处理 2h，制得改性粗料；将改性粗料烘干，即制得改性微晶纤维素。

所述丙烯酸溶胶制备方法为：将丙烯酸溶于其质量 10 倍的浓度为 10%的氨水溶液中，再加入丙烯酸质量 0.1%的氢氧化铝和丙烯酸质量 0.1%的二硫酸钾，在 80℃水浴下反应 0.5h，制得丙烯酸溶胶。

所述改性玻璃纤维的制备方法为：将短玻璃纤维与其质量 5 倍的浓度为 40%的 KHH50

水溶液混合，再加入短玻璃纤维质量5%的氢氧化钠混合均匀，在30℃下搅拌处理20min后，置于100℃烘干，制得改性玻璃纤维。

产品特性 本品具有良好的吸热性和散热性，能吸收混凝土产生的水化热，并使混凝土与外界环境形成良好的热交换，使混凝土内产生的水化热能散发出去；而且抑制混凝土中水泥的水化，具有较强的缓凝作用；同时具有良好的强度，对混凝土的强度、抗冲刷性能影响较小。

配方22 混凝土缓凝剂（7）

原料配比

原料	配比(质量份)					
	1#	2#	3#	4#	5#	6#
壳聚糖	10	15	15	15	15	15
磷酸氢二钠	30	15	30	30	30	30
纳米石墨烯	3	3	1	3	3	3
硬脂酸	10	10	10	5	10	10
玉米淀粉减水剂	10	10	10	10	5	10
木质素磺酸钠	1.5	1.5	1.5	1.5	1.5	0.5
苯扎溴铵	1.5	1.5	1.5	1.5	1.5	1.5
水	80	80	80	80	80	80

制备方法

（1）往硬脂酸中添加表面活性剂苯扎溴铵，反应一定时间后添加石墨烯，均质备用；用超声波均质，频率为20～30kHz，超声时间为10～15min。

（2）将糖类、磷酸盐、减水剂、分散剂和水混合，在50～60℃条件下搅拌均匀，冷却后备用。

（3）往步骤（2）配制的混合液中加入（1）配制的混合液，搅拌均匀后，获得混凝土缓凝剂。

原料介绍 所述糖类为壳聚糖、蔗糖、葡萄糖、苏阿糖中的至少一种。

所述磷酸盐为三聚磷酸钠、磷酸氢二钠、磷酸钠、磷酸铵中的至少一种。

所述减水剂为玉米淀粉减水剂。

所述分散剂为木质素磺酸钠。

产品特性 本品对混凝土有较好的缓凝效果，当缓凝效果结束后能够迅速提升混凝土的早期强度。

配方23 混凝土用复合缓凝剂

原料配比

原料		配比(质量份)				
		1#	2#	3#	4#	5#
聚合物	聚乙烯吡咯烷酮K60	30	—	—	—	—
	PEG400	—	35	—	—	—

续表

原料		配比(质量份)				
		1#	2#	3#	4#	5#
聚合物	PEG2000	—	—	25	—	—
	聚乙烯吡咯烷酮 K15	—	—	—	45	—
	PEO	—	—	—	—	20
磷酸盐类缓凝剂	二聚磷酸钠	10	—	—	12	—
	磷酸二丁酯	—	8	10	—	—
	三聚磷酸钠	—	—	—	—	5
羟基亚乙基二膦酸		2	4	3	1	4
膨润土		5	10	6	12	3
石膏		2	5	3	8	2
乙二胺四乙酸二钠		4	5	3	5	3
聚醚多元醇	聚醚 3050	3	5	—	—	—
	聚醚 2070	—	—	5	—	8
	聚醚 3010	—	—	—	2	—
碳原子数为4～8的酸酐	马来酸酐	6	8	—	—	—
	2-甲基琥珀酸酐	—	—	6	—	5
	丁二酸酐	—	—	—	10	—
有机胺	乙二胺	3	—	—	—	—
	环己二胺	—	—	5	—	—
	丁二胺	—	—	—	3	—
	五乙烯六胺	—	6	—	—	—
	己二胺	—	—	—	—	8
催化剂	盐酸(32%)	3	3	—	5	—
	硫酸(50%)	—	—	2	—	1
甲醛		1	2	2	1	3
硼酸钠		3	4	2	4	2
硫酸钙		6	8	4	4	8
聚羧酸减水剂		5	6	4	6	4
分散剂	木质磺酸钠	2	3	1	1	3
有机硅类表面活性剂		0.8	0.5	0.8	0.8	0.6
水		适量	适量	适量	适量	适量

制备方法

(1) 将膨润土、石膏和羟基亚乙基二膦酸在球磨机中球磨均匀，然后加入适量水，在80～95℃下搅拌反应12～24h，得到改性石膏。

(2) 将聚醚多元醇、碳原子数为4～8的酸酐和有机胺在适量水中混合均匀后，在80～120℃下反应2～4h，得到聚合乳液A，在聚合乳液A中加入磷酸盐类缓凝剂、催化剂和甲醛，在80～120℃下反应1～4h，得到缓凝剂中间体。

(3) 在缓凝剂中间体中加入聚合物、硼酸钠、硫酸钙、减水剂、分散剂、表面活性剂、改性石膏混合均匀，调节所得产物浓度为20%～30%，pH值为3.0～6.0，即得到混凝土用复合缓凝剂。

原料介绍　所述减水剂为NF型或FDN型或UNF-2型或AF型或S型或MF型高效减水剂。

产品特性　本品能够对混凝土中的水泥进行包覆，对水进行吸附，具有优异的缓凝效果，能够降低混凝土中水泥的含量，改善混凝土的缓凝性能，且能够提高混凝土的强度，降低混凝土的成本。

配方 24　混凝土用缓凝剂

原料配比

原料		配比(质量份)		
		1#	2#	3#
丙烯酸		6	6	6
乙二胺		5	6	8
脱水剂	苯	6	—	8
	甲苯	—	5	—
聚合物中间体		12	10	10
引发剂	30%的过氧化氢溶液	0.05	0.06	0.06
还原剂	巯基乙酸	0.01	—	0.02
	巯基丙酸	—	0.02	—
链转移剂	抗坏血酸	0.02	0.03	0.03
甲基丙烯酸酯		7	7	7
丙烯醇		6	5	5
蔗糖		3	3	3
水		适量	适量	适量

制备方法

(1) 将丙烯酸与乙二胺在温度90～95℃下共沸蒸馏，在反应的过程中加入脱水剂，得到聚合物中间体。

(2) 将聚合物中间体在引发剂、还原剂、链转移剂作用下与甲基丙烯酸酯、丙烯醇在温度40～50℃下进行共聚反应，反应时间为2～3h。

(3) 共聚反应结束后，加入水、蔗糖，调节pH值至5～6，即得。

产品特性

(1) 本品采用丙烯酸与有机胺进行缩合酰化反应，生成含有多个氨基、羟基等亲水基的活性聚合物分子，将该聚合物分子与甲基丙烯酸酯、丙烯醇进一步反应可生成主链-侧链适宜的大分子结构缓凝剂，能够对水泥进行包覆，阻碍水化反应的进行；此外，大分子链结构中的羟基、氨基等亲水基能够吸附混凝土中的水分子，在混凝土的凝结过程中缓慢释放水分子，从而达到缓凝的效果。

(2) 本品将丙烯酸和胺类进行改性，再与酯和醇反应得到有机缓凝溶液，相比无机类缓凝剂而言，对混凝土的和易性更好，在混凝土的强度提高方面也占优势。

(3) 本品可以在水泥表面形成钝化膜，阻碍水化反应的进行。

(4) 本品可以防止水泥表面的钝化膜过密，不会影响混凝土的后期强度。

配方 25 混凝土用耐高温型超支化缓凝剂

原料配比

<table>
<tr><th colspan="3" rowspan="2">原料</th><th colspan="3">配比(质量份)</th></tr>
<tr><th>1#</th><th>2#</th><th>3#</th></tr>
<tr><td rowspan="13">耐高温多羟基聚合物</td><td colspan="2">衣康酸</td><td>3</td><td>2.8</td><td>3.2</td></tr>
<tr><td colspan="2">N-乙烯基己内酰胺</td><td>5</td><td>5</td><td>5</td></tr>
<tr><td colspan="2">三乙醇胺①</td><td>12.5</td><td>10</td><td>11</td></tr>
<tr><td colspan="2">苯乙烯磺酸钠①</td><td>0.15</td><td>0.15</td><td>0.2</td></tr>
<tr><td colspan="2">顺丁烯二酸酐①</td><td>15</td><td>12.5</td><td>15.2</td></tr>
<tr><td colspan="2">苯乙烯磺酸钠②</td><td>0.3</td><td>0.35</td><td>0.25</td></tr>
<tr><td colspan="2">三乙醇胺②</td><td>13.6</td><td>15</td><td>16</td></tr>
<tr><td colspan="2">苯乙烯磺酸钠③</td><td>0.3</td><td>3</td><td>0.25</td></tr>
<tr><td colspan="2">顺丁烯二酸酐②</td><td>25</td><td>28.5</td><td>16</td></tr>
<tr><td colspan="2">苯乙烯磺酸钠④</td><td>0.5</td><td>0.6</td><td>0.5</td></tr>
<tr><td colspan="2">三乙醇胺③</td><td>32.5</td><td>33</td><td>30</td></tr>
<tr><td colspan="2">苯乙烯磺酸钠⑤</td><td>0.5</td><td>0.65</td><td>0.6</td></tr>
<tr><td colspan="2">—</td><td></td><td></td><td></td></tr>
<tr><td rowspan="3">聚醚大单体</td><td colspan="2">分子量为 2400 的甲基烯丙基聚氧乙烯醚</td><td>180</td><td>—</td><td>—</td></tr>
<tr><td colspan="2">分子量为 3000 的异戊烯醇聚氧乙烯醚</td><td>—</td><td>190</td><td>—</td></tr>
<tr><td colspan="2">分子量为 3000 的甲基烯丙基聚氧乙烯醚</td><td>—</td><td>—</td><td>180</td></tr>
<tr><td colspan="3">耐高温多羟基聚合物</td><td>12</td><td>15</td><td>12</td></tr>
<tr><td rowspan="2">过氧化剂</td><td colspan="2">叔丁基过氧化氢</td><td>10</td><td>—</td><td>—</td></tr>
<tr><td colspan="2">过氧化二苯甲酰</td><td>—</td><td>10</td><td>12</td></tr>
<tr><td colspan="3">水</td><td>165</td><td>170</td><td>170</td></tr>
<tr><td rowspan="7">混合溶液 1</td><td rowspan="3">磷酸酯单体</td><td>2-甲基-2-丙烯酸-2-羟乙基酯磷酸酯</td><td>5</td><td>—</td><td>—</td></tr>
<tr><td>2-(二甲氧基磷酰基)丙烯酸甲酯</td><td>—</td><td>7</td><td>—</td></tr>
<tr><td>10-(2-甲基丙烯酰氧基)磷酸单癸酯</td><td>—</td><td>—</td><td>8</td></tr>
<tr><td rowspan="3">不饱和羧酸</td><td>甲基丙烯酸</td><td>24</td><td>—</td><td>—</td></tr>
<tr><td>丙烯酸</td><td>—</td><td>25</td><td>—</td></tr>
<tr><td>衣康酸酐</td><td>—</td><td>—</td><td>25</td></tr>
<tr><td colspan="2">水</td><td>10</td><td>10</td><td>15</td></tr>
<tr><td rowspan="3">混合溶液 2</td><td rowspan="2">链转移剂</td><td>3-巯基丙酸</td><td>8</td><td>9</td><td>—</td></tr>
<tr><td>巯基丙酸</td><td>—</td><td>—</td><td>8</td></tr>
<tr><td colspan="2">水</td><td>20</td><td>20</td><td>15</td></tr>
<tr><td rowspan="4">混合溶液 3</td><td rowspan="3">还原剂</td><td>抗坏血酸</td><td>10</td><td>—</td><td>—</td></tr>
<tr><td>亚硫酸氢钠</td><td>—</td><td>12</td><td>—</td></tr>
<tr><td>2-羟基-2-亚磺酸基乙酸钠</td><td>—</td><td>—</td><td>10</td></tr>
<tr><td colspan="2">水</td><td>15</td><td>20</td><td>20</td></tr>
<tr><td colspan="3">40% NaOH 溶液</td><td>适量</td><td>适量</td><td>适量</td></tr>
</table>

制备方法　将聚醚大单体、耐高温多羟基聚合物、过氧化剂以及水置于三口烧瓶中，搅拌混合均匀，控制转速为500～700r/min，混合温度为25～35℃，之后，将磷酸酯单体和不饱和羧酸的混合溶液、链转移剂溶液、还原剂溶液分别滴加到三口烧瓶中进行聚合反应，滴加时间为2.5～3.5h；滴加结束后，继续保温反应1h；反应结束后，将混合溶液冷却至室温，用40%NaOH溶液调节混合溶液pH值至6～7，即得到所述混凝土用耐高温型超支化缓凝剂。

原料介绍　所述耐高温多羟基聚合物的制备方法为：取苯乙烯磺酸钠、衣康酸、顺丁烯二酸酐、三乙醇胺，以及*N*-乙烯基己内酰胺混合溶解于三口瓶中，以氮气作为保护性气体，在120～140℃下进行多次交替反应，反应时间为20～24h，反应结束后，制备得到所述耐高温多羟基聚合物。

所述多次交替反应的具体步骤为：

(1) 先将衣康酸和*N*-乙烯基己内酰胺置于三口瓶中，以氮气为保护性气体，再加入三乙醇胺①、苯乙烯磺酸钠①，保持反应温度为140℃，反应时间为3h。

(2) 再加入顺丁烯二酸酐①、苯乙烯磺酸钠②，反应温度为145℃，反应时间为3h。

(3) 加入三乙醇胺②、苯乙烯磺酸钠③，反应温度为150℃，反应时间为5h。

(4) 加入顺丁烯二酸酐②、苯乙烯磺酸钠④，反应温度为150℃，反应时间为5h。

(5) 最后，加入三乙醇胺③、苯乙烯磺酸钠⑤，控制反应温度为150℃，反应时间为6h。

产品特性　本品对耐高温型超支化缓凝剂进行超支化接枝聚合，能够更好地提高其在水泥中的分散性，增强其对水泥颗粒的吸附性能，对水泥粒子形成部分包覆，从而阻隔晶体的形成，达到缓凝效果，避免了小分子缓凝剂吸附易脱离的不良影响，使水泥净浆流动度大大提高，凝结时间较大幅度延长。

配方 26　降低坍落度的混凝土缓凝剂

原料配比

原料	配比(质量份)			
	1#	2#	3#	4#
蒽磺酸盐	10	20	15	10
磷酸钙	20	30	30	20
氧化铝	20	30	30	20
带聚亚烷基二醇醚侧链的共聚羧酸	5	10	5	10
环氧乙烷	10	20	20	10
木质素磺酸盐	5	10	10	5
葡萄糖酸钙	5	10	10	5

制备方法　称取环氧乙烷，将蒽磺酸盐、磷酸钙、氧化铝、带聚亚烷基二醇醚侧链的共聚羧酸、木质素磺酸盐、葡萄糖酸钙加入，搅拌均匀得到混凝土缓凝剂。

原料介绍　所述的带聚亚烷基二醇醚侧链的共聚羧酸的聚合度为500～1000。

所述的带聚亚烷基二醇醚侧链的共聚羧酸的烷基为$C_{4\sim12}$的不饱和烷基。

使用方法　在进行混凝土配制时，将其加入水中，然后按照常规混凝土配制方法进行配制。混凝土缓凝剂与干混水泥砂浆的质量比为(1～2)∶10000。

产品特性　本品通过优选组方，得到的缓凝剂在固有的提高缓凝性能的基础上，降低了混凝土的坍落度，解决了传统技术中的问题。

配方 27　耐高温膦酸基混凝土缓凝剂

原料配比

原料	配比(质量份)
膦丁烷三羧酸	10～15
糖浆	5～8
双糖	3～6
磷酸钠	15～18
三聚磷酸钠	5～11
过硫酸铵	6～12
水	20～30
亚膦酸	15～25
甲醛	1～4
盐酸	5～9
合成羟基二胺亚甲基膦酸	10～15

制备方法

(1) 将糖浆、双糖、磷酸钠和三聚磷酸钠放进反应设备内，加水使用搅拌器进行搅拌混合，搅拌器转速为 500～700r/min，然后进行加热反应，温度为 20～25℃，反应时间为 20～35min，然后滴入过硫酸铵，继续反应 30～40min，制得第一反应物。

(2) 向第一反应物中依次加入膦丁烷三羧酸和合成羟基二胺亚甲基膦酸，搅拌混合，反应 25～30min，制得第二混合物。

(3) 向第二混合物中加入亚膦酸、甲醛、盐酸，使用搅拌器搅拌混合均匀，加热反应，加热温度为 60～70℃，反应时间为 30～45min，冷却，制得第三混合物。

(4) 第三混合物经过滤、浓缩、结晶，即可制得耐高温膦酸基混凝土缓凝剂。

产品特性　本品具有良好的耐高温性能，适应性广，制备方法简单。

配方 28　能够提高和易性的混凝土缓凝剂

原料配比

原料	配比(质量份)			
	1#	2#	3#	4#
柠檬酸三乙酯	10	20	15	20
柠檬酸钠	10	20	10	20
聚羧酸母液	10	15	20	20
木质素磺酸盐	5	10	5	10
蔗糖	5	10	5	10
甘氨酸	5	10	5	10

制备方法　称取柠檬酸三乙酯、柠檬酸钠、聚羧酸母液、木质素磺酸盐、蔗糖和甘氨酸，搅拌均匀得到混凝土缓凝剂。

原料介绍　所述聚羧酸母液是采用聚乙二醇与丙烯酸在催化剂催化下反应合成酯化物 PEA，再利用合成的 PEA 与甲基丙烯磺酸钠和丙烯酸共聚而成。

使用方法　在进行混凝土配制时，将其加入水中，然后按照常规混凝土配制方法进行配制。混凝土缓凝剂与干混水泥砂浆的质量比为（1～2）∶10000。

产品特性　本品在固有的缓凝性能的基础上，能够显著提高混凝土的和易性，进而提高其在大型工程浇筑时的质量。

配方 29　石墨烯改性混凝土缓凝剂

原料配比

原料	配比(质量份)					
	1#	2#	3#	4#	5#	6#
石墨烯	30	30	35	20	20	20
乙二胺四乙酸四钠	25	20	15	15	20	25
甲酸钙	20	15	15	10	10	10
溴化钙	15	15	15	35	30	30
尿素	10	20	20	20	20	15
水	200	200	200	200	200	200

制备方法

（1）将乙二胺四乙酸盐与石墨烯混合均匀，加入水中，以 400～600r/min 的速率搅拌 2min，再超声分散 6min 后获得混合物。

（2）将步骤（1）获得的混合物与溴化钙、尿素、甲酸盐混合均匀，研磨后得到所述的缓凝剂。

使用方法　本缓凝剂的掺量为 0.5%～3%。

产品特性　本品掺量较小，对混凝土有较好的缓凝效果，当缓凝效果结束后能够迅速提升混凝土的早期强度，对混凝土后期强度亦有所增强。

配方 30　树脂胶混凝土缓凝剂

原料配比

原料	配比(质量份)		
	1#	2#	3#
硫氧镁粉末	25	33	35
建筑石膏	10	15	15
环氧树脂	16	19	24
硼酸钠	11	17	16
磷酸镁	7	9	12
蔗糖钙	1	3	4
木质素	3	5	7
柠檬酸钠	1	2	3

制备方法　将各组分原料混合均匀即可。

产品特性

（1）改善混凝土流动度，控制坍落度损失，又不会造成凝结时间大幅延长，性价比优势明显。

(2) 提高了混凝土产品的耐候性、耐水性和耐碱性。

(3) 制作工艺简单，原料环保无污染。

配方 31 水泥混凝土缓凝剂

原料配比

原料	配比(质量份)		
	1#	2#	3#
低聚糖	30	28	35
丙二醇甲醚醋酸酯	6	7	5
乙烯基丙烯酸酯共聚乳液	10	15	10
十二碳醇酯	5	8	12
丙烯酸铵	4	5	4
焦磷酸钠	15	15	16
三聚磷酸钠	5	8	7
水	25	25	28

制备方法 将低聚糖、丙二醇甲醚醋酸酯、乙烯基丙烯酸酯共聚乳液和水充分混合，向其中加入十二碳醇酯并搅拌均匀，然后向其中加入丙烯酸铵并搅拌均匀，最后向其中加入焦磷酸钠和三聚磷酸钠，搅拌均匀即得。

原料介绍 所述低聚糖可以市购，也可以由下述方法获得：

(1) 将菠萝果皮粉碎干燥制成粉末。

(2) 将粉末采用石油醚在 60～65℃下回流浸提，收集固相残渣；菠萝果皮的粉末在石油醚中的浓度为 0.1～0.2kg/L。

(3) 将固相残渣采用 0.5%～1%醋酸溶液在 80～90℃下回流浸提，收集滤液；固相残渣在醋酸溶液中的浓度为 0.1～0.2kg/L。

(4) 将滤液采用乙醇进行醇沉，静置后离心，收集上清液。

(5) 将上清液蒸发浓缩至低聚糖含量占总质量的 60%以上即可。

产品特性

(1) 本品体系配伍性高，成本低廉，能够达到或超过羟基羧酸及其盐类缓凝剂的缓凝效果，并可有效保持或提高水泥混凝土的后期强度，也不会降低 7d 以内的早期强度。

(2) 本品能够显著延长水泥混凝土的初凝时间，并缩短初终凝时间间隔，同时对混凝土早期强度的发展具有良好的作用，有利于混凝土的脱模养护和快速施工。

配方 32 水泥混凝土用缓凝剂

原料配比

原料		配比(质量份)					
		1#	2#	3#	4#	5#	6#
二乙醇单异丙醇胺磷酸酯		10	15	12	11	13	12
有机酸	柠檬酸	10	—	—	9	—	—
	酒石酸	—	5	—	—	7	—
	苹果酸	—	—	8	—	—	8

续表

原料		配比(质量份)					
		1#	2#	3#	4#	5#	6#
磷酸盐	焦磷酸钠	5	—	—	—	—	—
	磷酸二氢钾	—	15	—	—	—	—
	磷酸三钾	—	—	11	—	—	11
	磷酸三钠	—	—	—	7	11	—
无机盐	硫酸铝铵	15	—	—	—	—	—
	四硼酸钠	—	5	—	—	—	9
	碘化钾	—	—	9	—	—	—
	硫酸镁	—	—	—	13	—	—
	硝酸铝	—	—	—	—	8	—
水		加至100	加至100	加至100	加至100	加至100	加至100

制备方法　将各组分原料混合均匀即可。

原料介绍　所述二乙醇单异丙醇胺磷酸酯的制备方法如下：在反应器中加入1mol二乙醇单异丙醇胺、0.2～0.8mol磷酸和一定量的带水剂，混合均匀后加入0.4～0.8mol五氧化二磷，加热回流反应4～7h后，加入水5～10mol，室温下继续反应20～30min，除去带水剂，即得所述二乙醇单异丙醇胺磷酸酯。

所述带水剂为四氢呋喃。

产品特性

(1) 本品缓凝效果良好且对掺量不敏感，能有效提高水泥3d强度。

(2) 掺本品缓凝剂的水泥制品由于早期水泥水化物生长变慢，因而水化物得到了更均匀的分布和充分的生长，使水化物搭接得更加完整和密实，且其中的无机盐也可以使部分毛细孔封闭，因此有利于硬化混凝土强度的增长，以及抗渗性和抗冻融性能的提高。

配方 33　小分子混凝土缓凝剂

原料配比

原料	配比(质量份)					
	1#	2#	3#	4#	5#	6#
丝氨酸	1.8	—	—	—	—	—
乙胺	—	1.8	—	1.8	—	—
苏氨酸	—	—	2	—	—	—
二乙胺	—	—	—	—	4	—
化合物二异丙醇胺	—	—	—	—	—	3.8
4-戊烯酸	4	—	—	—	—	4
乙酸	—	4.5	—	—	4.5	—
1-丙磺酸	—	—	4.2	4	—	—
去离子水	9	9	9	9	9	9
浓硫酸	—	0.2	0.2	0.2	0.2	0.2
乙醛酸	—	4.2	—	—	4.2	

续表

原料	配比(质量份)					
	1#	2#	3#	4#	5#	6#
丙醛	4	—	4.2	—	—	—
乙醛	—	—	—	4.2	—	—
甲醛	—	—	—	—	—	4.5

制备方法　将各组分原料混合均匀即可。

产品特性

(1) 本品具有较强的金属络合能力，可以延缓水泥中矿物质的水化反应，可用于延长水泥浆、砂浆、混凝土的初凝时间和终凝时间，具有不易腐败，保质期长，应用在混凝土中在小掺量下表现出缓凝效果明显，耐候性好的优点；与减水剂产品优异的相容性，同时工作时还能提高混凝土的保坍性。

(2) 本品在低温、中温、高温下以及不同湿度条件下都表现出优异的混凝土缓凝性，因此能满足不同温湿度环境下混凝土施工的需求。

配方 34　新型混凝土缓凝剂

原料配比

原料	配比(质量份)				
	1#	2#	3#	4#	5#
山梨醇二乙二胺六乙酸碱金属盐	15	18	20	20	20
2-膦酸基丁烷-1,2,4-三羧酸	8	8	8	8	4
氨基三亚甲基膦酸	5	8	8	8	8
四硼酸钾	3	4	3	3	5
水	42.5	52	51	54	56

制备方法

(1) 在容器中加入 2-膦酸基丁烷-1,2,4-三羧酸、氨基三亚甲基膦酸和水，在 30～50℃下搅拌均匀。

(2) 在步骤 (1) 搅拌均匀的溶液中继续加入山梨醇二乙二胺六乙酸碱金属盐和四硼酸钾，继续搅拌直至均匀，即可得到新型混凝土缓凝剂成品。

原料介绍　所述的山梨醇二乙二胺六乙酸碱金属盐的制备方法如下：

(1) 以山梨醇、溴化氢为原料，以多烷基三甲基溴化铵为相转移催化剂（本品中多烷基三甲基溴化铵选用十二烷基三甲基溴化铵），合成二溴代山梨醇，其中山梨醇与溴化氢的摩尔比为 1∶2，十二烷基三甲基溴化铵的用量为反应物总质量的 0.5%。

(2) 在碱性条件下，将二溴代山梨醇和乙二胺反应生成中间体山梨醇二乙二胺，其中二溴代山梨醇和乙二胺的摩尔比为 1∶(2～2.5)。

(3) 取氯乙酸碱金属盐和碱金属溴化物，其中氯乙酸碱金属盐采用氯乙酸钠，碱金属溴化物采用溴化钾，将山梨醇二乙二胺与氯乙酸钠在碱性条件下以溴化钾为催化剂反应生成山梨醇二乙二胺六乙酸钠，其中山梨醇二乙二胺与氯乙酸钠的摩尔比为 1∶(6～6.5)，催化剂溴化钾的用量为反应物总质量的 0.3%，溴化钾作为催化剂时的反应温度为 68～72℃，反应时间为 6～8h。

产品特性

(1) 本品具有很强的金属络合能力，通过与水泥中的钙离子生成络合物，在水泥水化初期控制液相中的钙离子浓度，阻止水泥水化相的形成，进而延缓水泥中矿物质的水化反应，且应用在混凝土中在低掺量下表现出显著缓凝效果。

(2) 本品能够克服现有缓凝剂的掺入影响混凝土强度的问题，可梯度控制混凝土的凝结时间，且与当前普遍应用的外加剂相容性好。

配方 35 用于混凝土的缓凝剂

原料配比

原料		配比(质量份)		
		1#	2#	3#
膨润土		5	12	8
高分子有机聚合物		1	3	2
硼砂		0.3	0.9	0.6
羟基亚乙基二膦酸		1	6	3
环状酸酐	邻苯二甲酸酐	2	—	4
	马来酸酐	—	6	—
甲酸钙		1.3	2.5	1.9
氰酸甲酯		0.2	0.8	0.6
环氧树脂		0.1	0.3	0.2
聚合氯化铝铁		0.3	0.5	0.4
聚合硅酸硫酸铝		0.1	0.4	0.3
去离子水		45	88	62
高分子有机聚合物	聚丙烯酰胺	3.2	8.9	5.2
	聚乙烯吡咯烷酮	1.3	2.8	2.5
	聚氧乙烯醚	0.6	1	0.8
环氧树脂	双酚 A 型环氧树脂	1	1	1
	酚醛环氧树脂	1	3	2

制备方法

(1) 将膨润土、聚合物、硼砂、羟基亚乙基二膦酸、环状酸酐、甲酸钙球磨均匀，加入水，在 70～80℃下搅拌反应 12～24h，得到混料Ⅰ；搅拌速率为 400～600r/min。

(2) 取氰酸甲酯、环氧树脂、聚合氯化铝铁、聚合硅酸硫酸铝混合并分散均匀，以 400～600r/min 的速度搅拌分散，得到混料Ⅱ；搅拌分散 18～25min。

(3) 将上述混料Ⅰ和混料Ⅱ混合，在温度 60～80℃下搅拌混合，得到混料Ⅲ；

(4) 混料Ⅲ冷却后过滤洗涤 2～4 次，调整 pH 值至 7.35～7.45，再于－30～－50℃冷冻干燥 20～40h，即获得混凝土缓凝剂。

产品特性

(1) 本品缓凝效果明显，显著延长水泥浆体的凝结时间，达到较强缓凝效果。

(2) 本品应用至混凝土中可以延长混凝土的凝固时间，从而使混凝土在施工过程中较长时间内保持流动性，方便工人进行调整和处理，降低混凝土温度，防止混凝土温度过高引起的开裂和变形等问题，精确地控制混凝土的凝固时间，从而确保混凝土在施工过程中达到理想的性能和强度，改善混凝土的流动性，从而提高混凝土的均匀性和密实性，减少混凝土的收缩，降低混凝土裂缝的发生率。

配方 36　用于混凝土预制构件的表面缓凝剂

原料配比

原料		配比(质量份)					
		1#	2#	3#	4#	5#	6#
有机膦酸类化合物	乙二胺四亚甲基膦酸钠	10	—	10	—	—	10
	羟基亚乙基二膦酸	—	30	—	—	—	—
	氨基三亚甲基膦酸	—	—	—	20	—	—
	2-磷酸基-1,2,4-三羧酸丁烷	—	—	—	—	20	—
无机磷酸盐	单氟磷酸钠	—	—	10	—	—	—
	三聚磷酸钠	—	—	—	10	—	—
	焦聚磷酸钠	—	—	—	—	10	—
增稠组分	甲基纤维素	2	6	—	6	—	2
	羟丙基甲基纤维素	—	—	6	—	—	—
	羟乙基纤维素	—	—	—	—	6	—
消泡组分	乳化硅油	0.03	—	—	—	—	0.03
	聚氧乙烯聚氧丙烯季戊四醇醚	—	0.6	0.05	—	—	—
	聚氧丙烯甘油醚	—	—	—	0.05	—	—
	聚二甲基硅氧烷	—	—	—	—	0.05	—
触变组分	高岭土	0.2	0.1	—	—	0.6	0.2
	有机膨润土	—	—	0.2	0.6	—	—
水		87.8	63.89	73.80	63.40	63.40	87.8

制备方法　将各组分原料混合均匀即可。

产品特性　本品解决了混凝土高温适应性不好、高温凝结时间短的问题。在高温下能延长混凝土的凝结时间，便于夏季施工。表面缓凝剂配方中缓凝组分同样用量的情况下，混凝土侧面在高温时凝结时间能延长1～2倍，在混凝土表面的侵蚀深度为3～5mm。

配方 37　有机混凝土缓凝剂

原料配比

原料		配比(质量份)
平均聚合度为45的聚(*N*-羟乙基丙烯酰胺)	*N*-羟乙基丙烯酰胺	11.5
	过硫酸铵	0.5
	水	适量

续表

原料	配比(质量份)
辛二酸	17.4
质量分数为98%的浓硫酸	1
无水乙醇	适量
70%的乙醇水溶液	适量

制备方法

(1) 聚(N-羟乙基丙烯酰胺)的制备：先将11.5g N-羟乙基丙烯酰胺溶于水中配成25℃的饱和溶液，加热溶液至70℃，并向溶液中滴加过硫酸铵水溶液（0.5g过硫酸铵加水配成25℃的饱和溶液），加热至80℃反应4h，反应结束后在55℃条件下减压浓缩除水，浓缩剩余物在60℃条件下真空干燥8h，得到平均聚合度为45的聚(N-羟乙基丙烯酰胺)。

(2) 缓凝剂的制备：将上述所制聚（N-羟乙基丙烯酰胺）溶于无水乙醇中配成25℃的饱和溶液A，将17.4g辛二酸溶于无水乙醇中配成25℃的饱和溶液B，向溶液A中滴加溶液B和1g质量分数为98%的浓硫酸，加热至75℃反应4h，反应结束后在40℃条件下减压浓缩回收乙醇，浓缩剩余物用体积分数为70%的乙醇水溶液重结晶，在60℃条件下真空干燥8h，得到缓凝剂。

产品特性　本品在低掺量条件下即可使混凝土呈现良好的缓凝效果，并且在高温作业环境下也能保证混凝土的缓凝效果，解决了常规有机缓凝剂遇高温作业环境时缓凝效果骤降的问题。

配方38　有机-无机复合混凝土缓凝剂

原料配比

原料		配比(质量份)				
		1#	2#	3#	4#	5#
不饱和甘油酯	甲基丙烯酸缩水甘油酯	30	35	—	—	—
	丙烯酸缩水甘油酯	—	—	25	45	—
	2-甲基丙烯酸缩水甘油酯	—	—	—	—	20
磷酸盐类缓凝剂	二聚磷酸钠	10	—	—	12	—
	磷酸二丁酯	—	8	10	—	—
	三聚磷酸钠	—	—	—	—	5
羟基亚乙基二膦酸		2	4	3	1	4
膨润土		5	10	6	12	3
乙二胺四乙酸二钠		4	5	3	5	3
聚醚多元醇	聚醚3050	3	5	—	—	—
	聚醚2070	—	—	5	—	8
	聚醚3010	—	—	—	2	—
碳原子数为4～8的酸酐	马来酸酐	6	8	—	—	—
	2-甲基琥珀酸酐	—	—	6	—	5
	丁二酸酐	—	—	—	10	—

续表

原料		配比(质量份)				
		1#	2#	3#	4#	5#
有机胺	乙二胺	3	—	—	—	—
	五乙烯六胺	—	6	—	—	—
	环己二胺	—	—	5	—	—
	丁二胺	—	—	—	3	—
	己二胺	—	—	—	—	8
催化剂	盐酸(32%)	3	3	—	5	—
	硫酸(50%)	—	—	2	—	1
甲醛		1	2	2	1	3
硼酸钠		3	4	2	4	2
硫酸钙		6	8	4	4	8
分散剂	木质磺酸钠	2	3	1	1	3
有机硅类表面活性剂		0.8	0.5	0.8	0.8	0.6
水		适量	适量	适量	适量	适量

制备方法

(1) 将膨润土在300～450℃下煅烧2～4h，接着将煅烧后的膨润土与羟基亚乙基二膦酸在球磨机中球磨均匀，然后加入水和马来酸酐，然后在80～95℃下超声反应5～10h，得到改性膨润土。

(2) 将聚醚多元醇、碳原子数为4～8的酸酐和有机胺在水中混合均匀，在80～120℃下反应2～4h，得到聚合乳液A，在聚合乳液A中加入磷酸盐类缓凝剂、催化剂和甲醛，在80～120℃下反应1～4h，得到缓凝剂中间体。

(3) 在缓凝剂中间体中加入不饱和甘油酯、硼酸钠、硫酸钙、乙二胺四乙酸二钠、分散剂、表面活性剂、改性膨润土混合均匀，调节所得产物浓度为20%～30%，pH值为3.0～6.0，即得到有机-无机复合混凝土缓凝剂。

产品特性　采用聚醚多元醇、酸酐和有机胺进行扩链反应，生成大分子结构的缓凝剂，能够水泥就行包覆，阻碍水化反应的进行，此外，大分子链中含有丰富的羟基、氨基等亲水基，能够吸附混凝土中的水分子，在混凝土凝结过程中缓慢释放水分子，克服小分子吸附易脱离、包覆不完整等缺点，同时所述大分子缓凝剂稳定，不发生分解，对混凝土后期强度不产生影响。

8

膨胀剂

配方 1　改性氧化钙类膨胀剂

原料配比

原料		配比(质量份)					
		1#	2#	3#	4#	5#	6#
改性剂	硫酸钠	1	5	10	—	—	—
	硫酸铵	—	—	—	5	—	—
	亚硫酸铵	—	—	—	—	5	—
	十水合硫酸钠	—	—	—	—	—	20
氧化钙类膨胀剂		99	95	90	95	95	80

制备方法　将改性剂与氧化钙类膨胀剂一起放入球磨机中，球磨 30～60min，在机械力和磨球产生的热量共同作用下，改性剂与氧化钙类膨胀剂颗粒表面的氧化钙反应，并在其表面生成难以溶解于水的硫酸钙或者亚硫酸钙，过 80μm 方孔筛，制得补偿收缩混凝土用改性氧化钙类膨胀剂。

原料介绍　所述氧化钙类膨胀剂为含有游离氧化钙的膨胀剂，并且游离氧化钙作为发挥膨胀作用的一个稳定膨胀源。

所述氧化钙类膨胀剂的比表面积为 150～400m^2/kg，其中游离氧化钙（f-CaO）含量为 20%～85%。

使用方法　本品主要是一种补偿收缩混凝土用早期水化速率低、限制膨胀率高的改性氧化钙类膨胀剂。

产品特性

(1) 本品不仅可以降低氧化钙类膨胀剂的早期水化速率，减少其在混凝土塑性阶段的膨胀能损失，提高氧化钙类膨胀剂的膨胀率，同时减小氧化钙类膨胀剂对混凝土温升的贡献度，还可以避免影响混凝土凝结时间，且不会降低混凝土的坍落度以及扩展度。本品的制备方法简单，可以批量生产，且不使用有毒或强腐蚀性原料。

(2) 本品无毒、无腐蚀性，便于安全生产，且反应速率合适，可以在氧化钙表面形成均匀致密的沉积物；对混凝土的凝结时间影响小，在一定程度上可以增大混凝土的流动性、坍落度，更有利于混凝土的施工。

配方 2 超长超厚结构混凝土用钙镁复合膨胀剂

原料配比

原料	配比(质量份)			
	1#	2#	3#	4#
钙质膨胀组分	30	40	50	60
镁质膨胀组分	70	60	50	40

制备方法　将制得的钙质膨胀组分和制得的镁质膨胀组分按质量配比混合复配，即得到本品所述一种钙镁复合膨胀剂。

原料介绍　所述的钙质膨胀组分为氧化钙膨胀熟料粉。

所述的镁质膨胀组分为轻烧氧化镁。

所述氧化钙膨胀熟料粉的制备方法包括如下步骤：

(1) 将氧化钙熟料颗粒投入辊压机进行预粉磨处理，氧化钙熟料颗粒通过辊压机挤压后，经过筛分设备筛选出粒径≥3mm 的粗颗粒返回辊压机重新挤压，直至将全部氧化钙熟料颗粒粉磨为粒径<3mm 的细颗粒；其后将预粉磨处理后粒径<3mm 的氧化钙熟料细颗粒喂入立式磨机进行深度粉磨。

(2) 通过变频选粉机将步骤 (1) 中深度粉磨后得到的氧化钙熟料进行选粉调控处理，颗粒粒径>0.10mm 的氧化钙熟料粗粉回流送入立式磨机内继续粉磨，直至将全部氧化钙熟料颗粒粉磨为粒径≤0.10mm 的细粉，颗粒粒径≤0.10mm 的氧化钙熟料细粉进入氧化钙收尘器处理收集后即得到作为钙质膨胀组分的氧化钙膨胀熟料粉。

所述氧化钙膨胀熟料粉中颗粒粒径以质量分数计，粒径为 0.03～0.10mm 的颗粒含量控制在 70%～80%。

所述轻烧氧化镁的制备方法包括如下步骤：

(1) 将白云石粉磨制成细度为 0.08mm 筛余 4%～6%的白云石生料粉，再将白云石生料粉投入悬浮反应塔，白云石生料粉与热风接触混合，吸收热量，使物料温度升至约 550～650℃，白云石生料粉受热分解生成氧化镁、二氧化碳和碳酸钙。

(2) 由于物料质量的差异性，未分解的碳酸钙受重力作用在悬浮反应塔中继续下沉由悬浮反应塔出料口排出，分解产生的氧化镁和二氧化碳一起在旋风负压的作用下，经悬浮反应塔气流分选机处理，从悬浮反应塔一级出口排出，进入氧化镁收尘器，气固分离处理后即得到轻烧氧化镁。

所述的悬浮反应塔气流分选机是指置于悬浮反应塔内部，由旋风系统、变频系统和分隔轮组成的比重风选分离设备。

使用方法　本品主要是一种低水胶比超长超厚结构混凝土用钙镁复合膨胀剂。

产品特性　本品以辊压机预粉磨、立式磨机深度粉磨、变频选粉机选粉组成的联合粉磨工艺制备得到的颗粒粒径分布呈“中间大、两头小”的氧化钙膨胀熟料粉为钙质膨胀组分，在保证最大粉磨颗粒尺寸的前提下，减少了超细粉磨颗粒产生的数量，优化了氧化钙膨胀熟料粉的颗粒级配，增大了氧化钙膨胀熟料粉在超长超厚结构混凝土中的膨胀效能，解决了现有粉磨工艺生产的钙质膨胀组分氧化钙膨胀熟料有效膨胀低的问题；通过镁质膨胀组分和钙质膨胀组分的优化复合，开辟了一条制备钙镁复合膨胀剂的新途径，降低了钙镁复合膨胀剂的生产成本，提高了钙镁复合膨胀剂在超长超厚结构混凝土中的应用效果。

配方 3 低碱防水抗裂膨胀剂

原料配比

原料		配比(质量份)					
		1#	2#	3#	4#	5#	6#
组分 A		40	30	50	40	60	30
组分 B		60	70	50	60	40	70
组分 A	半精炼石蜡	12	15	12	10	10	12
	轻质碳酸钙	20	30	20	15	15	22
	木质素磺酸钙	10	5	10	10	5	8
	石膏	加至 100	加至 100	加至 100	加至 100	加至 100	加至 100
组分 B	改性负载海绵铁膨胀源	50	40	35	54	45	55
	无机铝盐防水剂	30	30	30	30	33	29
	熟石灰粉	15	21	30	10	15	12
	羟基烷基酚聚氧乙烯醚	5	9	5	6	7	4

制备方法　按比例称取配制完成的组分 A、组分 B，先将组分 A 置于惰性气氛（如氮气或氩气或两者的混合气等）下 60～65℃热处理 20～60min，然后分多次（至少 3 次）加入组分 B 中，此过程同样在惰性氛围下进行，并保证添加过程中不断搅拌研磨，最后气流干燥粉碎得颗粒物料（粒径为 0.5～3mm）即为最终成品。

原料介绍　所述的改性负载海绵铁膨胀源的制备方法如下：

(1) 取海绵铁破碎成 2～5mm 的颗粒，得物料一备用。

(2) 取复合膨胀剂熟粉料置于溶胶乳液中，混匀后烘干破碎至过 400～500 目筛，得物料二备用。复合膨胀剂熟粉料为质量比为 1∶(1～2) 的氧化铝、氧化钙的组合物，且复合膨胀剂熟粉料纯度大于 70%，粒径小于 50μm。溶胶乳液为硅溶胶与聚丙烯酸酯乳液的混合物，两者体积比为 1∶(0.5～1)。

(3) 将物料二置于含中空涤纶短纤的溶胶乳液中，搅拌混匀，再次烘干破碎至过 300～400 目筛，得物料三备用；溶胶乳液为硅溶胶与聚丙烯酸酯乳液的混合物，两者体积比为 1∶(0.5～1)；溶胶乳液中中空涤纶短纤含量为 8%～13%，中空涤纶短纤长度为 0.01～0.1mm。

(4) 将物料一置于 5%聚乙二醇水溶液中，超声处理 5～15min，然后将物料三加入其中，升温搅拌 30～150min，取出干燥即得。超声处理具体为温度为 35℃，频率为 26kHz；升温搅拌具体为温度为 75℃，转速为 80r/min。

使用方法　本品主要是一种低碱防水抗裂膨胀剂。其掺量为混凝土掺胶凝材料质量的 8%～10%。

产品特性

(1) 本品通过对膨胀剂配方进行优化改进，有效提高了膨胀剂的效用和持久性，限制膨胀率显著改善，同时抗压强度也有所提高，综合性能更佳（适用于 32.5 级以上的水泥）。

(2) 本产品与各类减水剂相容性好，对凝结时间无影响，选用高效膨胀熟料和活性低碱原材料，不含钠盐，不会引起混凝土碱骨料反应，也不含氯离子，对钢筋无锈蚀作用，整体无毒、无味，属于环境友好型材料，应用性强。

配方 4 低碱混凝土膨胀剂

原料配比

原料		配比(质量份)		
		1#	2#	3#
硬石膏		50	30	50
复合粉煤灰		30	50	30
明矾石		8	5	8
氧化钇		—	—	1
膨润土		—	—	6
细骨料		10	15	10
复合粉煤灰	白云石	55	65	55
	石灰渣	5	3	5
	电厂炉渣	15	20	15
	粉煤灰	5	3	5
	锅炉炉渣	5	6	5
	废砖渣	10	5	10

制备方法

(1) 将各原料组分按比例精确称量，之后粉碎；将各原料组分粉碎至 80μm 方孔筛筛余量小于 8.0%。

(2) 将粉碎后的各原料组分搅拌均匀，之后烧制成熟料；将熟料依次经过冷却、粉磨和均化处理，得到低碱混凝土膨胀剂。

使用方法 本品主要是一种低碱混凝土膨胀剂，用于地下混凝土防水，如地下室、地下停车场、地下铁路、地下公路、隧道、地下水利设施，游泳池、水池、水塔、储罐、屋面防水，梁柱接头、管道接头、混凝土后浇筑、工业及民用建筑等有防水、防渗、抗渗要求的混凝土工程中。

使用方法 将本品与胶凝材料搅拌均匀，用量为胶凝材料总量的 8%～10%。掺本品的混凝土，搅拌时间要比普通混凝土延长 30～60s；为充分发挥其膨胀效能，适时和充分的保湿养护最为重要，混凝土浇灌后，一般在终凝后 2h 开始浇水养护，养护期为 7～14 天。

产品特性 本品具有膨胀能量大、后期收缩小、混凝土强度高、碱含量低、耐侵蚀性能好、水化热低、坍落度损失小、冷热稳定性好等优点。

配方 5 复合混凝土膨胀剂

原料配比

原料	配比(质量份)			
	1#	2#	3#	4#
A 型生石灰	30	20	20	20
B 型生石灰	40	50	40	40

续表

原料	配比(质量份)			
	1#	2#	3#	4#
硫铝水泥	12	12	16	16
硬石膏	18	18	24	24
保水剂	0.4	0.4	0.4	0.6

制备方法　将各组分原料混合均匀即可。

原料介绍　本品通过控制石灰石的碳酸钙含量、煅烧温度及煅烧时间，获得两种具有不同化学活性的煅烧生石灰，即氧化钙含量大于80%的A型生石灰和氧化钙含量为55%～65%的B型生石灰。活性高的A型生石灰在24h左右膨胀完成，活性低的B型生石灰在24～72h内膨胀完成，硫铝水泥及石膏在3～7天内膨胀完成。技术人员可以根据实际的施工情况调整A型生石灰与B型生石灰的比例，例如，隧道混凝土48h以后才拆模，拆模前，钢制模板保水性好，混凝土收缩量很小，24h膨胀率可以设计小一点，膨胀的重点放在48h以后。

所述保水剂为羟丙基甲基纤维素。

所述羟丙基甲基纤维素的黏度为200～400mPa·s。

产品特性

(1) 本品在15h内的竖向膨胀率可以达到0.1%～0.25%，这个阶段的膨胀是由A型生石灰水化产生的，氧化钙遇水变成氢氧化钙，最后会和混凝土中的粉煤灰结合变成坚硬的硅酸钙，提高混凝土强度，相比于传统的竖向膨胀依靠偶氮类发泡剂产生膨胀会导致混凝土气泡过多，引起密实度下降，可有效避免浇筑过程中混凝土边角处出现空洞，使混凝土与模板接触密实。

(2) 本品养护条件简单，不需要浸泡在水中，每天只需要淋水2～3次，膨胀率就可以达到蓄水养护效果的95%以上。

(3) 本品不需要使用专门的回转窑煅烧膨胀剂生料，烧建筑石灰的立窑就可以提供本品膨胀剂所需要的生石灰。立窑比回转窑热耗低，设备投资少一大半。所有原料市场上都可以买到，按比例混合均匀即可，由于主要原料是生石灰和石膏，成本低廉。

配方6　改性抗裂混凝土膨胀剂

原料配比

原料	配比(质量份)			
	1#	2#	3#	4#
改性氧化钙	20	10	20	10
硫铝酸钙	1	1	5	5
粉煤灰	5	3	3	5
氟石膏	20	10	10	10
氧化铝	15	5	15	15
二水石膏	5	1	1	1
菱镁矿	15	5	5～15	15
碳酸钙	4	2	4	2

续表

原料		配比(质量份)			
		1#	2#	3#	4#
改性可膨胀石墨		12	8	8	12
复合改性剂		5	1	5	1
改性可膨胀石墨	碳酸钙	20	20	20	20
	无水硫酸镁	10	10	10	10
	硼酸	5	5	5	5
	98%的硫酸	100(体积)	100(体积)	100(体积)	100(体积)
	天然石墨	20	20	20	20
	高锰酸钾	4	4	4	4
	$Na_4P_2O_7$	10	10	10	10
复合改性剂	脂肪酸	2.5	2.5	2.5	2.5
	多元醇	2.5	2.5	2.5	2.5
	乙醇	5	5	5	5
改性氧化钙	氧化钙粉体	40	40	40	40
	十八烷基三氯硅烷	0.5(体积)	0.5(体积)	0.5(体积)	0.5(体积)

制备方法

(1) 首先将称取的硫铝酸钙加入研磨机中，同时向研磨机中添加复合改性剂，混合研磨10～15min，并在50～60℃下干燥，最后加入改性氧化钙，搅拌混合均匀后进行球磨，球磨至颗粒粒径为50～70μm，即得到膨胀剂A。

(2) 将称取的粉煤灰、氟石膏、氧化铝、二水石膏、菱镁矿和碳酸钙分别烘干后加入球磨机中进行研磨，球磨至颗粒粒径为50～70μm，球磨后混合，得混合颗粒，向混合颗粒中喷洒水，使混合颗粒的含水量为7%～8%，搅拌混合后加入模具中，加压后得到试块；将试块放入烘箱中，在40～60℃温度下干燥8～10h，然后在1150～1200℃下进行煅烧，保温0.5～1h，在空气中冷却，待冷却后取出并将其粉碎，过400～420目筛，得到膨胀剂B。

(3) 将膨胀剂A、膨胀剂B和改性可膨胀石墨加入球磨机中进行研磨，然后通过筛选机进行筛选，使得颗粒粒径为30～40μm，最后加入搅拌机的搅拌桶中搅拌混合均匀，得改性膨胀剂。

原料介绍　所述的改性可膨胀石墨通过下述步骤制备得到：

(1) 将10～20份碳酸钙和5～10份无水硫酸镁配制成饱和水溶液，各稀释20倍后加入反应釜中，先预热至60℃，再不断搅拌混合，然后升温至100℃并恒温2h，最后经室温冷却、真空抽滤、110℃烘干、研磨粉碎得到碱式碳酸镁。

(2) 向烧瓶中加入用去离子水配制的6.0mol/L蔗糖溶液，在搅拌下加入1～5份硼酸，在100～120℃进行脱水酯化，30min后得到蔗糖硼酸酯，然后用去离子水将蔗糖硼酸酯稀释成质量分数为50%的溶液，并将其与步骤一中制备的碱式碳酸镁进行中和反应，最后得到蔗糖硼酸酯镁溶液。

(3) 向400mL的烧杯内加入100mL质量分数为98%的硫酸，并加去离子水稀释至质量分数为75%，待稀释液冷却至室温后，将10～20份天然石墨、2～4份高锰酸钾、6～10份$Na_4P_2O_7$依次加入烧杯中，搅拌混合均匀，在30～50℃下反应40min，反应结束后，烧杯中的产物经水洗至洗涤液无高锰酸钾颜色，过滤得到普通可膨胀石墨，将普通可膨胀石墨放入步骤二中制备的蔗糖硼酸酯镁溶液中浸泡 2.0h，然后进行过滤，将过滤后的产物移至蒸发皿中，在 50～70℃下干燥 6h，即可得到改性可膨胀石墨。

所述复合改性剂通过下述步骤制备得到：将 0.5～2.5 份脂肪酸和 0.5～2.5 份多元醇溶于 1～5 份的乙醇中，加热至 30～40℃，搅拌混合，至脂肪酸和多元醇全部溶解，自然冷却，即可得到复合改性剂。

所述改性氧化钙通过下述步骤制备得到：称取氧化钙粉体 40g，然后加入烧瓶中，并量取十八烷基三氯硅烷 0.5mL，在室温下搅拌混合 1h 即可。

产品特性　本品各组分协同作用，增强了膨胀效果，有效补偿混凝土早期收缩和后期收缩，有效预防裂缝产生。

配方 7　改性硫铝酸钙-氧化钙类混凝土膨胀剂

原料配比

原料		配比(质量份)		
		1#	2#	3#
硫铝酸钙-氧化钙类膨胀熟料		80	90	85
改性剂		20	10	15
改性剂	硅酸钠	30	40	35
	硅烷偶联剂	15	10	12.5
	羧甲基纤维素	15	10	12.5
	纳米碳酸钙	10	5	7.5
	无水乙醇	20	45	35
硫铝酸钙-氧化钙类膨胀熟料	煅烧磷石膏	7	10	8.5
	固硫灰渣	15	10	12.5
	铝渣	10	5	7.5
	铝矾土	15	10	12.5
	石灰石	50	55	53

制备方法

(1) 制备硫铝酸钙-氧化钙类膨胀熟料。

(2) 将硅酸钠、硅烷偶联剂、羧甲基纤维素、纳米碳酸钙以及无水乙醇混合搅拌均匀得到改性剂。

(3) 将硫铝酸钙-氧化钙类膨胀熟料和改性剂混合搅拌均匀，干燥处理得到所需改性硫铝酸钙-氧化钙类混凝土膨胀剂。干燥温度为 50～60℃。

原料介绍　所述硫铝酸钙-氧化钙类膨胀熟料制备方法如下：

(1) 采用煅烧法对磷石膏进行预处理，得煅烧磷石膏；所述磷石膏经 700～800℃煅烧，保温 2h 冷却至室温，得到煅烧磷石膏。

(2) 将煅烧磷石膏、固硫灰渣、铝渣、铝矾土以及石灰石混合后煅烧得到硫铝酸钙-氧化钙类膨胀熟料；所述煅烧温度为 1300℃，保温时间为 1h。

产品特性　通过改性剂对膨胀熟料颗粒的界面进行改性，可以增强硫铝酸钙-氧化钙类混凝土膨胀剂与不同类型减水剂的相容性，此外，改性剂的包裹可以减少膨胀剂对混凝土施工性能的影响，解决因膨胀剂的掺入导致减水剂掺量增加的问题。

配方 8 改性氧化钙类水泥混凝土膨胀剂

原料配比

原料		配比(质量份)					
		1#	2#	3#	4#	5#	6#
酚醛树脂和改性松香树脂		5	5	5	5	0.01	10
氧化钙类膨胀熟料	表面积为 $800m^2/kg$	95	95	—	—	99.99	90
	表面积为 $700m^2/kg$	—	—	95	—	—	—
	表面积为 $900m^2/kg$	—	—	—	95	—	—
酚醛树脂和改性松香树脂	酚醛树脂	10	10	10	10	10	10
	改性松香树脂	1	1	1	1	1	1
改性松香树脂	松香树脂	9	5	9	9	9	9
	脂肪醇聚氧乙烯醚硫酸钠	1	1	1	1	1	1
有机溶剂	无水乙醇	适量	适量	适量	适量	适量	适量

制备方法

（1）将酚醛树脂和改性松香树脂溶解于有机溶剂中，搅拌均匀得到树脂混合物。

（2）在室温条件下向所述氧化钙类膨胀熟料中加入步骤（1）所得的树脂混合物，温度升高至 50～100℃，保温反应 3～6h，真空干燥得到固体混合物，经粉磨制得改性氧化钙类水泥混凝土膨胀剂。

原料介绍　所述改性松香树脂的制备方法包括如下步骤：在惰性气氛下，将松香树脂与脂肪醇聚氧乙烯醚硫酸钠混合，在 240～270℃下反应 4～7h，反应结束后保持真空度为 0～2kPa，保持时间为 0.5～1h，即得亲水性改性松香树脂。

所述有机溶剂为无水乙醇。

产品特性

（1）本品原料成本低，制备工艺简单，解决了氧化钙类膨胀剂储存难的问题，适宜大批量生产和推广。

（2）本品用于混凝土能够增加混凝土的耐腐蚀、耐油污等方面的性能。

配方 9 钢管混凝土用膨胀剂

原料配比

原料	配比(质量份)				
	1#	2#	3#	4#	5#
氧化钙	30	36	37	38	40
氧化镁	10	16	17	18	20
氧化钡	20	27	23	22	40
氧化钾	5	7	8	8	10

续表

原料		配比(质量份)				
		1#	2#	3#	4#	5#
氧化铁		5	7	8	8	10
镍粉	10μm	3	—	—	—	—
	45μm	—	4	—	—	—
	25μm	—	—	5	—	—
	30μm	—	—	—	5	—
	15μm	—	—	—	—	5
鳞片石墨	片径 35μm,厚 5μm	3	—	—	—	—
	片径 15μm,厚 2μm	—	3	—	—	—
	片径 20μm,厚 3μm	—	—	2	—	—
	片径 30μm,厚 4μm	—	—	—	1	—
	片径 25μm,厚 2.5μm	—	—	—	—	1
冰醋酸		适量	适量	适量	适量	适量

制备方法　按质量份称取镍粉和鳞片石墨，按照镍粉和鳞片石墨总质量的 1%添加冰醋酸；将镍粉、鳞片石墨和冰醋酸混合物在混粉器内混合 50～60min；然后按照质量份向混粉器中加入氧化钙、氧化镁、氧化钡、氧化钾和氧化铁粉末，继续混粉 90～120min，制得膨胀剂。

产品特性

(1) 本品利用镍原子与铁原子良好互溶性而产生的物理吸附力提高钢管与混凝土的界面黏结力，不会发生钢管混凝土构件服役过程中原子间物理吸附力丧失的问题。

(2) 本品利用石墨的润滑性，实现膨胀剂在混凝土中均匀分布，把水合作用产生的体积膨胀均匀地作用于钢管与混凝土界面，保证钢管与混凝土黏结作用的均匀性，使钢管混凝土构件能够承受抗弯、抗折等承载方式。

(3) 本品从混凝土角度出发利用石墨的鳞片形状增加界面粗糙度，从而提高摩擦力，能够解决钢管表面状态差异而引起的黏结力太低的问题。

配方 10　钢管混凝土专用高效膨胀剂

原料配比

原料	配比(质量份)
白云石	60
硫铁矿烧渣	30
钢渣灰	10

制备方法

(1) 将白云石、钢渣和硫铁矿烧渣混合粉磨成比表面积为 150～400m^2/kg 的生料。

(2) 将步骤 (1) 制得的生料置于 1100～1350℃下煅烧 30～120min，煅烧后在空气中淬冷，获得水泥混凝土用高效膨胀熟料。

(3) 将步骤 (2) 制得的水泥混凝土用高效膨胀熟料粉磨成比表面积为200～450m^2/kg的粉料。

产品特性 采用钢渣、硫铁矿烧渣等废渣替代矾土、硬石膏等不可再生资源制备钢管混凝土专用膨胀材料，为固体废弃物（钢渣、硫铁矿烧渣）的有效处理提供了一条有效途径，对于节约资源、保护生态环境具有重要意义。

配方 11 高稳定性的混凝土膨胀剂

原料配比

原料	配比(质量份)
膨胀剂专用熟料	18～22
过烧石灰	18～22
硬石膏	38～42
矿石	5～8
炭渣	5～8
轻烧氧化镁	4～6
煤渣	14～16
塑性膨胀剂	0.2～0.3
柠檬酸	0.2～0.3

制备方法

(1) 先将块状熟料放入破碎机内进行破碎。

(2) 然后将破碎后的熟料通过下料管收集于集料仓内。

(3) 用螺旋输送机将集料仓内的熟料输送至球磨机内进行研磨。

(4) 研磨后的熟料输送至振动筛内进行筛选，将粗细度达标的熟料输送至制备装置内，粗细度未达标的熟料返回球磨机内重新研磨，然后再次输送至振动筛内进行筛选，直至粗细度全部达标为止。

(5) 分别将其余原料依次按步骤 (1) 至步骤 (4) 重复操作，直至全部研磨成粗细度达标的粉状物，并输送至制备装置内。

(6) 开启制备装置进行搅拌混合工作，最终制得混凝土膨胀剂。

原料介绍 所述的膨胀剂熟料为硫铝酸钙-氧化钙类膨胀剂熟料。

所述的塑性膨胀剂为发泡剂DC。

产品特性 本品膨胀效果好且长期稳定；提高原料的利用率；原料配比更为精确；制备装置加工工艺简单，降低成本的同时，避免了内置的搅拌装置易黏附原料且不易清洗的问题；利于环保；精准控制膨胀剂与混凝土混合的量和流速；设计合理。

配方 12 高性能混凝土膨胀剂

原料配比

原料		配比(质量份)			
		1#	2#	3#	4#
石膏	脱硫石膏	120	150	170	200
粉煤灰	一级粉煤灰	110	130	140	150

续表

原料		配比(质量份)			
		1#	2#	3#	4#
冶金锂渣	锂渣粉	60	70	80	100
硫酸铝		35	40	45	50
熟石灰		25	30	35	40
减水剂	茶皂素	7	8	—	—
	氨基磺酸钠	—	—	10	—
	磺化三聚氰胺甲醛树脂	—	—	—	12
分散剂	乙烯-丙烯酸共聚物	6	—	—	—
	硬脂酸钡	—	7	8	—
	微晶石蜡	—	—	—	10
表面活化剂	聚乙二醇辛基苯基醚	3	—	—	—
	聚氧乙烯失水山梨醇单月桂酸酯	—	4	4	—
	高分子量烷基铵盐嵌段共聚物	—	—	—	5

制备方法

（1）将石膏脱硫后研磨成粉，将冶金锂渣研磨成粉，然后将石膏、粉煤灰、冶金锂渣、硫酸铝和熟石灰进行预混搅拌。

（2）向混合物中加入减水剂、分散剂和表面活化剂，持续搅拌混合得到高性能混凝土膨胀剂。

使用方法　本品使用时的添加比例为5%～8%。

产品特性　本品中的冶金锂渣能有效提高混凝土的强度，结合减水剂减少混凝土出现开裂的情况，提高混凝土的耐久性，并且，石膏、粉煤灰混合起到很好的润滑作用，便于混凝土成型。

配方13　高原高寒地区混凝土抗冻膨胀剂

原料配比

原料		配比(质量份)			
		1#	2#	3#	4#
产气材料	硫酸联氨	50	70	—	—
	偶氮二异丁腈	—	—	60	—
	磺酰肼	—	—	—	70
速率调节材料	四硼酸钠	50	—	40	30
	焦磷酸钠	—	50	—	—

制备方法

（1）将速率调节材料溶解于3～7倍的水中获得溶液。

（2）将溶液逐滴加入搅拌的产气材料中。

（3）烘干，粉磨即可。

原料介绍　本品利用速率调节材料与产气材料在水中溶解度的差异，将速率调节材料的水溶液通过高速改性的方式包覆在产气材料的表面，当本品的混凝土抗冻膨胀剂掺入混凝土中之后，包覆在产气材料外侧的速率调节材料可以络合消耗水泥水化初期产生的碱，避免产气材料与碱过早接触产气；当表面速率调节材料被碱消耗完毕时，再产生的碱才能与产气材料接触，从而引发产气反应。通过控制速率调节材料的比例，可以控制碱与产气材料接触的时间，从而控制产气的时间，将主要产气过程控制在混凝土摊铺振捣以后，由于反应引气量与碱反应的气体可以通过掺量控制，分散良好的引气材料引入的气泡微小，且分布均匀，在混凝土中基本不会再移动，不会团聚成大气泡，可以达到良好的引气效果。

产品特性

（1）本品在混凝土中使用时可以同时起到提高抗冻性能和早期抗裂性能的作用，且产气时间可控。

（2）本品具有使用效果稳定、操作简单、针对性强的优点。

配方 14　混凝土复合膨胀剂

原料配比

原料	配比(质量份)		
	1#	2#	3#
循环流化床固硫灰渣	30	35	40
粉煤灰	10	15	20
石灰	1	5	10
煅烧镁渣	10	14	18
煅烧磷石膏	8	10	12
煅烧铝矾土	5	8	10

制备方法

（1）将铝矾土进行煅烧预处理，得煅烧铝矾土，将磷石膏进行煅烧预处理，得煅烧磷石膏，将镁渣进行煅烧预处理，得煅烧镁渣。

（2）将循环流化床固硫灰渣、粉煤灰、石灰、煅烧镁渣、煅烧磷石膏、煅烧铝矾土混合，研磨并过筛，搅拌处理，得混合粉料，陈化，即得混凝土复合膨胀剂。过筛为过 80～100 目筛。所述的搅拌处理为在搅拌速度为 400～600r/min 下搅拌 30～40min。陈化为在室温下静置陈化 5～7 天。

原料介绍　本品以循环流化床固硫灰渣、粉煤灰、石灰、镁渣、磷石膏和铝矾土为原料，制备出混凝土复合膨胀剂，循环流化床固硫灰渣中含有较多的活性 Al_2O_3 和游离的 CaO，火山灰活性高，具有火山灰活性的粉煤灰在 $Ca(OH)_2$ 的激发作用下，活性的 Al_2O_3 与 $CaSO_4$ 反应，生成钙矾石，为混凝土提供早期膨胀，钙矾石反应完全后，粉煤灰中剩余的游离 CaO 以及外加钙源中的 CaO 继续水化，引起混凝土体积膨胀，为混凝土提供后期膨胀。

所述的铝矾土煅烧预处理为在温度为 680～720℃下保温煅烧 0.5～1.5h，冷却至室温，研磨并过 20～30 目筛。

所述的磷石膏煅烧预处理为在 40～50℃的烘箱中干燥至恒重，得干燥磷石膏，在温度为 600～700℃、升温速率为 10～15℃/min 下保温煅烧 1～2h，冷却至室温，研磨并过 20～

30 目筛。

所述的镁渣煅烧预处理为在温度为 600～1000℃下保温煅烧 1～2h，冷却至室温，研磨并过 20～30 目筛。

产品特性　这种复合的膨胀剂使混凝土体积连续、均匀地膨胀，能够有效地补偿混凝土早期和后期的收缩，保证混凝土结构的稳定，镁渣具有一定的水化活性和潜在膨胀性，MgO 作为后期膨胀源，补偿后期的收缩，镁渣和粉煤灰可以填充于骨料和水泥水化的孔隙中，使孔隙细化，降低孔隙率，改善孔结构，使密实度增大，强度提高。

配方 15　混凝土抗裂膨胀剂（1）

原料配比

原料		配比(质量份)		
		1#	2#	3#
磷渣粉		25	20	30
镍渣粉		13	15	10
改性磷石膏		25	30	20
粉状萘系减水剂		18	15	20
膨胀蛭石粉		7	5	9
六偏磷酸钠		4	5	3
羟丙基甲基纤维素		8	10	5
淀粉化合物		7	5	10
改性磷石膏	磷石膏	100	100	100
	改性剂	4	3	5
淀粉化合物	木薯淀粉	10	10	10
	聚乙二醇 200	35	35	35
	盐酸	2	2	2
	N,*N*-二甲基甲酰胺	12	12	12
	氨基磺酸	2	2	2
氢氧化钠溶液		适量	适量	适量

制备方法

（1）将磷渣粉和镍渣粉混合均匀，再加入改性磷石膏，混合均匀，得料 1。

（2）将粉状萘系减水剂、膨胀蛭石粉、六偏磷酸钠、羟丙基甲基纤维素和淀粉化合物混合均匀，得料 2。

（3）将料 1 均分为三份，将第一份加至料 2 中，混合均匀；再加入第二份，混合均匀；最后加入第三份，混合均匀，得混凝土抗裂膨胀剂。

原料介绍　所述的改性磷石膏是由磷石膏在惰性气体气氛下，在 600℃煅烧 2～3h，自然降温至 30～50℃，与改性剂混合均匀，加水至含水量为 20%～30%，反应 12～16h，烘干，得改性磷石膏。

所述的改性剂是由硫酸铝、煅烧明矾石和偏硅酸钠按照 1∶0.8∶0.4 的质量比制得的。

所述的淀粉化合物是由以下步骤制备得到的：

（1）按质量份称取原料：木薯淀粉 10 份、聚乙二醇 200 35 份、盐酸 2 份、*N*,*N*-二甲基甲酰胺 12 份、氨基磺酸 2 份。

（2）将木薯淀粉和聚乙二醇 200 加至反应釜中，搅拌均匀；再加入盐酸，升温至 70℃，反应 6h，过滤，得水解木薯淀粉。

（3）将 *N*,*N*-二甲基甲酰胺和氨基磺酸加至反应釜中，搅拌均匀；再加入水解木薯淀粉，升温至 90℃，反应 1h，自然冷却至室温，用氢氧化钠溶液调节 pH 值至 6.5～7.5，干燥，得淀粉化合物。

所述的磷渣粉的比表面积为 600～800m^2/kg。

所述的镍渣粉的比表面积为 400～600m^2/kg。

所述的膨胀蛭石粉的粒径为 35～45μm。

产品特性

（1）本品不仅膨胀率高，补偿收缩作用好，能与混凝土强度相适应，且适应性强，可用于不同强度等级的混凝土，还具有高效减水和一定的增强作用。

（2）本品使混凝土各龄期产生的收缩均能得到同步补偿，有利于混凝土抗裂性能和抗渗性能的提高。

（3）在混凝土中掺入本品后能显著提高混凝土的密实度、抗渗性能、抗冲刷性能和耐磨性能。

（4）本品还实现了磷渣粉、镍渣粉和磷石膏的废物再利用，变废为宝，具有较好的生态效益。

配方 16 混凝土抗裂膨胀剂（2）

原料配比

原料		配比(质量份)	
		1#	2#
异丙醇		7	9
三乙醇胺		6	7
氟石膏		30	25
磷矿渣		40	45
氧化镁		20	25
高效减水剂		15	18
糊精		2	3
钢渣粉		10	12
多乙烯基硅油		2	3
聚酰胺环氧氯丙烷树脂		6	7
络合剂	乙二胺四乙酸和乙二胺四乙酸二钠	0.3	—
	乙二胺四乙酸四钠和乙二胺四亚甲基膦酸钠	—	0.2

制备方法　将各组分原料混合均匀即可。

原料介绍　所述的高效减水剂为由萘系减水剂和氨基磺酸盐减水剂复配而成，比例为 1∶(0.3～0.8)。

氟石膏作为主要的活性成分，能与其它组分的成分发生反应，生成高强度的活性物质，如水性硅酸钙、水化铝酸钙和水化硫酸钙等，此外氟石膏还能在一定程度上作为凝结时间调节剂使用。

磷矿渣和氧化镁均能有效地与其他组分发生反应，显著提高混凝土的强度。

异丙醇和三乙醇胺配合使用可改善混凝土的工作性能和状态，提高混凝土后期的强度。

糊精与水泥中的氢氧化钙生成不稳定铬合物，抑制硅酸三钙水化而暂时延缓了水泥的水化进程，同时对抑制混凝土坍落度损失具有非常好的效果，还可以调节、控制坍落损失，杜绝混凝土离析，使混凝土在所需要的时间段内保持良好的流动性和可泵性，尤其在炎热高温的环境下水化热释放减慢，有利于热量消散从而降低混凝土内外温差，避免产生温度裂缝，可显著提高混凝土的密实程度从而提高混凝土的耐久性。

钢渣粉起到收缩补偿的作用，防止混凝土收缩开裂。

多乙烯基硅油和聚酰胺环氧氯丙烷树脂增强了混凝土的抗裂性能，增加混凝土的黏性，极大地改善了混凝土内部的孔隙结构，从而避免了孔隙藏水结冰膨胀、产生裂缝而导致混凝土结构被破坏，提高了混凝土的耐久性，延长了混凝土的使用寿命。

产品特性　本品可减缓混凝土后期强度的下降，而且可有效填补混凝土硬化过程中自身体积的收缩，以及水化热引起的冷缩毛细孔隙，提高了混凝土的致密度。

配方 17　混凝土膨胀剂（1）

原料配比

原料		配比(质量份)				
		1#	2#	3#	4#	5#
石灰石	氧化钙的质量分数为 25%	50	—	—	—	—
	氧化钙的质量分数为 30%	—	—	—	80	70
	氧化钙的质量分数为 40%	—	90	—	—	—
	氧化钙的质量分数为 50%	—	—	60	—	—
硬石膏	三氧化硫的质量分数为 43%	8	—	—	—	—
	三氧化硫的质量分数为 46%	—	—	—	10	—
	三氧化硫的质量分数为 45%	—	30	—	—	15
	三氧化硫的质量分数为 50%	—	—	25	—	—
铝矾土	三氧化二铝的质量分数为 40%	2	—	—	—	—
	三氧化二铝的质量分数为 48%	—	—	—	15	—
	三氧化二铝的质量分数为 50%	—	20	—	—	—
	三氧化二铝的质量分数为 42%	—	—	5	—	—
	三氧化二铝的质量分数为 45%	—	—	—	—	10
石墨烯		3	5	4.5	3.5	4
苯乙烯-马来酸酐接枝蔗糖共聚物		3	5	3.5	4.5	4
碱金属粉末		0.2	0.3	0.28	0.22	0.25
酸性高炉渣		5	8	6	7	6.5
酒石酸		0.2	0.3	0.28	0.24	0.25
固态镍		1	2	1.2	1.8	1.5
松香热聚物		2	3	2.8	2.2	2.5
聚乙二醇脂肪酸酯		2	3	2.2	2.8	2.5

制备方法

（1）按配比混合石灰石、硬石膏以及铝矾土并磨粉，得粉料；将粉料分成质量比为5∶2∶1的第一粉料、第二粉料和第三粉料。

（2）预热煅烧窑至煅烧窑的温度为500～800℃，通入第一粉料，第一次升温至1000～1100℃，第一次煅烧15～20min；然后通入第二粉料以及剩余的除粉料以外的其它原料，第二次煅烧10～15min；第二次升温至1200～1250℃后通入第三粉料，第三次煅烧8～10min。第一次升温的速率为50～60℃/min，第二次升温的速率为80～100℃/min。第一次煅烧过程中，所述煅烧窑的窑速为3～4r/min；第二次煅烧过程中，所述煅烧窑的窑速大于2.5r/min且低于第一次煅烧过程中的窑速；第三次煅烧过程中，所述煅烧窑的窑速大于2.2r/min且不超过第二次煅烧过程中的窑速。在第二次煅烧结束前3～5min以及第三次煅烧结束前1～1.5min均分别以对流形式向所述煅烧窑中通入由所述煅烧窑的外部吹向所述煅烧窑的中心的惰性气体。第三次煅烧后将所得的混凝土膨胀剂初品研磨至比表面积为200～300m^2/kg。

产品特性　本品成本低，能将品质较差的铝矾土变废为宝，在解决建材行业自然资源短缺的问题的同时，还能使产品具有优良的膨胀性能以及力学性能。其制备方法简单，一方面能够有效改善烧结情况，缓解窑内结圈现象，有利于提高煅烧窑的转运率及膨胀剂的产品质量；另一方面能有效减少燃煤消耗，降低NO_x和CO_2的排放量，绿色环保。该混凝土膨胀剂的混凝土膨胀效果好。

配方18　混凝土膨胀剂（2）

原料配比

原料		配比(质量份)		
		1#	2#	3#
硫铝酸盐熟料		650	750	850
无水石膏		100	200	250
石灰石		50	100	150
粉煤灰		50	65	80
石棉		50	75	100
TDI		50	75	100
HPA		20	30	50
甲苯		适量	适量	适量
硫铝酸盐熟料	铝矿石	550	700	850
	石灰石	150	230	300
	二水石膏	50	100	150

制备方法

（1）将石棉、TDI分散在无水甲苯中，抽真空后充入氮气，在80～100℃下分散搅拌5～7h，离心分离出固态物。

（2）将步骤（1）得到的固态物分散在无水甲苯中，加入HPA，抽真空后充入氮气，在80～100℃下分散搅拌36～50h，反应结束后离心分离出固态物。

(3) 将硫铝酸盐熟料、无水石膏、石灰石和填充料混合均匀。

① 将硫铝酸盐熟料粉磨至颗粒比表面积为 170～230m^2/kg。

② 将无水石膏粉磨至颗粒比表面积为 200～250m^2/kg。

③ 将石灰石和填充料粉磨至颗粒比表面积为 250～300m^2/kg。

④ 将步骤①、②和③得到的物料混合搅拌 15～25min，得到混合物料。

(4) 将步骤 (2) 得到的固态物与步骤 (3) 得到的粉料混合，制成混凝土膨胀剂。

原料介绍　所述填充料为粉煤灰、矿粉、硅粉或石粉中的一种或其任意组合。

所述的石棉采用温石棉，纤维长度为 1～3mm。

产品特性

(1) 石棉纤维与颗粒状的粉料形成填充结构，可有效提高混凝土强度，此外，通过添加 TDI 和 HPA，对石棉中的 SiO_2 进行改性，形成 SiO_2 交联基，SiO_2 交联基相互交联或者与 $Ca(OH)_2$ 交联形成空间网络结构，提高混凝土强度，防止其开裂。

(2) 通过控制熟料、石膏粉磨和石灰石的粉磨颗粒组成范围，形成粗细搭配，制成的膨胀剂膨胀效率可达到最优值。

配方 19　混凝土膨胀剂（3）

原料配比

原料	配比(质量份)				
	1#	2#	3#	4#	5#
粉煤灰	30	31	32	33	34
矿渣	32	33	34	35	36
硫铝酸钙	1	2	3	4	5
氧化镁	12	13	14	15	16
聚丙烯纤维	14	15	16	17	18
氧化钙	16	17	18	19	20
沸石粉	7	8	9	10	11
硫酸铵	13	14	15	16	17
柠檬酸钠	9	10	11	12	13
改性硅藻土粉	12	13	14	15	16
十二烷基硫酸钠	13	14	15	16	17
羟甲基纤维素	5	6	7	8	9
乙二醇	6	7	8	9	10
安息香酸	9	10	11	12	13
水	适量	适量	适量	适量	适量

制备方法

(1) 将粉煤灰、矿渣、硫铝酸钙、氧化镁、聚丙烯纤维、氧化钙和沸石粉倒入球磨机中进行球磨处理，得到第一混合粉末，放入容器 A 中待用；球磨机的转速设置为 1000～1200r/min，球磨后的颗粒粒径设置为 10～20μm。

(2) 将硫酸铵、柠檬酸钠、改性硅藻土粉、十二烷基硫酸钠、羟甲基纤维素和安息香酸倒入球磨机中进行球磨处理，得到第二混合粉末，放入容器 B 中待用；球磨机的转速设置为 1000～1200r/min，球磨后的颗粒粒径设置为 20～30μm。

(3) 将 (1) 中所述的容器 A 中的第一混合粉末和 (2) 中所述的容器 B 中的第二混合粉末倒入混合机中进行混合处理，并且在混合的过程中倒入适量的水和乙二醇，得到混合物；混合机的转速设置为 2000～3000r/min，且混合机的内部温度设置为 35～45℃。

(4) 将 (3) 中所述的混合物放入模具中进行压制处理，压制完成后放入烘箱中进行烘干处理；烘箱的温度设置为 80～120℃，烘箱的时间设置为 30～40min。

(5) 将 (4) 中的所得物放入粉碎机中进行粉碎处理，粉碎完成后过筛即得最终的混凝土膨胀剂。

产品特性　本品利用膨胀所产生的压力抵消混凝土由于自缩、干缩、冷缩而产生的拉应力，防止或减少混凝土开裂，新增的聚丙烯纤维和羟甲基纤维素降低了混凝土表面的析水与集料的离析，从而有效提高了混凝土的抗渗能力。

配方 20　混凝土膨胀剂（4）

原料配比

原料		配比(质量份)		
		1#	2#	3#
混合物	硅酸盐水泥	10	10	10
	骨料	5	5	5
	粉煤灰	4	5	3
	钢渣	1	2	1
水		10	11	9
酸性纸浆废液		1	1	1
高效超塑化剂		0.1	0.1	0.1
聚丙烯短纤维		适量	适量	适量

制备方法

(1) 将硅酸盐水泥、骨料、粉煤灰、钢渣按质量比例初步搅拌成混合物。

(2) 在步骤 (1) 的混合物中加入水，在室温条件下搅拌 15min，制得水灰浆。

(3) 将水灰浆与酸性纸浆废液、聚丙烯短纤维、高效超塑化剂搅拌混匀，其中的聚丙烯短纤维的用量为 $0.7kg/m^3$，加入完毕后，在室温条件下再次搅拌 25min，在此过程中会产生大量的气泡，然后得到混凝土膨胀剂。

原料介绍　所述骨料为淤泥基陶粒和/或砂，所述的淤泥基陶粒的细度模数为 2.0、砂的细度模数为 1.5。

所述酸性纸浆废液中的成分为游离的亚硫酸盐、硫化钠和木质素。

所述粉煤灰的比表面积为 $470m^2/kg$。

所述钢渣的比表面积为 $450m^2/kg$，密度为 $3.1g/cm^3$。

所述的高效超塑化剂为羟基羧酸盐系的外加剂，由葡萄糖酸钠、酒石酸钠和柠檬酸钠组成，三者的摩尔比为 1∶1∶1。

产品特性

(1) 将纸浆废液运用于混凝土的制作工艺中，可以有效地变废为宝，并且酸性纸浆废液中含有的游离的亚硫酸盐、硫化钠、木质素多种成分中含有的表面活性成分可以促进泡沫混凝土的发泡，进一步降低混凝土的质量。

（2）粉煤灰、钢渣具有较大的比表面积，可以提高混凝土基材的抗压强度。

（3）在泡沫混凝土中加入聚丙烯短纤维可以阻止混凝土裂缝的产生，延长混凝土的使用寿命，同时提高混凝土的抗震性能。

配方 21 混凝土膨胀剂（5）

原料配比

原料	配比(质量份)		
	1#	2#	3#
硫铝酸钙	35	60	55
聚乙烯亚胺	22	10	18
矿物质	35	55	45
保塑剂	15	10	12
纳米级含硅化合物	20	35	30
碳酸钾	25	6	12
羧甲基纤维素	10	18	12
醋酸丁酯	12	6	10

制备方法　先将硫铝酸钙、矿物质以及纳米级含硅化合物混合均匀，再加入保塑剂、碳酸钾、羧甲基纤维素、醋酸丁酯和聚乙烯亚胺，搅拌均匀，得到所述混凝土膨胀剂。

原料介绍　所述矿物质为硅灰粉、碳酸钙粉、石英粉、一级粉煤灰以及石膏粉中的一种或几种。

所述保塑剂为柠檬酸钠、葡萄糖酸钠、三聚磷酸钠、六偏磷酸钠以及硼砂中的一种或几种。

所述纳米级含硅化合物为纳米级硅酸钠、纳米级硅酸钾、纳米级硅酸钙中的一种或几种。

产品特性　本品加入纳米级含硅化合物，可以起到很好的协同增效作用，并且本品经过合理配置，可制备得到一种具有性能较优的混凝土膨胀剂。

配方 22 混凝土膨胀剂（6）

原料配比

原料		配比(质量份)				
		1#	2#	3#	4#	5#
烧结脱硫灰		35	35	35	35	35
配料		63.5	63.5	63.5	63.5	30
氧化镍		1.5	1.5	1.5	1.5	1.5
无水乙醇		适量	适量	适量	适量	适量
配料	钒铁渣	52	65	52	55	55
	菱镁矿	25	20	25	25	25
	氧化铝	23	15	20	20	20

制备方法

(1) 将原料和配料分别破碎，再经球磨机粉磨，将粉磨后的原料和配料装入振筛机，筛选出粒径<1.18mm 的粉状原料和配料。

(2) 将原料、配料、催化氧化剂按比例混合均匀，加入无水乙醇，在 1.5～4MPa 压力下压实成型，晾干。

(3) 将步骤 (2) 制得的试样在富氧条件下煅烧，煅烧温度为 1250～1350℃，煅烧时间为 0.5～1.2h。

(4) 将步骤 (3) 制得的试样取出激冷，破碎粉磨过 1.18mm 方孔筛，得混凝土膨胀剂。

原料介绍　所述原料为烧结脱硫灰。

所述烧结脱硫灰的成分中，半水亚硫酸钙的质量分数为 50%～65%，碳酸钙或氢氧化钙的质量分数为 30%～40%。

所述钒铁渣中氧化钙含量大于 60%、小于 100%。所述菱镁矿中氧化镁含量大于 80%、小于 100%。

所述催化氧化剂为氧化镍、氧化铜、氧化锰中的一种或几种的组合，其可在高温富氧条件下促进亚硫酸钙氧化为硫酸钙。

钒铁渣、氧化铝及被氧化的脱硫灰（结脱硫灰）经过高温化合后可生成硫铝酸钙类物质，经水化后体积膨胀，可补偿混凝土早期、中期的收缩；菱镁矿高温煅烧后生成反应活性为慢型的氧化镁，补偿混凝土后期的收缩。半水亚硫酸钙在高温氧化后可还原成硫酸钙，与配料中的氧化铝可生成硫铝酸钙物质，经水化后体积膨胀，可补偿混凝土早期、中期的收缩。碳酸钙和氢氧化钙也是对补偿收缩有利的成分。

产品特性

(1) 本品可有效补偿混凝土各个龄期产生的收缩，膨胀性能好，且可利用工业生产中难以利用的脱硫灰，有利于环境保护。

(2) 本品不含钠盐，不会引起混凝土碱骨料反应，耐久性良好，膨胀性能稳定，强度持续上升。在混凝土中掺入 8%～12%的膨胀剂，可拌制成补偿收缩混凝土，大大提高混凝土结构的抗裂防水能力，可取消外防水作业，解决脱硫灰大量堆存带来的问题，又可节约不可再生的自然资源。

配方 23　混凝土膨胀剂 (7)

原料配比

原料		配比(质量份)					
		1#	2#	3#	4#	5#	6#
高铁废渣	电解锰渣	16	20	—	—	17	25
	钢渣	—	—	17	—	—	—
	针铁矿渣	—	—	—	12	—	—
铝源	铝渣	24	22	—	30	—	—
	高铝粉煤灰	—	—	28	—	27	25
钙源	电石渣	57	56	—	55	—	—
	石灰石	—	—	52	—	50	47

续表

原料		配比(质量份)					
		1#	2#	3#	4#	5#	6#
石膏	磷石膏	3	2	—	—	6	3
	脱硫石膏	—	—	3	—	—	—
	氟石膏	—	—	—	3	—	—
水		适量	适量	适量	适量	适量	适量

制备方法

(1) 将高铁废渣、钙源、铝源、石膏混匀，并加入其总质量2倍的水进行球磨。

(2) 浆料烘干后放入电阻中进行焙烧，其中烧结温度为1100～1300℃，保温时间为0.5～2h。

(3) 将烧完的物质磨细至一定细度，比表面积为150～350m^2/kg，获得混凝土膨胀剂。

原料介绍　所述的高铁废渣为电解锰渣、钢渣或针铁矿渣，其中Fe_2O_3≥30%，加入量为15%～25%。

所述的钙源为电石渣或石灰石，其中CaO≥40%，加入量为40%～50%。

所述的石膏为磷石膏、脱硫石膏或氟石膏，加入量为1%～10%。

产品特性　本品所用的原料为高铁废渣、工业副产石膏等。高铁废渣包括电解锰渣、镍铁渣、炼铁厂尾渣、硫铁矿渣等含铁量较高的工业废渣，工业副产石膏包括磷石膏、脱硫石膏、氟石膏等工业副产品，具有资源再次利用，成本低等特点。

配方 24　混凝土膨胀剂(8)

原料配比

原料	配比(质量份)		
	1#	2#	3#
硫铝酸钙	30	50	40
镁渣	10	20	15
改性高岭土	8	12	10
硅灰	6	10	8
钢渣	4	8	6
改性聚丙烯纤维	1	3	2
氧化钙	1	2	1.5
外加剂	0.1	0.3	0.2

制备方法

(1) 原料准备：按质量份配比要求称取所需原料硫铝酸钙、镁渣、改性高岭土、硅灰、钢渣、改性聚丙烯纤维、氧化钙和外加剂，备用。

(2) 原料混合：将硫铝酸钙、镁渣、改性高岭土、硅灰、钢渣依次加入搅拌罐内，进行混合搅拌处理，搅拌均匀，得到混合料；混合搅拌的转速为800～1000r/min，时间为10～15min。

（3）辅料制作：将改性聚丙烯纤维、氧化钙和外加剂进行混合搅拌处理，混合均匀，得到辅料。

（4）膨胀剂制作：将上述辅料分三次加入搅拌罐内的混合料中，边加料边搅拌，搅拌均匀后，得到膨胀剂成品。混合搅拌的转速为1000～1200r/min，时间为15～30min。

原料介绍　所述改性高岭土采用以下方法制备而成：

（1）将高岭土通过磨盘机进行粉碎、研磨、过筛后，得到高岭土粉末。

（2）向上述高岭土粉末中加入高岭土质量3%～7%的硫酸钠，混合均匀，得到混合料。

（3）将上述混合料放入煅烧炉进行煅烧处理，得到改性高岭土。煅烧温度为1000～1200℃，煅烧时间为3～5h。

所述改性聚丙烯纤维采用以下方法制备而成：

（1）将碳酸钙和聚丙烯树脂混合熔融纺丝后，制得填充聚丙烯纤维。

（2）将上述填充聚丙烯纤维用硅烷偶联剂进行表面改性，得到改性聚丙烯纤维。

所述外加剂为减水剂、增稠剂、缓凝剂中的任意一种或几种的混合物。

产品特性　本品原料中添加有改性聚丙烯纤维，能够提高混凝土的断裂韧性和抗渗能力，且其具有良好的亲水性，使得其分散性能好，适应性强；同时，通过改性高岭土、硅灰、钢渣的配合，能够节省混凝土原料，降低生产成本，改善混凝土的强度；本品具有膨胀率高、适应性强、补偿收缩作用好、抗压、抗折强度高的优点，其制备流程简单，操作方便，成本较低，适宜大规模生产。

配方 25　混凝土膨胀剂（9）

原料配比

原料	配比(质量份)		
	1#	2#	3#
沉珠	25	24	26
天然高分子纤维素	15	14	16
木质素	15	14	16
吸水性树脂	4	3	5
弹性骨料	15	14	16
可分散活化剂	5	4	6
减水剂	0.7	0.6	0.8
乳胶	8	7	9
水溶性树脂	5	4	6
分散剂	0.7	0.6	0.8
消泡剂	0.6	0.5	0.7
硫酸铝	7	6	8
氧化钙	18	17	19
羟基羧酸盐	0.7	0.6	0.8
粉末沥青	3	2	4
缓凝剂	4	3	5
水	适量	适量	适量

制备方法

（1）将沉珠、吸水性树脂、弹性骨料、水溶性树脂、硫酸铝、氧化钙、羟基羧酸盐、粉末沥青以及天然高分子纤维素、木质素加入球磨设备中磨至所要求的细度。

（2）按比例加入可分散活化剂、减水剂、乳胶、分散剂、消泡剂、缓凝剂和水，混合均匀后继续研磨至比表面积为 $500m^2/kg$。

（3）将制备好的膨胀剂冷却至室温后装袋封存。

原料介绍　所述弹性骨料的粒径在0.05～0.20mm范围内，且所述弹性骨料为橡胶粒、硅胶颗粒和塑料颗粒中的一种或多种的组合。

所述减水剂为粉体的聚羧酸系减水剂或萘系减水剂，所述可分散活化剂为碳酸钙、硫酸钠和氯化锌中的一种或多种的组合。

所述水溶性树脂为水溶性脲醛树脂、水溶性环氧树脂、水溶性丙烯酸改性醇酸树脂中的一种或多种的组合，所述沥青粉末的平均粒径≤80μm，且所述沥青粉末是由乳化后的沥青经喷雾干燥后得到。

所述羟基羧酸盐为葡萄糖酸锌、D-葡萄糖酸钠和葡萄糖酸钾中的一种或多种的组合，所述缓凝剂为柠檬酸钠和L-酒石酸中的一种或两者的组合物。

所述沉珠的平均粒径约为1.2μm，且所述沉珠是由燃料锅炉燃烧所产生的烟灰获得。

所述的天然高分子纤维素、木质素的制备方法如下：

（1）将经过除杂的秸秆分散在异丙醇和氢氧化钠的混合溶液中并投放到带有搅拌器的水浴反应釜中，水浴加热升温，搅拌反应6～13h，过滤去除滤渣，得到天然高分子纤维素和木质素碱液。

（2）将所得到的天然高分子纤维素和木质素碱液用质量分数为95%的冰醋酸以缓慢滴加的方式中和至中性，得到天然高分子纤维素、木质素悬浮液。

（3）在碱性溶液中将天然高分子纤维素、木质素悬浮液和3-氯-2-羟丙基三甲基氯化铵反应，在天然高分子纤维素、木质素的分子链上接枝2-羟丙基三甲基氯化铵，然后再在乙醇-水混合溶剂中与氯乙酸反应，在天然高分子纤维素、木质素上接枝乙酸基团，改性成阴离子和阳离子两性型吸附剂天然高分子纤维素、木质素。

产品特性　本品通过添加经过改性的木质素和天然高分子纤维素，具备阳离子型和阴离子型吸附剂的特点，天然高分子纤维素、木质素等天然高分子分子链上带有大量的羟基等活性基团，使得膨胀剂与混凝土之间具有良好的吸附络合性能，从而可在较高程度上降低混凝土收缩产生开裂的风险，还可缓解秸秆带来的污染，是一种环保、经济、安全、充填强度高、成本低的技术。

配方 26　混凝土膨胀剂（10）

原料配比

原料		配比(质量份)		
		1#	2#	3#
复合料	蛭石	15	13	10
	氧化铝	5	5	5
	乙二胺四乙酸二钠	1.5	1.2	1
插层剂	十六烷基三甲基溴化铵	6	6	6
	十二烷基磺酸钠	3	2	1

续表

原料		配比(质量份)		
		1#	2#	3#
辅助料	戊二醛	6	6	6
	硝酸钙	15	14	13
混合溶剂	氢氧化钠溶液	8(体积)	8(体积)	8(体积)
	丙酮	5(体积)	4(体积)	3(体积)
包裹剂	魔芋胶	9	9	9
	阿拉伯胶	4	3	2
干燥物	复合料	3	3	3
	0.8mol/L硝酸溶液	12	11	10
基料	干燥物	1	1	1
	水	6	6	6
	插层剂	0.15	0.13	0.1
过筛颗粒	基料	6	6	6
	γ-聚谷氨酸	3	3	3
	水	9	8	7
养护混合物	过筛颗粒	4	4	4
	磷石膏	9	8	6
	氧化钙	7	5	3
养护混合物		13	13	13
混合溶剂		21	20	9
包裹剂		13	11	10

制备方法

(1) 取复合料、0.8mol/L 硝酸溶液按质量比 3∶(10～12) 进行超声震荡 30min，过滤，洗涤，干燥，收集干燥物，将干燥物与水按质量比 1∶6 混合均匀，再加入插层剂，在 80℃以 500r/min 的转速搅拌保温 6h，喷雾干燥，得基料。

(2) 将基料、γ-聚谷氨酸及水混合均匀，放入反应釜中，使用氮气保护，在 50℃预热 30min，再加入辅助料，升温至 90℃，调节 pH 值至 6，搅拌 9h，降温至室温，再搅拌混合 10min，冷冻干燥，得初料。

(3) 将初料进行粉碎，过 200 目筛，收集过筛颗粒，将过筛颗粒、磷石膏及氧化钙混合，以 200r/min 的转速球磨 45min，收集球磨物，将球磨物放入养护箱中进行蒸汽养护，设定温度为 100℃。

(4) 在养护结束后，收集养护混合物，将养护混合物、混合溶剂及包裹剂混合，进行超声震荡，冷冻干燥，收集冷冻干燥物，即得混凝土膨胀剂。

原料介绍　所述的复合料的制备方法为：将蛭石、氧化铝按质量比搅拌混合，再加入乙二胺四乙酸二钠，搅拌，静置，喷雾干燥，即得复合料。

所述混合溶剂为氢氧化钠溶液、丙酮按体积比 8∶(3～5) 混合而成。

产品特性

(1) 本品在使用时，首先包裹剂被破坏，被包裹物质暴露，可以对钙离子进行聚集，随后利用高活性的多孔颗粒，促进氢氧化钙的激发性能，使硝酸铝与氢氧化钙反应，生成铝酸钙并且为混凝土提供早期膨胀，随后原料中游离 CaO 以及外加钙源中的 CaO 继续水化，引起混凝土体积膨胀，为混凝土提供后期膨胀，从而让膨胀剂使混凝土体积连续、均匀地膨胀，能够有效地补偿混凝土早期和后期的收缩，保证混凝土结构的稳定，磷石膏具有一定的水化活性和潜在膨胀性，可以作为后期膨胀源，补偿后期的收缩，其次由于钙离子被二次包裹，需要通过包裹自身的降解实现释放，由此增加对钙离子的提供，降低了后期的收缩。

(2) 加入本品混凝土膨胀剂制成的混凝土，可以产生适度膨胀，补偿混凝土收缩，大幅度减少混凝土收缩而引起的裂缝，且持续稳定效果好。

配方 27　混凝土膨胀剂（11）

原料配比

原料		配比(质量份)				
		1#	2#	3#	4#	5#
改性氧化钙	氧化钙	—	50	40	—	50
	柠檬酸	—	4	3	—	4
	膨润土	—	10	7	—	10
	乙醇	—	50	40	—	50
改性氧化镁	氧化镁	—	30	50	30	—
	柠檬酸	—	2	4	2	—
	膨润土	—	5	10	5	—
	乙醇	—	30	50	30	—
改性金属氧化物	氧化钙	16.5	—	—	—	—
	氧化镁	23.5	—	—	—	—
	柠檬酸	3	—	—	—	—
	膨润土	8	—	—	—	—
	乙醇	40	—	—	—	—
改性氧化钙		—	10	7	—	17
改性氧化镁		—	12	10	17	—
改性金属氧化物		17	—	—	—	—
木质素磺酸钠		2	3	2	2	2
海藻酸钠		15	20	15	15	15
氯化钙		7	10	7	7	7
三聚磷酸钠		1.5	2	1.5	1.5	1.5

制备方法

(1) 将三聚磷酸钠研细至 100～200 目，加入改性金属氧化物、改性氧化钙、改性氧化镁，球磨 1～2h，混合均匀。

(2) 将步骤 (1) 得到的混合料加入水中，超声分散均匀，加入木质素磺酸钠和海藻酸钠，搅拌溶解，提高搅拌转速搅拌 0.5～1h，滴加氯化钙溶液，保持搅拌转速不变，反应 0.5～1h，停止搅拌，过滤，得到混凝土膨胀剂。所述超声功率为 1000～2000W，超声时间为 10～30min；所述搅拌转速为 200～500r/min，提高搅拌转速至 1000～2000r/min。

原料介绍　所述改性金属氧化物的制备方法如下：

(1) 将金属氧化物在 80～100℃烘干，然后按比例加入柠檬酸、膨润土和乙醇，球磨混合 2～4h。

(2) 将步骤 (1) 中的混合料过滤，洗涤，并于 80～100℃干燥 10～20min。

(3) 将步骤 (2) 得到的干燥物在 400～500℃下煅烧 0.5～1h，粉碎至 100～200 目，得到改性金属氧化物。

所述氯化钙溶液中氯化钙的质量分数为 1.5%～3%。

使用方法　在混凝土中加入膨胀剂，加入弱酸性水溶液搅拌 10～30min，加入弱碱性溶液，继续搅拌 10～30min。所述弱酸性溶液为 1%～3%的乙酸溶液；所述弱碱性溶液为 1%～3%的碳酸钠溶液。所述混凝土膨胀剂、弱酸性水溶液和弱碱性溶液的质量比为 (1～3)∶(20～50)∶(20～50)。

产品特性　本品混凝土膨胀剂加入混凝土中，不会立即水化膨胀，避免了普通膨胀剂在混凝土浆体处于流体时就发挥作用，则产生的膨胀大部分被浆体吸收，且不会造成浆体膨胀，导致膨胀材料被大量消耗，在水泥浆硬化后不会产生膨胀；本品的水化速度和同养护条件下水泥浆体结构的形成速度同步，在水泥浆体结构形成时开始水化，当水泥浆体具有较低胶凝强度时，膨胀材料反应速率达最大，水泥浆硬化以后，膨胀材料反应速率逐渐减缓，从而能产生足够的塑性膨胀和一定的后期膨胀，达到双膨胀的效果。

配方 28　混凝土膨胀剂（12）

原料配比

原料		配比(质量份)		
		1#	2#	3#
混凝土膨胀熟料	石灰石	80	75	70
	氟石膏	10	15	18
	菱镁矿石	4	4	5
	废铝渣	4	4	5
	钢渣	2	2	1
混凝土膨胀剂	混凝土膨胀熟料	25	30	45
	氟石膏	40	35	40
	粉煤灰	20	20	10
	低品位石灰石	15	15	5

制备方法

混凝土膨胀熟料的制备方法如下：

(1) 先将石灰石、氟石膏、菱镁矿石、废铝渣、钢渣原料按质量配比经中控自动配料系统配料后送入球磨机粉磨至 0.08mm 筛余≤30%，粉磨后得到混合物料，将其送入生料库存储。

(2) 生料库内的生料粉经库底卸料装置、空气输送斜槽、斗式提升机输送至窑尾稳流喂料小仓，由固体流量计计量后喂入回转窑煅烧，煅烧温度为 1250～1400℃，煅烧时间为 30～60min，得到混凝土膨胀熟料。

(3) 经回转窑煅烧的混凝土膨胀熟料由窑头卸出，冷却，即制得本品的一种混凝土膨胀熟料（球），混凝土膨胀熟料（球）经球磨机粉磨至比表面积为 200～350m^2/kg，即得到本品的一种混凝土膨胀熟料（粉）。

混凝土膨胀剂的制备方法：将本品的混凝土膨胀熟料球、氟石膏、粉煤灰、低品位石灰石原料按所述质量配比经中控自动配料系统配料后送入球磨机粉磨，磨至比表面积为 250～350m^2/kg 得到膨胀剂，将其送入膨胀剂成品库存储。

原料介绍　所述氟石膏为硫酸与氟石制取氟化氢的副产品，主要成分为无水硫酸钙，其含水率≤5%，SO_3 含量≥45%，pH≥2，CaF_2 含量≤2%；所述菱镁矿，MgO 含量≥40%，SiO_2 含量在 0.5%～10%；所述废铝渣，Al_2O_3 含量在 40%～75%；所述钢渣，Fe_2O_3 含量≥25%。

产品特性　本品以氟石膏作为硫质原料，以粉煤灰为铝质原料，低品位石灰石尾矿作为掺和料，开辟了利用氟石膏等工业副产物制备膨胀剂的新途径，很好地解决了工业废渣、粉煤灰对生态环境造成污染的社会问题，实现了资源的再利用，同时实现了石灰石尾矿的再次利用。

配方 29　混凝土用核-壳结构膨胀剂

原料配比

原料	配比(质量份)					
	1#	2#	3#	4#	5#	6#
氧化钙	76	55	66	76	76	76
聚丙交酯-乙交酯	7	12	8.5	7	7	7
偶氮二异丁腈	1	5	3	1	1	1
3-氨丙基甲基二乙氧基硅烷	3	6	4.5	3	3	3
六偏磷酸钠	2	4	3.5	2	2	2
硅酸钠	2	4	3.5	2	2	2
氯化铁	9	14	11	9	9	9

制备方法

(1) 称取氧化钙烘干、研细，使其比表面积为 200～600m^2/kg，即得样品 A；取全部高分子聚合物配制成浓度为 10g/L 的无水二氯甲烷溶液，即溶液 B；取全部 3-氨丙基甲基二乙氧基硅烷配制成浓度为 6g/L 的乙醇溶液，即溶液 C；取全部六偏磷酸钠、硅酸钠分别配制成质量分数为 5%的水溶液，即溶液 D、E；取全部氯化铁配制成质量分数为 12%的水溶液，即溶液 F。

(2) 将全部所述样品 A 等量分批次地加至所述溶液 B 中，搅匀，再在 60℃下真空除去二氯甲烷溶剂，得到经高分子聚合物表面包裹改性的氧化钙膨胀剂，即 P-CaO。

(3) 取全部 P-CaO 加至所述溶液 C 中，搅拌 1～3h；然后再加入偶氮二异丁腈，再次搅拌 2～4h，静置 3～6h，取沉淀物在 60℃的烘箱中干燥，得到表面接枝处理的改性氧化钙膨胀剂，即 ADMS-P-CaO。

(4) 取全部 ADMS-P-CaO 用无水乙醇配制成浓度为 300g/L 的浆料，再加入所述溶液 D、E，搅匀，然后加入所述溶液 F，加热至沸腾，反应 2～3h；最后经洗涤、中和、干燥，放入马弗炉中焙烧，得到表面被氧化铁包覆的 ADMS-P-CaO 膨胀剂成品。马弗炉的升温方式为：先在 1～3h 内升温到 560～700℃，保温 1～2.5h；最后在氮气保护下在 2～4h 内逐渐降到室温。

原料介绍　所述高分子聚合物包括聚原酸酯、聚丙交酯-乙交酯中的至少一种。

产品特性

(1) 混凝土用核-壳结构膨胀剂中，六偏磷酸钠溶液和硅酸钠溶液作为复配的分散剂，能够促进氯化铁溶解以及生成的氢氧化铁均匀吸附在经表面接枝处理的氧化钙的表面。在马弗炉中经过焙烧，表面的氢氧化铁反应生成氧化铁，使其附着更稳定。这种核-壳结构的膨胀剂，一方面有效缓解了CaO膨胀剂早期水化过快的问题，避免其在混凝土塑性阶段水化的膨胀能不能有效补偿收缩；另一方面，在使用时，氧化铁与混凝土中的碱性液体再次反应生成氢氧化铁，引起体积膨胀，为混凝土提供了二次膨胀源，同时又能增加混凝土的密实度，提高混凝土的抗压强度和抗渗性能。

(2) 利用可降解的高分子材料在氧化钙表面成膜处理，可以使氧化钙团结作用减小，其粒径更均匀，在有机溶剂中能更好地分散。

配方 30　混凝土用锂渣膨胀剂

原料配比

原料	配比(质量份)	
	1#	2#
富含硫酸盐的锂渣粉	67	42
富含铝硅酸盐的锂渣粉	17	42
硫铝酸盐水泥熟料	16	16

制备方法　将上述富含硫酸盐和富含铝硅酸盐的两种锂渣粉、硫铝酸钙水泥熟料混合加入球磨机球磨3～5min后即得，制得的膨胀剂比表面积不小于300m^2/kg。

原料介绍　所述的富含硫酸盐的锂渣粉，SO_3含量为30%～40%，氯离子含量小于0.06%，MgO含量小于1%。

所述的富含铝硅酸盐的锂渣粉，氯离子含量小于0.06%，MgO含量小于1%，各组分含量为：SiO_2 40%～50%、Al_2O_3 20%～40%、CaO 5%～15%。

所述硫铝酸盐水泥熟料组成成分含量为：C_4A_3S 55%～75%、C_2S 8%～37%、C_4AF 3%～10%。

产品特性　本品所用原料中锂渣粉总用量可达80%以上，充分实现了对锂云母矿提锂渣这种工业固体废弃物的利用，使生产成本大大降低，且相比于传统混凝土膨胀剂制备工艺，无高温煅烧工艺，工艺简化。

配方 31　基于工业固废的复合型混凝土膨胀剂

原料配比

原料		配比(质量份)		
		1#	2#	3#
膨胀熟料		3000	3500	3250
脱硫石膏		2800	3500	3150
高钙粉煤灰		4000	4500	4250
发气组分	偶氮二甲基酰胺	20	40	30

续表

原料		配比(质量份)		
		1#	2#	3#
自修复组分	甲基硅醇钠	200	350	—
	甲基硅酸钠	—	—	275
膨胀熟料	铝土矿	1	1	1
	石灰石	1	1	1
	石膏	1	1	1

制备方法

(1) 按规格和用量配比基于工业固废的复合型混凝土膨胀剂的各组分。

(2) 将自修复组分、发气组分以及高钙粉煤灰混合并搅拌 15min，得到混合物 A。

(3) 将膨胀熟料和脱硫石膏混合并搅拌 5min，得到混合物 B。

(4) 将混合物 A 和混合物 B 混合并搅拌 5min，即得。

原料介绍　所述膨胀熟料由铝土矿、石灰石和石膏按 1∶1∶1 的比例在 1300℃煅烧后粉磨而成。

所述膨胀熟料的比表面积为 $350m^2/kg$。

所述脱硫石膏为含水率≤1%的干粉，颗粒细度为 250～350 目，SO_4 含量≥45%。

所述高钙粉煤灰中氧化钙成分含量≥12%，比表面积≥$600m^2/kg$，需水量比<90%，28 天活性指数大于 90%。

所述发气组分为偶氮二甲基酰胺或偶氮二异丁腈，其细度为 200～400 目。

产品特性　本品以高钙粉煤灰为原料，将工业固废高钙粉煤灰和脱硫石膏进行再利用，膨胀剂的制作成本低，制备的膨胀剂不仅可以补偿混凝土塑性阶段的收缩，防止混凝土塑性收缩开裂，而且还具有防水、渗透和裂缝自修复功能。

配方 32　利用铝灰制备水泥混凝土膨胀剂

原料配比

原料	配比(质量份)
铝灰	30
矿渣粉	20
粉煤灰复合超细粉	30
脱硫石膏粉	2.5
铝粉	50

制备方法

(1) 铝灰处理：将铝灰烘干后进行破碎，然后再放入球磨机中粉磨至比表面积达到 $300m^2/kg$，粉磨后通过铝灰筛分机进行筛分，回收纯铝颗粒，得二次铝灰。

(2) 脱硫石膏粉处理：将脱硫石膏粉在烘干器中加热脱水至半水石膏粉。

(3) 将步骤 (1) 所得的二次铝灰和步骤 (2) 所得的脱硫石膏粉混匀后放入粉磨机中粉磨、均化 20min。

(4) 向粉磨机中加入矿渣粉继续粉磨，时间为 20min。

(5) 向粉磨机中加入粉煤灰复合超细粉和铝粉继续粉磨至比表面积达到 $400m^2/kg$，即得水泥混凝土膨胀剂。

原料介绍　所述铝灰的粉磨采用陶瓷球和陶瓷衬板磨进行粉磨。

产品特性　本品利用铝厂产生的危废铝灰作为复合粉的微膨胀剂生产水泥混凝土膨胀剂，从而对铝灰进行综合处理，通过经济有效、环保无害化处理，回收利用铝灰中的有用成分，这对提高企业的经济效益，保护生态环境具有很重要的现实意义和实用价值。同时利用铝灰生产水泥混凝土膨胀剂成本低，可增加混凝土的内应力膨胀（和收缩互补），增加混凝土的密实性和抗渗性能以及抗冻融性能且具有较好的粉煤灰加气块砖的膨胀效果。

配方 33　全固废混凝土膨胀剂

原料配比

原料	配比(质量份)					
	1#	2#	3#	4#	5#	6#
电石渣	64	63	61	60	62	61
铝渣	5	6	5	6	5	6
拜耳法赤泥	1	1	2	2	3	3
脱硫石膏	30	30	32	32	30	30

制备方法

(1) 制浆：将电石渣、铝渣、拜耳法赤泥、脱硫石膏分别进行湿磨制浆；制浆后的各料浆细度控制在 200 目方孔筛筛余小于 20%，各料浆含水率控制在 58%～60%。

(2) 配料：将电石渣料浆、铝渣料浆、拜耳法赤泥料浆、脱硫石膏料浆充分混合搅拌均匀，得到混合生料浆。

(3) 制作滤饼：将混合生料浆通过压滤机得到生料滤饼。

(4) 造粒：将生料滤饼送入造粒机，得到生料球。

(5) 煅烧：将所得生料球烘干后进行煅烧，在 1250～1350℃下煅烧 20～40min，得到熟料球。

(6) 磨粉：将熟料球粉磨至比表面积为 $250\sim350m^2/kg$，即得到全固废混凝土膨胀剂。

产品特性

(1) 本品充分利用固体废弃物电石渣、铝渣、赤泥、脱硫石膏等，实现资源化循环利用。

(2) 本品的显著特点是低掺量和高性能化，可有效地补偿混凝土收缩，防止混凝土开裂，使钢筋混凝土的整体结构和防水质量得到根本性提高。

配方 34　水化热抑制型混凝土膨胀剂（1）

原料配比

原料	配比(质量份)		
	1#	2#	3#
水化热抑制型膨胀熟料	70	70	70
石膏	30	30	30

续表

原料		配比(质量份)		
		1#	2#	3#
水化热抑制型膨胀熟料	石灰石	67	66.5	66
	石膏	12	12	12
	铁渣	3	3	3
	铝矾土	17	17	16
	氧化铜	1	1.5	3

制备方法

(1) 将制备水化热抑制型膨胀熟料的各原料混合，破碎粉磨，过 200 目筛，筛余≤1.5%。

(2) 上述混合物在 1150～1350℃下高温煅烧，保温 15～60min，自然冷却制备得到水化热抑制型膨胀熟料。

(3) 将水化热抑制型膨胀熟料与石膏混合粉磨，过 200 目筛，筛余≤12%，得到水化热抑制型混凝土膨胀剂。

原料介绍　所述水化热抑制型膨胀熟料的比表面积≥200m^2/kg。

产品特性

(1) 本品水化热抑制型膨胀熟料与普通的膨胀熟料相比，初凝和终凝时间均有一定程度延长，但对混凝土的抗压强度以及膨胀率都未产生不利影响。

(2) 本品能够使熟料早期的膨胀速率放缓，对混凝土不同龄期产生的收缩进行补偿，从而使本品具有较好的膨胀性能、膨胀稳定期长。

配方 35　水化热抑制型混凝土膨胀剂（2）

原料配比

原料		配比(质量份)	
		1#	2#
水化热抑制剂	玉米淀粉	60	60
	小麦淀粉	40	40
第一膨胀材料	石灰石	60	60
	石膏	40	40
	硫酸铝	1	1
第二膨胀材料	明矾石	45	40
	硬石膏粉	42	44
水化热抑制剂		5	6
第一膨胀材料		8	10
第二膨胀材料		87	84

制备方法

(1) 制备水化热抑制剂：将玉米淀粉和小麦淀粉混合，于 115～125℃下反应 8～10h，获得水化热抑制剂。

(2) 制备第一膨胀材料：将石灰石、石膏以及硫酸铝共同粉磨至比表面积为 200m^2/kg，得到生料，将生料在回转窑中经1300～1500℃煅烧，获得第一膨胀材料。

（3）制备第二膨胀材料：将明矾石和硬石膏粉磨后混合，获得第二膨胀材料。

（4）将制备完成的水化热抑制剂、第一膨胀材料和第二膨胀材料混合均匀，可得到水化热抑制型混凝土膨胀剂。

原料介绍　水化热抑制剂可用于抑制水泥水化过程中的早期集中放热，降低混凝土水化热温峰，减小温度收缩应力，减少混凝土因为温升高导致的温度收缩裂缝。第一膨胀材料可以作为混凝土降温阶段早期的膨胀源。第二膨胀材料则可以作为混凝土降温阶段中后期的膨胀源。第一膨胀材料与第二膨胀材料可以分阶段贡献混凝土在降温过程中的膨胀，提高混凝土抵御因为降温产生温度收缩应力的能力，补偿混凝土的收缩变形，进一步提高混凝土的抗裂能力。

产品特性

（1）本品制备工艺简单，材料成本低，保存期限长，同时分阶段的膨胀效果使得膨胀剂的限制膨胀率显著高于标准规定，因此在一定程度上可以减少材料用量，降低预算。

（2）本品将水化热抑制剂与阶段性膨胀材料结合使用，使得膨胀剂在抑制水泥水化放热、有效降低混凝土温升的基础上，分别在混凝土降温阶段的早期和中后期产生不同程度的膨胀，分阶段大幅提高混凝土抵御因水化热产生温度收缩的能力，同时补偿干燥收缩应力，减小结构开裂概率，有助于提高建筑物的寿命。

配方36　温控型混凝土膨胀剂

原料配比

原料		配比(质量份)					
		1#	2#	3#	4#	5#	6#
膨胀密实组分		95	90	99	95	95	95
温控组分		5	10	1	5	5	5
膨胀密实组分	水化调控型氧化钙-硫铝酸钙膨胀熟料	80	80	80	80	80	55
	石膏	10	10	10	10	10	30
	硅灰	10	10	10	10	10	15
水化调控型氧化钙-硫铝酸钙膨胀熟料	石灰石粉	70	70	70	70	70	70
	石膏粉	7	7	7	7	7	7
	铁渣粉	3	3	3	3	3	3
	矾土粉	9	9	9	9	9	9
	五氧化二磷和氧化锌(1∶1)的复合物	11	11	11	11	11	11
温控组分	羟丙基纤维素(抑制组分Ⅰ)	45	45	45	2	50	45
	羟丙基二淀粉磷酸酯(抑制组分Ⅱ)	20	20	20	50	10	20
	葡萄糖(抑制组分Ⅲ)	10	10	10	10	10	10
	木糖醇(抑制组分Ⅳ)	10	10	10	10	10	10
	超细矿粉(调节组分Ⅰ)	10	10	10	20	10	10
	葡萄糖酸钠(调节组分Ⅱ)	5	5	5	8	5	5

制备方法 将膨胀密实组分的原料和温控组分的原料分别混匀，然后再将膨胀密实组分和温控组分混合均匀，即可得到成品。

原料介绍 所述的水化调控型氧化钙-硫铝酸钙膨胀熟料的制备方法为：

（1）将所有生料粉末混匀，加水制成生料球。

（2）将生料球在1200～1400℃下煅烧25～60min。

（3）粉磨后过150μm筛，筛余不大于2%，且比表面积为250～350m^2/kg，即得成品。

所述石膏为硬石膏，所述硅灰的密度为500～700kg/m^3。

产品特性

（1）本品不仅能保证相同掺量下膨胀能总量，还能对膨胀反应速率进行调控，更好地满足工程需要。此外，温控组分的引入，能降低、延缓水泥基材料的水化反应速率。

（2）本品采用特殊比例的膨胀密实组分和温控组分，可以减小水泥基材料内部的温度应力，不仅在常温下，还能在40～60℃下对膨胀反应速率进行合理调控，降低、延缓水泥基材料的水化反应速率，减少混凝土构筑物因温度应力过大的开裂现象，更好地满足工程需要。

配方 37 无害化铝灰混凝土膨胀剂

原料配比

原料		配比(质量份)		
		1#	2#	3#
膨胀剂熟料		50	60	55
天然石膏		30	25	27
石灰石		20	15	18
膨胀剂熟料	无害化铝灰	5	10	9
	硬石膏	22	18	25
	石灰石	73	72	66

制备方法 将各组分原料混合均匀即可。

原料介绍 所述的无害化铝灰的加工工艺包括如下步骤：

（1）粗筛：将铝渣采用振动筛进行粗筛，筛上物采用人工破碎，筛下物进入球磨机将小块的铝灰完全破碎，将铝颗粒和铝灰完全分离。

（2）球磨及筛分：采用电磁振动给料机将铝灰料仓的铝灰运至球磨机中进行球磨，物料由进料装置经入料中空轴螺旋均匀地进入磨机第一仓，该仓内有阶梯衬板或波纹衬板，内装不同规格钢球，筒体转动产生离心力将钢球带到一定高度后落下，对物料产生重击和研磨作用，物料在第一仓达到粗磨后，经单层隔仓板进入第二仓，该仓内镶有平衬板，内有钢球，将物料进一步研磨，球磨后灰被研磨成粉。

（3）除氟、氨

① 预检：对粉料进行取样预检，得出粉料中氟化物的含量及pH值。

② 除氟：用水将铝灰细料进行溶解，固液比为1∶5，根据检测得到的氟化物的含量计算出需要添加的除氟剂的量，将除氟剂氯化钙加入反应仓中，搅拌混合30min，此过程中氮化铝会发生水解反应；调节pH值，从反应仓上的取样口检测氟化物的浓度，小于100mg/L为合格。

③ 将除氟合格的渣浆通过渣浆泵打到搅拌池，在搅拌池中添加硫酸铝进行反应除氨，搅拌池连续搅拌 48h，能有效去除原料中存在的氨气。

(4) 压滤脱水：除氟、除氨结束后泵入压滤机进行脱水，滤液则回流到反应仓循环使用，压滤后的物料进入压球工序。

(5) 压球：将压滤后的铝灰经斗式提升机提升到高位缓冲仓，高位缓冲仓底部连接有管式倾斜螺旋，并可直接将铝灰输送到压球机的进料口，在压球机上经滚动碾压而制成铝酸钙生料的块状物，后经皮带输送到吨袋称重机进行打包。

所述的膨胀剂熟料的制备方法为：将无害化铝灰、天然石膏和石灰石进行煅烧，煅烧的温度为 1200～1400℃，得到膨胀剂熟料。

产品特性

(1) 采用废弃铝渣代替铝矾土作为原料，节省生产成本，也避免铝土矿资源被过度开采。

(2) 省去了各种添加剂，既节省制备工序，也省去了添加剂的使用成本。

(3) 本品具有优良的膨胀性能以及力学性能。

配方 38 超高性能混凝土膨胀剂

原料配比

原料	配比(质量份)		
	1#	2#	3#
硫铝酸钙-氧化钙类膨胀剂熟料	18	20	22
过烧石灰	18	20	22
硬石膏	38	40	42
轻烧氧化镁	4	5	6
粉煤灰	14	—	8
碳酸钙细粉	—	15	8
发泡剂 ADC	0.2	0.25	0.3
柠檬酸	0.2	0.25	0.3

制备方法　将各组分原料混合均匀即可。

产品特性　本品膨胀性能指标高于现有膨胀剂，满足材料生产的要求。

配方 39 白色混凝土膨胀剂

原料配比

原料			配比(质量份)		
			1#	2#	3#
膨胀剂熟料	石灰质原料	石灰石($CaO \geqslant 50\%$)	70	75	—
		生石灰	—	—	65
	石膏	天然二水石膏	23	8	15
		模具石膏	—	10	1

续表

原料			配比(质量份)		
			1#	2#	3#
膨胀剂熟料	铝质原料	铝矾土($Al_2O_3 \geqslant 65\%$)	4	4	5
	调整剂	萤石	1	—	—
		冰晶石	—	1	—
		重晶石	2	2	2
	燃料	石油焦	8	8	8
		生物质燃料(稻壳)复合燃料	2	2	2
膨胀剂熟料			80	80	80
稳定剂	白石粉		10	—	—
	煅烧高岭土		—	10	—
	白色矿粉		10	10	12
	锂渣		—	—	8

制备方法

(1) 将石灰质原料、石膏、铝质原料和调整剂计量配合后粉磨，得到膨胀剂生料。将石灰质原料、石膏、铝质原料和调整剂计量配合后粉磨至细度为 80μm 方孔筛筛余≤10%。

(2) 将膨胀剂生料高温煅烧，得到出窑熟料；高温煅烧的具体方法为，将膨胀剂生料喂入煅烧窑中，在 1200～1450℃的温度环境下煅烧 30～60min。其中，煅烧窑可以使用回转窑、立窑、辊道窑、隧道窑、电炉窑等。所采用的燃料包括石油焦、生物质燃料、重油、无烟煤、烟煤等。

(3) 对出窑熟料进行急速冷却，冷却到 100℃以下，得到膨胀剂熟料。对出窑熟料进行冷却的具体方法为，利用冷却机对出窑熟料进行急速冷却。所述冷却机包括篦式冷却机和单筒冷却机。

(4) 在膨胀剂熟料中掺入稳定剂并粉磨，得到白色混凝土膨胀剂。在膨胀剂熟料中掺入稳定剂并粉磨至比表面积为 $350 \sim 600m^2/kg$。

产品特性　本品具有高白度，从而可以补偿收缩，并能满足装饰色彩要求。

配方 40　用于混凝土的双源膨胀剂

原料配比

原料	配比(质量份)			
	1#	2#	3#	4#
改性沸石粉	30	35	35	35
氧化钙熟料	30	30	25	30
氧化铝	10	10	10	8
硫铝酸钙	30	25	30	27

制备方法

(1) 将氧化钙熟料、氧化铝以及硫铝酸盐混合破碎，得到初步混合物。

(2) 在初步混合物中加入改性沸石粉混合，得到双源膨胀剂。

原料介绍　所述的氧化钙熟料、氧化铝以及硫铝酸盐具有 200～300 目的粒径。

所述的氧化钙熟料是由 60%石灰石（碳酸钙）、39.5%石膏和 0.5%的硫酸铝组成，粉磨至比表面积为 140～400m^2/kg 制成生料，在回转窑中经 1300～1500℃高温煅烧 30～90min，得到本品中的氧化钙熟料。

所述的石膏可以是二水石膏、半水石膏或硬石膏。

所述的改性沸石粉可通过以下步骤制成：

(1) 按质量份数称量等级为Ⅰ级的细度为 330 目的天然丝光沸石粉 80 份，掺入 8 份硫酸铝和 22 份硫酸钙混合，在 380℃下焙烧，焙烧时间控制在 30min，出机冷却后再粉磨，细度控制在 250 目，制成以沸石为主的焙烧复合沸石粉体。

(2) 焙烧复合沸石粉体进行干法表面改性处理：按质量份数称量 65 份焙烧复合沸石粉，加入由 1.5 份硅烷偶联剂、14 份硬脂酸、7.5 份丙酮、12 份乳化硅油组成的复合改性剂，在粉体表面改性机中 120℃温度下加热，加热时间为 15min，改性剂包覆率达 98%以上出机冷却后再粉磨，细度控制在 280 目，制成以沸石为主的改性沸石粉体。

产品特性

(1) 本品可提供更好的膨胀效果，从而减小了混凝土硬化的收缩变形，降低了混凝土的开裂概率。

(2) 本品可提供内养护效果，更高的膨胀能，更高的限制膨胀率，提高了混凝土的耐久性能。

配方 41　用于装饰混凝土的白色膨胀剂

原料配比

原料		配比(质量份)			
		1#	2#	3#	4#
低铁高钙石灰石		60	65	70	75
模具石膏		40	35	30	25
复合矿化剂		2	2	3	4
复合矿化剂	氯化钙	40	50	55	60
	硫酸钡	60	50	45	40

制备方法

(1) 先将低铁高钙石灰石、模具石膏和复合矿化剂三种原料按照上述质量份数配料后送入立式磨机共同粉磨至 250～300 目制成生料粉。

(2) 将步骤 (1) 粉磨后的生料粉喂入回转窑内煅烧，以低灰分燃料为煅烧能源，煅烧温度为 1250～1350℃，煅烧时间为 60～90min。

(3) 步骤 (2) 中生料粉煅烧结束后，将煅烧物质粉磨至比表面积为 300～400m^2/kg，即得到本品一种用于装饰混凝土的白色膨胀剂。

原料介绍　所述低铁高钙石灰石中 CaO 含量≥54%，Fe_2O_3 含量≤0.5%。

所述模具石膏中 SO_3 含量≥45%，白度≥85%。

产品特性　本品以低铁高钙石灰石为钙质原料，以高白度模具石膏为硫质原料，通过复合矿化剂调节，在保证膨胀效能的前提下，显著提高了膨胀剂产品的白度，为膨胀剂产品在装饰混凝土中的应用提供了保障，可有效补偿装饰混凝土的收缩，提高了装饰混凝土的抗裂性。

配方 42 再生细骨料-氧化镁基膨胀剂超高性能混凝土

原料配比

原料		配比(质量份)				
		1#	2#	3#	4#	5#
普通硅酸盐水泥		590	590	590	620	560
硅灰	超细硅灰,比表面积≥18000m^2/kg,平均粒径<5μm,其中 SiO_2 含量≥95%	250	250	250	250	250
粉煤灰	Ⅰ级粉煤灰,烧失量 1.18%	100	100	100	100	100
天然河砂		800	800	800	800	800
再生细骨料		200	200	200	200	200
氧化镁基膨胀剂	型号为 R-MEA 氧化镁膨胀剂 A,反应活性值为 75s	60	—	—	30	90
	型号为 M-MEA 氧化镁膨胀剂 B,反应活性值为 140s	—	60	—	—	—
	型号为 S-MRA 氧化镁膨胀剂 C,反应活性值为 220s	—	—	60	—	—
水		180	180	180	180	180
高效减水剂	高效缓凝型聚羧酸减水剂,固含量为 33%,减水率为 35%	25	25	25	25	25
钢纤维	拉镀铜微丝钢纤维,直径为 0.3mm,长度为 15mm,抗拉强度为 3500MPa	2(体积)	2(体积)	2(体积)	2(体积)	2(体积)

制备方法

(1) 将所述再生细骨料浸泡在水中，直至吸水饱和，将饱和再生细骨料从水中取出，吹至表面面干得饱水再生细骨料，并计算再生细骨料饱和吸水量。

(2) 取所述水泥、所述粉煤灰、所述硅灰、所述氧化镁基膨胀剂、所述饱水再生细骨料、所述天然河砂，利用旋转式搅拌机将上述原材料搅拌 90～120s，混合均匀，得到均匀的干混料。

(3) 计算原料组成中所述水的用量，减掉所述再生细骨料饱和吸水量后的剩余水量，将所述高效减水剂与所述剩余水量搅拌均匀，再加入所述干混料，搅拌 240～260s 得到均匀的混合浆体。

(4) 将所述混合浆体一边搅拌一边加入钢纤维，均匀搅拌 80～100s，得到搅拌均匀的拌和物。

(5) 将所述拌和物灌入模具中，使用薄膜覆盖养护（常温养护），待成型硬化后，得到再生细骨料-氧化镁基膨胀剂超高性能混凝土。

原料介绍　所述再生细骨料-氧化镁基膨胀剂超高性能混凝土中还掺有 1.5%～2.5%的钢纤维。

所述水泥为 P·O52.5 级普通硅酸盐水泥或 PII52.5 级硅酸盐水泥。

所述偏高岭土的烧失量≤5%，氧化硅含量为40%～60%，氧化铝含量为30%～50%。

所述再生细骨料是由废弃混凝土经清理、破碎、筛分和清洗制得的细度模数为2.2～2.8的Ⅱ区中砂。

所述天然细骨料为连续级配的天然河砂，粒径为0.075～4.75mm，密度为1521～1595kg/m^3，吸水率为4.10%～5.64%，含水率为2.36%～3.18%。

所述高效减水剂为高效缓凝型聚羧酸减水剂，固含量为33%，减水率为35%。

产品特性　本品中，氧化镁的膨胀作用可有效降低超高性能混凝土的自收缩，控制超高性能混凝土非结构性裂缝；同时再生细骨料吸水率较高，以吸水饱和的再生细骨料作为内养护材料，与天然骨料进行复配，并持续释放水分，不仅可以降低混凝土的自收缩，防止混凝土开裂产生的裂缝问题，还可以为氧化镁膨胀剂与水作用提供所需的水分。该制备方法不仅能够对再生细骨料进行循环利用，还能使再生细骨料与氧化镁基膨胀剂协同降低超高性能混凝土的自收缩，具有重要的经济价值和环保意义。

配方43　增强型混凝土膨胀剂

原料配比

原料	配比(质量份)			
	1#	2#	3#	4#
膨胀熟料	40	48	50	63
柠檬酸渣	30	18.5	25	15.5
辉铜矿(Cu_2S)微生物选矿浸出渣	14.5	14.7	10.4	6
纳米二氧化硅	10	14.6	10.6	10.1
硅酸钠	3	3	1.5	3.5
硅烷偶联剂	2.5	1.2	2.5	1.9

制备方法

(1) 按质量配比称取各组分，将所述膨胀熟料破碎后，粉磨至比表面积≥320m^2/kg，制得质量为M的膨胀熟料粉末。

(2) 称取总量2%的(1)制得的膨胀熟料粉末，与所述硅烷偶联剂混合后研磨制成料1。

(3) 将步骤(2)制得的料1与柠檬酸渣、金属硫化矿微生物选矿浸出渣、纳米二氧化硅、硅酸钠、余量的步骤(1)制得的膨胀熟料粉末一起投入混合机中，关闭投料口后开始计时，搅拌5～6min即制得本品所述的增强型混凝土膨胀剂。

原料介绍　所述膨胀熟料包括以下质量分数的组分：77.2%～78.5%的CaO、7.0%～8.3%的SO_3、3.6%～6.2%的SiO_2、3.3%～4.4%的Al_2O_3、0.8%～1.3%的Fe_2O_3、0.12%～0.96%的MgO、0.1%～0.35%的B_2O_3、余量的杂质。

所述柠檬酸渣中SO_3含量≥50%，含水率≤0.5%，比表面积≥350m^2/kg。

所述金属硫化矿微生物选矿浸出渣的含水率≤0.5%，比表面积≥300m^2/kg。

所述硅烷偶联剂为Si69和/或Si75。

产品特性　该产品解决了柠檬酸渣及生物浸矿残渣工业利用率低、资源浪费、对生态环境造成污染等问题，同时可有效改善硬化混凝土界面过渡区的结构和性能，提高混凝土的力学性能，并补偿混凝土服役过程中的体积收缩，具有较大的社会效益、经济效益优势。

配方 44 自防水式混凝土膨胀剂

原料配比

原料		配比(质量份)					
		1#	2#	3#	4#	5#	6#
矿物骨料		11	38	45	35	36	50
膨胀反应组分	硫铝酸钙	40.5	35.6	41.5	29.1	32.9	43.2
	氧化钙	30	26.4	31.8	21.6	24.6	32
	氧化镁	1.5	4	4.7	3.3	3.5	4.8
裂缝缓阻颗粒		19	16	20	12	14	21
增强纤维		0.8	0.8	0.8	0.5	0.7	1.5

制备方法

(1) 将矿物骨料、硫铝酸钙、氧化镁按照配比混合。

(2) 将得到的混合物经破碎机处理后粉磨均匀，按配比加入制成颗粒状的氧化钙并混合均匀，再通过 80μm 筛，控制出料筛余≤10%，得到颗粒大小合格的混合物。

(3) 将增强纤维、裂缝缓阻颗粒按配比添加至筛分后的混合物中，并再次充分混合后输送至均化库进行均化，得到自防水式混凝土膨胀剂。

原料介绍 所述增强纤维含有高吸水性树脂，而且还包括聚乙烯纤维和/或玻璃纤维。

所述的矿物骨料包括粉煤灰和/或硅粉，且矿物骨料的颗粒比表面积为 800～1000m^2/kg。

所述的氧化镁颗粒的直径为 35～55μm。

所述的氧化钙为研磨制成的颗粒状粉末。

所述的裂缝缓阻颗粒的制备方法包括如下步骤：

(1) 将相应质量的缓阻材料用水溶性材料制成包衣从而形成内层颗粒。

(2) 将离子交换树脂和内层颗粒在不含水的两相液体中进行悬浮聚合反应，形成离子交换树脂包裹于内层颗粒外表面上的颗粒。

(3) 将制得的颗粒干燥即可得到裂缝缓阻颗粒。

产品特性 本品将多种膨胀时效不同的膨胀源配合使用，能够应对混凝土构件内部不同时期产生的各种应力，减少裂缝的产生，提高构件整体的防水能力；再通过裂缝缓阻颗粒均匀分散对后期形成的裂缝进行进一步堵塞，能够有效防止水分的渗透，最终达到结构自防水的效果。

9

引气剂

配方 1 复合混凝土引气剂

原料配比

原料		配比(质量份)			
		1#	2#	3#	4#
烷基苯磺酸盐	十二烷基苯磺酸钠	3	2.5	3.5	—
	十六烷基苯磺酸钠	—	—	—	3
烷基磺酸盐	十六烷基磺酸钠	1.8	1.2	2.5	—
	十二烷基磺酸钠	—	—	—	1.8
木质素磺酸盐		1.2	0.85	1.4	1.2
三萜皂苷		23	16	25	23
纳米硅粉		16	10	18	16
蔗糖		8	5.5	10	8
脂肪醇聚氧乙烯醚		32	25	33	32
β-环糊精		13	6	14	13
减水剂		6.5	3.5	8	6.5
甘油		2.5	1.5	3	2.5
水		170	155	180	170
木质素磺酸盐	木质素磺酸钠	1.5	1.5	1.5	1
	木质素磺酸钙	0.5	0.5	0.5	0.5

制备方法

(1) 将烷基苯磺酸盐、烷基磺酸盐、木质素磺酸盐及三萜皂苷和2/3质量的水在温度为35～40℃下搅拌至完全溶解，加入纳米硅粉超声细化20～30min，得A溶液。

(2) 将蔗糖和甘油加热搅拌至完全熔化后，加入脂肪醇聚氧乙烯醚和1/3质量的水，搅拌混合均匀，冷却得B溶液。

(3) 然后将B溶液加入A溶液中，搅拌5～10min，然后加入减水剂，搅拌8～10min，加入β-环糊精，超声处理10～15min，得引气剂。超声的功率为200～300W，频率为35～50kHz。搅拌转速为200～800r/min。

原料介绍 所述纳米硅粉的比表面积为200～250m^2/g，SiO_2 含量不低于92%，粒度为25～35nm。

所述减水剂为市售聚羧酸高效减水剂。

产品特性

(1) 本品采用多种具有引气剂功能的成分混合，并以水溶性的三萜皂苷为主要成分，并添加防冻剂甘油、减水剂和蔗糖，保证各成分性能叠加的基础上，加入的蔗糖有助于提高混凝土表面的光洁度、亮度。

(2) 本品添加纳米硅粉，利用二氧化硅与混凝土中的水泥水化产物 $Ca(OH)_2$ 反应降低混凝土本身的碱度，同时生成硅酸钙凝胶，可填充混凝土内部的粗大孔隙，减小混凝土内部的孔隙率，与引气剂协助提高混凝土的强度和密实度。

(3) 本品采用超声空化效应和 β-环糊精空腔作用，制备的引气剂性能稳定，掺入混凝土中后混凝土具有良好的和易性。

配方 2 改性淀粉混凝土引气剂

原料配比

原料	配比(质量份)				
	1#	2#	3#	4#	5#
淀粉	20	25	22	20	24
高温淀粉酶	0.3	0.5	0.4	0.4	0.4
去离子水	100	150	120	130	140
过硫酸铵	1.3	1.7	1.5	1.6	1.6
2,4-二羟基苯磺酸	5	11	7	9	9
3-氨基苯磺酸	6	12	8	8	10
1,2-二丁基萘-6-磺酸钠	4	6	5	6	5
缓冲溶液	5	8	6	5	7
质量分数为 0.08%的辣根过氧化物酶溶液	5	—	—	—	—
质量分数为 0.16%的辣根过氧化物酶溶液	—	10	—	—	—
质量分数为 0.10%的辣根过氧化物酶溶液	—	—	7	—	—
质量分数为 0.2%的辣根过氧化物酶溶液	—	—	—	8	—
质量分数为 0.14%的辣根过氧化物酶溶液	—	—	—	—	8
质量分数为 30%的过氧化氢溶液	13	18	15	16	17
甲基烯丙基聚氧乙烯醚	11	14	12	13	13
质量分数为 30%的双氧水	1.5	2.5	2	2	2

制备方法

(1) 酶降解淀粉：将淀粉与高温淀粉酶加入去离子水中，搅拌并加热到 70～80℃进行降解反应 1.5～2.5h，得到酶降解淀粉。

(2) 氧化降解淀粉：将上述酶降解淀粉溶液加热到 90～95℃，加入过硫酸铵，搅拌保温 3～4h，得到氧化降解淀粉。

(3) 降解淀粉的酶催化改性：将 2,4-二羟基苯磺酸、3-氨基苯磺酸和 1,2-二丁基萘-6-磺酸钠加到上述氧化降解淀粉溶液中，搅拌并加热到 35～40℃，加入缓冲溶液调节体系的 pH 值至 6.3～6.5，同时滴加质量分数为 0.08%～0.16%的辣根过氧化物酶溶液和质量分数为 30%的过氧化氢溶液，控制滴加时间为 1～1.5h，滴加完毕后继续保温反应 3.5～5h 即得改性淀粉。

（4）改性淀粉混凝土引气剂的制备：在上述接枝改性淀粉溶液中加入甲基烯丙基聚氧乙烯醚，升温至70～80℃，滴加质量分数为30%的双氧水，滴加时间为30～50min，滴加完后保温继续反应2.5～3.5h，得到改性淀粉混凝土引气剂。

原料介绍　所述淀粉为玉米淀粉、马铃薯淀粉、木薯淀粉中的一种或其混合物。

所述高温淀粉酶的酶活力为20000U/mg，适用温度范围为60～90℃，适用pH范围为6.0～7.0。

所述缓冲溶液由6.7～7.1份磷酸二氢钠和7.3～7.6份磷酸氢二钠溶解在100～120份去离子水中而得，pH值为6.5～7.0。

所述辣根过氧化物酶的酶活力为330U/mg，将0.05～0.08份辣根过氧化物酶溶解在50～60份去离子水中，配成质量分数为0.08%～0.16%的辣根过氧化酶溶液。

所述甲基烯丙基聚氧乙烯醚的外观为乳白色或者淡黄色片状固体，羟值（以KOH计）为21～26mg/g，水分含量小于1%，酸值（以KOH计）小于0.5mg/g，不饱和双键值大于0.37mmol/g，分子量为2160～2640，pH值为5～7。

所述酶降解淀粉的分子量为600～1500。

所述氧化降解淀粉的分子量为300～900。

所述接枝改性淀粉的转化率达到了96%～98%，接枝率达到了78%～87%。

使用方法　所述改性淀粉引气剂的临界胶束浓度为0.085～0.127mmol/L，表面张力最小值为31.26～33.53mN/m，在30min内泡沫高度达到并维持在131～139mm，在混凝土中掺量为0.012%～0.018%时其引入气体体积含量在3.6%～4.7%，其气泡直径主要在60～180μm。

产品特性

（1）本品基于天然高分子材料淀粉的结构，通过降解调控其分子结构尺寸大小，通过接枝聚合在淀粉结构上引入具有发泡和稳泡作用的分子结构及基团，使得所制备的改性淀粉引气剂泡沫细腻稳定，能够促使混凝土内形成细小且均匀的微孔，显著提高混凝土的流动性，促使混凝土在浇筑成型过程中形成均匀、微细、封闭、互不贯通的微孔结构，使得混凝土的力学性能及耐久性参数及性能显著提高。

（2）本品与减水剂有很好的相容性，可以单独用于混凝土的引气，实用性好。

配方3　高海拔地区抗冻混凝土用引气剂

原料配比

原料		配比(质量份)					
		1#	2#	3#	4#	5#	6#
聚羧酸引气剂	2-丙烯酰氨基-2-甲基丙磺酸	1	1	1	1	1	1
	N,*N*-二甲基丙烯酰胺	0.5	0.6	0.7	0.8	0.9	1
	对苯乙烯磺酸钠	0.2	0.25	0.3	0.35	0.4	0.45
	甲氧基聚乙二醇丙烯酸酯	7	8	9	10	11	12
	过硫酸铵	0.01	0.12	0.15	0.18	0.2	0.2
	去离子水	适量	适量	适量	适量	适量	适量
	液碱	适量	适量	适量	适量	适量	适量
聚羧酸引气剂		65	64	63	62	61	60

续表

原料	配比(质量份)					
	1#	2#	3#	4#	5#	6#
十二烷基硫酸钠	10	10	9	9	8	8
脂肪醇聚氧乙烯醚硫酸钠	15	16	17	18	19	20
十二烷基甜菜碱	3	2	2	1	3	1
椰油酰胺丙基甜菜碱	1	1	2	3	2	3
椰油酰胺丙基羟磺基甜菜碱	4	3	3	2	4	2
椰油酰胺丙基氧化胺	1	2	2	3	1	3
改性硅树脂聚醚微乳液	1	2	2	2	2	3

制备方法

（1）常温下，按质量配比在生产设备中先加入聚羧酸引气剂，在转速为120r/min的条件下加入十二烷基硫酸钠，搅拌20～30min。

（2）加入脂肪醇聚氧乙烯醚硫酸钠，搅拌15～20min。

（3）依次加入十二烷基甜菜碱、椰油酰胺丙基甜菜碱、椰油酰胺丙基羟磺基甜菜碱、椰油酰胺丙基氧化胺，搅拌15～20min。

（4）加入改性硅树脂聚醚微乳液，搅拌至透明、无气泡，即可得到目标产物所述高海拔地区抗冻混凝土用引气剂。

原料介绍　所述聚羧酸引气剂由如下方法制备而成：

（1）先按质量比1∶(1～1.5)将2-丙烯酰氨基-2-甲基丙磺酸和去离子水（二者质量比为1∶1.2）加入反应釜中搅拌升温至55～65℃，得到A溶液。

（2）然后向所述A溶液中加入过硫酸铵，并分别同时滴加*N*,*N*-二甲基丙烯酰胺、对苯乙烯磺酸钠的去离子水混合溶液（对苯乙烯磺酸钠∶去离子水=1.2∶1）和甲氧基聚乙二醇丙烯酸酯，滴加完毕再经过保温反应后冷却至室温，得到B溶液；其中，所述*N*,*N*-二甲基丙烯酰胺、对苯乙烯磺酸钠的去离子水混合溶液中，*N*,*N*-二甲基丙烯酰胺、去离子水的质量比为(1～1.5)∶1。滴加时间为2.5～3.5h，保温反应的温度为55～65℃，反应的时间为1～1.5h。

（3）最后向所述B溶液中加入液碱，调节pH值至6～7，即得所述聚羧酸引气剂。

所述甲氧基聚乙二醇丙烯酸酯的分子量为350～600。

脂肪醇聚氧乙烯醚硫酸钠、十二烷基硫酸钠和十二烷基甜菜碱主要起引气作用；椰油酰胺丙基甜菜碱、椰油酰胺丙基羟磺基甜菜碱和椰油酰胺丙基氧化胺可起到引气和稳气的作用；改性硅树脂聚醚微乳液主要起稳气的作用；而聚羧酸引气剂不仅引气效果好、气泡细小且均匀，而且稳气性能优异；这几种组分合理配比、协同作用，使得引气和稳气效果更佳。

产品特性　本品结构中兼具亲水性的磺酸基和亲油性的长碳链、苯环以及弱亲水性的聚酯侧链和二甲基酰氨基团，能很好地起到引气作用，同时其分子量相对较高，具有一定增黏作用，可提高气泡的壁厚和黏弹性，从而提高气泡的稳定性。

配方 4　高耐久性的无污染混凝土引气剂

原料配比

原料	配比(质量份)		
	1#	2#	3#
丙烯酸树脂乳液	4	10	7
润湿剂	3	7	5
催化剂	2	6	4
纳米刚性颗粒	3	7	5
有机醇胺	0.5	1	0.75
马来酸酐	0.8	1.3	1.05
硫代硫酸钠	0.2	0.7	0.45
十二烷基硫酸钠	0.3	07	0.5
十二烷基苯磺酸钠	0.2	0.7	0.45
乙二醇	0.8	1.8	1.3
双酚 A	0.5	1.3	0.9
乙酸钠	0.4	0.9	0.65
聚丙烯酰胺	0.5	0.9	0.7
硫酸	0.6	1.6	1.1
碳化硅	4	9	6.5
刚玉	2	6	4
氯化铝	2	5	3.5
氯化镁	0.1	0.5	0.3
硒铁合金	0.5	1	0.75
细骨料	3	7	5
聚羧酸盐	0.8	1.5	1.15
改性三乙醇胺	0.1	0.5	0.3
烷基苯磺酸钠	0.3	0.8	0.55
季戊四醇	0.4	0.9	0.65

制备方法　将各组分原料混合均匀即可。

产品特性　本品在引入足够多的气泡的同时还能较好地提高混凝土的强度，且引入的气泡细腻、质量好等有益效果。

配方 5　高稳泡、低敏感混凝土引气剂

原料配比

原料	配比(质量份)					
	1#	2#	3#	4#	5#	6#
双离子型表面活性剂	20	40	30	30	20	40
黏度调节剂	2	3	3	4	2	4
泡沫稳定剂	2	5	5	8	8	8

续表

原料			配比(质量份)					
			1#	2#	3#	4#	5#	6#
增效剂	亚硝酸钠		1	2	2	—	—	3
	亚硝酸钙		—	—	—	2	3	—
水			75	50	60	56	67	45
黏度调节剂	黄原胶		1	1	1	1	1	1
	瓜尔胶		0.2	0.2	0.2	0.3	0.4	0.4
	骨胶		1	1.2	1.5	2	2	2
泡沫稳定剂	羟基酰胺	椰子油	100	100	—	—	100	100
		蓖麻油	—	—	100	100	—	—
		二羟基二乙胺	110	120	120	130	120	130
		氢氧化钠	10	15	15	15	15	20
	羟基酰胺		1	1	1	1	1	1
	椰油酰胺丙基羟磺基甜菜碱		1	1	1	1	1	1
双离子型表面活性剂	中间产物1	月桂酰氯	1(mol)	1(mol)	1(mol)	1(mol)	1(mol)	1(mol)
		N,*N*-二乙基乙醇胺	1.2(mol)	1.4(mol)	1.2(mol)	1.2(mol)	1.5(mol)	1.5(mol)
	中间产物2	肉豆蔻酰氯	1(mol)	1(mol)	1(mol)	1(mol)	1(mol)	1(mol)
		N,*N*-二乙基乙醇胺	1.2(mol)	1.4(mol)	1.2(mol)	1.2(mol)	1.5(mol)	1.5(mol)
	中间产物1		1(mol)	1(mol)	1(mol)	1(mol)	1(mol)	1(mol)
	中间产物2		1(mol)	1(mol)	1(mol)	1(mol)	1(mol)	1(mol)
	2,2-二溴二乙醚		1.2(mol)	1.3(mol)	1.2(mol)	1.4(mol)	1.4(mol)	1.4(mol)

制备方法

(1) 常温下，按质量配比将水和双离子型表面活性剂在容器中混合，在60～100r/min的转速下搅拌5～10min。

(2) 缓慢加入黏度调节剂和泡沫稳定剂，升高温度至45～55℃，搅拌10～20min。

(3) 待温度降至室温，加入增效剂，搅拌5～10min，即得。

原料介绍　所述双离子型表面活性剂按照以下方法制备得到：

(1) 在反应釜中加入以二氯甲烷为溶剂的月桂酰氯，滴加溶液质量1%～2%的吡啶，在冰浴和搅拌条件下缓慢加入*N*,*N*-二乙基乙醇胺，然后升温到20～30℃，反应2～3h，得到中间产物1；所述月桂酰氯和*N*,*N*-二乙基乙醇胺的摩尔比为1∶(1.2～1.5)。

(2) 在反应釜中加入以二氯甲烷为溶剂的肉豆蔻酰氯，滴加溶液质量1%～2%的吡啶，在冰浴和搅拌条件下缓慢加入*N*,*N*-二乙基乙醇胺，然后升温到20～30℃，反应2～3h，得到中间产物2；所述肉豆蔻酰氯和*N*,*N*-二乙基乙醇胺的摩尔比为1∶(1.2～1.5)。

(3) 将得到的中间产物1和中间产物2在反应釜中混合均匀，在搅拌条件下向其中滴加2,2-二溴二乙醚，升温至80～100℃，搅拌条件下反应4～6h，然后利用旋转蒸发器减压蒸馏2～3h去除溶剂二氯甲烷，将所得产物进行重结晶得到最终产物。所述中间产物1、中间产物2和2,2-二溴二乙醚的摩尔比为1∶1∶(1.2～1.4)。

所述羟基酰胺按照以下方法制备得到：

(1) 按质量份计，将植物油和醇胺在反应釜中混合均匀，控制温度为80～100℃，搅拌速率为 60～80r/min，反应时间为 2～3h。

（2）加入氢氧化钠，保温 60～80℃，搅拌速率为 60～80r/min，反应时间为 1～2h，即得。

所述植物油为椰子油和蓖麻油中的一种，醇胺为二羟基二乙胺。

双离子型表面活性剂具有独特的不对称结构，相比于单链表面活性剂和常规对称型双离子型表面活性剂具有更高的表面活性，连接基团含有醚键亲水基，更容易嵌于胶束与水的界面，降低了双离子表面活性剂离子头之间的排斥力，因此具有更低的 Krafft 点和 CMC 值，从而大大提高了在高寒低气压环境下的起泡和稳泡能力。双离子型表面活性剂的制备方法简便，采用吡啶为缚酸剂，提高了生产效率。

采用黄原胶、瓜尔胶与骨胶进行科学调配，可以提高气泡液膜的强度和黏弹性，增加水泥浆体的黏度并赋予其一定的触变性，提高稳泡能力。

以特殊制备的羟基酰胺和椰油酰胺丙基羟磺基甜菜碱复配，与双离子型表面活性剂发挥协同作用，进一步降低 CMC 值，并改善在硬水条件下的起泡和稳泡能力。

以亚硝酸盐作为增效剂，一方面降低了引气剂溶液的冰点，另一方面对表面活性剂起到协同作用，改善了引气剂对低温环境的适应性。

产品特性　本品在低气压环境下具有很高的引气和稳泡能力，并且对硬水也具有较高的适应性，初始含气量均在 4.5%以上，1h 含气量损失不超过 0.7%，可以在混凝土内部引入大量均匀、稳定的微小气泡，缓解水结冰时膨胀产生的静水压和渗透压，从而提高抗冻性能。

配方 6　高稳泡型混凝土引气剂

原料配比

原料	配比(质量份)				
	1#	2#	3#	4#	5#
支化烷基硫酸钠	100	100	100	100	100
脂肪酸甲酯磺酸钠	75	100	50	75	75
三乙醇胺脂肪酸酯	20	20	20	35	50
水	适量	适量	适量	适量	适量

制备方法　按比例将三种表面活性剂通过物理机械混合搅拌，并用水调成固含量为 3%～20%的溶液。

原料介绍　所述脂肪酸甲酯磺酸盐阴离子表面活性剂是由脂肪酸 RCH_2COOH 为原料，经过与甲醇发生酯化反应制得脂肪酸甲酯，脂肪酸甲酯经磺化—再酯化/漂白—中和制得。RCH_2COOH 代表中长链脂肪酸，选自碳原子数为 12～18 的饱和脂肪酸、单不饱和脂肪酸、多不饱和脂肪酸中任意一种；所述碳原子数为 12～18 的饱和脂肪酸优选月桂酸（碳十二）、豆蔻酸（碳十四）、软脂酸（碳十六）、硬脂酸（碳十八）中任意一种；碳原子数为 12～18 的单不饱和脂肪酸优选豆蔻油酸（碳十四）、棕榈油酸（碳十六）、油酸（碳十八）中任意一种。

所述三乙醇胺脂肪酸酯非离子表面活性剂是由三乙醇胺与 RCOOH 脂肪酸以 1.2∶1 的摩尔比，在一定条件下进行酯化脱水反应而制得。其中 RCOOH 代表中长链脂肪酸，选自碳原子数为 12～18 的饱和脂肪酸、单不饱和脂肪酸、多不饱和脂肪酸中任意一种；所述碳原子数为12～18的饱和脂肪酸优选月桂酸（碳十二）、豆蔻酸（碳十四）、软脂酸（碳十六）、硬脂酸（碳十八）中任意一种；碳原子数为12～18的单不饱和脂肪酸优选豆蔻油酸（碳十四）、棕榈油酸（碳十六）、油酸（碳十八）中任意一种。

使用方法　本品在混凝土中的适宜掺量为胶凝材料质量的0.005%～0.015%，具体掺量应根据混凝土内部所需的含气量通过实验确定。引气剂在使用时，与其他外加剂一起直接加入混凝土或溶解于水中后加入混凝土中搅拌即可。

产品特性

（1）阴离子与非离子表面活性剂复合，两种类型引气剂分子在界面上呈现相互吸引的作用，混合体系起到了协同增效的作用，这是由于非离子表面活性剂的引入有效缓解了阴离子型引气剂分子之间的静电斥力，从而降低了界面吸附自由能。同时，阴离子表面活性剂与非离子表面活性剂复合大大增加了界面的稳定性和气泡膜的黏弹性，使得两者共混的界面更加稳定，有效提升了复合体系的泡沫稳定性和混凝土含气量的稳定性。

（2）稳泡能力优，混凝土初始含气量为5%～6%时，1h含气量损失率≤12%。

（3）引入气泡细密，新拌混凝土中小于150μm气泡所占比例达50%以上，硬化混凝土小于150μm气泡所占比例达92%以上。

（4）原材料适应性佳，在黏土含量较高的混凝土中，仍具有优异的引气及稳泡能力。

（5）能够改善混凝土和易性，减小泌水率，避免骨料沉降，且对混凝土强度无不利影响。

（6）耐久性测试中混凝土冻融循环200次后动弹性模量均在95%以上，在改善混凝土物理力学性能的基础上，更突出地提高混凝土的耐久性。

配方7　高效复合型混凝土引气剂

原料配比

原料		配比(质量份)					
		1#	2#	3#	4#	5#	6#
皂树皂苷		32	40	30	40	32	30
无患子皂苷		35	30	30	30	35	30
十二烷基苯磺酸钠		15	15	10	10	15	15
椰油酸二乙醇酰胺		8	10	6	5	8	10
橙子精油		5	4	4	3	4	3
衣康酸酐		3	3	3	3	3	3
脂肪醇聚氧乙烯醚硫酸钠		4	4	2	2	4	4
磺化的蓖麻醇钠盐		0.2	0.1	0.2	0.5	0.2	0.4
羧甲基纤维素		0.5	0.2	0.1	0.2	0.1	0.2
纳米粉体		10	12	10	10	15	10
纳米粉体	纳米碳酸钙	1	1	1	1	1	1
	有机改性纳米蒙脱土	5	4	4	4	8	4
萘系高效减水剂		0.05	0.1	0.02	0.05	0.02	0.02
稳泡剂		0.05	0.05	0.04	0.01	0.04	0.02
稳泡剂	硅酮酰胺	4	5	1	2	1	5
	硬脂酸盐	3	1	5	5	1	1

续表

原料	配比(质量份)					
	1#	2#	3#	4#	5#	6#
聚乙二醇	12	15	15	12	15	15
季戊四醇	4	4	2	2	2	2
水	145	140	140	140	140	150

制备方法　将聚乙二醇、季戊四醇、水预先混合均匀后再依次将皂树皂苷、无患子皂苷、十二烷基苯磺酸钠、椰油酸二乙醇酰胺、橙子精油、衣康酸酐加入，以 100～400r/min 的转速搅拌 20～40min，在氮气保护下升温至 70～80℃，搅拌 3～5h 后转移至高温高压反应釜中，在 180～200℃、2～5MPa 条件下反应 30～50min，泄压降温至 40～50℃，将脂肪醇聚氧乙烯醚硫酸钠、磺化的蓖麻醇钠盐、羧甲基纤维素、纳米粉体、减水剂、稳泡剂加入，以 800～1000r/min 的转速快速搅拌 5～15min，冷却至室温，分装即可。

原料介绍　所述有机改性纳米蒙脱土的制备方法如下：将纳米蒙脱土加入去离子水中，超声震荡分散 10～15min，再将松香基季铵盐加入，升温至 70～80℃，机械搅拌下反应 3～5h，趁热抽滤，水洗，80～90℃烘干即可。

所述松香基季铵盐的制备方法如下：松香经过丙烯酸改性后，在相转移催化剂作用下与环氧氯丙烷反应，在 50～60℃与三乙胺反应即可。

所述稳泡剂为硅酮酰胺和硬脂酸盐的复配物。

产品特性　本品能有效改善混凝土的坍落度、流动性和可塑性，减少混凝土泌水和离析，提高混凝土的均质性，降低混凝土的热扩散及传热系数，提高混凝土的体积稳定性，增强野外结构的耐候性，延长混凝土的使用寿命，大大提高混凝土的抗冻性、抗盐渍性、抗渗性、耐硫酸盐侵蚀性及抗碱骨料反应性能。

配方 8　高效混凝土引气剂

原料配比

原料	配比(质量份)
藜麦麸皮	500
水	1600
纤维素酶	0.1
果胶酶	0.1
中性蛋白酶	0.05
乙醇	1500
D101 型大孔吸附树脂	500

制备方法　将藜麦麸皮加入水中，加入纤维素酶、果胶酶、中性蛋白酶，混合均匀后升温至 35～45℃，在 35～45℃保温 1～5h，加入乙醇，混合均匀后升温至 50～70℃，在 50～70℃超声提取 20～60min，超声波频率为 20～60kHz，功率为 200～500W，然后过 100～300 目筛，将滤液过大孔吸附树脂，滤液流速为 0.5～2BV/h，然后用质量分数为 20%～40%的乙醇水溶液洗脱大孔吸附树脂，流速为 0.5～2BV/h，放弃此次洗脱液，再用质量分数为 60%～85%的乙醇水溶液洗脱大孔吸附树脂，流速为 0.5～2BV/h，收集洗脱液，将洗

脱液蒸发浓缩至相对密度（60℃测定）为 1.15～1.35 的浸膏，将浸膏减压干燥得到所述高效混凝土引气剂。

所用质量分数为 20%～40%的乙醇水溶液的体积为 2～5BV，所用质量分数为 60%～85%的乙醇水溶液的体积为 3～6BV；所述减压干燥条件参数为：压力为 0.03～0.07MPa、温度为 45～75℃、时间为 3～12h。

原料介绍　所述大孔吸附树脂为 D101 型、HP100 型、X-5 型中的一种。

使用方法　本品的加入量与混凝土中水泥加入量的质量比为 1∶(2500～300000)。

产品特性

(1) 本品引入的气泡细腻、大小均匀，稳泡效果好，含气量保持率高，还能提高混凝土的强度和耐久性能。

(2) 本品制备得到的混凝土具有良好的透水性、抗冻性能和抗压强度。该引气剂提取自藜麦麸皮，实现了废弃资源的再利用。

配方 9　缓释型引气剂

原料配比

原料		配比(质量份)		
		1#	2#	3#
松香类引气剂	松香酸钠引气剂	20	20	25
去离子水		40	60	50
引发剂	硝酸铈铵	0.5	0.7	—
	硫酸铈铵	—	—	0.8
丙烯酸类单体	丙烯酸酐	10	—	—
	甲基丙烯酸酐	—	15	
	甲基丙烯甲酯	—	—	30
多元醇丙烯酸酯	1,4-丁二醇二甲基丙烯酸酯	0.3	0.4	—
	1,3-丁二醇二甲基丙烯酸酯	—	—	0.5
乳化剂	司盘-20	0.5	1	1
	吐温-80	0.5	1	1.5

制备方法　称取松香类引气成分溶于去离子水中，同时加入引发剂，搅拌溶解，配制成水相液 A。称取丙烯酸类单体、多元醇丙烯酸酯、乳化剂配成油相液 B。将油相液 B 加入水相液 A 中，在超声分散（速率为 5000～8000r/min）下乳化 5～10min，得水油乳液；将所述水油乳液在 N_2 或者其他惰性气体氛围下搅拌、加热，升温至 60～90℃反应 4～7h，得缓释型引气剂。

产品特性　本品可以在混凝土拌和时引入大量均匀分布、稳定且封闭的微小气泡，提高混凝土初期的均质性、抗冻性、抗渗性、耐久性。缓凝剂则可以延长水泥的水化硬化时间，使新拌混凝土能在较长时间内保持塑性，从而给新拌混凝土泵送和施工准备更多的时间。本品解决了后期含气损失，保水性差等问题，使混凝土能够达到 5h 坍落度和扩展度基本无损失，完全满足不同时间段施工要求。

配方 10　混凝土复合引气剂（1）

原料配比

原料	配比(质量份)				
	1#	2#	3#	4#	5#
松香粉	60	55	50	45	40
烷基糖苷	30	35	45	50	60
氢氧化钠	40	35	30	25	20
硫酸	6	9	11	12	16
戊烯二酸	13	11	9	7	5
季戊四醇	7	9	11	13	15
茶皂素	20	20	15	10	10
水	120	140	160	180	200

制备方法　将松香粉加入反应釜中，加热使松香熔融后，调节温度至 80～95℃，加入氢氧化钠和水，保温 50～100min，降低温度至 60～80℃，再缓慢依次加入硫酸、戊烯二酸和季戊四醇，保温反应 3～5h，冷却至室温，再与烷基糖苷和茶皂素混合均匀即可。

原料介绍　烷基糖苷是由可再生资源天然脂肪醇和葡萄糖合成的，是一种性能较全面的新型非离子表面活性剂，它兼具普通非离子和阴离子表面活性剂的特性，具有高表面活性、良好的生态安全性和相容性，是国际公认的首选“绿色”功能性表面活性剂。其与茶皂素一起作用，能够提高气泡的稳定性，与其他原料配比，还能够增强混凝土的强度。茶皂素属于三萜类皂苷，是一种性能优良的非离子型纯天然表面活性剂，它具有较强的发泡、乳化、分散、润湿等作用，并且几乎不受水质硬度的影响，其起泡快，引气量相对大，且能够与烷基糖苷配伍进一步提高气泡稳定性。

使用方法　本品在混凝土中的掺量为 0.02%～0.06%。

产品特性

（1）本品的混凝土复合引气剂引入的气泡细腻、大小均匀、稳定，在混凝土中应用时，静置一个小时后的含气量降低 3%～7%，含气量损失较小，具有优异的稳泡效果，且气泡在混凝土停放、振捣过程中稳定存在于混凝土内部而不聚集或逸散。

（2）引起量足够，且引入的气泡质量好，能够提高混凝土强度，经试验，与基准混凝土相比，当含气量不大于 6%时，混凝土抗折强度可提高 23%～35%，7d 和 28d 抗压强度比均在 96%以上。

（3）具有良好耐久性，与基准混凝土相比，耐久性指标以 200 次的动弹性模量保留值计为 98%，耐久性损失较小。

（4）具有良好的抗冻效果，经测量，抗冻融循环次数可达 250 次以上。

（5）泌水率显著降低，减水率显著提高，经试验，与基准混凝土相比，减水率大于 9%，泌水率降低 50%。

（6）本品适应性强，适合各种混凝土，且与其它混凝土外加剂复合性好。

配方 11 混凝土复合引气剂（2）

原料配比

原料	配比(质量份)				
	1#	2#	3#	4#	5#
椰子油脂肪酸单乙醇酰胺	40	25	30	35	20
烷基糖苷	15	30	25	20	35
十六烷基三甲基氢氧化铵	32	21	25	29	18
羧甲基纤维素钠	5	15	11	7	18
聚天门冬氨酸	11	3	7	11	3

制备方法　将各组分原料混合均匀即可。

原料介绍　烷基糖苷是由可再生资源天然脂肪醇和葡萄糖合成的，是一种性能较全面的新型非离子表面活性剂，它兼具普通非离子和阴离子表面活性剂的特性，具有高表面活性、良好的生态安全性和相容性，是国际公认的首选"绿色"功能性表面活性剂。其与其它原料一起作用，能够提高气泡的稳定性，引入足够多的微小且大小均匀的气泡，还能够增强混凝土的强度。

聚天门冬氨酸是一种人工仿生合成的水溶性高分子物质，因含有肽键和羧基等活性基团的结构特点，具有极强的螯合、分散、吸附等作用，且配伍性极佳，与其它原料配伍能够提高混凝土的和易性，且可提高与混凝土的适应性及与其它添加剂的复合性，聚天门冬氨酸还能吸附在椰子油脂肪酸单乙醇酰胺、烷基糖苷和十六烷基三甲基氢氧化铵产生的气泡表面，阻止混凝土浸水过程中水分向气泡内部浸透，使气泡内部的水分不致过满，具有稳泡的作用。

羧甲基纤维素钠能够增加气泡壁厚和增加液相介质黏度，有助于增强气泡的稳定性，使气泡在混凝土停放、振捣过程中稳定存在于混凝土内部而不至于聚集、逸散。

使用方法　本品在混凝土中的掺量为0.008%～0.016%。

产品特性

（1）本品引入足够多的气泡的同时还能较好地提高混凝土的强度，与基准混凝土相比，当含气量不大于6%时，混凝土抗折强度可提高25%～34%，7d和28d抗压强度比均在94%以上。

（2）引入的气泡细腻、质量好，气泡在混凝土停放、振捣过程中稳定存在于混凝土内部而不聚集或逸散。

（3）引入的气泡大小均匀、稳定，在混凝土中应用时，静置一个小时后的含气量降低3%～7%，含气量损失较小，具有优异的稳泡效果。

（4）具有良好耐久性，与基准混凝土相比，耐久性指标以200次的动弹性模量保留值计为99%，耐久性损失较小。

（5）具有良好的抗冻效果，经测量，抗冻融循环次数可达到300次。

（6）泌水率显著降低，减水率显著提高，经试验，与基准混凝土相比，减水率大于7%，泌水率降低48%。

配方12 混凝土复合引气剂（3）

原料配比

原料	配比（质量份）		
	1#	2#	3#
异十三醇	1.2（体积）	1.8（体积）	2.4（体积）
甲醇钠	0.003	0.005	0.006
环氧乙烷	780（体积）	790（体积）	800（体积）
氨基磺酸	0.36	0.54	0.72
尿素	0.01	0.015	0.02
温度为70℃的去离子水	7.5（体积）	—	—
温度为75℃的去离子水	—	10.5（体积）	—
温度为80℃的去离子水	—	—	15（体积）
α-烯基磺酸钠	1	1	2
硅树脂聚醚乳液 MPS	0.2（体积）	0.3（体积）	0.4（体积）
羟乙基纤维素	0.005	0.008	0.01

制备方法

（1）取异十三醇、甲醇钠混合均匀后装入高压反应釜中，以300～400r/min的转速搅拌并加热至105～110℃，脱水处理1～2h，随后将反应釜内空气抽至真空度为1～10Pa，真空脱除反应釜内空气和低沸组分，得预处理异十三醇。

（2）向高压反应釜中通入氮气至反应釜内压力为0.1～0.2MPa，再以1～3L/min的速率通入环氧乙烷，通入完毕后加热反应釜至115～120℃，保持温度并以300～400r/min的转速搅拌反应至釜内压强不变，得异十三醇聚氧乙烯醚。

（3）再向异十三醇聚氧乙烯醚中加入氨基磺酸、尿素，在110～120℃下，以300～400r/min的转速搅拌反应3～4h，降温至60～70℃后，向反应釜中加入温度为70～80℃的去离子水，继续搅拌30～40min，得磺化改性异十三醇聚氧乙烯醚溶液。

（4）最后向磺化改性异十三醇聚氧乙烯醚溶液中加入α-烯基磺酸钠、硅树脂聚醚乳液MPS、羟乙基纤维素，在40～50℃恒温水浴中，以300～400r/min的转速搅拌20～30min，冷却至室温后出料，得混凝土复合引气剂。

使用方法　首先按质量份数计，取20份水泥，8份粉煤灰，50份砂，90份粒径为10mm的石子，20份水，0.1份萘系高效减水剂，0.02份本品，依次放入混凝土搅拌机中，开启搅拌机搅拌混合80s，随后将搅拌均匀的混凝土拌和料用混凝土振捣器倒入带有钢筋和预埋件的混凝土浇筑模板中，同时不停敲打模板进行捣固处理，排除拌和料中的气泡，待浇筑完成后静置24h，并将模板略微松开，继续浇水养护6天，最后拆除模板即可。

产品特性　本品利用其在混凝土中引入适量的独立分布的小气泡，并且由于具有亲水基团和憎水基团，能定向排列在气泡壁上，降低气泡膜的气-液表面张力，从而降低表面能，并且所引入的气泡由于带有相同电荷的定向吸附层，因此能增强气泡的稳定性，这些小气泡分布在混凝土拌和物中会产生类似滚珠的作用，减小骨料颗粒间摩阻力，减少用水量，增加拌和物的稠度，抑制泌水，具有较好的引气效果，且本品引入的气泡平均孔径较小，气泡稳定性高，显著提高了混凝土的耐久性能，同时明显改善了混凝土的和易性，减小了混凝土坍落度损失，并且不降低混凝土强度。

配方 13 混凝土引气剂（1）

原料配比

原料		配比(质量份)				
		1#	2#	3#	4#	5#
松香粉	粒径为 2μm	60	—	—	—	—
	粒径为 4μm	—	55	—	—	—
	粒径为 6μm	—	—	50	—	—
	粒径为 8μm	—	—	—	45	—
	粒径为 10μm	—	—	—	—	40
氢氧化钠	质量浓度为 30%	18	—	—	—	—
	质量浓度为 32%	—	16	—	—	—
	质量浓度为 35%	—	—	14	—	—
	质量浓度为 38%	—	—	—	12	—
	质量浓度为 40%	—	—	—	—	10
硫酸	质量浓度为 20%	16	—	—	—	—
	质量浓度为 25%	—	14	—	—	—
	质量浓度为 30%	—	—	11	—	—
	质量浓度为 35%	—	—	—	9	—
	质量浓度为 40%	—	—	—	—	6
乙二醇		8	11	13	13	18
双酚 A		13	11	9	7	5
季戊四醇		7	9	11	13	15
水		130	120	110	100	90

制备方法　将全部原料混合，搅拌 30min，投入反应釜中，升高温度至 85℃，保温 50min，即可获得。

原料介绍　本品选用粒径为 2～10μm 的松香粉，显著克服液体引气剂长期储存松香析出的不足，同时提高反应效率，显著提高与混凝土的适应性，以及与其他混凝土外加剂的复合性，特别是与聚羧酸减水剂复合，引气性能好，混凝土的和易性和强度优异。本品所述氢氧化钠的质量浓度为 30%～40%。在该氢氧化钠浓度下，制备出的引气剂性能优异，气泡稳定、大小合适，制备出来的引气剂储存稳定，长期存储无明显沉淀。本品所述硫酸的质量浓度为 20%～40%。在该硫酸浓度下，制备出来的引气剂与混凝土的适应性好，且能够显著提高与其它外加剂的复合性，制备出的引气剂添加到混凝土中时气泡结构合理、分布均匀。

使用方法　本品在混凝土中的掺量为 0.01%～0.05%。

产品特性

(1) 本品添加到混凝土中气泡结构合理、分布均匀、气泡稳定、大小合适，在混凝土中应用时，静置一个小时后含气量降低4%～9%，含气量损失较小，具有优异的稳泡效果。

(2) 泌水率显著降低，减水率显著提高，与基准混凝土相比，减水率大于8%，泌水率降低40%。

(3) 具有良好的抗冻效果，经测量，抗冻融循环次数可达250次以上。

(4) 显著改善混凝土的和易性，与其它外加剂的复合性好，与各种混凝土的适应性强，储存稳定，存放18个月，无明显沉淀。

(5) 本品的混凝土引气剂对钢筋无腐蚀作用。

配方 14 混凝土引气剂（2）

原料配比

原料		配比(质量份)				
		1#	2#	3#	4#	5#
松香热聚物		40	45	60	70	80
妥尔油		10	12	15	18	20
三萜皂苷		12	13	15	16	18
木质素		2	3	5	6	8
阿拉伯树胶		10	11	12	14	15
氢氧化钠		6	7	8	9	10
硫代硫酸钠		1.2	1.5	3.6	5	6
磺化三聚氰胺		1.8	2	3.6	5	5.4
聚乙二醇		40	50	80	80	100
双氧水		2	5	10	16	18
月桂酰肌氨酸钠		2	3	6	8	9
椰油酸二乙醇酰胺		3	4	5	5	6
不饱和萜烯		—	—	6	8	9
异丙苯过氧化氢		—	—	1	1.6	1.8
衣糠酸酐		—	—	2.1	3	3.2
松香热聚物	松香酸钠	10	10	10	10	10
	松香树脂	7	7	7	7	7
水		适量	适量	适量	适量	适量
不饱和萜烯	异松油烯	—	—	1	1	1
	水芹烯	—	—	1	1	1

制备方法　先将氢氧化钠、硫代硫酸钠、双氧水投入水中，在反应釜中搅拌溶解，加热至60～90℃；边搅拌边加入松香热聚物、妥尔油、三萜皂苷、木质素、阿拉伯树胶、磺化三聚氰胺、聚乙二醇、不饱和萜烯、异丙苯过氧化氢、衣糠酸酐，加完后再搅拌30min，最后加入月桂酰肌氨酸钠、椰油酸二乙醇酰胺，继续搅拌30min，得到混凝土引气剂。

原料介绍　所述聚乙二醇的分子量为200～1000。

产品特性

(1) 本品中由于引入了长链的亲水性聚氧乙烯链段，增加了气泡壁的黏度与弹性，使引气剂在混凝土中形成的气泡稳定，从而明显提高混凝土的耐久性。低掺量下即有较好的引气效果，且引入的气泡尺寸分布合理。

（2）稳泡效果好，含气量保持率高。

（3）对混凝土强度影响很小。相比于普通引气剂，该引气剂还具有一定的混凝土增强效果。这一方面得益于引入气泡尺寸分布的合理性，另一方面可能是因为固化气孔的表面是引气剂分子以共价键相连接的，黏结力强。

配方 15 混凝土引气剂（3）

原料配比

原料			配比(质量份)		
			1#	2#	3#
添加剂	(*N*-脒基)十二烷基丙烯酰胺		5	—	5
	聚乙二醇衍生物	聚乙二醇对甲苯磺酸酯	1	—	1
	对二氯苯		0.2	—	0.2
	二茂铁		0.12	—	0.12
	四氢呋喃		15	—	15
预处理苯乙烯	苯乙烯		1(体积)	1(体积)	1(体积)
	质量分数为8%的氢氧化钠溶液		2(体积)	2(体积)	2(体积)
苯乙烯混合物	预处理苯乙烯		1	1	1
	甲基丙烯酸缩水甘油酯		1.8	1.8	1.8
混合液	引发剂	过硫酸钾	1	1	1
	表面活性剂	吐温-80	20	20	20
	水		120	120	120
坯料液	混合液		1	1	1
	苯乙烯混合物		0.5	0.5	0.5
预处理坯料	坯料液		1	1	1
	质量分数为65%的乙醇溶液		5	5	5
微球粉末	预处理坯料		1	1	1
	质量分数为65%的乙醇溶液		6	6	6
微球混合物	微球粉末		1	1	—
	水		15	15	—
改性微球	微球混合物		2	2	—
	水		1	1	—
	乙二胺		0.4	0.4	—
添加剂			1	—	1
改性微球			5	1	—
水			8	1.6	8
微球粉末			—	—	5
水			适量	适量	适量
CO_2			适量	适量	适量
N_2			适量	适量	适量

制备方法

（1）将（N-脒基）十二烷基丙烯酰胺与聚乙二醇衍生物混合于烧杯中，并向烧杯中加入对二氯苯、二茂铁、四氢呋喃，于温度为45～55℃、转速为250～350r/min的条件下搅拌混合1～2h，得添加剂坯料，将添加剂坯料于温度为60～70℃、转速为120～150r/min、压力为500～600kPa的条件下旋蒸浓缩30～40min，得添加剂。

（2）将苯乙烯与质量分数为8%的氢氧化钠溶液混合，于温度为28～35℃、转速为280～350r/min的条件下搅拌混合20～30min，于室温条件下静置40～60min，去除下层液，得上层液，将上层液用去离子水洗涤至洗涤液为中性，得预处理苯乙烯；将预处理苯乙烯与甲基丙烯酸缩水甘油酯混合，于温度为30～35℃、转速为250～350r/min的条件下搅拌混合20～40min，得苯乙烯混合物；将引发剂与表面活性剂混合于烧瓶中，并向烧瓶中加入水，于温度为45～55℃、转速为700～1000r/min的条件搅拌混合，得混合液；将苯乙烯混合物以5～12mL/min的速率滴入混合液中，于温度为50～60℃、转速为600～800r/min的条件下搅拌混合10～11h，冷却至室温，出料，得坯料液；将坯料液与质量分数为65%的乙醇溶液混合，于转速为1200～2000r/min的条件下离心分离10～15min，得预处理坯料；将预处理坯料与质量分数为65%的乙醇溶液混合，于频率为45～55kHz的条件下超声分散10～15min，过滤，得预处理微球。

（3）将预处理微球研磨过100目筛，得微球粉末，并将微球粉末与水按质量比1∶15混合，于频率为40～60kHz的条件下超声振荡10～15min，得微球混合物；将微球混合物与水按质量比2∶1混合于锥形瓶中，并向锥形瓶中加入乙二胺，于温度为90～95℃、转速为200～350r/min的条件下搅拌反应10～12h，过滤，得滤饼，将滤饼用水洗涤3～5次，于温度为40～55℃的条件下真空干燥1～3h，得改性微球。

（4）将添加剂与改性微球混合于反应釜中，并向反应釜中加入水，于温度为40～50℃的条件下搅拌混合30～45min，得混合坯料；于温度为40～45℃的条件下，以10～20mL/min的速率向混合坯料中通入二氧化碳，持续通入2～3min，并于温度为40～45℃的条件下静置30～40min，再向混合坯料中以5～8mL/min的速率通入氮气，持续通入5～8min，将混合坯料于温度为40～45℃、转速为120～200r/min、压力为450～550kPa的条件下旋蒸浓缩2～5h，得混凝土引气剂。

原料介绍　微球为中空结构，在加入产品中后可作为气孔存在于混凝土中，从而增加混凝土的气孔率，进而提高产品的引气效果，其次微球在经过改性后，微球表面接枝乙二胺，从而使改性微球具有二氧化碳吸附能力，改性微球在加入产品前，先进行二氧化碳吸附处理，在加入产品中后，由于在产品制备过程中水泥水化具有较高温度，并且由于氨基与二氧化碳的吸附反应为放热反应，低温有利于反应的进行，从而使得改性微球吸附的二氧化碳被释放，进而使产品的引气效果提高。

添加剂中含有囊泡结构的物质，在加入产品中后，可作为微孔存在于产品中，从而提高产品的引气效果。另外，添加剂中的有囊泡结构物质具有二氧化碳吸附能力，在加入产品中后可吸附改性微球释放的二氧化碳，从而使囊泡结构扩大，进而在提高产品引气效果的同时，减少混凝土内通孔的数量。

产品特性　本品具有优异的引气效果和通孔数量少的特点。

配方 16 混凝土引气剂（4）

原料配比

原料		配比(质量份)				
		1#	2#	3#	4#	5#
大豆皂苷	皂苷 B 含量为 90%	15	—	—	—	—
	皂苷 B 含量为 92%	—	16	—	—	—
	皂苷 B 含量为 94%	—	—	17	—	—
	皂苷 B 含量为 96%	—	—	—	18	—
	皂苷 B 含量为 98%	—	—	—	—	20
二丁基萘磺酸钠		8	9	10	11	12
三乙醇胺油酸皂		6	7	8	9	10
椰子油		6	6.5	7	7.5	8
壳聚糖		4	4.5	5	5.5	6
去离子水		适量	适量	适量	适量	适量
15%的氢氧化钠水溶液		适量	适量	适量	适量	适量
多孔玄武岩	表观密度为 $2450kg/m^3$	1	—	—	—	—
	表观密度为 $2500kg/m^3$	—	1.5	—	2.5	—
	表观密度为 $2250kg/m^3$	—	—	2	—	—
	表观密度为 $2600kg/m^3$	—	—	—	—	3

制备方法

（1）称取二丁基萘磺酸钠加入 4～6 倍去离子水中，加热至 70～90℃，使用 15%的氢氧化钠水溶液调节 pH 值至 8～9，加入椰子油，在 400～600r/min 条件下保温搅拌 2～4h。

（2）取多孔玄武岩，在 450～550℃下煅烧 30～60min，冷却后与大豆皂苷和壳聚糖加入高混机中，在氮气保护下加热至 85～95℃，混合处理 20～40min，冷却后磨成细粉。

（3）将步骤（2）中所得物与三乙醇胺油酸皂混合后加入混合料质量 3～5 倍的去离子水中，加热至 40～60℃，保温搅拌 20～40min。

（4）将步骤（3）所得物加入步骤（1）的混合物中继续保温搅拌 60min，完成后喷雾干燥即得固体剂型引气剂。

产品特性 本品能产生大量均匀、稳定、封闭、独立的微小气泡，引气效果好；还能提高混凝土的抗压强度和流动性，适用范围更为广泛，尤其适用于抗冻、耐久性要求高的混凝土结构中；制备工艺简单，易于实现工业化生产，环保无污染，主要用于公路、桥梁、水库、大坝、房建等混凝土工程。

配方 17 混凝土引气剂（5）

原料配比

原料			配比(质量份)		
			1#	2#	3#
表面活性剂	搅拌混合物	芥酸酰胺	1	4	5
		正丙醇	10	20	30
		37%盐酸	1	4.8	7.5
		环氧氯丙烷	0.8	3.56	4.75
	搅拌混合物		2	4	5
	羟丙基瓜胶		1	3	4
稳泡添加剂	搅拌混合物 a	壳聚糖	1	2	3
		异丙醇	40	45	50
		30%氢氧化钠溶液	8	11.25	15
	混合液	2,3-环氧丙基磺酸	2	4	5
		异丙醇	10	15	20
	搅拌混合物 b	混合液	2	4	5
		搅拌混合物 a	10	13	15
	滤渣	搅拌混合物 b	10	15	20
		30%氢氧化钠溶液	3	5	7
	滤渣		1	3	4
	去离子水		10	13	15
硬化强度增强剂	混合液 a	聚天门冬氨酸	1	4	5
		去离子水	10	20	30
	混合液 b	氢氧化钠	2	4	5
		去离子水	20	25	30
		富马酸	2	8	15
	混合液 b		5	7	9
	混合液 a		10	15	20
聚合物添加剂	聚乙烯醋酸乙烯酯		3	4	5
	聚叔碳酸乙烯酯		1	2	3
基体物	硬化强度增强剂		15	18	20
	丙烯酸羟基酯		3	5	6
	4-羟丁基乙烯基醚		6	7	9
	水		80	90	100
混合物	基体物		100	100	100
	巯基乙酸		2	4	5
	双氧水		5	8	10
	维生素 C		2	4	5
混合物			10	13	15
表面活性剂			4	6	8
稳泡添加剂			10	13	15
聚合物添加剂			30	35	40
羟丙基甲基纤维素醚			20	25	30
水			100	130	150

制备方法

(1) 取 15～20 份硬化强度增强剂、3～6 份丙烯酸羟基酯、6～9 份 4-羟丁基乙烯基醚、80～100 份水混合，得基体物，于 30～35℃搅拌混合 20～30min，加入基体物质量 2%～5%

的巯基乙酸和基体物质量5%～10%的双氧水搅拌混合，再加入基体物质量2%～5%的维生素C搅拌混合，得混合物。

(2) 按质量份数计，取10～15份混合物、4～8份表面活性剂、10～15份稳泡添加剂、30～40份聚合物添加剂、20～30份羟丙基甲基纤维素醚、100～150份水，于40～50℃搅拌混合2～5h，即得混凝土引气剂。

原料介绍　所述表面活性剂的制备方法为：取芥酸酰胺按质量比（1～5）∶（10～30）加入正丙醇，于45～50℃搅拌混合20～30min，滴加芥酸酰胺质量1～1.5倍的盐酸，控制滴加时间为30～50min，搅拌混合，再加入芥酸酰胺质量80%～95%的环氧氯丙烷，升温至70～75℃搅拌混合2～4h，得搅拌混合物，取搅拌混合物按质量比（2～5）∶（1～4）加入羟丙基瓜胶，搅拌混合，即得表面活性剂。

所述稳泡添加剂的制备方法为：

(1) 取壳聚糖按质量比（1～3）∶（40～50）加入异丙醇，静置，加入异丙醇质量20%～30%的氢氧化钠溶液，于25～30℃搅拌混合1～4h，得搅拌混合物a，取2,3-环氧丙基磺酸按质量比（2～5）∶（10～20）加入异丙醇混合，得混合液，取混合液按质量比（2～5）∶（10～15）加入搅拌混合物a，通入氮气保护，于55～65℃搅拌混合5～8h，得搅拌混合物b。

(2) 取搅拌混合物b按质量比（10～20）∶（3～7）加入氢氧化钠溶液，搅拌混合30～50min，过滤，取滤渣按质量比（1～4）∶（10～15）加入去离子水，调节pH值至7～7.5，抽滤，取滤渣经无水乙醇、丙酮洗涤，真空干燥，即得稳泡添加剂。

所述硬化强度增强剂的制备方法为：取聚天门冬氨酸按质量比（1～5）∶（10～30）加入去离子水，搅拌混合，调节pH值至6.8～7，得混合液a，取氢氧化钠按质量比（2～5）∶（20～30）加入去离子水，再加入氢氧化钠质量1～3倍的富马酸，搅拌混合20～50min，得混合液b，取混合液b按质量比（5～9）∶（10～20）加入混合液a，调节pH值至6.8～7，于25～30℃搅拌混合1～3h，即得硬化强度增强剂。

所述聚合物添加剂为：取聚乙烯醋酸乙烯酯按质量比（3～5）∶（1～3）加入聚叔碳酸乙烯酯混合，即得。

产品特性

(1) 本品以芥酸酰胺、盐酸等为原料，合成长碳链阳离子型表面活性剂，其在混凝土水化过程中进行发泡，形成具有黏弹性胶束的系统，降低表面张力，促进产生均匀的泡沫，形成泡孔，再以异丙醇为溶剂使脱乙酰度壳聚糖与2,3-环氧丙基磺酸反应，制备了亲水性增强的稳泡添加剂，增加了发泡后液膜的界面黏度，通过降低液膜排液速度和降低气泡合并速度促进泡沫稳定，使得泡沫不易破裂进行较好地引气，泡沫均匀且泡沫强度高，能均匀地对水化过程中内部产生的气体进行挤压引气，提高了密实度。

(2) 本品将聚天门冬氨酸经富马酸改性，引入了羧酸、酰氨基团，使得超早强减水剂促使水化产物更早地沉淀和结晶，使得混凝土的硬化强度变高，羧酸基的电负性促进水泥胶体的分散，防止团聚，同时与水泥颗粒表面的钙离子络合，起到锚固作用，有利于活性物质更好地吸附于混凝土颗粒表面进行有效作用，酰氨基可以更好地进行助磨，并加入4-羟丁基乙烯基醚等，具有降低表面张力，减小位阻的效应，进行较好地分散和引气，使得表面活性剂能较好地渗入混凝土进行作业，提高引气效率。

(3) 本品加入聚乙烯醋酸乙烯酯和聚叔碳酸乙烯酯，遇水可以成膜，能形成微孔内壁覆膜的封闭孔隙构造，使得水泥浆体与骨料界面过渡区结构更加致密，提高了砂浆的抗折强度和抗渗性，形成的网状膜结构增加浆体的韧性。羟丙基甲基纤维素醚使材料内部孔结构得到改善，并具有良好的保温性能与力学性能，提高了混凝土引气过程中的整体性能。

（4）本品先通过表面活性剂形成泡沫，再加入泡沫稳定剂，使得泡孔均匀，形成的泡沫膜层强度高，不易消泡，能均匀地进行挤压引气，添加硬化强度增强剂促进水化产物结晶，提高混凝土硬度，通过增强分散性能使得各组分能发挥各自优势，提高引气效率，最后对形成的泡孔进行成膜，封闭孔隙，提高密实度和阻水性能。

（5）本品水溶性好，具有良好的引气、稳泡、分散性能，施工方便，经济实用。

配方 18　混凝土引气剂（6）

原料配比

原料	配比(质量份)				
	1#	2#	3#	4#	5#
烷基苯磺酸钠	13	14	12	10	15
十二烷基硫酸钠	2.5	2.5	2.5	3	2
氨基三乙酸钠	4	4	4	5	3
十二碳醇酯	1	1	1	0.5	1.5
乙二胺四乙酸二钠	5	5	5	4	6
四甲基碘化铵	1.2	1.1	1.3	1.5	1
聚羧酸系减水剂	7	8	6	5	9
二乙二醇单丁醚	0.4	0.4	0.4	0.5	0.3
椰油酰胺丙基甜菜碱	1.4	1.2	1.6	1.8	1
硅酸镁铝无机凝胶	1.3	1.5	1.2	1	1.6
无水焦磷酸钠	0.3	0.3	0.3	0.2	0.4
水	35	33	38	40	30

制备方法

（1）将烷基苯磺酸钠、十二烷基硫酸钠和椰油酰胺丙基甜菜碱加至 1/2 量的 30℃水中，搅拌至完全溶解，冷却至室温，再加入氨基三乙酸钠和乙二胺四乙酸二钠，混合均匀，得 A 溶液。

（2）将硅酸镁铝无机凝胶和无水焦磷酸钠加至剩余 1/2 量的水中，高速搅拌 5～10min，得 B 溶液。

（3）将十二碳醇酯、四甲基碘化铵、聚羧酸系减水剂和二乙二醇单丁醚加至 A 溶液中，以 100～200r/min 的转速搅拌 2～4min；再将 B 溶液加至其中，高速搅拌 5～10min，然后超声处理 5min，得混凝土引气剂。

高速搅拌的转速为 400～600r/min。超声处理的功率为 220～280W，频率为 45kHz。

原料介绍　所述的聚羧酸系减水剂为市售减水率≥25%的聚羧酸系减水剂。

烷基苯磺酸钠和十二烷基硫酸钠具有很好的表面活性，发泡能力好，在混凝土中引入尺寸分布合理的气泡，其基团能够定向排列在气泡壁上，降低气泡膜的气-液表面张力，降低表面能，显著改善混凝土的和易性，进而提高混凝土的强度。

氨基三乙酸钠和乙二胺四乙酸二钠溶于水后，形成大量的羧基和羟基并吸附在水泥颗粒表面，减小骨料颗粒间的摩擦阻力，加速其解离和水化，抑制泌水，提高混凝土拌和物的和易性。

十二碳醇酯可增加气泡壁的黏度和弹性，维持混凝土中气泡的稳定性。

四甲基碘化铵分子定向排列在气-液界面上，一方面在混凝土颗粒表面形成单分子吸附薄膜，减少固体颗粒间的直接接触面积，改善混凝土的和易性，另一方面显著降低溶液的表面张力，增加混凝土拌和过程中的气泡量，进而减少混凝土拌和用水量。

二乙二醇单丁醚和椰油酰胺丙基甜菜碱具有较好的引气和稳泡效果，吸附在烷基苯磺酸钠和十二烷基硫酸钠产生的气泡内表面，增加泡沫黏度和弹性强度，促进水泥水化，稳定气泡结构。

硅酸镁铝无机凝胶和无水焦磷酸钠相互配合，分散细小颗粒，使其充分水化，降低水胶比，并能够稳定气泡，使气泡稳定地分散在混凝土中。

产品特性　本品性能稳定，可有效改善新拌混凝土的气泡稳定性，显著提高混凝土强度，改善混凝土和易性，与其它外加剂的复合性好，与各种混凝土的适应性强，储存稳定。

配方 19　混凝土引气剂（7）

原料配比

原料	配比(质量份)					
	1#	2#	3#	4#	5#	6#
松香	100	94	88	106	112	100
马来酸酐	20	20	20	20	20	20
硫酸	1	0.8	1.1	0.9	1.2	1
三乙醇胺	25	22.5	27.5	20	30	25
氢氧化钠	15	11	17	13	19	15
水	166.7	166.7	166.7	166.7	166.7	166.7

制备方法　将松香加入反应釜中，升温至 130～150℃，松香熔化后加入浓硫酸和马来酸酐，升温至 140～180℃，搅拌反应 200～300min，再缓慢加入三乙醇胺、氢氧化钠和水的混合溶液，在 80～100℃下搅拌反应 100～150min，得到混凝土引气剂。

使用方法　本品添加量为混凝土中胶凝材料质量的 0.003%～0.01%。

产品特性　该混凝土引气剂应用到混凝土中，引入的气泡结构合适、分布均匀、稳定、孔径大小合适，能显著改善水泥及混凝土的和易性和耐久性。该引气剂制备方法简单，便于操作和控制，使用原材料经济易得，所得产品稳定易储存。

配方 20　混凝土引气剂（8）

原料配比

原料	配比(质量份)					
	1#	2#	3#	4#	5#	6#
十二烷基苯磺酸钠	40	35	45	40	40	40
三萜皂苷	30	25	35	30	30	30
聚乙二醇	5	4	6	5	5	5

续表

原料		配比(质量份)					
		1#	2#	3#	4#	5#	6#
非离子聚丙烯酰胺	分子量为1000万	3	—	—	—	3	3
	分子量为1100万	—	2	—	—	—	—
	分子量为1200万	—	—	4	—	—	—
	分子量为800万	—	—	—	3	—	—
硬脂酸钠		4	3	5	4	4	4
硫酸铝		8	5	10	8	8	8
十二烷基二甲基氧化胺		—	—	—	—	5	4
水		适量	适量	适量	适量	适量	适量

制备方法

(1) 按配比称取十二烷基苯磺酸钠、三萜皂苷以及聚乙二醇，并加入150份水中，搅拌至溶解均匀，制得引气组分。

(2) 按配比称取硬脂酸钠、硫酸铝和十二烷基二甲基氧化胺，并加入350份水中，搅拌至溶解均匀后，按配比加入非离子聚丙烯酰胺，继续搅拌至混合均匀，制得稳泡组分。

(3) 混合引气组分以及稳泡组分，并超声振动25min，制得混凝土引气剂。

原料介绍 十二烷基苯磺酸盐、三萜皂苷以及聚乙二醇复配可以产生直径较微小的气泡。

非离子聚丙烯酰胺是大分子有机物，溶于水后产生黏度，有利于提高气泡的黏性，降低气泡的运动速度，使得气泡处于相对稳定的状态。

硬脂酸钠和硫酸铝两者具有协同作用，能够降低水泥水化时温度升高对非离子聚丙烯酰胺黏度的影响，以确保气泡具有一定的黏性，有利于进一步降低混凝土的泌水率，同时增强混凝土抗压强度以及抗冻性能。

十二烷基二甲基氧化胺与非离子聚丙烯酰胺复配作为稳泡剂，能够进一步提高混凝土的稳泡性能。

产品特性 本品能够有效改善混凝土的和易性，降低混凝土的泌水率，同时提高混凝土的抗压强度以及抗冻性能。

配方 21 混凝土引气剂（9）

原料配比

原料		配比(质量份)		
		1#	2#	3#
微泡剂	三萜皂苷	30	—	—
	改性松香热聚物	—	30	—
	脂肪醇聚氧乙烯醚硫酸钠	—	—	20
	十二烷基硫酸钠	40	50	40
	十二烷基苯磺酸钠	—	—	30

续表

原料		配比(质量份)		
		1#	2#	3#
稳定剂	硅树脂聚醚乳液	5	7	5
	聚丙烯酰胺	—	—	5
分散剂	聚乙氧基丙氧基化醇醚	2	4	—
	聚马来酸	1	—	5
增稠剂	羟乙基纤维素	10	15	20
纳米增强颗粒	纳米二氧化硅	8	—	10
	纳米碳酸钙	—	11	5
去离子水		500	500	500

制备方法

(1) 向微泡剂与稳定剂中加入去离子水，高速搅拌后依次加入分散剂、增稠剂与纳米增强颗粒，且每次加入后高速搅拌。

(2) 水浴加热上述混合物，边加热边搅拌，一段时间后取出，密封保存。

原料介绍　所述微泡剂为三萜皂苷、脂肪醇聚氧乙烯醚硫酸钠、烷基酚聚氧乙烯醚、十二烷基苯磺酸钠、十二烷基硫酸钠、十二烷基醚硫酸钠、α-烯基磺酸钠、松香酸钠、改性松香热聚物、月桂醇聚醚硫酸酯钠中的一种或多种。

所述稳定剂为聚丙烯酰胺、聚乙烯醇、硅树脂聚醚乳液、聚丙烯酸类、十二烷基二甲基氧化胺、烷基醇酰胺、硅酮酰胺、脂肪酰胺、N-烷基亚胺二乙酸钠盐、脂肪酸乙醇酰胺、烷基甜菜碱磺酸中的一种或多种。

所述分散剂为聚乙氧基丙氧基化醇醚、聚马来酸、聚酰胺中的一种或几种。

所述增稠剂为甲基纤维素、羧甲基纤维素、羟乙基纤维素、羟丙基甲基纤维素中的一种或多种。

所述纳米增强颗粒为纳米二氧化硅或纳米碳酸钙中的至少一种；所述纳米增强颗粒组分的润湿角为70°～110°。

本品中，微泡剂能有效降低高原低气压环境下气泡的成核能量，使混凝土拌和料中产生众多均匀且稳定的小气泡；稳定剂通过改变分子内部排列顺序，使微泡剂在气泡液膜表面有序排列，形成致密液膜，增强气泡液膜结构稳定性；增稠剂能显著提高浆体黏度及气泡表面黏度，具有良好的增稠、分散、成膜、保护胶体及保护水分等特性，能降低气泡的聚集与破裂；分散剂能有效改善引气剂与减水剂之间的兼容性，使二者共同产生最佳效果；纳米增强颗粒能吸附在气-液界面产生“微粒骨架”，形成致密“粒子增强膜”，延缓液膜排液速率，抑制气泡歧化，大大增加气泡寿命。微泡剂、稳定剂、分散剂、增稠剂及纳米增强颗粒间的协同作用优化了引气剂的引气性能，使引气剂的发泡效率高，气泡液膜柔韧性好，气泡结构稳定性高，气泡整体细腻均匀，有助于混凝土抗冻性能的提升。

产品特性

(1) 本品能有效降低高原低气压下气-液界面张力，增加气泡液膜柔韧性，增强气泡整体稳定性，提升高原低气压环境下引气剂的引气性能。

(2) 本品发泡效率高，气泡液膜柔韧性好，气泡结构稳定性高，气泡整体细腻均匀，非常适合高原低气压地区使用，且各组分生物降解度高，绿色环保，不会对环境造成污染。

配方 22 混凝土引气剂（10）

原料配比

原料			配比(质量份)					
			1#	2#	3#	4#	5#	6#
纳米多孔二氧化硅分散液	分散稳定剂		5	1	7	10	4	8
	去离子水		560	370	725	725	550	540
	纳米多孔二氧化硅		5	1	8	10	6	10
	纳米多孔二氧化硅	亲水性纳米多孔二氧化硅	1	1	1	1	10	1
		疏水性纳米多孔二氧化硅	1	1	2	4	1	10
混合增稠组分			—	—	—	—	6	4
混合增稠组分	黄原胶		5	—	—	—	1	1
	羧甲基纤维素钠		—	7	—	—	—	3
	糊精		—	—	10	—	—	—
	纤维素醚		—	—	—	5	2	—
混合引气组分			—	—	—	40	30	30
混合引气组分	阴离子表面活性剂	十二烷基硫酸钠	30	—	—	1	—	—
		α-烯基磺酸钠	—	20	—	—	1	—
		磺基琥珀酸二辛酯钠	—	—	40	—	—	1
	非离子表面活性剂	三萜皂苷	—	—	—	2	—	—
		脂肪醇聚氧乙烯醚	—	—	—	—	2	—
		辛基酚聚氧乙烯醚	—	—	—	—	—	1
消泡组分	聚硅氧烷消泡剂		5	—	—	—	—	—
	聚醚改性有机硅消泡剂		—	1	—	10	—	8
	丙二醇聚氧乙烯聚氧丙烯醚消泡剂		—	—	10	—	4	—

制备方法

（1）将分散稳定剂加入去离子水中，搅拌至分散均匀。

（2）将纳米多孔二氧化硅加入步骤（1）得到的溶液中，提高温度至40～50℃，超声条件下以180～300r/min的搅拌速率搅拌0.5～2h，得到二氧化硅分散液。

（3）在纳米多孔二氧化硅分散液中依次加入增稠组分、引气组分、消泡组分，搅拌至分散均匀即可。

原料介绍 纳米多孔二氧化硅粒径为5～50nm，孔径分布为2～30nm，比表面积为50～600m^2/g。

所述亲水性纳米多孔二氧化硅接触角为50°～70°，疏水性纳米多孔二氧化硅接触角为90°～110°。

所述分散稳定剂为聚氧乙烯-聚氧丙烯嵌段型聚羧酸减水剂，其中聚氧丙烯占比10%～30%，含磷酸基团或磺酸基团，分子量在15000～25000之间。

纳米材料具有良好吸附性，吸附在气液表面能增强液膜刚度，多孔结构起到细化气泡的作用。聚羧酸减水剂的聚氧乙烯-聚氧丙烯嵌段可以提高纳米二氧化硅的分散性，磷酸基团和磺酸基团可以提高疏水性纳米二氧化硅的分散性；同时大分子量聚羧酸减水剂的梳状侧链能提供空间位阻效应，增强纳米二氧化硅的分散稳定性。增稠组分可以增加体系黏度，一方面抑制气泡上浮破灭，另一方面可以增加液膜弹性。阴离子表面活性剂和非离子表面活性剂在高原低压环境下引气效果相对更好，且与纳米二氧化硅分散液及混凝土外加剂具有较强的适应性。适量消泡组分可以在混凝土引气过程中抑制大气泡的形成，更多地形成相对稳定的小气泡。

在混凝土的气液界面上，亲水结构纳米多孔二氧化硅聚集在气泡液膜表面，起到增强液膜刚性的作用；疏水结构纳米多孔二氧化硅在疏水作用力的驱动下，与体系中的阴离子表面活性剂形成稳定结构单元，聚集在气液界面上能形成一层致密的离子水化膜，增强液膜弹性，延长液膜排液时间。亲疏水结构在气液界面上的吸附排列，共同起到阻隔作用，减缓气泡之间的聚集并合。亲疏水结构纳米多孔二氧化硅起到协同稳定气泡的作用。

在混凝土浆体中，多孔纳米二氧化硅由于有很多介孔，表面能低，在引气剂存在情况下，气泡会优先在其表面生成，然后迅速排出，起到细化气泡的作用；运输过程搅拌条件还能起到持续引泡的作用。

使用方法　本品应用于高原低气压下预拌混凝土中，掺量为胶凝材料质量的万分之一至千分之一。

产品特性

（1）本品的原材料与其它外加剂的复合性好，与各种混凝土的适应性强，储存稳定。

（2）本品制备方法简便，耗时短，环境友好，易于大批量工业化生产。

（3）本品应用于高原低气压下预拌混凝土中，能够有效提高混凝土中的气泡稳定性。

配方 23　混凝土引气剂（11）

原料配比

原料			配比(质量份)		
			1#	2#	3#
α-烯基磺酸钠			60	40	40
表面活性剂	脂肪醇聚氧乙烯醚硫酸钠		30	30	20
油茶籽粕添加剂			20	15	15
助剂			10	10	5
硅树脂聚醚乳液			5	5	3
水			150	150	150
油茶籽粕添加剂	粉末	油茶籽粕	100	100	100
		石油醚	1000	1000	1000
		石油醚	100	100	100
		无水乙醇	500	500	500
	粉末		20	20	20
	辛酸酰氯		40	40	40
	无水碳酸钾		1	1	1
	N,*N*-二甲基甲酰胺		500	500	500
	水		200	200	200
助剂	松香粉末		100	100	100
	对苯二酚		10	10	10
	丙烯酸		400	400	400

制备方法 将α-烯基磺酸钠、表面活性剂、油茶籽粕添加剂、助剂、稳定剂加入水中，加热，恒温下搅拌1～2h，即得混凝土引气剂。加热温度为45～50℃。

原料介绍 所述油茶籽粕添加剂的制备方法包括以下步骤：

(1) 将油茶籽粕粉碎，加入石油醚，在50～55℃下脱脂，残渣用石油醚洗脱，过滤，挥发干残渣中的石油醚，加入无水乙醇，置于50～55℃的水中趁热过滤20～30min，用无水乙醇对残渣进行洗涤、过滤，将过滤好的提取物进行真空浓缩，经冷冻真空干燥后，溶于水中，使用大孔树脂静态吸附、无水乙醇洗脱后，冷冻干燥，得到粉末。

(2) 取步骤(1)制得的粉末、辛酸酰氯、无水碳酸钾加入*N*,*N*-二甲基甲酰胺中，搅拌反应8～10h，反应结束后，加水稀释，调节体系pH值至4～5，利用乙酸乙酯和石油醚的混合液萃取，使用大孔吸附树脂收集产物，经真空冷冻干燥即得油茶籽粕添加剂。

所述助剂的制备方法包括以下步骤：将松香粉末与对苯二酚混合，通入氮气保护，搅拌加热至130～140℃，加入丙烯酸，继续升高体系温度至200～210℃，保温反应1～2h，待反应结束产物即为助剂。

油茶籽粕添加剂，具有良好的发泡能力，通过从原材料中提取得到茶皂素，使用辛酸酰氯进行改性，将茶皂素分子中的羟基改为酯基，在混凝土的碱性条件下能使气泡稳定性大大增强，通过在混凝土中引入细小、均匀的气泡，使浆体饱满度上升，提高混凝土引气剂的发泡、引气效果，且能保持良好的抗压强度。

助剂，以松香为原料，使用丙烯酸对其进行改性，用于混凝土引气剂中与其它外加剂有优良的相容性。

产品特性 本品将油茶籽粕添加剂与助剂搭配用于混凝土引气剂中，可有效提高混凝土引气剂的引气效果，发泡能力强，稳泡效果好，且能与其它外加剂配伍，应用广泛。

配方24 混凝土用微纳米气泡引气剂

原料配比

原料		配比(质量份)			
		1#	2#	3#	4#
主引气剂		98	1	25	1
非离子引气剂	烷基醇聚氧化乙烯醚	1	—	—	—
	烷基苯酚聚氧化乙烯醚	—	98	—	—
	烷基醇聚氧化乙烯醚和烷基糖苷的混合物	—	—	50	—
	烷基苯酚聚氧化乙烯醚、烷基醇聚氧化乙烯醚和烷基糖苷的混合物	—	—	—	1
表面活性剂	环氧丙烷-环氧乙烷嵌段共聚物	1	1	25	98

制备方法

(1) 将表面活性剂一边加热一边搅拌，加热到40～60℃。

(2) 加入非离子引气剂，搅拌混合均匀后冷却到常温。

(3) 加入主引气剂，搅拌20～40min，即得混凝土用微纳米气泡引气剂。

产品特性

(1) 本品可在混凝土中引入平均粒径在50μm以下的气泡，大幅提高混凝土的黏聚性、工作性及其耐久性，且气泡稳定。

（2）使用本品使得混凝土在生产、配送过程中含气量更稳定，且对混凝土的强度有促进作用。

（3）使用该引气剂使得混凝土更容易泵送，不易泌水。

（4）该制备方法工艺简单，容易操控，生产成本低。

配方 25 结构稳定的混凝土引气剂

原料配比

原料	配比(质量份)		
	1#	2#	3#
氢氧化钠	1	1.8	1.4
木质素磺酸钙	0.3	0.8	0.55
有机醇胺	0.5	0.8	0.65
松香皂	5	9	7
乙酸钠	0.4	0.7	0.55
椰油酰谷氨酸二钠	0.3	0.7	0.5
烷基苯磺酸钠	0.4	0.9	0.65
羧甲基纤维素钠	1.5	3	2.25
硫酸	0.6	1.6	1.1
乙二醇	0.8	1.8	1.3
胶黏剂	0.8	3	1.9
聚丙烯酰胺	0.1	0.4	0.25
三聚氰胺磺酸盐甲醛缩合物	0.6	1	0.8
双酚 A	0.5	1.3	0.9
碳酸钙	0.1	0.4	0.25
丙基磺酸纤维素	0.3	0.6	0.45
十二烷基硫酸钠	0.3	0.7	0.5
硫代硫酸钠	0.2	0.7	0.45
马来酸酐	0.8	1.3	1.05
季戊四醇	0.4	0.9	0.65
十二烷基苯磺酸钠	0.2	0.7	0.45

制备方法　将各组分原料混合均匀即可。

产品特性　本品引入的气泡细腻、大小均匀、稳定，本品在混凝土中应用时，静置 1h 后混凝土的含气量降低 3%～7%，含气量损失较小，具有优异的稳泡效果，且气泡在混凝土停放、振捣过程中稳定存在于混凝土内部而不聚集或逸散。

配方 26　具有长效引气功能的混凝土引气剂

原料配比

原料			配比(mmol)			
			1#	2#	3#	4#
长链烷基硫醇的酯化物 A	长链烷基硫醇	正辛基硫醇	10	10	—	—
		正十二烷基硫醇	—	—	10	—
		正十四烷基硫醇	—	—	—	10
	酸酐	丙烯酸酐	10	10	—	—
		甲基丙烯酸酐	—	—	11	11
	对甲基苯磺酸		0.1	0.2	0.3	0.4
	吩噻嗪		0.01	0.02	0.03	0.04
带有马来酰亚氨基团的季铵盐化合物 B	中间体	马来酸酐	10	10	10	10
		N,N-二甲基-1,2-乙二胺	10	11	12	13
		对甲基苯磺酸	0.5	1	1.5	2
		甲苯	30(mL)	30(mL)	30(mL)	30(mL)
	中间体		10	10	10	10
	碘甲烷		20	40	60	80
	异丙醇		30(mL)	30(mL)	30(mL)	30(mL)
长链烷基硫醇的酯化物 A			10	10	10	10
四氢呋喃			10(mL)	10(mL)	10(mL)	10(mL)
带有马来酰亚氨基团的季铵盐化合物 B			9	10	10	11

制备方法　先将长链烷基硫醇的酯化物 A 溶于少量四氢呋喃中，再与带有马来酰亚氨基团的季铵盐化合物 B 混合即得所述具有长效引气功能的混凝土引气剂。

原料介绍　所述长链烷基硫醇的酯化物 A，其长链烷基为含有 8～14 个碳原子的直链烷基，其酯化物的酯基为丙烯酸酯或甲基丙烯酸酯。

所述长链烷基硫醇的酯化物 A 的制备方法，包括以下步骤：将长链烷基硫醇、酸酐、对甲基苯磺酸、吩噻嗪混合，在 100～130℃下反应 1～4h 后冷却，得到所述的长链烷基硫醇的酯化物 A。

所述带有马来酰亚氨基团的季铵盐化合物 B 的制备方法，包括以下具体步骤：

(1) 中间体的制备：将马来酸酐、N,N-二甲基-1,2-乙二胺、对甲基苯磺酸溶于甲苯中，在带有分水器的反应釜中于 100～130℃下反应 10～16h，蒸馏除去甲苯，然后用正己烷重结晶后干燥，得到所述中间体。

(2) 带有马来酰亚氨基团的季铵盐化合物 B 的制备：将步骤 (1) 制得的中间体和碘甲烷溶于异丙醇中，在 80～110℃下反应 10～16h，过滤，用乙醇洗涤后干燥，得到所述带有马来酰亚氨基团的季铵盐化合物 B。

使用方法　连同其它混凝土外加剂一起溶解于水中后，加入混凝土中搅拌即可。建议折固掺量为混凝土中胶凝材料质量的十万分之二到万分之二。

产品特性　本品在新拌混凝土的拌和过程中逐渐引入气泡，使混凝土在新拌后期仍保持较高的含气量，达到长效引气的目的。

配方 27　聚羧酸系混凝土引气剂

原料配比

原料		配比(质量份)				
		1#	2#	3#	4#	5#
TPEG		35	30	30	40	40
不饱和磺酸盐	甲基烯丙基磺酸钠	4	2	3	—	5
	α-烯基磺酸钠(AOS)	1	1	2	2.5	0.5
	2-丙烯酰胺-2-甲基丙磺酸(AMPS)	—	—	—	—	4
衣康酸		—	5	—	—	—
马来酸酐		—	—	5	8	—
去离子水		适量	适量	适量	适量	适量
引发剂	过硫酸铵	1	1	1	1	0.7
丙烯酸		14	14	14	15	15
马来酸酐二甲酯		7	6	6	5	5
维生素 C		0.5	0.5	0.5	0.5	0.3
碱液		适量	适量	适量	适量	适量

制备方法

(1) 将 TPEG、不饱和磺酸盐、衣康酸或马来酸酐和适量去离子水加入反应釜中，不断搅拌的同时升温至 37～43℃，再一次性加入引发剂混合均匀。

(2) 在 1～4h 内分别向步骤 (1) 所得的物料中滴加完丙烯酸和马来酸酐二甲酯的混合水溶液以及维生素 C 水溶液，滴加完毕后于 27～43℃保温反应 1～2h。

(3) 向步骤 (2) 所得的物料中加入液碱，调节 pH 值至 5～6，即得所述聚羧酸系混凝土引气剂。

原料介绍　所述 TPEG 的结构式为 $CH_2=C(CH_3)CH_2CH_2O(CH_2CH_2O)_nH$，$n$ 为正整数，且 TPEG 的数均分子量为 2300～2500。

所述液碱为氢氧化钠溶液。

产品特性

(1) 本品通过分子结构设计，采用自由基聚合直接合成聚羧酸型混凝土引气剂，在分子内引入适当的磺酸基、羧基和酯基，从而改变引气效果，进而改善混凝土的和易性。

(2) 本品的分子结构与聚羧酸减水剂相近，与聚羧酸减水剂具有较好的相容性，能够有效提高复配效率及外加剂产品的均一性。

(3) 本品采用常压生产，设备要求低，操作方便，有利于工业化生产。

(4) 本品应用于混凝土拌和物中，表现出优异的保水性能和稳泡性能，且对混凝土的抗压强度没有影响，符合国标要求。而且本品反应条件适宜，工艺简洁，环保高效，适于规模化工业生产。

配方 28 能改善混凝土施工性能的引气剂

原料配比

原料		配比(质量份)				
		1#	2#	3#	4#	5#
磺酸化 β-葡聚糖	氯磺酸	1	1	1	1	1
	吡啶	15	15	15	15	15
	β-葡聚糖	0.3	0.3	0.3	0.3	0.3
改性 β-葡聚糖	磺酸化 β-葡聚糖	10	10	10	10	10
	50%乙醇水溶液	50	—	—	—	—
	70%乙醇水溶液	—	100	—	—	—
	60%乙醇水溶液	—	—	70	70	70
	γ-(2,3-环氧丙氧)丙基三甲氧基硅烷	1	3	2	2	2
磺酸化/长链烷基化 β-葡聚糖	改性 β-葡聚糖	10	10	10	10	10
	十二烷基伯胺	2	—	—	—	—
	十四烷基伯胺	—	3	—	—	—
	十八烷基伯胺	—	—	2.5	2.5	2.5
	异丙醇	50	50	50	50	50
磺酸化/长链烷基化 β-葡聚糖		2	4	3	3	3
松香		7	12	10	10	10
碱		1	2	1.5	1.5	1.5
磷酸钾		0.5	2	1	1	1
松香	妥尔油松香	5	7	6	—	10
	木松香	2	2	2	10	—
碱	KOH	3	5	4	4	4
	$Ca(OH)_2$	1	1	1	1	1

制备方法

(1) 磺酸化改性：将氯磺酸溶于吡啶中，加入 β-葡聚糖，在 50～60℃下搅拌反应 2～5h，调节 pH 值为 6.8～7.2，溶剂沉淀，过滤，得到磺酸化 β-葡聚糖。

(2) 环氧化改性：将步骤 (1) 制得的磺酸化 β-葡聚糖加入 50%～70%乙醇水溶液中，加入 γ-(2,3-环氧丙氧)丙基三甲氧基硅烷，加热至 70～90℃，搅拌反应 1～3h，溶剂沉淀，过滤，得到改性 β-葡聚糖。

(3) 长链烷基化反应：将步骤 (2) 制得的改性 β-葡聚糖和长链烷基伯胺加入二氯甲烷中，加热回流反应 2～3h，溶剂沉淀，过滤，得到磺酸化/长链烷基化 β-葡聚糖。

(4) 复配混合：将步骤 (3) 制得的磺酸化/长链烷基化 β-葡聚糖、松香、碱、磷酸钾混合均匀，制得能改善混凝土施工性能的引气剂。

原料介绍　本品采用氯磺酸对 β-葡聚糖进行磺酸化改性，能明显提高引气剂的起泡性和稳泡性，进一步进行带有环氧基的硅烷偶联剂改性后，表面接上环氧基团，然后环氧基团与长链烷基伯胺反应，从而在 β-葡聚糖表面引入长链烷基链，制得的改性 β-葡聚糖结构包含了磺酸基和长链烷基链，具有亲水和亲油两种性质，当在混凝土或水中加入该引气剂后，经过搅拌，能引入大量气泡，引气剂能吸附到气-液界面上，降低系统界面能，即降低其表面张力，因而可改善其起泡性，使起泡较容易，这些气泡不会随即上浮破灭，这些气泡能稳定地存在，使得硬化混凝土中存在一定结构的气孔，对改善混凝土抗冻性、耐久性有明显的改善作用。

产品特性

（1）本品使得混凝土中气泡结构合理、分布均匀、稳定，离析和泌水降低，耐久性和抗冻性提高，改善了混凝土的和易性和耐久性，与其它外加剂的复合性较好，与混凝土的适应性较好。

（2）本品加入混凝土中后，形成的大量小气泡分布在混凝土拌和物中，会产生类似滚珠的作用，减少骨料颗粒间摩阻力，减少用水量，增加拌和物的稠度，抑制泌水，同时，在混凝土硬化后，引入的小气泡能切断毛细管的通路，降低毛细管作用，从而提高混凝土的冻融耐久性，改善混凝土的施工性能。

配方 29 碾压混凝土用高效引气剂

原料配比

原料		配比(质量份)		
		1#	2#	3#
1,4-二溴丁烷		22	25	24
长链烷基伯胺	十二烷基伯胺	43	—	—
	十四烷基伯烷	—	50	—
	十六烷基伯胺	—	—	52
甲醛		16	18	18
甲酸		17	17	13
3-氯-2-羟基丙磺酸钠		38	42	40
去离子水		20	20	30
无水乙醇		100	105	110
氢氧化钠溶液		适量	适量	适量

制备方法

（1）按上述原料质量份数先将长链烷基伯胺、30～40 份无水乙醇加入三口瓶（三口烧瓶）中，开启机械搅拌，油浴升温至 30～35℃。

（2）将 1,4-二溴丁烷溶于 20～25 份无水乙醇（溶液）中得到 1,4-二溴丁烷的乙醇溶液，采用恒流泵将 1,4-二溴丁烷的乙醇溶液滴入三口瓶中，滴加时间为 30～40min，随后分别滴加甲醛和甲酸，甲醛先滴加 5～8min 再滴加甲酸，甲醛滴加时间为 30～40min，甲酸滴加时间为 60～70min，甲醛和甲酸滴加完毕后，将所得的料液升温至 75～80℃，保温反应 3～4h，得到中间产物即溶液 A。

（3）在溶液 A 中加入氢氧化钠溶液，调节溶液 A 的 pH 值为 11～12，用分液漏斗分液得到上层液体，旋蒸得到固体 B。

（4）将 3-氯-2-羟基丙磺酸钠和去离子水加入另一个三口瓶中，油浴升温至 75～80℃，将固体B溶于25～30份无水乙醇中制得溶液C，采用恒流泵将溶液C滴入本步骤中的三口瓶内，滴加时间为30～40min，保温反应7～8h，得到中间产物即溶液D。

（5）在溶液D中加入氢氧化钠溶液，调节溶液D的pH值为9～10，得到反应溶液，将反应溶液进行旋蒸，除去乙醇和水，得到白色固体，用20～25份无水乙醇将白色固体溶解，过滤除去不溶物，将滤液旋蒸除去乙醇，得到最终产品即碾压混凝土用高效引气剂。

产品特性

（1）本品分子结构中同时引入了阴离子和阳离子，增加分子的HLB值，提高了分子的起泡能力，阴离子基团为磺酸根离子，能够抵抗盐离子的影响。另外，针对碾压混凝土中用水量少，气泡难以稳定存在的情况，在引气剂分子中连接基团，将两个引气剂分子连在一起，增加了气泡膜的厚度和韧性。本品具有良好的分子结构，赋予其比普通混凝土引气剂更低的表面张力，更低的临界胶束浓度，良好的气泡性能和气泡稳定性，特别对于单方用水量极少的碾压混凝土有掺量低、含气高的优点。

（2）本品引气效率高，稳泡性好，掺量低，溶解性好，使用方便，经济实用。

配方30 适用于湿喷混凝土的开关型引气剂

原料配比

原料		配比(质量份)		
		1#	2#	3#
A组分	无患子皂粉	30	50	40
	K12表面活性剂	15	5	9
	聚丙烯酰胺	12	8	11
B组分	环状聚二甲基硅氧烷	27	18	24
	十六烷基三甲基氯化铵	10	15	12

制备方法　将各组分原料混合均匀即可。

原料介绍　无患子皂粉源于植物，是一种天然无公害表面活性剂；K12表面活性剂（十二烷基硫酸钠）是一种无毒的阴离子表面活性剂，其生物降解度＞90%。这种阴离子表面活性剂与（已经存在于混凝浆料中的）十六烷基三甲基氯化铵（即阳离子表面活性剂1631）混合后，可快速形成浑浊沉淀。聚丙烯酰胺具有良好的絮凝性，可以有效降低液体之间的摩擦阻力、增加泡沫黏度和弹性强度；环状聚二甲基硅氧烷是一种常用的高效消泡剂，其加入量小，但消泡作用显著；十六烷基三甲基氯化铵具有良好的表面活性、稳定性和生物降解性。环状聚二甲基硅氧烷与十六烷基三甲基氯化铵混合后，可以协同配合，一方面强化“消泡”能力，另一方面进一步保证“消泡”的反应速率。

使用方法　本品主要是一种适用于湿喷混凝土的开关型引气剂。

A组分按与混凝土的质量比为（0.05～0.1）∶100的比例，在搅拌过程中加入混凝土浆料中；B组分按与混凝土的质量比为（0.015～0.03）∶100的比例，在与混凝土喷射管连接的喷枪的风环位置处，由压缩空气携带注射至混凝土浆料中。

产品特性

（1）这种“开关型”引气剂中发挥起泡作用的A组分在搅拌过程中加入混凝土浆料中，可使混凝土浆料在输送管道泵送过程中具有引气作用，大幅提高了混凝土浆料的流动性，从而获得较高的可泵送性能指标，提高泵送效率，减小泵送阻力，降低（混凝土输送泵）动力消耗，并减少喷射混凝土管路堵塞事故发生的概率，提高使用的安全性。

（2）起消泡作用的B组分在与混凝土喷射管连接的喷枪的风环位置处，由压缩空气携带注射至混凝土浆料中。这样，携裹有起消泡作用的B组分的气流以“注射”形态注入携裹有起泡作用的A组分的混凝土浆料中，两股“射流”在高速状态下均匀混合，可有效保证A组分与B组分混合均匀并形成有效的、充分的接触，获得较好的“消泡”效果，从而确保喷射到受喷面上的混凝土浆料重新获得或“恢复”良好的黏聚力性能指标，获得良好的可喷敷性，进而保证混凝土喷射成型质量，防止湿喷混凝土坍落。

（3）开关型引气剂，起泡成分与消泡成分“一前一后”混入混凝土浆料中，巧妙地解决湿喷混凝土施工中，混凝土浆料的可泵送性与可喷性之间的“矛盾”。开关型引气剂的各原料成分均无毒无害、可降解，为环境友好型绿色引气剂。

（4）本品兼具良好的可泵送性与可喷敷性，使用安全。

（5）绿色环保，制造成本与使用成本低廉。

（6）湿喷混凝土成型效果好，成型质量稳定。

配方 31 水溶性高效混凝土松香树脂引气剂

原料配比

原料		配比(质量份)					
		1#	2#	3#	4#	5#	6#
松香树脂		50	50	60	60	70	65
对甲基苯磺酸		0.5	0.5	0.5	1	10	0.8
不饱和二元酸	马来酸酐	10	—	—	—	—	—
	富马酸	—	12	—	20	20	6
	马来酸	—	—	15	—	—	12
烷基酚聚氧乙烯醚		—	—	—	—	—	35
烷基酚聚氧乙烯醚	OP-10	20	—	—	—	—	1
	OP-15	—	25	—	25	—	—
	曲拉通 X-10	—	—	30	—	40	1.3
三乙醇胺		3	5	5	5	5	4
去离子水		162	180	215	235	245	225

制备方法

（1）将称好的松香树脂在粉碎机中粉碎，然后将粉碎后的松香树脂投入反应釜中，升温到130～135℃，待松香树脂完全熔化后，在反应釜中加入对甲基苯磺酸并通入N_2（以保护松香树脂分子结构中的双键），开启搅拌，升温至160～180℃，保温1～2h（使松香树脂中的异构体发生转化），然后在反应釜中加入不饱和二元酸（或酸酐）进行双烯加成反应，反应时间为2～3h（得到三元羧酸产物）。

（2）之后继续升温至200～230℃，向反应釜中加入烷基酚聚氧乙烯醚进行酯化反应，反应2～3h。

（3）酯化反应结束后，将温度降至80～90℃，然后再向反应釜中加入三乙醇胺和去离子水，最终得到的产品即为水溶性高效混凝土松香引气剂。

原料介绍　所述的松香树脂可采用国标一级品，密度为 $1.06g/cm^3$，熔点范围为 110～145℃，水分含量小于 0.2%。

所述的不饱和二元酸（富马酸、马来酸、马来酸酐）均为化学纯，灼烧残渣小于 0.03%。

所述的去离子水的电导率小于 50μS/cm。

使用方法　本品主要用于公路、桥梁、水库、大坝、房建等混凝土工程中，尤其适用于抗冻、耐久性要求高的混凝土结构中，如水工、海工及路桥等国家大型工程以及北方等高寒地区的公路、桥梁工程。

可采用拌和混凝土时添加以及和混凝土外加剂复配两种方式进行。本品的掺量（加入量）为混凝土中胶凝材料（总质量）的 0.01%～0.02%。本品外观是深棕色溶液，固含量约为 35%，将溶液稀释至 2%时，溶液呈深黄色透明状，具有强烈的松香味。

产品特性

（1）本品能够改善孔结构，提高耐久性，气泡可以起到滚球轴承的作用，提高流动性及黏聚性，由于阻断了毛细管渗水通道，使抗渗、抗冻性能显著提高。

（2）本品具有良好的低温溶解性。分子中有三种亲水性基团，它们在水相中定向排列，与水分子形成氢键，疏水链则相互重叠，因此在水溶液中有更高的溶解性。

（3）本品具有良好的引气能力，具有良好的气体稳定性。

（4）本品水溶性好，具有良好的引气、稳泡、分散性能，施工方便，经济实用，无论是单独添加，还是复配在减水剂中使用，都能均匀分散，使用方便、快捷。

配方 32　天然植物基混凝土引气剂

原料配比

原料		配比(质量份)		
		1#	2#	3#
叶片粉末	新鲜甜菜叶	1000	800	900
	新鲜枸杞叶	600	400	500
发酵混合物	沼气液	2000(体积)	1000(体积)	2000(体积)
	叶片粉末	1200	1000	1100
	去离子水	1000(体积)	800(体积)	900(体积)
乙醚		2000(体积)	1000(体积)	2000(体积)
8%～10%尿素溶液		适量	适量	适量
8%～10%柠檬酸溶液		适量	适量	适量

制备方法

（1）依次称取新鲜甜菜叶、新鲜枸杞叶，用去离子水反复清洗 3～5 次，去除表面污物，再将洗净后的甜菜叶和枸杞叶置于阳光下暴晒 2～4 天，随后将其转入粉碎机中，粉碎后过 40～80 目筛，得叶片粉末。

（2）量取沼气液，转入离心机，以 1000～1200r/min 的转速离心分离 15～20min，弃去下层沉淀物，将所得上层清液倒入发酵罐中，再加入上述所得叶片粉末，补加去离子水，于温度为 40～45℃、转速为 180～200r/min 条件下保温密闭发酵 5～7 天，出料，得发酵混合物。

(3) 将上述所得发酵混合物转入烧杯中，用紫外灯灭菌处理20～40min，再将烧杯转入超声振荡仪，于温度为35～40℃、功率为200～250W条件下超声处理30～40min，过滤，除去滤渣，得1号滤液。

(4) 将上述所得1号滤液转入烧杯中，滴加质量分数为8%～10%的尿素溶液，调节pH值至8.8～9.0，再将烧杯转入冰箱中，于4～6℃条件下冷藏8～12h，抽滤，收集得2号滤液，再滴加质量分数为8%～10%的柠檬酸溶液，调节2号滤液pH值至4.8～5.0，再将烧杯置于液氮中，冷却3～5s，抽滤，除去滤液，收集得滤饼。

(5) 将上述所得滤饼倒入盛有1～2L乙醚的烧杯中，再将烧杯置于数显测速恒温磁力搅拌器中，于温度为2～4℃、转速为300～400r/min条件下恒温搅拌混合15～20min，过滤，除去滤液，将所得滤渣转入烘箱中，于温度为80～90℃条件下干燥8～10h，即得天然植物基混凝土引气剂。

使用方法　按质量份数计，选取20～30份水泥，15～20份粉煤灰，5～10份砂，0.5～0.7份上述制备的天然植物基混凝土引气剂，15～20份水，经搅拌混合均匀后浇筑。经检测，混凝土中含气量达到3.5%以上，减水率高于7%。

产品特性

(1) 本品能产生大量均匀稳定的气泡，可使混凝土含气量达到3.5%以上。

(2) 本品不仅能够提高混凝土的耐久性能，使其使用寿命延长2～3年，而且其减水性能也得以提高，减水率高于7%。

(3) 本品以天然植物为原材料，获取简易，制备工艺简单，且不会污染环境，环保。

配方 33　稳泡型混凝土引气剂

原料配比

原料		配比(质量份)			
		1#	2#	3#	4#
氧化剂①	过硫酸铵	1	—	—	—
	过氧化苯甲酰	—	2	—	—
	偶氮二异丁脒盐酸盐	—	—	1.5	1.5
还原剂①	吊白块	0.4	—	—	—
	硫酸亚铁	—	0.025	—	—
	E51	—	—	2	—
	L-抗坏血酸钠	—	—	—	0.3
去离子水		612	694.8	678.5	612
不饱和酸	马来酸	100	—	—	—
	甲基丙烯酸	—	70	—	80
	丙烯酸	40	—	80	20
	6-马来酰亚氨基己酸	—	20	—	—
	2-丙烯酸酰胺-2-甲基丙磺酸	—	—	35	—
	苯乙烯磺酸	—	—	—	20
	衣康酸	—	—	—	20

续表

原料		配比(质量份)			
		1#	2#	3#	4#
不饱和酯	甲基丙烯酸甲酯	45	—	—	—
	丙烯酸甲酯	—	40	—	—
	丙烯酸羟乙酯	—	—	40	—
	丙烯酸羟丙酯	—	—	—	60
	马来酸三异丙醇胺酯	—	30	—	—
	丙烯酸葡萄糖单酯	—	—	18	—
不饱和磺酸钠	甲基丙烯磺酸钠	16	—	—	20
	α-烯基磺酸钠	—	25	—	—
	烯丙基磺酸钠	—	—	30	—
表面活性剂	十二烷基磺酸钠	—	—	—	20
	直链烷基苯磺酸钠	20	—	—	—
	十二烷基二苯醚二磺酸钠	—	—	—	10
	十八烷基磺基琥珀酰胺二钠	20	—	—	—
	十二烷基硫酸钠	—	30	—	—
	脂肪醇聚氧乙烯醚-9	—	—	15	—
	松香酸钠	—	—	—	10
	十八烷基磺基琥珀酰胺二钠	15	—	—	—
	烷基酚聚氧乙烯醚羧酸钠	—	14	—	—
	十二烷基二苯醚二磺酸钠	—	—	13	—
不饱和酰胺	N-异丙基丙烯酰胺	15	—	—	—
	马来酰亚胺	—	25	—	—
	丙烯酰胺	—	—	20	30
	羟甲基丙烯酰胺	—	—	8	—
	亚甲基双丙烯酰胺	—	—	8	—
链转移剂	次磷酸钠	6	—	—	—
	巯基丙酸	—	—	—	2
	甲酸钠	—	—	8	—
	十二烷基硫醇	—	1	—	—
氧化剂②	过硫酸铵	1	—	—	—
	过硫酸钾	—	—	2.5	—
	过硫酸钠	—	—	—	1.5
	双氧水	—	4	—	—
还原剂②	亚硫酸氢钠	—	—	—	0.1
	吊白块	0.6	—	1.5	—
	亚硫酸氢钾	—	—	0.5	—
	硫酸亚铁	—	0.025	—	0.1

续表

原料		配比(质量份)			
		1#	2#	3#	4#
不饱和脂肪酸	油酸	18	—	—	15
	亚麻油	—	25	—	—
	亚油酸	—	—	21	—
	花生四烯酸	—	—	—	5

制备方法

(1) 将氧化剂①配制成2%质量浓度的溶液C1；将还原剂①配制成2%质量浓度的溶液C2。

(2) 常温下，将去离子水投入反应釜中，开启搅拌，依次投入不饱和酸、不饱和酯、不饱和磺酸钠，混合搅拌均匀后投入表面活性剂继续搅拌均匀。

(3) 往上述搅拌的溶液中依次投入不饱和酰胺、链转移剂、还原剂②、氧化剂②，每投完一个料搅拌2min后继续投加下一个料，以保证上一个原料完全溶解，避免前后两种料未进入溶液体系就直接反应。

(4) 待反应升温时开始计时，利用循环水控制全程反应温度<30℃，搅拌反应15min后停止搅拌，静置45～90min。

(5) 静置结束后再开启搅拌，同时开始滴加C1和C2溶液，滴加时间分别为68～72min，84～96min。

(6) 滴加结束后继续搅拌反应15min，结束后停止搅拌静置2～3h，静置结束后，加入不饱和脂肪酸，搅拌30min后即得到稳泡型混凝土引气剂。

产品特性

(1) 本品具有良好的起泡性和稳泡性，可以在混凝土中引入细小而均匀的气泡，使浆体饱满度提升，从而导致混凝土包裹性提升，有效提高并改善混凝土和易性，且在提高含气量的同时不影响混凝土强度。

(2) 本品在聚羧酸体系中能够稳定使用，由于聚羧酸减水剂的结构中具有亲水性支链，本品结构中也具有亲水支链，可以与聚羧酸减水剂相容，因此本品与聚羧酸减水剂具有良好的适应性，与聚羧酸系减水剂、保坍剂、保水剂、缓凝剂等都有良好的相容性。

(3) 本品没有改变和破坏引气剂分子结构，生产成本低，符合引气剂高性能、功能型、环保型的发展理念。

配方34 稳泡性佳的混凝土引气剂

原料配比

原料	配比(质量份)				
	1#	2#	3#	4#	5#
松香基超支化表面活性剂	20	23	25	28	30
1,4-环己烷二甲醇双(3,4-环氧环己烷甲酸)酯/4,4′-二氨基-3,3′-联苯二磺酸缩聚物	5	6	7.5	9	10
商陆皂苷丙	0.1	0.5	0.9	1.3	1.5

续表

原料			配比(质量份)				
			1#	2#	3#	4#	5#
2-丙烯酸-六氢化-4,7-亚甲基-1H-茚基酯/2-羟基-3-丁烯基硫苷/乙烯基三甲氧基硅烷/聚乙二醇单烯丙基醚共聚物			5	6	7.5	9	10
超支化聚甘油			8	9	12	14	15
水			70	75	80	85	90
1,4-环己烷二甲醇双(3,4-环氧环己烷甲酸)酯/4,4'-二氨基-3,3'-联苯二磺酸缩聚物	1,4-环己烷二甲醇双(3,4-环氧环己烷甲酸)酯		1(mol)	1(mol)	1(mol)	1(mol)	1(mol)
	4,4'-二氨基-3,3'-联苯二磺酸		1(mol)	1(mol)	1(mol)	1(mol)	1(mol)
	碱性催化剂		—	—	—	2(mol)	—
	碱性催化剂	氢氧化钠	2(mol)	—	2(mol)	3(mol)	—
		氢氧化钾	—	2(mol)	—	5(mol)	2(mol)
	有机溶剂		—	—	—	11(mol)	—
	有机溶剂	四氢呋喃	8(mol)	—	—	1(mol)	—
		N,N-二甲基甲酰胺	—	9(mol)	—	1(mol)	—
		N,N-二甲基乙酰胺	—	—	10(mol)	2(mol)	—
		N-甲基吡咯烷酮	—	—	—	3(mol)	12(mol)
2-丙烯酸-六氢化-4,7-亚甲基-1H-茚基酯/2-羟基-3-丁烯基硫苷/乙烯基三甲氧基硅烷/聚乙二醇单烯丙基醚共聚物	2-丙烯酸-六氢化-4,7-亚甲基-1H-茚基酯		1	1	1	1	1
	2-羟基-3-丁烯基硫苷		1	1	1	1	1
	乙烯基三甲氧基硅烷		0.5	0.7	0.8	0.9	1
	聚乙二醇单烯丙基醚		2	2	2	2	2
	引发剂		—	—	—	0.057	—
	引发剂	偶氮二异丁腈	0.07	—	0.05	3	0.06
		偶氮二异庚腈	—	0.045	—	5	—
	高沸点溶剂		—	—	—	23	—
	高沸点溶剂	二甲基亚砜	18	—	—	1	—
		N,N-二甲基甲酰胺	—	20	—	1	24
		N,N-二甲基乙酰胺	—	—	21	3	—
		N-甲基吡咯烷酮	—	—	—	4	—

制备方法 将各原料按质量份混合，在40～60℃下高速搅拌15～20min，然后超声处理5～10min，得混凝土引气剂。高速搅拌的转速为500～800r/min。超声处理的功率为250～300W，频率为45kHz。

原料介绍 所述松香基超支化表面活性剂为以脱氢枞胺为核心，与丙烯酸甲酯和乙二胺通过迈克尔加成和酰胺化缩合反应制备出一种低代超支化分子骨架，再与氯乙酸反应合成的一种表面活性剂。

所述1,4-环己烷二甲醇双(3,4-环氧环己烷甲酸)酯/4,4'-二氨基-3,3'-联苯二磺酸缩聚物的制备方法，包括如下步骤：将1,4-环己烷二甲醇双(3,4-环氧环己烷甲酸)酯、4,4'-二氨基-3,3'-联苯二磺酸、碱性催化剂加入有机溶剂中，在70～80℃下搅拌反应4～6h，再旋蒸除去溶剂，得到1,4-环己烷二甲醇双(3,4-环氧环己烷甲酸)酯/4,4′-二氨基-3,3′-联苯二磺酸缩聚物。

所述2-丙烯酸-六氢化-4,7-亚甲基-1H-茚基酯/2-羟基-3-丁烯基硫苷/乙烯基三甲氧基硅烷/聚乙二醇单烯丙基醚共聚物的制备方法，包括如下步骤：将2-丙烯酸-六氢化-4,7-亚甲基-1H-茚基酯、2-羟基-3-丁烯基硫苷、乙烯基三甲氧基硅烷、聚乙二醇单烯丙基醚、引发剂加入高沸点溶剂中，在65～75℃、氮气或惰性气体氛围下搅拌反应3～5h，然后旋蒸除去溶剂，得到2-丙烯酸-六氢化-4,7-亚甲基-1H-茚基酯/2-羟基-3-丁烯基硫苷/乙烯基三甲氧基硅烷/聚乙二醇单烯丙基醚共聚物。

所述惰性气体为氦气、氖气、氩气中的一种。

所述超支化聚甘油为一种具有惰性聚醚骨架的高度支化的多元醇。

本品的超支化聚甘油有利于促进水化，稳定气泡结构；松香基超支化表面活性剂结合了松香、酯类和超支化分子结构的特点，能够有效改善液体的表面张力，从而在溶液中形成若干均匀的气泡；共聚物分子链上各基团协同作用，能有效增加气泡壁的黏度与弹性，使得引气剂在混凝土中形成的气泡稳定，从而明显提高混凝土的耐久性。

产品特性　该制备方法简单易行，对设备和反应条件要求不高，适合连续规模化生产；通过这种制备方法制备得到的混凝土引气剂引气效果佳，与其它外加剂的复合性好，与混凝土的适应性强，能有效改善新拌混凝土的气泡稳定性，显著提高混凝土强度，改善混凝土和易性、耐久性和抗冻性。

配方35　新型复合型混凝土引气剂

原料配比

原料	配比(质量份)				
	1#	2#	3#	4#	5#
十二烷基二甲基氧化胺	5	7	10	13	15
乙氧基化烷基硫酸钠	5	7	10	—	15
AES	—	—	—	13	—
松香酸钠	5	6	8	9	10
椰子油二乙醇酰胺	5	7	10	13	15
水	加至100	加至100	加至100	加至100	加至100

制备方法

(1) 水加入反应釜中进行加热。

(2) 步骤 (1) 中反应釜中水的温度升至60～80℃时将松香酸钠投入反应釜中，边搅拌边投料进行溶解。

(3) 步骤 (2) 中加入的松香酸钠溶解完全后，将椰油二乙醇酰胺、AES、十二烷基二甲基氧化胺、乙氧基化烷基硫酸钠投入反应釜中搅拌混合，机械搅拌均匀后即得到本产品。

原料介绍　所述松香酸钠是一种三苯环结构阴离子表面活性剂，由于它的两亲结构（一端具有亲水基，一端具有亲油基），故广泛用作高性能乳化剂，特别是对于分子中含苯环结构产品的乳化，并且松香酸钠为固体结构，其粉剂含量>96%。

使用方法　本品掺量为混凝土胶凝材料用量的0.0005%～0.001%。

产品特性

（1）本品可溶解于水，搅拌站现场可稀释为1.5%～2.0%浓度的液体进行自动计量添加；该品更多用于复配外加剂成品，产品与其他混凝土外加剂复配性好、掺量少，复配效果优于三角皂苷类引气剂。

（2）本产品能有效降低溶液的表面张力，能产生封闭、独立的气泡，具有发泡率高、气泡直径小、稳泡时间长的特点，能明显改善混凝土的工作性能和提高混凝土流动保坍性能。

配方 36 混凝土用引气剂

原料配比

原料	配比(质量份)					
	1#	2#	3#	4#	5#	6#
松香酸钠	0.93	1	1.06	1.14	1.23	0.93
三萜皂苷	0.70	0.69	0.71	0.73	0.77	0.70
羟乙基纤维素	0.12	0.12	0.12	0.13	0.15	0.12
铝粉	0.12	0.12	0.12	0.13	0.15	0.12
通用型EVA乳液	0.07	0.08	0.09	0.08	0.09	0.07
防水型EVA乳液	0.07	0.08	0.09	0.08	0.09	0.07

制备方法　称取各组分加入搅拌机，搅拌均匀即可。

原料介绍　松香酸钠属于三苯环结构阴离子表面活性剂，其溶于水后会解离形成阴离子基团，具有亲水基和憎水基的两亲结构，可以有效降低液体表面张力，有高效稳定的起泡、发泡性能。三萜皂苷属于非离子表面活性剂，其分子结构包含单糖基、苷元基，其中单糖基含有能与水分子形成氢键的多羟基结构，具有很强的亲水性，而苷元基具有较强的亲油憎水性，因此也有助于降低溶液表面张力并产生气泡，同时三萜皂苷分子结构较大，可以形成较厚的分子膜，使气泡的弹性、尺寸能够相对稳定。羟乙基纤维素是一种非离子型可溶纤维素醚，其具有良好的增稠、分散、乳化、黏合、成膜、保护水分等特性，可以进一步提高气泡的稳定性和分散均匀性。铝粉在混凝土拌和物的碱性环境中可以反应生成氢气，达到进一步提高引气剂发泡性能的效果。EVA乳液的乳化性能好且稳定性高，其中通用型EVA乳液的刚性高，具有较好的补强性，可以弥补引气剂自身的降低混凝土强度的缺点，而防水型EVA乳液的耐水性好，可以提高引气剂的稳定性，通过二者复配，从而达到增加引气剂稳定性的效果。

产品特性　本方案在引气剂中添加复配的通用型EVA乳液和防水型EVA乳液，有效降低了水的表面张力，在混凝土拌和料搅拌混合的过程中引入许多稳定、均匀的微小气泡，提高混凝土的和易性及混合均匀性。

配方 37 应用于高寒高海拔地区的混凝土引气剂

原料配比

原料	配比(质量份)		
	1#	2#	3#
三萜皂苷溶液	93	92	95
改性聚丁二烯树脂	2.2	2.8	1.8

续表

<table>
<tr><td rowspan="2" colspan="3">原料</td><td colspan="3">配比(质量份)</td></tr>
<tr><td>1#</td><td>2#</td><td>3#</td></tr>
<tr><td colspan="3">改性聚丙烯酰胺</td><td>0.85</td><td>0.95</td><td>0.7</td></tr>
<tr><td colspan="3">碳酸钠</td><td>3.95</td><td>4.25</td><td>2.5</td></tr>
<tr><td rowspan="4">三萜皂苷溶液</td><td colspan="2">皂荚</td><td>1</td><td>1</td><td>1</td></tr>
<tr><td colspan="2">乙醇与丙酮的混合物</td><td>15～25</td><td>15～25</td><td>15～25</td></tr>
<tr><td rowspan="2">乙醇与丙酮的混合物</td><td>乙醇</td><td>1(体积)</td><td>1(体积)</td><td>1(体积)</td></tr>
<tr><td>丙酮</td><td>2(体积)</td><td>2(体积)</td><td>2(体积)</td></tr>
<tr><td rowspan="4">改性聚丁二烯树脂</td><td colspan="2">丁二烯单体</td><td>30</td><td>30</td><td>30</td></tr>
<tr><td colspan="2">乙酸</td><td>3～5</td><td>3～5</td><td>3～5</td></tr>
<tr><td colspan="2">松香</td><td>50～60</td><td>50～60</td><td>50～60</td></tr>
<tr><td colspan="2">木质素</td><td>8～10</td><td>8～10</td><td>8～10</td></tr>
<tr><td rowspan="4">改性聚丙烯酰胺</td><td colspan="2">丙烯腈</td><td>10</td><td>10</td><td>10</td></tr>
<tr><td colspan="2">丁二醇</td><td>3～5</td><td>3～5</td><td>3～5</td></tr>
<tr><td colspan="2">过硫酸钾</td><td>适量</td><td>适量</td><td>适量</td></tr>
<tr><td colspan="2">水</td><td>80～100</td><td>80～100</td><td>80～100</td></tr>
</table>

制备方法

(1) 制备三萜皂苷溶液：称取皂荚，用清洗液去除表面污物，将洗净的皂荚置于太阳下暴晒 3～5 天，将晒干后的皂荚用粉碎机粉碎处理，得到皂荚粉末；将皂荚粉末在乙醇与丙酮的混合物中于常温下提取 2～4h，过滤出残渣，制得三萜皂苷溶液。

(2) 制备改性聚丁二烯树脂：先将丁二烯单体与酸性催化剂乙酸加入反应釜中进行加聚反应，加热时间为 2～3h，温度为 200～300℃，得到聚丁二烯溶液，接着加入松香和木质素，在 150～200℃温度下加热 1～2h 得到改性聚丁二烯树脂。

(3) 制备改性聚丙烯酰胺：将丙烯腈、丁二醇和水加入聚合槽，并加入引发剂过硫酸钾，通过灯光照射进行聚合反应。照射温度为 75～100℃，反应时间为 3～4h，聚合生成改性聚丙烯酰胺。

(4) 取三萜皂苷溶液与改性聚丁二烯树脂混合均匀后装入高压反应釜中，加热 1～2h，温度保持在 95～100℃，再将反应釜内空气抽至压力为 1～10Pa，真空脱除反应釜内空气和低沸组分，得到混合液 A。

(5) 向混合液 A 中加入改性聚丙烯酰胺，在 40～50℃恒温水浴下，搅拌 20～30min，得到混合液 B。

(6) 在常温常压下向混合液 B 中添加碳酸钠混合 15～35min，制得混凝土引气剂。

原料介绍　所述的改性聚丁二烯树脂的数均分子量为 1000～30000。

所述的改性聚丙烯酰胺的数均分子量为 10000～40000。

使用方法　本品的添加量为混凝土主体的 0.01%。

产品特性

(1) 本品能够降低溶液表面张力，产生封闭且独立的微小气泡，稳泡时间长，发泡倍数高，间距小，在高寒高海拔条件下具有良好的工作性能。

(2) 与常规三萜皂苷引气剂相比，本品加入了水溶性树脂改性聚丁二烯树脂和水溶性离子聚合物改性聚丙烯酰胺。由于三萜皂苷本身具有的糖链具有较强的亲水性可以与改性聚丙烯酰胺结合，提高气泡壁的强度，有稳泡和减小气泡孔径的功能，并且有增加气泡膜黏度和强度作用，保证气泡形成后的液膜具有足够的连续性和弹性。改性聚丁二烯树脂的加入可以与三萜皂苷中的苷元结合，从而可以明显降低液体表面张力，保证该引气剂能够产生足量的气泡。

（3）本品引入的微小气泡能切断毛细管通路，降低毛细管作用，从而提高混凝土的抗渗性。这些微气孔在冰冻过程中能释放毛细管内的冰晶膨胀压力，从而避免生成破坏压力，减少和防止冻融的破坏作用，提高混凝土在高寒高海拔条件下工作时的抗冻性和耐久性。

（4）本品以天然植物皂荚为主要原材料，材料获取成本较低，制备工艺较传统制备方法简单。

配方 38　用于混凝土的引气剂（1）

原料配比

原料		配比（质量份）				
		1#	2#	3#	4#	5#
松香粉	粒径为 40μm	45	—	—	—	—
	粒径为 35μm	—	40	—	—	—
	粒径为 30μm	—	—	35	—	—
	粒径为 25μm	—	—	—	30	—
	粒径为 20μm	—	—	—	—	25
氢氧化钠	质量浓度为 30%	35	—	—	—	15
	质量浓度为 35%	—	30	25	—	—
	质量浓度为 40%	—	—	—	20	—
硫酸	质量浓度为 35%	5	—	—	—	—
	质量浓度为 40%	—	8	—	—	—
	质量浓度为 30%	—	—	10	—	—
	质量浓度为 25%	—	—	—	12	—
	质量浓度为 20%	—	—	—	—	15
三聚氰胺		30	27	25	22	20
乙二醇		5	7	10	13	15
新戊二醇		20	17	15	12	10
水		80	90	100	110	120

制备方法　将松香粉、氢氧化钠和水投进反应釜中，混合搅拌 10～20min，加热至 65～75℃，保温 20～40min，升温至 78～82℃，缓慢加入硫酸和三聚氰胺，保温 10～30min，再升温至 85～89℃，依次缓慢加入乙二醇和新戊二醇，保温 30～50min，得到产品。

原料介绍　选用粒径为 20～40μm 的松香粉，显著克服液体引气剂长期储存松香析出的不足，同时提高反应效率，显著提高与混凝土的适应性，以及与其他混凝土外加剂的复合性，特别是与聚羧酸减水剂复合，引气性能好，混凝土的和易性和强度优异。

所述氢氧化钠的质量浓度为30%～40%。在该氢氧化钠浓度下，制备出的引气剂性能优异，气泡稳定、大小合适，制备出来的引气剂储存稳定，长期储存无明显沉淀。

所述硫酸的质量浓度为20%～40%。在该硫酸浓度下，制备出来的引气剂与混凝土的适应性好，且能够显著提高与其它外加剂的复合性，制备出的引气剂添加到混凝土中时气泡结构合理、分布均匀。

乙二醇和新戊二醇合用，能够显著改善引气剂的储存性，防止松香析晶，提高储存稳定性，还能提高混凝土耐久性。

使用方法　本品在混凝土中的掺量为0.004%～0.015%。

产品特性

(1) 本品添加到混凝土中气泡结构合理、分布均匀、气泡稳定、大小合适，在混凝土中应用时，静置1h后的含气量降低3%～7%，含气量损失较小，具有优异的稳泡效果。

(2) 显著改善混凝土的和易性，与其它外加剂的复合性好，与各种混凝土的适应性强，储存稳定，存放18个月，无明显沉淀。

(3) 具有良好耐久性，与基准混凝土相比，耐久性指标以200次的动弹性模量保留值计为98%，耐久性损失较小。

(4) 具有良好的引气作用的同时，混凝土的抗折强度还能够提高，与基准混凝土相比，当含气量不大于5%时，混凝土抗折强度可提高20%～30%，7d和28d抗压强度比均在96%以上。

(5) 具有良好的抗冻效果，抗冻融循环次数可达250次以上。

(6) 泌水率显著降低，减水率显著提高，与基准混凝土相比，减水率大于9%，泌水率降低48%。

配方39　用于混凝土的引气剂（2）

原料配比

原料	配比(质量份)				
	1#	2#	3#	4#	5#
树脂酸	23	24	25	26	27
妥尔油	12	13	14	15	16
阿拉伯树胶	10	11	13	13	14
柠檬油	8	9	10	11	2
异丙基苯磺酸钠	4	5	6	7	8
氢氧化钾	6	7	8	9	10
氢氧化钠	6	7	8	9	10
盐酸	8	9	10	11	12
硫酸氢乙酯	6	7	8	9	10
氯化亚砜	5	6	7	8	9
乙醇	14	15	6	17	18
乙酸乙酯	3	4	5	6	7
羧酸	4	5	6	7	8

制备方法

(1) 将树脂酸、阿拉伯树胶、妥尔油、柠檬油、氯化亚砜、乙酸乙酯、乙醇和硫酸氢乙酯原料投放到反应釜内进行搅拌处理，得到第一混合料，备用；在进行搅拌处理时，反应釜温度升高至 60～80℃，搅拌时间为 5～10min。

(2) 将盐酸和羧酸原料按比例混合后得到酸类原料，将酸类原料投放到反应釜内，使得酸类原料与第一混合料充分混合，得到第二混合料，备用；在向反应釜内加入酸类原料时，反应釜温度升高至 100～120℃，边搅拌反应釜内部物料边向反应釜内注入酸类原料。

(3) 向 (2) 中所述的反应釜内注入惰性气体，升高反应釜的温度，搅拌反应釜内的物料，得到第三混合料，备用。

(4) 将异丙基苯磺酸钠、氢氧化钾和氢氧化钠原料混合后投放到 (3) 中所述的反应釜内，对反应釜进行加热、保温处理，得到引气剂原液。

(5) 依次对 (4) 中所述的引气剂原液进行冷却、蒸发浓缩、减压干燥和粉碎处理，得到所述的用于混凝土的引气剂。在对反应釜进行加热处理时，反应釜温度为 110～120℃，保温 2～4h。

产品特性　本品设计合理，工艺简单，能够充分利用原料制得用于混凝土的引气剂，提高混凝土的和易性及硬化耐久性能，适用于耐久性要求高的混凝土工程。

配方 40　用于混凝土的引气剂（3）

原料配比

原料			配比(质量份)				
			1#	2#	3#	4#	5#
改性松香热聚物			20	39	32	39	26
松香腈			19	15	16	19	19
烷基异构醇聚氧乙烯醚			13	8	10	13	13
烷基酚环氧乙烷缩合物			12	11	10	8	12
木质素磺酸盐			12	8	10	12	12
海藻酸钠			8	6	8	2	8
阿拉伯胶			8	6	7	2	8
分散剂	聚丙烯		2	6	—	—	—
	聚苯乙烯		3	1	1	—	2
	聚乙烯		3	—	6	5	—
改性松香热聚物	松香热聚物		32	35	20	25	30
	二甲氨基乙基醚		5	8	1	6	4
	稳定剂	苄基纤维素	5	2	—	4	—
		羟丙基甲基纤维素	—	4	—	4	5
		羟乙基纤维素	—	4	1	—	—
松香腈	催化剂硼酸		0.5	1	0.3	0.3	1
	氯化钴		2.5	3	2	3	1
	三乙烯二胺		3	6	4	1	1
	脂松香		18	20	17	16	20

制备方法　将各组分原料混合均匀即可。

原料介绍　改性松香热聚物能提高混凝土引气剂的稳定性的原理如下：首先，改性松香热聚物中具有亲水基和疏水基，疏水基彼此之间排列整齐，向内聚拢形成小而均匀的气泡，产生抗拒流体渗透的力，从而维持气泡的稳定和均匀；其次，改性松香热聚物对发泡反应具有极高的催化活性，降低环境条件与混凝土原料对引气剂的影响，从而快速引气。

所述的改性松香热聚物的制备方法如下：在转速为500～600r/min和120～170℃条件下，松香热聚物、二甲氨基乙基醚与稳定剂反应1.5～4h后获得改性松香热聚物。所述松香热聚物、二甲氨基乙基醚与稳定剂混合的质量比为（20～35）：（1～8）：（1～10）。

所述松香腈的制备方法如下：第一阶段在170℃温度条件下，向装有硼酸、氯化钴、三乙烯二胺和脂松香的反应釜通入速率为0.8L/min的氨气，反应2h；第二阶段升温至255℃，通入速率为3L/min的氨气反应2.5h；第三阶段升温至285℃，通入速率为0.4L/min的氨气反应4.5h，获得松香腈。

使用方法　本品掺量为混凝土中胶凝材料质量的0.1%～0.5%。

产品特性　本品用于混凝土引气，发挥协同互补作用，能不受环境条件和混凝土原料的影响快速促进混凝土形成气泡稳定、气孔结构均匀的结构，提高混凝土耐久性，同时还能不降低混凝土的抗压强度。

配方 41　预拌混凝土微沫引气剂

原料配比

原料	配比（质量份）					
	1#	2#	3#	4#	5#	6#
癸酸	15	—	—	2	10	—
月桂酸	27	8	40	—	35	15
水解角质蛋白	5	32	8	33	2	30
十二烯基琥珀酰胺乙酸铵	3	2	5	5	2	2
羟甲基纤维素	1.5	1	2	2	1	1
硅树脂聚醚乳液	1.2	1	2	2	1	1
皂苷	11	12	10	10	12	13
松香	16	18	15	20	20	15
三乙醇胺	10	12	10	11	11	13

制备方法　将各组分混合均匀即可。

原料介绍　所述水解角质蛋白为牛、羊等动物的水解角质蛋白。

所述水解角质蛋白的制备方法，包括如下步骤：将动物角质蛋白洗净，在水中浸泡6～8h，沥干后，放入反应釜中，然后加入1.5～2倍体积的水，在110～115℃、2.5～3kg/cm^{2}压力下保持5～7h，过滤，浓缩滤液，在60～65℃下烘干，粉碎成100～200目，即可。

使用方法　先将所述预拌混凝土微沫引气剂制成泡沫，然后将所述泡沫用于混凝土预拌中，1kg所述预拌混凝土微沫引气剂制成20～100L所述泡沫。

产品特性　本品产生的泡沫大小均匀，稳定性好，0.5h泡沫损失率不超过10%。本品还采用新工艺对所述预拌混凝土微沫引气剂进行添加使用，具体是通过机械方法将所述预拌混凝土微沫引气剂发泡成微细泡沫，然后将所得微细泡沫引入混凝土预拌中。如此，既可将预拌混凝土的含气量控制在合理范围内，又可保证气泡大小均匀，分布均匀，有效改善预拌混凝土的工作性能，从而提升硬化混凝土的力学性能和耐久性能。

配方 42 长支链高分子混凝土引气剂

原料配比

原料			配比(质量份)					
			1#	2#	3#	4#	5#	6#
甲基丙烯酸聚乙二醇酯	聚乙二醇		150	200	250	150	250	220
	对甲苯磺酸		0.6	0.7	0.8	0.8	60	0.7
	甲基丙烯酸		20	25	30	30	30	30
溶液 A	甲基丙烯酸聚乙二醇酯		14	15	16	14	16	16
	四臂聚乙二醇丙烯酰胺		3	4	5	4	3	3
	水		52	75	80	80	52	52
	丙烯酸		3	4	5	3	3	3
	甲基丙烯酸		3	4	5	5	5	5
	甲基丙烯磺酸钠		3	4	5	3	3	3
	N-乙烯基杂环	*N*-乙烯基吡唑	7	—	—	3	—	—
		N-乙烯基咪唑	—	8	—	3	—	—
		N-乙烯基吡啶	—	—	—	3	—	—
		N-乙烯基吡咯	—	—	10	—	4	4
		N-乙烯基嘧啶	—	—	—	—	4	4
单体混合溶液	丙烯酸		8	9	11	8	11	11
	甲基丙烯酸		4	5	6	6	4	4
	甲基丙烯磺酸钠		5	6	7	7	5	5
	水①		30	33	35	35	35	35
引发剂溶液	过硫酸铵		0.3	0.4	0.5	0.5	0.5	0.5
	水②		21	28	32	32	32	32

制备方法

(1) 将甲基丙烯酸聚乙二醇酯、四臂聚乙二醇丙烯酰胺、水加入反应器内搅拌均匀，再依次加入丙烯酸、甲基丙烯酸、甲基丙烯磺酸钠和 *N*-乙烯基杂环并搅拌均匀，得溶液 A。

(2) 将丙烯酸、甲基丙烯酸、甲基丙烯磺酸钠、水①混合均匀，得单体混合溶液；将过硫酸铵溶解于水②中，得引发剂溶液。

(3) 将步骤 (1) 所得溶液 A 加热至 70～80℃，开始向溶液 A 中同步滴加步骤 (2) 所得单体混合溶液和引发剂溶液，滴加时间为 2.5～3.0h，且引发剂溶液的滴加时间比单体混合溶液的滴加时间长 10～15min，滴加完成后保温 2.0～2.5h，再使用醇胺类物质中和至 pH 值为 6.5～7.5，得长支链高分子混凝土引气剂。

所述长支链高分子混凝土引气剂数均分子量为 7.1 万～11.3 万，pH 值为 6.5～7.5，纯度为 30%，黏度为 1830～2380mPa·s。

原料介绍　所述甲基丙烯酸聚乙二醇酯的制备步骤为：按质量份将聚乙二醇、对甲苯磺酸放入反应器内，搅拌混合并将其从室温加热到 100～105℃，控制滴加时间为 1.5～2.0h 向反应器内滴加甲基丙烯酸，滴加完成后保温 3.0～3.5h，保温结束后待其冷却至室温，得甲基丙烯酸聚乙二醇酯。

所述聚乙二醇的羟值（以 KOH 计）为 102～125mg/g，酸值（以 KOH 计）小于 0.5mg/g，分子量为 400～800，水分含量小于 0.5%。

所述四臂聚乙二醇丙烯酰胺的平均分子量为 2000，纯度大于 95%，水分含量小于 1%，羟值（以 KOH 计）为 2000～2200mg/g，1%水溶液的 pH 值为 5.0～7.0。

使用方法　使用时按照水泥质量 0.004%～0.008%加入时，其引入气体的体积含量在 3.8%～4.5%，混凝土中气泡平均直径为 40～110nm，新拌混凝土的坍落度在 3h 内损失 30～50mm，混凝土扩展度为 40～55cm。

产品特性

(1) 本品制备方法简单易操作，制备成本低，经济效益好，制备过程无污染。

(2) 四臂聚乙二醇丙烯酰胺使得产物中具有长支链星形结构，因而本品具有良好的抗泥效果，掺入该引气剂时混凝土中砂石中含泥量在 6%～10%不会产生负面影响。

(3) 本品属于内引气型，将其掺入混凝土中时，在碱性环境下及搅拌下会在水泥体系中产生稳定性好的 40～110nm 的小孔径气泡，气泡细腻，形成滚珠效果，显著提高混凝土的流动性、保坍性、泵送效果等，结构上与聚羧酸减水剂具有相似性，因此与聚羧酸减水剂的相容性好，与聚羧酸减水剂复配掺入混凝土中，复配物稳定不分层，不仅不会影响聚羧酸减水剂的性能，其良好的抗泥效果还能与聚羧酸减水剂产生协同作用，显著提高聚羧酸减水剂的抗泥效果。

10

阻锈剂

配方 1 掺入型苯甲酸三乙醇胺脂混凝土钢筋阻锈剂

原料配比

原料		配比(质量份)			
		1#	2#	3#	4#
苯甲酸三乙醇胺酯		15	30	30	40
磷酸盐	磷酸三钠	15	—	—	—
	磷酸铵	—	15	10	—
	多聚磷酸钠	—	—	—	10
有机添加剂	三乙醇胺	10	—	—	—
	丙三醇	—	5	—	—
	异戊二醇	—	—	5	—
	戊醛糖	—	—	—	10
水		60	50	55	40

制备方法　按比例将苯甲酸三乙醇胺脂、磷酸盐、有机添加剂和水进行搅拌混合均匀，即可得到本品的混凝土钢筋阻锈剂。

原料介绍　所述的磷酸盐包括：磷酸三钠（钾)、磷酸一氢钠（钾)、磷酸二氢钠（钾)、亚磷酸钠（钾)、磷酸铵、磷酸一氢铵、磷酸二氢铵、磷酸锌、磷酸二氢锌、六偏磷酸钠（钾)、三聚磷酸钠（钾)、多聚磷酸钠（钾)、三聚磷酸铝和焦磷酸钠（钾）中的一种或一种以上的混合物。

所述的有机添加剂为有机多元醇、戊醛糖、蔗糖、柠檬酸中的一种或几种；其中有机多元醇为二乙醇胺、三乙醇胺、乙二醇、二乙二醇、丙二醇、异丙二醇、丙三醇、丁二醇、丁炔二醇、异戊二醇、季戊四醇、甘露醇中的一种或几种。

产品特性　本品主要应用于沿海、海港码头、桥梁与涵洞等工业及民用新建钢筋混凝土构筑物的混凝土钢筋阻锈。本品使用方便，不需增加额外工序，可有效降低和减缓混凝土中钢筋的锈蚀。

配方 2 掺入型咪唑啉钢筋混凝土阻锈剂

原料配比

原料		配比(质量份)					
		1#	2#	3#	4#	5#	6#
咪唑啉		15	18	20	22	25	20
乳化剂	十二烷基二甲基苄基氯化铵	5	8	10	12	15	10
溶剂	乙醇	2	4	5	6	8	—
	乙二醇	—	—	—	—	—	5
水		60	62	65	68	70	65
咪唑啉	油酸	3.5	3.5	4	4	4.5	4
	羟乙基乙二胺	5	5	6	6	7	6
	二甲苯	适量	适量	适量	适量	适量	适量
	30%的 NaOH 溶液	适量	适量	适量	适量	适量	适量

制备方法　在咪唑啉中先加入溶剂并混合均匀，然后再加入乳化剂和水，混合均匀即可。

原料介绍　咪唑啉的制备方法：称取油酸和羟乙基乙二胺，在油酸和羟乙基乙二胺的混合物中加入油酸、羟乙基乙二胺总质量 30%的二甲苯，在温度为 220～240℃的条件下进行反应生成混合物，直到不出水为止；对混合物进行降温，在温度为 40～60℃的条件下，用 30%的 NaOH 溶液调节 pH 值至 5～6，生成咪唑啉。

产品特性　本品具有很好的防腐性能，能够以化学吸附为主、物理吸附为辅的方式吸附在钢筋表面上，形成严密、均匀的疏水膜，阻止大部分会对钢筋造成腐蚀的腐蚀介质的移动，同时通过物理隔离的方式抑制侵蚀性物质（Cl^-、SO_2、SO_4^{2-} 和水）对钢筋的腐蚀，从而达到抑制侵蚀性物质对钢筋腐蚀的目的。

配方 3 复合型钢筋混凝土阻锈剂

原料配比

原料	配比(质量份)		
	1#	2#	3#
硅酸钠	2.4	1.5	0.6
三羟甲基氨基甲烷	0.6	0.9	1.2
水	加至 100	加至 100	加至 100

制备方法　将各组分原料混合均匀即可。

原料介绍　本品包括三羟甲基氨基甲烷和硅酸钠两种组分，分别发挥着隔离和抑制的作用。有机组分能够吸附在钢筋表面形成吸附膜，从而阻止钢筋被氯离子腐蚀，且能在混凝土孔隙中通过气相和液相扩散到钢筋表面，有迁移性好、环保安全的优点；而无机组分硅酸钠能够促进钢筋表面形成致密的钝化膜，阻止进一步氧化；三羟甲基氨基甲烷和硅酸钠两种物质通过不同的成膜阻锈机理对钢筋形成双重保护，有显著的协同作用。

使用方法　本品在 pH 值为 7～13.3 的环境体系中使用，应用于长期暴露在氯离子环境下的钢筋混凝土中，包括海港或桥梁建造工程，添加量为混凝土质量的 0.4%～2.1%。

产品特性

（1）本品环保无污染，使用安全。

（2）本品使用简单方便，可直接与混凝土拌和，具有用量少的优点。

配方 4　复合型混凝土防腐阻锈剂（1）

原料配比

原料		配比(质量份)		
		1#	2#	3#
矿物掺和料	矿粉(粒化高炉矿渣粉)	60	—	20
	粉煤灰	—	60	20
石膏		10	8	5
单氟磷酸盐	单氟磷酸钠	1	—	2
	氟磷酸钾	—	1.5	—
膨胀熟料		30	20	2
石灰石		3	10	5

制备方法

（1）将块状石膏、膨胀熟料及石灰石粉碎为 20～40mm 的块状，均化后静置于堆棚内一个月。

（2）将上述块状石膏、膨胀熟料及石灰石送入球磨机粉碎。

（3）将上述球磨后的混合粉末与矿物掺和料、单氟磷酸盐的粉末在搅拌机中混合搅拌。

（4）搅拌后的混合物装袋得成品。

原料介绍　所述矿物掺和料为比表面积在 $200m^2/kg$ 以上的粉状固体。所述矿物掺和料可以选自地开石、煤矸石、粉煤灰中的一种或两种以上。

所述单氟磷酸盐为比表面积在 $80m^2/kg$ 以上的粉状固体。

所述单氟磷酸盐具体采用单氟磷酸钠、单氟磷酸钾、单氟磷酸钙中的一种或其组合。

产品特性

（1）本品可提高混凝土在海水或污染水体环境中各龄期的强度，在有效抗氯离子渗透的作用下，使各龄期混凝土的电通量、氯离子扩散系数均明显下降。

（2）本品大大提高了混凝土在污染气体环境中，在海水或污染水体环境中的稳定性，提高了混凝土的密实度和抗冻融循环破坏能力。

（3）本品对混凝土中的金属构件有明显的防锈作用，延长了金属构件的使用寿命。

（4）本品对各种类型的水泥及混凝土的适应力强，环境友好，不会对使用环境造成危害。

配方 5 复合型混凝土防腐阻锈剂（2）

原料配比

原料		配比(质量份)		
		1#	2#	3#
磷化渣		20	15	25
石膏	氟石膏	6	—	—
	脱硫石膏	—	5	—
	二水石膏	—	—	10
固体醇胺		10	12	15
苯甲酸钠		5	7	10
十二烷基磺酸钠		3	2	3

制备方法

（1）将磷化渣在105℃下烘干除水，分别将烘干的磷化渣、石膏在球磨机中粉碎为20～40mm的粉末，使其比表面积达$200m^2/kg$以上。

（2）在搅拌机中，按质量份数加入上述干磷化渣粉末、石膏粉末、固体醇胺粉末、十二烷基磺酸钠和苯甲酸钠，搅拌混合得成品。

原料介绍　所述磷化渣为军工、汽车、机械加工等金属表面用磷化液进行磷化处理时产生的废渣，主要组成是磷酸铁、磷酸锌等磷酸盐，含铁15％～20％，含磷酸（根）50％左右，含锌、锰等6％～11％左右。

磷化渣中的磷酸盐是阴极阻锈剂，能通过对钢筋的吸附在钢筋表面阴极区域形成一层致密的保护膜，对氧起到屏障作用，阻止钢筋锈蚀。磷化渣中的铁离子、锌离子、锰离子等可与碱性混凝土水化原位生成氢氧化铁、氢氧化锌、氢氧化锰微粒，提高混凝土的密实性。利用废弃的磷化渣作防腐阻锈剂原料，可变废为宝，实现废弃物的综合利用，降低阻锈剂的生产成本。

苯甲酸钠组分为阳极阻锈剂，能直接参与界面化学反应，在钢筋表面阳极区形成氧化铁钝化膜，可提高钢筋抗氯离子渗透性、阻止铁离子的流失从而达到阻止钢筋锈蚀，同时，也可以有效抑制碱骨料反应。通过上述两种阻锈方式的复合作用，可同时保护钢筋阴阳两极，提高混凝土阻止钢筋锈蚀的能力。固体醇胺具有较好的早强作用。它可以通过水化作用，产生三乙醇胺与金属离子形成的溶于水的共价络合物，该络合物会在水泥颗粒表面生成可溶区点，使之溶解速率加快，进而金属铝离子与石膏反应生成硫铝酸钙的速率随之提高、数量随之增加，在水泥硬化之前，基本完成体积膨胀。

所述的固体醇胺由三乙醇胺、络合剂和$Ca(OH)_2$在130～140℃反应制备而成。所述的络合剂为硝酸铝等铝盐。制备方法如下：将5份三乙醇胺与1.5份络合剂混合，在140℃下加热反应3～5min，再加入0.8份氢氧化钙，在130℃下反应3～5min，冷却，固化，粉碎至比表面积达$90m^2/kg$以上，制得固体醇胺。

产品特性

（1）本品对混凝土中的金属构件有明显的防锈作用，可大大延长金属构件的使用寿命。

（2）本品可以提高混凝土在海水或污染水体环境中各龄期的强度，7天、28天的抗压强度比分别达到112％、107％。在有效抗氯离子渗透的作用下，使各龄期混凝土氯离子扩散系数明显下降，抗渗等级提高到P12。

（3）本品制备简单，价格低廉，易于包装运输，可直接掺入混凝土中应用，能有效克服单一阻锈剂用量不足时对钢筋的保护作用下降的缺点。

配方6 钢筋混凝土用阻锈剂（1）

原料配比

原料	配比(质量份)		
	1#	2#	3#
纳米二氧化硅	87	87	87
硅烷偶联剂	1	1	1
二乙醇三胺	2	4	6
对苯二甲酸	5	2	4
三羟甲基丙烷	4	6	2
催化剂二月桂酸二丁基锡	1	1	1
溶剂乙醇	适量	适量	适量

制备方法

（1）将纳米二氧化硅均匀分散于溶剂中。

（2）向步骤（1）得到的溶液中加入硅烷偶联剂、二乙烯三胺、对苯二甲酸、三羟甲基丙烷以及催化剂，加热至80℃，搅拌反应1h。

（3）将步骤（2）得到的反应产物用乙醇清洗后，抽滤干燥，即为产物。

原料介绍　纳米二氧化硅的粒径小、比表面积大，可以均匀地分散在水泥基体中，填充水泥中的缺陷，提高其密实度，从而减缓氯离子以及水分进入内部引起内部的钢筋锈蚀；另外纳米二氧化硅是一种廉价易得的常用材料，使得由其作为主要成分的阻锈剂成本降低。

通过硅烷偶联剂将具有阻锈效果的胺类、羧酸和醇类化合物接枝到了纳米二氧化硅上，减少了阻锈剂有效成分被移出、蒸发、失效等不良现象的发生，分散在水泥基体中的阻锈剂成分可以有效地阻止水分、氯离子等致锈成分接触钢筋，同时，分散在钢筋表面的阻锈剂成分更容易吸附到钢筋的表面，使得钢筋表面的钝化膜更加致密。

产品特性　相较于普通的混凝土钢筋阻锈剂，本阻锈剂起到双重防护的效果，能够更加持久、高效地保护混凝土钢筋。

配方7 钢筋混凝土用阻锈剂（2）

原料配比

原料	配比(质量份)		
	1#	2#	3#
γ-环糊精	60	90	70
壳聚糖	50	20	40
硅酸镁	10	20	15

续表

原料	配比(质量份)		
	1#	2#	3#
聚硅氧烷	25	15	20
蒙脱土	8	15	10
LAS系粉体	10	5	8
去离子水	1	3	2
聚天门冬氨酸	50	20	30
聚丙烯酰胺	10	30	20
聚乙二醇	10	5	8

制备方法

(1) 将γ-环糊精、壳聚糖、硅酸镁、聚硅氧烷、蒙脱土、LAS系粉体和去离子水混合，加入胶体磨中研磨，研磨温度为40～60℃，得到混合物A。研磨时间为60～90min，胶体磨转速为120～150r/min。

(2) 向所述混合物A中加入聚天门冬氨酸、聚丙烯酰胺和聚乙二醇，搅拌后得到混合物B。搅拌时间为3～10min。

(3) 将所述混合物B置于双螺杆混炼机中，挤出接枝，干燥、造粒后得到钢筋混凝土用阻锈剂。螺杆转速为180～220r/min，双螺杆混炼机的机头温度为160～200℃。

原料介绍　本品通过胶体磨研磨法将壳聚糖插入γ-环糊精的环形空腔中，形成水溶性的超分子阻锈剂，使壳聚糖充分分布于钢筋表面，在钢筋表面形成钝化膜，阻碍氯离子、水分、氧气向钢筋表面渗透，抑制铁基体发生锈蚀，同时由于γ-环糊精分子中较窄端面含有伯羟基，也可以通过分子中的—OH与钢筋表面的活性位相键合，从而吸附在钢筋表面阻碍了腐蚀介质与钢筋界面的接触，起到减缓钢筋锈蚀的作用。

聚天门冬氨酸和聚丙烯酰胺能与混凝土水化产物生成胶凝物质，阻塞氯离子向混凝土内部扩散的通道。并且，聚天门冬氨酸分子中既含有碱性基团氨基，又含有酸性基团羧基，具有一定的表面活性，使其能够在金属的表面发生吸附作用，增加膜厚度，同时使锈蚀物质从金属表面被聚天门冬氨酸分子排挤出来，减缓了钢筋的锈蚀速率，从而实现了对钢筋的防护。而聚丙烯酰胺的酰氨基上的氮原子和羟基上的氧原子含有未共用的孤对电子，它们能与金属的空d轨道相互作用形成配位键，同时聚丙烯酰胺中带长烃基链的氮原子带正电荷，其可以与钢筋表面阴极区域发生相互作用，阻碍Cl^-在金属表面的阴极析氢过程，从而达到对钢筋的保护作用。

产品特性

(1) 本品所使用的原料对人体和环境无毒无害，绿色环保。本品可以有效控制和减缓混凝土中钢筋的锈蚀。

(2) 本品影响了混凝土的水化过程，使混凝土内的胶凝材料增多，提高了混凝土的密实度，使外界的Cl^-、水、空气等难以向混凝土内部扩散。

配方8 钢筋混凝土用阻锈剂（3）

原料配比

原料		配比(质量份)				
		1#	2#	3#	4#	5#
离子液体	2,4,6-三(4-羧基苯基)-1,3,5-三嗪	100	100	100	100	100
	1-(氯甲基)金刚烷	120	120	120	120	120
	溶剂乙醚	400	500	600	580	600
金属镁盐	离子液体	50	50	50	50	50
	去离子水	200	300	400	380	400
	氢氧化镁	10	10	10	10	10
20%～30%的单氟磷酸钠的水溶液		适量	适量	适量	适量	适量

制备方法

(1) 将2,4,6-三(4-羧基苯基)-1,3,5-三嗪、1-(氯甲基)金刚烷和乙醚混合，搅拌反应，蒸馏、抽滤、洗涤，真空干燥后得到离子液体；搅拌反应的时间为4～8h。所述洗涤具体为：分别用丙酮和乙醚洗涤5～7次。真空干燥的温度为60℃，真空干燥的时间为12～24h。

(2) 将所述离子液体溶于去离子水中，加入氢氧化镁，搅拌后过滤，减压蒸馏，得镁盐化合物。搅拌时间为2～3h。

(3) 将所述镁盐化合物浸泡在浓度为20%～30%的单氟磷酸钠的水溶液中，搅拌40～60h进行离子交换，然后换新的单氟磷酸钠的水溶液重复上述操作2～3次，最后在60～80℃下真空干燥12～24h，得到钢筋混凝土用阻锈剂。

原料介绍 本品以2,4,6-三(4-羧基苯基)-1,3,5-三嗪和1-(氯甲基)金刚烷为原料，三嗪类物质富含N杂原子和π键，提高了分子的吸附能力，吸附在钢筋表面，能改变钢筋在混凝土中的双电层结构，从而起到抑制钢筋腐蚀的作用。

羧酸根和氯离子在钢筋表面竞争吸附，最终通过螯合作用在钢筋表面形成一层致密的吸附膜对钢筋起到保护作用。

单氟磷酸根可以穿过混凝土的孔隙而到达钢筋表面，在钢筋表面形成一层单分子的保护膜，同时抑制钢筋表面阴极和阳极反应，减小钢筋腐蚀速度。单氟磷酸根以化学键的形式与有机物连接，一方面有效地解决了无机组分单氟磷酸盐在混凝土中不能很好地扩散且易随雨水洗脱、流失等问题，另一方面，将有机阻锈剂与无机阻锈剂中的有效成分以化学键的形式键接成单组分阻锈剂，避免了多组分阻锈剂之间黏结性问题导致的对混凝土凝结时间、早晚期强度不同程度的负面影响；水不溶性有机阻锈剂一旦吸附于钢筋表面，可以形成一层致密的疏水层，阻挡水分、Cl^-以及O_2对钢筋的极化，抑制腐蚀的发生；各部分协同作用使得本品设计的阻锈剂更加高效。

产品特性 本品的防腐蚀性能优异，避免使用亚硝酸盐等有害物质，使用的原料对人体和环境无毒无害，绿色环保，环境友好。

配方 9 钢筋混凝土用阻锈剂（4）

原料配比

<table>
<tr><th colspan="3" rowspan="2">原料</th><th colspan="3">配比(质量份)</th></tr>
<tr><th>1#</th><th>2#</th><th>3#</th></tr>
<tr><td colspan="3">表面改性 Mo-Zn-Dy-O-B</td><td>10</td><td>11</td><td>13</td></tr>
<tr><td colspan="3">(1R,2R,3S,4R,6S)-4,6-二氨基-2,3-二羟基环己基-6-氨基-6-脱氧-α-D-吡喃葡萄糖苷</td><td>10</td><td>11</td><td>13</td></tr>
<tr><td colspan="3">环氧基糖苷改性{(2S)-2-{双[3,5-双(三氟甲基)苯基]羟甲基}-1-吡咯烷基[4-(1-吡咯烷基)-3-吡啶基]甲酮</td><td>15</td><td>16</td><td>18</td></tr>
<tr><td colspan="3">水</td><td>60</td><td>63</td><td>65</td></tr>
<tr><td>引气剂</td><td colspan="2">烷基苯磺酸盐类引气剂</td><td>0.01</td><td>0.02</td><td>0.03</td></tr>
<tr><td rowspan="8">环氧基糖苷改性{(2S)-2-{双[3,5-双(三氟甲基)苯基]羟甲基}-1-吡咯烷基[4-(1-吡咯烷基)-3-吡啶基]甲酮</td><td colspan="2">{(2S)-2-{双[3,5-双(三氟甲基)苯基]羟甲基}-1-吡咯烷基[4-(1-吡咯烷基)-3-吡啶基]甲酮</td><td>17</td><td>17</td><td>17</td></tr>
<tr><td colspan="2">3,4-环氧丁基-β-纤维二糖苷</td><td>10</td><td>10</td><td>10</td></tr>
<tr><td rowspan="3">碱性催化剂</td><td>碳酸钠</td><td>3</td><td>—</td><td>—</td></tr>
<tr><td>碳酸钾</td><td>—</td><td>3.5</td><td>—</td></tr>
<tr><td>氢氧化钠</td><td>—</td><td>—</td><td>4</td></tr>
<tr><td rowspan="3">高沸点溶剂</td><td>二甲基亚砜</td><td>100</td><td>—</td><td>—</td></tr>
<tr><td>N,N-二甲基甲酰胺</td><td>—</td><td>110</td><td>—</td></tr>
<tr><td>N-甲基吡咯烷酮</td><td>—</td><td>—</td><td>130</td></tr>
<tr><td rowspan="11">表面改性 Mo-Zn-Dy-O-B</td><td rowspan="3">钼盐</td><td>硝酸钼</td><td>10</td><td>—</td><td>—</td></tr>
<tr><td>氯化钼</td><td>—</td><td>10</td><td>—</td></tr>
<tr><td>硫酸钼</td><td>—</td><td>—</td><td>10</td></tr>
<tr><td rowspan="3">镝盐</td><td>硝酸镝</td><td>1</td><td>—</td><td>—</td></tr>
<tr><td>硫酸镝</td><td>—</td><td>1</td><td>—</td></tr>
<tr><td>氯化镝</td><td>—</td><td>—</td><td>1</td></tr>
<tr><td colspan="2">硼酸锌</td><td>0.3</td><td>0.3</td><td>0.3</td></tr>
<tr><td colspan="2">乙醇</td><td>50</td><td>60</td><td>80</td></tr>
<tr><td colspan="2">乙醇</td><td>40</td><td>43</td><td>46</td></tr>
<tr><td colspan="2">N-[β-(N,N-二乙酸基)氨乙基]-γ-(N-乙酸基)氨丙基三甲氧基硅烷</td><td>2</td><td>2</td><td>2</td></tr>
<tr><td colspan="2">2-氯乙基膦酸六亚甲基四胺盐</td><td>2.88</td><td>2.88</td><td>2.88</td></tr>
</table>

制备方法 按比例将各组分混合均匀，然后加入搅拌釜中，加热到35～45℃，搅拌3～5h后即得该产品。

原料介绍 本品同时具备无机阻锈剂和有机阻锈剂的优点，添加表面改性Mo-Zn-Dy-O-B，可有效提高混凝土的抗氯离子渗透性能；表面修饰的基团中含有电负性较大的N、O、P和羧基，吸附在钢筋表面，改变双电子层结构，起着抑制钢筋腐蚀的作用，稀土元素和硼的添加进一步提高阻锈效果；羧酸根和氯离子在钢筋表面竞争吸附，通过螯合作用在钢筋表面形成一层致密的吸附膜对钢筋起到保护作用；表面改性 Mo-Zn-Dy-O-B 还可以在提高混凝土密实性、抗渗性的基础上有效地减缓和阻止钢筋混凝土中钢筋的腐蚀，降低混凝土孔隙率，能够阻止或延缓氯离子对钢筋钝化膜的破坏；添加环氧基糖苷改性｛(2*S*)-2-｛双[3,5-双(三氟甲基)苯基]羟甲基｝-1-吡咯烷基［4-(1-吡咯烷基)-3-吡啶基］甲酮在进一步提高阻锈剂的前提下，与水泥适应性好，能适当改善混凝土性能，减缓腐蚀介质向混凝土内的渗透，隔绝混凝土孔溶液中的腐蚀介质和氧气进入钢筋内部，使电化学腐蚀不能进行，从而阻止钢筋的锈蚀作用。

所述环氧基糖苷改性｛(2*S*)-2-｛双[3,5-双(三氟甲基)苯基]羟甲基｝-1-吡咯烷基［4-(1-吡咯烷基)-3-吡啶基]甲酮的制备方法，包括如下步骤：将｛(2*S*)-2-｛双[3,5-双(三氟甲基)苯基]羟甲基｝-1-吡咯烷基[4-(1-吡咯烷基)-3-吡啶基]甲酮、3,4-环氧丁基-*β*-纤维二糖苷、碱性催化剂加入高沸点溶剂中，在 90～100℃下搅拌反应 4～6h，然后过滤除去不溶盐，再旋蒸除去溶剂。

所述表面改性 Mo-Zn-Dy-O-B 的制备方法，包括如下步骤：

(1) 将钼盐、镝盐、硼酸锌加入装有乙醇的烧杯中，搅拌 2～3h 后，将溶液转移到带聚氟乙烯内衬的水热反应釜中，在 200～220℃反应 18～24h；取出反应釜，待反应体系冷却后分别依次用去离子水和无水乙醇各洗涤 3～5 次，最后在 100～110℃的真空干燥箱中干燥 18～22h，再将其置于马弗炉中，以 5～10℃/min 的升温速率升温至 500～600℃，焙烧 6～8h，然后冷却至室温，研磨，过 100～200 目筛得到 Mo-Zn-Dy-O-B。

(2) 将经过步骤 (1) 制备得到的 Mo-Zn-Dy-O-B 分散于乙醇中，再向其中加入 *N*-[*β*-(*N*,*N*-二乙酸基)氨乙基]-*γ*-(*N*-乙酸基)氨丙基三甲氧基硅烷，在 50～60℃下搅拌反应 6～8h，然后再加入 2-氯乙基膦酸六亚甲基四胺盐，继续搅拌反应 3～5h，然后离心，并置于真空干燥箱 70～80℃下干燥至恒重，得到表面改性 Mo-Zn-Dy-O-B。

产品特性

(1) 本品制备方法简单易行，原料易得，价格低廉，对设备依赖性不高，适合规模化生产。

(2) 本品克服了传统钢筋混凝土用阻锈剂掺量大，阻锈效果差，有毒，污染环境，且对混凝土综合性能影响较大的技术问题，具有制备成本低廉、环保、阻锈效果显著、用量低、与水泥适应性好，并能适当改善混凝土性能等优点。

配方 10　钢筋混凝土阻锈剂（1）

原料配比

原料	配比(质量份)					
	1#	2#	3#	4#	5#	6#
改性平菇提取物	30	60	40	50	60	60
葡萄糖酸钙	1	4	2	4	4	4
十二烷基苯磺酸钠	2	6	3	6	4	10
水	67	30	55	40	30	30

制备方法　将改性平菇提取物与葡萄糖酸钙、十二烷基苯磺酸钠、水按比例混合，搅拌均匀，制得钢筋混凝土阻锈剂。

原料介绍 改性平菇提取物的制备方法如下：

(1) 取 1 千克脱水平菇，粉碎至 80～100 目，加入 8L 0.1mol/L 的 NaOH 溶液，浸泡 8～12h。

(2) 将浸泡后的平菇加热至 60～65℃，保持 1h 后趁热过滤，得滤渣。

(3) 将滤渣水洗至中性，加入 10mol/L 的 NaOH 溶液，加热至 120～130℃，保持 2h，趁热过滤，得滤液，将滤液冷却至常温，过滤产生的白色沉淀。

(4) 将白色沉淀水洗至中性，加入 1L 的 8.82mol/L H_2O_2、100mL 的 0.1mol/L 醋酸，50～60℃加热 1h，升高温度至 100℃，保持 10min，冷却得平菇提取液。

(5) 向平菇提取液中加入 0.1mol 香草醛，控制温度为 55～60℃反应 1h，降至室温，加入 3mol 无水乙醇，充分搅拌，过滤、洗至中性、80℃烘干，得到改性平菇提取物。

改性平菇提取物是一种混合物，在 pH 值为 8～13 的碱性条件下，该混合物中含有的 N、S 等杂原子可以有效与 Fe 结合，结构稳定，形成致密的钝化层；在夏季高温天气，建筑外表温度较高，通过加入香草醛改性的平菇提取物热稳定性好，不易产生分解；葡萄糖酸钙可以 Fe 形成配合物，消除由钝化层厚薄不匀导致的局部锈蚀现象，与改性平菇提取物起到协同效应，提高阻锈效果；十二烷基苯磺酸钠通过磺酸基团与 Fe 的吸附，使烷基分布在外，产生疏水功能，避免了水参与钢筋的锈蚀反应中。

产品特性 本品主要成分来源于平菇，原料供应充足，对环境影响小，是一种绿色阻锈剂。

配方 11 钢筋混凝土阻锈剂（2）

原料配比

原料			配比(质量份)			
			1#	2#	3#	4#
三乙烯四氨基氧化纤维	氧化纤维素	蒸馏水	100(体积)	100(体积)	100(体积)	100(体积)
		纤维素邻羟基氧化剂 $NaIO_4$	2	2	2	2
		纤维素	5	5	5	5
	氧化纤维素		2	2	2	2
	二甲基亚砜		20(体积)	20(体积)	20(体积)	20(体积)
	三乙烯四胺		2(体积)	2(体积)	2(体积)	2(体积)
	冷水		100(体积)	100(体积)	100(体积)	100(体积)
丙烯酰胺接枝淀粉共聚物	去离子水		100(体积)	100(体积)	100(体积)	100(体积)
	红薯淀粉		5	5	5	5
	丙烯酰胺		7.5	7.5	7.5	7.5
	0.01mol/L 的过硫酸铵溶液		30(体积)	30(体积)	30(体积)	30(体积)
	0.01mol/L 的亚硫酸氢铵溶液		30(体积)	30(体积)	30(体积)	30(体积)
	无水乙醇		350(体积)	350(体积)	350(体积)	350(体积)
2-氨基-6-(2-羟基苯亚甲基胺)己酸			10	15	15	10
2,4-二甲苯基二硫代氨基甲酸铵			20	15	20	20
1-氨基-3-甲基咪唑四氟硼酸钙			20	15	20	20
三乙烯四氨基氧化纤维素			14	20	18	16
丙烯酰胺接枝淀粉共聚物			21	20	12	24
2,4-二氨基-5-苯氧基-5H-苯并吡喃并[2,3-b]吡啶-3-甲腈			15	15	15	10

制备方法　首先称取2-氨基-6-(2-羟基苯亚甲基胺)己酸、2、4-二甲苯基二硫代氨基甲酸铵和1-氨基-3-甲基咪唑四氟硼酸钙在搅拌釜中在40℃温度下以800r/min的搅拌速度搅拌1h，加入三乙烯四氨基氧化纤维素和丙烯酰胺接枝淀粉共聚物，调整搅拌速度至1500r/min，搅拌2h混合均匀，最后加入2,4-二氨基-5-苯氧基-5H-苯并吡喃并［2,3-b］吡啶-3-甲腈，以1500r/min的搅拌速度搅拌1h，混合均匀后即得阻锈剂。

原料介绍　三乙烯四氨基氧化纤维素的制备：称取100mL蒸馏水加入250mL棕色三颈瓶中，搅拌下加入2g的纤维素邻羟基氧化剂$NaIO_4$，温度控制在20℃，用稀硫酸调pH值为2，然后快速加入5g纤维素，在25℃下反应3h后加入乙二醇继续反应1h，抽滤，滤饼用蒸馏水反复洗涤至中性，烘干产品后研成粉末得到氧化纤维素，备用；然后在250mL三颈瓶上安装冷凝管、滴液漏斗后将2.0g氧化纤维素与20.0mL二甲基亚砜一同加入，搅拌加热至100℃后，缓慢滴加三乙烯四胺2.0mL，维持在100℃下反应10h，将产物倒入100mL冷水中搅拌使固体析出，然后静置12h以上后抽滤得固体物，再用丙酮搅拌洗涤至滤液为无色，烘干后得到三乙烯四氨基氧化纤维素的中间产物，最后在pH值为4的酸性条件下进行水解制得三乙烯四氨基氧化纤维素。

丙烯酰胺接枝淀粉共聚物的制备：量取100mL的去离子水放入250mL的三口烧瓶中，称取5g红薯淀粉加入其中，将上述淀粉水溶液置于80℃的水浴中搅拌1h，通入氮气以去除溶液中的氧气，当淀粉溶解完全后，将水浴温度降低至40℃，然后在600r/min的搅拌速度下加入7.5g的丙烯酰胺于上述溶液中，搅拌30min后逐滴加入30mL的0.01mol/L的过硫酸铵溶液和30mL的0.01mol/L的亚硫酸氢铵溶液，将上述混合液在40℃下搅拌4h进行聚合反应，完成后冷却至室温，将上述反应产物倒入350mL的无水乙醇中得到白色沉淀产物，过滤、无水乙醇洗涤，在60℃下真空干燥24h得到丙烯酰胺接枝淀粉共聚物。

产品特性　本品以生物聚合物为主要成分，不含亚硝酸盐，不含钠、镁等离子，不会引起混凝土发生碱骨料反应，此外还无毒环保。通过筛选2,4-二甲苯基二硫代氨基甲酸铵和1-氨基-3-甲基咪唑四氟硼酸钙，有效增强了混凝土的抗氯离子渗透性，提高了钢筋的阻锈能力。

配方12　钢筋混凝土阻锈剂（3）

原料配比

原料	配比(质量份)					
	1#	2#	3#	4#	5#	6#
碳酸钠	35	36	37	38	39	10
过氧羧酸消毒剂	45	13	44	42	40	41
异丁烯醇聚氧乙醚	3	4	5	3	5	1
过硫酸铵	5	4	3	3	4	5
当归素	33	32	30	35	31	34
脂肪酸甲酯	25	24	21	23	24	22
三乙烯四胺	12	11	15	13	10	14
水	20	16	14	10	12	18

制备方法

(1) 以异丁烯醇聚氧乙醚为大单体，把过氧羧酸消毒剂作为聚合单体，再加入引发剂过硫酸铵，反应温度为80℃，反应时间为4～5h，制得具有较好分散性能的第一混合物。

（2）将碳酸钠、步骤（1）中制得的第一混合物和当归素混合得到第二混合物。

（3）将脂肪酸甲酯和三乙烯四胺混合制得第三混合物。

（4）将步骤（2）中制得的第二混合物和步骤（3）中制得的第三混合物混合制得第四混合物。

（5）将水加入第四混合物中搅拌均匀即可。

原料介绍　碳酸钠与混凝土中的石灰发生反应生成碳酸钙沉淀。当混凝土后期水分蒸发出现孔隙时，碳酸钙沉淀可以填充这些孔隙，增大混凝土的密实性，降低浆体孔隙率，进而增加混凝土的抗压强度和抗渗性，有效阻止氯离子的侵入。

过氧羧酸消毒剂、异丁烯醇聚氧乙醚和过硫酸铵混合后形成的混合物具有表面活性剂的作用，混合物具有亲水基团和憎水基团两部分。

当归素是由阿魏酸与钠离子形成的钠盐，加入水泥中可以减少加水量，从而降低水在混凝土中后期蒸发形成细微孔隙的概率，进一步提高混凝土的密实性，有效阻挡氯离子的侵入。

脂肪酸酯在碱性环境下发生水解，脂肪酸酯在碱性环境下的水解反应如下：$RCOOR'+OH \longrightarrow RO_2^- + R'OH$。水解生成的酸根负离子很快与混凝土内部自带的钙离子结合，生成脂肪酸盐，脂肪酸盐在钢筋混凝土内部的阴极区生成保护膜，减少进入钢筋混凝土内部的氯离子，达到保护钢筋的效果。

三乙烯四胺通过其内部的氮原子非对称电子对而吸附在钢筋的表面，延缓或者阻止阳极区的反应，进一步减少了钢筋被腐蚀的情况。

产品特性　本品中不使用亚硝酸盐，无毒、绿色环保；提高钢筋混凝土的抗渗性，有效阻止氯离子的侵入，即使有少量氯离子侵蚀到钢筋混凝土中也可以通过有机物脂肪酸酯和三乙烯四胺生成的致密保护膜进行阻挡保护钢筋不被锈蚀。

配方13　钢筋混凝土阻锈剂（4）

原料配比

原料		配比（质量份）		
		1#	2#	3#
席夫碱-铝螯合物		30	50	40
抗氧剂	四[β-(3,5-三级丁基-4-羟基苯基)丙酸]季戊四醇酯和双十二碳醇酯	20	—	—
	亚磷酸三辛酯	—	20	—
	亚磷酸三癸酯	—	20	—
	2,6-三级丁基-4-甲基苯酚	—	—	30
复合氨基酸		20	40	30
复合氨基酸	赖氨酸	2	—	—
	蛋氨酸	—	1	—
	甘氨酸	1	1	—
	二甘氨酸	—	—	1
	三甘氨酸	—	—	1
	酪氨酸	—	—	
阳离子表面活性剂	硫酸二烷基酯类季铵盐	10	—	—
	卤代烃类季铵盐	—	20	—
	环氧烷类季铵盐	—	—	15
水		50	60	55

制备方法　将席夫碱-铝螯合物、抗氧剂、复合氨基酸、表面活性剂和水按比例混合调匀，40～50℃搅拌2～5h，即得。

原料介绍　所述的席夫碱-铝螯合物的合成方法如下：

（1）席夫碱配体的合成：将邻二胺类化合物和氢氧化钠溶入有机溶剂中，加入取代水杨醛，加热回流反应5～7h，产生白色固体，继续回流反应1h后冷却至室温，过滤，用乙醇反复洗涤固体，得到席夫碱配体。

（2）席夫碱-铝螯合物的合成：将席夫碱配体溶于乙醇溶液中，加入$AlCl_3$，50～70℃反应12～24h，冷却过滤，用乙醇反复洗涤固体，得到席夫碱-铝螯合物。

所述的有机溶剂选自链烷烃、烯烃、醇、醛、胺、酯、醚、酮、芳香烃、氢化烃、萜烯烃、卤代烃、杂环化合物、含氮化合物及含硫化合物溶剂中的一种或几种。

所述的邻二胺类化合物与取代水杨醛的物质的量之比为1∶(1.8～2.2)。

产品特性

（1）本品中一个重要的活性成分就是螯合Al^{3+}的席夫碱，它在海水碱性条件下，打开配位键，释放出Al^{3+}，Al^{3+}吸附在钢筋的表面，与氧气反应生成一层致密的氧化膜Al_2O_3，保护钢筋不再受到Cl^-的侵蚀，从而起到阻锈的作用。

（2）复合氨基酸可以与Fe形成配合物，消除由钝化层厚薄不均导致的局部锈蚀现象，与螯合Al^{3+}的席夫碱起到协同效应，提高阻锈效果。

（3）抗氧剂的添加可以使得Fe不易于O_2反应，避免生成Fe_2O_3加速钢筋中Fe的锈化反应。

（4）表面活性剂在Fe附近团聚，疏水支链分布在外，减少水与Fe的直接接触。

配方14　钢筋混凝土阻锈剂（5）

原料配比

原料		配比(质量份)					
		1#	2#	3#	4#	5#	6#
氨基醇	二乙基氨基乙醇	26	26	26	26	26	26
脂肪酸酯	丙二醇脂肪酸酯	21.1	20	21.1	21.1	21.1	21.1
三乙烯四胺		28	28	10	28	28	28
异辛烷		适量	适量	适量	适量	适量	适量
4%的氢氧化钠水溶液		适量	适量	适量	适量	适量	适量
铝酸钠		1.3	1.3	1.3	1.3	1.3	1.3
增强纤维组		4.3	4.3	4.3	0.5	4.3	4.3
氧化镁	死烧氧化镁	2.3	2.5	2.3	2.3	2	2.3
消泡剂	有机硅消泡剂	1.7	1.7	1.7	1.7	1.7	1.7
水		15.3	16.4	33.3	19.1	15.6	15.3

制备方法

（1）将氨基醇、脂肪酸酯与三乙烯四胺混合，在常压下加热至110～125℃，持续保温10h，得到混合物；将混合物溶于异辛烷中，依次用质量浓度为4%的氢氧化钠水溶液及蒸馏水将第一混合物洗涤至中性；用旋转蒸发仪在100℃下将产物中的异辛烷蒸出，同时蒸发掉混合物中的水分，得到第一混合物。

（2）将铝酸钠、增强纤维组以及死烧氧化镁混合，得到第二混合物。

（3）将步骤（2）中获得的第二混合物加入步骤（1）中获得的第一混合物中，搅拌均匀，获得第三混合物。

（4）在第三混合物中加入水和有机硅消泡剂，搅拌均匀即可。

原料介绍　所述增强纤维组包括碳纤维和S玻璃纤维2∶3的混合物。

所述死烧氧化镁的粒径为32～40μm。

氨基醇能够在阴极区隔离有害离子如氯离子，与脂肪酸盐共同保护钢筋。三乙烯四胺通过其内部的氮原子非对称电子对而吸附在钢筋的表面，延缓或者阻止阳极区的反应，进一步减少了钢筋被腐蚀的情况。

铝酸钠能够在阳极区形成保护膜。

增强纤维组能够增强钢筋混凝土的抗弯能力，降低钢筋混凝土中剪切裂缝的产生，从而减少进入钢筋混凝土内部的水、二氧化碳等有害物质。

其中碳纤维的轴向强度和模量高，密度低、比性能高，无蠕变，非氧化环境下耐超高温，耐疲劳性好，且碳纤维在有机溶剂、酸、碱中不溶不胀，耐蚀性突出。S玻璃纤维又称为高强度玻璃纤维，能够提高钢筋混凝土的强度。

死烧氧化镁的水化反应较慢，在正常施工的钢筋混凝土构件中，内部的死烧氧化镁通常需要一段时间才能体现其膨胀作用。当钢筋混凝土构件由于内外部温度变化而引起收缩裂缝或者由于钢筋混凝土构件本身徐变引起局部开裂时，氧化镁能够抑制以及阻塞裂缝的产生和扩张。除此之外，死烧氧化镁的水化产物呈碱性，能够提高钢筋混凝土内部的碱性，延缓钢筋外部钝化膜的腐蚀。

有机硅消泡剂可减少浇捣过程中气泡的滞留，延长钢筋混凝土的寿命。

产品特性　本品通过无机阻锈成分与有机阻锈成分的配合使用，具有较好的阻锈效果。

配方 15　环保钢筋混凝土阻锈剂

原料配比

原料		配比(质量份)				
		1#	2#	3#	4#	5#
羧甲基茯苓多糖		40	60	50	45	55
抗氧剂	亚磷酸三辛酯	20	—	—	—	—
	双(3,5-三级丁基-4-羟基苯基)硫醚	—	40	—	—	—
	四[β-(3,5-三级丁基-4-羟基苯基)丙酸]季戊四醇酯和双十二碳醇酯	—	—	30	—	—
	三(十二碳醇)酯和三(十六碳醇)酯	—	—	—	25	—
	双十四碳醇酯和双十八碳醇酯	—	—	—	—	35
复合氨基酸		20	40	35	25	35
复合氨基酸	蛋氨酸	1	—	—	—	—
	赖氨酸	1	1	1	—	—
	甘氨酸	—	1	2	—	—
	精氨酸	—	—	1	—	—

续表

原料		配比(质量份)				
		1#	2#	3#	4#	5#
复合氨基酸	苏氨酸	—	1	—	—	—
	苯丙氨酸	—	—	—	1	—
	酪氨酸	—	—	—	1	—
	二甘氨酸	—	—	—	—	2
	三甘氨酸	—	—	—	—	1
季铵盐阳离子表面活性剂	卤代烃类季铵盐	6	—	—	—	—
	硫酸二烷基酯类季铵盐	—	13	—	—	—
	磺酸酯类季铵盐	—	—	10	—	10
	环氧烷类季铵盐	—	—	—	12	—
非离子表面活性剂	脂肪醇聚氧乙烯醚	4	—	—	—	—
	烷基醇酰胺聚氧乙烷醚	—	7	—	—	—
	嵌段聚氧乙烯-聚氧丙烯醚	—	—	5	—	—
	烷基酚聚氧乙烯醚	—	—	—	4	—
	蔗糖脂肪酸酯	—	—	—	—	4
水		50	60	55	25	52

制备方法　将羧甲基茯苓多糖、抗氧剂、复合氨基酸、表面活性剂和水按比例混合调匀，40～50℃搅拌2～5h，即得。

产品特性

(1) 所述钢筋混凝土阻锈剂主要活性成分羧甲基茯苓多糖来源于茯苓，通过将茯苓多糖提取出来，经过羧甲基改性后得到，原料供应充足，是一种绿色阻锈剂；在pH值为8～13的碱性条件下，该混合物中含有的大量的羟基以及N、S等杂原子可以有效与Fe结合，结构稳定，形成致密的钝化层。

(2) 复合氨基酸可以与Fe形成络合物，消除由钝化层厚薄不均导致的局部锈蚀现象，提高阻锈效果。

(3) 抗氧剂的添加可以使得Fe不易于O_2反应，避免生成Fe_2O_3加速钢筋中Fe的锈化反应。

(4) 表面活性剂在Fe附近团聚，疏水支链分布在外，减少水与Fe的直接接触。

配方16　混凝土防腐阻锈剂(1)

原料配比

原料	配比(质量份)		
	1#	2#	3#
钢筋钝化剂	12	10	15
氨基醇	8	5	10
聚羧酸减水剂	20	15	30

续表

原料	配比(质量份)		
	1#	2#	3#
三聚磷酸钠	3	1	5
硼砂	3	1	5
葡萄糖酸钠	4	1	5
甲基纤维素醚	1	1	2
松香	0.6	0.5	1
十二烷基磺酸钠	0.2	0.1	0.5
钼酸钠	0.2	0.1	0.3
水	50	40	60

制备方法　将各组分原料混合均匀即可。

产品特性　本品可堵塞混凝土内的毛细孔，提高混凝土的抗氯离子渗透性能，能显著缓解氯离子对钢筋钝化膜的破坏，增强混凝土耐硫酸盐腐蚀的能力，具有优异的阻锈性能，修复性能好，可以提升混凝土的耐久性能及混凝土综合抗腐蚀的能力，显著提高建筑物耐久性。

配方 17　混凝土防腐阻锈剂（2）

原料配比

原料	配比(质量份)					
	1#	2#	3#	4#	5#	6#
反式 4-氨基环己羧酸	10	15	5	10	10	12
酰胺	40	30	50	40	35	38
单氟磷酸钠	10	15	15	10	20	16
烷基聚醚磺酸盐	5	3	7	5	6	8
硅灰	35	40	30	30	35	36
苯并三氮唑	3	5	8	4	6	2
大蒜素	2	1	1.5	3	2.5	2
减水剂	2	3	2	4	—	1

制备方法　将反式 4-氨基环己羧酸、酰胺、单氟磷酸钠、烷基聚醚磺酸盐、硅灰、苯并三氮唑、大蒜素、减水剂混合后搅拌均匀，获得混凝土防腐阻锈剂。

原料介绍　所述酰胺的制备方法为：将二己胺 180～190 份、二戊胺 150～160 份、2-乙基己酸 140～150 份、5-甲基己酸 125～135 份和水 390～410 份，常温下搅拌反应，抽滤干燥后得到所述酰胺。

所述烷基聚醚磺酸盐为烷基醇聚氧乙烯醚磺酸钠和烷基聚氧乙烯醚磺酸钾中的至少一种。

所述硅灰的比表面积≥$20m^2/g$，所述硅灰的颗粒粒径小于 1μm 的比例超过 99％。

所述大蒜素的主要成分为二烯丙基二硫醚和二烯丙基三硫醚。

所述减水剂为粉体聚羧酸减水剂，所述减水剂的减水率大于26%。

氨基环己羧酸、酰胺、单氟磷酸钠三种成分通过混凝土中的孔隙迁移到达钢筋表面，三种成分中的官能团（—NR_2、—COOH 和 PO_3F）与 Fe 在螯合作用下形成五元或六元螯合环，吸附于钢筋表面，形成一层致密的钝化膜，隔离侵蚀介质的侵蚀，混凝土服役期间，阻锈成分持续向钢筋表面迁移，不断补充钢筋表面的钝化膜，达到长久持续的阻锈效果。

硅灰在新拌混凝土中填充于其他组分的颗粒孔隙中，降低混凝土孔隙率，降低混凝土中连续孔隙的连通率，堵塞氯离子和硫酸根离子的侵蚀孔道，有效阻止氯离子和硫酸根离子进入混凝土内部破坏混凝土结构、腐蚀钢筋。

烷基聚醚磺酸盐可消除新拌混凝土中的气泡，减少孔隙的产生，降低混凝土内部结构的孔隙率，提高混凝土的密实度、强度和耐久性。

苯并三氮唑作为一种缓蚀剂，苯并三氮唑分子上的反应基团和腐蚀过程生成的金属离子相互作用而形成沉淀膜或不溶性配合膜，在金属表面进一步聚合而形成沉淀保护膜，从而阻止了腐蚀过程。

大蒜素有效抑制混凝土表面和浅层细菌及微生物的滋生、繁殖，大蒜素进一步分解后的产物性质更稳定，能够起到长久的杀菌效果。

产品特性　本品兼具防腐和阻锈功能，同时对氯离子和硫酸根离子侵蚀均具有良好、长久防护性能。

配方 18　混凝土防腐阻锈剂（3）

原料配比

原料			配比(质量份)	
			1#	2#
纳米碳酸钙悬浮液	硝酸钙溶液	四水硝酸钙	104.7	121.1
		水	100	100
	碳酸钠溶液	碳酸钠	47	49.4
		水	250	250
	聚羧酸减水剂		22.2	26.7
	乙二胺四亚甲基膦酸		10.5	9
	水		231	217
硝酸钡			22.9	30.5
乙二醇			17.5	11.5
维生素 C			29.2	25
乙二胺四乙酸二钠			15.3	10
水			150	150

制备方法

（1）分别制备硝酸钙水溶液和碳酸钠溶液。

（2）纳米碳酸钙悬浮液的制备：将聚羧酸减水剂、乙二胺四亚甲基膦酸溶于水中并置于四口烧瓶中，之后同时向烧瓶中匀速滴加硝酸钙溶液和碳酸钠溶液，反应在20～35℃下进行，整个滴加过程1～3h完成。

（3）将硝酸钡、乙二醇、维生素C、乙二胺四乙酸二钠溶解于水中，并将其投入步骤（2）制备的纳米碳酸钙悬浮液中，搅拌均匀即可。

原料介绍　聚羧酸减水剂为分散组分，它能够在保证混凝土流动性的前提下大大减水用水量，因此使得硬化混凝土内部毛细孔隙减少，密实度提高，抗渗能力显著增强。同时，聚羧酸减水剂和乙二胺四亚甲基膦酸（防腐组分之一）作为分散组分，与硝酸钙、碳酸钠共沉淀生产稳定的纳米碳酸钙悬浮液。纳米碳酸钙还可以促进水化反应，提高混凝土早期强度；纳米碳酸钙可填充混凝土的孔隙，从而改善混凝土的界面结构，提高混凝土的抗渗透性能，且不影响混凝土后期强度的提高。防腐组分能够和钙矾石基本结构单元（极性阳离子）发生化学反应生成更稳定的络合物，阻止钙矾石的产生，同时也减少了由钙矾石向碳硫硅钙石直接转变的可能性。阻锈组分能够在钢筋表面生成致密的、稳定的配位化合物保护膜层，将钢筋与氯离子隔离，防止钢筋的锈蚀。这些组分通过物理阻隔、化学反应叠加作用，不断循环进行，提高了混凝土抗有害离子渗透的性能，具有显著的阻锈和抗硫酸盐腐蚀性能，可以提升混凝土的耐久性。

所述聚羧酸减水剂，由丙烯酸和异戊烯醇聚氧乙烯醚（TPEG，分子量3000）为单体通过自由基共聚反应得到，固含量为45%，pH值为10.0。

产品特性　本品配制的混凝土具有良好的抗硫酸盐侵蚀和阻锈效果，且能够实现低水胶比下混凝土和易性好，施工操作方便。本品能够提高混凝土早期强度，而不影响混凝土后期强度的发展；可以改善混凝土孔隙结构，提高混凝土抵抗有害离子渗透的性能；具有显著的阻锈和抗硫酸盐腐蚀性能，可提升混凝土的耐久性能。

配方19　混凝土钢筋阻锈剂（1）

原料配比

原料		配比(质量份)		
		1#	2#	3#
预水化活化熟料	改性磷石膏	50	55	60
	活化粉煤灰	40	45	50
	铝矾土	5	5.5	6
	去离子水	10	15	20
预水化活化熟料		40	45	50
改性磷石膏		20	25	30
石灰石	比表面积为 $200m^2/g$	35	—	—
	比表面积为 $250m^2/g$	—	38	—
	比表面积为 $300m^2/g$	—	—	40
蜂胶		10	15	20
苯乙醇胺		1	2	3

制备方法

（1）将磷石膏加入马弗炉中，加热至650～700℃，保温反应30～40min，冷却至室温后装入球磨机中球磨20～30min，过100目筛，得改性磷石膏。

（2）将粉煤灰加入马弗炉中，加热至700～800℃，保温反应30～40min，冷却至室温后装入球磨机中球磨 1～2h，过 100 目筛，得活化粉煤灰。

(3) 取改性磷石膏、活化粉煤灰、铝矾土，球磨至比表面积为 300～400m^2/g 后与去离子水混合均匀并干燥，再在 300～400℃下煅烧 30～40min 后球磨至过 200 目筛，得预水化活化熟料。

(4) 取预水化活化熟料、改性磷石膏、石灰石、蜂胶、苯乙醇胺，装入球磨机中球磨 20～30min，静置陈化 20～24h，得混凝土钢筋阻锈剂。

原料介绍　本品利用具有火山灰活性的粉煤灰，在 $Ca(OH)_2$ 的激发作用下，活性 Al_2O_3 与 $CaSO_4$ 反应，生成钙矾石，为混凝土提供早期密实，钙矾石反应完全后，粉煤灰中剩余的游离 CaO 以及外加钙源中的 CaO 继续水化，引起混凝土体积密实，为混凝土提供后期密实，使混凝土体积连续、均匀地密实，能够有效地补偿混凝土早期和后期的密实性，减缓氯离子对钢筋的侵蚀，保证混凝土结构的稳定。

本品利用苯乙醇胺分子中的 N 原子和羰基中的氧原子电负性较大，与钢筋表面氧化膜形成有效吸附，同时苯乙醇胺分子的氨基和羰基能够与氧化膜表面的铁原子形成螯合环，螯合环结构非常稳定，增强阻锈剂在钢筋表面的吸附，而且这种络合吸附是化学吸附过程，一旦吸附成功后阻锈剂便能非常稳定地结合在钢筋表面，达到阻锈的效果。

本品利用苯乙醇胺具有刚性结构的芳香族基团的空间位阻作用，作为吸附膜阻挡层，隔离腐蚀性介质向钢筋表面渗透，且芳香族基团自身带有一定的电负性，能够排斥氯离子等向钢筋基体迁移，减缓氯离子对钢筋的侵蚀，同时因为具有一定空间位阻作用的分子间会相互形成斥力，降低分子吸附膜的致密性，所以通过复合具有多羟基结构基团的蜂胶，利用羟基之间能够形成氢键的特点，减少分子之间的相互排斥，增强吸附膜的致密性和稳定性。

所述粉煤灰为循环流化床固硫灰。

所述石灰石为比表面积为 200～300m^2/g 的石灰石。

产品特性　本品对钢筋混凝土的抗压强度略有提高，提高了混凝土的抗渗性，有效抑制氯离子的侵蚀。

配方 20　混凝土钢筋阻锈剂（2）

原料配比

<table>
<tr><th colspan="2" rowspan="2">原料</th><th colspan="6">配比(质量份)</th></tr>
<tr><th>1#</th><th>2#</th><th>3#</th><th>4#</th><th>5#</th><th>6#</th></tr>
<tr><td colspan="2">囊壁</td><td>27</td><td>27</td><td>27</td><td>20</td><td>20</td><td>20</td></tr>
<tr><td rowspan="2">囊壁</td><td>聚脲</td><td>2</td><td>2</td><td>2</td><td>2</td><td>2</td><td>2</td></tr>
<tr><td>脲醛混合物</td><td>1</td><td>1</td><td>1</td><td>1</td><td>1</td><td>1</td></tr>
<tr><td colspan="2">囊芯</td><td>65</td><td>65</td><td>65</td><td>50</td><td>50</td><td>50</td></tr>
<tr><td rowspan="5">囊芯</td><td>三乙醇胺</td><td>5.5</td><td>2</td><td>8</td><td>8</td><td>8</td><td>2</td></tr>
<tr><td>1-丁基-3-甲基咪唑四氟硼酸钠</td><td>6</td><td>7.2</td><td>1.5</td><td>1.5</td><td>1.5</td><td>7.2</td></tr>
<tr><td>钼酸钠</td><td>7.5</td><td>15</td><td>5</td><td>5</td><td>5</td><td>15</td></tr>
<tr><td>聚羧酸减水剂</td><td>1.25</td><td>0.8</td><td>1.7</td><td>1.7</td><td>1.7</td><td>0.8</td></tr>
<tr><td>蒸馏水</td><td>1</td><td>1</td><td>1</td><td>1</td><td>1</td><td>1</td></tr>
<tr><td colspan="2">表面活性剂</td><td>1.3</td><td>1.3</td><td>1.3</td><td>1</td><td>1</td><td>1</td></tr>
</table>

续表

原料		配比(质量份)					
		1#	2#	3#	4#	5#	6#
表面活性剂	聚氧乙烯醚	0.5	0.5	0.5	—	—	—
	葡萄糖酯	1	1	1	2	2	2
	二甲基硅氧烷-聚醚	—	—	—	0.5	0.5	0.5
	水	30	30	30	50	50	50

制备方法

(1) 将囊芯中的1-丁基-3-甲基咪唑四氟硼酸钠、钼酸钠、聚羧酸减水剂分别放入球磨机中，在转速1800r/min下球磨混合20min，然后将三乙醇胺溶于蒸馏水中，搅拌至完全溶解后，加入球磨机中，在转速1200r/min下球磨混合10min，得囊芯混料，然后将此囊芯混料加入表面活性剂溶液中，高速搅拌制备成造粒母料。

(2) 将造粒母料加入离心制粒机中，打开鼓风，调节转盘到1200r/min的转速后打开蠕动泵供液，待物料在锅内呈絮状流动时关闭蠕动泵，继续旋转，抛光，待颗粒的大小和硬度达到要求时取出干燥，制得囊芯微丸，然后采用热喷雾的方式将由质量比为2∶1的聚脲和脲醛混合物喷洒于囊芯微丸表面，在喷雾过程中，囊芯微丸处于真空悬浮状态，热喷雾时进料温度为300℃，料液泵的压力为2～3MPa，出口温度为100℃，真空干燥，得混凝土钢筋阻锈剂。

原料介绍　所述聚羧酸减水剂的固含量为40%～45%。

产品特性

(1) 本品采用微胶囊化结构，囊壁由聚脲和脲醛混合构成，聚脲具有良好的成膜性、耐酸碱性、化学稳定性，且机械性能高，混合在混凝土中随着混凝土的搅拌浇筑等不易出现破裂，脲醛为水溶性树脂，较易固化，两者混合使用，有利于提高囊壁的物理、机械、化学性能。

(2) 本品采用离心-喷雾法制备阻锈剂微胶囊，将离心造粒法和喷雾干燥法相结合，具有操作简单、制备的颗粒均匀、包覆率高的优点。

配方21　混凝土钢筋阻锈剂(3)

原料配比

原料	配比(质量份)		
	1#	2#	3#
木质素磺酸钠	1	1	1
硝酸钠	17	17	17
氢氧化钠	12	10.67	10
四水合硝酸钙	23.62	23.62	23.62
九水合硝酸铝	18.75	12.51	9.38
沸水	适量	适量	适量
无水乙醇	适量	适量	适量

制备方法

(1) 将四水合硝酸钙与九水合硝酸铝一起溶于沸水中，获得溶液Ⅰ；将木质素磺酸钠、硝酸钠和氢氧化钠一起溶于沸水中，获得溶液Ⅱ；在 60～70℃下，将所述溶液Ⅰ与所述溶液Ⅱ混合后搅拌 30～45min，混匀后获得反应液。

(2) 将所述反应液移至反应釜中，于 120～180℃下反应 24～48h 后抽滤洗涤，得滤饼，将所述滤饼于 40～60℃下真空干燥后至过 200 目筛，即可。所述抽滤洗涤具体为：先以水抽滤洗涤 3～5 次，再以无水乙醇抽滤洗涤 3～5 次。

使用方法　所述混凝土钢筋阻锈剂的掺量为混凝土中胶凝材料质量的 2%～4%。

产品特性　该阻锈剂为掺入型阻锈剂，能有效改善混凝土的孔结构，从而延缓外界腐蚀性介质进入混凝土内部的速率。该阻锈剂原料简单易得，成本低廉，制备过程简单无毒，为环境友好型的绿色混凝土钢筋阻锈剂，可直接将其加入混凝土中使用，克服了传统阻锈剂的不足，并具有阻锈效果优、环保、高效等优点。

配方 22　混凝土钢筋阻锈剂（4）

原料配比

原料		配比(质量份)					
		1#	2#	3#	4#	5#	6#
自制表面活性剂	(*N*-脒基)十二烷基丙烯酰胺	20	20	20	20	—	20
	聚乙二醇磷酸酯	1	1	1	1	—	1
	对二氯苯	0.2	0.2	0.2	0.2	—	0.2
	二茂铁	0.2	0.2	0.2	0.2	—	0.2
氧化石墨烯分散液	氧化石墨烯	1	1	1	1	1	—
	10%的硝酸锌溶液	20	20	20	20	20	—
水		150	150	150	150	150	150
多巴胺		10	—	10	10	10	10
铬盐	硝酸铬	5	5	—	5	5	5
聚丙烯酰胺	分子量为 1200 万的阴离子聚丙烯酰胺	10	10	10	—	10	10
自制表面活性剂		10	10	10	10	—	10
十二烷基苯磺酸钠		—	—	—	—	10	—
增稠剂	明胶	6	6	6	6	6	6
氧化石墨烯分散液		18	18	18	18	18	—

制备方法

(1) 先将聚丙烯酰胺、自制表面活性剂、十二烷基苯磺酸钠、增稠剂和水倒入混料机中，于温度为 45～50℃、转速为 600～800r/min 条件下保温搅拌 2～3h，静置溶胀 8～12h，待溶胀结束后，再加入铬盐和氧化石墨烯分散液，继续于温度为 65～80℃、转速为 1000～2000r/min 条件下加热搅拌反应 2～4h，待反应结束，于搅拌状态下冷却至室温，出料，得浆料。

(2) 再将所得浆料和多巴胺混合倒入反应釜中，并以 100～500L/min 的速率向反应釜内物料中持续通入二氧化碳气体，直至反应釜内压力达 1.2～1.6MPa，保压 10～30min 后，泄压至常压，出料，即得混凝土钢筋阻锈剂。

原料介绍　本品以铬盐作为交联剂，自制表面活性剂作为起泡剂，再辅以聚丙烯酰胺起到稳定泡沫的作用，在体系内部发生微交联反应，形成泡沫状凝胶；而自制表面活性剂可自组装形成囊泡结构，在产品配制过程中，该囊泡结构中的胍基团可与二氧化碳反应，而使胍基团带上正电荷，由于同种电荷相互排斥使囊泡结构内部体积增大，而由于氧化石墨烯边缘的羧基在碱性环境下离子化带负电荷后，可与囊泡结构中的正电荷相互吸引，使氧化石墨烯经超声剥离后，呈单片层结构，可吸附在泡沫凝胶界面处，提高泡沫的液膜强度。

多巴胺可在钢筋表面吸附，提高钢筋表面对泡沫状凝胶的吸附能力，另外，多巴胺在水泥碱性环境下，可竞争吸收气膜和囊泡结构中的氧气，从而发生氧化自聚，并在钢筋表面形成聚多巴胺表层，起到屏蔽和隔离作用的同时，使体系中钢筋附近的氧化介质得以有效消耗，进一步提升产品的阻锈效果。

所述自制表面活性剂的制备过程为：将（N-胍基)十二烷基丙烯酰胺与聚乙二醇磷酸酯混合，并加入对二氯苯和二茂铁，恒温搅拌反应，出料，得自制表面活性剂。

所述增稠剂为等电点为 5.5～6.0 的明胶。

所述氧化石墨烯分散液制备过程为：将氧化石墨烯和硝酸锌溶液混合，超声分散，再调节 pH 值至 8.0～8.6，得氧化石墨烯分散液。

产品特性　本品既可以直接添加到混凝土砂浆中，也可涂覆于钢筋表面使用，在使用过程中，可在钢筋和混凝土界面处形成连续化的气膜，且气膜中氧气含量得到有效控制，不会对钢筋表面产生氧化腐蚀，并且气膜的存在可有效阻隔氯离子、水以及氧气对钢筋表面的腐蚀，气膜最终被固化的混凝土固定在体系中，可起到长期阻止钢筋锈蚀的效果。

配方 23　混凝土阻锈剂（1）

原料配比

原料	配比(质量份)				
	1#	2#	3#	4#	5#
钼酸钠	25	45	60	60	60
六偏磷酸钠	20	15	46	46	46
松香酸钠	3	17	10	10	10
葡萄糖酸钠	28	10	16	20	22
粉煤灰	60	40	80	80	80
水	400	280	540	540	540

制备方法　将各组分原料混合均匀即可。

原料介绍　所述钼酸钠与所述六偏磷酸钠复配，可以起到良好的缓蚀效果。

所述松香酸钠作为引气剂用于改善混凝土的和易性与耐久性。

所述葡萄糖酸钠作为混凝土的缓凝剂，同时还兼具良好的减水效果，改善了现有阻锈剂的性能，可应用于氯离子浓度较高、有干湿交替以及严寒等恶劣环境中。

产品特性　本品为环境友好型阻锈剂，具有良好的缓蚀防腐性能，同时兼具良好的减水、缓凝与引气的性能。

配方 24 混凝土阻锈剂（2）

原料配比

原料	配比(质量份)		
	1#	2#	3#
铝酸盐水泥	75	85	80
可溶性无机钙盐	10	8	9
矿物掺和料	12	5	10
纳米二氧化硅	3	2	1
水	适量	适量	适量

制备方法

（1）将铝酸盐水泥、可溶性无机钙盐和水搅拌，得到混合料。

（2）将所述的混合料放置 25d，干燥，与矿物掺和料粉磨至 $300\sim400m^2/kg$，加入纳米二氧化硅混合，得到混凝土阻锈剂。干燥的温度为 30～40℃。

原料介绍 所述的铝酸盐水泥为 CA50 水泥。

所述的可溶性无机钙盐在 20℃时的溶解度大于等于 10g/100mL。

所述的矿物掺和料为粉煤灰、矿渣、硅灰和偏高岭土中的至少一种。

所述的纳米二氧化硅的粒径为 1～100nm。

产品特性

（1）本品中铝酸盐水泥和无机钙盐反应生成 X-AFm 和 X-AFt，在有 Cl^- 存在的环境中，X-AFm 或 X-AFt 与 Cl^- 反应生成 Cl-AFm 或 Cl-AFt，起到固化 Cl^- 的作用。矿物掺和料和纳米二氧化硅不仅由于其自身的填充作用使得混凝土更加密实，还可以缓慢地参与水化反应，生成的水化产物能够进一步填充混凝土，使其渗透性降低，降低混凝土中 Cl^- 侵入量。

（2）本品可以在各种氯离子浓度下，尤其是海洋环境中对混凝土中的钢筋起到保护作用，能够有效降低混凝土中钢筋锈蚀的概率和程度，阻锈效果好，能够提高混凝土结构设计使用年限，实现高抗蚀铝酸盐水泥基材料的长寿命服役，降低混凝土的渗透性，无毒、环保。

（3）本品制备方法简便，与传统阻锈剂相比，对混凝土性能无不利影响。

配方 25 混凝土阻锈剂（3）

原料配比

原料	配比(质量份)		
	1#	2#	3#
亚硝酸钠	45	30	38
苯并三唑	45	30	38
四羟甲基磷硫酸盐	5	3	3.9
聚羧酸减水剂	10	5	7.2

续表

原料	配比（质量份）		
	1#	2#	3#
松香热聚物引气剂	0.05	0.02	0.03
磷酸五钠	6	2	4.1
单氟磷酸钠	加至100	加至100	加至100
水	适量	适量	适量

制备方法

（1）将亚硝酸钠、苯并三唑和水混合，升温至25～35℃后加入引气剂和磷酸五钠，搅拌均匀并保持温度1～3h，冷却至室温，得到溶液A；所述水加入量为亚硝酸钠和苯并三唑混合后质量的200%～350%。

（2）向溶液A中加入四羟甲基磷硫酸盐、聚羧酸减水剂、单氟磷酸钠，搅拌溶解后溶液放置15～40min，即得到混凝土阻锈剂。

产品特性

（1）添加亚硝酸盐用量不足反而会引起钢筋严重的局部腐蚀，需要与其他阻锈剂联合使用，本品中亚硝酸钠与苯并三唑复掺后的阻锈剂具有良好的阻锈效应，能同时为钢筋提供阳极和阴极保护。

（2）本品解决了阻锈剂对混凝土和易性不好、坍落度损失快的问题，保持新拌混凝土的工作性能不变，达到2h坍落度不损失的效果。

配方 26　混凝土阻锈剂（4）

原料配比

原料	配比（质量份）					
	1#	2#	3#	4#	5#	6#
辛基三乙氧基硅烷	12	20	15	15	—	15
十二烷基磺酸钠	5	10	8	8	8	8
二甲苯硫脲	10	15	13	—	13	—
二乙烯三胺	5	7	6	—	6	6
丙烯基硫脲	—	—	—	—	—	13
水	25	30	28	28	28	28

制备方法　将各组分原料混合均匀即可。

原料介绍　二乙烯三胺分子构造较为简单，分子链较短，且中心和两端均有氨基，氨基的空间结构较大，所以二乙烯三胺分子链只能向背离中心氨基的方向发生轻微弯折，含有双硫脲基的二甲苯硫脲在十二烷基磺酸钠的作用下向氨基处运动与氨基发生缩聚反应，在浇筑混凝土的过程中，二乙烯三胺与二甲苯硫脲缩聚形成的长链绕设在钢筋表面对钢筋起到保护作用，生成的二乙烯三胺-二甲苯硫脲缩聚物极为稳定，不与酸、碱反应；二乙烯三胺-二甲苯硫脲缩聚后的分子链一面贴附在钢筋上，另一面空间构象较为复杂，且分子基团较大，可阻挡氯离子向钢筋处移动。

与普通的硫脲相比，二甲苯硫脲中引入了二甲苯基团，苯环的空间构象较大，当缩聚后的二乙烯三胺-硫脲缩聚化合物贴附在钢筋上时，连接有苯环的一端朝外，由于苯环体积较大，使得制得的长链缩合物分子基团更大，分子的空间结构更为复杂，相当于在二乙烯三胺-硫脲聚合物的外圈隔绝氯离子，可以更好地阻止氯离子向钢筋处移动。

辛基三乙氧基硅烷是由小分子的硅烷与硅氧烷的混合物组成，化学性质极为稳定，对紫外线辐射、热、化学腐蚀性溶液等具有良好的抵抗性，其次辛基三乙氧基硅烷的分子颗粒较小，能有效填充在混凝土孔隙中，形成牢固的稳定层，从而提高混凝土制品的憎水性和综合性能，进一步避免氯离子等进入混凝土内部；而且辛基三乙氧基硅烷的长碳链结构可以配合二甲苯硫脲-二乙烯三胺缩聚物长碳链结构，使辛基三乙氧基硅烷的碳链和二甲苯硫脲-二乙烯三胺缩聚物的碳链缠结在一起，进而提高二甲苯硫脲-二乙烯三胺缩聚物与辛基三乙氧基硅烷形成的保护层的致密性，可以对氯离子进行充分阻拦，大大提高阻锈剂的作用效果。

产品特性　本品制备方法简便，与传统阻锈剂相比，具有较好的阻锈效果，对混凝土性能无不利影响，降低混凝土的渗透性，无毒、环保。

配方 27　有机型防腐阻锈剂

原料配比

原料		配比(质量份)		
		1#	2#	3#
防腐组分	高分子聚胺	0.5	0.8	1
阻锈组分	酰胺	0.3	0.4	0.5
	尿嘧啶	0.15	0.2	0.25
	硫脲乙烯胺缩聚物	0.25	0.3	0.35
保水组分	有机硅烷防水剂	1	2	3

制备方法　将各组分原料混合均匀即可。

原料介绍　所述高分子聚胺为聚环氧氯丙烷-二甲胺、聚环氧氯丙烷-二乙烯三胺中的一种；酰胺为氯乙酰胺盐、*N*-甲基乙酰胺、甲酰胺中的一种；硫脲乙烯胺缩聚物为硫脲-二乙烯三胺缩聚物。

所述的有机硅烷防水剂为水性的有机硅乳液。

酰胺、尿嘧啶和硫脲乙烯胺缩聚物对硫酸根离子具有较强的吸附能力，生成的微小颗粒状固体还可填充混凝土中微小孔隙，使混凝土更加密实。

有机保水组分有非常良好的保水性能，可以将保水率提升至35%以上，使混凝土得到全面的养护，从根本上改变了传统膨胀保水机理，后期只需常规养护即可。

产品特性

(1) 本品不仅阻止了硫酸盐环境下硫酸根离子对混凝土的侵蚀，而且减少了腐蚀介质的侵入途径，增强混凝土自身的抵抗侵蚀能力，防腐阻锈效果好，解决了钢筋混凝土的耐久性问题。

(2) 本品所述阻锈成分在碱性环境中能够稳定存在，各组分中的极性基团能够与Fe形成配位键，可以在钢筋表面形成一层分子保护膜，对已经发生锈蚀或未发生锈蚀的混凝土结构中的钢筋进行保护，阻止因氯离子、碳化或杂散电流等各种原因造成的钢筋锈蚀破坏，使混凝土在氯盐环境中不发生钢筋锈蚀。

(3) 本品适用于硫酸盐-氯盐环境下的混凝土结构。

配方 28 基于天然谷蛋白的钢筋混凝土复合阻锈剂

原料配比

原料		配比(质量份)			
		1#	2#	3#	4#
天然谷蛋白	碱溶麦谷蛋白	3	2.5	2.5	3
辅料	硅灰	5	5	—	5
	磨细矿渣	—	—	10	—
添加剂	硫酸钙	1.5	—	—	—
	三乙醇胺	—	0.02	—	—
	硝酸钙	—	—	3	—

制备方法　以此碱溶性谷蛋白为有效阻锈成分，并与一定配比的添加剂或辅料均匀混合研磨后制得复合阻锈剂。

原料介绍　所述天然谷蛋白为麦谷蛋白、玉米谷蛋白、稻米谷蛋白中的一种。所述天然谷蛋白为碱溶性谷蛋白、碱溶性麦谷蛋白。

碱溶性谷蛋白的制备过程为，以碱溶性麦谷蛋白为例，首先，将50g麦谷蛋白溶于1L的0.1mol/L的NaOH溶液中，40℃水浴加热磁力转子搅拌下溶解4h，4000r/min离心10min获得上清液；其次，采用稀释工业盐酸将上清液的pH值调至4.2左右得悬浮物溶液，将其4000r/min离心10min获得沉淀物；最后，将沉淀物用去离子水洗除氯离子后，40℃真空烘干后获得碱溶性谷蛋白。

辅料是载体，其作用是使一些液体和微量的组分能均匀分散，同时作为干粉剂便于掺入使用；而且硅灰和矿渣等辅料也是常用的增强组分，有利于混凝土耐久性的提升。

添加剂中硝酸钙或硫酸盐类促凝剂是能够提供早期水化产物形成所需的钙离子和硫酸根离子，具有早强的作用；而醇胺类添加剂特别是三乙醇胺可以通过络合作用加速铝离子、铁离子、钙离子和硫酸根离子的溶出，促进硅酸二钙、硅酸三钙和铝酸三钙的水化，加速AFt的形成，而且还可以抑制钢筋锈蚀，而硝酸根是被钢筋腐蚀溶解产生的亚铁离子还原成亚硝酸根后而发挥出阻锈的作用。

使用方法　本品掺量为水泥胶凝材料质量的5%～20%。

产品特性　本品可用于减缓或抑制钢筋混凝土结构在氯离子或二氧化碳侵蚀下钢筋锈蚀的发生，同时是环境友好型的钢筋阻锈剂，适用于混凝土结构工程的钢筋腐蚀防护。

配方 29 绿色高效钢筋混凝土阻锈剂

原料配比

原料	配比(g/L)		
	1#	2#	3#
钼酸钠	0.2	0.2	0.15
硫脲	1	0.8	0.8
四乙烯五胺	5(体积)	6(体积)	6(体积)
植酸	15(体积)	14(体积)	17(体积)
水	加至1L	加至1L	加至1L

制备方法　将钼酸钠、硫脲、四乙烯五胺、植酸按照所述配方溶于水中即得到钢筋混凝土阻锈剂。

原料介绍　钼酸钠和硫脲复配后有缓蚀作用，进而形成的沉淀膜能弥补钼酸钠形成钝化膜的缺陷，从而在钢筋表面形成完整致密的保护膜层，阻止腐蚀的发生和进行。

硫脲分子中存在的硫与原子 Fe 结合，直接抑制了 Fe 的腐蚀，使得碳钢表面被覆盖的面积增大，缓蚀作用增强。

四乙烯五胺能够在金属表面形成吸附膜，阻止氯离子的侵蚀，同时与钼酸根离子配合，能够使钝化膜变得更加致密，具有更好的抗腐蚀性能。

植酸是一种极罕见的金属螯合剂，当与金属络合时，易形成多个螯合环，所形成的络合物在广泛的 pH 值范围内皆具有极强的稳定性，即使在强酸环境中，也能形成稳定的络合物。植酸在金属表面同金属络合时，易形成一层致密的单分子有机保护膜，能有效地阻止 O_2 等进入金属表面，从而抑制金属的腐蚀，同时由于膜层与有机涂料具有相近的化学性质，并含有羟基和磷酸基等活性基团，能与有机涂料发生化学作用，因此植酸处理过的金属表面与涂料有更强的粘接性能，以提高掺有阻锈剂的混凝土与钢筋之间的粘接强度，使混凝土层具有更好的抗破坏能力，对钢筋起到更好的保护作用。

使用方法　在制备用于钢筋混凝土的混凝土时，将所述阻锈剂溶于水，加入混凝土中，混匀。将掺有阻锈剂的混凝土对钢筋进行浇筑，即得钢筋混凝土。

产品特性　各组分协同作用，使得该阻锈剂具有较好的阻锈效果。

配方 30　纳米复合迁移型钢筋阻锈剂

原料配比

原料	配比(质量份)
氨甲基丙醇	15
苯甲酸单乙醇胺	5
单氟磷酸钠	5
六偏磷酸钠	5
聚丙烯酸钠	5
纳米碳酸钙	5
五水偏硅酸钠	5
辛基三乙氧基硅烷	3.5
十二烷基磺酸钠	0.1
水	加至 100

制备方法

（1）取总水量的 50%加入容器中，称量氨甲基丙醇、苯甲酸单乙醇胺、单氟磷酸钠、六偏磷酸钠、聚丙烯酸钠，依次加入水中，持续搅拌得到高渗性缓蚀组分。

（2）取总水量的 45%加入容器中，置于 60℃的恒温水浴锅内，分别称量纳米碳酸钙、五水偏硅酸钠，依次加入水中，用玻璃棒搅拌至溶解均匀，得到密实组分，从水浴锅中取出冷却至室温。

（3）取总水量的 5%加入容器中，分别称量辛基三乙氧基硅烷、十二烷基磺酸钠，依次加入水中，持续搅拌得到防水组分。

(4) 向上述高渗性缓蚀组分中依次加入密实组分和防水组分，持续搅拌得到均匀液体，即为适用于海洋环境下混凝土的纳米复合迁移型钢筋阻锈剂。

原料介绍　本品中采用特定比例的氨甲基丙醇、苯甲酸单乙醇胺、单氟磷酸钠、六偏磷酸钠和聚丙烯酸钠构成高渗性缓蚀组分，相较于现有技术中的苯甲酸单乙醇胺缓蚀组分，本品利用氨甲基丙醇分子极性基团中的N、O等杂环原子通过超共轭效应、氢键、空间位阻效应，牢固地吸附在钢筋表面形成保护膜，抑制氯离子对钢筋表面的腐蚀，利用单氟磷酸钠与水泥水化产物生成磷酸盐沉淀，抑制腐蚀过程的阴极还原反应，降低腐蚀速率，此外还利用六偏磷酸钠和聚丙烯酸钠使得缓蚀成分更好地分散，以提高缓蚀组分的迁移能力。本品的高渗性缓蚀组分具有高效的缓蚀能力和迁移能力，能从混凝土表面到达钢筋表面形成吸附膜，起到保护钢筋的作用。

本品的密实组分中采用纳米碳酸钙与五水偏硅酸钠进行复配，可以有效改善混凝土的微结构，使其更为密实，尤其是利用纳米碳酸钙的火山灰效应，能够生成硅酸钙凝胶，细化孔隙，优化孔结构，且纳米颗粒能够填充微裂缝，结合五水偏硅酸钠在混凝土中生成硅酸盐沉淀，可以有效降低外部氯离子向内部侵蚀的速率。再加上防水组分中的辛基三乙氧基硅烷乳液能够在混凝土表面形成憎水层，有效阻隔了Cl^-、H_2O、O_2等侵蚀介质向钢筋表面的渗透，同时也有效防止缓蚀组分向外部挥发。

使用方法　对既有钢筋混凝土结构表面喷涂本品，喷涂量为0.2～0.4kg/m^2。

产品特性

(1) 本品针对海洋环境下钢筋混凝土，系统性地考虑了钢筋缓蚀、混凝土密实和结构表面防水三个维度的防腐措施，针对性地设计高渗性缓蚀组分、密实组分和防水组分，由三种组分进行复配获得了具有优异阻锈特性的迁移型阻锈剂，与传统迁移型阻锈剂相比，具有更高的渗透迁移性能和更强的综合防腐性能。

(2) 本品可以全方位地提高阻锈剂的防腐效果，从而延长钢筋混凝土结构的使用寿命。

配方 31　水化热抑制型混凝土防腐阻锈剂

原料配比

原料		配比(质量份)			
		1#	2#	3#	4#
水化热抑制组分	柠檬酸	1.2	—	—	—
	酒石酸	—	1.2	—	—
	山梨糖醇	—	—	2	1.8
七钼酸铵		0.5	0.6	0.8	0.6
六偏磷酸钠		0.2	0.2	0.2	0.6
硬石膏		98	98	97	97

制备方法　按照配比将水化热抑制组分、七钼酸铵、六偏磷酸钠、硬石膏分别加入干混搅拌机设备中搅拌均匀即可。

原料介绍　抗锈组分包括七钼酸铵和六偏磷酸钠，采用阳极型与阴极型材料复合，本身具有良好的抵抗硫酸盐和氯离子对钢筋混凝土侵蚀的作用，能显著缓解氯离子对钢筋钝化膜的破坏，具有优异的阻锈效果。

水化热抑制组分能较好地抑制水泥矿物中C_3S组分的早期水化速率，从而降低水泥早期放热量，最终降低混凝土内部最高温升。同时羟基、羧基通过对水泥颗粒的吸附作用，有利于水泥颗粒分散更加均匀，促进其后期水化，提高混凝土结构的密实性。

硬石膏与水泥中的C_3A反应生成钙矾石，能起到一定微膨胀作用，提高结构的密实性，提高混凝土结构自身的防腐蚀性能。

使用方法　本品在混凝土中的加入量为混凝土中胶凝材料质量的3%～5%。

产品特性　本品中各组分在合适的配比下具有协同作用，可大大增加混凝土自身结构密实性和防腐阻锈效果，并显著降低混凝土早期水化放热总量，可以大大提升混凝土结构综合抗腐蚀能力，即使在含有大量硫酸盐及氯盐的沿海港口及盐渍土地区也不容易遭到破坏，显著提高建筑物的耐久性。

配方 32　提升混凝土或砂浆中钢筋阻锈性能的阻锈剂

原料配比

原料	配比(质量份)		
	1#	2#	3#
硫酸钡	50	60	75
亚硝酸钙	50	40	25

制备方法　将各组分原料混合均匀即可。

使用方法　本品主要是一种提升混凝土或砂浆中钢筋阻锈性能的阻锈剂。掺量为混凝土或砂浆中水泥质量的1%～6%。

产品特性　本品在原有的亚硝酸盐组分中添加硫酸盐，硫酸盐能与混凝土中的矿物质发生反应，使混凝土中的氯盐发生化学固化，减少游离氯离子含量，从而降低游离氯离子对钢筋的锈蚀作用，而亚硝酸盐能使激发钢筋腐蚀的氯离子临界值提高2～3倍，两者的结合作用可大大延长钢筋腐蚀的激发时间，有效抑制钢筋腐蚀。

配方 33　有机钢筋混凝土阻锈剂

原料配比

原料		配比(质量份)					
		1#	2#	3#	4#	5#	6#
壳聚糖及其衍生物	壳聚糖	20	40	60	—	—	—
	羧甲基壳聚糖席夫碱	—	—	—	20	40	60
有机胺类化合物	二乙醇胺	80	60	40	—	—	—
	乙醇胺	—	—	—	80	60	40
水		10000	10000	10000	10000	10000	10000

制备方法　将所述组分混合，加热至35～50℃，密封搅拌1.5h制得所述阻锈剂。

原料介绍　所述壳聚糖及其衍生物选自以下化合物中的一种或两种以上组合：壳聚糖、羧甲基壳聚糖、羧甲基壳聚糖席夫碱。

所述有机胺类化合物选自以下有机胺中的一种或两种以上组合：乙醇胺、二乙醇胺、三乙醇胺、环己胺、二乙烯三胺、N,N-二甲基乙醇胺。

所述壳聚糖为制备步骤如下的纳米壳聚糖：

（1）添加壳聚糖和EDTA二钠盐于去离子水中混合搅拌。

（2）加入少量醋酸和无水乙醇，搅拌至壳聚糖完全溶解。

（3）恒温反应7～13h。

（4）冷却—离心—水洗—干燥得纳米壳聚糖。

按质量份计，去离子水：壳聚糖：EDTA=1：(2.5～5.5)：(1～5)。

壳聚糖经改性后化学性质稳定，耐热、耐酸碱性能良好，具有良好的机械性能，可广泛应用于钢筋混凝土阻锈剂领域。

使用方法　本品加入量为混凝土中胶凝材料质量的1%～5%。

产品特性

（1）本品提供的阻锈效率均在75%以上，部分高达89.8%，钢筋的腐蚀电位提高了100mV以上，该阻锈剂在氯盐环境中减缓了钢筋锈蚀的发生并对钢筋起到了良好的保护作用。

（2）本品具有制备方法简单，成本低廉，产品质量好，使用方便的优点，适宜添加到工业、民业用建筑的各种混凝土中，用后具有良好的阻锈效果，有效阻止了后期钢筋锈蚀的发展，对环境无损伤，环保效果好。

配方34　用于灌注桩的混凝土防腐阻锈剂（1）

原料配比

原料	配比(质量份)		
	1#	2#	3#
亚硝酸钙	20	30	25
硅灰	30	30	25
F类Ⅰ级粉煤灰	40	30	40
磨细膨胀熟料	8	9	9
粉体塑化剂(固体聚羧酸)	1.5	0.5	0.2
松香引气剂(三萜皂苷)	0.5	0.5	0.8

制备方法　将各组分粉料混合后，搅拌搅匀，使其颗粒比表面积在300m^2/kg以上。

原料介绍　所述的引气剂是松香聚合物三萜皂苷。

塑化剂可以降低水胶比，减少用水量，水蒸发后的孔隙减小，密实性提高。

硅灰和粉煤灰有效地参与了水泥水化后的火山灰反应，优化混凝土的孔结构，增加混凝土的流动性，提高混凝土的强度。

磨细膨胀熟料，可增加混凝土的密实性，提高混凝土的抗水渗透性能，减少混凝土与外部有害溶质接触的面积。

亚硝酸钙与粉煤灰、矿渣粉、硅灰和常用的减水剂有较好的相容性，它在钢筋表面形成致密的保护层，当有害离子（如Cl^-）侵入混凝土结构中，它能有效地抑制、阻止和延缓钢筋锈蚀的电化学反应过程，从而延长钢筋混凝土结构的使用寿命。

使用方法　本品主要是一种用于灌注桩的可有效抵抗混凝土发生腐蚀和钢筋锈蚀的防腐剂。

在制备具有抗腐蚀和阻锈性能的混凝土时，防腐阻锈剂称量后直接加在混凝土粉料中，根据混凝土强度等级或者水土中硫酸根离子、氯离子对混凝土结构的腐蚀资料，按照需要添加混凝土粉料用量的5%～10%。

产品特性　本品满足混凝土抗硫酸盐类侵蚀防腐剂理化性能标准要求，加入了膨胀组分，弥补了混凝土的自收缩，减少了混凝土的微小裂缝，抗压强度比、膨胀系数和抗蚀系数满足要求，提高了混凝土的龄期强度，7天龄期抗压强度比提高10%以上，28天龄期抗压强度比提高5%以上，增加了混凝土的密实性，氯离子扩散系数显著降低。

配方35　用于灌注桩的混凝土防腐阻锈剂（2）

原料配比

原料		配比(质量份)					
		1#	2#	3#	4#	5#	6#
酰胺	二戊胺	60	60	60	60	70	80
	2-乙基乙酸	70	70	70	70	60	50
	水	100	100	100	100	110	120
高岭土		20	30	45	50	45	45
硅灰		55	50	40	35	40	40
磷化渣		20	25	30	35	30	30
酰胺		20	20	20	20	20	20
固体醇胺		30	25	20	15	20	20
六偏磷酸钠		10	15	20	25	20	20
水溶性苯并三氮唑		6	4.5	3	2	3	3
减水剂		1.5	2	3.5	4.5	3.5	3.5

制备方法

(1) 将二戊胺、2-乙基乙酸和水搅拌反应，干燥后得到*N*-戊基-*N*-戊基-2-乙基己酰胺。

(2) 将(1)中得到的*N*-戊基-*N*-戊基-2-乙基己酰胺与高岭土、硅灰、磷化渣、固体醇胺、六偏磷酸钠、水溶性苯并三氮唑、减水剂混合均匀，得到用于灌注桩的混凝土防腐阻锈剂。

原料介绍　所述固体醇胺为二异丙醇胺或三异丙醇胺。

所述硅灰平均粒度等级为400～800目。

硅灰和高岭土的平均粒度均较小，可对混凝土中的微孔进行填充，从而可有效阻止氯离子和硫酸根离子进入混凝土内部破坏混凝土结构、腐蚀钢筋，提高混凝土的抗渗性能和力学强度。磷化渣是一种工业处理废渣，含有铁、锌、锰元素和磷酸盐，其中铁离子、锌离子、锰离子等可与碱性混凝土水化原位生成氢氧化铁、氢氧化锌、氢氧化锰微粒，提高混凝土的密实性。而磷酸盐是阴极阻锈剂，能通过对钢筋的吸附在钢筋表面阴极区域形成一层致密的保护膜，阻止钢筋锈蚀，从而提高混凝土的防腐阻锈性能。*N*-戊基-*N*-戊基-2-乙基己酰胺、固体醇胺和六偏磷酸钠中的官能团可以和铁螯合形成五元或六元螯合环，吸附于钢筋表面，形成一层致密的钝化膜，隔离侵蚀介质的侵蚀，混凝土服役期间，阻锈成分持续向钢筋表面迁移，不断补充钢筋表面的钝化膜，达到长久持续的阻锈效果。

固体醇胺具有较好的早强作用，可提高混凝土的密实性，有效补偿混凝土的干缩，防止或减少干缩有害裂纹的产生，提高混凝土抗硫酸盐、氯离子、化学物质深入的性能，并且提高了混凝土的强度。

使用方法　本品直接拌和于混凝土中，掺量为2%～4%。

产品特性　本品用于灌注桩混凝土，最终得到的混凝土抗渗等级可达到P12以上，抗压强度达到50.9MPa，抗硫酸盐侵蚀性能大于KS150，氯离子扩散系数降低至$2.0\times 10^{-12}m^2/s$，且经盐水浸渍后无腐蚀。

配方 36　用于海工混凝土的钢筋阻锈剂

原料配比

原料	配比(质量份)		
	1#	2#	3#
N,*N*-二甲基乙醇胺	40	50	30
聚羧酸三元共聚物	25	30	20
2-苯基咪唑啉季铵盐	7	10	5
氢氧化物	12	15	10
水性聚苯胺	2	5	1
多元醇磷酸酯	3	5	3
水	50	60	40

制备方法

（1）在容器中加入水，加热至40～50℃，依次加入*N*,*N*-二甲基乙醇胺、2-苯基咪唑啉季铵盐、水性聚苯胺，搅拌5～10min。

（2）继续加热至60～65℃，加入多元醇磷酸酯、聚羧酸三元共聚物并搅拌5～10min，最后加入氢氧化物调节pH值即可。

原料介绍　所述的聚羧酸三元共聚物，采用甲基丙烯酸、聚乙二醇单甲醚、甲基丙烯磺酸钠作为单体发生聚合反应生成。具体的制备方法为：在反应器中加入一定量的去离子水和聚乙二醇单甲醚，待温度升到80～150℃，加入链转移剂巯基乙酸和过氧化氢，待反应液稳定之后，开始滴加甲基丙烯酸及甲基丙烯磺酸钠的混合单体（滴加时间2～2.5h）和引发剂硫酸亚铁（滴加时间2.5～3h）。滴加完之后恒温反应2～3h，冷却至室温，用20%～30%的NaOH溶液调节其pH值至6.4～7.2，得到聚羧酸三元共聚物。甲基丙烯酸、聚乙二醇单甲醚、甲基丙烯磺酸钠单体的摩尔比为（1～2）：（4～8）：（2～3）。

N,*N*-二甲基乙醇胺分子通过在钢筋表面物理化学吸附形成保护膜，抑制氯离子对钢筋表面的腐蚀，其中分子极性基团中的*N*、O等杂环原子通过超共轭效应、氢键、空间位阻效应牢固地吸附在钢筋表面，改变了钢筋表面的电荷状态和界面性质；另外，分子中的碳氢等非极性基团憎水基起隔离作用，能有效阻碍氯离子在阴极区的运动，隔离有害的氯离子与钢筋接触而达到减少钢筋锈蚀的目的，可以显著降低钢筋锈蚀速度。

（3）导电聚合物材料聚苯胺结构上存在离域的共轭π电子而导电，在钢筋金属表面形成一层钝化的氧化物保护膜，当表面存在缺陷时由于其导电性使得钢筋金属处于钝化态，从而发挥较好的保护性能。

（4）咪唑啉季铵盐在掺氯盐混凝土试块中的电迁移研究表明，电场加速了阻锈剂的迁移，同时可有效降低氯含量，增加钢筋腐蚀电阻。

产品特性　本品具有较好的阻锈效果，并依然保持了混凝土的性能，其减水性以及抗压强度还有所提高。

配方 37　用于水利工程的混凝土防腐阻锈剂

原料配比

原料		配比(质量份)				
		1#	2#	3#	4#	5#
水泥	普通硅酸盐水泥	1000	1000	1000	1000	1000
减水剂	萘系粉末减水剂	10	20	25	—	—
	聚羧酸减水剂	—	—	—	15	10
乳化剂	烷基苯磺酸钠	20	30	40	—	—
	烷基苯基硫酸钠	—	—	—	30	30
缓凝剂	木质素磺酸钠缓凝剂	5	10	1	5	15
填充剂		100	150	120	140	130
聚硅氧烷		50	80	80	100	90
防锈剂	RI 钢筋阻锈剂	15	15	—	—	—
	COR 防腐阻锈剂	—	—	15	20	35
石墨粉		100	150	15	120	100
水		400	600	500	550	500
填充剂	粉煤灰	1	1	1	1	1
	沸石粉	1	0.8	1	0.6	0.6

制备方法

(1) 将减水剂、乳化剂和水按比例混合，搅拌均匀。

(2) 再加入填充剂、石墨粉、聚硅氧烷，搅拌，得到分散均匀的乳液。

(3) 将水泥和防锈剂加入步骤 (2) 所制得的乳液中，搅拌 1～5min 后，再加入缓凝剂，快速搅拌 10～15min，即得到防腐阻锈剂。

原料介绍　所述水泥为普通硅酸盐水泥、矿渣水泥、火山灰水泥和硫铝酸盐水泥中的任一种。

所述缓凝剂为糖蜜缓凝剂、羟基羧酸及其盐类缓凝剂、木质素磺酸盐类缓凝剂中的任一种。

所述防锈剂为掺入型 JK-H20 复合氨基醇、RI 钢筋阻锈剂、COR 防腐阻锈剂、乙酸钙和苯甲酸钠中的任一种。

所述石墨粉为粒径为 0.5～50μm、纯度＞95％的工业石墨粉。

使用方法

(1) 将建筑钢筋表面的油污及锈屑清理干净。

(2) 将所述防腐阻锈剂置于槽状振动容器中，再将清理后的钢筋放入盛有所述防腐阻锈剂的振动容器中，并在所述防腐阻锈剂中加入酸中和，振动浸泡 1～2min，使钢筋表面沉积一层 0.1～0.5mm 厚度的防腐阻锈剂涂层。

（3）取出钢筋，并放置在阴凉处晾干、养护，用于混凝土浇筑施工。

（4）将所述防腐阻锈剂按比例加入混凝土搅拌罐中，并加入酸中和，混合搅拌均匀，即得到可用于浇筑的混凝土。所述的酸为柠檬酸、葡萄糖酸、苯甲酸中的任一种。

产品特性　本品具有全面作用的效果，首先，对混凝土内部空隙及微孔进行络合填充，能够有效提高混凝土的防渗透性，有利于隔绝水分对混凝土内部的腐蚀；其次，对钢筋表面进行了防锈处理，形成了聚硅氧烷微乳保护层，增强了钢筋表面的防锈效果；另外，在混凝土中掺加了均匀分散的石墨粉，有效提高了混凝土的导电导热性能，有效缓解了与水和空气接触的钢筋表面之间的电化学反应，大大提高了混凝土的阻锈耐久性。

参考文献

CN202210463206.2
CN202310023584.3
CN202310322050.0
CN202310349595.0
CN202310366175.3
CN202211714767.1
CN202211340457.7
CN202111634544.X
CN202211172078.2
CN202210871642.3
CN202210037558.1
CN202310736959.0
CN202111460623.3
CN202310563842.7
CN202310407903.0
CN202211252764.0
CN202211533701.2
CN202310353471.X
CN202310938350.1
CN202310113089.1
CN202111563054.5
CN202111274131.5
CN202310310765.4
CN202111372457.1
CN202310028500.5
CN202210042304.9
CN202116316229.0
CN202110413001.9
CN202310670689.8
CN202210606219.0
CN202210706415.5
CN202211223867.4
CN202211365459.2
CN202310285745.6
CN202310365068.9
CN202111547967.8
CN202311131338.6
CN202311000169.2
CN202210748351.5
CN202111510098.1
CN202210276317.2
CN202311006507.3
CN202310297524.0
CN202210322307.8
CN202310312870.1
CN202210913908.6
CN202210002329.6
CN202111636748.7
CN202210945351.4
CN202111285915.8
CN202111355856.7
CN202211292446.7
CN202111562644.6
CN202010122359.1
CN201810151792.0
CN201810293866.4
CN202211405055.1
CN201811399648.5
CN202010813947.X
CN202210860979.4
CN202011287250.X
CN202310346291.9
CN201910615469.9
CN201811062280.3
CN201810604460.3
CN202210311334.5
CN201911111172.5
CN201811207091.0
CN201911275830.4
CN202111196397.2
CN201910437581.8
CN201910518703.6
CN202011400967.0
CN201910683584.X
CN202210625140.2
CN202310393630.9
CN201910814111.9
CN201911050516.6
CN202310299667.5
CN202210445046.9
CN201810278670.8
CN202210845561.6
CN202210577792.3
CN202111330561.4
CN201810192638.8
CN202010228472.8
CN201810939652.X
CN201711328790.6
CN202010905069.4
CN201811561457.4
CN202111569962.5
CN201810740806.2
CN201910865439.3
CN202011027411.1
CN201911107849.8
CN201811615700.6
CN202310047970.6
CN202111431576.X
CN202310704141.0
CN201810740494.5
CN202310560916.1
CN201811606841.1
CN202210698180.X
CN202210954467.4
CN202210247133.3
CN201911111160.2
CN201811301929.2
CN202011097178.4
CN201711088545.2
CN202110669633.1
CN202010643859.X
CN202010827953.0
CN202011081504.2
CN201910124734.3
CN202010522185.8
CN202010801940.6
CN201910412065.X
CN201911295307.8
CN202010735682.6
CN202010194012.8
CN202211307702.5
CN202211332694.X
CN201810740814.7
CN202011396238.2
CN201910753672.2
CN202211466833.8
CN202211458574.4
CN202110330405.1
CN202110049808.9
CN202310655062.5
CN202110205606.9
CN201911285774.2
CN202210683764.X
CN201811266049.6
CN202011356914.3
CN202210498102.5
CN201811636589.9
CN201911064697.8
CN202111405065.0
CN202111577792.5
CN202310560839.X

CN201911393334.9
CN202111412116.2
CN202010068780.9
CN201910044415.1
CN202211047587.2
CN202010833805.X
CN202010019161.0
CN201910659832.7
CN201710597959.1
CN201710997055.8
CN201811101036.3
CN201811101050.3
CN202010266287.8
CN202010305018.8
CN201910724257.4
CN201710982639.8
CN201810687744.3
CN201811115432.1
CN202010203013.4
CN202010465301.7
CN201710729174.5
CN201710982650.4
CN201710728941.0
CN201911397180.0
CN202011364390.2
CN202011092174.7
CN202010095297.X
CN201710266991.1
CN201710729173.0
CN201710982705.1
CN201711364236.3
CN201810912998.0
CN201810899842.3
CN201910166017.7
CN201710034979.8
CN202011190421.7
CN201811607081.6
CN202110603098.X
CN201711117937.7
CN201811101022.1
CN201811101061.1
CN202210147775.6
CN201710728973.0
CN201810771288.0
CN202310265815.1
CN201711364225.5
CN201810315862.1
CN201710982690.9
CN201811101974.3
CN201810407116.5
CN201910115227.3
CN201711253291.5
CN202211018841.6
CN201810480965.3
CN201711021255.6
CN201810462052.9
CN201810939442.0
CN201810726995.8
CN201811141612.7
CN201811327840.3
CN201811566761.8
CN202010381420.4
CN202110033845.0
CN202110071613.4
CN202110870364.5
CN202110939033.2
CN202111010265.6
CN202110975844.8
CN202211601726.1
CN202310949401.0
CN202011448501.8
CN201810698707.2
CN201810634213.8
CN201810375952.X
CN201810482130.1
CN201810469439.7
CN202210292668.2
CN202110236615.4
CN201810278637.5
CN201810469437.8
CN202211688175.7
CN201810407137.7
CN202010229040.9
CN202310648524.0
CN201810470257.1
CN201810274669.8
CN202111375778.7
CN202210326430.7
CN201811340005.3
CN202010457351.0
CN201610963343.7
CN202110578497.5
CN201911251060.X
CN202010802941.2
CN201810245482.8
CN201810228358.8
CN201810239094.6
CN201810567436.7
CN202011141169.0
CN202111038140.4
CN202211105342.0
CN202010061935.6
CN202011141135.1
CN201910306012.X
CN202011320229.5
CN201811339303.0
CN202210161843.4
CN202211033257.8
CN202110962746.0
CN201810239458.0
CN202110186172.2
CN201910515894.0
CN202110428435.6
CN202011119855.8
CN202110876607.6
CN202211013002.5
CN202210161834.5
CN202110074770.0
CN202110337311.7
CN201710839063.X
CN201810831329.0
CN201910938506.X
CN201911037368.4
CN202110909750.0
CN202110248238.6
CN202110337305.1
CN202210714154.1
CN202110044245.4
CN202011539248.7
CN202110026381.0
CN201910811047.9
CN201910806967.1
CN201810697571.3
CN202211718909.1
CN202011503425.6
CN202010266841.2
CN201911123954.0
CN202110607729.5
CN202210981911.1
CN202011289363.3
CN202010810394.2
CN201910681858.1
CN201910686093.0
CN201910709310.3
CN202111076428.0
CN201910689758.3
CN202210702654.3
CN201810107095.5
CN202211056444.8
CN201810633470.X

CN201710581999.7
CN201910451918.0
CN202010318725.0
CN201910822498.2
CN202010535937.4
CN202210651350.9
CN201810407138.1
CN201910737621.0
CN202211694286.9
CN201710596580.9
CN201811607085.4
CN201710581276.7
CN202010003304.9
CN201710760096.5
CN201810486508.5
CN201811490740.2
CN202011421305.1
CN202110481850.8
CN202310320346.9
CN201811384001.5
CN202010229360.4
CN201810407133.9
CN201810818824.8
CN201910360852.4
CN201911177382.4
CN201811062270.X
CN202010203154.6
CN201910372035.0
CN201910598771.8
CN201810966343.1
CN202110584459.0
CN202110051454.1
CN202211155328.1
CN202111013637.0
CN201811078483.1
CN201810107094.0
CN201710529709.4
CN201810476639.5
CN201810186832.5
CN201811607084.X
CN201710925895.3
CN201711154817.4
CN201910737810.8
CN201910989474.6
CN202010804253.X
CN202011385057.X
CN202011461310.5
CN202110524671.8
CN201811395428.5
CN201811178726.9
CN201810444815.7
CN202310472156.9
CN202110664738.8
CN202310948717.8
CN201811190403.1
CN201811637444.0
CN202010731242.3
CN202210933744.3
CN201910783652.X
CN202111129689.4
CN201810603003.2
CN201910366008.2
CN202210881206.4
CN201811067315.2
CN201710896522.8
CN201810278662.3
CN202010116322.8
CN202011147070.1
CN201810480076.7
CN202111191302.8
CN202011605352.1
CN201911324469.X
CN201810258710.2
CN202210796850.1
CN201710337114.9
CN201810414336.0
CN201810515600.X
CN201811051187.2
CN201811104182.1
CN201811551817.2
CN201910262113.1
CN202010835036.7
CN202010992334.7
CN202210879676.7
CN202310951219.9
CN201810841260.X
CN201810468163.0
CN201911400026.4
CN202010529100.9
CN202210674301.7
CN201910326773.1
CN202111529746.8
CN202010109821.4
CN201910443117.X
CN201910274338.9
CN201810659914.7
CN201811607111.3
CN202310366549.1
CN201811553705.0
CN202010735672.2
CN201711273241.3
CN202010937855.2
CN201710359250.8
CN201710748100.6
CN201810045994.7
CN201710777701.X
CN201710927674.X
CN201710893682.7
CN201911253440.7
CN201710777678.4
CN201711446398.1
CN201810034227.6
CN201810585325.9
CN201710894273.9
CN201810584736.6
CN201810228372.8
CN202010925501.6
CN201910481322.5
CN201710641877.2
CN201810278609.3
CN202010402322.4
CN201810667637.4
CN201810409104.6
CN201810506906.9
CN202010280526.5
CN201710759722.9
CN202011087530.6
CN201711251203.8
CN202110069918.1
CN201910164331.1
CN202011263816.5
CN201910067773.4
CN201810088722.5
CN202111579928.6
CN202010003873.3
CN201810229720.3